中文版 Revit 2016
建筑模型设计

郭进保 编著

清华大学出版社
北 京

内容简介

本书以 Revit 2016 中文版为操作平台，全面介绍了使用该软件进行建模设计的方法和技巧。全书共分为 16 章，主要内容包括 Revit 建筑设计的基础，标高和轴网的绘制，墙体和幕墙的创建，柱、梁和结构构件的添加等，覆盖了使用 Revit 进行建筑模型设计的全面过程。

本书内容结构严谨，分析讲解透彻，实例针对性极强，既适合作为 Revit 的培训教材，也可以作为 Revit 工程制图人员的参考资料。

图书在版编目 (CIP) 数据

中文版 Revit 2016 建筑模型设计 / 郭进保　编著 . —北京：清华大学出版社，2016（2020.8重印）
ISBN 978-7-302-44285-1

Ⅰ . ①中… Ⅱ . ①郭… Ⅲ . ①建筑设计—计算机辅助设计—应用软件 Ⅳ . ① TU201.4

中国版本图书馆 CIP 数据核字 (2016) 第 164310 号

责任编辑：王　军　于　平
封面设计：周晓亮
责任校对：曹　阳
责任印制：刘海龙

出版发行：清华大学出版社
网　　址：http://www.tup.com.cn，http://www.wqbook.com
地　　址：北京清华大学学研大厦A座　　**邮　　编：**100084
社 总 机：010-62770175　　**邮　　购：**010-62786544
投稿与读者服务：010-62776969，c-service@tup.tsinghua.edu.cn
质 量 反 馈：010-62772015，zhiliang@tup.tsinghua.edu.cn
印 装 者：三河市春园印刷有限公司
经　　销：全国新华书店
开　　本：185mm×260mm　　**印　　张：**25.5　　**字　　数：**652千字
版　　次：2016年8月第1版　　**印　　次：**2020年8月第5次印刷
定　　价：79.80元

产品编号：069420-02

前　　言

Autodesk 公司的 Revit 是一款三维参数化建筑设计软件，是有效创建信息化建筑模型 (Building Information Modeling，BIM) 的设计工具。Revit 打破了传统的二维设计中平立剖视图各自独立互不相关的协作模式。它以三维设计为基础理念，直接采用建筑师熟悉的墙体、门窗、楼板、楼梯、屋顶等构件作为命令对象，快速创建出项目的三维虚拟 BIM 建筑模型，而且在创建三维建筑模型的同时自动生成所有的平面、立面、剖面和明细表等视图，从而节省了大量的绘制与处理图纸的时间，让建筑师的精力能真正放在设计上而不是绘图上。

0.1 本书内容介绍

本书是以建筑工程专业理论知识为基础，以 Revit 全面而基础的操作为依据，带领读者全面学习 Revit 2016 中文版软件。全书共分 16 章，具体内容详细如下。

第 1 章　主要介绍 Revit 2016 软件的操作界面，并详细介绍了建筑项目文件的创建和设置，以及视图控制操作等方法。此外，还介绍了图元的相关操作，以及在创建建筑模型构件时的基本绘制和编辑方法。

第 2 章　主要介绍标高和轴网的创建与编辑方法。用户可以通过学习标高和轴网的创建来开启建筑设计的第一步。

第 3 章　主要介绍了基本墙和其他类型墙的创建方法，并详细介绍了墙饰条的创建和编辑方法。用户可以通过相关的绘制工具来创建墙体，也可以利用内建模型工具进行创建。

第 4 章　主要介绍幕墙的绘制方法，以及相应幕墙的编辑方法。此外，还详细介绍了幕墙系统的创建和编辑方法。

第 5 章　主要介绍建筑柱、结构柱的创建和编辑方法，以及梁、梁系统和结构支撑的创建和编辑方法。

第 6 章　主要介绍门和窗的插入方法，以及相应的编辑操作。此外，还详细介绍幕墙门窗的嵌套方法。

第 7 章　主要介绍楼地层的基本知识及在 Revit 中楼板、楼板边和天花板的创建与编辑方法。

第 8 章　主要介绍各种类型屋顶的创建及编辑方法，以及常见洞口的创建方法，从而掌握建筑模型中屋顶与洞口的基本操作。

第 9 章　主要介绍楼梯与坡道的创建方法，以及与其相关的扶手、楼板边缘、室外台阶、雨篷等创建方法。

第 10 章　主要学习场地的相关设置，以及与场地关联的地形表面、场地构件的创建与编辑基本方法，从而完善项目的建立。

第 11 章　在该章节中，除了掌握体量族的创建方法外，还能够对创建好的三维形状表面可以做一些复杂的处理，来实现形状表面肌理多样化。

第 12 章　在该章节中，将了解 Revit 明细表的各种类型，以及创建方法、编辑方法与导出方式，从而将项目中的各种参数详细列出，帮助后期施工顺利进行。

第 13 章 在该章节中将介绍 Revit 中的各种注释，比如尺寸标注、文字、标记以及符号等注释，从而掌握这些注释的创建与应用方法。

第 14 章 主要学习图纸的创建、布置、编辑、项目信息等设置方法，以及各种导出与打印方式。

第 15 章 主要介绍材质外观的设置方法，以及相关的渲染设置方法，并详细介绍了渲染操作过程的方法。此外，还介绍了日光和阴影，以及漫游操作的相关知识点，使用户对渲染的整个流程有清晰的认识。

第 16 章 主要介绍族的相关概念，并系统阐述了系统族、可载入族和内建族的载入和创建方法，使用户对族有全面而深刻的了解与认识。

0.2 本书主要特色

本书是指导初学者学习 Revit 2016 中文版绘图软件的标准教程。书中详细地介绍了 Revit 2016 强大的绘图功能及其应用技巧，使读者能够利用该软件方便快捷地绘制工程图样。本书主要特色介绍如下。

内容的全面形和实用性

在定制本教程的知识框架时，就将写作的重心放在体现内容的全面性和实用性上。因此从提纲的定制以及内容的编写力求将 Revit 专业知识全面囊括。

知识的系统性

从整本书的内容安排上不难看出，全书的内容是一个循序渐进的过程，即讲解建筑建模的整个流程，环环相扣，紧密相联。

知识的拓展性

为了拓展读者的建筑专业知识，书中在介绍每个绘图工具时，都与实际的建筑构件绘制紧密联系，并增加了建筑绘图的相关知识、涉及的施工图的绘制规律、原则、标准以及各种注意事项。

0.3 本书适用的对象

本书紧扣工程专业知识，不仅带领读者熟悉该软件，而且可以了解建筑的设计过程，特别适合作为高职类大专院校建筑、土木专业等专业的标准教材。全书共分为 16 章，安排 35 ~ 40 个课时。

本书是真正面向实际应用的 Revit 基础图书。全书由高校建筑专业教师联合编写，力求内容的全面性、递进性和实用性。全书内容丰富、结构合理，不仅可以作为高校、职业技术院校建筑和土木等专业的初中级培训教程，而且还可以作为广大从事 Revit 工作的工程技术人员的参考书。

本书由郭进保编著，参与本书编著的还有温玲娟、张瑞萍、吴东伟、马晓玉、石玉慧、李乃文、王中行、王晓军、李旎、刘凌霞、倪宝童、石磊、王咏梅、唐有明、张东平、连彩霞、闫琰等。本书在编写过程中难免会有漏洞，欢迎读者通过清华大学出版社网站 www.tup.tsinghua.edu.cn 与我们联系，帮助我们改正提高。

本书涉及范例可通过 http://www.tupwk.com.cn/ 网站下载。

目　录

第 1 章

Revit 建筑设计基础

Autodesk 公司的 Revit 是一款三维参数化建筑设计软件，是有效创建建筑信息模型 (Building Information Modeling，BIM) 的设计工具。Revit 打破了传统的二维设计中平、立、剖视图各自独立互不相关的协作模式。它以三维设计为基础理念，直接采用建筑师熟悉的墙体、门窗、楼板、楼梯、屋顶等构件作为命令对象，快速创建出项目的三维虚拟 BIM 建筑模型，而且在创建三维建筑模型的同时自动生成所有的平面、立面、剖面和明细表等视图，从而节省了大量的绘制与处理图纸的时间，让建筑师的精力能真正放在设计上而不是绘图上。

本章主要介绍 Revit 2016 软件的操作界面，详细介绍建筑项目文件的创建和设置，以及视图控制操作等方法。此外，还介绍图元的相关操作，以及在创建建筑模型构件时的基本绘制和编辑方法。

本章学习目标

- 熟悉 BIM 相关的设计理念
- 熟悉 Revit 2016 软件建筑设计方面的基本功能和新增功能
- 熟悉 Revit 2016 软件的操作界面
- 掌握视图控制的相关方式
- 掌握项目文件的创建和设置方法
- 掌握常用的图元操作方法

1.1 BIM基础与Revit建筑设计

BIM(Building Information Modeling)，中文名称“建筑信息模型”，由Autodesk公司在2002年率先提出，现已在全球范围内得到业界的广泛认可，被誉为工程建设行业实现可持续设计的标杆。

1.1.1 BIM简介

BIM是以三维数字技术为基础，集成了建筑工程项目中各种相关信息的工程数据模型，可以为设计和施工提供相协调的、内部保持一致的并可进行运算的信息。简单来说，BIM通过计算机建立三维模型，并在模型中存储了设计师所需要的所有信息，例如平面、立面和剖面图纸，统计表格，文字说明和工程清单等；且这些信息全部根据模型自动生成，并与模型实时关联。

1. BIM技术概述

BIM是指通过数字化技术建立虚拟的建筑模型，也就是提供了单一的、完整一致的、逻辑的建筑信息库。它是三维数字设计、施工、运维等建设工程全生命周期解决方案，如图1-1所示。

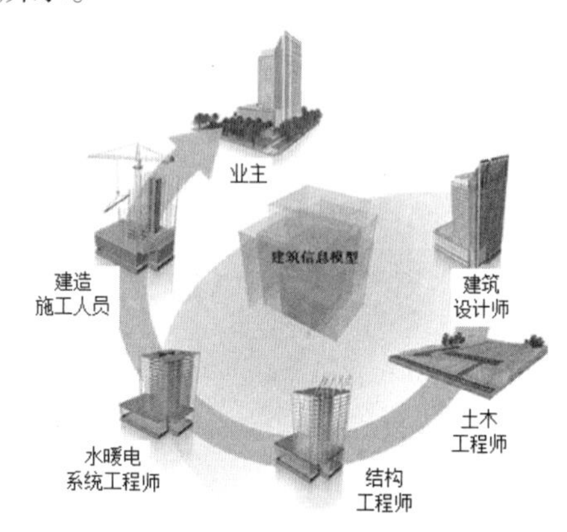

图1-1 建筑全生命周期中的BIM

2. BIM基本特点

可视化：即“所见即所得”的形式。BIM提供了可视化的思路，让人们将以往的线条式的构件形成一种三维的立体实物图形并展示出来，效果如图1-2所示。

图1-2 可视化效果图

协调性：在建筑物建造前期对各专业的碰撞问题进行协调，生成协调数据。还可以解决如下问题：电梯井布置与其他设计布置及净空要求之协调，防火分区与其他设计布置之协调，地下排水布置与其他设计布置之协调等，效果如图1-3所示。

模拟性：模拟性并不是只能模拟设计出的建筑物模型，还可以模拟不能在真实世界中进行操作的事物，效果如图1-4所示。

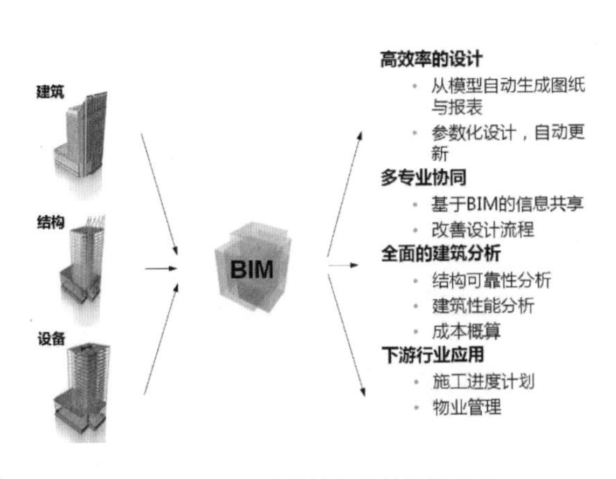

图 1-3　BIM 在设计阶段的协同作用

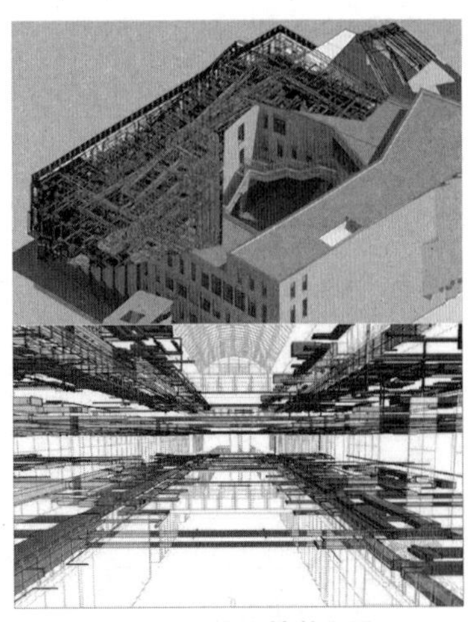

图 1-4　模拟性效果图

优化性：BIM 模型提供了建筑物的实际存在的信息，包括几何信息、物理信息、规则信息，还提供了建筑物变化以后的实际存在的信息，其配套的各种优化工具提供了对复杂项目进行优化的可能性，如图 1-5 所示。

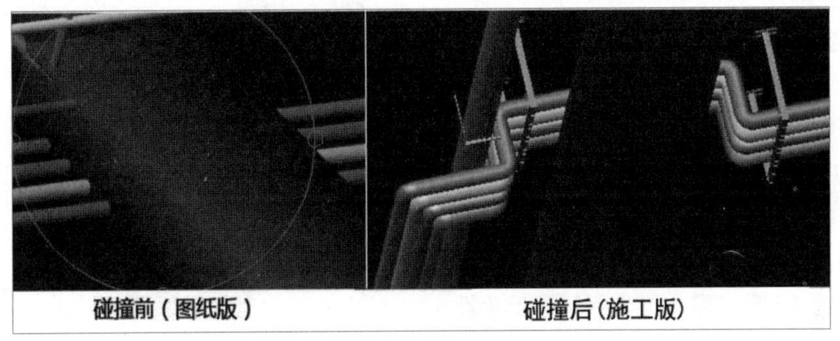

图 1-5　优化性效果图

可出图性：BIM 通过对建筑物进行可视化展示、协调、模拟和优化，可以帮助用户输出以下图纸——综合管线图（经过碰撞检查和设计修改，消除了相应错误以后）、综合结构留洞图（预埋套管图），以及碰撞检查侦错报告和建议改进方案，如图 1-6 所示。

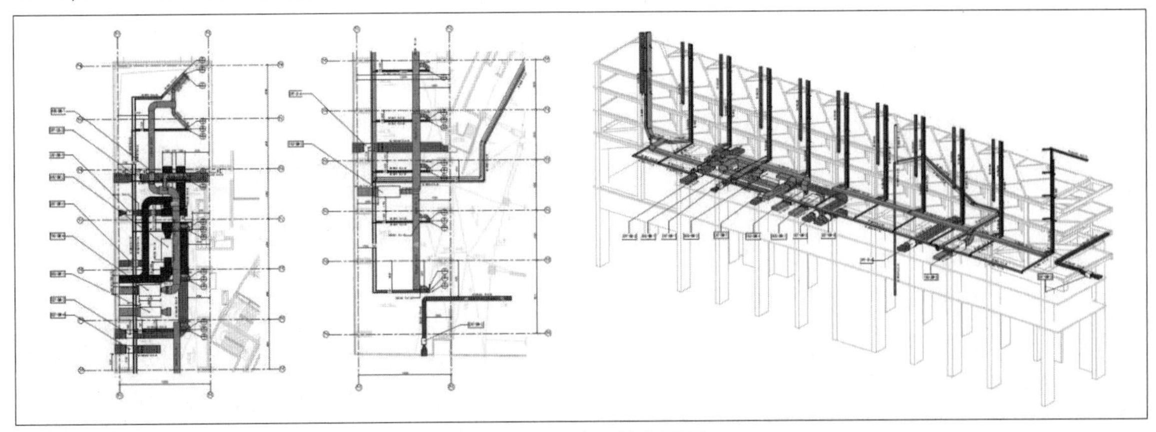

图 1-6　可出图性效果图

3. BIM 技术优势

BIM 技术体系在建筑方案设计方面可以提高设计效率，快速进行各种统计工作，其具体优势如图 1-7 所示。

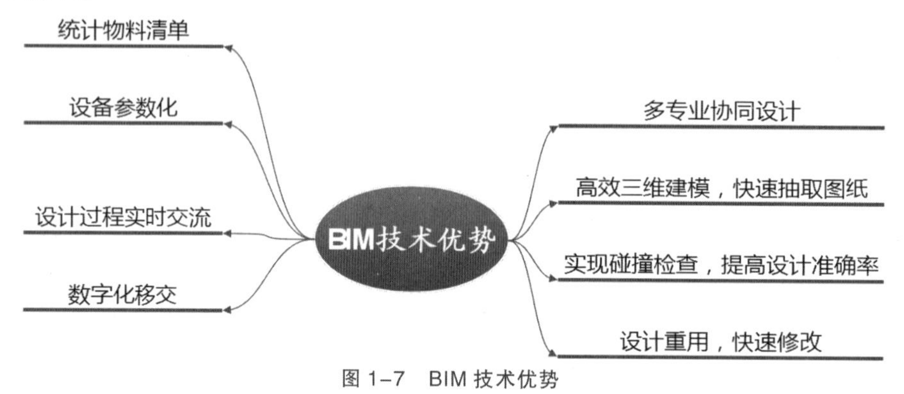

图 1-7　BIM 技术优势

1.1.2 BIM 与 Revit

BIM(建筑信息模型)是以建筑工程项目的各项相关信息数据作为模型的基础，进行建筑模型的建立，即所谓的数字建筑。BIM 是建筑行业的一种全新理念，也是当今建筑工程软件开发的主流技术，而 Revit 系列软件就是专为 BIM(建筑信息模型)构建的。其利用软件内的墙、楼板、窗、楼梯和幕墙等各种构件来构建 BIM，可帮助建筑设计师设计、建造和维护质量更好、能效更高的建筑。

Revit 是 Autodesk 公司的一套系列软件的名称，是专门为建筑信息模型而构建的。Autodesk Revit 作为一种应用程序提供，结合了 Revit Architecture、Revit MEP 和 Revit Structure 软件的功能，内容涵盖了建筑、结构、机电、给排水和暖通专业，是 BIM 领域内最为知名、应用范围最为广泛的软件，如图 1-8 所示。

此外，Revit 软件的双向关联性、参数化构件、直观的用户操作界面、冲突检测、增强的互操作性、支持可持续性设计、工作共享监视器以及批量打印等功能，都很大程度上解放了建筑设计者，可以让建筑师将精力真正放在设计上而不是绘图上。

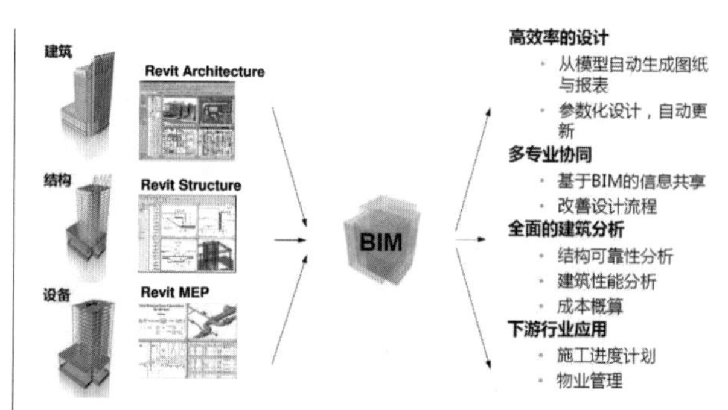

图 1-8　Revit 与 BIM 的关系

从 2013 版本开始，Autodesk 公司将原来的 Revit Architecture、Revit MEP 和 Revit Structure 三个独立的专业设计软件合为 Revit 这个行业设计软件，方便了全专业协同设计。在 Revit 2016 软件中，强大的建筑设计工具可以帮助用户捕捉和分析概念，以及保持从设计到建模的各个阶段的一致性。

1.1.3 Revit 建筑设计简介

在 Revit 2016 软件中，其专业的建筑设计功能打破了传统的二维设计中平、立、剖视图各自独立互不相关的协作模式。它以三维设计为基础理念，直接采用建筑师熟悉的墙体、门窗、楼板、楼梯、屋顶等构件作为命令对象，快速创建出项目的三维虚拟 BIM 建筑模型。

1. 概述

Revit 建筑设计领域（原先的 Revit Architecture 软件）是针对广大建筑设计师和工程师开发的三维参数化建筑设计的软件。利用 Revit 软件的建筑设计工具可以让建筑师在三维设计模式下，方便地推敲设计方案，快速表达设计意图，创建三维 BIM 模型，并以三维 BIM 模型为基础，自动生成所需的建筑施工图，从概念到方案，最终完成整个建筑设计过程。由于 Revit 软件功能的强大，且易学易用，目前已经成为建筑行业内使用最为广泛的三维参数化建筑设计软件。

2. 应用特点

了解 Revit 建筑设计的应用特点，才能更好地结合项目需求，做好项目应用的整体规划。其主要应用特点如下所述：

首先要建立三维设计和建筑信息模型的概念，创建的模型具有现实意义：例如，创建墙体模型，它不仅有高度的三维模型，而且具有构造层，有内外墙的差异，有材料特性、时间及阶段信息等。所以创建模型时，这些都要根据项目应用需要加以考虑。

关联特性：平、立、剖图纸与模型、明细表的实时关联，即一处修改，处处修改的特性；墙和门窗的依附关系，墙能附着于屋顶楼板等主体的特性；栏杆能指定坡道楼梯为主体；尺寸、标记与对象的关联关系等特性。

参数化设计的特点：类型参数、实例参数、共享参数等对构件的尺寸、材质、可见性、项目信息等属性的控制。不仅是建筑构件的参数化，而且可以通过设定约束条件实现标准化设计，如整幢建筑单位的参数化、工艺流程的参数化、标准厂房的参数化设计。

设置限制性条件，即约束：如设置构件与构件、构件与轴线的位置关系，设定调整变化时的相对位置变化的规律。

协同设计的工作模式：工作集（在同一个文件模型上协同）和链接文件管理（在不同文件模型上协同）。

阶段性：阶段的应用引入了时间的概念，实现四维的设计施工建造管理的相关应用。阶段设置可以和项目工程进度相关联。

实时统计工程量的特性：可以根据阶段的不同，按照工程进度的不同阶段分期统计工程量。

3. 参数化

参数化设计是 Revit 建筑设计的一个重要特征。其分为两部分：参数化图元和参数化修改引擎。

其中，在 Revit 建筑设计过程中的图元都以构件的形式出现，这些构件之间的不同，是通过参数的调整反映出来的，参数保存了图元作为数字化建筑构件的所有信息。

而参数化修改引擎提供的参数更改技术，则可以使用户对建筑设计或文档部分所做的任何改动，自动地在其他相关联的部分反映出来。Revit 建筑设计工具采用智能建筑构件、视图和注释符号，使每一个构件都可以通过一个变更传播引擎互相关联。且构件的移动、删除和尺寸的改动所引起的参数变化会引起相关构件的参数产生关联的变化。任何一个视图下所发生的变更都能参数化地、双向地传播到所有视图，以保证所有图纸的一致性，从而不必逐一地对所有视图进行修改，提高了工作效率和工作质量。

1.1.4 Revit 建筑设计的基本功能

Revit 软件能够帮助用户在项目设计流程前期探究最新颖的设计概念和外观，并能在整个施工文档中忠实地传达设计理念。Revit 建筑设计面向 BIM 而构建，支持可持续设计、冲突检测、施工规划和建造，同时还可以使用户和工程师、承包商与业主更好地沟通协作。其设计过程中的所有变更都会在相关设计和文档中自动更新，实现更加协调一致的流程，获得更加可靠的设计文档。Revit 建筑设计的基本功能如下所述：

概念设计功能

Revit 的概念设计功能提供了自由形状建模和参数化设计工具，并且可以使用户在方案阶段及早对设计进行分析。

用户可以自由绘制草图，快速创建三维形状，交互式地处理各种形状；可以利用内置的工具构思并表现复杂的形状，准备用于预制和施工环节的模型。且随着设计的推进，Revit能够围绕各种形状自动构建参数化框架，提高用户设计的精确性和灵活性。此外，从概念模型直至施工文档，所有设计工作都在同一个直观的环境中完成。

建筑建模功能

Revit 的建筑建模功能可以帮助用户将概念形状转换成全功能建筑设计。用户可以选择并添加面，由此设计墙、屋顶、楼层和幕墙系统，并可以提取重要的建筑信息，包括每个楼层的总面积。此外，用户还可以将基于相关软件应用的概念性体量转换为 Revit 建筑设计中的体量对象，进行方案设计。

详图设计功能

Revit 附带丰富的详图库和详图设计工具，能够进行广泛的预分类，并且可轻松兼容 CSI 格式。用户可以根据公司的标准创建、共享和定制详图库。

材料算量功能

利用材料算量功能计算详细的材料数量。材料算量功能非常适合用于计算可持续设计项目中的材料数量和估算成本，显著优化材料数量跟踪流程。随着项目的推进，Revit 的参数化变更引擎将随时更新材料统计信息。

冲突检测功能

用户可以使用冲突检测功能扫描创建的建筑模型，查找构件间的冲突。

设计可视化功能

Revit 的设计可视化功能可以创建并获得如照片般真实的建筑设计创意和周围环境效果图，使用户在实际动工前体验设计创意。Revit 中的渲染模块工具能够在短时间内生成高质量的渲染效果图，展示出令人震撼的设计作品。

1.1.5 Revit 2016 的新增功能

Revit 2016 较 Revit 2015 及之前版本整体性能提高，加快了对模型的更新，使用时更加顺畅，同时也调整了功能模块。使该新版软件可以帮助设计者更加快捷地完成设计任务。Revit 2016 的主要新增功能如下：

1. 更改绘图区域的背景颜色

启动 Revit 并新建空白项目后，得到的是白色背景的项目文件。而在 Revit 2016 版本中，则可以随意更改项目文件的背景颜色。方法是：单击【应用程序菜单栏】按钮后，单击【选项】按钮，在【选项】对话框中选择【图形】选项，即可查看到【颜色】选项组中的【背景】选项为“白色”，如图 1-9 所示。

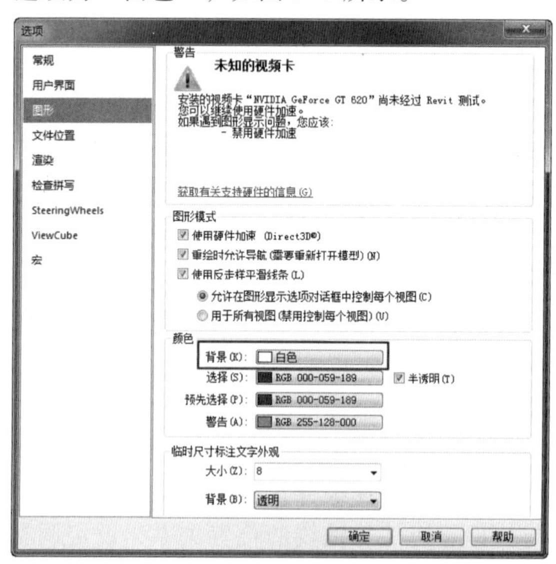

图 1-9 白色背景

单击【背景】选项右侧的色块按钮，在打开的【颜色】对话框中，任意选中某种颜色，如图 1–10 所示。

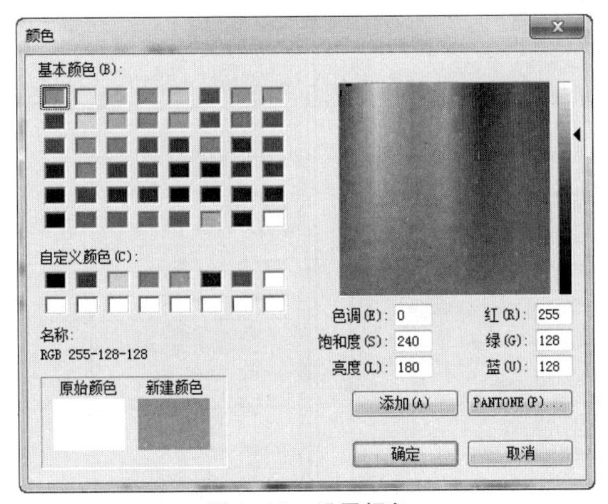

图 1–10　设置颜色

连续单击【确定】按钮后，即可在 Revit 2016 中查看项目文件的背景颜色，如图 1–11 所示。

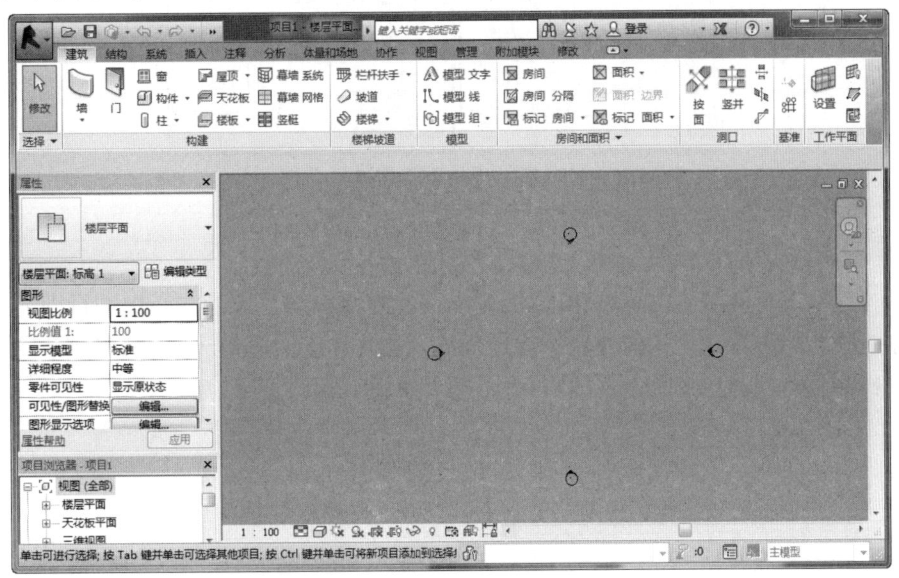

图 1–11　更改后的项目文件的背景颜色

2. 搜索功能

在 Revit 2016 中新增了三类搜索功能，分别为类型搜索、详图索引参照视图搜索以及对象样式编辑修改搜索。其中，类型搜索是在放置一些墙体、族或门窗时，在【属性】面板中增加了一个搜索功能，在项目载入类型多时起到定位功能，如图 1–12 所示。

> **提示** 详图索引参照视图搜索是在参照其他视图而当前视图比较多时可以进行搜索；对象样式编辑修改搜索是在【对象样式】对话框中，对线型的大小、类型进行直接的输入搜索。

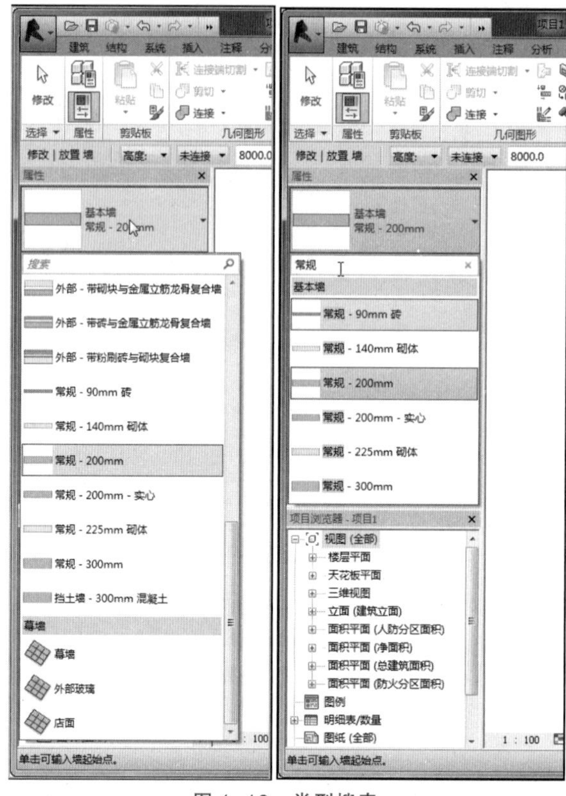

图 1-12　类型搜索

3. 在透视图中编辑图元

在新版本中，透视图不仅能用来预览建筑模型的立体效果，还能在其中进行图元编辑，例如移动、复制、旋转等。方法是：切换至透视图模式，右击 ViewCube 导航，选择列表中新增的【切换到平行三维视图】选项，即可选中某个图元进行编辑，如图 1-13 所示。

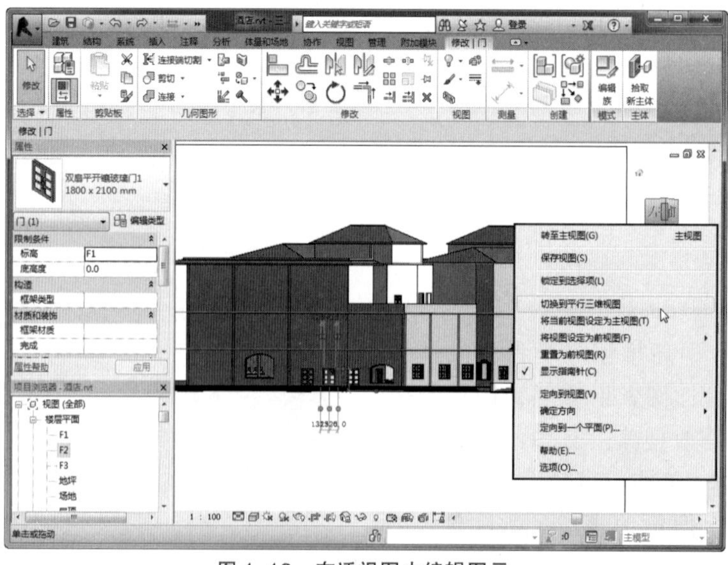

图 1-13　在透视图中编辑图元

4. 选择框快速隔离图元

在三维视图中，当选中任意一个图元后，单击【修改】选项卡中【视图】选项组中新增的【选择框】按钮，即可快速将选中的图元隔离，如图 1-14 所示。

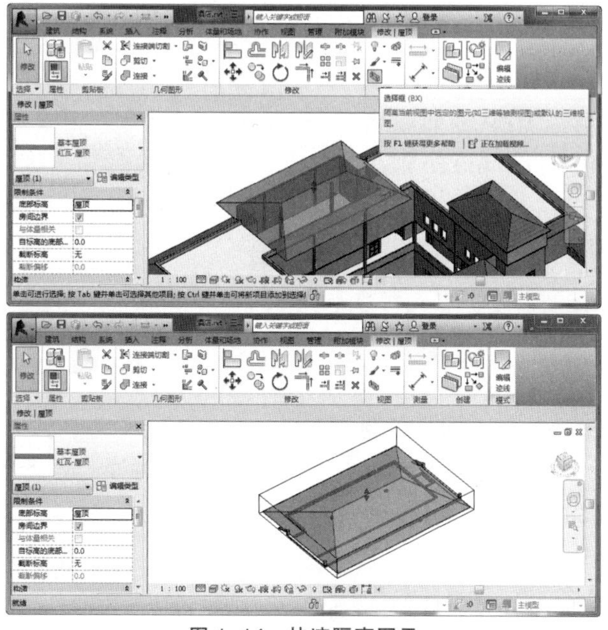

图 1-14　快速隔离图元

5. 显示约束功能

在 Revit 2016 中，视图控制栏中新增了【显示约束】按钮。单击该按钮后，即可查看当前视图中所有的尺寸约束，如图 1-15 所示。

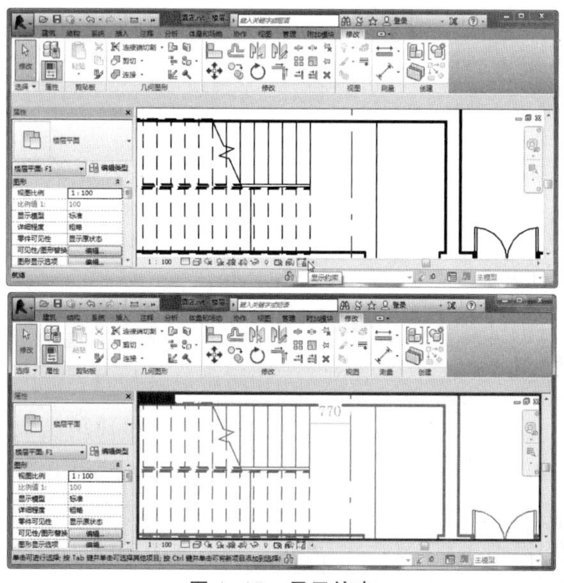

图 1-15　显示约束

6. 重绘期间允许导航

在 Revit 旧版本中，当在三维视图中进行缩放或平移操作时，所有的图元都有一个重新生成的过程，仅在所有图元生成完毕后才能够显示。而在新版本中，当在三维视图中进行缩放或平移操作时，发现所有图元不会消失，过渡非常平滑。

7. 预制零件

在 Revit 2016 版本中，MEP 专业新增了预制详图功能，用于创建 LOD400 级别的机电管线预制模型，如图 1-16 所示。

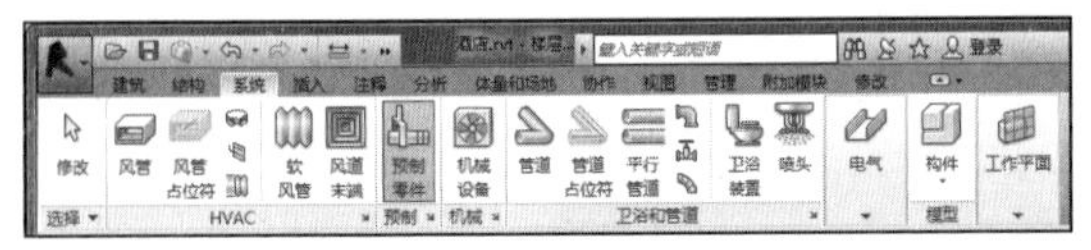

图 1-16　预制零件选项

与原有的风管、管道等功能不同，预制详图功能不再使用原有的 Revit 风管系统族和管件族，而是使用在 AutodeskFabrication 产品中生成的预制零件，如图 1-17 所示。

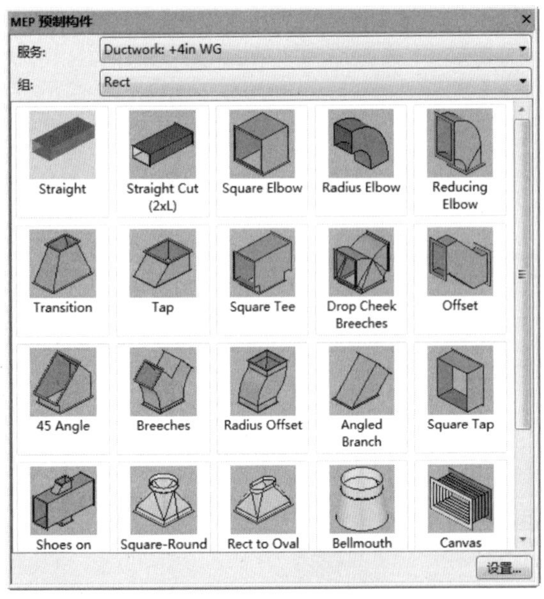

图 1-17　预制构件

> **提示**　这些预制零件的集合称为预制部件(Fabrication Configuration)，它以特定的格式保存在一个目录中，用户无法通过 Revit 进行编辑。

8. 文件升级

当在 Revit 2016 中打开早期版本的 Revit 模型时，该模型可能需要升级到当前版本。新对话框会指示文件版本以及将要升级的版本，如图 1-18 所示。模型会升级到最近安装的软件版本，然后在软件中打开。

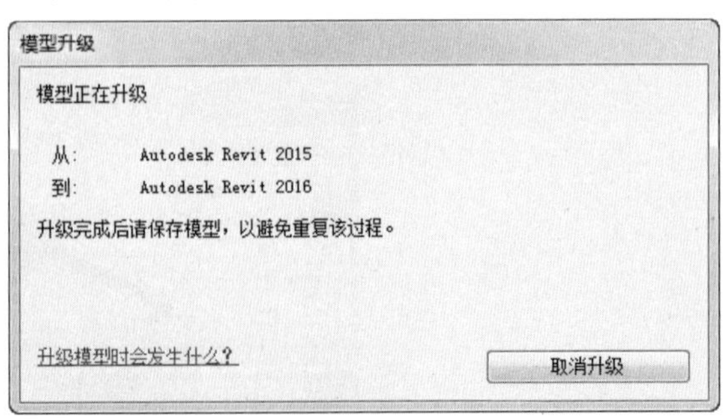

图 1-18　【模型升级】对话框

> **提示**　保存升级的模型以避免重复升级过程。而在保存升级的模型后，无法再通过早期版本使用该模型。如果取消升级，模型将不会升级或打开，最近安装的软件版本不会启动。

1.1.6　Revit 建筑设计的基本术语

Autodesk 公司的 Revit 2016 是一款三维参数化建筑设计软件，是有效创建建筑信息模型的设计工具。在学习 Revit 2016 软件进行建筑建模设计之前，首先需要对相关的基本专业术语有一定的了解。

1. 项目

在 Revit 建筑设计中新建一个文件是指新建一个“项目”文件，有别于传统 AutoCAD 中的新建一个平面视图或立剖面图等文件的概念。

在 Revit 中，项目是指单个设计信息数据库——建筑信息模型。项目文件包含了建筑的所有设计信息(从几何图形到构造数据)，包括完整的三维建筑模型、所有设计视图(平、立、剖、明细表等)和施工图图纸等信息。且所有这些信息之间都保持了关联关系，当建筑师在某个视图中修改设计时，Revit 会在整个项目中同步这些修改，实现了“一处修改，处处更新”。

2. 图元

在创建项目时，用户可以通过向设计中

添加参数化建筑图元来创建建筑。在 Revit 中，图元主要分为 3 种：模型图元、基准图元和视图专有图元。

模型图元 几何图形，显示在模型的相关视图中，如墙、窗模型图元又分为以下两种类型：

主体 通常在项目现场构建的建筑主体图元，如墙、屋顶等。

模型构件 指建筑主体模型之外的其他所有类型的图元，如窗、门和橱柜等。

基准图元 可以帮助定义项目定位的图元，如轴网、标高和参照平面等。

视图专有图元 该类图元只显示在放置这些图元的视图中，可以帮助对模型进行描述和归档，如尺寸标注、标记和二维详图构件等。视图专有图元又分为以下两种类型：

注释图元 指对模型进行标记注释，并在图纸上保持比例的二维构件，如尺寸标注、标记和注释记号等。

详图 指在特定视图中提供有关建筑模型详细信息的二维设计信息图元，如详图线、填充区域和二维详图构件等。

3. 类别

类别是一组用于对建筑设计进行建模或记录的图元，用于对建筑模型图元、基准图元、视图专有图元进一步分类。例如墙、屋顶和梁属于模型图元类别，而标记和文字注释则属于注释图元类别。

4. 族

族是某一类别中图元的类，用于根据图元参数的共用、使用方式的相同或图形表示的相似来对图元类别进一步分组。一个族中不同图元的部分或全部属性可能有不同的值，但是属性的设置（其名称和含义）是相同的。例如，结构柱中的“圆柱”和“矩形柱”都是柱类别中的一个族。

5. 类型

每一个族都可以拥有多个类型。类型可以是族的特定尺寸，如 450mm×600mm、600mm×750mm 的矩形柱都是“矩形柱”族的一种类型；类型也可以是样式，例如“线性尺寸标注类型”、“角度尺寸标注类型”都是尺寸标注图元的类型。

类别、族和类型的相互关系如图 1-19 所示。

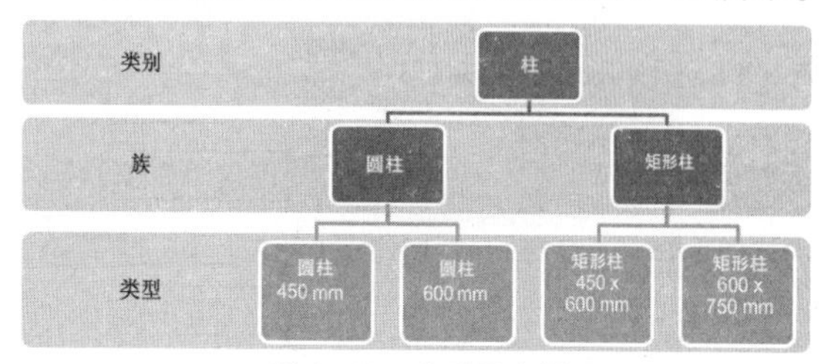

图 1-19 关系示意图

6. 实例

实例是放置在项目中的每一个实际的图元。每一个实例都属于一个族，且在该族中属于特定类型。例如，在项目中的轴网交点位置放置了 10 根 600mm×750mm 的矩形柱，那么每一根柱子都是“矩形柱”族中“600mm×750mm”类型的一个实例。

1.1.7 Revit 2016 的界面

在学习 Revit 软件之前，首先要了解 2016 版 Revit 的操作界面。新版软件更加人性化，不仅提供了便捷的操作工具，便于初级用户快速熟悉操作环境，同时对于熟悉该软件的用户而言，操作将更加方便。

用鼠标左键双击桌面的“Revit 2016”软件快捷启动图标，系统将打开如图 1-20 所示的软件操作界面。

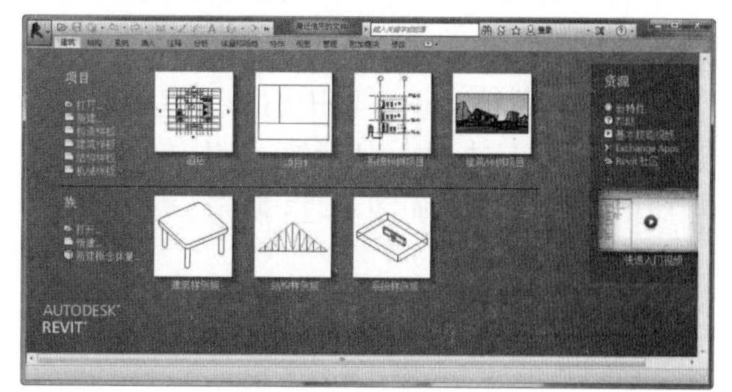

图 1-20 启动界面

此时，单击界面中的最近使用过的项目文件，或者单击【项目】选项组中的【新建】按钮，然后选择一个样板文件，并单击【确定】按钮，即可进入 Revit 2016 操作界面，如图 1–21 所示。

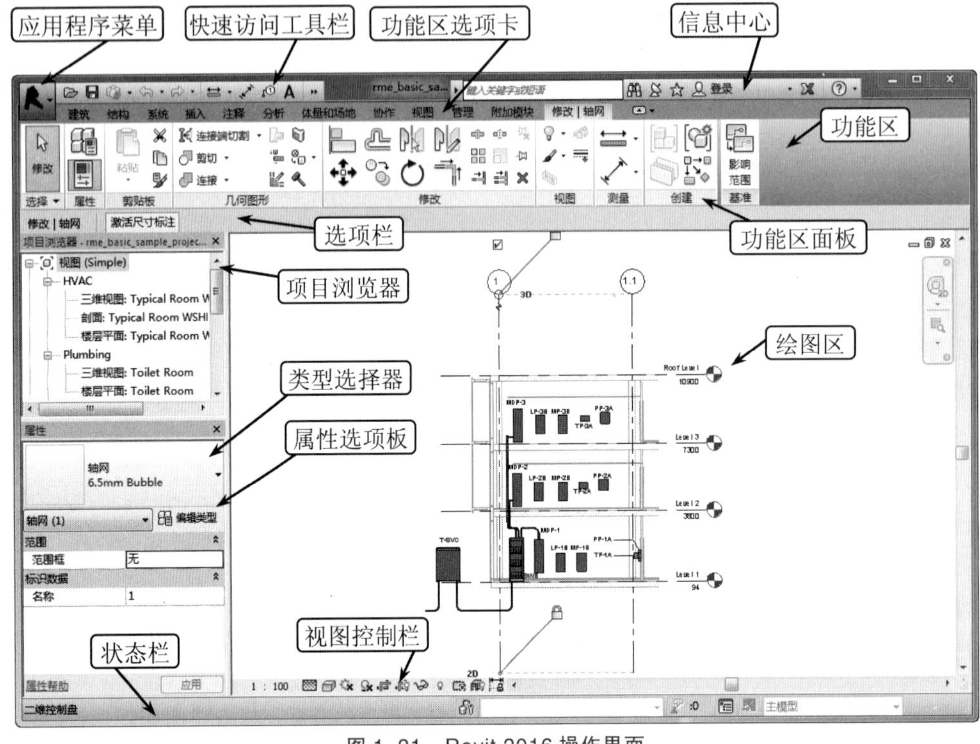

图 1–21　Revit 2016 操作界面

Revit 2016 操作界面主要包含应用程序菜单、快速访问工具栏、功能区、绘图区和项目浏览器等，各部分选项的含义介绍如下：

1. 应用程序菜单

单击主界面的左上角图标，系统将展开应用程序菜单，如图 1–22 所示。该菜单中提供了【新建】、【打开】、【保存】、【另存为】和【导出】等常用文件操作命令。在该菜单的右侧，系统还列出了最近使用的文档名称列表，用户可以快速打开近期使用的文件。

此外，若单击该菜单中的【选项】按钮，系统将打开【选项】对话框，用户可以进行相应的参数设置，如图 1–23 所示。

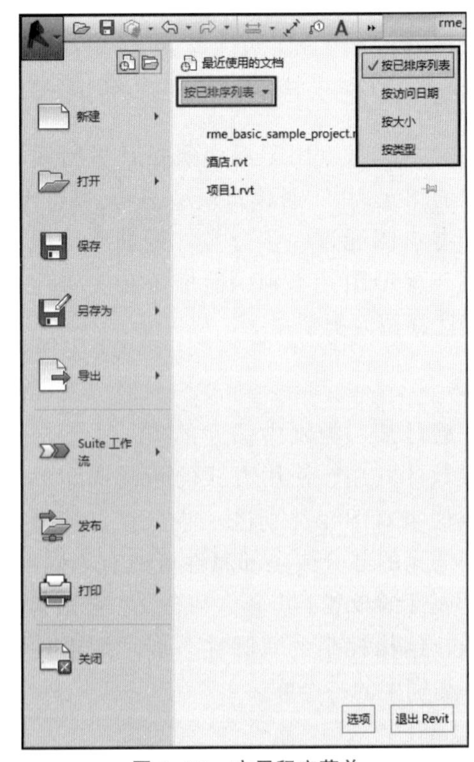

图 1–22　应用程序菜单

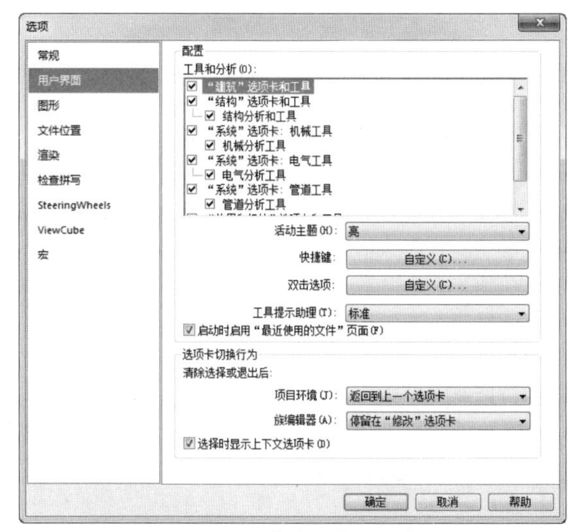

图 1-23 【选项】对话框

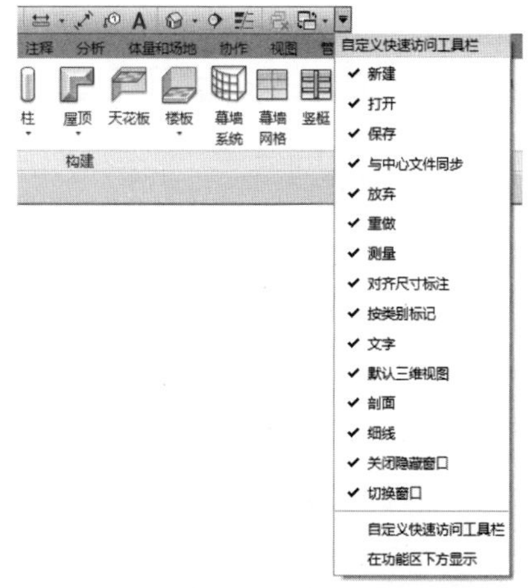

图 1-24 快速访问工具栏的下拉菜单

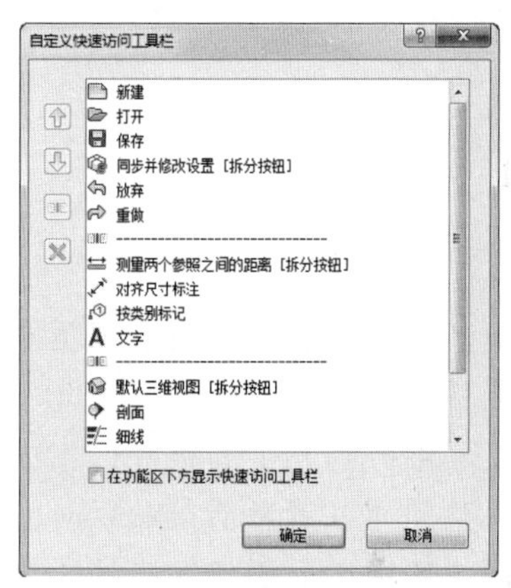

图 1-25 【自定义快速访问工具栏】对话框

2. 快速访问工具栏

在主界面左上角图标的右侧，系统列出了一排相应的工具图标，即快速访问工具栏，用户可以直接单击相应的按钮进行命令操作。

若单击该工具栏最后端的下拉三角箭头，系统将展开工具列表，如图 1-24 所示。此时，从下拉列表中勾选或取消勾选命令即可显示或隐藏命令。

此时，若选择【自定义快速访问工具栏】选项，系统将打开【自定义快速访问工具栏】对话框，如图 1-25 所示。用户可以自定义快速访问工具栏中显示的命令及顺序。

而若选择【在功能区下方显示快速访问工具栏】选项，则该工具栏的位置将移动到功能区下方显示，且该选项命令将同时变为【在功能区上方显示快速访问工具栏】，如图 1-26 所示。

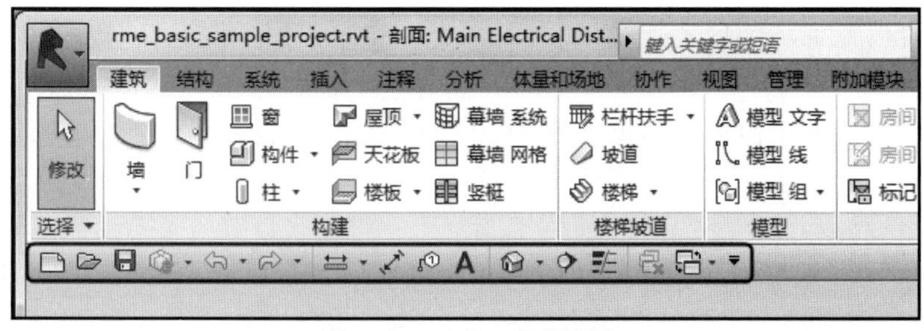

图 1-26 变换工具栏位置

此外，若要向快速访问工具栏中添加功能区的工具按钮，可以在功能区中单击鼠标右键，在弹出的快捷菜单中选择【添加到快速访问工具栏】选项，该工具按钮即可添加到快速访问工具栏中默认命令的右侧，如图 1-27 所示。

图 1-27　添加工具按钮

3. 功能区

功能区位于快速访问工具栏的下方，是创建建筑设计项目所有工具的集合。Revit 2016 将这些命令工具按类别放在不同的选项卡面板中，如图 1-28 所示。

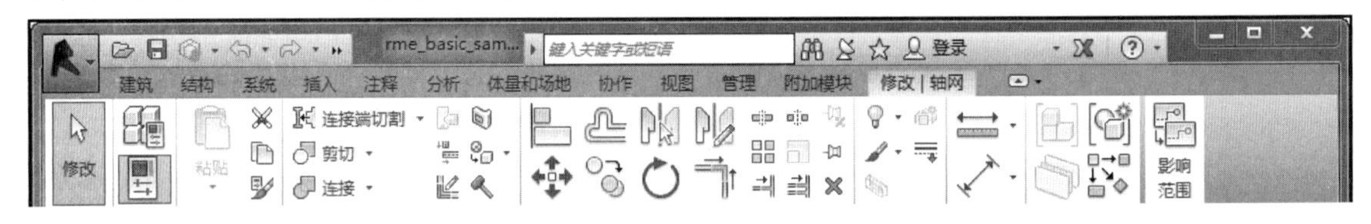

图 1-28　功能区

功能区包含功能区选项卡、功能区子选项卡和面板等部分。其中，每个选项卡都将其命令工具细分为几个面板进行集中管理。而当选择某图元或者激活某命令时，系统将在功能区主选项卡后添加相应的子选项卡，且该子选项卡中列出了和该图元或命令相关的所有子命令工具，用户不必再在下拉菜单中逐级查找子命令。

此外，用户还可以通过以下操作，自定义功能区中的面板位置和视图状态：

移动面板　单击某个面板标签并按住鼠标左键，将该面板拖到功能区上所需的位置放开鼠标即可。

浮动面板　单击某个面板标签并按住鼠标左键，将该面板拖到绘图区放开鼠标左键即可。此外，如果需要将浮动面板复位，可以移动鼠标到浮动面板上，此时浮动面板两侧将显示深色背景条，单击右上角的【将面板返回到功能区】按钮即可，效果如图 1-29 所示。

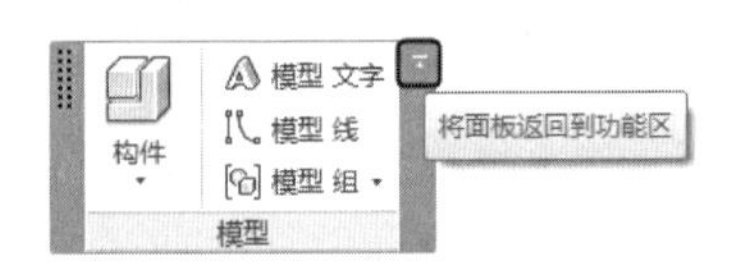

图 1-29　复位浮动面板

功能区视图状态　单击选项卡最右侧的下拉工具按钮，可以使功能区在【最小化为选项卡】、【最小化为面板标题】、【最小化为面板按钮】和【循环浏览所有项】这 4 种状态之间循环切换，效果如图 1-30 所示。

图 1-30　切换功能区视图状态

4. 选项栏

功能区下方即为选项栏，当用户选择不同的工具命令，或者选择不同的图元时，选项栏中将显示与该命令或图元相关的选项，可以进行相应参数的设置和编辑。

5. 项目浏览器

选项栏下方且位于软件界面左侧上方的即为项目浏览器，如图 1-31 所示。项目浏览器用于显示当前项目中的所有视图、明细表、图纸、族、组、链接的 Revit 模型和其他部分的目录树结构。展开和折叠各分支时，系统将显示下一层目录。

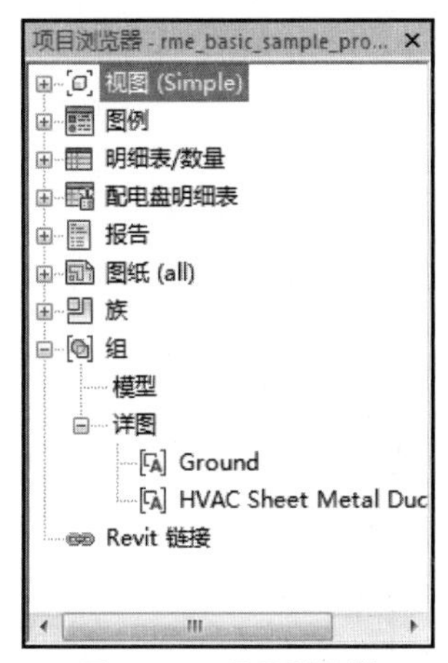

图 1-31　项目浏览器

项目浏览器的形式和操作方式类似于 Windows 的资源管理器，双击视图名称即可打开视图；选择视图名称后单击鼠标右键即可找到复制、重命名和删除等视图编辑命令。

6. 属性选项板

项目浏览器下方的浮动面板即为属性选项板。当选择某图元时，属性选项板会显示该图元的图元类型和属性参数等，如图 1-32 所示。该选项板主要由以下三部分组成：

类型选择器　选项板上面一行的预览框和类型名称即为图元类型选择器。用户可以单击右侧的下拉箭头，从列表中选择已有的合适的构件类型来直接替换现有类型，而不需要反复修改图元参数。

图 1-32　【属性】选项板

实例属性参数　选项板下面的各种参数列表框显示了当前选择图元的各种限制条件：图形类、尺寸标注类、标识数据类、阶段类等实例参数及其值。用户可以方便地通过修改参数值来改变当前选择图元的外观尺寸等。

编辑类型　单击【编辑类型】按钮，系统将打开【类型属性】对话框，如图 1-33 所示。用户可以复制、重命名对象类型，并可以通过编辑其中的类型参数值来改变与当前选择图元同类型的所有图元的外观尺寸等。

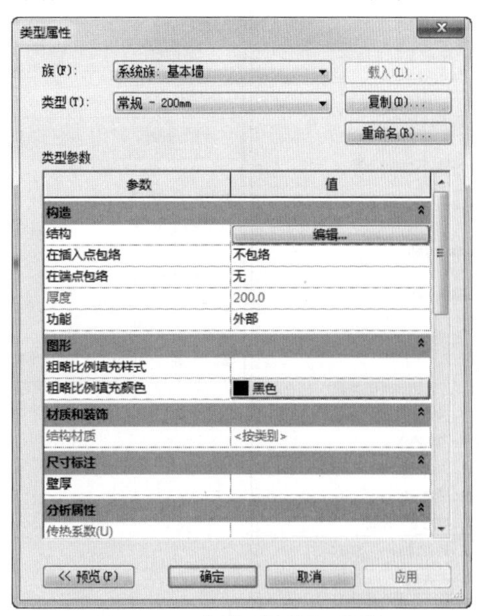

图 1-33　【类型属性】对话框

在 Revit 2016 版本中，【属性】选项板还增加了搜索功能。当类型较多时，该功能能够起到定位作用。方法是：选中视图中的某个图元，这里选择的是墙体，【属性】选项板中显示的是墙体的属性，如图 1-34 所示。

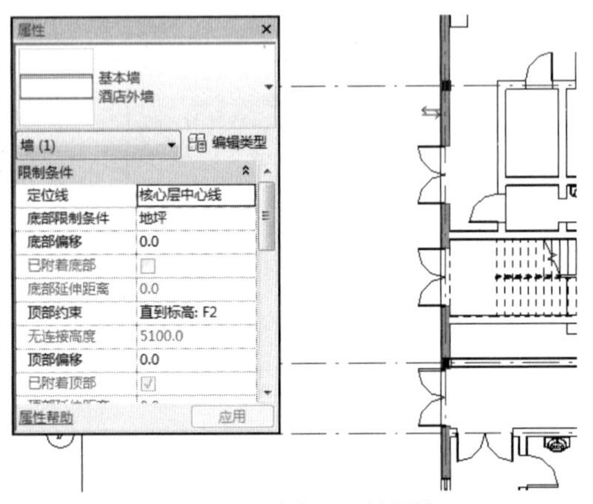

图 1-34　选中图元的属性

单击墙体类型后，在下拉列表顶部位置显示搜索文本框。在搜索文本框中输入要搜索的文本，比如酒店，即可显示有关酒店的类型，如图 1-35 所示。

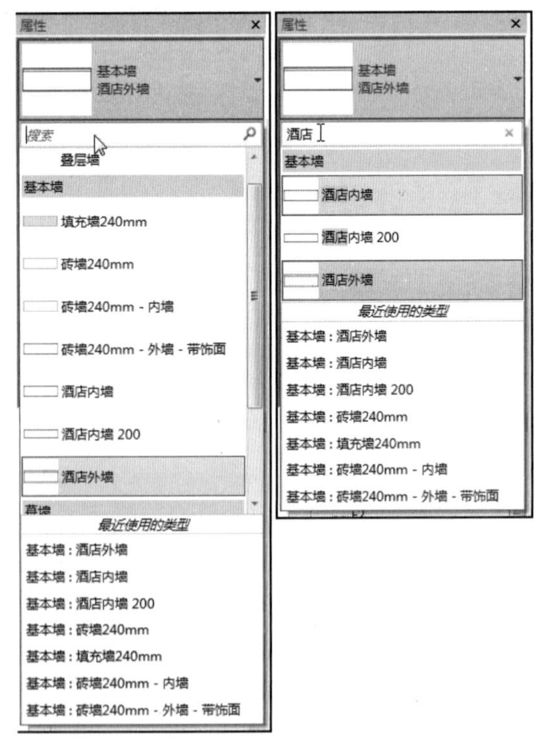

图 1-35　搜索图元类型

7. 视图控制栏

绘图区的左下角即为视图控制栏，如图 1-36 所示。用户可以快速设置当前视图的“比例”、“详细程度”、“视觉样式”、“打开 / 关闭日光路径”、“打开 / 关闭阴影”、“打开 / 关闭剪裁区域”、“显示 / 隐藏剪裁区域”、“临时隐藏 / 隔离”以及“显示隐藏的图元”等选项。各按钮的功能将在后面的章节中详细介绍，这里不再赘述。

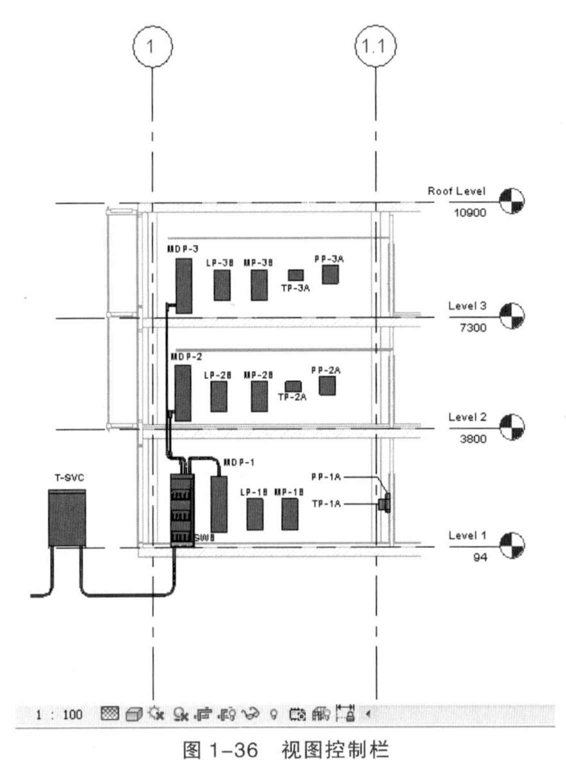

图 1-36　视图控制栏

1.2 视图控制工具

在 Revit 中，视图不同于传统意义上的 CAD 图纸，它是所建项目中的 BIM 模型根据不同的规则显示的模型投影。视图控制是 Revit 中最重要的基础操作之一。

1.2.1 使用项目浏览器

Revit 2016 将所有可访问的视图和图纸等都放置在项目浏览器中进行管理，使用项目浏览器可以方便地在各视图间进行切换操作。

项目浏览器用于组织和管理当前项目中包括的所有信息，包括项目中的所有视图、明细表、图纸、族、组和链接的 Revit 模型等项目资源。Revit 2016 按逻辑层次关系组织这些项目资源，且展开和折叠各分支时，系统将显示下一层集的内容，如图 1-37 所示。

在 Revit 2016 中进行项目设计时，最常用的操作就是利用项目浏览器在各视图间进行切换，用户可以通过双击项目浏览器中相应的视图名称来实现该操作。图 1-38 所示就是双击指定的楼层平面视图名称，切换至该视图的效果。

此外，在利用项目浏览器切换视图的过程中，Revit 都将在新视图窗口中打开相应的视图。如果切换视图的次数过多，系统会因视图窗口过多而消耗较多的计算机内存资源。此时，可以根据实际情况及时关闭不需要的视图，或者利用系统提供的【关闭隐藏对象】工具一次性关闭除当前窗口外的其他不活动的视图窗口。

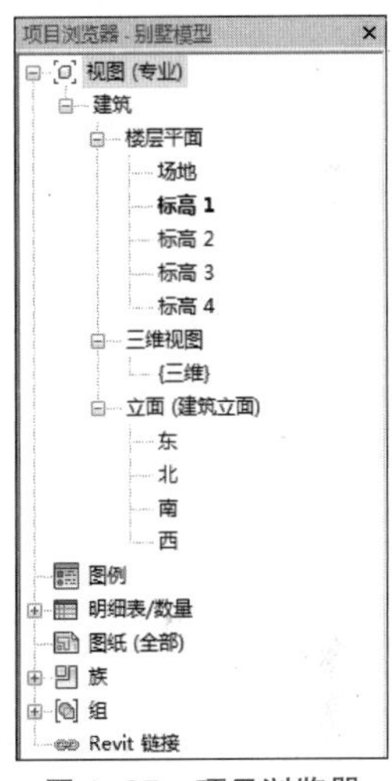

图 1-37　项目浏览器

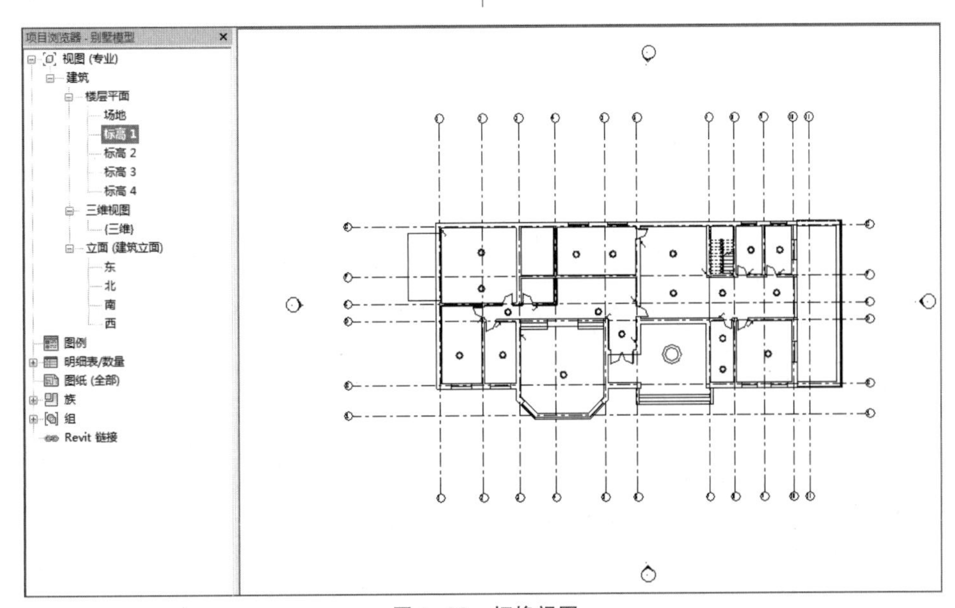

图 1-38　切换视图

切换至【视图】选项卡，在【窗口】面板中单击【关闭隐藏对象】按钮，即可关闭除当前窗口外的其他所有视图窗口，如图1-39所示。

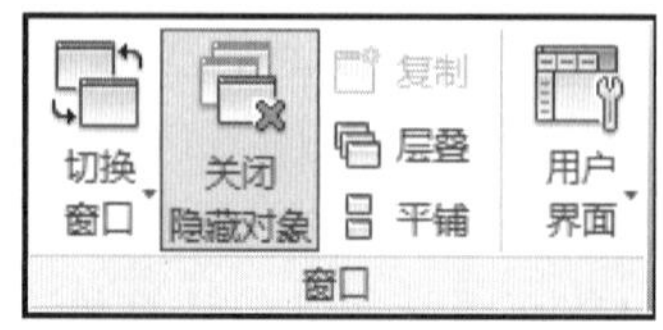

图1-39　关闭多余的视图窗口

1.2.2 视图导航

Revit提供了多种视图导航工具，可以对视图进行平移和缩放等操作。一般位于绘图区右侧，并用于视图控制的导航栏是一种常用的工具集。

视图导航栏在默认情况下为50%透明显示，不会遮挡视图。它包括“控制盘”和“缩放控制”两大工具，如图1-40所示。

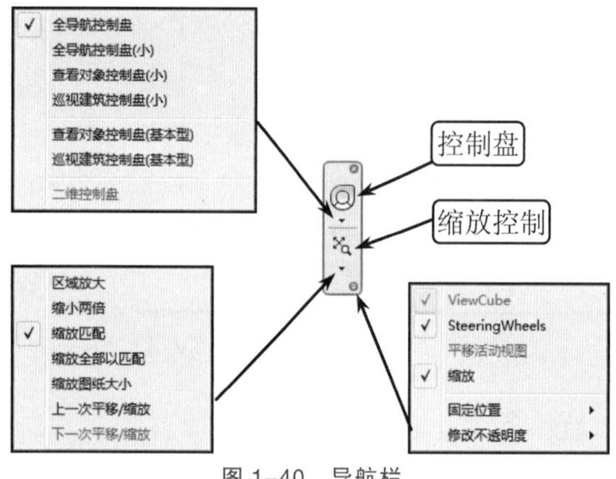

图1-40　导航栏

其中，单击该导航栏右下角的下拉三角箭头，用户可以在自定义菜单中设置导航栏上显示的模块内容、该导航栏在绘图区中的位置和不透明参数等。现主要介绍“控制盘”和“缩放控制”两大工具的使用方法。

1. 控制盘

控制盘(SteeringWheels)是一组跟随光标的功能按钮，它将多个常用的导航工具结合到一个单一界面中，便于快速导航视图。在Revit中，按适用视图和使用用途，控制盘可以分为“查看对象控制盘”、“巡视建筑控制盘”、“全导航控制盘”和“二维控制盘”4种类型。其中，前三种均适用于三维视图。现以常用的“全导航控制盘”为例，介绍其具体的操作方法。

单击导航栏中的【全导航控制盘】按钮，系统将打开【控制盘】面板，如图1-41所示。该面板中各主要视图导航工具的含义如下所述：

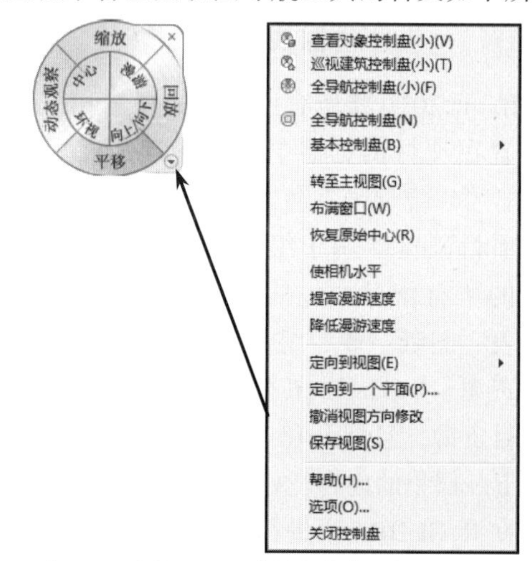

图1-41　【控制盘】面板

平移

移动光标到视图中的合适位置，然后单击【平移】按钮并按住鼠标左键不放。此时，拖动鼠标即可平移视图。

缩放

移动光标到视图中的合适位置，然后单击【缩放】按钮并按住鼠标左键不放，系统将在光标位置放置一个绿色的球体，把当前光标位置作为缩放轴心。此时，拖动鼠标即可缩放视图，且轴心随着光标位置变化。

动态观察

单击【动态观察】按钮并按住鼠标左键不放，且同时在模型的中心位置将显示绿色轴心球体。此时，拖动鼠标即可围绕轴心点旋转模型。

回放

利用该工具可以从导航历史记录中检索以前的视图，并可以快速恢复到以前的视图，还可以滚动浏览所有保存的视图。单击【回放】按钮并按住鼠标左键不放，此时向左侧移动鼠标即可滚动浏览以前的导航历史记录。若要恢复到以前的视图，只要在该视图记录上松开鼠标左键即可，如图 1-42 所示。

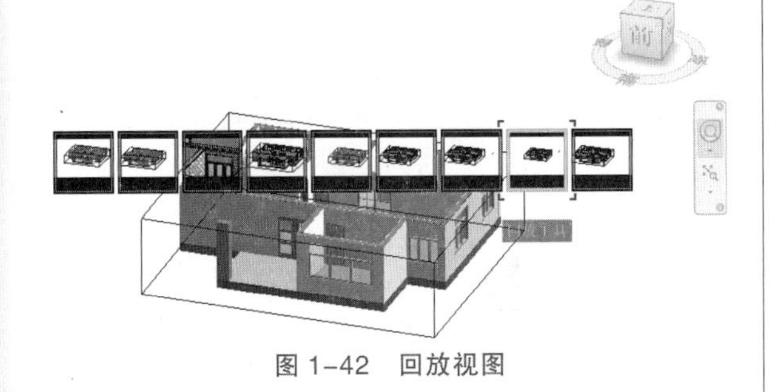

图 1-42　回放视图

中心

单击【中心】按钮并按住鼠标左键不放，光标将变为一个球体，此时拖动鼠标到某构件模型上松开鼠标放置球体，即可将该球体作为模型的中心位置，如图 1-43 所示。在视图的控制操作过程中，缩放和动态观察都将用到该中心位置。

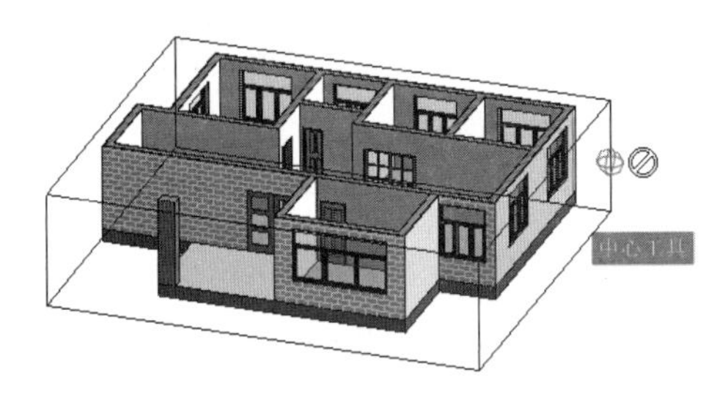

图 1-43　指定中心位置

环视

利用该工具可以沿垂直和水平方向旋转当前视图，且旋转视图时，人的视线将围绕当前视点旋转。单击【环视】按钮并按住鼠标左键不放。此时拖动鼠标，模型将围绕当前视图的位置旋转。

向上 / 向下

利用该工具可以沿模型的 Z 轴调整当前视点的高度。单击【向上 / 向下】按钮并按住鼠标左键不放，光标将变为如图 1-44 所示的形状，此时上下拖动鼠标即可。

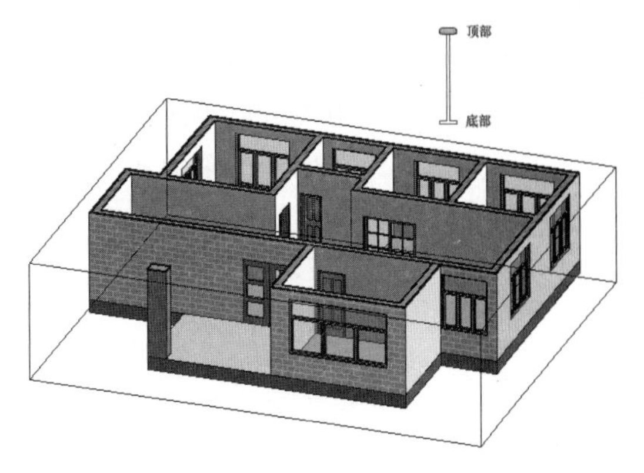

图 1-44　调整视点高度

> **提示**　二维控制盘适用于平立剖等二维视图，且只有缩放、平移和回放导航功能。其操作方法与全导航控制盘中的方法一样，这里不再赘述。

此外，若想设置控制盘中的相关参数，可以单击控制盘面板右下角的下拉箭头，并选择【选项】选项，系统将打开【选项】对话框，并自动切换至【SteeringWheels】选项卡，如图 1-45 所示。此时，用户即可对控制盘的尺寸大小和文字可见性等相关参数进行设置。

图 1-45　设置控制盘参数

提示

此外，在任何视图中，按住鼠标中键移动鼠标即可平移视图；滚动鼠标中键滚轮，即可缩放视图；按住 Shift 键和鼠标中键，即可动态观察视图。

2. 缩放控制

位于导航栏下方的缩放控制工具集包含多种缩放视图方式，用户可以单击缩放工具下的下拉三角箭头，在展开的菜单中选择相应的工具缩放视图，如图 1-46 所示。各主要工具的使用方法如下所述：

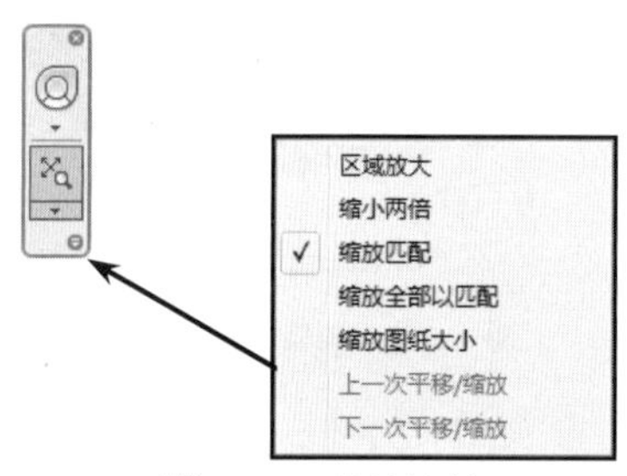

图 1-46　缩放控制

区域放大

选择该工具，即可用光标单击捕捉要放大区域的两个对角点，放大显示该区域。

缩小一半

选择该工具，即可以当前视图窗口的中心点为中心，自动将图形缩小一半以显示更多区域。

缩放匹配

选择该工具，即可在当前视图窗口中自动缩放以充满显示所有图形。

缩放全部以匹配

当同时打开几个视图窗口时，选择该工具，即可在所有打开的窗口中自动缩放以充满显示所有图形。

缩放图纸大小

选择该工具，即可将视图自动缩放为实际打印大小。

提示

在下拉菜单中选择了某个缩放工具后，该工具即作为默认的当前缩放工具，下次使用时可以直接单击使用，而无须从菜单中选择。

1.2.3 使用 ViewCube

ViewCube 导航工具用于在三维视图中快速定向模型的方向。默认情况下，该工具位于三维视图窗口的右上角，如图 1-47 所示。

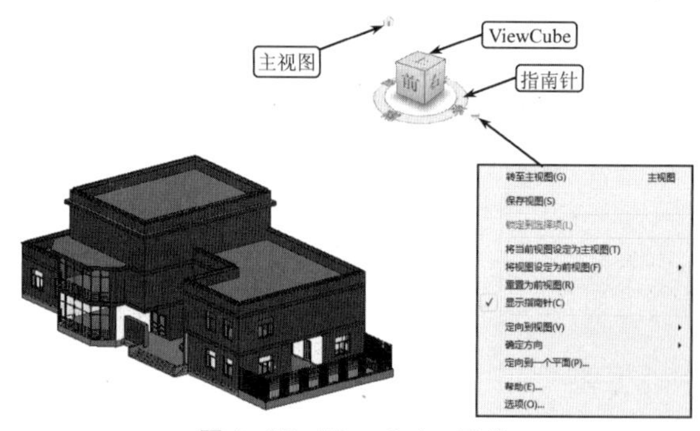

图 1-47　ViewCube 导航

ViewCube 立方体中各顶点、边、面和指南针的指示方向，代表三维视图中不同的视点方向。单击立方体或指南针的各部位，即可在各方向视图中进行切换显示；若按住 ViewCube 或指南针上的任意位置并拖动鼠标，还可旋转视图。ViewCube 导航工具的主要使用方法如下所述：

立方体顶点

单击 ViewCube 立方体上的某顶点，可以将视图切换至模型的等轴测方向，如图 1-48 所示。

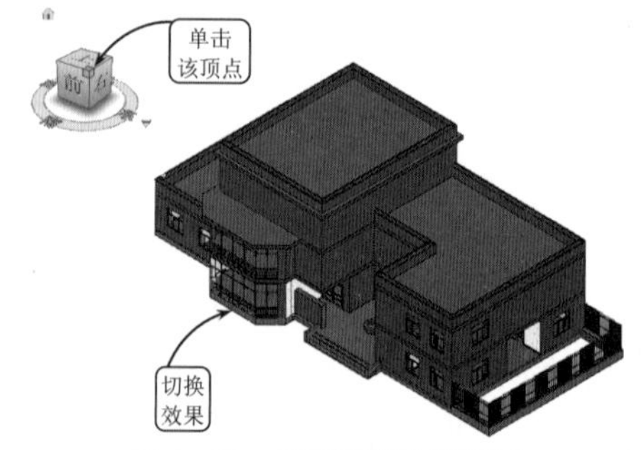

图 1-48　切换至等轴测视图

立方体棱边

单击 ViewCube 立方体上的某棱边，可以将视图切换至模型的45° 侧立面方向，如图 1-49 所示。

图 1-49　切换至侧立面视图

立方体面

单击 ViewCube 立方体上的某面，可以将视图切换至模型的正立面方向，如图 1-50 所示。

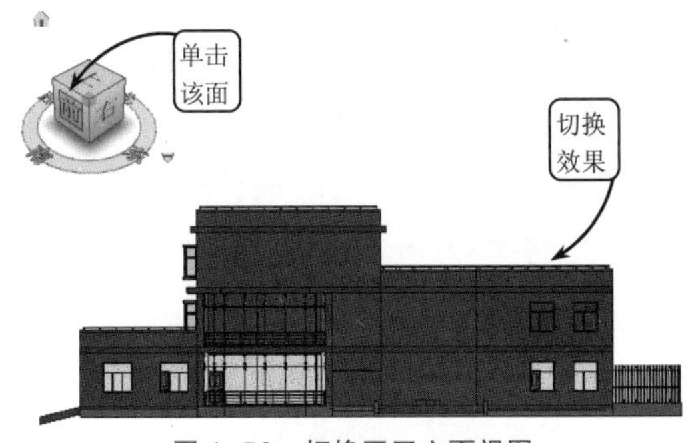

图 1-50　切换至正立面视图

且此时若单击 ViewCube 右上角的逆时针或顺时针弧形箭头，即可按指定的方向旋转视图；若单击正方形外的 4 个小箭头，即可快速切换到其他立面、顶面或底面视图，如图 1-51 所示。

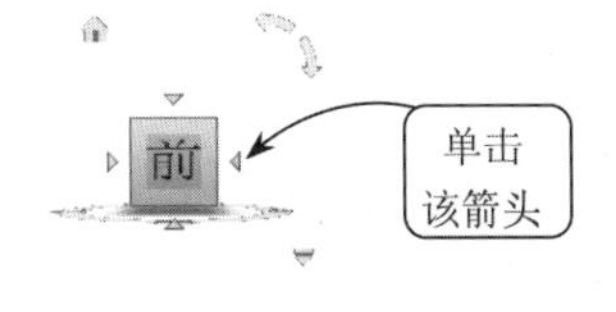

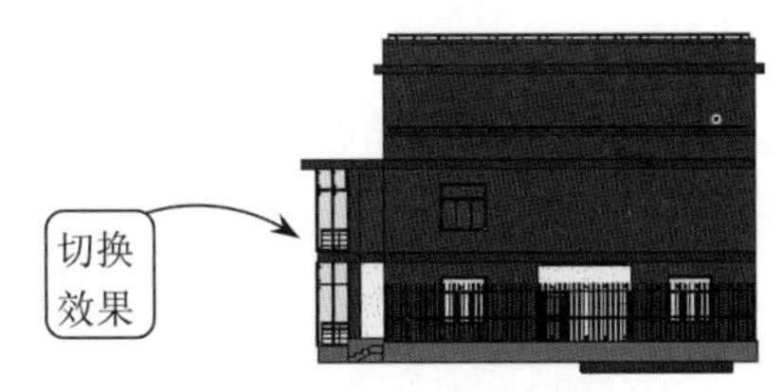

图 1-51　切换至其他立面视图

主视图

单击 ViewCube 左上角的“主视图”(小房子) 按钮，可以将视图切换至主视图方向，如图 1-52 所示。用户也可以自行设置相应的主视图。

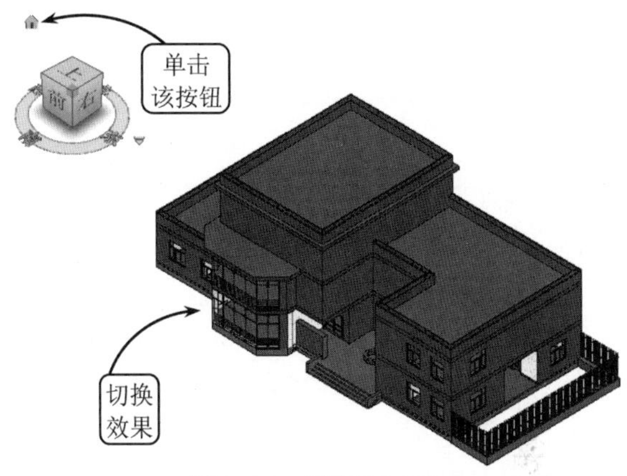

图 1-52　切换至主视图

用户还可以通过 ViewCube 立方体下带方向文字的圆盘指南针来控制视图的方向。单击相应的方向文字，即可切换到东南西北正立面视图；单击拖曳方向文字，即可旋转模型；单击拖曳指南针的圆，同样可以旋转模型。

此外，单击 ViewCube 右下角的【关联菜单】按钮，系统将打开相关的菜单选项，如图 1-53 所示。

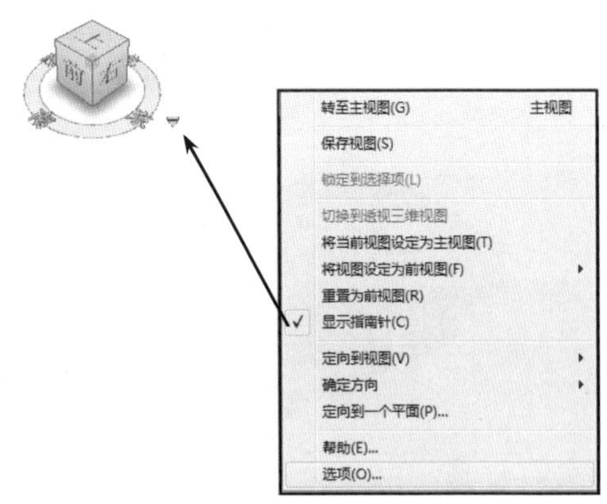

图 1-53　ViewCube 关联菜单

此时，用户可以通过该菜单进行主视图和前视图的相关设置。若需要对 ViewCube 的样式进行设置，可以选择关联菜单中的【选项】选项，然后在打开的【选项】对话框中设置参数选项，如图 1-54 所示。

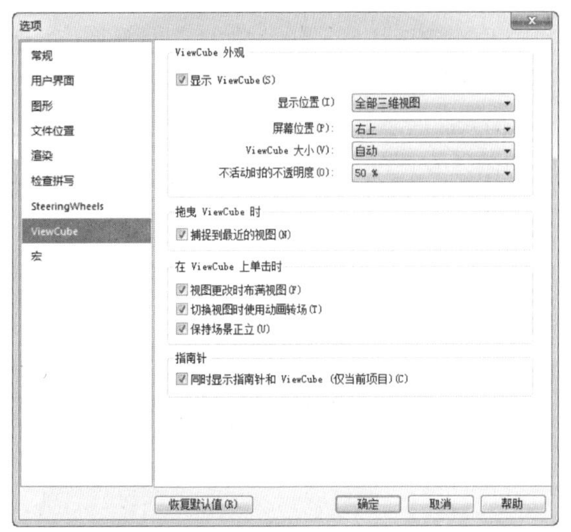

图 1-54　设置 ViewCube 样式

1.2.4 使用视图控制栏

在视图窗口中，位于绘图区左下角的视图控制栏用于控制视图的显示状态，如图 1-55 所示。并且其中的视觉样式、阴影控制和临时隐藏 / 隔离工具是最常用的视图显示工具，现分别介绍如下：

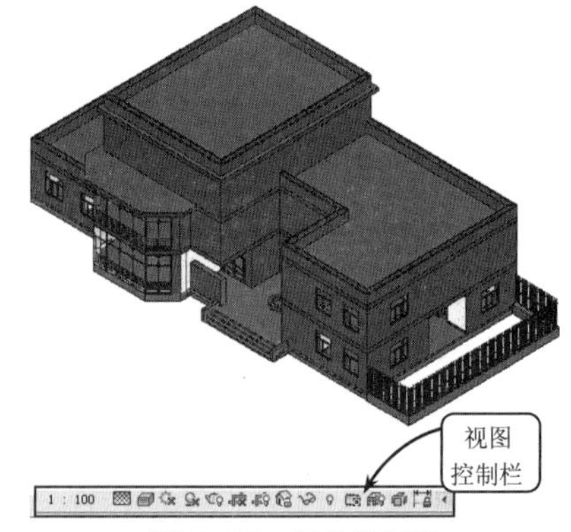

图 1-55　视图控制栏

1. 视觉样式

Revit 2016 提供了 6 种模型视觉样式：线框、隐藏线、着色、一致的颜色、真实以及光线追踪。显示效果逐渐增强，但消耗的计算资源逐渐增多，且显示刷新的速度逐渐减慢。用户可以根据计算机的性能和所需的视图表现形式来选择相应的视觉样式类型，效果如图 1-56 所示。

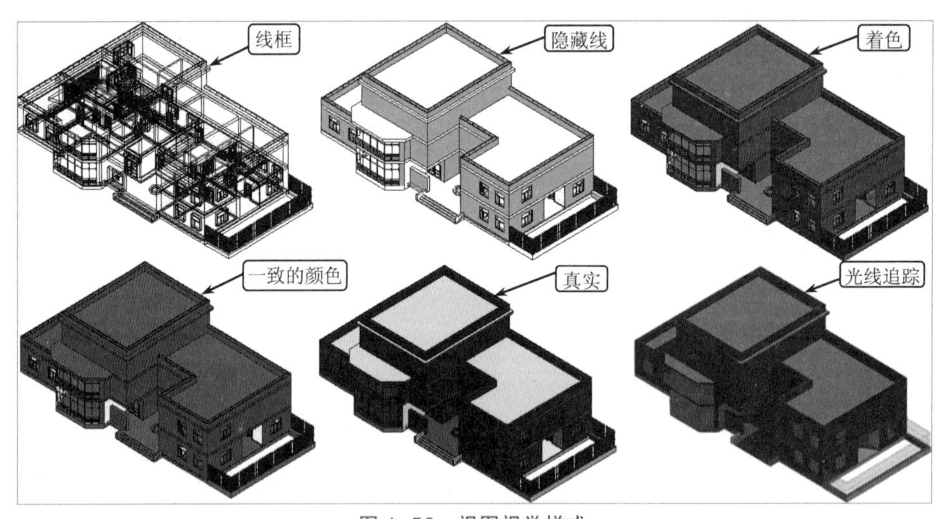

图 1-56　视图视觉样式

此外，选择【视觉样式】工具栏中的【图形显示选项】选项，系统将打开【图形显示选项】对话框，如图 1-57 所示。此时，即可对相关的视图显示参数选项进行设置。

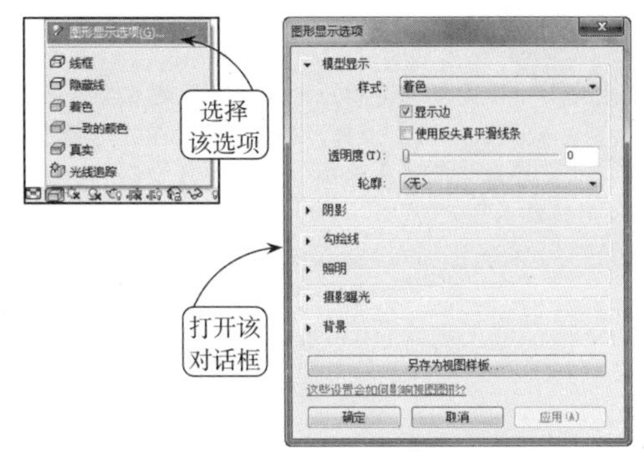

图 1-57 【图形显示选项】对话框

2. 阴影控制

当指定的视图视觉样式为隐藏线、着色、一致的颜色和真实等类型时，用户可以打开视图控制栏中的阴影开关，此时视图将根据项目设置的阳光位置投射阴影，效果如图 1-58 所示。

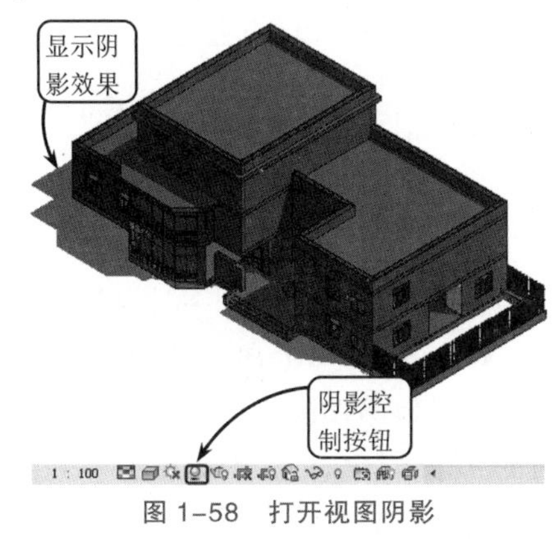

图 1-58 打开视图阴影

> **提示** 启动阴影效果后，在进行视图导航控制时，系统将实时重新计算视图阴影，显示刷新的速度将会变慢。

3. 临时隐藏 / 隔离

当创建的建筑模型较复杂时，为防止意外选择相应的构件导致误操作，还可以利用 Revit 提供的【临时隐藏 / 隔离】工具进行图元的显示控制操作。

在模型中选择某一构件，然后在视图控制栏中单击【临时隐藏 / 隔离】按钮，系统将展开相应的关联菜单，如图 1-59 所示。

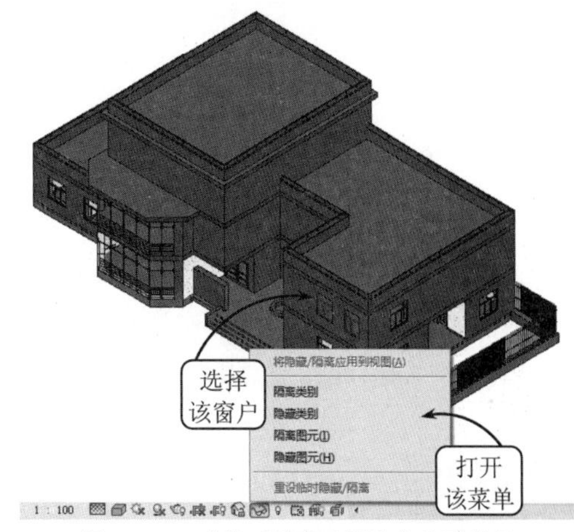

图 1-59 【临时隐藏 / 隔离】关联菜单

此时，若选择【隐藏图元】选项，系统将在当前视图中隐藏所选择的构件图元；若选择【隐藏类别】选项，系统将在当前视图中隐藏与所选构件属于同一类别的所有图元，效果如图 1-60 所示。

若选择【隔离图元】选项，系统将单独显示所选图元，并隐藏未选择的其他所有图元；选择【隔离类别】选项，系统将单独显示与所选图元属于同类别的所有图元，并隐藏未选择的其他所有类别图元，效果如图 1-61 所示。

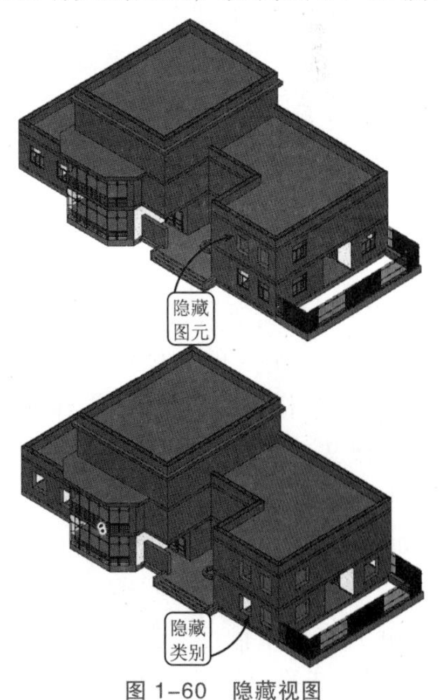

图 1-60 隐藏视图

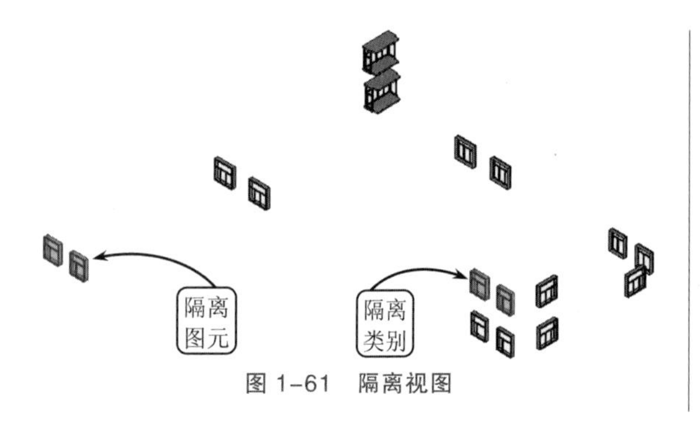

图 1-61　隔离视图

提示　隐藏或隔离相应的图元后，再次单击【临时隐藏 / 隔离】按钮，在打开的菜单中选择【重设临时隐藏 / 隔离】选项，系统即可重新显示所有被临时隐藏的图元。

1.3 项目文件

在 Autodesk Revit 中，项目是指单个设计信息数据库——建筑信息模型。项目文件包含建筑的所有设计信息（从几何图形到构造数据），包括完整的三维建筑模型、所有设计视图（平、立、剖、明细表等）和施工图图纸等信息。

1.3.1 新建项目文件

在 Revit 建筑设计中，新建一个文件是指新建一个“项目”文件，有别于传统 AutoCAD 中的新建一个平面图或立剖面图等文件的概念。创建新的项目文件是开始建筑设计的第一步。

1. 样板文件

当在 Revit 中新建项目时，系统会自动以一个后缀名为“.rte”的文件作为项目的初始条件，这个“.rte”格式的文件称为“样板文件”。Revit 的样板文件功能与 AutoCAD 的“.dwt”文件相同，其定义了新建项目中默认的初始参数，如项目默认的度量单位、默认的楼层数量设置、层高信息、线型设置和显示设置等。并且 Revit 允许用户自定义自己的样本文件内容，并保存为新的“.rte”文件。

在 Revit 2015 中创建项目文件时，可以选择系统默认配置的相关样板文件作为模板，如图 1-62 所示。

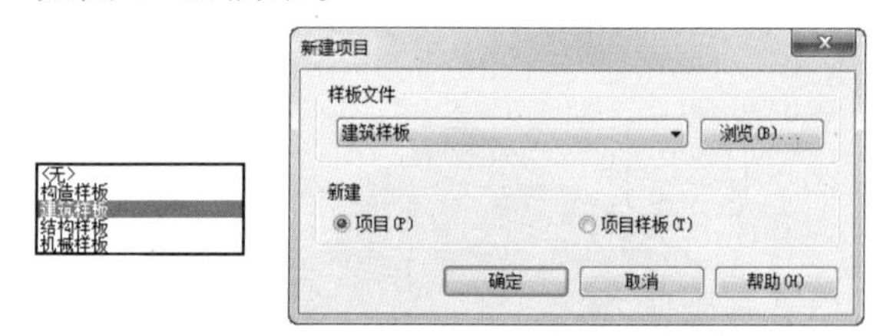

图 1-62　系统默认样板文件

但是，在使用上述软件本身自带的默认样板文件“DefaultCHSCHS.rte”为模板新建项目文件时，此模板的标高符号、剖面标头、门窗标记等符号不完全符合中国国标出图规范要求。因此，需要首先设置自己的样板文件，然后开始项目设计。本书在新建项目文件时，统一使用下载文件中附带的“项目样板 .rte”文件作为样板文件，其具体设置方法将在以后的章节中进行详细介绍，这里不再赘述。

2. 新建项目

在 Revit 2016 中，可以通过 3 种方式新建项目文件。各方式的具体操作方法如下所述：

“最近使用的文件”主界面

打开 Revit 软件后，在主界面的【项目】选项组中单击【新建】按钮，系统将打开【新建项目】对话框。此时，在【新建】选项组中选择【项目】单选按钮，然后单击【浏览】按钮，选择本书下载文件中附带的“项目样板.rte”文件作为样板文件，接着单击【确定】按钮，即可新建相应的项目文件，如图1-63所示。

图1-63 【新建项目】对话框

快速访问工具栏 单击该工具栏中的【新建】按钮，即可在打开的【新建项目】对话框中按照上述操作方法新建相应的项目文件。

应用程序菜单 单击主界面左上角的图标，在展开的下拉菜单中选择【新建】|【项目】选项，即可在打开的【新建项目】对话框中按照上述操作方法新建相应的项目文件。

1.3.2 项目设置

新建项目文件后，需要进行相应的项目设置才可以开始绘图操作。在Revit 2016软件中，用户可以在【管理】选项卡中通过相应的工具对项目进行基本设置。

1. 项目信息

切换至【管理】选项卡，在【设置】面板中单击【项目信息】按钮，系统将打开【项目属性】对话框，如图1-64所示。此时，即可依次在【项目发布日期】、【项目状态】、【客户姓名】、【项目地址】、【项目名称】和【项目编号】文本框中输入相应的项目基本信息。若单击【项目地址】参数后的【编辑】按钮，还可以输入相应的项目地址信息。

此外，若单击【能量设置】参数后的【编辑】按钮，即可在打开的【能量设置】对话框中设置【建筑类型】和【地平面】等参数信息，如图1-65所示。

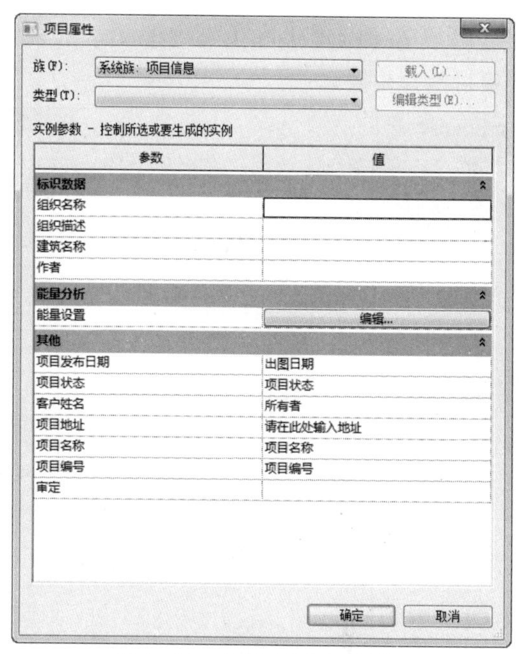

图1-64 【项目属性】对话框

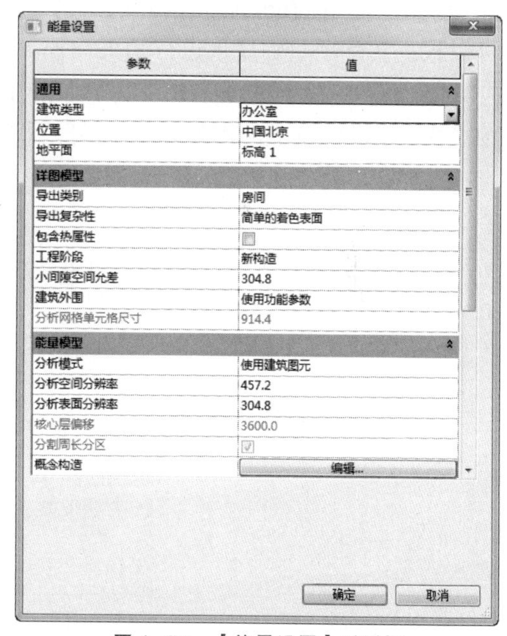

图1-65 【能量设置】对话框

2. 项目地点

切换至【管理】选项卡，在【项目位置】面板中单击【地点】按钮，系统将打开【位置、气候和场地】对话框，如图1-66所示。

此时，在【定义位置依据】列表框中选择【默认城市列表】选项，即可通过【城市】

列表框或者【纬度】和【经度】文本框来设置项目地理位置。

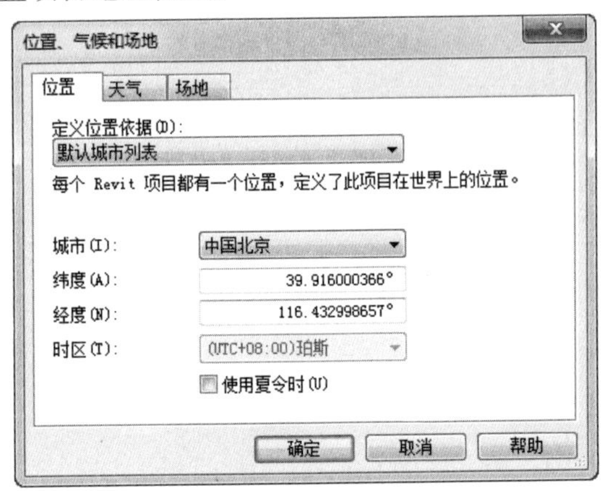

图 1-66 【位置、气候和场地】对话框

3. 项目单位

项目单位在之前的样板文件中已经完成了相应的设置，但在开始具体的设计前用户还可以根据实际项目的要求进行相关设置。

切换至【管理】选项卡，在【设置】面板中单击【项目单位】按钮，系统将打开【项目单位】对话框，如图 1-67 所示。

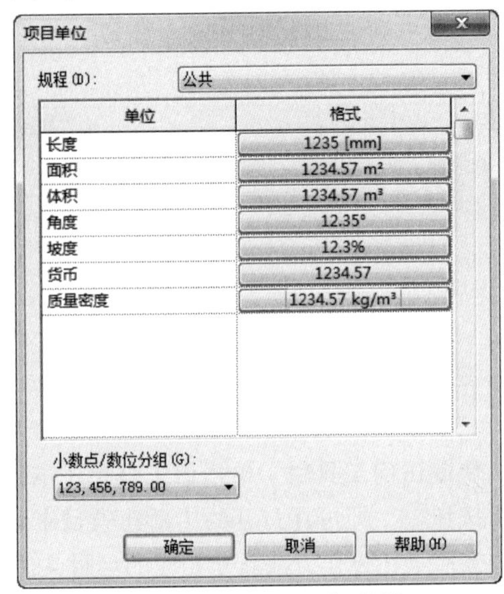

图 1-67 【项目单位】对话框

此时，单击各单位参数后的格式按钮，即可在打开的【格式】对话框中进行相应的单位设置，如图 1-68 所示。

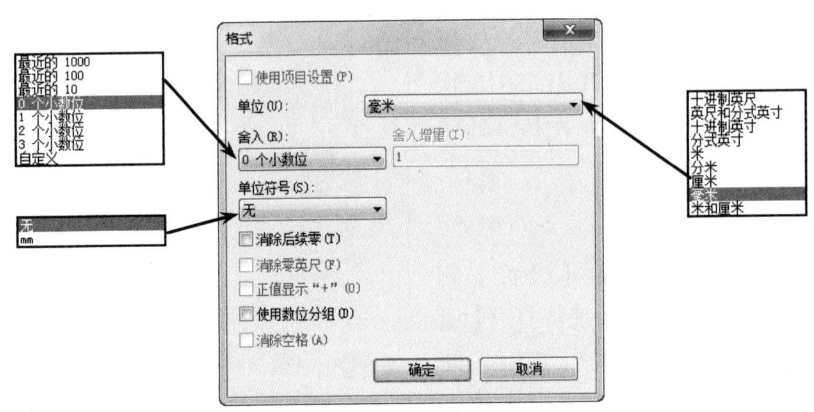

图 1-68 【格式】对话框

4. 捕捉设置

为方便设计中精确地捕捉定位，用户还可以在项目开始前或根据个人的操作习惯设置对象的捕捉功能。

切换至【管理】选项卡，在【设置】面板中单击【捕捉】按钮，系统将打开【捕捉】对话框，如图 1-69 所示。此时，用户即可设置长度和角度的捕捉增量，以及启用相应的对象捕捉类型等。

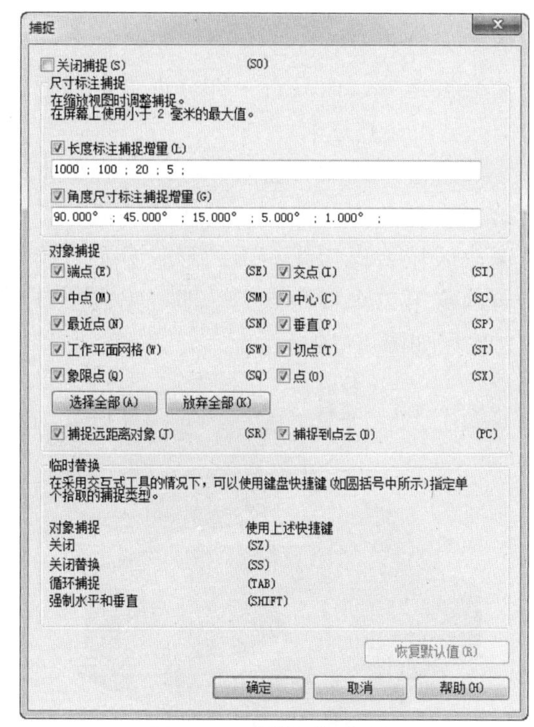

图 1-69 【捕捉】对话框

1.3.3 保存项目文件

在完成图形的创建和编辑后，用户可以将当前图形保存到指定的文件夹。此外，在使用 Revit 软件绘图的过程中，应每隔 10~20 分钟保存一次所绘的图形。定期保存绘制的图形是为了防止一些突发情况，如电源被切断、错误编辑以及一些其他故障，尽可能做到防患于未然。

完成项目文件内容的创建后，用户可以在快速工具栏中单击【保存】按钮，系统将打开【另存为】对话框，如图 1-70 所示。此时即可输入项目文件的名称，并指定相应的路径来保存该文件。

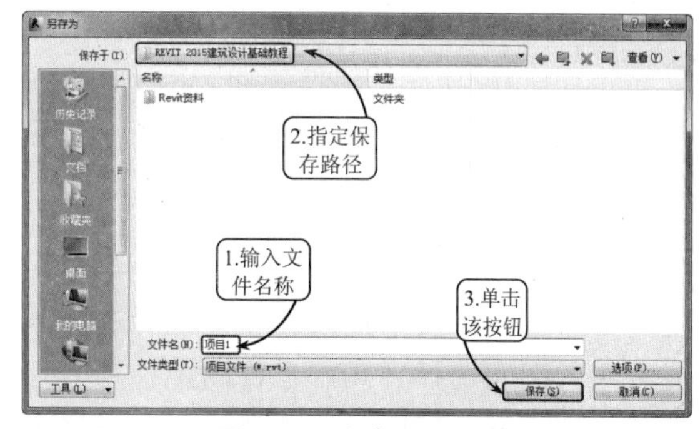

图 1-70 保存项目文件

除了上面的保存方法，Revit 还为用户提供了一种提醒保存的方法，即间隔时间保存。单击主界面左上角图标，在展开的下拉菜单中单击【选项】按钮，系统将打开【选项】对话框，如图 1-71 所示。此时，在【通知】选项组中设置相应的时间参数即可。

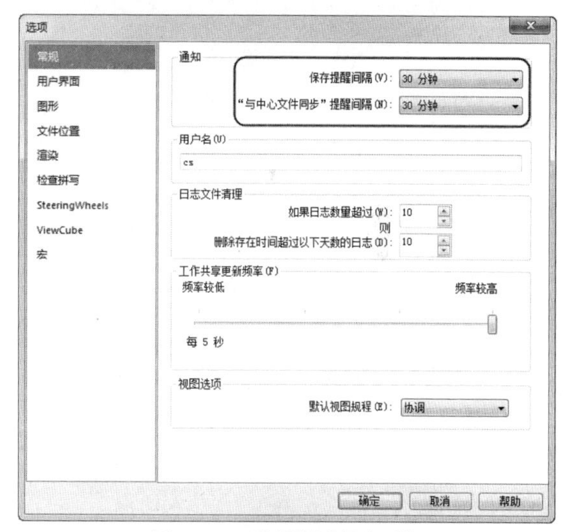

图 1-71 设置提醒保存时间

1.4 常用图元操作

在 Revit 中，图元操作是建筑建模设计过程中最常用的操作之一，也是进行构件编辑和修改操作的基础。主要包括选择图元、过滤图元、调整图元、复制图元以及修剪图元等操作，现分别介绍如下。

1.4.1 选择图元

选择图元是项目设计中最基本的操作命令，和其他 CAD 设计软件一样，Revit 2016 软件也提供了单击选择、窗选和交叉窗选等方式。各方式的具体操作方法如下所述：

1. 单击选择

在图元上直接单击鼠标左键进行选择是最常用的图元选择方式。在视图中移动光标到某一构件上，当图元高亮显示时单击鼠标左键，即可选择该图元，效果如图 1-72 所示。

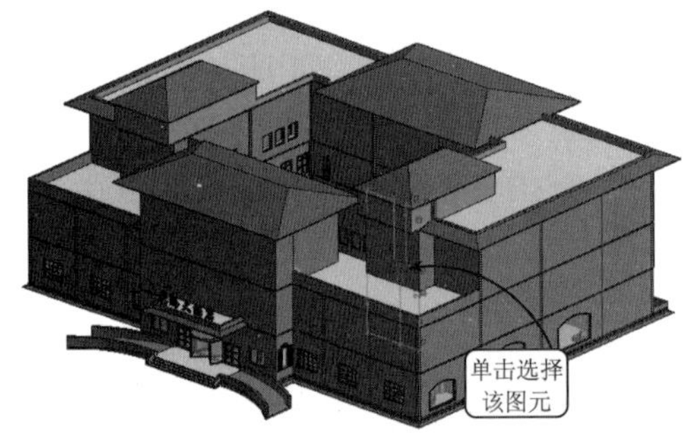

图 1-72　单击选择单个图元

此外，当按住 Ctrl 键，且光标箭头右上角出现"十"符号时，连续单击选取相应的图元，即可一次选择多个图元，效果如图 1-73 所示。

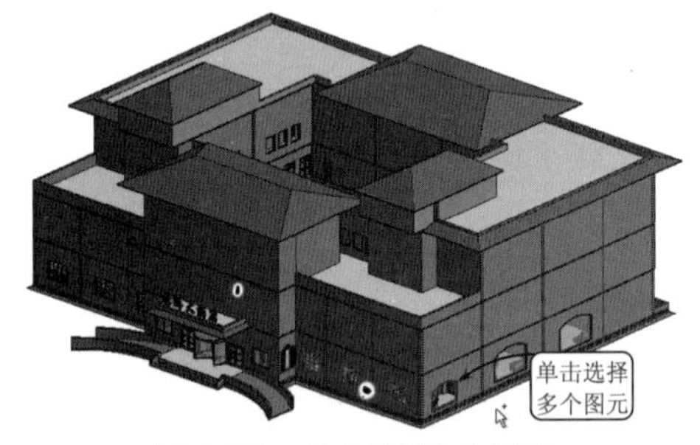

图 1-73　单击选择多个图元

> **提示**　此外，当单击选择某一构件图元后，单击鼠标右键，并在打开的快捷菜单中选择【选择全部实例】选项，系统即可选择所有相同类型的图元。

2. 窗选

窗口选取是以指定对角点的方式，定义矩形选取范围的一种选取方法。使用该方法选取图元时，只有完全包含在矩形框中的图元才会被选取，而只有一部分进入矩形框中的图元将不会被选取。

采用窗口选取方法时，可以首先单击确定第一个对角点，然后向右侧移动鼠标，此时选取区域将以实线矩形的形式显示。接着单击确定第二个对角点后，即可完成窗口选取，效果如图 1-74 所示。

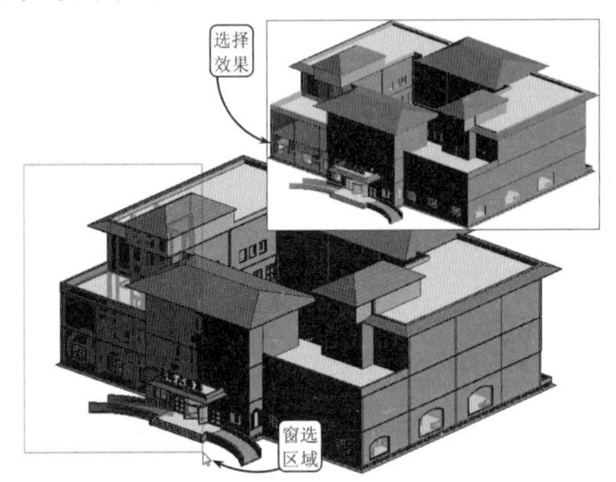

图 1-74　窗选图元

3. 交叉窗选

在交叉窗选模式下，用户无须将欲选择图元全部包含在矩形框中，即可选取该图元。交叉窗口选取与窗口选取模式很相似，只是在定义选取窗口时有所不同。

交叉窗选是在确定第一点后，向左侧移动鼠标，选取区域将显示为一个虚线矩形框。此时再单击确定第二点，即第二点在第一点的左边，即可将完全或部分包含在交叉窗口中的图元选中，效果如图 1-75 所示。

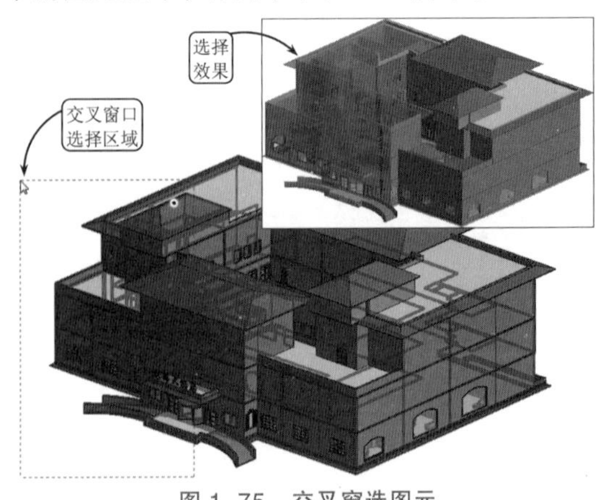

图 1-75　交叉窗选图元

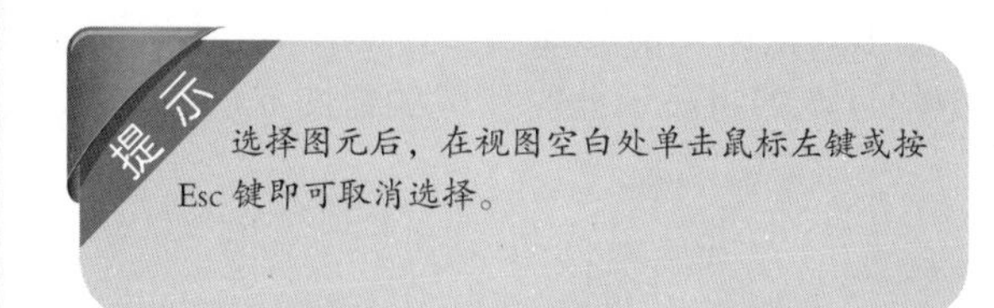

选择图元后，在视图空白处单击鼠标左键或按 Esc 键即可取消选择。

4. Tab 键选择

在选择图元的过程中，用户可以结合 Tab 键，方便地选取视图中的相应图元。其中，当视图中出现重叠的图元需要切换选择时，可以将光标移至该重叠区域，使其亮显。然后连续按下 Tab 键，系统即可在多个图元之间循环切换以供选择。

此外，用户还可以利用 Tab 键选择墙链或线链的一部分：单击选择第一个图元作为链的起点，然后移动光标到该链中的最后一个图元上，使其亮显。此时，按下 Tab 键，系统将高亮显示两个图元之间的所有图元，单击即可选择该亮显部分链。

1.4.2 过滤图元

选择了多个图元后，尤其是利用窗选和交叉窗选等方式选择图元时，特别容易将一些不需要的图元选中。此时，用户可以利用相应的方式从选择集中过滤不需要的图元。具体操作方法现分别介绍如下：

1. Shift 键 + 单击选择

选择多个图元后，按住 Shift 键，光标箭头右上角将出现“-”符号。此时，连续单击选取需要过滤的图元,即可将其从当前选择集中过滤。

2. Shift 键 + 窗选

选择多个图元后，按住 Shift 键，光标箭头右上角将出现“-”符号。此时，从左侧单击鼠标左键并按住不放，向右侧拖动鼠标拉出实线矩形框，完全包含在框中的图元将高亮显示，松开鼠标即可将这些图元从当前选择集中过滤。

3. Shift 键 + 交叉窗选

选择多个图元后，按住 Shift 键，光标箭头右上角将出现“-”符号。此时，从右侧单击鼠标左键并按住不放，向左侧拖动鼠标拉出虚线矩形框，完全包含在框中和与选择框交叉的图元都将高亮显示，松开鼠标即可将这些图元从当前选择集中过滤。

4. 过滤器

当选择集中包含不同类别的图元时，可以使用过滤器从选择集中删除不需要的类别。例如，如果选择的图元中包含墙、门、窗和家具，可以使用过滤器将家具从选择集中排除。

选择多个图元后，在软件状态栏右侧的过滤器中将显示当前选择的图元数量，如图 1-76 所示。

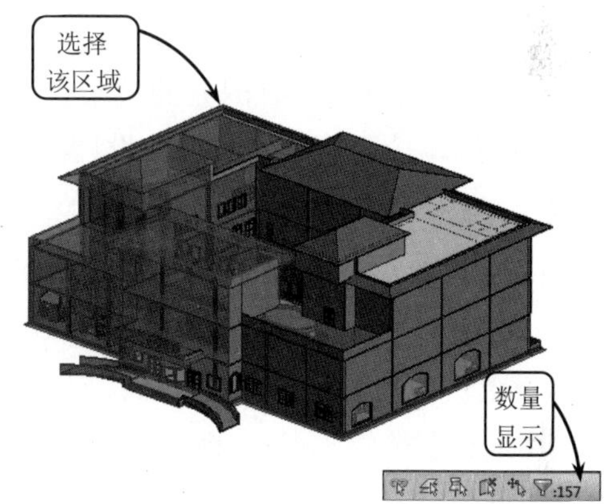

图 1-76　过滤器

此时，单击该过滤器漏斗图标，系统将打开【过滤器】对话框，如图 1-77 所示。该对话框中显示了当前选择的图元类别及各类别的图元数量，用户可以通过禁用相应类别前的复选框来过滤选择集中已选的图元。

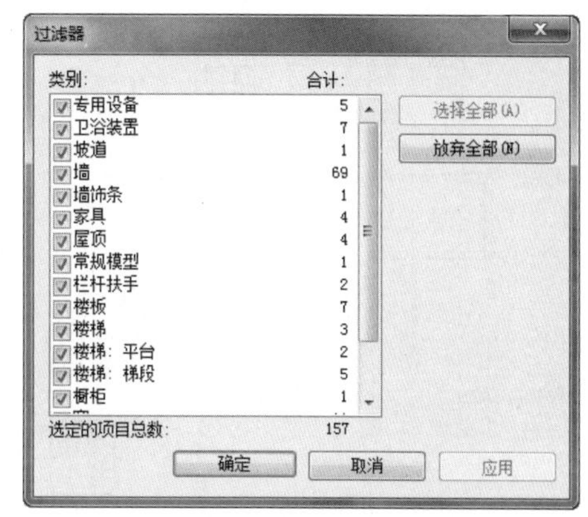

图 1-77　【过滤器】对话框

例如，只需要选取选择集中的窗图元，可以依次禁用其他图元前的复选框，然后单击【确定】按钮，系统即可过滤选择集中的其他图元，状态栏中的过滤器将显示此时保留的窗图元的数量，效果如图 1-78 所示。

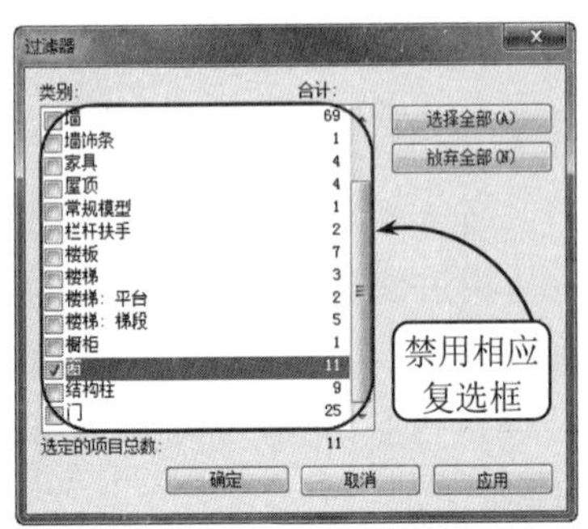

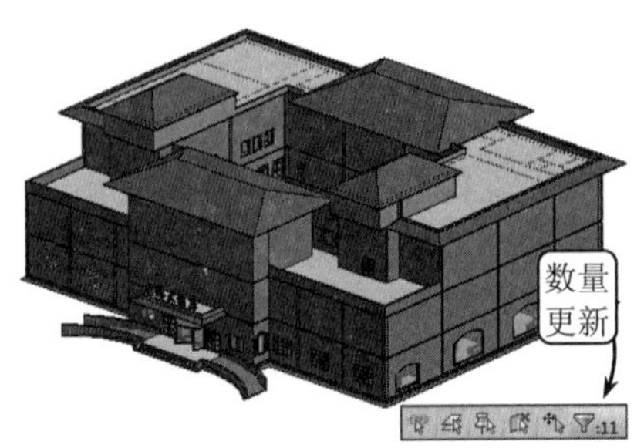

图 1-78　过滤选择图元

1.4.3 调整图元

移动和旋转工具都是在不改变被编辑图元具体形状的基础上，对图元的放置位置和角度进行重新调整，以满足最终的设计要求。

1. 移动

移动是图元的重定位操作，是对图元对象的位置进行调整，而方向和大小不变。该操作是图元编辑命令中使用最多的操作之一。用户可以通过以下几种方式对图元进行相应的移动操作。

单击拖曳

启用状态栏中的【选择时拖曳图元】功能，然后在平面视图上单击选择相应的图元，并按住鼠标左键不放，此时拖动光标即可移动该图元，效果如图 1-79 所示。

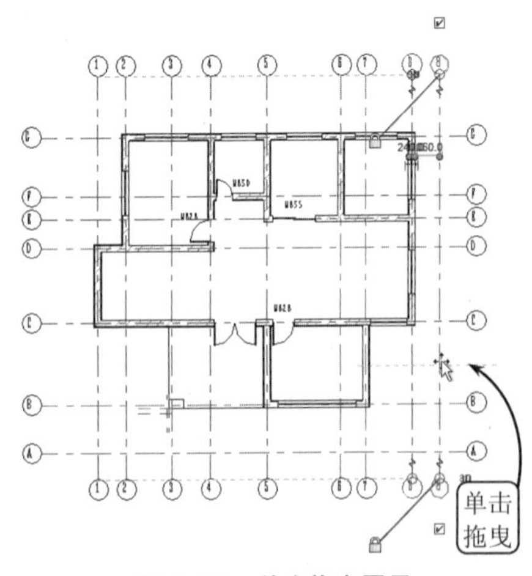

图 1-79　单击拖曳图元

箭头方向键

单击选择某图元后，用户可以通过单击键盘的方向箭头来移动该图元。

移动工具

单击选择某图元后，在激活展开的相应选项卡中单击【移动】按钮，然后在平面视图中选择一点作为移动的起点，并输入相应的距离参数，或者指定移动终点，即可完成该图元的移动操作，效果如图 1-80 所示。

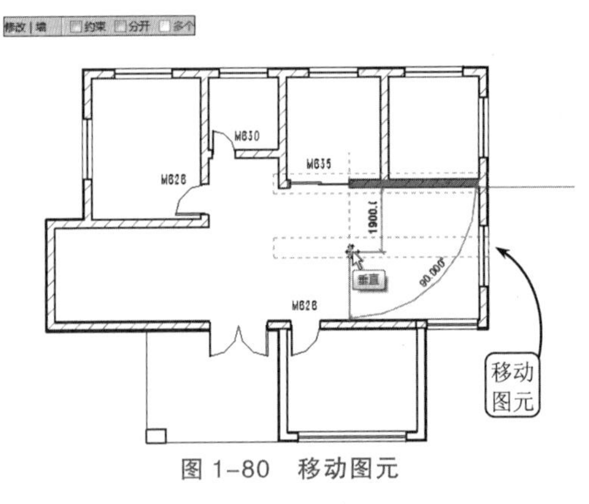

图 1-80　移动图元

此外，选择【移动】工具后，系统将在功能区选项卡的下方打开【移动】选项栏。如果启用【约束】复选框，则只能在水平或垂直方向进行移动。

对齐工具

单击选择某图元后，在激活展开的相应选项卡中单击【对齐】按钮，系统将展开【对齐】选项栏，如图1-81所示。在该选项栏的【首选】列表框中，用户可以选择相应的对齐参照方式。

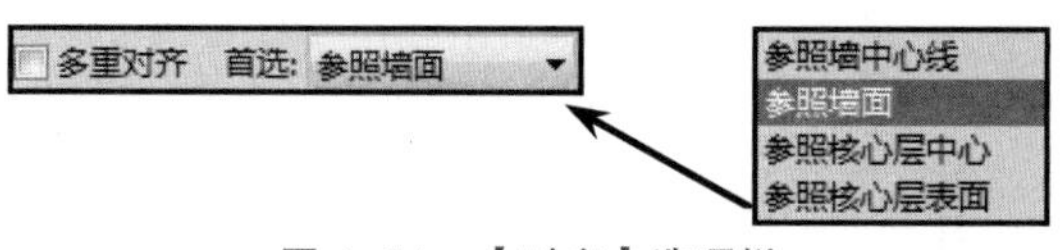

图1-81 【对齐】选项栏

例如，选择【参照墙中心线】选项，在平面视图中单击选择相应的墙轴线作为对齐的目标位置，并再次单击选择要对齐的图元的墙轴线，即可将该图元移动到指定位置，效果如图1-82所示。

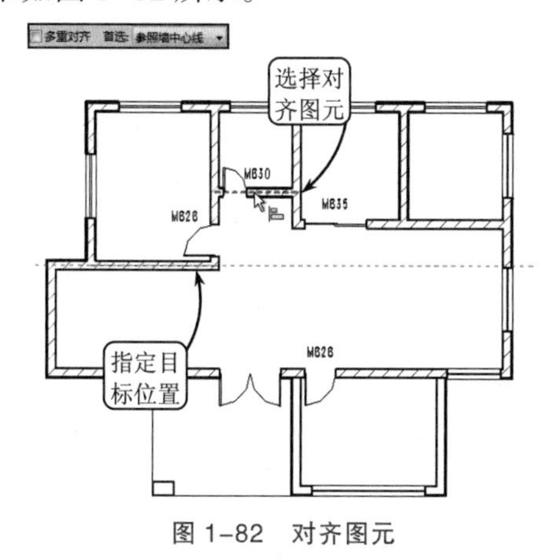

图1-82 对齐图元

> **提示** 此外，选择要移动的图元后，用户还可以通过激活的选项卡中的【剪切板】选项板进行相应的移动操作。

2. 旋转

旋转同样是重定位操作，是对图元对象的方向进行调整，而位置和大小不变。该操作可以将对象绕指定点旋转任意角度。

选择平面视图中要旋转的图元后，在激活展开的相应选项卡中单击【旋转】按钮，此时在所选图元外围将出现一个虚线矩形框，且中心位置显示一个旋转中心符号。用户可以通过移动光标依次指定旋转的起始和终止位置来旋转该图元，效果如图1-83所示。

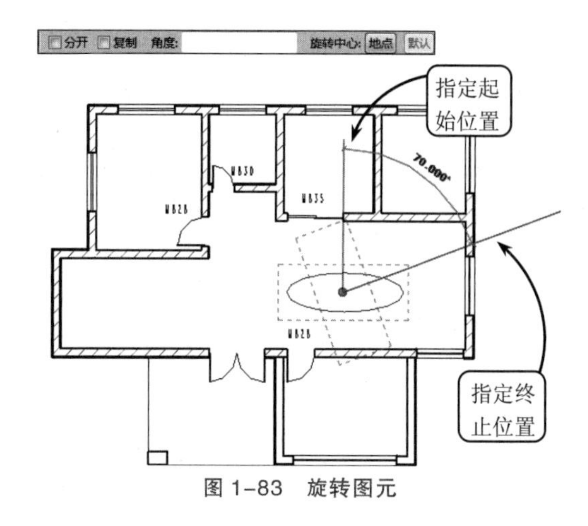

图1-83 旋转图元

此外，在旋转图元前，若在【旋转】选项栏中设置角度参数值，则按回车键后可自动旋转到指定角度位置。且输入的角度参数为正时，图元逆时针旋转；为负时，图元顺时针旋转。

> **提示** 用户还可以单击选择旋转中心符号，并按住鼠标左键不放，然后拖曳光标到指定位置，即可修改旋转中心的位置。

1.4.4 复制图元

在Revit中，用户可以利用相关的复制类工具，以现有图元对象为源对象，绘制出与源对象相同或相似的图元，从而简化绘制具有重复性或近似性特点图元的绘图步骤，以达到提高绘图效率和绘图精度的目的。

1. 复制

复制工具是Revit绘图中的常用工具，其主要用于绘制两个或两个以上的重复性图元，且各重复图元的相对位置不存在一定的规律性。复制操作可以省去重复绘制相同图元的步骤，大大提高了绘图效率。

单击选择某图元后，在激活并展开的相应选项卡中单击【复制】按钮，然后在平面视图上单击捕捉一点作为参考点，并移动光标至目标点，或者输入指定的距离参数，即可完成该图元的复制操作，效果如图1-84

所示。

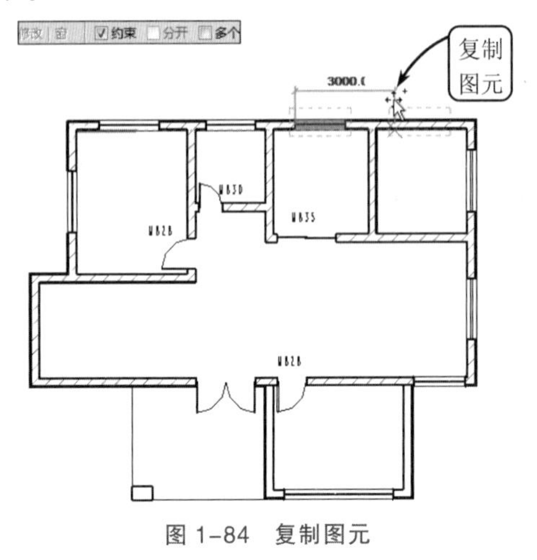

图 1-84　复制图元

此外，如果在打开的【复制】选项栏中启用【约束】复选框，则光标只能在水平、垂直方向，或所选图元的垂直中心线上移动；如果启用【多个】复选框，则可以连续复制多个副本。

2. 偏移

利用偏移工具可以创建与源对象呈一定距离、且形状相同或相似的新图元对象。对于直线来说，可以绘制出与其平行的多个相同的副本对象；对于圆、椭圆、矩形以及由多段线围成的图元来说，可以绘制出呈一定偏移距离的同心圆或近似图形。

在 Revit 中，用户可以通过以下两种方式偏移相应的图元对象，各方式的具体操作如下所述：

数值方式

该方式是指先设置偏移距离，然后选取要偏移的图元对象。在【修改】选项卡中单击【偏移】按钮，然后在打开的选项栏中选择【数值方式】单选按钮，设置偏移的距离参数，并启用【复制】复选框。此时，移动光标到要偏移的图元对象的两侧，系统将在要偏移的方向上预显一条偏移的虚线。确认相应的方向后单击，即可完成偏移操作，效果如图 1-85 所示。

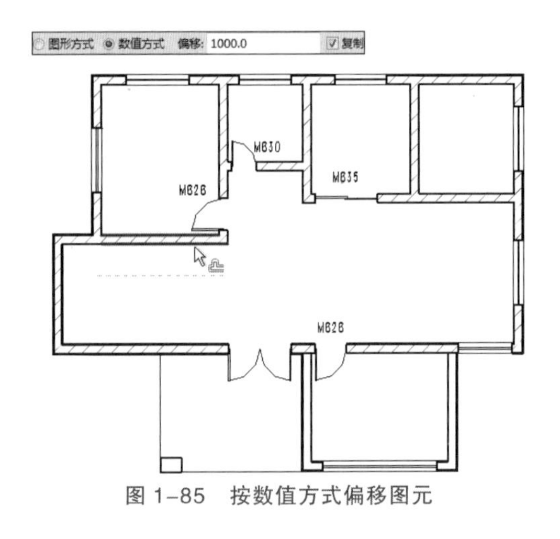

图 1-85　按数值方式偏移图元

图形方式

该方式是指先选择偏移的图元和起点，然后捕捉终点或输入偏移距离进行偏移。在【修改】选项卡中单击【偏移】按钮，然后在打开的选项栏中选择【图形方式】单选按钮，并启用【复制】复选框。此时，在平面视图中选择要偏移的图元对象，并指定一点为偏移起点。接着移动光标捕捉目标点，或者直接输入距离参数即可，效果如图 1-86 所示。

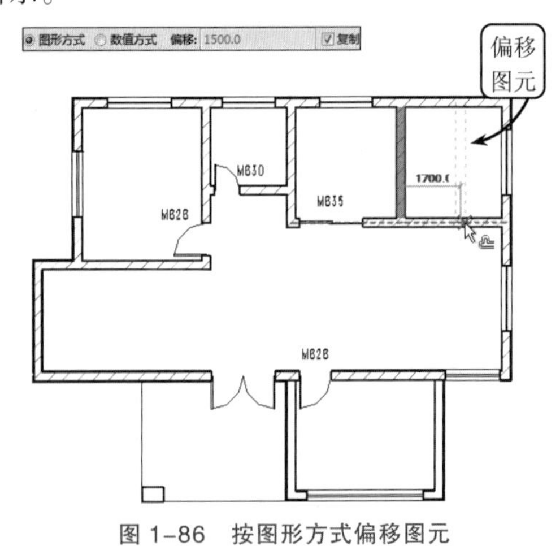

图 1-86　按图形方式偏移图元

> **提示**
> 此外，若偏移前禁用【复制】复选框，则系统将要偏移的图元对象移动到新的目标位置。

3. 镜像

镜像工具常用于绘制具有对称性特点的图元。绘制这类对称图元时，只需要绘制对象的一半或几分之一，然后将图元对象的其他部分对称复制即可。在 Revit 中，用户可以通过以下两种方式镜像相应的图元对象，各方式的具体操作如下所述：

镜像 – 拾取轴

单击选择要镜像的某图元后，在激活并展开的相应选项卡中单击【镜像 – 拾取轴】按钮，然后在平面视图中选取相应的轴线作为镜像轴即可，效果如图 1–87 所示。

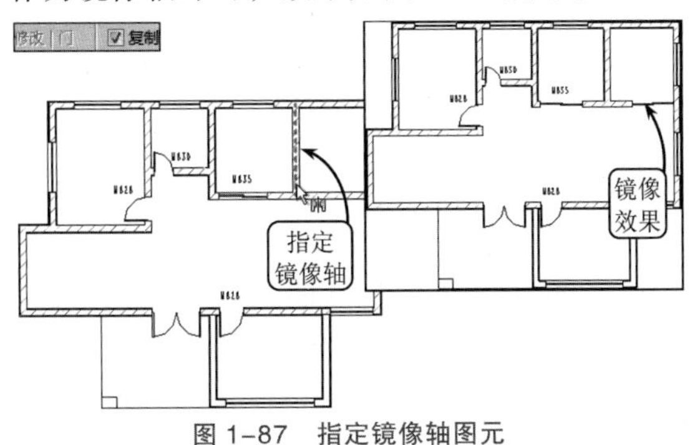

图 1–87　指定镜像轴图元

镜像 – 绘制轴

单击选择要镜像的某图元后，在激活并展开的相应选项卡中单击【镜像 – 绘制轴】按钮，然后在平面视图中的相应位置，依次单击捕捉两点绘制一轴线作为镜像轴即可，效果如图 1–88 所示。

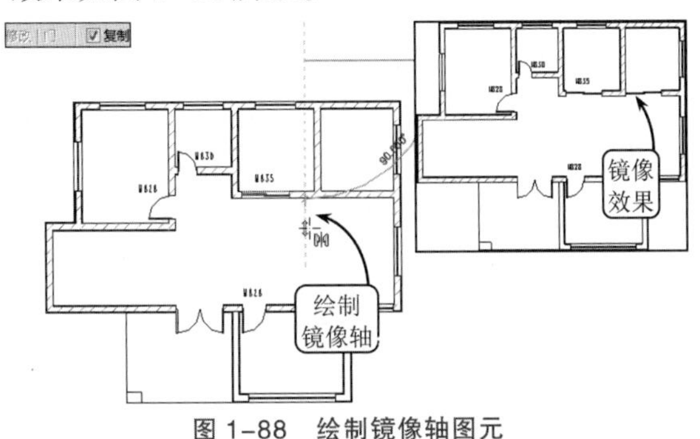

图 1–88　绘制镜像轴图元

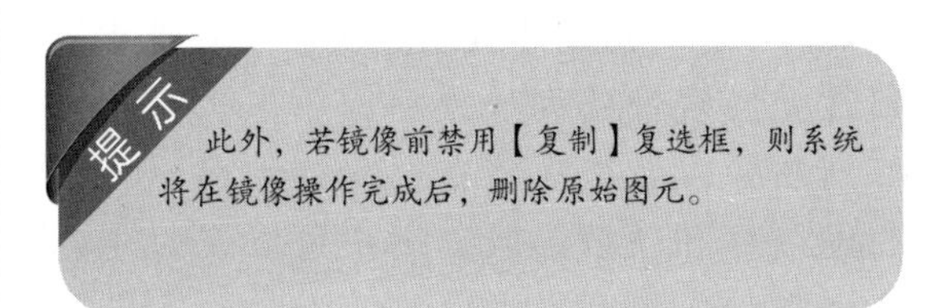

此外，若镜像前禁用【复制】复选框，则系统将在镜像操作完成后，删除原始图元。

4. 阵列

利用该工具可以按照线性或径向的方式，以定义的距离或角度复制源对象的多个对象副本。在 Revit 中，利用该工具可以大量减少重复性图元的绘图步骤，提高绘图效率和准确性。

单击选择要阵列的图元后，在激活并展开的相应选项卡中单击【阵列】按钮，系统将展开【阵列】选项栏，如图 1–89 所示。此时，用户即可通过以下两种方式进行相应的阵列操作。

图 1–89　【阵列】选项栏

线性阵列

线性阵列是以控制项目数，以及项目图元之间的距离，或添加倾斜角度的方式，使选取的阵列对象呈线性的方式进行阵列复制，从而创建出源对象的多个副本对象。

在展开的【阵列】选项栏中单击【线性】按钮，并启用【成组并关联】和【约束】复选框。然后设置相应的项目数，并在【移动到】选项组中选择【第二个】单选按钮。此时，在平面视图中依次单击捕捉阵列的起点和终点，或者在指定阵列起点后直接输入阵列参数，即可完成线性阵列操作，效果如图 1–90 所示。

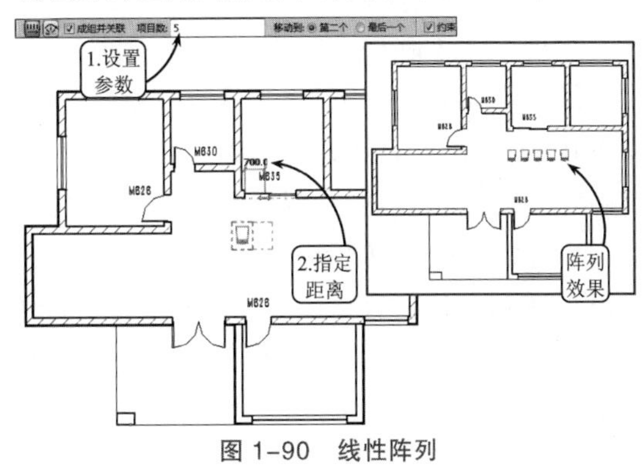

图 1–90　线性阵列

其中，若启用【成组并关联】复选框，则在完成线性阵列操作后，单击选择任一阵列图元，系统都将在图元外围显示相应的虚线框和项目参数，用户可以实时更新阵列数量，效果如图 1-91 所示。若禁用该复选框，则选择阵列后的图元，系统将不显示项目参数。

此外，在【移动到】选项组中选择【第二个】单选按钮，则指定的阵列距离是指源图元到第二个图元之间的距离；若选择【最后一个】单选按钮，则指定的阵列距离是指源图元到最后一个图元之间的总距离。

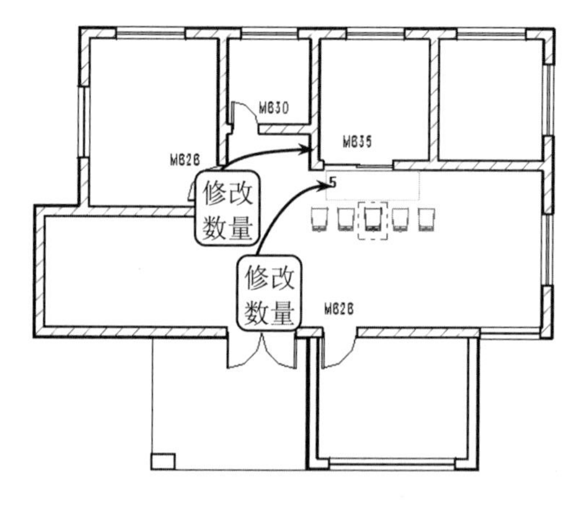

图 1-91　实时更新阵列项目数

径向阵列

径向阵列能够以任一点为阵列中心点，将阵列源对象按圆周或扇形的方向，以指定的阵列填充角度，以项目数目或项目之间的夹角为阵列值，进行源图形的阵列复制。该阵列方法经常用于绘制具有圆周均布特征的图元。

在展开的【阵列】选项栏中单击【径向】按钮，并启用【成组并关联】复选框。此时，在平面视图中拖动旋转中心符号到指定位置以确定阵列中心。然后设置阵列项目数，在【移动到】选项组中选择【最后一个】单选按钮，并设置阵列角度参数。接着按下回车键，即可完成阵列图元的径向阵列操作，效果如图 1-92 所示。

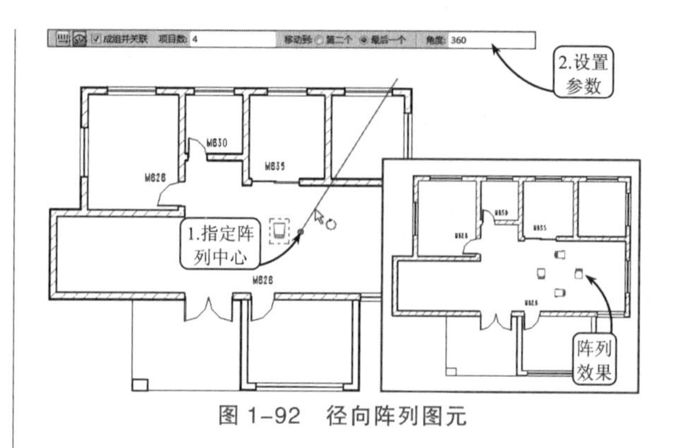

图 1-92　径向阵列图元

1.4.5 修剪图元

在完成图元对象的基本绘制后，往往需要对相关对象进行编辑修改的操作，使之达到预期的设计要求。用户可以通过修剪、延伸和拆分等常规操作来完成图元对象的编辑工作。

1. 修剪 / 延伸

修剪 / 延伸工具的共同点都是以视图中现有的图元对象为参照，以两图元对象间的交点为切割点或延伸终点，对与其相交或呈一定角度的对象进行去除或延长操作。

在 Revit 中，用户可以通过以下 3 种工具修剪或延伸相应的图元对象，各工具的具体操作如下所述：

修剪 / 延伸为角部

在【修改】选项卡中单击【修剪 / 延伸为角部】按钮，然后在平面视图中依次单击选择要延伸的图元即可，效果如图 1-93 所示。

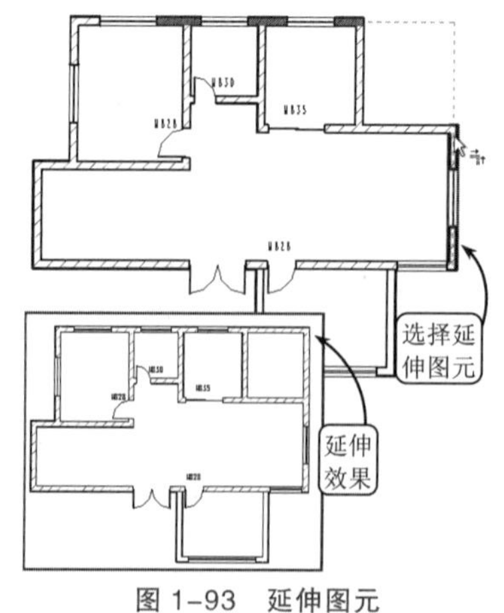

图 1-93　延伸图元

此外，在利用该工具修剪图元时，用户可以通过系统提供的预览效果确定修剪方向，效果如图 1-94 所示。

修剪 / 延伸单个图元

利用该工具可以通过选择相应的边界修剪或延伸单个图元。在【修改】选项卡中单击【修剪 / 延伸单个图元】按钮，然后在平面视图中依次单击选择修剪边界和要修剪的图元即可，效果如图 1-95 所示。

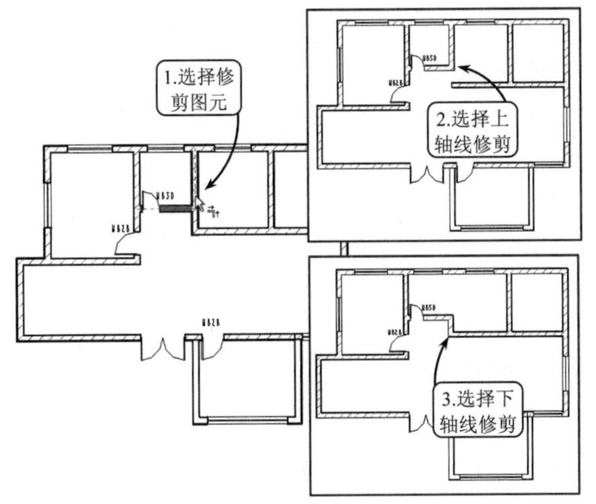

图 1-94　修剪图元

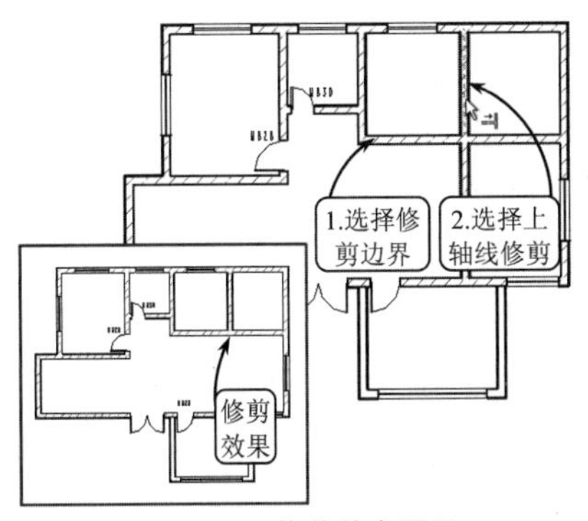

图 1-95　修剪单个图元

修剪 / 延伸多个图元

利用该工具可以通过选择相应的边界修剪或延伸多个图元。在【修改】选项卡中单击【修剪 / 延伸多个图元】按钮，然后在平面视图中选择相应的边界图元，并依次单击选择要修剪和延伸的图元即可，效果如图 1-96 所示。

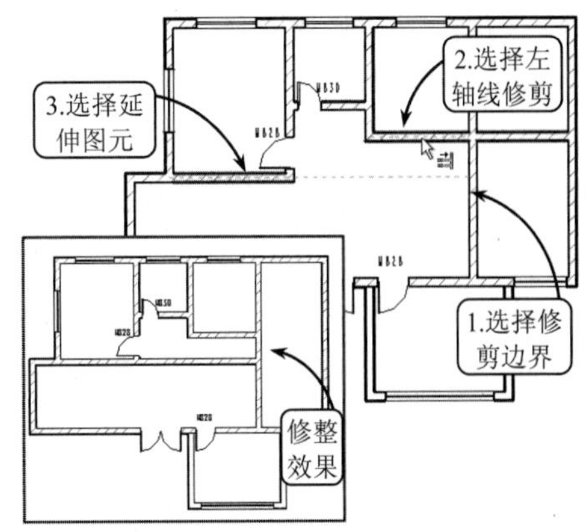

图 1-96　修剪并延伸多个图元

2. 拆分

在 Revit 中，利用拆分工具可以将图元分割为两个单独的部分，可以删除两个点之间的线段，还可以在两面墙之间创建定义的间隙。

拆分图元

在【修改】选项卡中单击【拆分图元】按钮，并禁用选项栏中的【删除内部线段】复选框。然后在平面视图中的相应图元上单击，即可将其拆分为两部分，如图 1-97 所示。

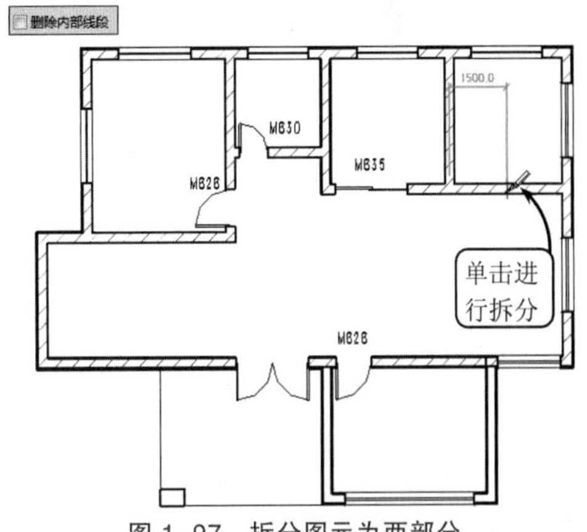

图 1-97　拆分图元为两部分

此外，若启用【删除内部线段】复选框，然后在平面视图中要拆分去除的位置依次单击选择两点即可，效果如图 1-98 所示。

用间隙拆分

在【修改】选项卡中单击【用间隙拆分】

按钮，并在选项栏中的【连接间隙】文本框中设置相应的参数，然后在平面视图中的相应图元上单击选择拆分位置，即可以设置的间隙距离创建一个缺口，效果如图 1-99 所示。

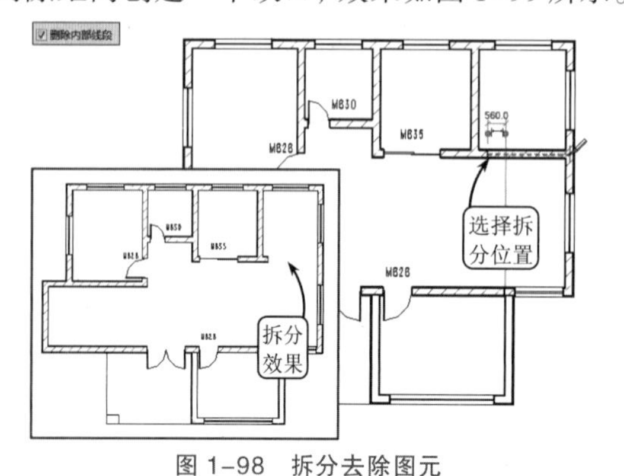

图 1-98　拆分去除图元

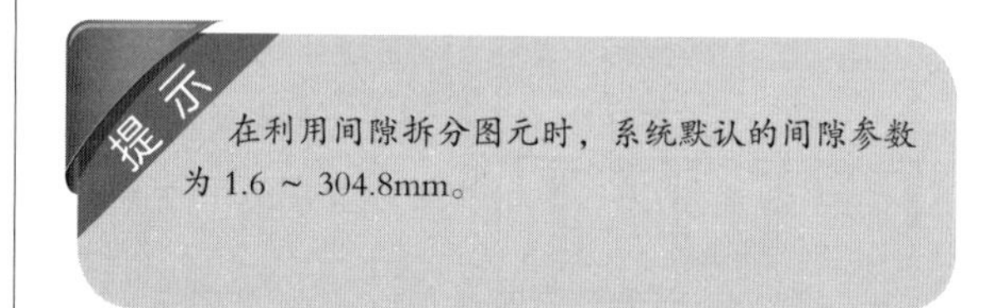

图 1-99　间隙拆分图元

> **提示**
> 在利用间隙拆分图元时，系统默认的间隙参数为 1.6 ~ 304.8mm。

1.5 基本绘制

在 Revit 中绘制墙体、楼板和屋顶等的轮廓草图，或者绘制模型线和详图线时，都将用到基本的绘制工具来完成相应的操作。这些绘制工具的使用方法和 AutoCAD 软件中的操作方法大致相同，现分别介绍如下。

1.5.1 绘制平面

在 Revit 中绘制模型线时，首先需要指定相应的工作平面作为绘制平面。一般情况下，系统默认的工作平面是楼层平面。如果用户想在三维视图中墙的立面，或者直接在立面、剖面视图上绘制模型线，则需要在绘制开始前进行设置。

打开一个平面视图，然后在【建筑】选项卡的【模型】选项板中单击【模型线】按钮，系统将激活并展开【修改 | 放置线】选项卡，进入绘制模式。此时，在选项栏的【放置平面】列表框中选择【拾取】选项，系统将打开【工作平面】对话框，如图 1-100 所示。

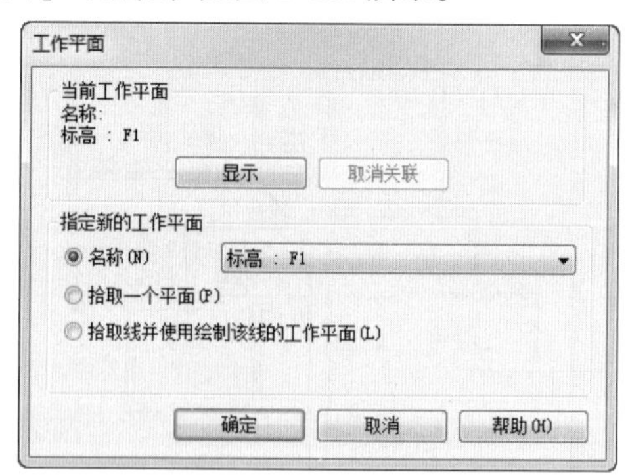

图 1-100　【工作平面】对话框

在该对话框中，用户可以通过三种方式设置新的工作平面，现分别介绍如下：

名称

选择【名称】单选按钮，可以在右面的列表框中选择可用的工作平面，其中包括标高名称、轴网和已命名的参照平面。选择相应的工作平面后，单击【确定】按钮，即可切换到该标高、轴网、参照平面所在的楼层平面、立剖面视图或三维视图中绘制，如图 1–101 所示。

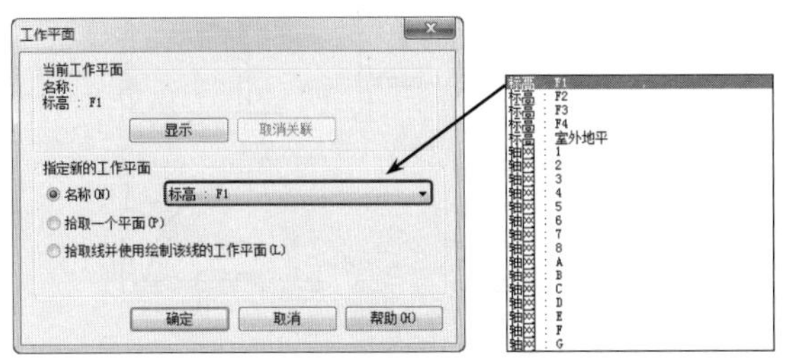

图 1–101　选择名称工作平面

拾取一个平面

选择该单选按钮后，可以手动选择墙等各种模型构件表面、标高、轴网和参照平面作为工作平面。其中，当在平面视图中选择相应的模型表面后，系统将打开【转到视图】对话框，如图 1–102 所示。此时指定相应的视图作为工作平面即可。

拾取线并使用绘制该线的工作平面

选择该单选按钮后，在平面视图中手动选择已有的线，即可将创建该线的工作平面作为新的工作平面。

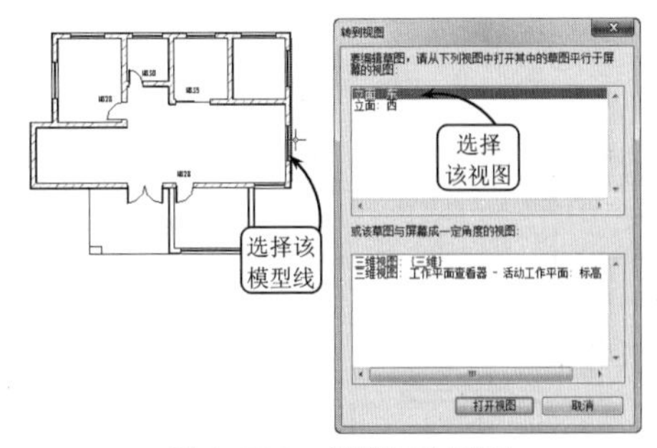

图 1–102　拾取工作平面

1.5.2 模型线

在 Revit 中，线分为模型线和详图线两种。其中，模型线是基于工作平面的图元，存在于三维空间且在所有视图中都可见；详图线是专用于绘制二维详图的，只能在绘制的当前视图中显示。但是两种线的绘制和编辑方法完全一样，现以模型线为例，介绍其具体绘制方法。

在 Revit 中打开一个平面视图，然后在【建筑】选项卡的【模型】选项板中单击【模型线】按钮，系统将激活并展开【修改 | 放置线】选项卡，进入绘制模式，如图 1–103 所示。

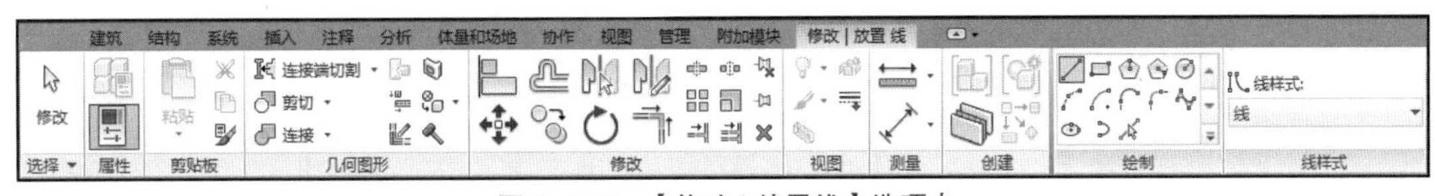

图 1–103　【修改 | 放置线】选项卡

此时，在【线样式】下拉列表框中选择所需的线样式，然后在【绘制】选项板中单击选择相应的工具，即可在视图中绘制模型线。完成线图元的绘制后，按 Esc 键即可退出绘制状态。各绘制工具的使用方法如下所述：

1. 直线

【直线】工具是系统默认的线绘制工具。在【绘制】选项板中单击【直线】按钮，系统将在功能区选项卡的下方打开相应的选项栏，如图 1–104 所示。

图 1–104　【直线】选项栏

此时，若禁用【链】复选框，然后在平面视图中单击捕捉两点，即可绘制一单段线；若启用【链】复选框，则在平面视图中依次单击捕捉相应的点，即可绘制一连续线，效果如图 1–105 所示。

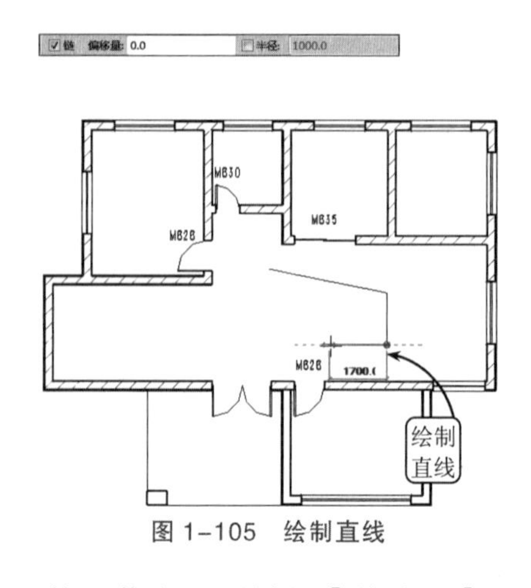

图 1-105 绘制直线

此外，若在选项栏的【偏移量】文本框中设置相应的参数，则实际绘制的直线将相对捕捉点的连线偏移指定的距离，该功能在绘制平行线时作用明显；若启用选项栏中的【半径】复选框，并设置相应的参数，则在绘制连续直线时，系统将在转角处自动创建指定尺寸的圆角特征，效果如图 1-106 所示。

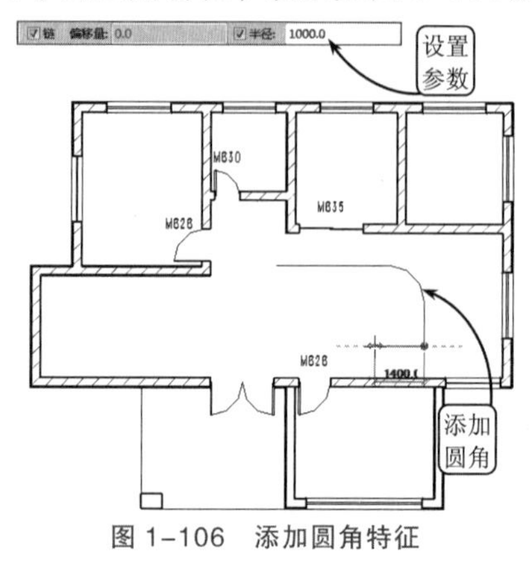

图 1-106 添加圆角特征

2. 矩形

在【绘制】选项板中单击【矩形】按钮，系统将在功能区选项卡的下方打开相应的选项栏，如图 1-107 所示。

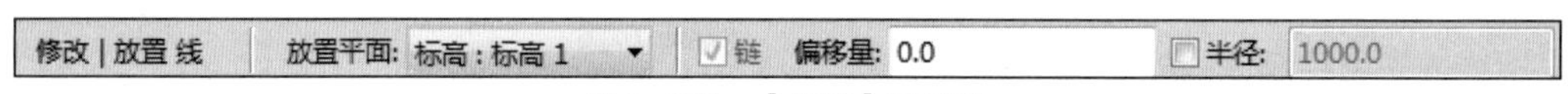

图 1-107 【矩形】选项栏

此时，在平面视图中单击捕捉矩形的第一个角点，然后拖动鼠标至相应的位置再次单击捕捉矩形的第二个角点，即可绘制出矩形轮廓。用户可以通过双击矩形框旁边显示的蓝色临时尺寸框来修改该矩形的定位尺寸，如图 1-108 所示。

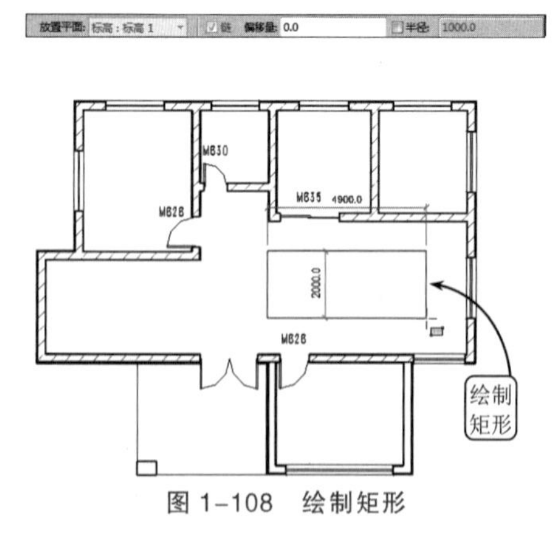

图 1-108 绘制矩形

此外，若在选项栏的【偏移量】文本框中设置指定的参数，则可以绘制相应的同心矩形；若启用选项栏中的【半径】复选框，并设置相应的参数，则可以绘制自动添加圆角特征的矩形，效果如图 1-109 所示。

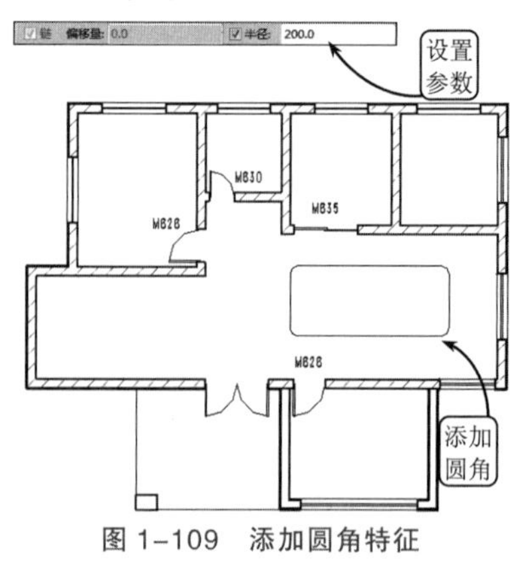

图 1-109 添加圆角特征

3. 内接多边形

在【绘制】选项板中单击【内接多边形】按钮，系统将在功能区选项卡的下方打开相应的选项栏，如图 1-110 所示。

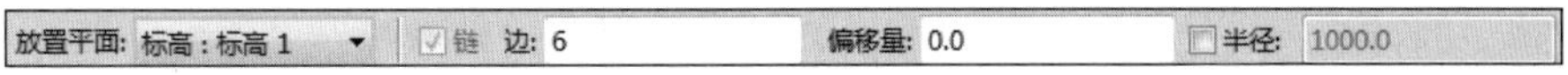

放置平面: 标高 : 标高 1
链 边: 6
偏移量: 0.0
半径: 1000.0

图 1–110 【内接多边形】选项栏

此时，设置多边形的边数，然后在平面视图中单击捕捉一点作为中心点，并移动光标拉出一个半径值不断变化的圆及其内接多边形。接着移动光标确定多边形的方向，并直接输入相应的半径参数，即可绘制出内接多边形，效果如图 1–111 所示。

绘制
多边形

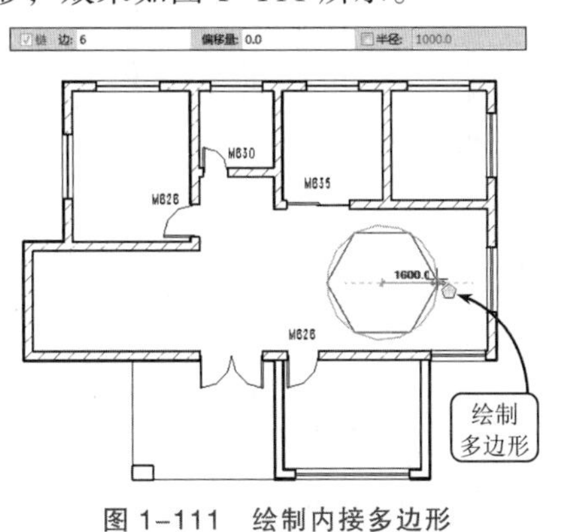

图 1–111 绘制内接多边形

> **提示** 若在【偏移量】文本框中设置相应的参数，用户还可以方便地绘制同心多边形。

此外，设置完多边形的边数后，启用选项栏中的【半径】复选框，并设置相应的半径参数值，然后按照上述步骤确定多边形的方向，即可完成固定半径内接多边形的绘制，效果如图 1–112 所示。

设置
半径
指定
方向

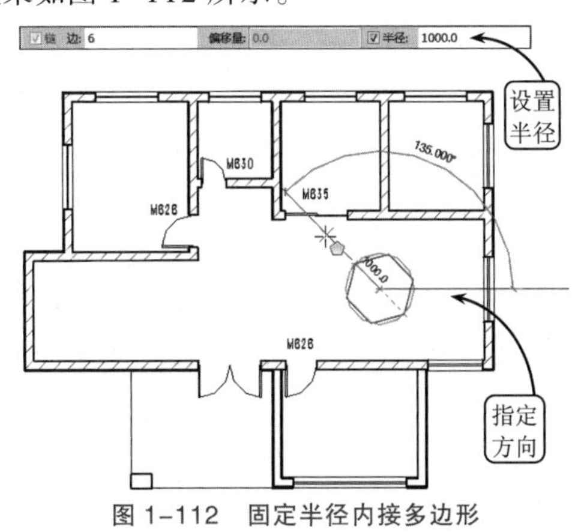

图 1–112 固定半径内接多边形

4. 外切多边形

外切多边形的绘制方法与内接多边形的绘制方法一样，这里不再赘述。具体的绘制效果如图 1–113 所示。

绘制
多边形

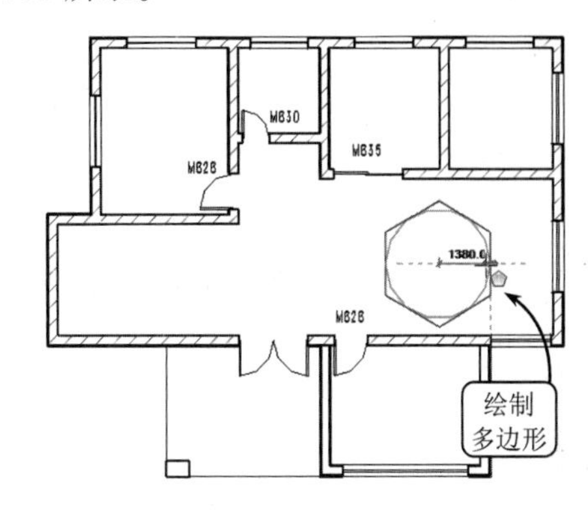

图 1–113 绘制外切多边形

5. 圆

在【绘制】选项板中单击【圆形】按钮，系统将在功能区选项卡的下方打开相应的选项栏，如图 1–114 所示。

放置平面: 标高 : 标高 1
链
偏移量: 0.0
半径: 1000.0

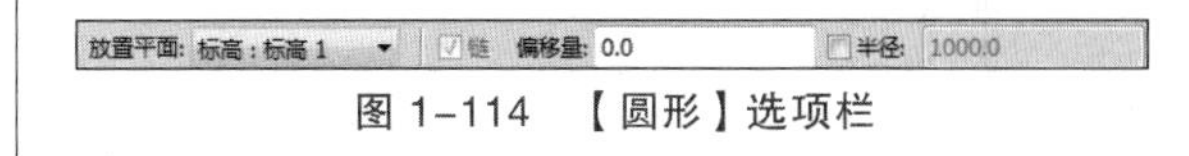

图 1–114 【圆形】选项栏

此时，在平面视图中单击捕捉一点作为圆心，移动光标拉出一个半径值不断变化的圆。然后直接输入相应的半径参数值，即可完成圆轮廓的绘制，效果如图 1–115 所示。

绘制圆

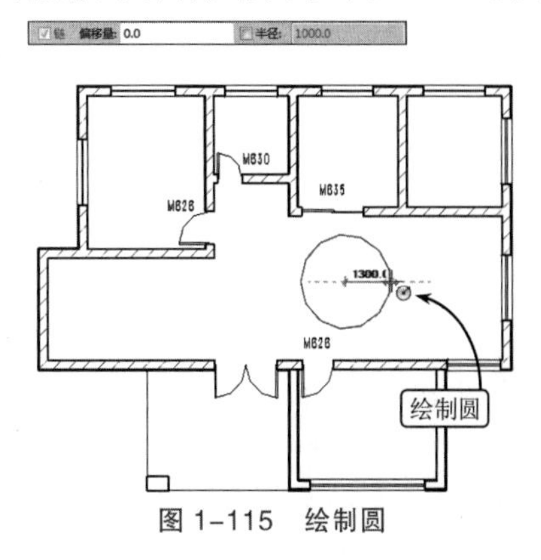

图 1–115 绘制圆

此外，若启用【半径】复选框，并设置

相应的参数值，即可绘制固定半径的圆轮廓；若在【偏移量】文本框中设置相应的参数值，还可以方便地绘制同心圆。操作方法简单，这里不再赘述。

6. 圆弧

在 Revit 中绘制模型线时，用户可以通过多种方式绘制相应的圆弧，现以常用的圆弧工具为例，介绍具体操作方法。

起点 – 终点 – 半径弧

在【绘制】选项板中单击【起点 – 终点 – 半径弧】按钮，系统将在功能区选项卡的下方打开相应的选项栏，如图 1–116 所示。

放置平面: 标高 : 标高 1 ☑链 偏移量: 0.0 □半径: 1000.0

图 1–116 【起点 – 终点 – 半径弧】选项栏

此时，在平面视图中依次单击捕捉两点分别作为圆弧的起点和终点，然后移动光标确定方向，并输入半径值，即可完成圆弧的绘制，效果如图 1–117 所示。

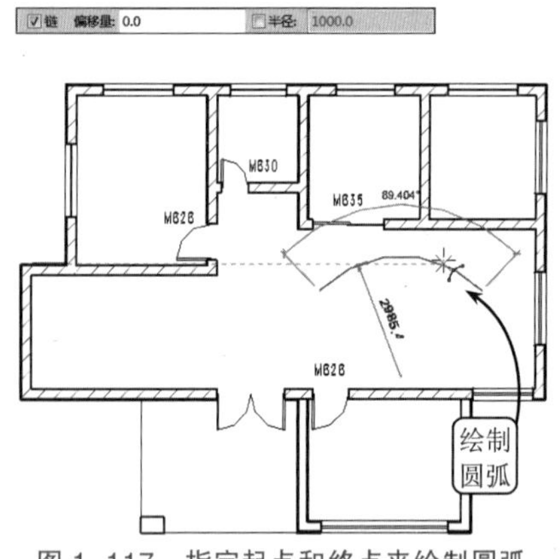

图 1–117 指定起点和终点来绘制圆弧

此外，用户还可以通过启用选项栏中的【半径】复选框，并设置相应的参数值来绘制固定半径的圆弧。

提示 在绘制固定半径的圆弧时，若两点的弦长超出指定半径的两倍，则该圆不存在，系统将自动切换到绘制浮动半径弧的方式。

圆心 – 端点弧

在【绘制】选项板中单击【圆心 – 端点弧】按钮，然后在平面视图中单击捕捉一点作为圆心，并移动光标至半径合适的位置单击确定圆弧的起点，接着再确定圆弧的终点，即可完成圆弧的绘制，效果如图 1–118 所示。

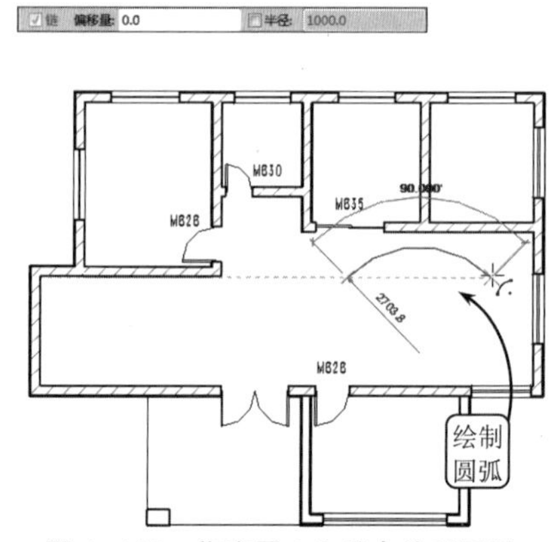

图 1–118 指定圆心和端点绘制圆弧

此外，用户也可以通过启用选项栏中的【半径】复选框，并设置相应的参数值来绘制固定半径的圆弧。只不过该方式是先放置一个固定半径尺寸的整圆，然后在该圆上截取相应的起点和终点。

相切 – 端点弧

在【绘制】选项板中单击【相切 – 端点弧】按钮，然后在平面视图中单击捕捉与弧相切的现有墙或线的端点作为圆弧的起点，接着移动光标并捕捉弧的终点，即可绘制一段相切圆弧，效果如图 1–119 所示。该方式绘制的圆弧半径是由光标位置确定的。

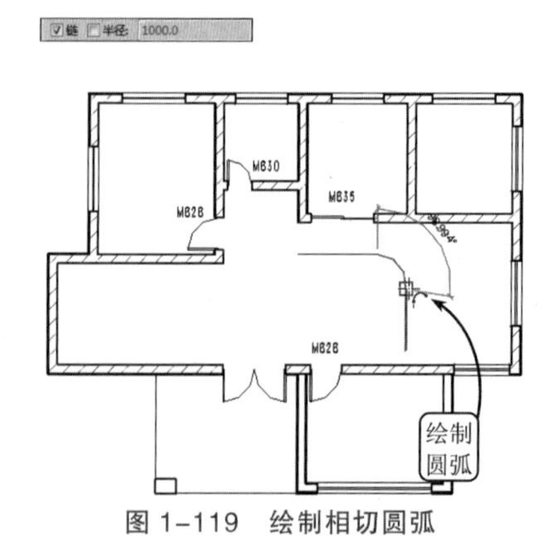

图 1–119 绘制相切圆弧

此外,用户还可以通过启用选项栏中的【半径】复选框,并设置相应的参数值来绘制固定半径的圆弧。

7. 圆角

在【绘制】选项板中单击【圆角弧】按钮,系统将在功能区选项卡的下方打开相应的选项栏,如图 1-120 所示。

放置平面: 标高 : 标高 1　链　半径: 1000.0

图 1-120　【圆角弧】选项栏

此时,在平面视图中依次单击选取要添加圆角特征的两段线,并移动光标确定圆角的半径尺寸,即可完成圆角的绘制。且如果想精确设置圆角的半径尺寸值,还可以在完成圆角特征的绘制后,单击选择该弧,然后在打开的临时尺寸框中进行相关设置即可。

但是在实际设计过程中,往往需要直接添加精确尺寸的圆角特征。此时,用户可以在选项栏中启用【半径】复选框,并设置相应的尺寸值。然后在平面视图中选取要添加圆角特征的两段线即可,效果如图 1-121 所示。

8. 其他线条

此外,利用【绘制】选项板中的其余工具还可以绘制其他模型线。这些工具在创建族构件的过程中起到重要的作用,现分别介绍如下:

样条曲线

在【绘制】选项板中单击【样条曲线】按钮,然后在平面视图中依次单击捕捉相应的点作为控制点即可。

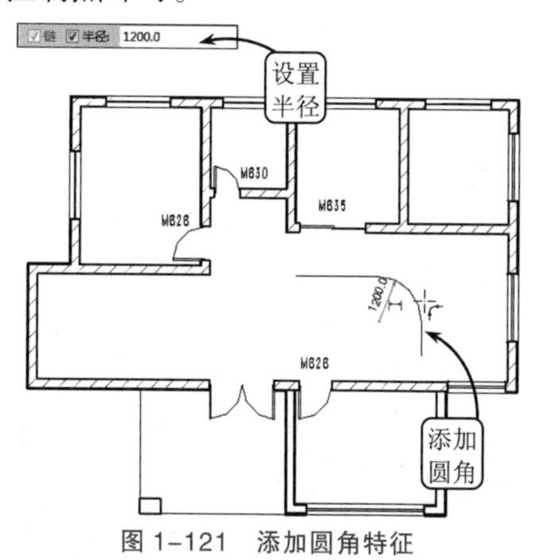

图 1-121　添加圆角特征

椭圆

在【绘制】选项板中单击【椭圆】按钮,然后在平面视图中依次单击捕捉所绘椭圆的中心点和两轴方向的半径端点即可。

半椭圆

在【绘制】选项板中单击【半椭圆】按钮,然后在平面视图中依次单击捕捉所绘半椭圆的起点、终点和轴半径端点即可。

拾取线

在【绘制】选项板中单击【拾取线】按钮,然后在平面视图中单击选取现有的墙或楼板等各种已有图元的边,即可快速创建相应的线。

1.6 辅助操作

在利用 Revit 软件进行建筑设计时,还经常用到参照平面辅助模型建模。在绘制相应的图元时,临时尺寸标注起到重要的定位参考作用,现分别介绍如下。

1.6.1 参照平面

参照平面是一个平面,在某些方向的视图中显示为线。在 Revit 建筑设计过程中,参照平面除了可以作为定位线外,还可以作为工作平面。用户可以在其上绘制模型线等图元。

1. 创建参照平面

切换至【建筑】选项卡,在【工作平面】选项板中单击【参照平面】按钮,系统将展开相应的选项卡，并打开【参照平面】选项栏。用户可以通过以下两种方式创建相应的参照平面，具体操作方法如下所述：

绘制线

在展开的选项卡中单击【直线】按钮，然后在平面视图中的相应位置依次单击捕捉两点，即可完成参照平面的创建，效果如图 1-122 所示。

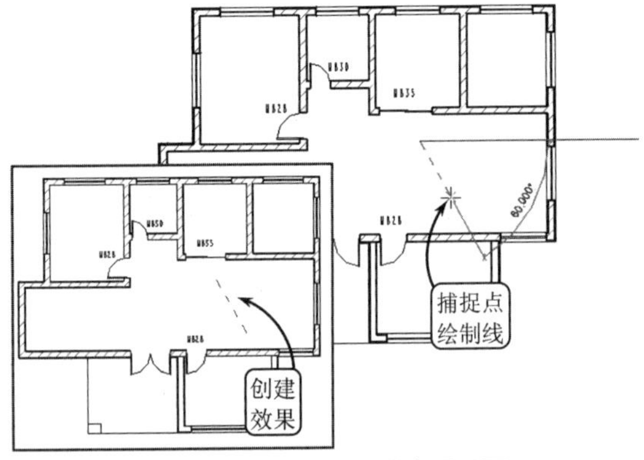

图 1-122　拾取线创建参照平面

拾取线

在展开的选项卡中单击【拾取线】按钮，然后在平面视图中单击选择已有的线或模型图元的边，即可完成参照平面的创建，效果如图 1-123 所示。

图 1-123　拾取线创建参照平面

2. 命名参照平面

在建模过程中，对于一些重要的参照平面，用户可以进行相应的命名，以便以后通过名称来方便地选择该平面作为设计的工作平面。

在平面视图中选择创建的参照平面，在激活的相应选项卡中单击【属性】按钮，系统将打开【属性】对话框，如图 1-124 所示。此时，用户即可在该对话框的【名称】文本框中输入相应的名称。

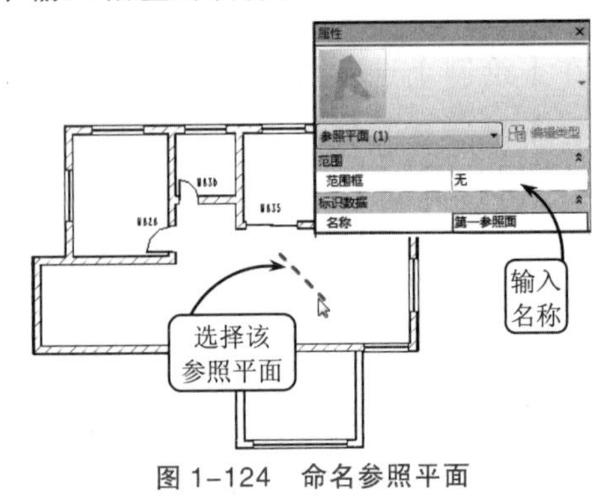

图 1-124　命名参照平面

1.6.2 使用临时尺寸标注

当在 Revit 中选择构件图元时，系统会自动捕捉该图元周围的参照图元，显示相应的蓝色尺寸标注，这就是临时尺寸标注。一般情况下，在进行建筑设计时，用户都将使用临时尺寸标注来精确定位图元。

在平面视图中选择任意图元，系统将在该图元周围显示定位尺寸参数，如图 1-125 所示。此时，用户可以单击选择相应的尺寸参数加以修改，对该图元进行重新定位。

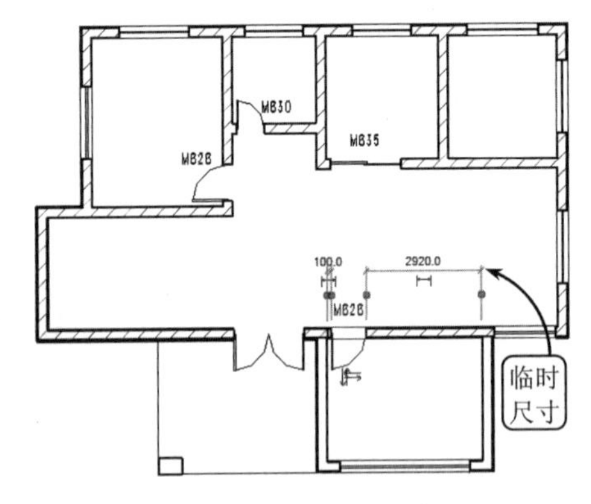

图 1-125　临时尺寸

此外，在创建图元或选择图元时，用户还可以为图元的临时尺寸标注添加相应的公式计算。公式都以等号开始，然后使用常规的数学语法即可，效果如图 1-126 所示。

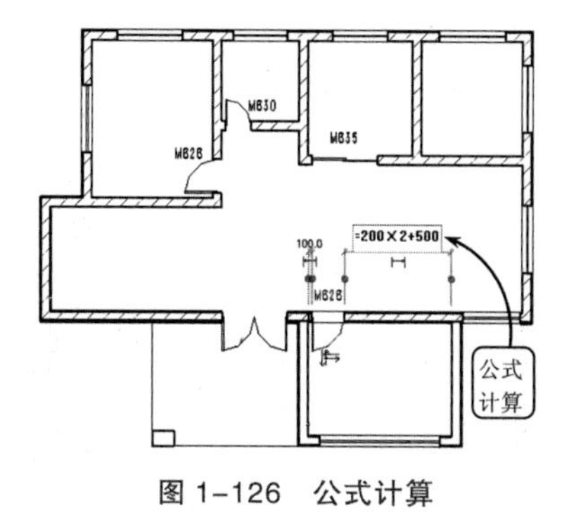

图 1-126　公式计算

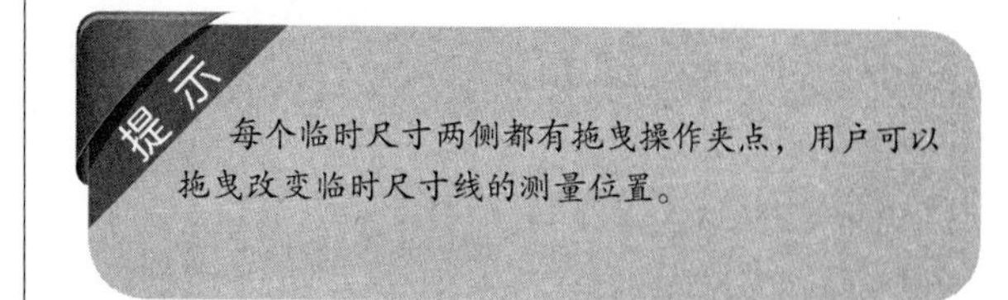

提示

每个临时尺寸两侧都有拖曳操作夹点，用户可以拖曳改变临时尺寸线的测量位置。

第2章

标高和轴网

在建筑建模过程中，标高和轴网是立面、剖面和平面视图的重要定位标识信息，二者的关系密切。其中，标高用来定义楼层高度及生成平面视图，而轴网则可以用来为构件进行定位。在利用 Revit 软件进行项目设计时，用户可以根据标高和轴网之间的间隔空间，创建墙、门、窗、梁柱、楼梯和楼板屋顶等建筑模型构件。一般情况下，应先创建标高，然后创建轴网。

本章主要介绍标高和轴网的创建与编辑方法。用户可以通过学习标高和轴网的创建来开启建筑设计的第一步。

本章学习目标

- 掌握标高的创建方法
- 掌握标高的编辑方法
- 掌握轴网的创建方法
- 掌握轴网的编辑方法

2.1 标 高

标高实际是指在空间高度方向上相互平行的一组面，用于定义建筑内的垂直高度或楼层高度，反映建筑构件在高度方向上的定位情况。

标高由标头和标高线组成。其中，标头反映标高的标头符号样式、标高值、标高名称等信息；标高线反映标高对象投影的位置和线型表现。在 Revit 中，创建标高的方法主要有三种：绘制标高、复制标高和阵列标高。用户可以根据不同情况选择创建标高的方法。

2.1.1 绘制标高

在 Revit 中，可以通过绘制标高方法来创建标高。

1. 新建项目文件

绘制标高是创建标高的基本方法之一，对于低层或尺寸变化差异过大的建筑构件，使用该方法可以直接绘制标高。启动 Revit 软件后，单击左上角的【应用程序菜单】按钮，在打开的下拉菜单中选择【新建】|【项目】选项，软件将打开【新建项目】对话框，如图 2-1 所示。此时，在该对话框中单击【浏览】按钮，并选择下载文件中的“项目样板 .rte”文件作为样板文件。

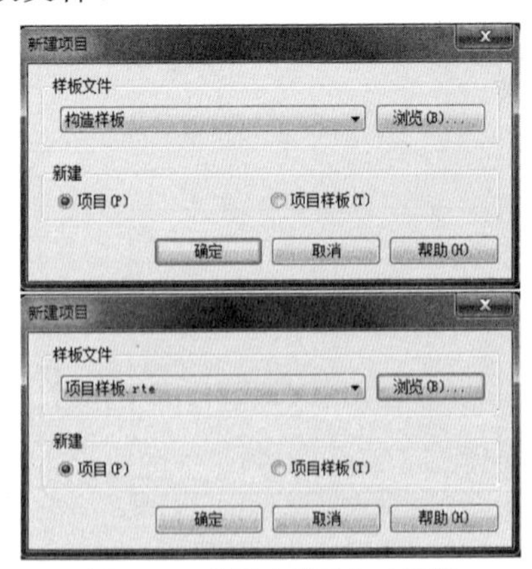

图 2-1 【新建项目】对话框

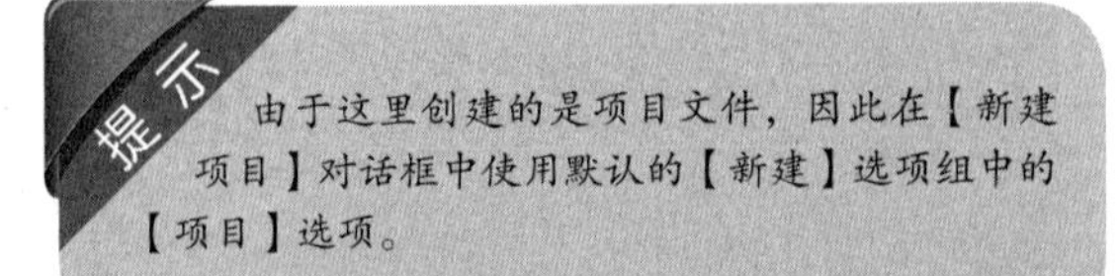

提示

由于这里创建的是项目文件，因此在【新建项目】对话框中使用默认的【新建】选项组中的【项目】选项。

然后继续单击【应用程序菜单】按钮，在打开的下拉菜单中选择【保存】选项，软件将打开【另存为】对话框，如图 2-2 所示。此时在该对话框的【文件名】文本框中输入“少年部大楼”，保存该文件为 rvt 格式，即可进行标高的下一步绘制操作。

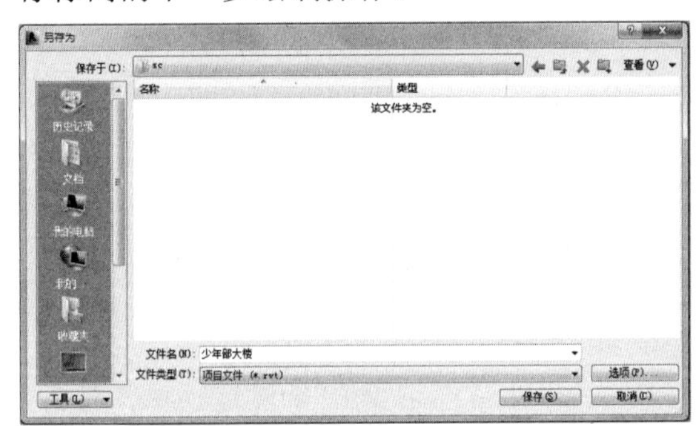

图 2-2 保存新建项目文件

2. 绘制标高

默认情况下，绘图区域显示的为“南立面”视图效果。在该视图中，蓝色倒三角为标高图标；图标上方的数值为标高值；红色虚线为标高线；标高线上方的为标高名称，如图 2-3 所示。

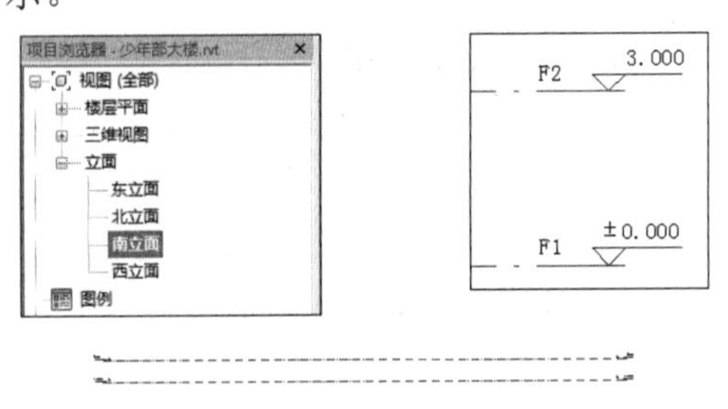

图 2-3 南立面视图

提示

标高的创建与编辑，必须在立面或剖面视图中才能够进行操作。因此，在项目设计时必须首先进入立面视图。

将光标指向 F2 标高一端，并滚动鼠标滑轮放大该区域。然后双击标高值，在文本框中输入 3.3。接着按 Enter 键完成标高值的更改，如图 2-4 所示。

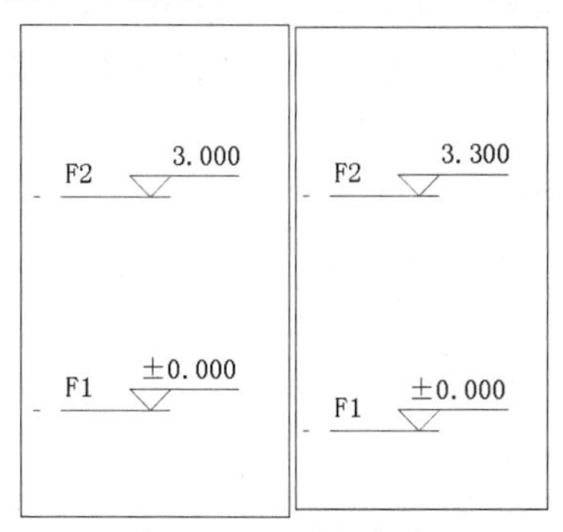

图 2-4　更改标高值

提示

该项目样板的标高值是以米为单位，标高值并不是任意设置的，而是根据建筑设计图中的建筑尺寸来设置相应的层高。

切换到【建筑】选项卡，在【基准】面板中单击【标高】按钮，软件将自动切换至【修改 | 放置 标高】上下文选项卡。此时，单击【绘制】面板中的【直线】按钮，并确定绘制标高的方法，如图 2-5 所示。

指定标高的绘制方法后，选项栏中将激活并显示【创建平面视图】复选框。此时，若启用该复选框，所创建的每个标高都是一个楼层；若禁用该复选框，则认为标高是非楼层的标高，且不创建相关联的平面视图。启用【创建平面视图】复选框，并单击【平面视图类型】选项，软件将打开【平面视图类型】对话框，如图 2-6 所示。

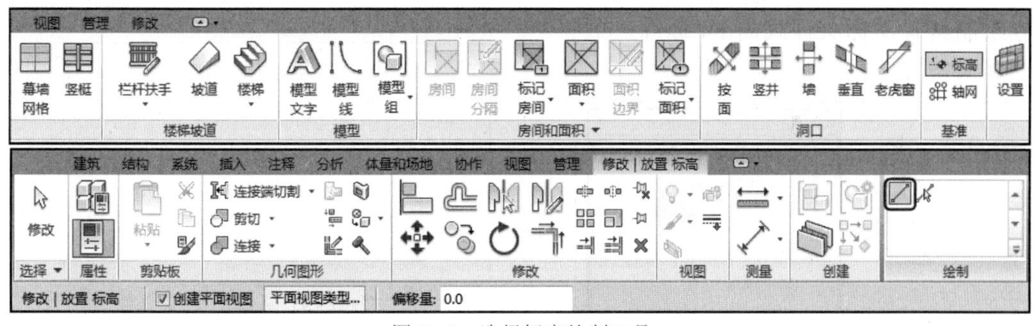

图 2-5　选择标高绘制工具

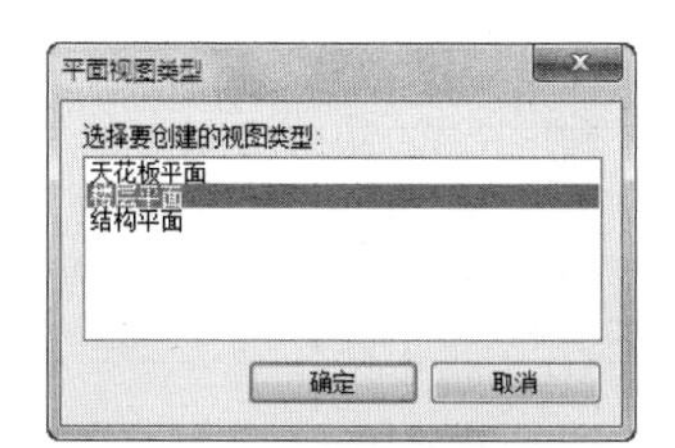

图 2-6　平面视图类型

提示

此外，选项栏中的【偏移量】文本框用来控制标高值的偏移范围。其数值可以是正数，也可以是负数。且通常情况下，该参数值为 0。

此时，单击并拖动鼠标滚轮向右移动视图，绘图区域将显示标高的左侧。将光标指向 F2 标高左侧，光标与现有标高之间将显示一个临时尺寸标注。且当光标指向现有标高标头时，Revit 会自动捕捉其端点。单击确定标高的左端点后，配合鼠标滚轮拖动标高线至右侧合适的位置单击，确定标高的右端点，即可完成该标高的绘制，效果如图 2-7 所示。

图 2-7　绘制标高

> **提示**　捕捉标高端点后，既可以通过移动光标来确定标高尺寸，也可以通过键盘中的数字键输入来精确确定标高尺寸。

此外，选择【标高】工具后，【属性】面板中将显示与标高相关的参数选项。其中，在类型选择器中可以指定项目样板中提供的相关标头类型。此时，用户可以选择【下标头】类型，按照上述绘制标高的方法，在 F1 标高的下方绘制具有下标头样式的 F4 标高，效果如图 2-8 所示。

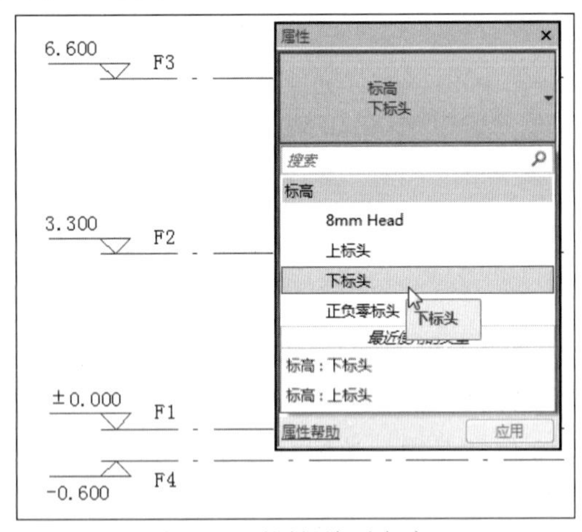

图 2-8　绘制下标头标高

> **注 意**
>
> 在标高绘制中，除了直接绘制外，还有一种拾取线的方法。该方法必须是在现有参考线的基础上才能使用，所以目前该方法不可用。

2.1.2 复制标高

在 Revit 中，标高的创建方法除了可以通过直接绘制外，还可以通过复制的方法进行创建。

1. 复制标高

在绘图区域选择要复制的标高，软件将自动切换至【修改 | 标高】上下文选项卡。然后单击【修改】面板中的【复制】按钮，并在激活的选项栏中启用【约束】和【多个】复选框。接着在 F3 标高的任意位置单击作为复制的基点，如图 2-9 所示。

最后向上移动光标，软件将显示一个临时尺寸标注。当临时尺寸标注显示为 3300 时单击，即可完成标高的复制操作，效果如图 2-10 所示。

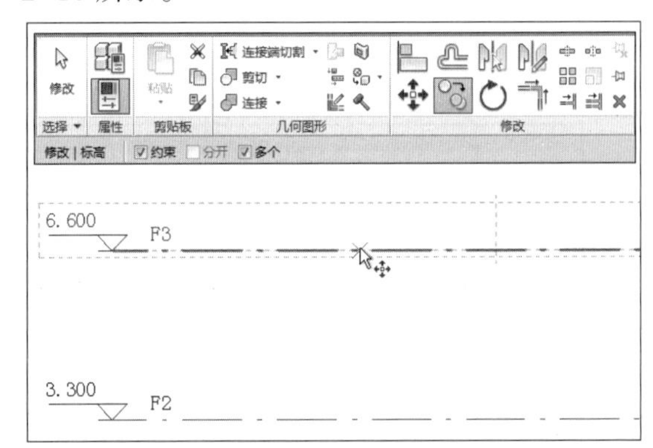

图 2-9　选择复制的标高对象

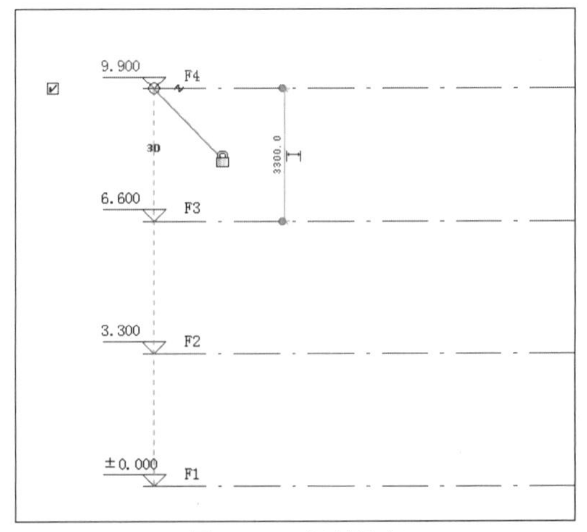

图 2-10　复制标高

技巧

启用选项栏中的【约束】复选框，可以激活正交模式；而若启用【多个】复选框，则可以连续进行复制操作。

2. 为复制标高添加楼层平面

完成 F4 标高的复制操作后，通过该方式创建的标高在项目浏览器中并未生成相应的平面视图。在绘图区域 F4 标高标头显示为黑色，效果如图 2-11 所示。

切换至【视图】选项卡，单击【平面视图】下拉菜单中的【楼层平面】按钮，软件将打开【新建楼层平面】对话框，如图 2-12 所示。此时，选择 F4 选项，并单击【确定】按钮，即可创建 F4 标高的楼层平面视图。

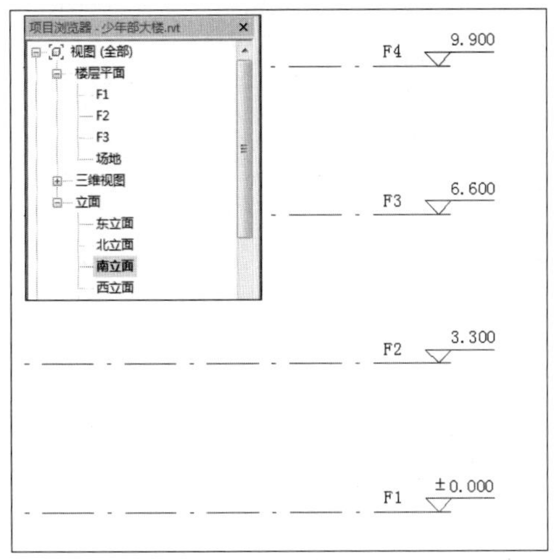

图 2-11　复制标高显示效果

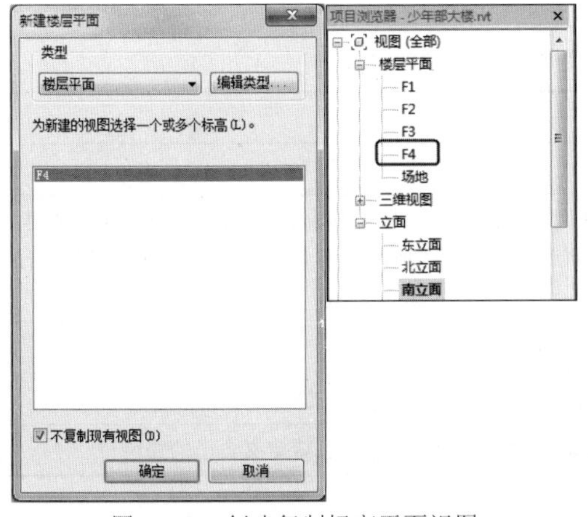

图 2-12　创建复制标高平面视图

注 意

直接绘制的标高标头符号为蓝色，通过其他方式创建的标高标头符号为黑色。当双击蓝色标头符号时，视图将自动跳转至相应的平面视图，而双击黑色标头符号不能引导视图的跳转。

2.1.3 阵列标高

在 Revit 中，标高的创建除了可以通过直接绘制和复制标高的方法外，阵列标高也是常用的一种创建方法。

在绘图区域选择要阵列的标高，软件将自动切换至【修改 | 标高】上下文选项卡。然后在【修改】面板中单击【阵列】按钮，并在激活的选项栏中单击【线性】按钮，接着禁用【成组并关联】复选框，设置【项目数】为 3，并启用【第二个】和【约束】复选框，最后单击标高任意位置确定基点，如图 2-13 所示。

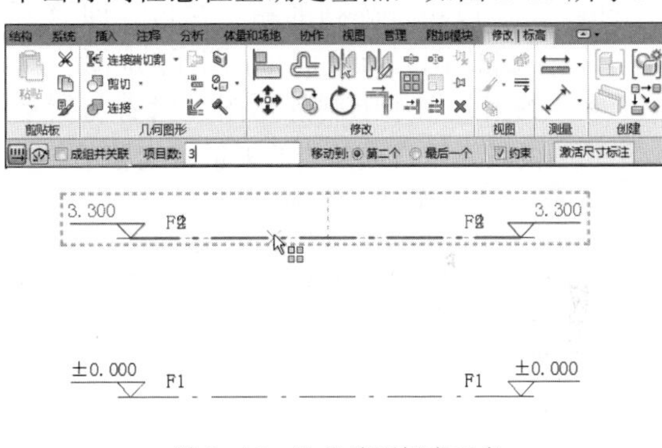

图 2-13　选择阵列标高对象

确定阵列基点后，向上拖动光标，软件将显示一个临时尺寸标注。当临时尺寸标注显示为 3300 时单击，即可完成标高的阵列操作，效果如图 2-14 所示。

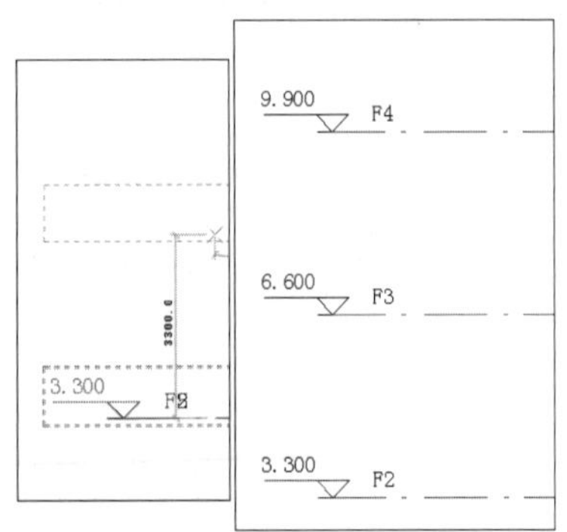

图 2-14　阵列标高

此外，当选择【阵列】工具后，用户还可以通过设置选项栏中的参数选项来创建线性阵列或径向阵列。该选项栏中的各参数选项的含义如下所述：

- **线性**　单击该按钮，将创建线性阵列。
- **径向**　单击该按钮，将创建径向阵列。
- **成组并关联**　启用该复选框，软件将阵列的每个图元包括在一个组中。如果禁用该复选框，Revit将会创建指定数量的副本，而不会使它们成组。在放置后，每个副本都独立于其他副本。
- **项目数**　指定阵列中所有选定图元的副本总数。
- **移动到**　该选项组用来设置阵列效果。其包含的两个子选项的含义介绍如下：
  - 第二个　选择该单选按钮，可以指定阵列中每个图元间的间距。
  - 最后一个　选择该单选按钮，可以指定阵列的整个跨度，即第一个图元与最后一个图元的间距。
- **约束**　用于限制阵列图元沿着与所选的图元垂直或共线的矢量方向移动。

注意

选项栏中的【项目数】参数值包含原有图元对象，添加阵列标高的楼层平面方法与添加复制标高的楼层平面方法相同，这里不再赘述。

2.1.4　编辑标高

建筑效果图中的标高显示并不是一层不变的，在Revit中既可以通过【类型属性】对话框统一设置标高图形中的各种显示效果，也可以通过手动方式独立设置标高名称及其显示和位置。

1. 批量设置

选择某个标高后，单击【属性】面板中的【编辑类型】按钮，软件将打开【类型属性】对话框，如图2-15所示。

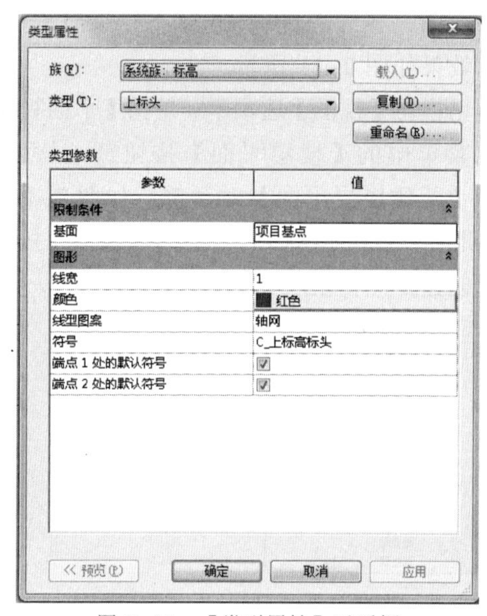

图2-15　【类型属性】对话框

在该对话框中，不仅可以设置标高显示的颜色、样式、线宽，还可以设置端点符号的显示与否。各个参数选项的含义及作用如表2-1所示。

表2-1　标高【类型属性】对话框中的各选项的含义

参　　数	值
限制条件	
基面	该选项包括【项目基点】与【测量点】两个子选项。如果该选项设置为【项目基点】子选项，则在某一标高上报告的高程基于项目原点；如果该选项设置为【测量点】子选项，则报告的高程基于固定测量点
图形	
线宽	设置标高类型的线宽。可以使用【线宽】工具来修改线宽编号的定义
颜色	设置标高线的颜色。可以从Revit定义的颜色列表中选择颜色，或定义自己的颜色

（续表）

参　数	值
线型图案	设置标高线的线型图案。线型图案可以为实线或虚线和圆点的组合。可以从 Revit 定义的值列表中选择线型图案，或定义自己的线型图案
符号	确定标高线的标头是否显示编号中的标高号（标高标头 – 圆圈）、显示标高号但不显示编号（标高标头 – 无编号）或不显示标高号（< 无 >）
端点 1 处的默认符号	启用该复选框，默认情况下软件将在标高线的左端点放置标高编号
端点 2 处的默认符号	启用该复选框，默认情况下软件将在标高线的右端点放置标高编号

2. 手动设置

标高除了可以在【类型属性】对话框中统一设置外，还可以通过手动方式设置标高的名称、显示位置以及是否显示。

重命名标高名称

双击标高名称，在弹出的文本框中输入需要的标高名称，并按 Enter 键确认，软件将打开 Revit 提示框。此时，单击【是】按钮，即可在更改标高名称的同时，更改相应视图的名称，效果如图 2–16 所示。

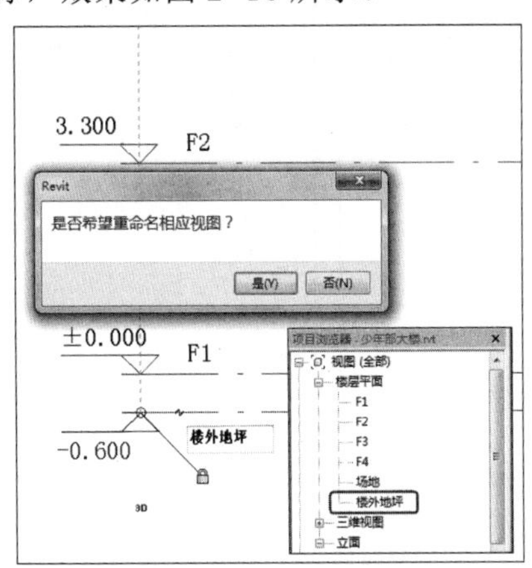

图 2–16　重命名标高

标头的隐藏与显示

选中某一标高，禁用其左侧的【隐藏编号】复选框，即可隐藏该标高左侧标头，效果如图 2–17 所示。若要重新显示左侧标头，再次启用左侧的【隐藏编号】复选框即可。

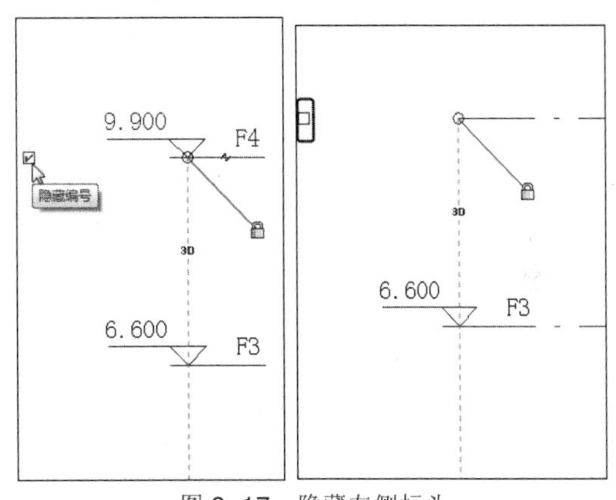

图 2–17　隐藏左侧标头

为标高添加弯头

单击选中某一标高，在标头右侧标高线上将显示【添加弯头】图标，如图 2–18 所示。

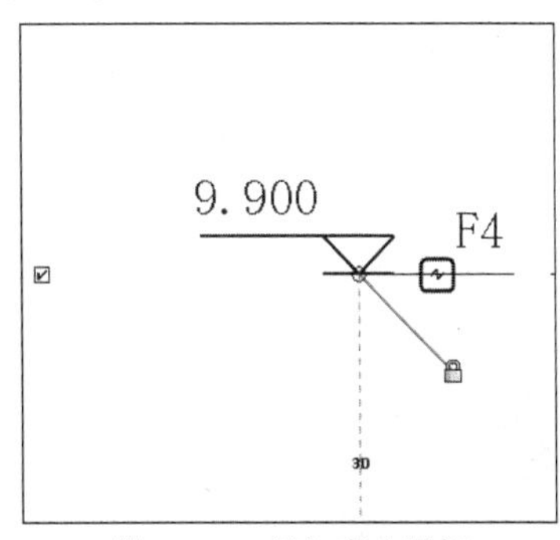

图 2–18　添加弯头图标

此时，单击标高线中的【添加弯头】图标，即可改变标高参数和符号的显示位置，效果如图 2–19 所示。

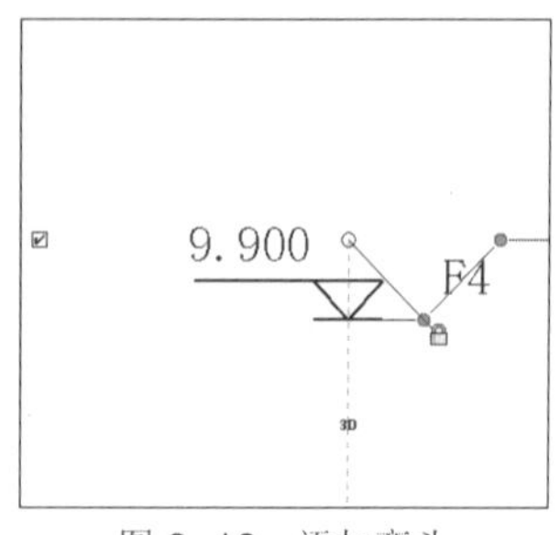

图 2-19　添加弯头

此外，当添加弯头后，还可以通过单击并向上或向下拖动蓝色拖曳点来改变标高参数和图标的显示位置，效果如图 2-20 所示。

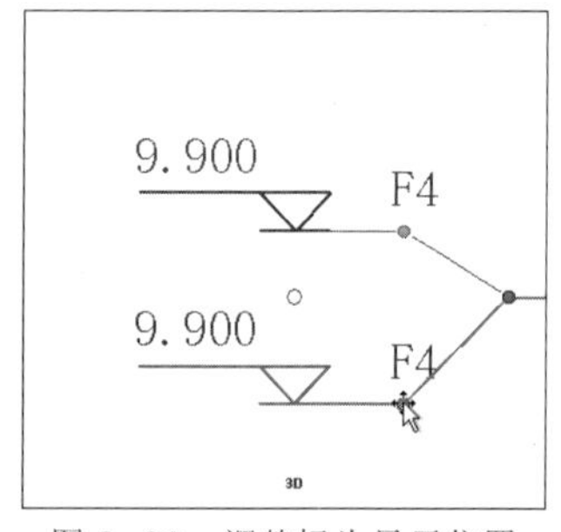

图 2-20　调整标头显示位置

> **提示**　若将标高标头处显示的两个拖曳点重叠，标高即可返回至添加弯头前的原有显示状态。

标头对齐锁

在 Revit 中，当标高端点对齐时，单击选中任意标高，软件都将在其标头右侧显示标头对齐锁。默认情况下，单击并拖动标高端点改变其位置，所有对齐的标高将同时移动，效果如图 2-21 所示。

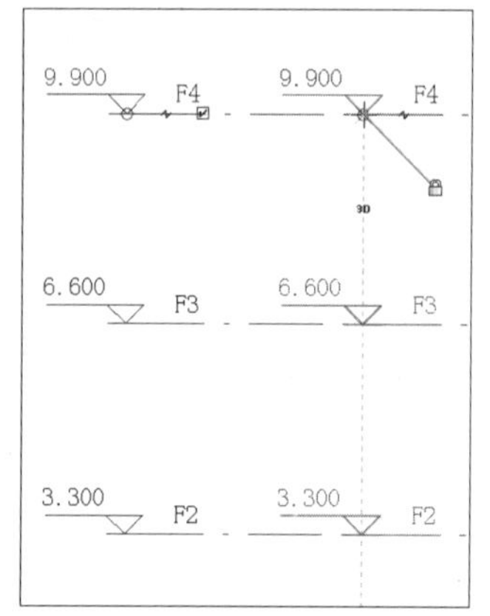

图 2-21　统一调整对齐标高线标头位置

此时，若单击标头对齐锁进行解锁，然后再次单击标高端点并拖动，则只有该选定标高被移动，其他标高不会随之移动，效果如图 2-22 所示。

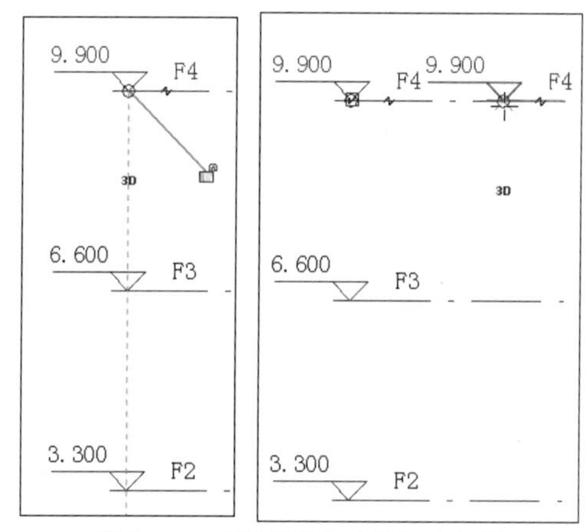

图 2-22　单独调整标高线标头位置

2.2 轴　网

轴网是由建筑轴线组成的网，是人为地在建筑图纸中为了标识构件的详细尺寸，并按照一般的习惯标准虚设的，且一般标注在对称界面或截面构件的中心线上。

轴网由定位轴线、标识尺寸和轴号组成，是建筑制图的主题框架。建筑物的主要支承构件均按照轴网定位排列，并达到了井然有序的效果。轴网的创建方式，除了与标高创建方式相似外，还新增了弧形轴线的绘制方法。各方法的具体操作介绍如下。

2.2.1 绘制轴网

在 Revit 中，可以通过绘制轴网的方法创建轴网。

1. 绘制直线轴网

绘制轴线是最基本的轴网创建方法，且轴网是在楼层平面视图中创建的。打开项目文件，在项目浏览器中双击【视图】|【楼层平面】| F1 选项，进入 F1 楼层平面视图，效果如图 2-23 所示。

然后切换至【建筑】选项卡，在【基准】面板中单击【轴网】按钮，软件将打开【修改 | 放置轴网】上下文选项卡，默认激活【绘制】面板中的【直线】工具，效果如图 2-24 所示。

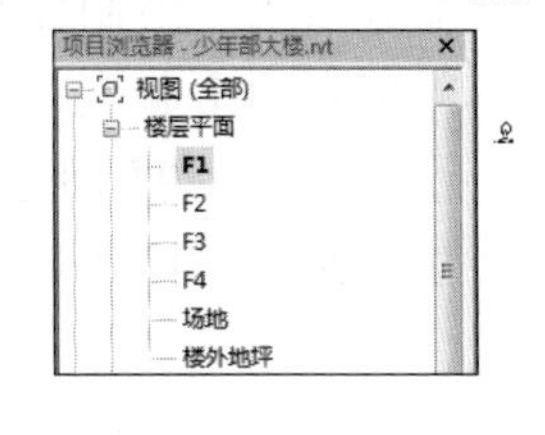

图 2-23 F1 楼层平面视图

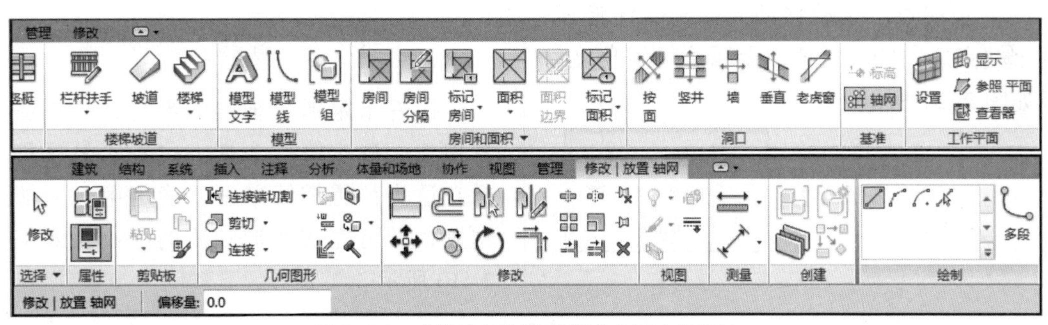

图 2-24 【修改 | 放置 轴网】上下文选项卡

接着在绘图区域左下角的适当位置单击，并结合 Shift 键垂直向上移动光标，在适当位置再次单击，即可完成第一条轴线的创建，效果如图 2-25 所示。

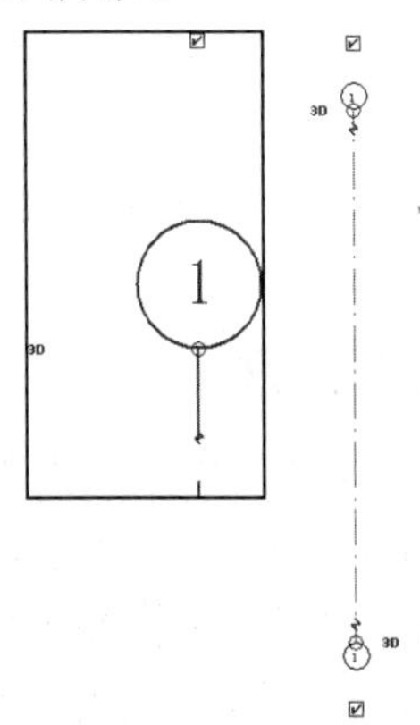

图 2-25 绘制垂直轴线

第二条轴线的绘制方法与标高绘制方法相似。用户可以将光标指向轴线的一侧端点，光标与现有轴线之间将显示一个临时尺寸标注。当临时尺寸标注为 2600 时，单击即可确定所绘轴线的一侧端点。然后配合鼠标滚轮，拖动轴线至另一侧合适的位置单击，确定另一侧端点，即可完成该轴线的绘制，效果如图 2-26 所示。

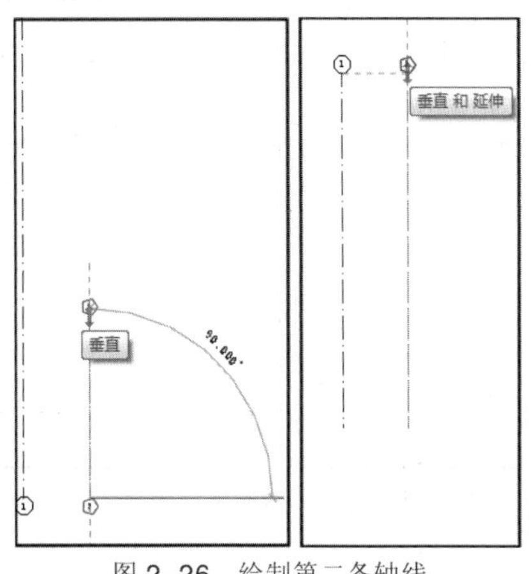

图 2-26 绘制第二条轴线

2. 绘制弧形轴网

在轴网的绘制方式中，除了可以绘制直线轴线外，还可以绘制弧形轴线。绘制弧形轴线包括两种方法：一种是利用【起点－终点－半径弧】绘制工具；另一种是利用【圆心－端点弧】绘制工具。各方法的具体操作如下所述：

【起点－终点－半径弧】工具

切换至【建筑】选项卡，在【基准】面板中单击【轴网】按钮，软件将打开【修改 | 放置 轴网】上下文选项卡。此时，单击【绘制】面板中的【起点－终点－半径弧】按钮，并在绘制区域的空白处单击，确定弧形轴线的一个端点。然后移动光标，软件将显示两个端点之间的尺寸值以及弧形轴线角度，效果如图 2-27 所示。

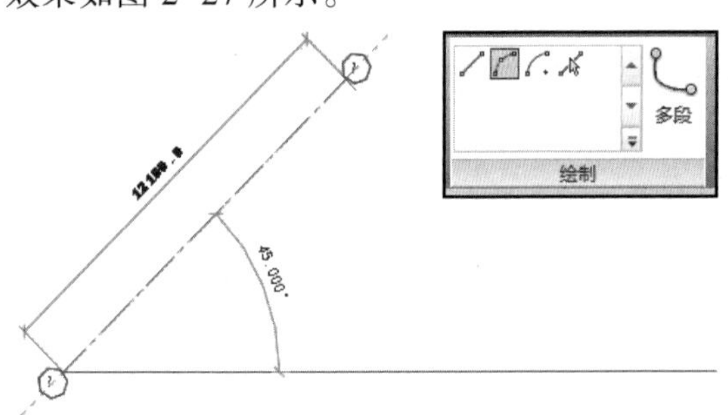

图 2-27　确定弧形轴线端点

接着根据临时尺寸标注中的参数值，在适当位置单击，确定第二个端点位置，同时移动光标，软件将显示弧形轴线半径的临时尺寸标注。最后在确定半径参数后，在弧线上单击，即可完成弧形轴线的绘制，效果如图 2-28 所示。

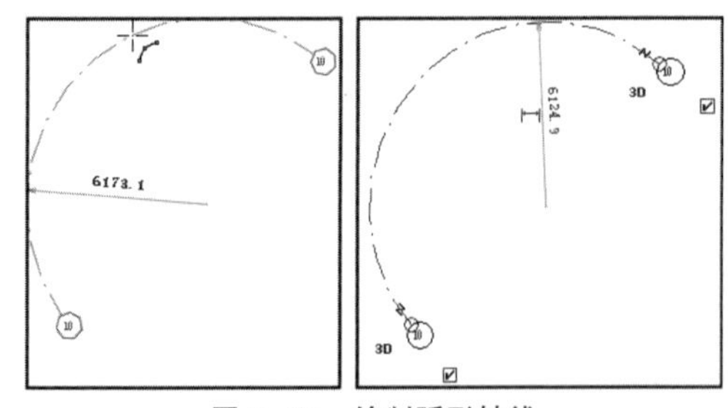

图 2-28　绘制弧形轴线

【圆心－端点弧】工具

切换至【建筑】选项卡，在【基准】面板中单击【轴网】按钮，软件将打开【修改 | 放置 轴网】上下文选项卡。此时，单击【绘制】面板中的【圆心－端点弧】按钮，并在绘图区域的适当位置单击，确定圆心位置。然后移动光标，软件将显示临时半径标注，效果如图 2-29 所示。

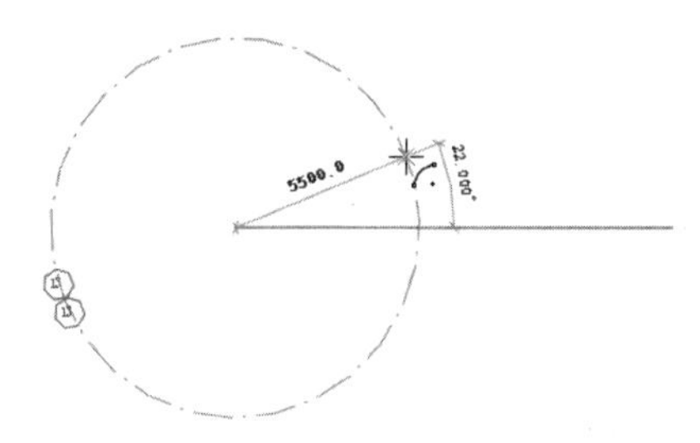

图 2-29　确定弧形轴网的圆心

接着指定弧形轴网的半径，并在适当位置单击，确定第一个端点位置。最后移动光标在适当位置继续单击，确定第二个端点的位置，即可完成弧形轴线的绘制，效果如图 2-30 所示。

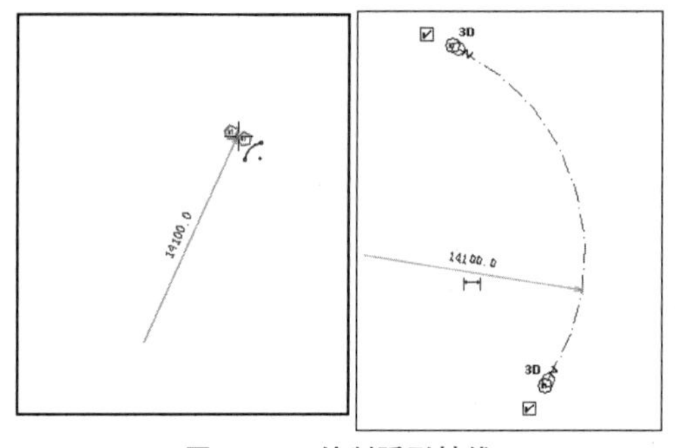

图 2-30　绘制弧形轴线

2.2.2 复制轴网

轴线的复制方法与标高类似。首先选择将要复制的轴线 2，软件将切换至【修改 | 轴网】上下文选项卡。然后单击【修改】面板中的【复制】按钮，并启用【约束】和【多个】复选框。接着单击轴线 2 的任意位置作为复制的基点，如图 2-31 所示。

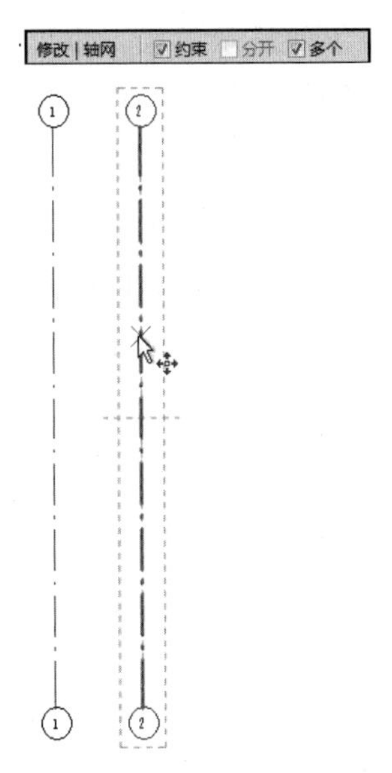

图 2-31　指定复制基点

此时，向右移动光标，软件将显示临时尺寸标注。当临时尺寸标注显示为 3600 时单击，即可完成轴线的复制操作。轴号会按照之前绘制好的轴线自动排序。若继续向右移动光标，还可连续进行相应的轴线复制操作，效果如图 2-32 所示。

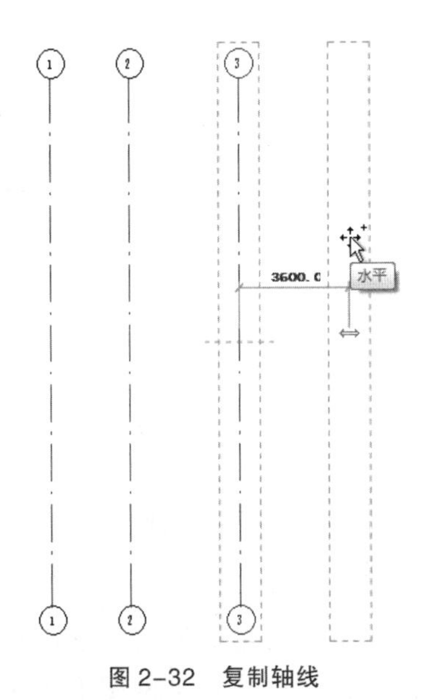

图 2-32　复制轴线

2.2.3 阵列轴网

利用【阵列】工具可以同时创建多条轴线，但这些轴线之间的间距必须相等。选择需要阵列的轴线对象，软件将自动切换至【修改 | 轴网】上下文选项卡。然后单击【修改】面板中的【阵列】按钮，并在激活的选项栏中单击【线性】按钮，禁用【成组并关联】复选框。接着设置【项目数】参数为 6，并启用【第二个】和【约束】复选框。最后在要阵列的轴线对象上单击任意位置确定基点，效果如图 2-33 所示。

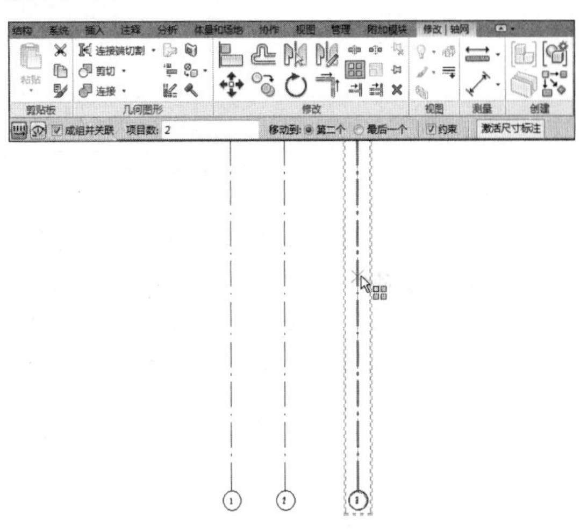

图 2-33　指定阵列基点

确定阵列基点后，向右拖动光标，软件将显示临时尺寸标注。当临时尺寸标注显示为 3000 时单击，即可完成标高的阵列操作，效果如图 2-34 所示。

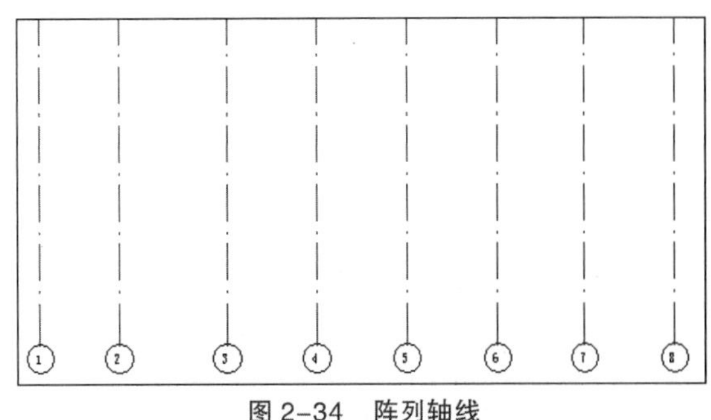
图 2-34　阵列轴线

此时，按照之前轴线的绘制方法，在绘图区域的适当位置绘制相应的水平轴线。然后双击轴线一侧的轴线编号，修改该轴线名称为 A，效果如图 2-35 所示。

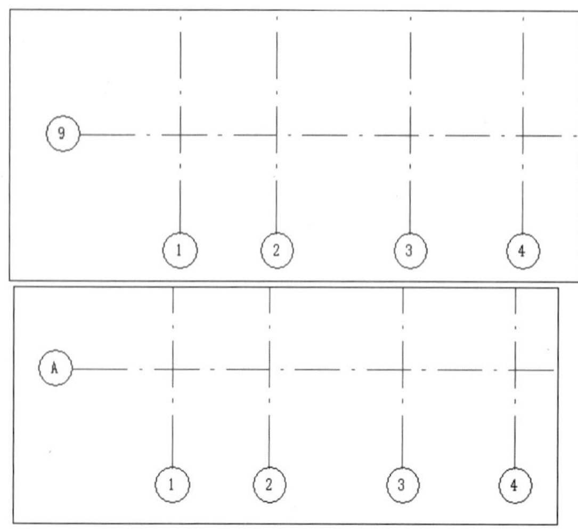

图 2-35　绘制水平轴线并重命名

按照上述阵列轴线的操作方法，阵列由下至上创建 4 条水平轴线。其中，轴线之间的间距均为 3600，各轴线的名称依次自动命名为 A、B、C 和 D，效果如图 2-36 所示。

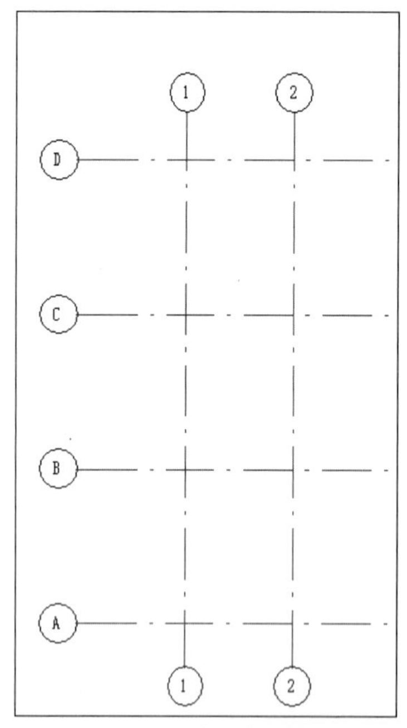

图 2-36　阵列水平轴线

2.2.4 编辑轴网

建筑设计图中的轴网与标高相同，均可以改变其显示效果。在 Revit 中，用户既可以在轴网的【类型属性】对话框中统一设置轴网图形中的各种显示效果，也可以通过手动方式独立设置单个轴线的显示效果。

1. 批量编辑轴网

在 Revit 中打开下载文件“少年部大楼 .rvt”，绘图区域中将默认显示 F1 楼层平面视图，效果如图 2-37 所示。

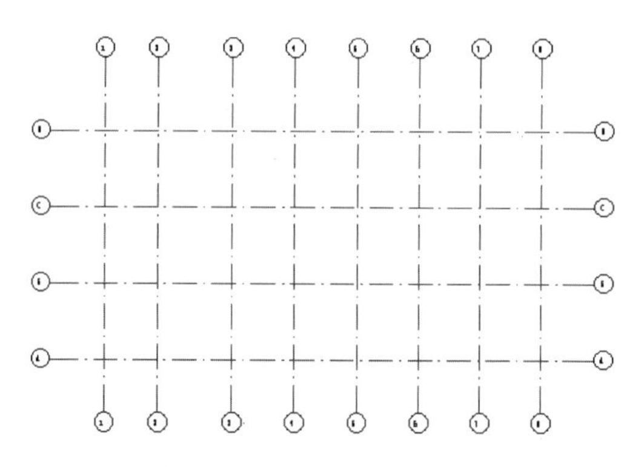

图 2-37　F1 楼层平面视图

然后选择某个轴线，并在【属性】面板中单击【编辑类型】按钮，软件将打开【类型属性】对话框，如图 2-38 所示。

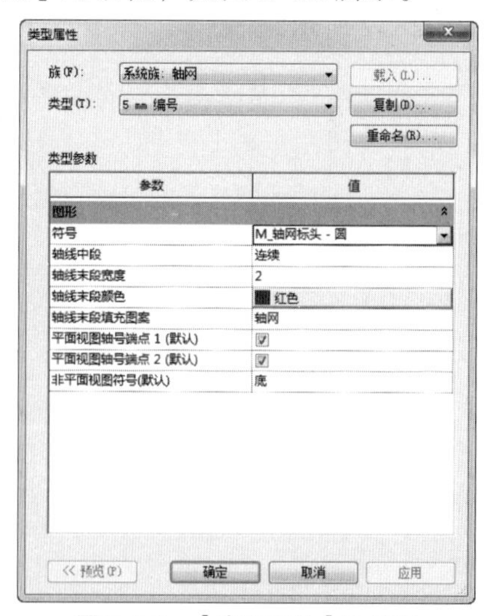

图 2-38　【类型属性】对话框

此时，用户通过对该对话框中相应参数的设置，不仅可以指定轴网图形中轴线的颜色、线宽、轴线中段的显示类型，还可以指定轴线末段的线宽、样式和长度，以及轴号端点显示与否。各参数选项的含义及作用如表 2-2 所示。

表 2-2　轴网【类型属性】对话框中的各参数选项的含义

参数选项	含义及作用
符号	用于指定轴线端点的符号。其中，该符号在编号中可以显示轴网号(轴网标头－圆)、显示轴网号但不显示编号(轴网标头－无编号)、无轴网编号或轴网号(无)
轴线中段	在该下拉列表中可以指定轴线中段的显示类型。用户可以选择“无”、“连续”或“自定义”选项
轴线末段宽度	在该文本框中可以指定连续轴线的线宽，或者在【轴线中段】列表框为【无】或【自定义】选项时用来指定轴线末段的线宽
轴线末段颜色	单击该色块，可以在打开的对话框中指定连续轴线的线颜色，或者在【轴线中段】列表框为【无】或【自定义】选项时指定轴线末段的线颜色
轴线末段填充图案	在该列表框中可以指定连续轴线的线样式，或者在【轴线中段】列表框为【无】或【自定义】选项时指定轴线末段的线样式
平面视图轴号端点 1(默认)	启用该复选框，可以在平面视图的轴线起点处显示编号的默认设置。如果需要，可以通过启用或禁用该复选框来显示或隐藏视图中各轴线的编号
平面视图轴号端点 2(默认)	启用该复选框，可以在平面视图的轴线终点处显示编号的默认设置。如果需要，可以通过启用或禁用复选框来显示或隐藏视图中各轴线的编号
非平面视图符号(默认)	在非平面视图的项目视图(例如，立面视图和剖面视图)中，可以在该列表框中设置轴线上编号显示的默认位置：“顶”、“底”、“两者”(顶和底)或“无”

2. 手动编辑轴网

在建筑设计图中，标高的手动设置同样适用于轴网。由于轴网在平面视图中的共享性，用户还可以通过其他方式进行相应的操作。

2D/3D 切换及应用

依次打开 F1 和 F2 楼层平面视图，并切换至【视图】选项卡。然后在【窗口】面板中单击【平铺】按钮，并在绘图区域中缩小视图框，效果如图 2-39 所示。

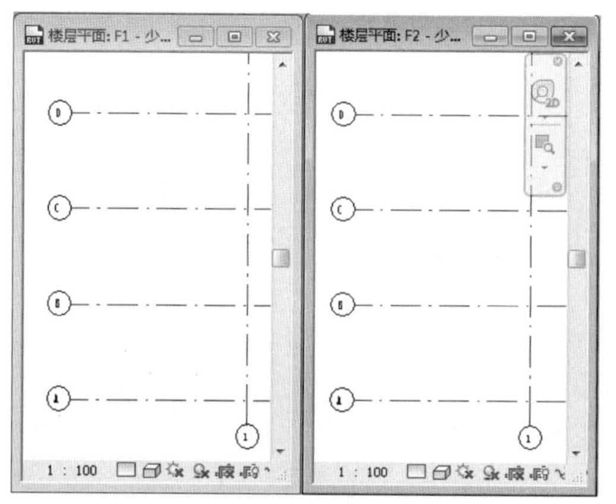

图 2-39　平铺窗口

接着单击，选中【楼层平面：F1】窗口中的轴线 C，软件将在该轴线名称下方显示 3D 视图图标。此时，水平向右拖动该轴线的左侧端点至适当位置，【楼层平面：F2】窗口中的轴线 C 将同步移动到相应位置，效果如图 2-40 所示。

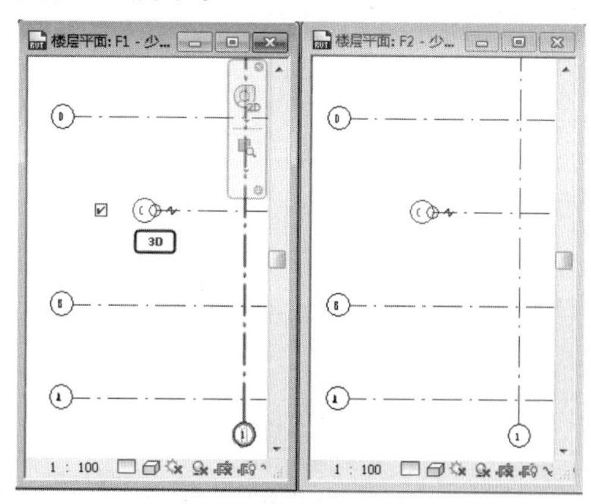

图 2-40　3D 视图下移动轴线端点

若单击 3D 视图图标，软件将切换至二维模式。此时，水平移动【楼层平面：F1】窗口中的轴线 C 的端点至适当位置，【楼层平面：F2】窗口中的轴线 C 的位置将保持不变，效果如图 2-41 所示。

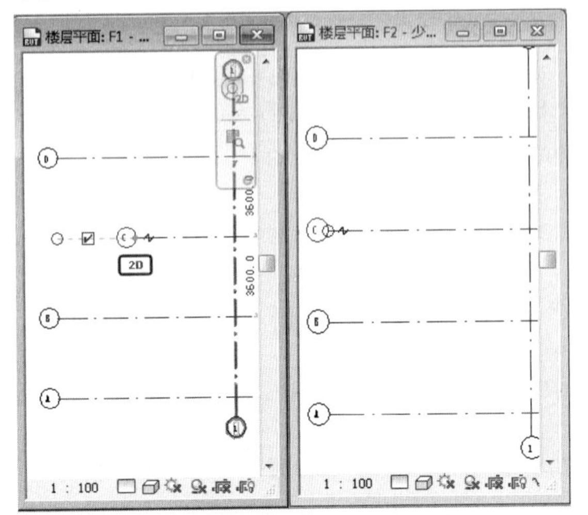

图 2-41　2D 视图下移动轴线端点

提示

在 2D 模式下，修改轴网的长度相当于修改轴网在当前视图中的投影长度，并不影响该轴网的实际长度。

此外，若将轴线的二维投影长度修改为实际的三维长度，可以在该轴线上右击，并在打开的快捷菜单中选择【重设为三维范围】选项，效果如图 2-42 所示。

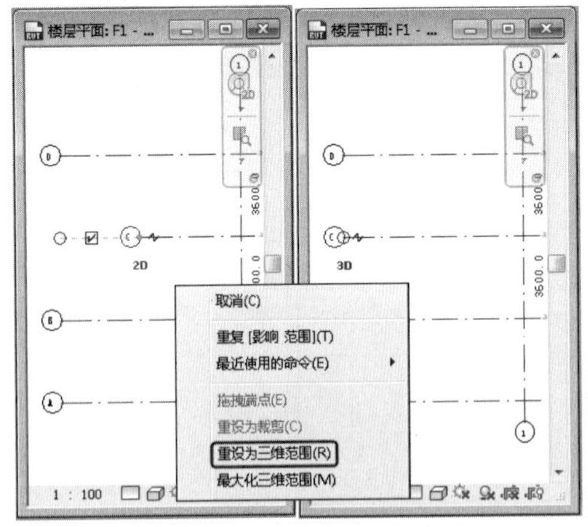

图 2-42　重设轴线为三维状态

【影响范围】工具

用户还可以将 2D 状态下水平向右拖动轴线的操作影响扩大至其他视图。保持该轴线处于选择状态，然后在【基准】面板中单击【影响范围】按钮，软件将打开【影响基准范围】对话框，如图 2-43 所示。

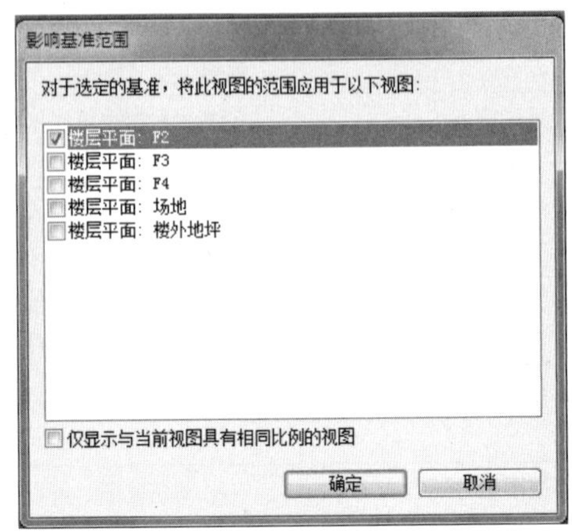

图 2-43　【影响基准范围】对话框

此时，启用【楼层平面：F2】复选框，并单击【确定】按钮。【楼层平面：F2】窗口中的轴线 C 即可按照【楼层平面：F1】窗口中的轴线 C 的移动效果进行相应的改变，效果如图 2-44 所示。

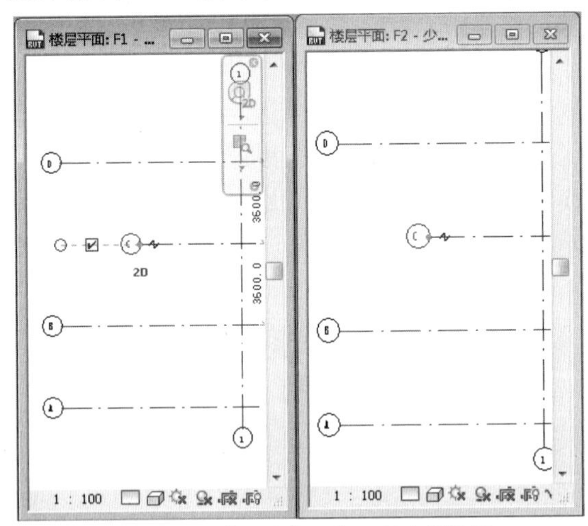

图 2-44　【影响范围】工具应用效果

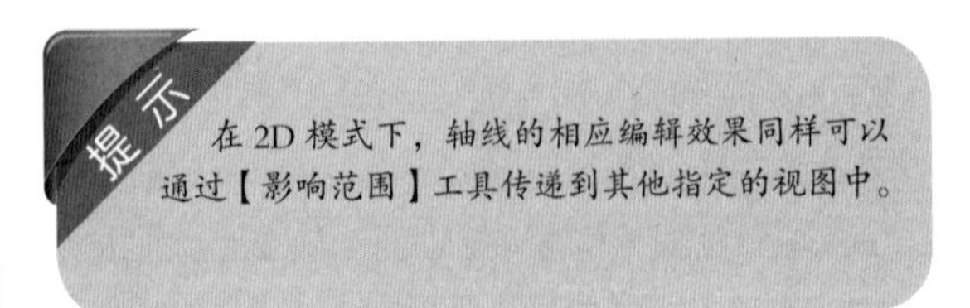

提示
在 2D 模式下，轴线的相应编辑效果同样可以通过【影响范围】工具传递到其他指定的视图中。

2.3 典型案例：教育中心大楼标高轴网的创建

本实例将创建一个福利院的教育中心大楼的标高和轴网。该教育中心是某福利院建筑体系中的一幢独立建筑，为两层的混凝土－砖石结构，内部配置有卫生间等常规建筑构件设施，满足了该建筑的使用特性要求，效果如图 2-45 所示。

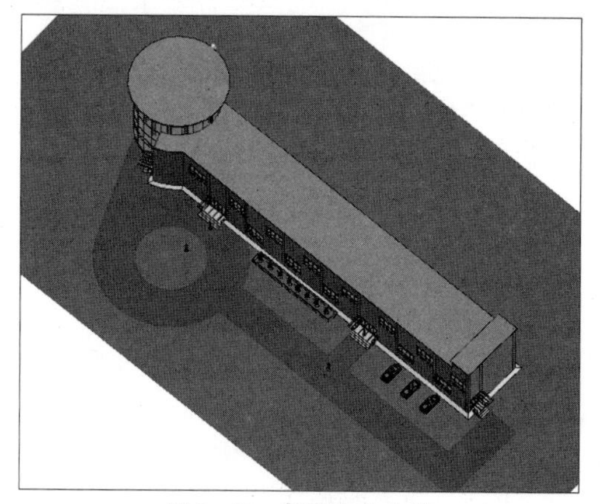
图 2-45 教育中心大楼

1. 创建项目文件

(1) 启动 Revit 软件后，单击左上角的【应用程序菜单】按钮，并选择【新建】|【项目】选项，软件将打开【新建项目】对话框。此时，在该对话框中单击【浏览】按钮，选择并打开下载文件 02 中的“项目样板 .rte”文件，即可进入建模界面，如图 2-46 所示。

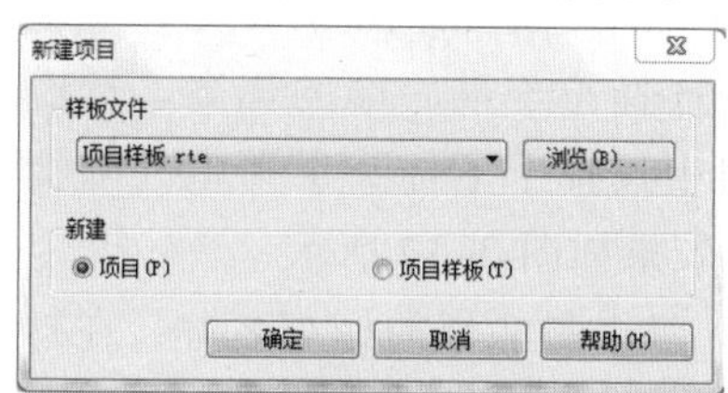

图 2-46 指定项目样板

(2) 默认情况下，在界面左侧的项目浏览器中显示项目的初始基本信息，绘图区域中显示【南立面】视图效果。在该视图中，蓝色倒三角为标高图标，图标上方的数值为标高值，红色点划线为标高线，标高线的上方为标高名称，效果如图 2-47 所示。

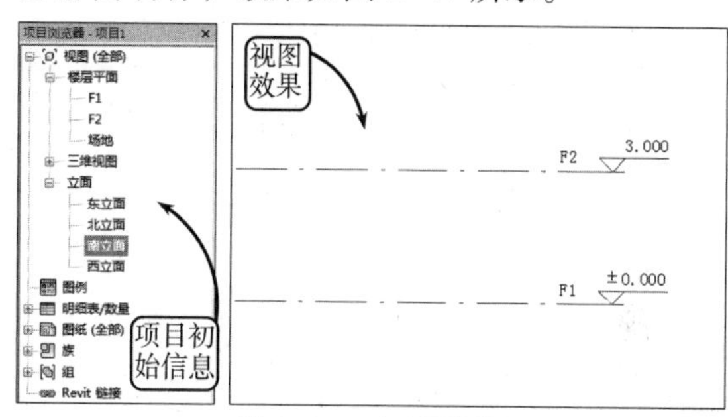

图 2-47 南立面视图

(3) 将光标指向 F2 标高一端，并滚动鼠标滑轮放大该区域。然后双击标高值，并在文本框中输入 3.3。接着按 Enter 键完成标高值的初始更改，效果如图 2-48 所示。

注 意

该项目样板的标高值是以米为单位的，标高值并不是任意设置，而是根据建筑设计图中的建筑尺寸设置的层高。

2. 创建标高

标高用于定义建筑内的垂直高度或楼层高度，是设计建筑效果的第一步。标高的创建与编辑，必须在立面或剖面视图中才能进行操作。因此，项目设计时必须首先进入立面视图。

本实例为两层建筑，主体层高为 13.9m，楼内外高差 0.6m。由于其低层和尺寸变化差异过大的特点，用户可以直接利用【标高】工具绘制标高。

(1) 切换至【建筑】选项卡，在【基准】面板中单击【标高】按钮，软件将自动打

开【修改 | 放置 标高】上下文选项卡，如图 2-49 所示。

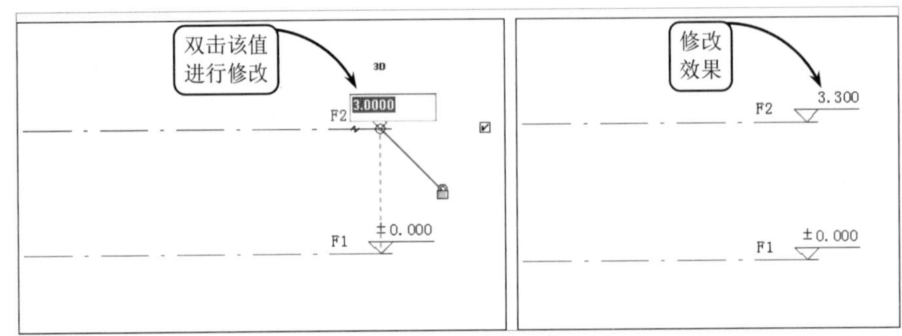

图 2-48　更改标高值

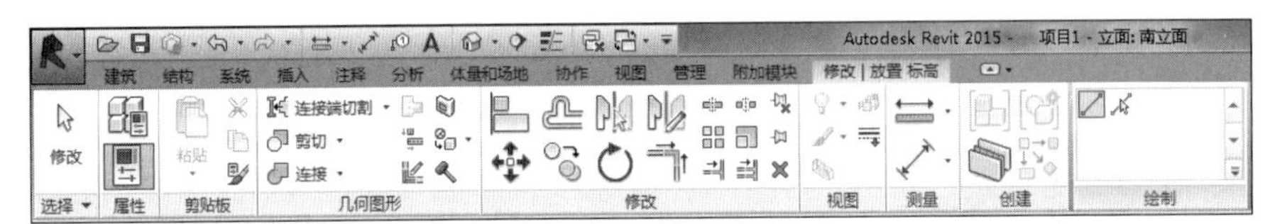

图 2-49　【修改 | 放置 标高】选项卡

(2) 在选项栏中启用【创建平面视图】复选框，单击【平面视图类型】选项，软件将自动打开【平面视图类型】对话框，如图 2-50 所示。此时，选择【楼层平面】选项，并单击【确定】按钮。

(3) 设置完相应的参数选项后，将光标指向 F2 标高左侧，软件将自动捕捉就近的标高线，并显示临时尺寸标注。此时，输入相应的标高参数值，并依次单击，捕捉确定所绘标高线的两个端点，即可完成标高的绘制，效果如图 2-51 所示。

修改 | 放置 标高　☑ 创建平面视图　平面视图类型...　偏移量: 0.0

图 2-50　平面视图类型

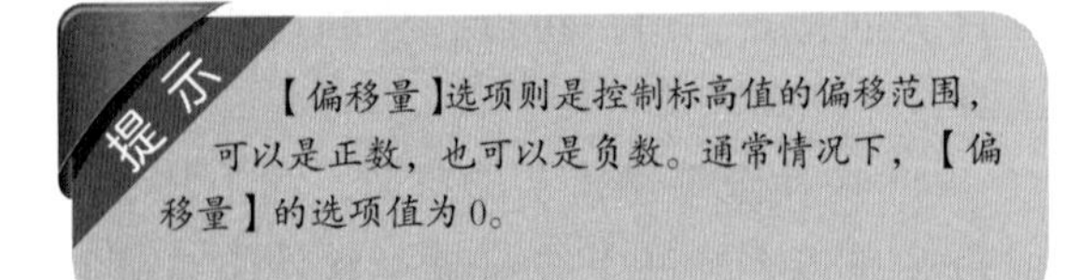
提示

【偏移量】选项则是控制标高值的偏移范围，可以是正数，也可以是负数。通常情况下，【偏移量】的选项值为 0。

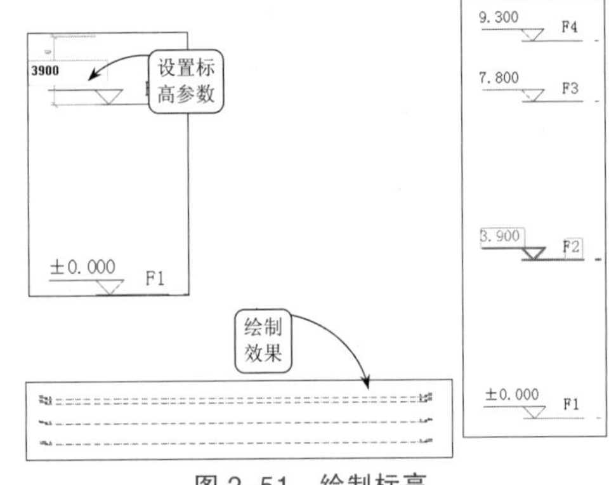

图 2-51　绘制标高

技巧

捕捉标高端点后，既可以通过移动光标来确定标高尺寸，也可以通过键盘中的数字键输入来精确确定标高尺寸。

(4) 利用上述相同的方法绘制其他标高，并单击选择位于最底端的标高。然后在类型选择器中选择【下标头】类型，调整该标高样式，效果如图 2-52 所示。

(5) 双击最底端的标高名称，在打开的文本框中输入“室外地坪”，并按下 Enter 键。此时，在软件打开的 Revit 提示框中单击【是】按钮，即可在更改标高名称的同时更改相应视图的名称，如图 2-53 所示。至此，该建筑的所有标高绘制完成。

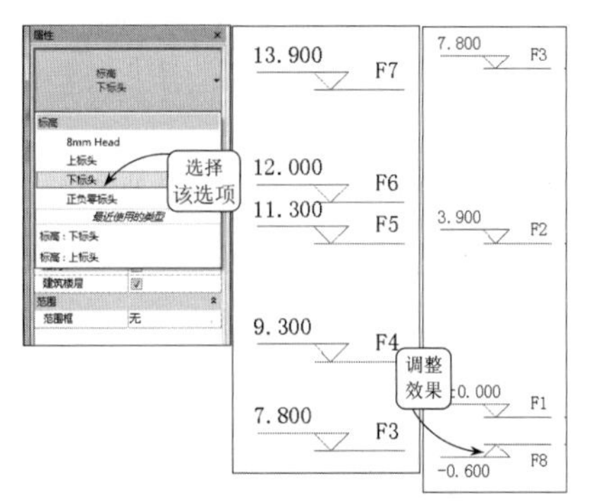

图 2-52　调整标高样式

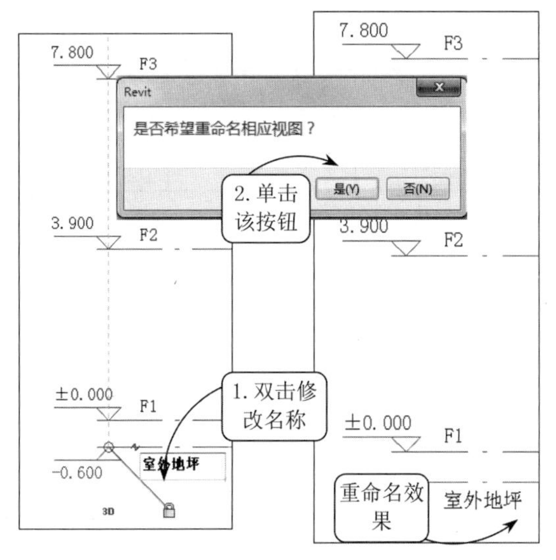

图 2-53　重命名标高

3. 创建轴网

在 Revit 中，轴网由定位轴线 (建筑结构中的墙或柱的中心线)、标志尺寸和轴号组成。轴网是建筑制图的主题框架，建筑物的主要支承构件都将按照轴网定位排列。轴网的创建，可以更加精确地设计与放置建筑物构件。

(1) 在项目浏览器中双击【视图】|【楼层平面】| F1 视图，软件将进入 F1 平面视图，如图 2-54 所示。

(2) 切换至【建筑】选项卡，在【基准】面板中单击【轴网】按钮，软件将打开【修改 | 放置 轴网】上下文选项卡。此时，在绘图区域左下角的适当位置单击，并垂直向上移动光标，在适合位置再次单击，完成第一条轴线的创建，效果如图 2-55 所示。

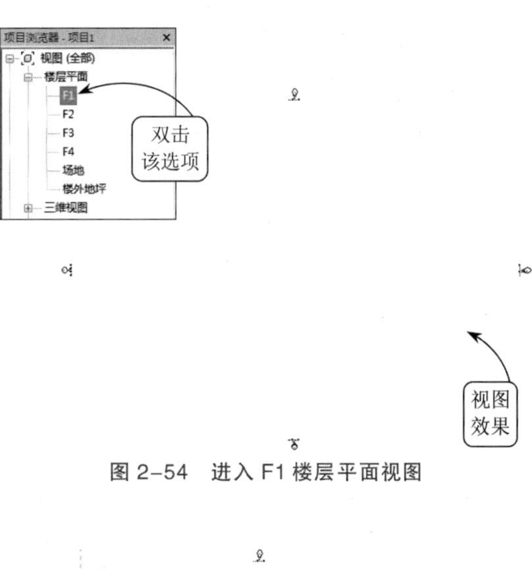

图 2-54　进入 F1 楼层平面视图

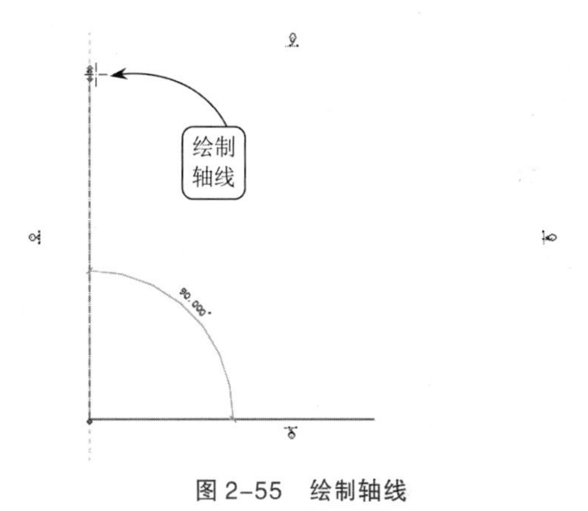

图 2-55　绘制轴线

(3) 继续移动光标指向现有轴线的端点，软件将自动捕捉该端点，并显示临时尺寸。此时，输入相应的尺寸参数值，并单击确定第二条轴线的起点。然后向上移动光标，确定第二条轴线的终点后再次单击，完成该轴线的绘制，效果如图 2-56 所示。

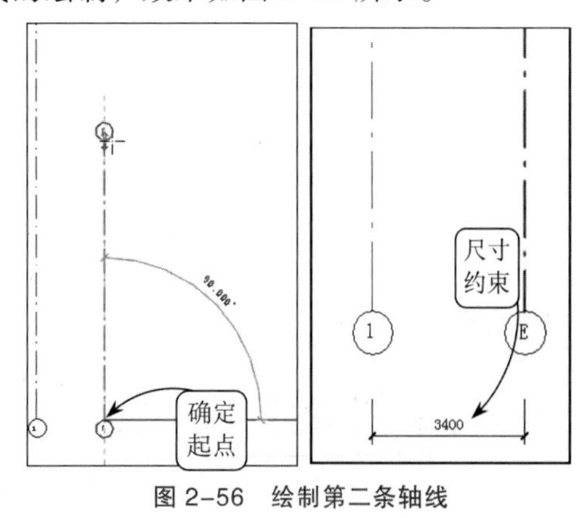

图 2-56　绘制第二条轴线

(4) 利用上述方法按照图 2-57 所示的尺寸，依次绘制该建筑水平方向上的各轴线。然后依次双击各水平轴线的轴号，从左至右依次修改轴号名称。

(5) 利用上述方法按照图 2-58 所示的尺寸，依次绘制该建筑竖直方向上的各轴线。然后依次双击并修改各竖直轴线的轴号。至此，该建筑的所有轴线绘制完成。

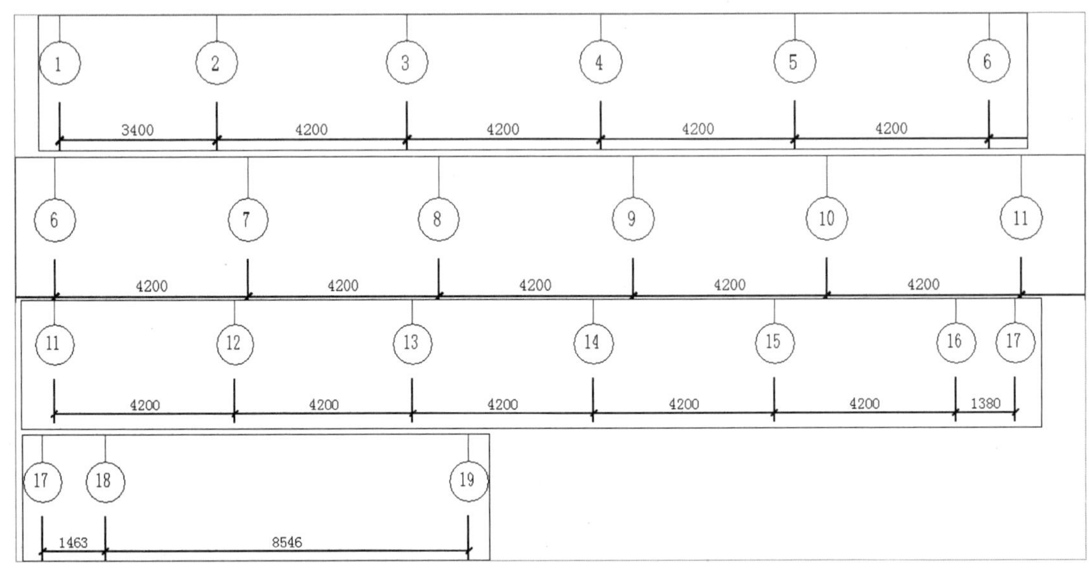

图 2-57　绘制水平方向上的轴线并修改轴号

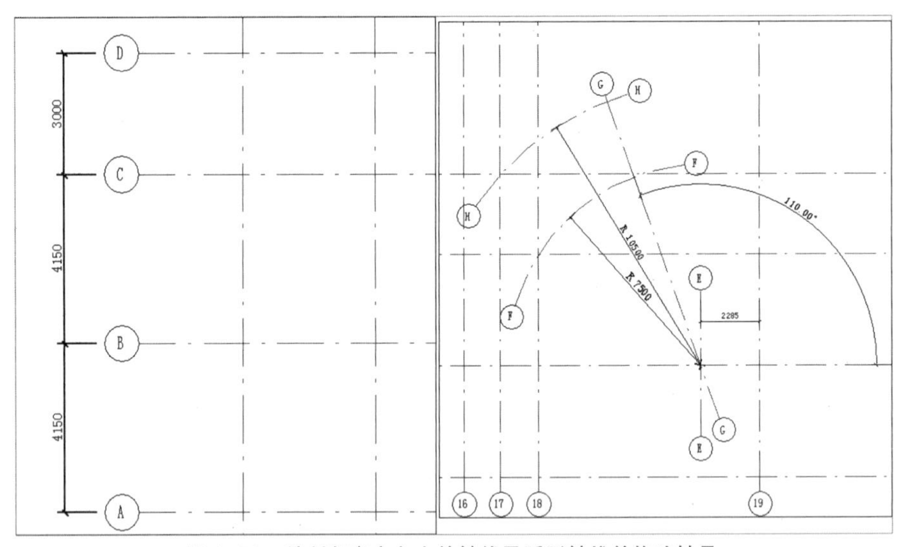

图 2-58　绘制竖直方向上的轴线及弧形轴线并修改轴号

2.4 典型案例：婴儿部大楼标高轴网的创建

本实例将创建一福利院的婴儿部大楼的标高和轴网。该婴儿部大楼是某福利院建筑体系中的一幢独立建筑，为四层的混凝土－砖石结构，内部配置有卧室和卫生间等常规建筑构件设施，满足了该建筑的使用特性要求，效果如图 2-59 所示。

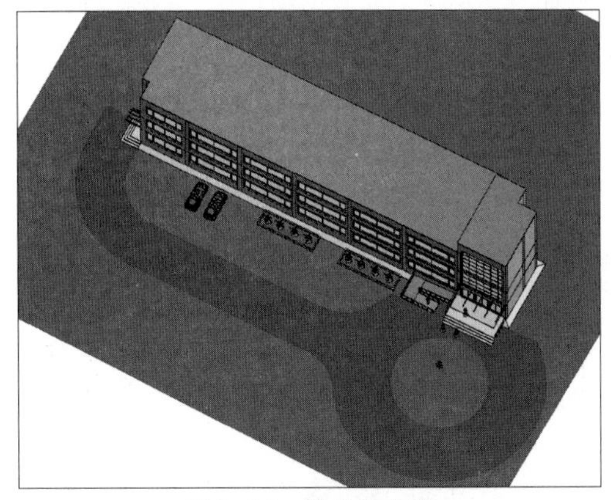

图 2-59　婴儿部大楼

1. 创建项目文件

(1) 启动 Revit 软件后，单击左上角的【应用程序菜单】按钮，选择【新建】|【项目】选项，软件将自动打开【新建项目】对话框，如图 2-60 所示。此时，在该对话框中单击【浏览】按钮，选择下载文件 02 中的“项目样板 .rte”文件，单击【确定】按钮，即可进入建模界面。

图 2-60　指定项目样板

(2) 默认情况下，在界面左侧的项目浏览器中显示了项目的初始基本信息，绘图区域中显示【南立面】视图效果。在该视图中，蓝色倒三角为标高图标，图标上方的数值为标高值，红色点划线为标高线，标高线的上方为标高名称，如图 2-61 所示。

(3) 此时，将光标指向 F2 标高一端，并滚动鼠标滑轮放大该区域。然后双击标高值，在文本框中输入 3.3，按 Enter 键完成标高值的初始更改，效果如图 2-62 所示。

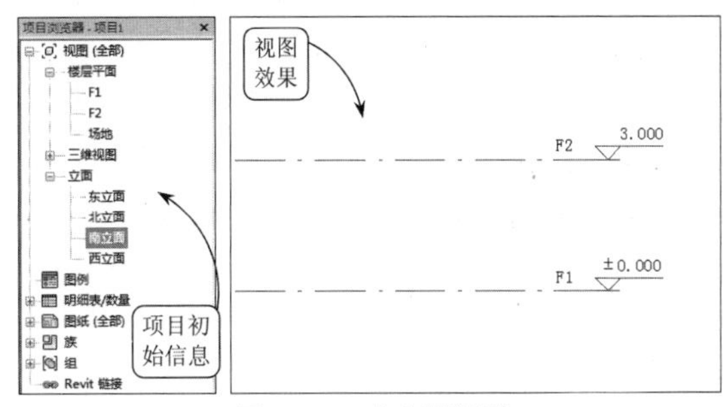

图 2-61　南立面视图

2. 创建标高

本实例为四层建筑，主体层高为 13.8m，楼内外高差 0.6m。由于其低层和尺寸变化差异过大的特点，用户可以直接利用【标高】工具绘制标高。

(1) 切换至【建筑】选项卡，在【基准】面板中单击【标高】按钮，软件将自动打开【修改 | 放置 标高】上下文选项卡，如图 2-63 所示。

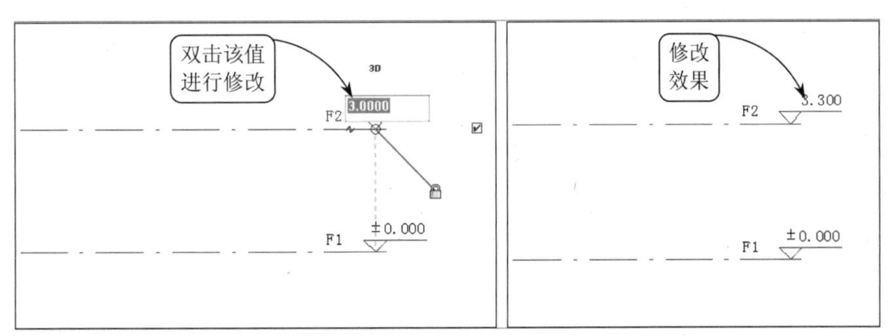

图 2-62　更改标高值

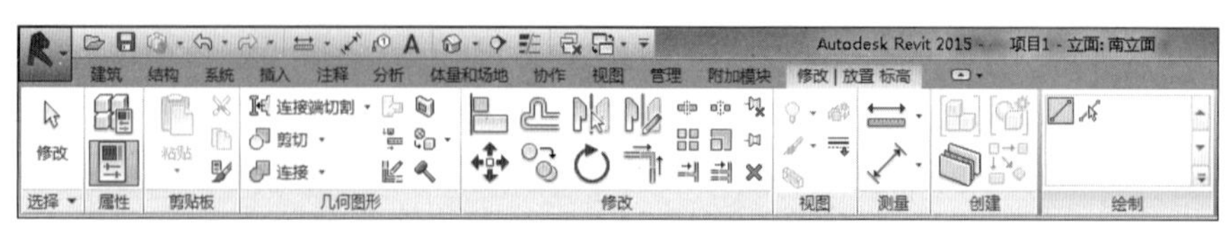
图 2-63 【修改 | 放置 标高】选项卡

(2) 在【绘制】面板中单击【直线】按钮 ，确定绘制标高的方法。然后在选项栏中启用【创建平面视图】复选框，单击【平面视图类型】选项，系统将打开【平面视图类型】对话框，如图 2-64 所示。此时，选择【楼层平面】选项，单击【确定】按钮。

(3) 设置完相应的参数选项后，将光标指向 F2 标高左侧，软件将自动捕捉就近的标高线，并显示临时尺寸标注。此时，输入相应的标高参数值，依次单击，捕捉确定所绘标高线的两个端点，即可完成标高的绘制，效果如图 2-65 所示。

图 2-64 平面视图类型

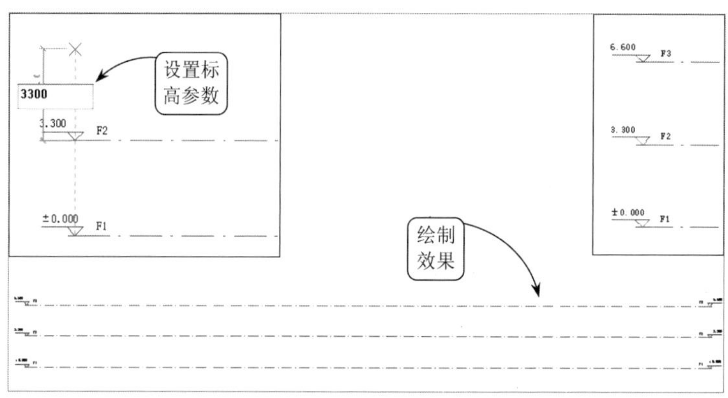

图 2-65 绘制标高

(4) 利用上述相同的方法绘制其他标高。然后单击选择位于最底端的标高，在类型选择器中选择【下标头】类型，调整该标高样式，效果如图 2-66 所示。

(5) 单击选择最底端的标高名称，在打开的文本框中输入“楼外地坪”，并按下 Enter 键。此时，在软件自动打开的 Revit 提示框中单击【是】按钮，即可在更改标高名称的同时更改相应视图的名称，如图 2-67 所示。至此，该建筑的所有标高绘制完成。

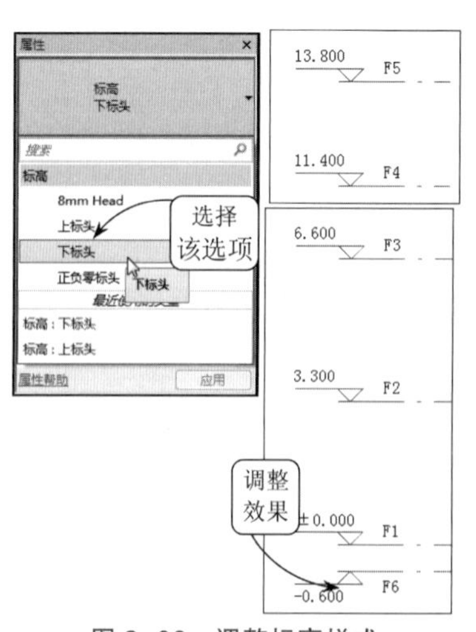

图 2-66 调整标高样式

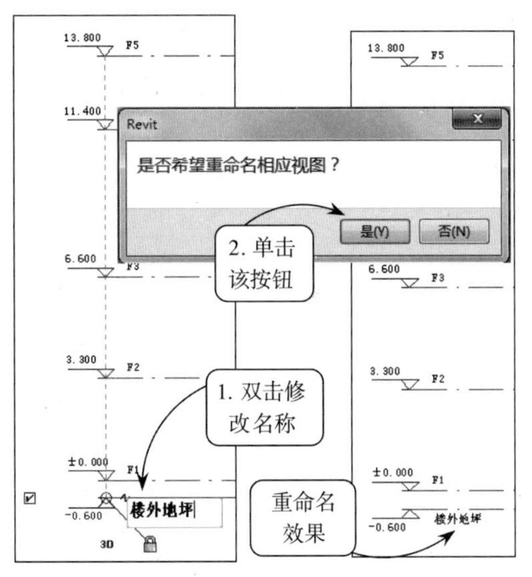

图 2-67　重命名标高

3. 创建轴网

(1) 在项目浏览器中双击【视图】|【楼层平面】| F1 视图，软件将自动进入 F1 楼层平面视图，如图 2-68 所示。

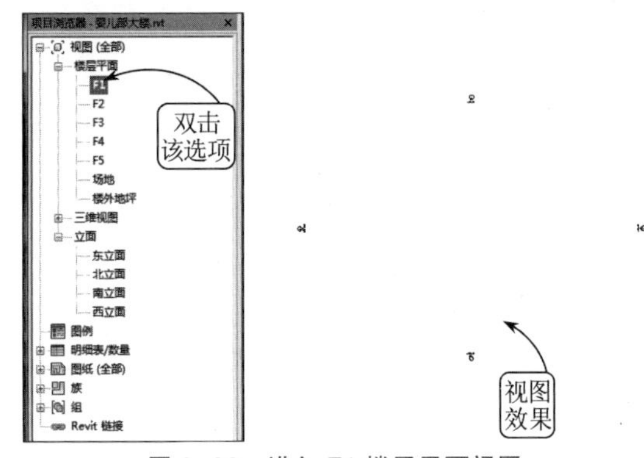

图 2-68　进入 F1 楼层平面视图

(2) 切换至【建筑】选项卡，在【基准】面板中单击【轴网】按钮，软件将自动打开【修改 | 放置 轴网】上下文选项卡。此时，单击【绘制】面板中的【直线】按钮，并在绘图区域左下角的适当位置单击。然后垂直向上移动光标，并在适合位置再次单击，完成第一条轴线的创建，效果如图 2-69 所示。

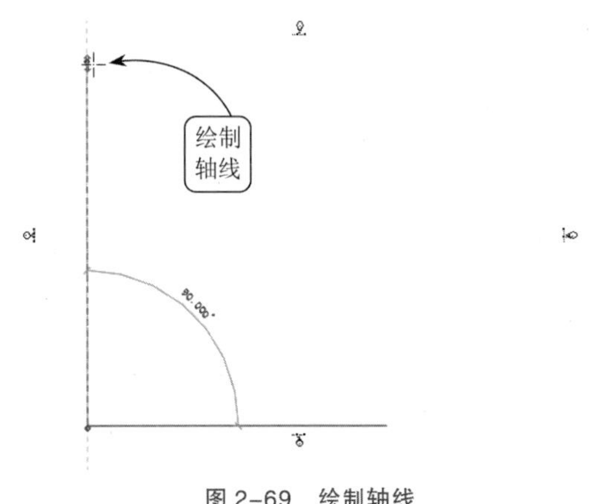

图 2-69　绘制轴线

(3) 继续移动光标指向现有轴线的端点，软件将自动捕捉该端点，并显示临时尺寸。此时，输入相应的尺寸参数值，并单击确定第二条轴线的起点。然后向上移动光标，确定第二条轴线的终点后再次单击，完成该轴线的绘制，效果如图 2-70 所示。

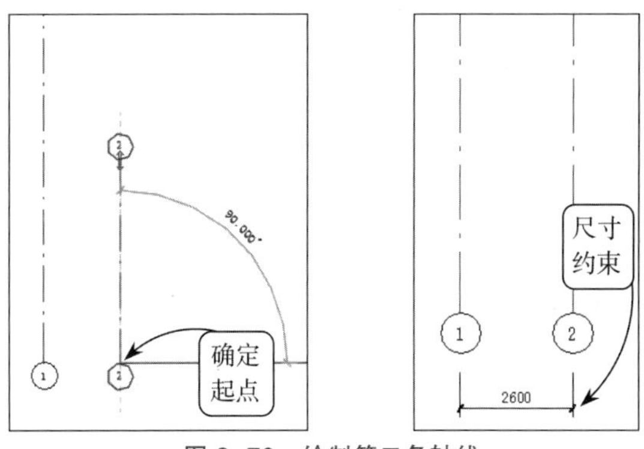

图 2-70　绘制第二条轴线

(4) 利用该方法按照图 2-71 所示的尺寸，依次绘制该建筑水平方向上的各轴线。然后依次双击各水平轴线的轴号，从左至右依次修改轴号名称。

(5) 利用上述方法按照图 2-72 所示的尺寸，依次绘制该建筑竖直方向上的各轴线。然后依次双击并修改各竖直轴线的轴号名称。至此，该建筑的所有轴线绘制完成。

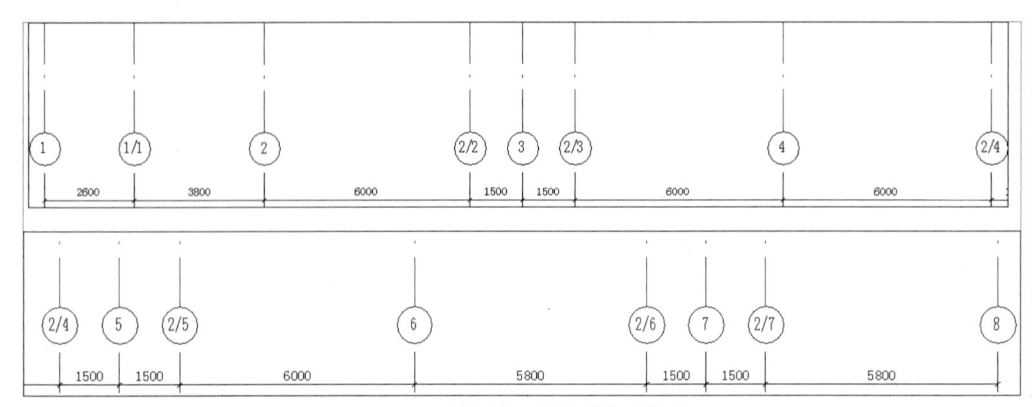

图 2-71　绘制水平轴线并修改轴号

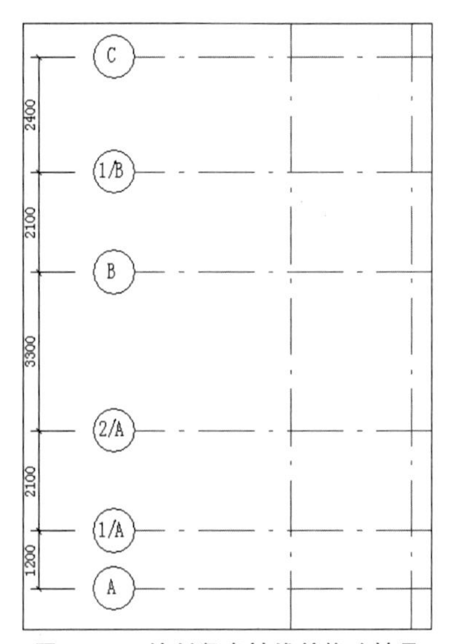

图 2-72　绘制竖直轴线并修改轴号

第3章 墙 体

在 Revit 中，墙是三维建筑设计的基础。墙不仅是建筑空间的分隔主体，还是门窗、墙饰条与分割缝、卫浴灯具等设备模型构件的承载主体。墙体结构层的设置与材质设置，不仅影响墙体在三维、透视和立面视图中的外观表现，更直接影响后期施工图设计中的墙身大样、节点详图等视图中墙体截面的显示。

本章主要介绍基本墙和其他类型墙的创建方法，并详细介绍墙饰条的创建和编辑方法。用户可以通过相关的绘制工具创建墙体，也可以利用内建模型工具创建。

本章学习目标

- 了解墙体概念
- 掌握各种墙体的绘制方法
- 掌握墙体的编辑方法
- 掌握墙饰条的创建方法

3.1 墙体概念

墙体是建筑物的重要组成部分，可以起到承重、围护或分割空间的作用。在创建墙体之前，需要综合考虑墙体的类型、结构、尺度及设计要求，从而减少在创建过程中出错的概率。

3.1.1 墙体概述

在一般的民用建筑物中，墙体的重量占建筑物总重量的40%～45%，墙的造价约占建筑物总造价的30%～40%。墙体可以是承重构件，也可以是围护构件，所以在建筑工程中，合理地选择墙体的材料、类型、结构方案及构造做法是十分重要的。

1. 墙体类型

建筑物中的墙体多种多样，而墙体种类的分类方式也是多样的。用户可以按照不同的情况将墙体分为不同的类型。

按墙所处的位置及布置方向

墙体按所处位置可以分为外墙和内墙。其中，外墙位于房屋的四周，故又称为外围护墙；内墙位于房屋内部，主要起分隔内部空间的作用。

墙体按布置方向又可以分为纵墙和横墙。其中，沿建筑物长轴方向布置的墙称为纵墙，沿建筑物短轴方向布置的墙称为横墙，且外横墙俗称山墙。

此外，根据墙体与门窗的位置关系，平面上窗洞之间的墙体可以称为窗间墙，立面上下窗洞之间的墙体可以称为窗下墙，如图3-1所示。

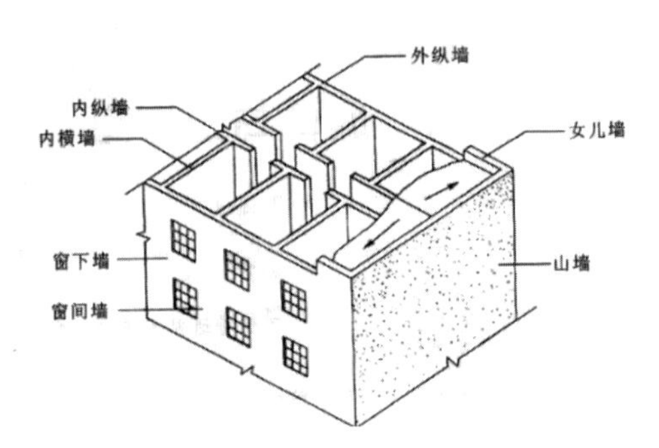

图3-1 不同位置和方向的墙体名称

按受力情况分类

墙按结构竖向的受力情况可以分为承重墙和非承重墙两种。其中，承重墙直接承受楼板及屋顶传递下来的荷载。而在砖混结构中，非承重墙又可以分为自承重墙和隔墙：自承重墙仅承受自身重量，并把自重传给基础；隔墙则把自重传给楼板层或附加的小梁，如图3-2所示。

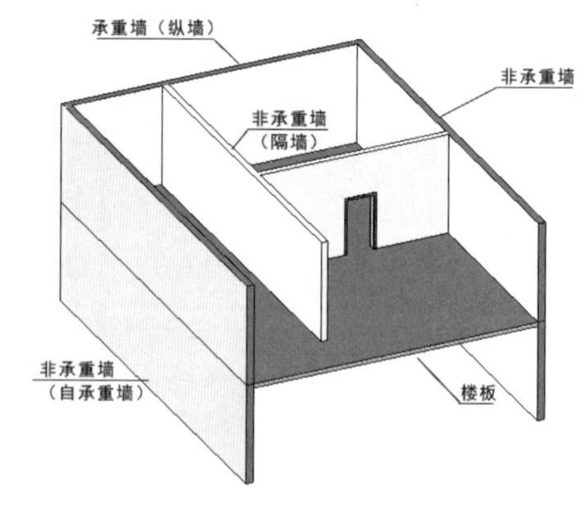

图3-2 墙体按受力情况分类

此外，在框架结构中，非承重墙又可以分为填充墙和幕墙。其中，填充墙是位于框架梁柱之间的墙体；幕墙是悬挂于框架梁柱外侧起围护作用的墙体，且其自重由幕墙上连接固定部位的梁柱承担。

提示

当幕墙位于高层建筑外围时，因受高空气流的影响，需要承受以风力为主的水平载荷。此时，载荷通过与梁柱的连接传递给框架系统。

按材料及构造方式分类

墙体按构造方式可以分为实体墙、空体墙和组合墙三种。其中，实体墙是由单一材料组砌而成，如普通砖墙、实心砌块墙、混凝土墙、钢筋混凝土墙等；而空体墙可以通过单一材料砌成内部空腔来创建，例如空斗砖墙，也可以通过具有孔洞的单一材料来创建，如空心砌块墙、空心板材墙等；组合墙则由两种以上材料组合而成，例如钢筋混凝土和加气混凝土构成的复合板材墙——钢筋混凝土起承重作用，加气混凝土起保温隔热作用。

按施工方法分类

墙体按施工方法可分为块材墙、板筑墙及板材墙三种。其中，块材墙是通过砂浆等胶结材料将砖石块材等组砌而成，例如砖墙、石墙及各种砌块墙等；板筑墙是在现场立模板、现浇而成的墙体，例如现浇混凝土墙等；板材墙则是预先制成墙板，在施工时安装而成的墙，例如预制混凝土大板墙、各种轻质条板内隔墙等。

2. 墙体结构

在 Revit 墙结构中，墙部件包括核心结构和核心边界两个特殊的功能层，用于界定墙的核心结构与非核心结构。其中，核心结构是核心边界之间的功能层，是墙存在的主要条件；非核心结构是核心边界之外的功能层，如装饰层、保温层等辅助结构。以砖墙为例，“砖”结构层是墙的核心部分，而“砖”结构层之外的，如抹灰、防水、保温等部分功能层依附于砖结构部分而存在，因此可以称为“非核心”部分。

启动 Revit，打开相应的项目文件，并切换至【建筑】选项卡，然后在【构件】面板上单击【墙】按钮，并单击类型选择器，软件将显示 3 种类型的墙族：基本墙、叠层墙和幕墙，都为系统族。接着选择【基本墙】|【砖墙 240mm】选项，并单击【编辑类型】按钮，软件将打开【类型属性】对话框，如图 3-3 所示。

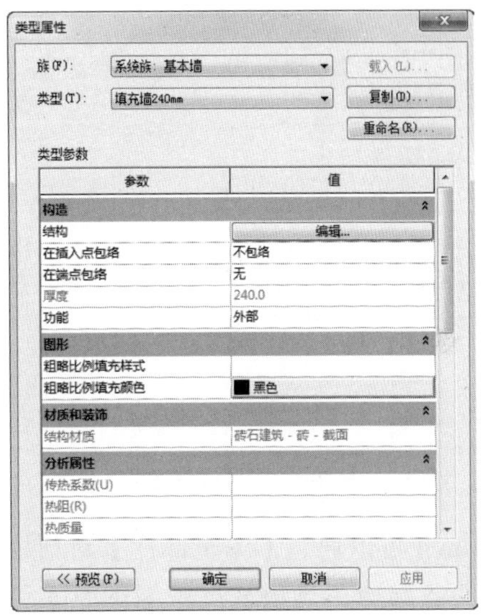

图 3-3 【类型属性】对话框

此时，单击【编辑】按钮，软件将打开【编辑部件】对话框，如图 3-4 所示。

图 3-4 【编辑部件】对话框

在该对话框中单击【2】结构层中的【功

能】列表框，软件将打开以下 6 种墙体功能：结构 [1]、衬底 [2]、保温层 / 空气层 [3]、面层 1[4]、面层 2[5] 和涂膜层 (通常用于防水涂层，厚度必须为 0)，如图 3-5 所示。

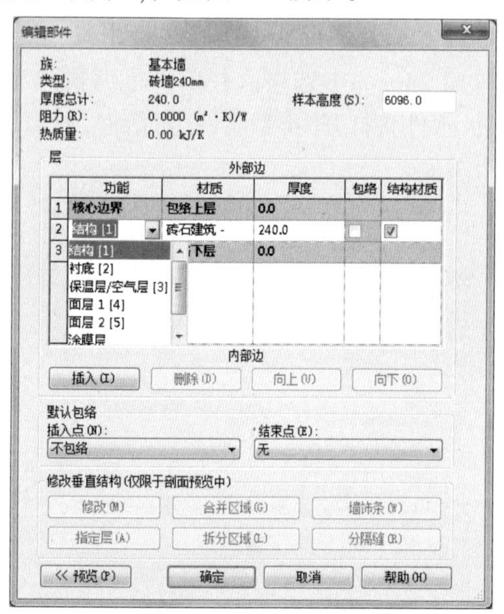

图 3-5　6 种墙体功能

Revit 可以通过【编辑部件】对话框中功能区的各结构层选项来反映墙的真实结构。其中，功能名称后面方括号中的数字，例如“结构 [1] 中的 [1]”，表示当墙与墙连接时，墙各层之间连接的优先级别。方括号中的数字越大，该层的连接优先级越低。当墙互相连接时，软件将试图连接功能相同的墙功能层，优先级为 1 的结构层将最先连接，而优先级最低的“面层 2[5]”将最后连接。

3. 墙体尺度

墙体尺度指厚度和墙段两个方向的尺度。要确定墙体的尺度，除应满足结构和功能要求外，还必须符合块材自身的规格尺寸。

墙厚

墙厚主要由块材和灰缝的尺寸组合而成。以常用的实心砖规格 (长 — × 宽 × 厚)240mm×115mm×53mm 为例，用砖三个方向的尺寸作为墙厚的基数，当错缝或墙厚超过砖块尺寸时，均按灰缝 10mm 进行砌筑。从尺寸上可以看出，砖厚加灰缝：砖宽加灰缝：砖长大致形成 1 ∶ 2 ∶ 4 的比例，且组砌很灵活。常见的砖墙厚度如表 3-1 所示。

表 3-1　常见的砖墙厚度

墙　　厚	名　　称	尺寸 (mm)
1/2	12 墙	115
3/4	18 墙	178
1	24 墙	240
3/2	37 墙	365
2	49 墙	490

提示 当采用复合材料或带有空腔的保温隔热墙体时，墙厚尺寸在块材尺寸基数的基础上根据构造层次进行计算即可。

洞口尺寸

洞口尺寸主要是指门窗洞口的尺寸，应按模数协调统一标准制定，这样可以减少门窗规格，提高工业化的程度。一般情况下，1000mm 以内的洞口尺寸采用基本模数 100mm 的倍数，如 600mm、700mm、800mm、900mm、1000mm；大于 1000mm 的洞口尺寸采用扩大模数 300mm 的倍数，如 1200mm、1500mm、1800mm 等。

3.1.2 墙体设计要求

中国幅员辽阔，气候差异大，因此墙体除满足结构方面的要求外，作为围护构件还应具有保温、隔热、隔声、防火、防潮等功能要求。

1. 结构方面的要求

墙体是多层砖混房屋的围护构件，也是主要的承重构件。墙体布置必须同时考虑建筑和结构两方面的要求，既满足设计的房间布置、空间大小划分等使用要求，又应选择合理的墙体承重结构布置方案，使之可以安全承担作用在房屋上的各种载荷，且坚固耐久、经济合理。

结构布置

结构布置是指梁、板、柱等结构构件在房屋中的总体布局。在建筑设计过程中，砖混建筑的结构布置方案通常有横墙承重、纵墙承重、纵横墙双向承重和局部框架承重几种方式，如图 3-6 所示。

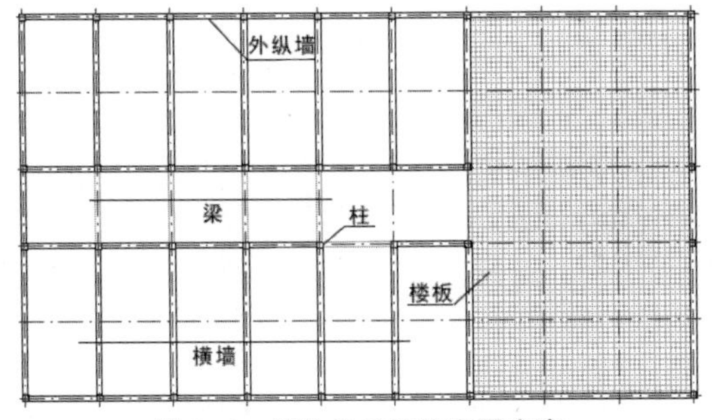

图 3-6　墙体承重结构布置方案

在大部分民用建筑中，一般横墙数量多，空间刚度大，但仍需要验算承重墙或柱在控制截面处的承载力。其中，承载力是指墙体承受载荷的能力。承重墙应有足够的承载力来承受楼板及屋顶的竖向载荷。

墙体高厚比

墙体的高厚比是保证墙体稳定的重要参数。墙、柱高厚比是指墙、柱的计算高度 H0 与墙厚 h 的比值，高厚比越大，构件越细长，其稳定性越差。在实际工程中，高厚比必须控制在允许高厚比限值以内。且允许高厚比限值在结构上有明确的规定，它是综合考虑了砂浆强度等级、材料质量、施工水平、横墙间距等诸多因素而确定的。

砖墙是脆性材料，变形能力小，如果层数过多，重量就大，砖墙可能破碎和错位，甚至被压垮。特别是地震区，房屋的破坏程度随层数增多而加重，因而对房屋的高度及层数有一定的限制值，如表 3-2 所示。

表 3-2　多层砖房总高 (m) 和层数限值

抗震设防烈度 墙体最小厚度	6		7		8		9	
240mm	高度 (m)	层数	高度 (m)	层数	高度 (m)	层数	高度 (m)	层数
	24	8	21	7	18	6	12	4

2. 功能方面的要求

在墙体设计要求中，除了必须考虑墙体的承重结构与承载力等因素外，还需要考虑墙体所处环境的功能，从而确定墙体功能的要求。

保温与隔热要求

建筑在使用过程中由于对热工环境舒适性的要求，将会带来一定的建筑能耗。而从节能的角度出发，也为了降低建筑长期的运营费用，要求作为围护结构的外墙具有良好的热稳定性，使室内温度环境在外界环境气温变化的情况下保持相对稳定，减少对空调和采暖设备的依赖。

隔声要求

为了使室内有安静的环境，保证人们的工作和生活不受噪声的干扰，要求建筑根据使用性质的不同进行不同标准的噪声控制，如城市住宅 42dB、教室 38dB、剧场 34dB 等，墙体主要隔离由空气直接传播的噪声。

提示　空气声在墙体中的传播途径有两种：一是通过墙体的缝隙和微孔传播；二是在声波作用下墙体受到振动，声音通过墙体而传播。

防火要求

选择燃烧性能和耐火极限符合防火规范

规定的材料。在较大的建筑中应设置防火墙，把建筑分成若干区段，以防止火灾蔓延。根据防火规范：一、二级耐火等级建筑的防火墙最大间距为 150m，三级为 100m，四级为 60m。

防水防潮要求

在卫生间、厨房、实验室等有水的房间及地下室的墙应采取防水防潮措施。选择良好的防水材料以及恰当的构造做法，保证墙体的坚固耐久性，使室内有良好的卫生环境。

建筑工业化要求

在大部分民用建筑中，墙体工程量占相当的比重。因此，建筑工业化的关键是墙体改革，必须改变手工生产及操作，提高机械化施工程度，提高工效，降低劳动强度，并应采用轻质高强的墙体材料，以减轻自重、降低成本。

3.2 绘制基本墙

在 Revit 中，用户利用墙工具可以绘制和生成墙体对象。在创建墙体时，需要先定义墙体的类型——包括墙厚、做法、材质、功能等，再指定墙体的平面位置、高度等参数。

3.2.1 绘制外墙

Revit 的墙模型不仅可以显示墙形状，还可以记录墙的详细做法和参数。通常情况下，建筑物的墙分为外墙和内墙两种类型。以“福利院教育中心”为例，外墙做法从外到内依次为 10 厚外抹灰、30 厚保温、240 厚砖、20 厚内抹灰，如图 3-7 所示。

在 Revit 中，墙类型的设置包括进行结构厚度、墙做法和材质等参数选项的设置。下面将为“教育中心大楼”创建外墙。

打开下载文件中的“教育中心文件 .rvt”项目文件，软件将自动打开 F1 楼层平面视图。切换至【建筑】选项卡，在【构建】面板中单击【墙】按钮，软件将打开【修改 | 放置墙】上下文选项卡，效果如图 3-8 所示。

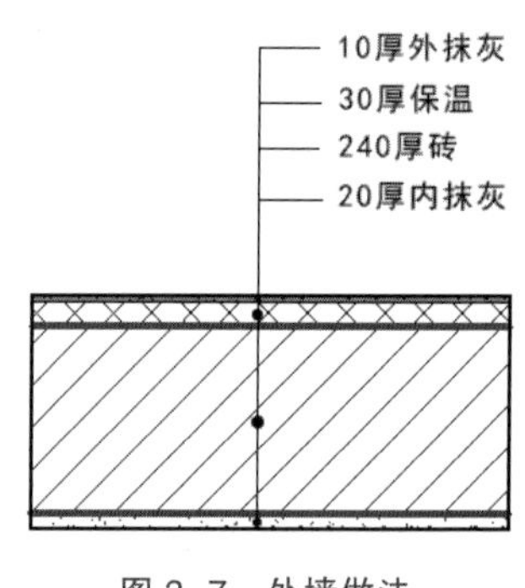

图 3-7　外墙做法

然后在【属性】面板中单击类型选择器，在【基本墙】列表中选择“砖墙 240mm”为基础类型进行“教育中心”墙类型的编辑，效果如图 3-9 所示。

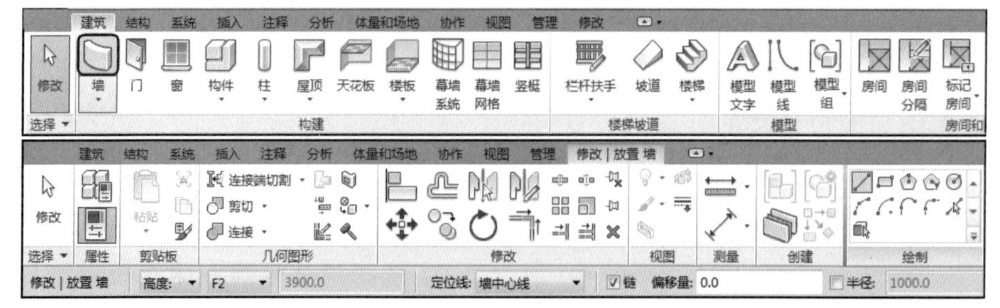

图 3-8　打开【修改 | 放置 墙】上下文选项卡

接着在【属性】面板中单击【编辑类型】按钮，软件将打开【类型属性】对话框。此时，单击该对话框中的【复制】按钮，在打开的【名称】对话框中输入“教育中心－外墙”，并单击【确定】按钮为基本墙创建一个新类型，效果如图 3-10 所示。

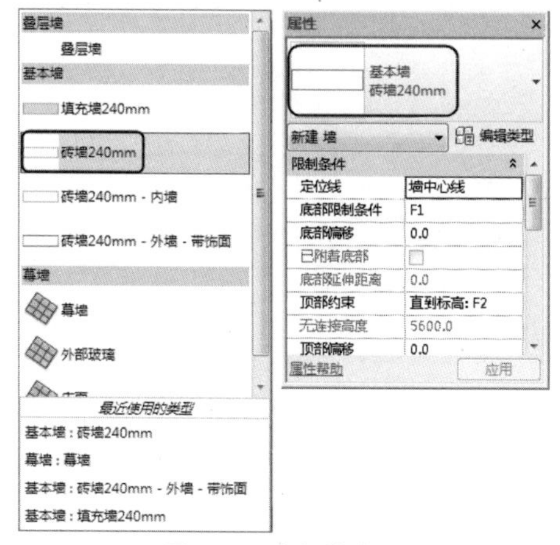

图 3-9　选择墙类型

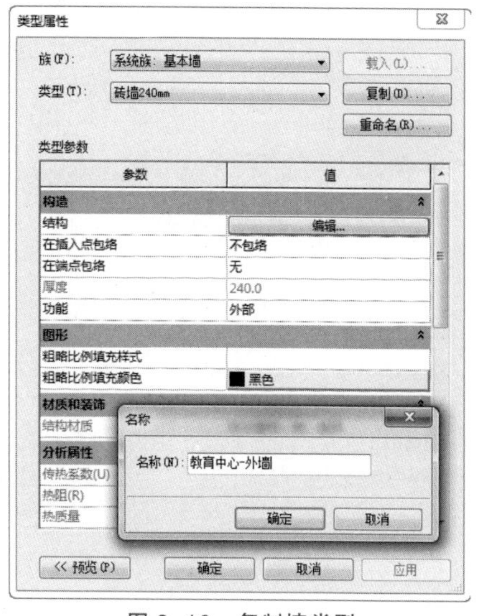

图 3-10　复制墙类型

在墙的【类型属性】对话框中，各选项的设置也至关重要。该对话框中各主要参数选项的含义及作用如表 3-3 所示。

表 3-3　【类型属性】对话框中主要参数选项的含义

参　数	值
构造	
结构	单击【编辑】按钮，用户可以创建复合墙
在插入点包络	在该下拉列表中可以指定位于插入点墙的层包络类型，用户可以选择“不包络”、“外部”、“内部”或“两者”选项
在端点包络	在该下拉列表中可以指定墙端点的层包络类型，用户可以选择“无”、“外部”或“内部”选项
厚度	显示墙的宽度
功能	在该下拉列表中可指定墙的功能类型，用户可以选择“外部”、“内部”、“挡土墙”、“基础墙”、“檐底板”或“核心竖井”选项。此功能可用于创建明细表以及针对可见性简化模型的过滤，或在进行导出时使用
图形	
粗略比例填充样式	单击【填充样式】按钮，用户可以指定粗略比例视图中墙的填充样式
粗略比例填充颜色	单击颜色色块，用户可以指定粗略比例视图中墙的表面颜色
材质和装饰	
结构材质	显示墙类型中设置的材质结构

新建墙类型后，单击【结构】右侧的【编辑】按钮，软件将打开【编辑部件】对话框，如图 3-11 所示。

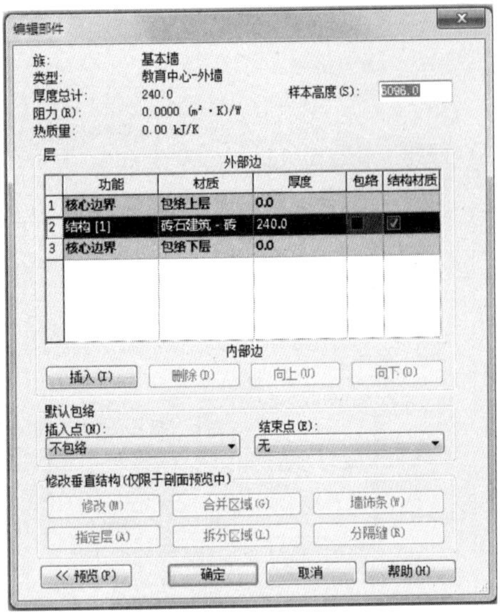

图 3-11 【编辑部件】对话框

然后连续单击【插入】按钮两次，即可插入新的结构层，效果如图 3-12 所示。

此时，单击【向上】按钮，并单击激活指定的【功能】下拉列表框。接着在该列表框中选择【面层 1[4]】选项，同时设置厚度参数为 10，效果如图 3-13 所示。

完成厚度参数的设置后，单击【材质】列表框右侧空白处，软件将打开【材质浏览器】对话框。此时，在搜索框中输入“粉刷”，并选择名称列表中的“粉刷 - 茶色，纹纹”材质选项。然后单击下方的【复制】按钮，并选择【复制选定的材质】选项，效果如图 3-14 所示。

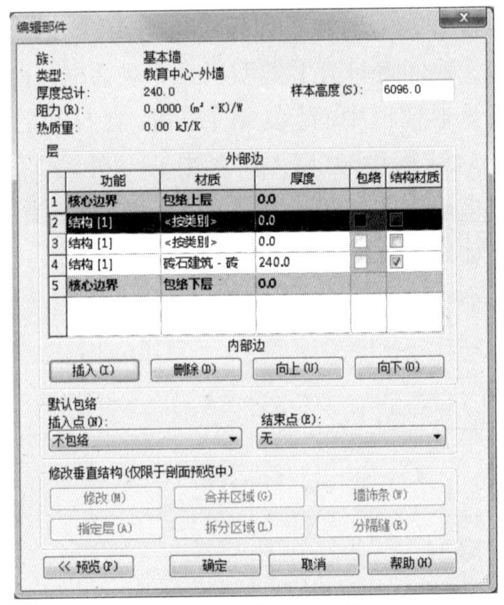

图 3-12 插入结构层

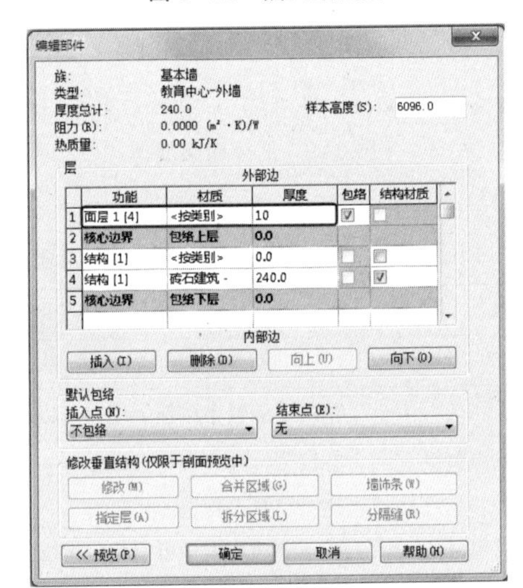

图 3-13 指定功能选项并设置厚度参数

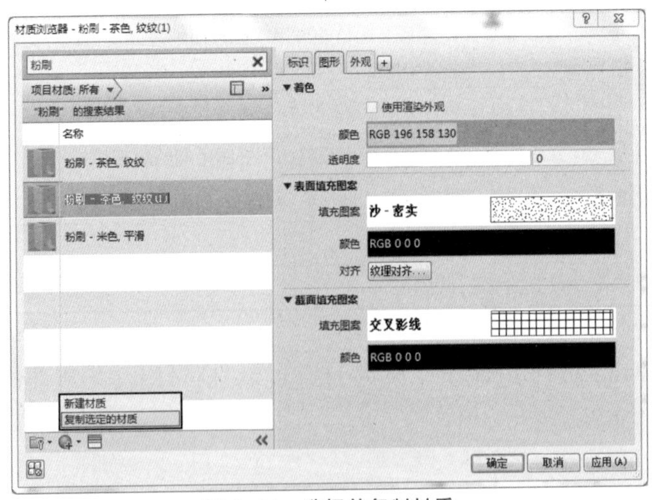

图 3-14 选择并复制材质

接着单击右侧的【标识】选项卡，在【名称】文本框中输入“教育中心－外墙粉刷”，效果如图 3–15 所示。

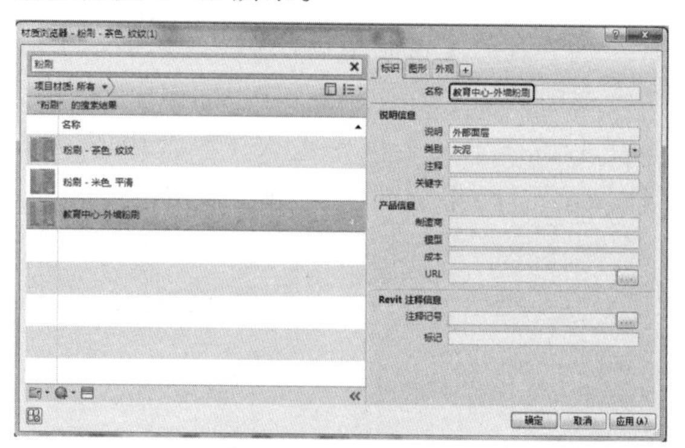

图 3–15 材质重命名

完成材质的重命名后，切换至【图形】选项卡，并在【着色】选项组中单击【颜色】色块。然后在打开的【颜色】对话框中选择【橘黄色】色块，并单击【确定】按钮，完成颜色的设置，效果如图 3–16 所示。

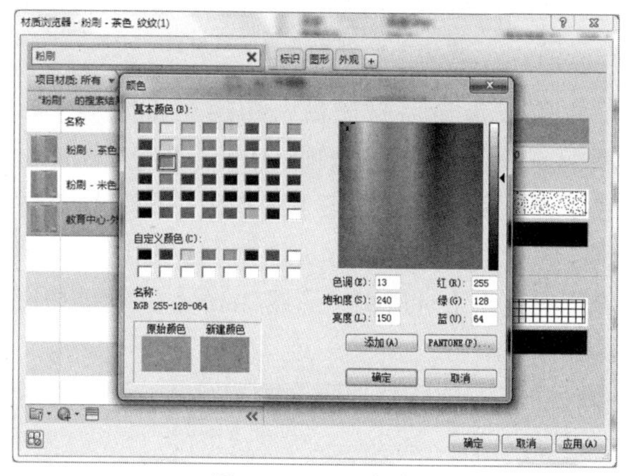

图 3–16 设置颜色

接着在【表面填充图案】选项组中单击【填充图案】的图案按钮，软件将打开【填充样式】对话框。此时，单击【无填充图案】按钮，效果如图 3–17 所示。

完成填充图案类型的设置后，在【截面填充图案】选项组中单击【填充图案】选项的图案按钮，软件将打开【填充样式】对话框。此时，选择名称列表中的【沙－密实】填充图案，并单击【确定】按钮，效果如图 3–18 所示。

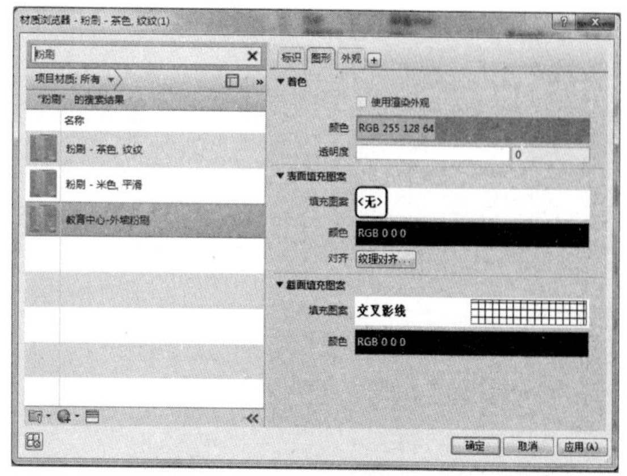

图 3–17 设置表面填充图案

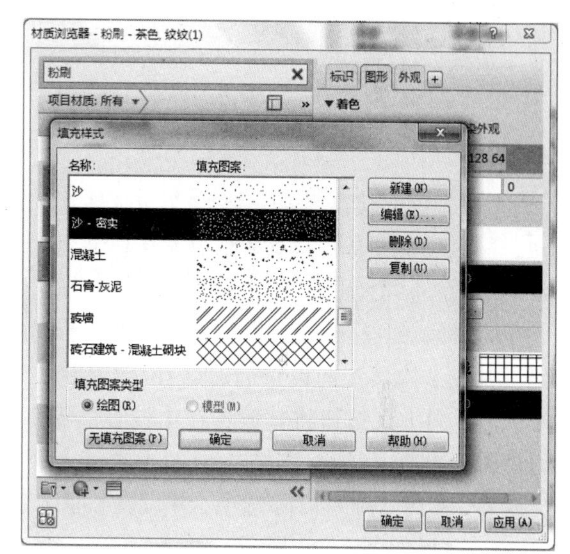

图 3–18 设置截面填充图案

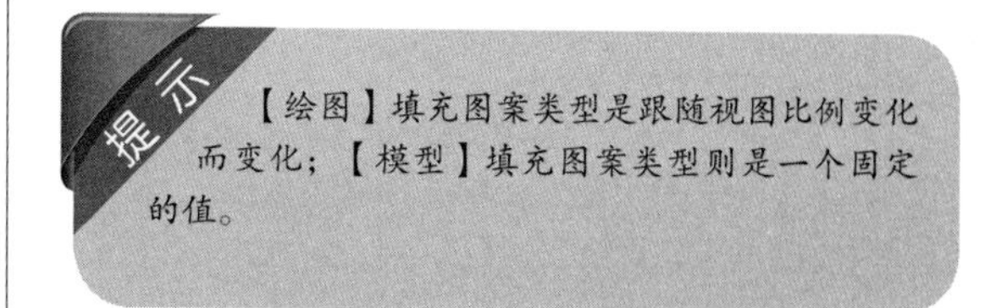
提示

【绘图】填充图案类型是跟随视图比例变化而变化；【模型】填充图案类型则是一个固定的值。

完成所有设置后，单击【确定】按钮，软件将完成该材质的创建。该材质将显示在结构层 1 的【材质】列表框中，效果如图 3–19 所示。

编辑部件

族：基本墙
类型：教育中心-外墙
厚度总计：250.0　　样本高度(S)：6096.0
阻力(R)：0.0000 (m²·K)/W
热质量：0.00 kJ/K

层　　外部边

	功能	材质	厚度	包络	结构材质
1	面层 1 [4]	教育中心-外	10.0	☑	☐
2	核心边界	包络上层	0.0		
3	结构 [1]	<按类别>	0.0	☐	☐
4	结构 [1]	砖石建筑 - 砖	240.0	☐	☑
5	核心边界	包络下层	0.0		

内部边

插入(I)　删除(D)　向上(U)　向下(O)

默认包络
插入点(N)：不包络　　结束点(E)：无

修改垂直结构(仅限于剖面预览中)
修改(M)　合并区域(G)　墙饰条(W)
指定层(A)　拆分区域(L)　分隔缝(R)

<< 预览(P)　确定　取消　帮助(H)

图 3-19　设置结构层 1

提示　【表面填充图案】选项组用于在立面视图或三维视图中显示墙表面样式，【截面填充图案】选项组用于在平面、剖面等墙被剖切时填充显示该墙层。

完成结构层 1 的设置后，选择结构层 3，并单击【向上】按钮将其放置在【核心边界】的外部。此时，单击该结构层的【功能】下拉列表，选择“衬底 [2]”选项，并设置【厚度】为 30，效果如图 3-20 所示。

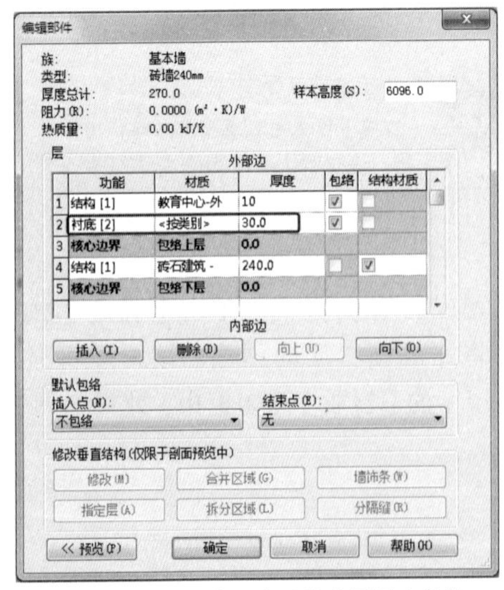

图 3-20　指定功能选项并设置厚度参数

然后单击【材质】列表框，软件将打开【材质浏览器】对话框。此时，已设置完成的【教育中心 - 外墙粉刷】材质处于选中状态。接着单击下方的【复制】按钮，并选择【复制选定的材质】选项。切换至【标识】选项卡，并在【名称】文本框中输入“教育中心 - 外墙衬底”，效果如图 3-21 所示。

图 3-21　复制并重命名材质

完成重命名材质后，切换至【图形】选项卡，设置【着色】选项组中的【颜色】为【白色】；【表面填充图案】选项组中的【填充图案】为【无】；【截面填充图案】选项组中的【填充图案】为【对角交叉影线 3mm】，效果如图 3-22 所示。

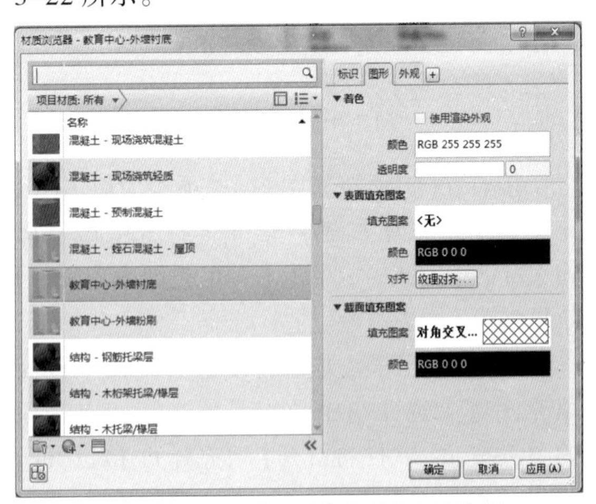

图 3-22　设置【图形】选项卡中的选项

单击【确定】按钮，完成该材质的创建，该材质显示在结构层 2 的【材质】列表框中，效果如图 3-23 所示。

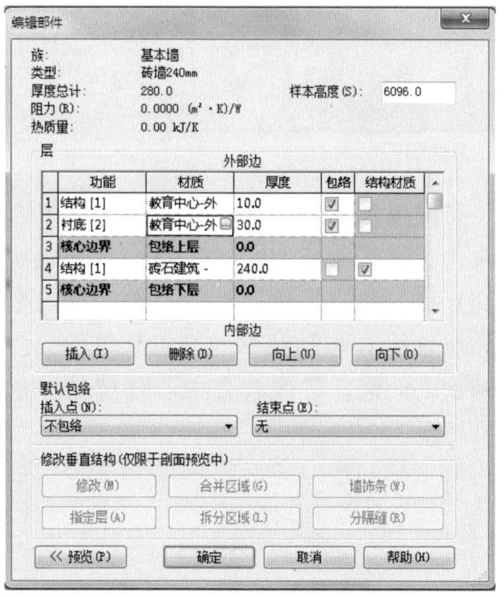

图 3-23　设置结构层 2

完成结构层 2 的设置后，单击【插入】按钮，并连续单击【向下】按钮将新建结构层移动至最底层。然后设置【功能】选项为【面层 2[5]】，【厚度】为 20，效果如图 3-24 所示。

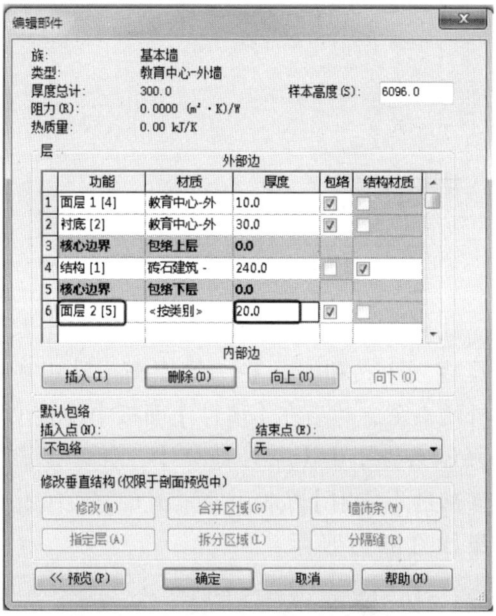

图 3-24　指定功能选项并设置厚度参数

接着单击【材质】列表框，复制并重命名材质为“教育中心 – 内墙粉刷”；设置【着色】选项组中的【颜色】为【白色】；【表面填充图案】选项组中的【填充图案】为【无】；【截面填充图案】选项组中的【填充图案】为【沙 – 密实】，并单击确定按钮，效果如图 3-25 所示。

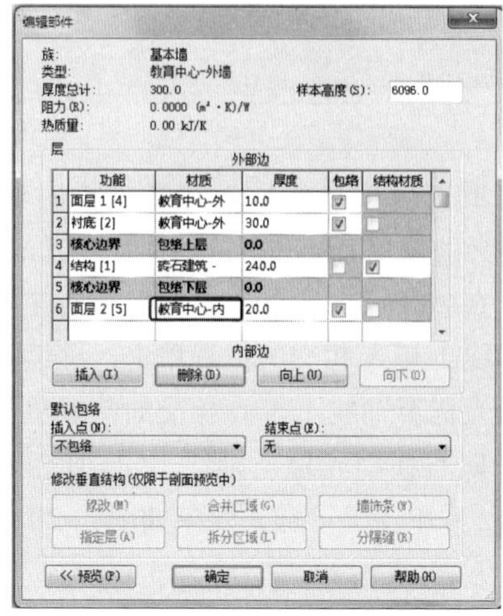

图 3-25　设置结构层 6

注 意

无论是【属性】面板选择器中的墙体类型，还是【材质浏览器】对话框中的材质类型，均取决于项目样本文件中的设置。

完成结构层 6 的设置后，连续单击多个【确定】按钮，退出所有对话框。软件将在【属性】类型选择器位置显示该墙类型，效果如图 3-26 所示。

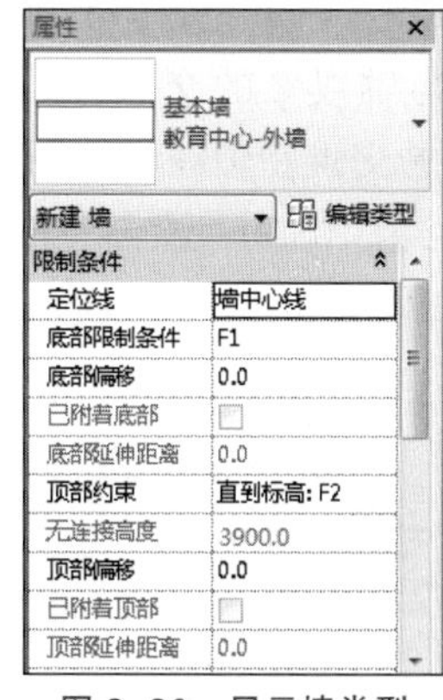

图 3-26　显示墙类型

此时，【修改 | 放置 墙】上下文选项卡仍处于激活状态，在【绘制】面板上单击【直线】按钮，在选项栏中依次设置【高度】、F4，设置【定位线】为【核心层中心线】，效果如图 3-27 所示。

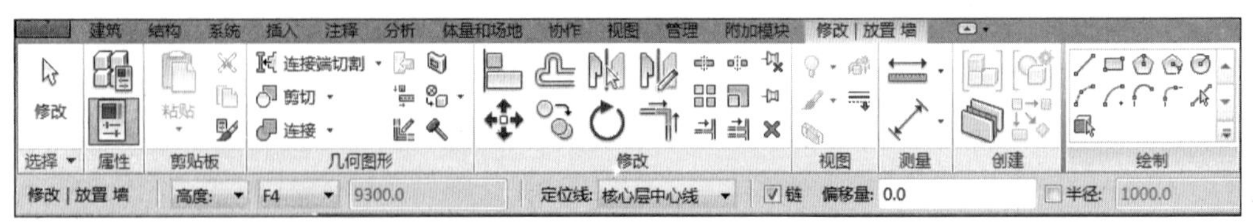

图 3-27　设置【墙】工具选项

完成选项栏设置后，将光标指向轴线 18 与 A 相交的位置，Revit 将自动捕捉两者的交点。此时，在该交点位置单击，并水平向左移动光标至轴线 1 与 A 相交的位置单击。继续垂直向上移动光标至轴线 1 与 D 相交的位置单击。接着水平向右移动光标至轴线 17 与 D 相交的位置单击，并单击 Esc 键，效果如图 3-28 所示。

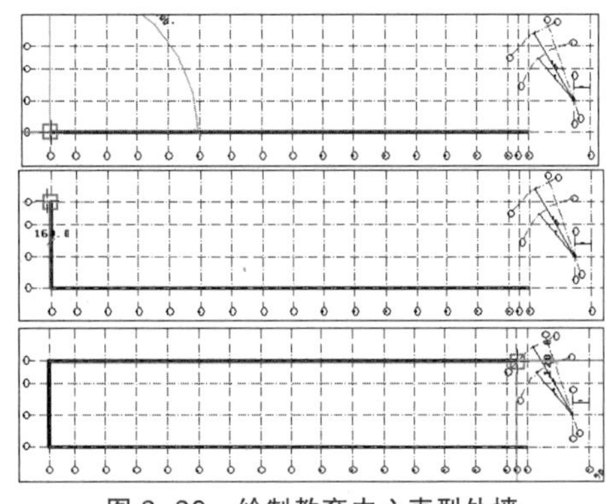

图 3-28　绘制教育中心直型外墙

完成直型墙体的绘制后，在【绘制】面板中单击【圆心 - 端点弧】按钮，在绘图区以轴线 B 与轴线 E 的交点为圆心，以轴线 17 与轴线 H 的交点和轴线 H 与轴线 G 的交点为端点，半径为 10500，绘制一段弧形墙，并单击 Esc 键，效果如图 3-29 所示。

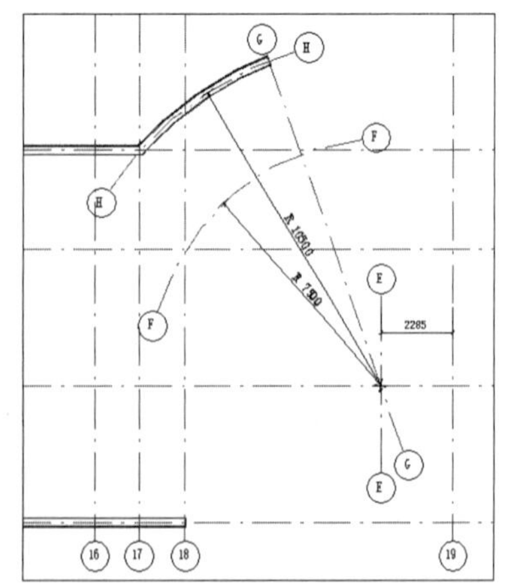

图 3-29　绘制教育中心弧形外墙

完成弧形墙的绘制后，在【绘制】面板上单击【直线】按钮，在轴线 G 与轴线 H 的交点位置单击，然后沿着 G 轴线方向拖动光标至轴线 G 与轴线 F 的交点处单击，并单击两次 Esc 键，完成教育中心外墙的绘制，效果如图 3-30 所示。

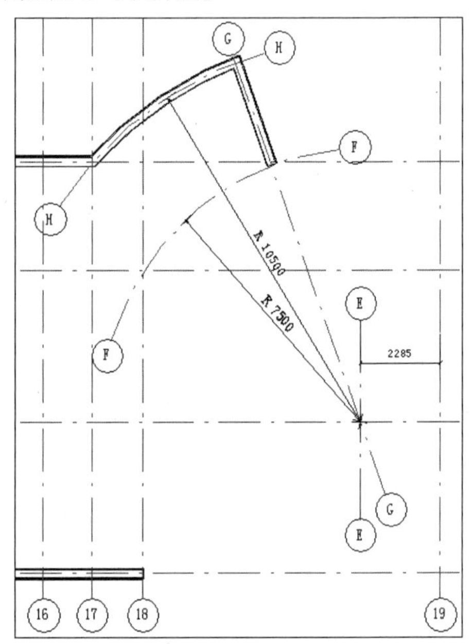

图 3-30　绘制教育中心角度外墙

此时，单击快速访问工具栏中的【默认三维视图】按钮，在三维视图中选中所有的外墙对象，然后在【属性】面板中设置【底部限制条件】为【室外地坪】，并单击该面板底部的【应用】按钮，查看外墙高度变化，效果如图 3-31 所示。

技巧

当绘制不连续外墙时，用户可以在后一个外墙与前一个外墙之间通过“按一次 Esc 键”的方式使绘制不连续且处于激活状态。

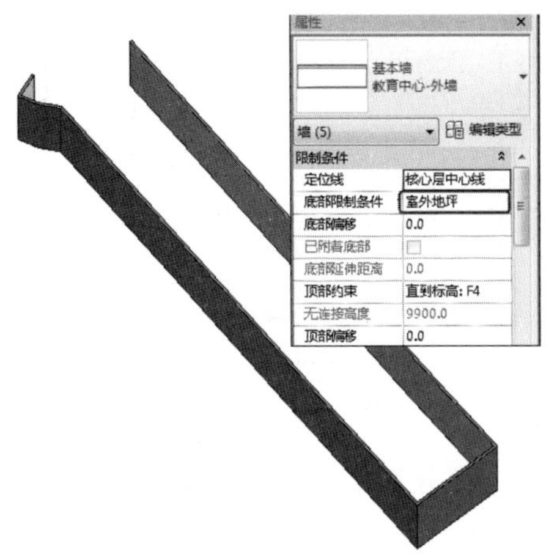

图 3-31　设置底部偏移条件

3.2.2 绘制内墙

在 Revit 中，内墙类型的设置方法不仅与外墙相同，还能在外墙类型的基础上进行修改从而更加快速地进行内墙类型设置。内墙做法从外到内依次为 20 厚抹灰、240 厚砖、20 厚抹灰，如图 3-32 所示。

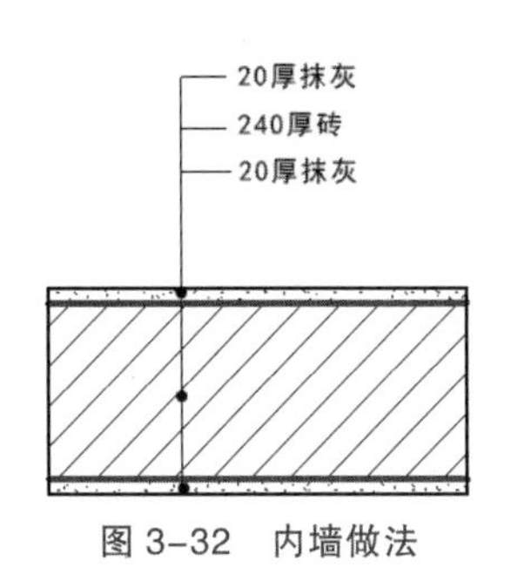

图 3-32　内墙做法

切换至 F1 楼层平面视图，单击【墙】按钮，在【属性】类型选择器中选择“教育中心 - 外墙”类型。然后单击【编辑类型】按钮，软件将打开【类型属性】对话框。此时，复制该类型为“教育中心 - 内墙”，并设置【功能】选项为“内部”，如图 3-33 所示。

完成复制及重命名墙类型后，单击【结构】右侧的【编辑】按钮，软件将自动打开【编辑部件】对话框。此时，选择结构层 2，并单击列表下方的【删除】按钮将其删除。然后单击结构层 1 的【材质】列表框，并在打开的【材质浏览器】对话框中选择【教育中心 - 内墙粉刷】材质。接着单击【确定】按钮，并设置该结构层的【厚度】为 20，完成内墙结构设置，效果如图 3-34 所示。

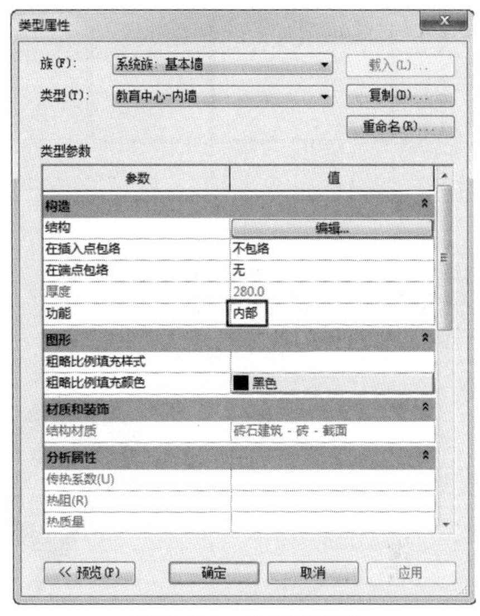

图 3-33　复制墙类型

完成内墙类型设置后，连续单击【确定】按钮，并设置选项栏中的各项参数分别为：高度、F4。然后按照外墙绘制方法分别沿着轴线 2、5、7、9、11、12、13、14、15、16 在轴线 A 与 C 之间绘制垂直内墙。接着沿着轴线 C 在轴线 2 与 13 之间、轴线 14 与 18 之间绘制水平内墙，效果如图 3-35 所示。

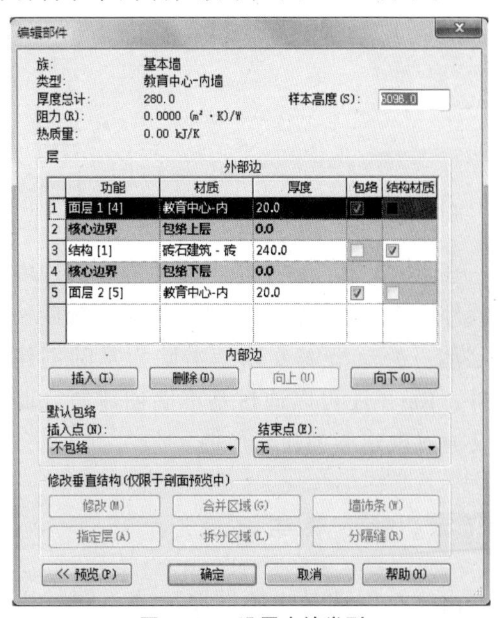

图 3-34　设置内墙类型

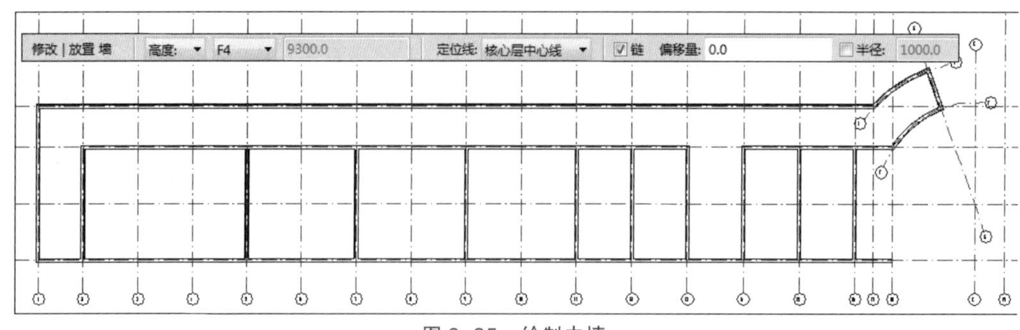

图 3-35　绘制内墙

完成内墙的绘制后，单击快速访问工具栏中的【默认三维视图】按钮，效果如图 3-36 所示。至此，职工食堂的内墙绘制完成。

图 3-36　内墙三维效果

3.3 绘制其他类型墙

在 Revit 中，除了基本墙和幕墙两种墙系统族外，软件还提供了另外一种墙系统族——叠层墙。叠层墙需要以基本墙为基础创建。此外，Revit 还可以通过基本墙创建复合墙，以及通过内建族创建异形墙。

3.3.1 绘制叠层墙

由于叠层墙是由不同厚度或不同材质的基本墙组合而成，因此在绘制叠层墙之前，首先要定义多个基本墙。打开下载文件中的“叠层墙文件 .rvt”文件，该项目文件中已经预先定义了两个不同类型的基本墙。

单击【墙】按钮，在【属性】面板的类型选择器中选择【叠层墙】选项，单击【编辑类型】按钮，软件将打开相应的【类型属性】对话框。此时，单击【复制】按钮，并在【名称】对话框中输入“高层叠层墙”，效果如图 3-37

所示。然后单击【确定】按钮。

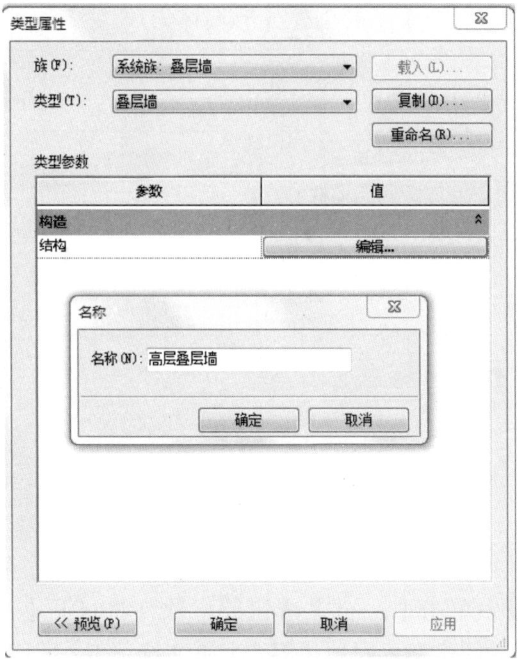

图 3-37　复制墙类型

接着单击【结构】参数右侧的【编辑】按钮，软件将打开【编辑部件】对话框。此时，单击【名称】列表框，设置墙类型为【F1-F2-500m】。完成后，单击【插入】按钮插入新的构造类型，设置墙类型【名称】为【F2-F4-500m】，并设置【高度】为6600，如图3-38所示。

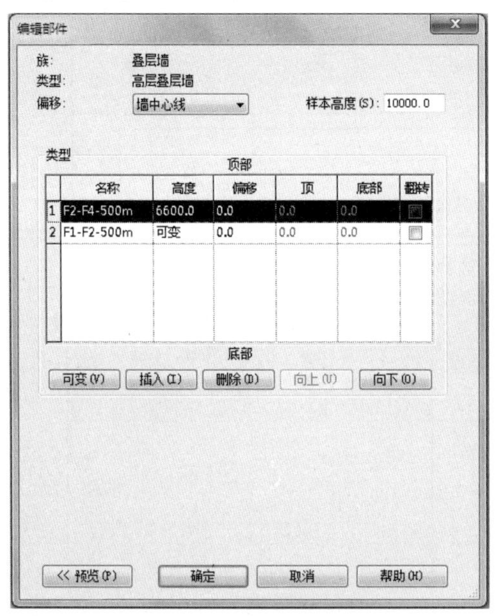

图 3-38　设置叠层墙类型

提示

在叠层墙结构中必须指定一段可编辑的高度，所以在叠层墙【编辑部件】对话框中，【高度】选项必须有一个设置为"可变"。

接着在【属性】面板中设置【顶部约束】为【直到标高：F4】选项，并在绘图区按基本墙绘制方法绘制两段叠层墙，效果如图3-39所示。

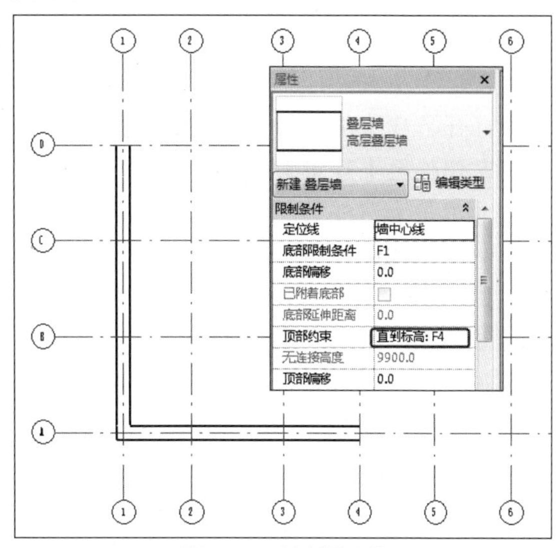

图 3-39　绘制叠层墙

完成叠层墙的绘制后，单击快速访问工具栏中的【默认三维视图】按钮，切换至默认三维视图中，查看叠层墙效果，如图3-40所示。

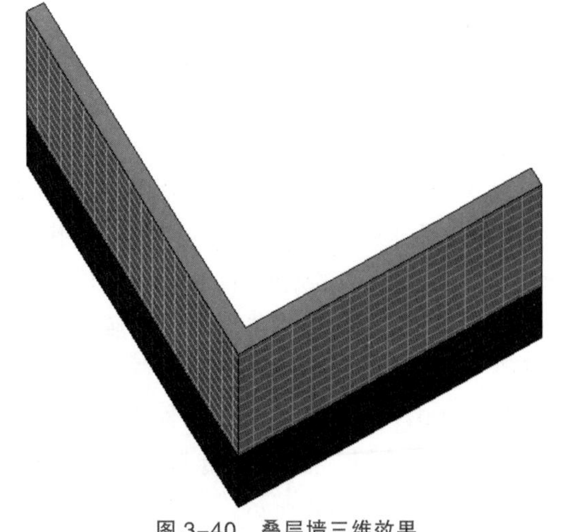

图 3-40　叠层墙三维效果

> **提示** 虽然叠层墙的材质类型设置方法与基本墙不同，并且是在基本墙类型的基础上设置的，但是叠层墙的绘制方法与基本墙基本相似，只是在墙属性设置时需要注意【顶部约束】选项的设置。

3.3.2 绘制异形墙

所谓异形墙，就是不能直接应用绘制墙体命令生成的造型特异的墙体，如倾斜墙、扭曲墙。下面介绍通过内建族创建异形墙的方法。

打开下载文件中的“异形墙文件”项目文件，切换至【建筑】选项卡，在【构建】面板上单击【构件】下拉按钮，并在其下拉菜单中选择【内建模型】命令，软件将打开【族类别和族参数】对话框。此时，选择【墙】选项，并单击【确定】按钮。然后在打开的【名称】对话框中输入“异形墙”，并单击【确定】按钮，进入创建异形墙界面。效果如图 3-41 所示。

接着通过【形状】面板中的【拉伸】、【融合】、【旋转】、【放样】、【放样融合】和【空心形状】工具来创建异形墙体。下面介绍通过【融合】工具创建异形墙体。

图 3-41　设置族类别和族参数

切换至 F1 楼层平面视图，在【形状】面板中单击【融合】按钮，软件将打开【修改 | 创建融合底部边界】上下文选项卡。此时，在【绘制】面板中单击【矩形】按钮，并在绘图区绘制一个长 5000 宽 600 的矩形。效果如图 3-42 所示。

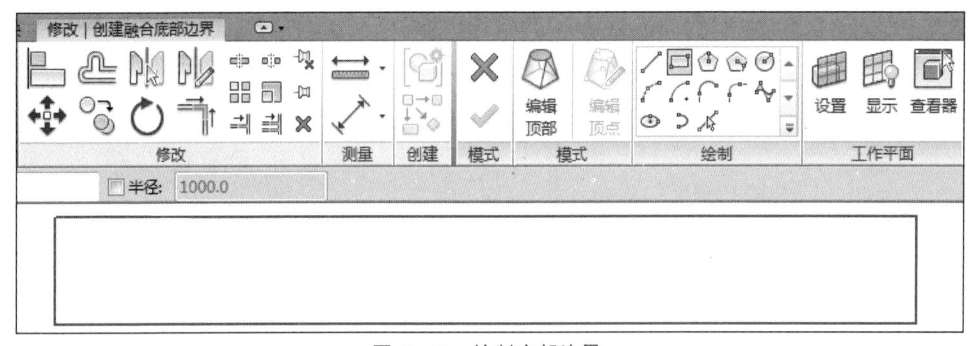

图 3-42　绘制底部边界

然后切换至 F2 楼层平面视图，在【模式】面板中单击【编辑顶部】按钮，并在绘图区绘制一个长 1500 宽 600 的矩形，效果如图 3-43 所示。

完成图形绘制后，在【属性】面板中设置【限制条件】列表中的【第二端点】选项参数为 4000，并在【模式】面板中单击【完成编辑模式】按钮。然后单击【默认三维视图】按钮，效果如图 3-44 所示。

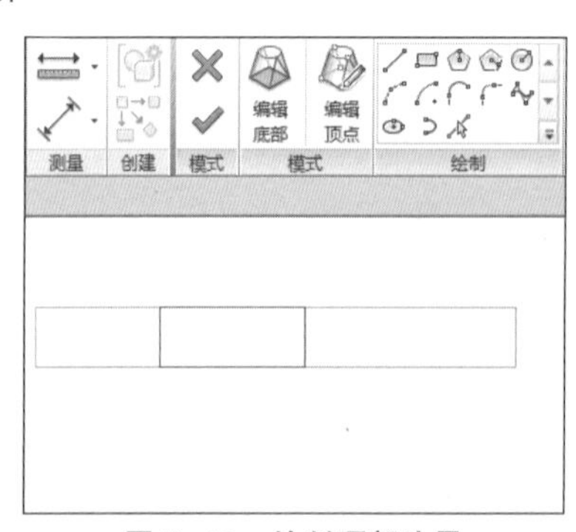

图 3-43　绘制顶部边界

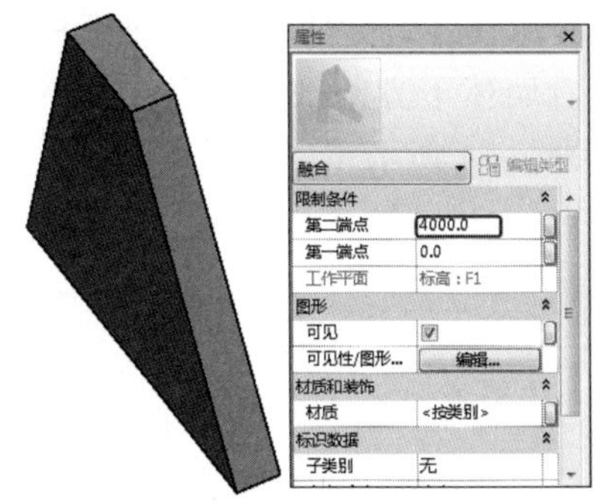

图 3-44　异形墙三维效果

提示　用户可以为该异形墙添加相应参数，如材质（此墙体没有结构层可以设置，只是单一的材质，可通过【属性】面板中的材质浏览按钮来设置）、尺寸。

3.3.3 绘制复合墙

在 Revit 中，通过对基本墙类型属性的设置，生成立面结构更为复杂的墙体类型——垂直复合结构墙。

打开下载文件中的“复合墙文件 .rvt”项目文件，在【构建】面板中单击【墙】按钮，并单击【属性】面板中的类型选择器。然后在【基本墙】列表中选择【复合墙】选项，并单击【编辑类型】按钮，软件将打开【类型属性】对话框。此时，单击【结构】参数右侧的【编辑】按钮，查看【编辑部件】对话框中的墙体结构，效果如图 3-45 所示。

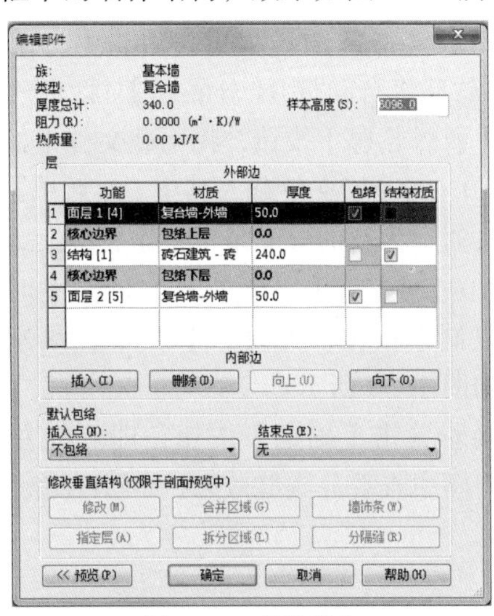

图 3-45　墙体结构

接着单击底部的【预览】按钮，选择【视图】列表中的【剖面：修改类型属性】选项，效果如图 3-46 所示。

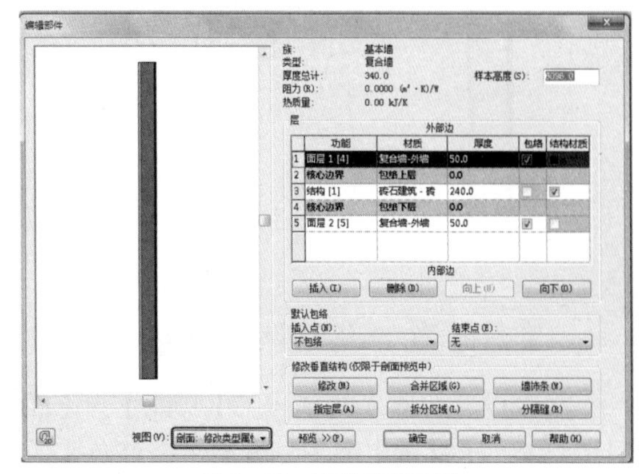

图 3-46　选择视图类型

提示　默认情况下，在【编辑部件】对话框中，【修改垂直结构】选项组中的编辑按钮是未被激活的。必须将【视图】选项设置为剖面状态下才可进行编辑。

完成视图类型选择后，单击右侧的【拆分区域】按钮，并在预览视图中，由下至上 500 高度墙体外侧位置单击进行拆分，如图 3-47 所示。

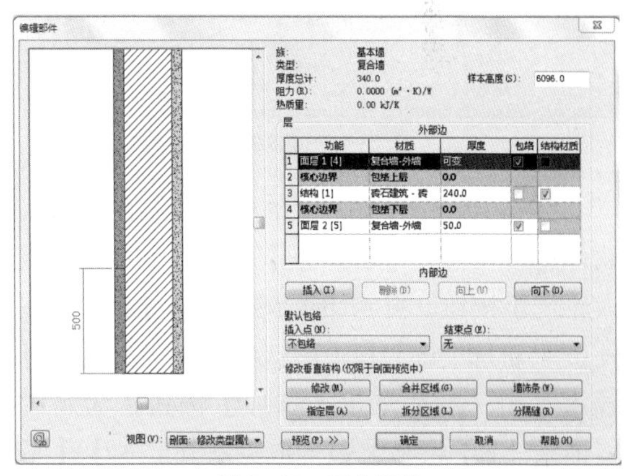

图 3-47　拆分区域

然后按照上述方法，在墙体外侧位置沿着 500 高度向上拆分各区域段。从下到上依次为：300、600、300、600 和 300。此时，选择结构层 1，并单击【插入】按钮。在列表中最上方插入新结构层。效果如图 3-48 所示。

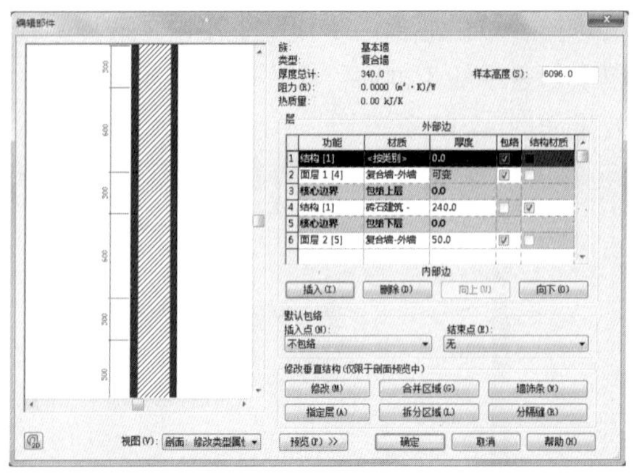
图 3-48 拆分其他区域及插入新结构层

接着设置新插入的结构层【功能】为【面层 2[5]】，【材质】为【复合墙－砖红色】。此时，单击下方的【指定层】按钮，并依次单击 300 区域段的面层，效果如图 3-49 所示。

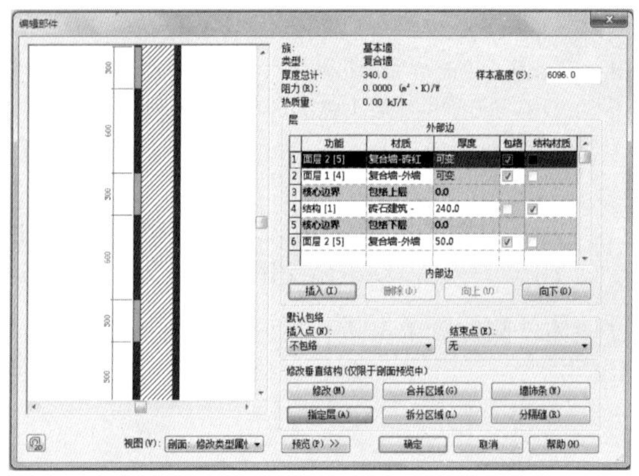
图 3-49 指定层

完成指定层操作后，单击【墙饰条】按钮，软件将自动打开【墙饰条】对话框。单击【载入轮廓】按钮，并将下载文件中的【800 宽室外散水轮廓 .rfa】和【欧式线脚 .rfa】族文件载入其中。然后单击【添加】按钮，为新的墙饰条设置【轮廓】为【800 宽室外散水】，【材质】为【混凝土－沙 / 水泥找平】；继续单击【添加】按钮，并为新的墙饰条设置【轮廓】为【欧式线脚】，【材质】为【石膏板】，【距离】为 -100，【自】为“顶”，【边】为【外部】，效果如图 3-50 所示。

接着单击【确定】按钮，即可在预览视图中查看墙体下方的散水以及上方的线脚，效果如图 3-51 所示。

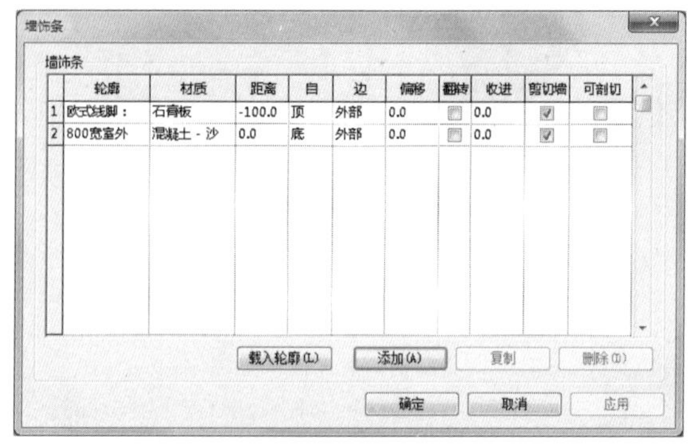
图 3-50 设置墙饰条

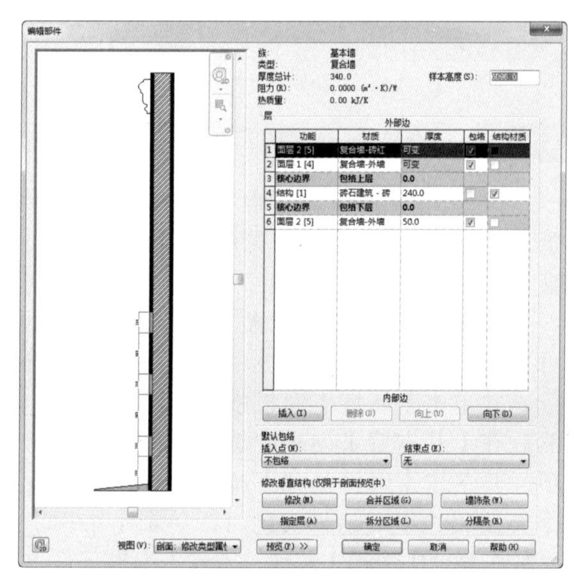
图 3-51 查看散水与线脚效果

完成墙饰条的添加后，单击【分隔缝】按钮，软件将自动打开【分隔缝】对话框。此时，单击【载入轮廓】按钮，将下载文件中的【分隔缝 10×20】族文件载入其中。然后单击【添加】按钮，为新的分隔条设置【轮廓】为【分隔缝 10×20】，【距离】为 1100。此时，单击【复制】按钮，并设置【距离】为 2000，效果如图 3-52 所示。

接着单击【确定】按钮，即可在左侧的预览视图中查看分隔缝效果，如图 3-53 所示。

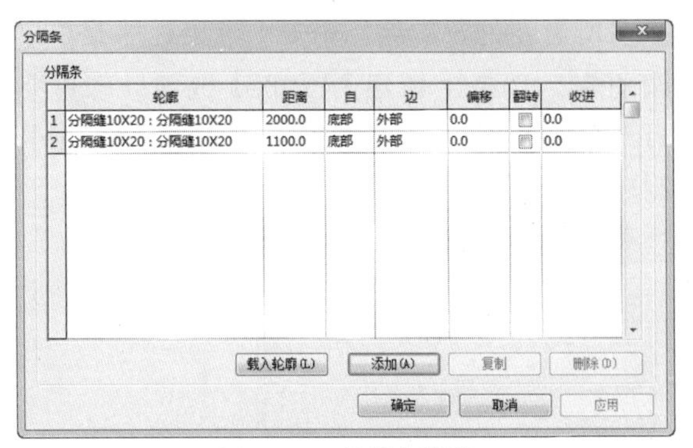

图 3-52　设置分隔缝

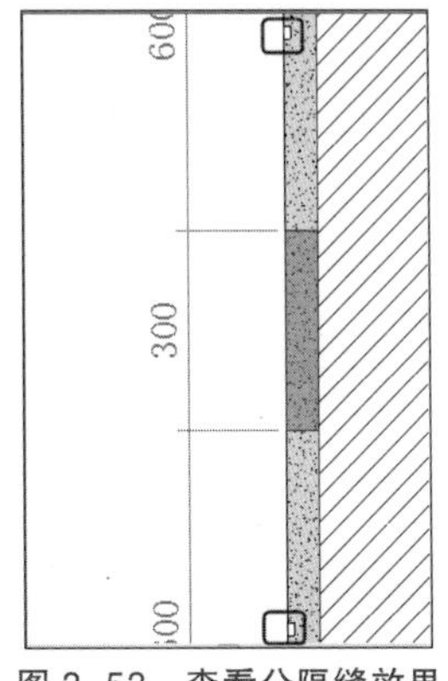

图 3-53　查看分隔缝效果

完成分割缝的设置后，连续单击【确定】按钮，并切换至 F1 楼层平面视图，然后在绘图区域的任意位置绘制墙体，并按 Esc 键结束绘制，效果如图 3-54 所示。

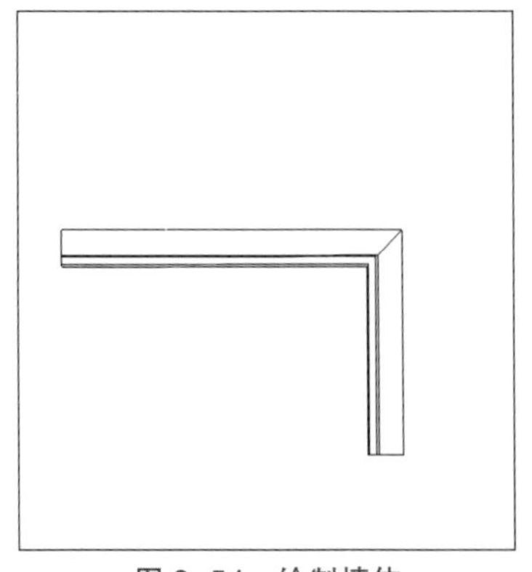

图 3-54　绘制墙体

接着切换至默认三维视图，即可查看同时具有线脚、散水、分隔缝以及不同材质的复合墙效果，如图 3-55 所示。

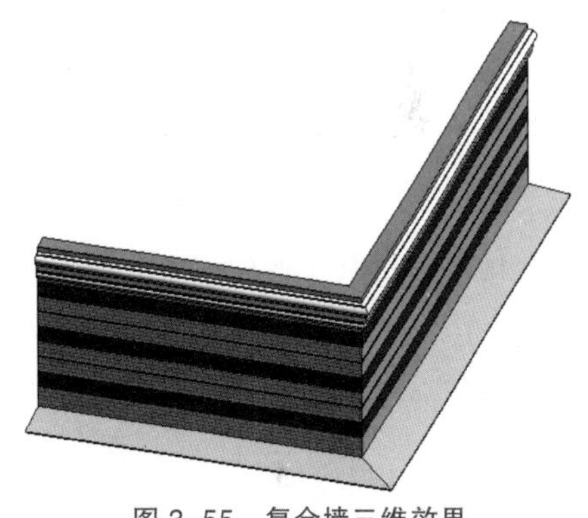

图 3-55　复合墙三维效果

3.4 墙饰条和分隔缝

在建筑设计中，用户可以通过墙饰条和分隔缝装饰墙体，从而使墙体多样化。在 Revit 中，墙饰条与分隔缝不仅可以通过墙体的【类型属性】对话框统一设置，也可以单独添加。

3.4.1 创建墙饰条

墙饰条是墙的水平或垂直投影，需要在三维或立面视图中添加。用户可以通过墙饰条工具为墙底部添加踢脚板，或为墙顶部添加冠顶饰，或创建其他类型的装饰。其中，散水也属于墙饰条。

散水是与外墙勒脚垂直交接并倾斜的室外地面部分，用以排除雨水，保护墙基免受雨水侵蚀。设置散水的目的是为了使建筑物外墙勒脚附近的地面积水能够迅速排走，并且防止屋檐的滴水冲刷外墙四周地面的土壤，减少墙身与基础受水浸泡的可能，保护墙身和基础，从而延长建筑物的寿命。先以创建建筑的散水为例，详细介绍墙饰条的具体创建方法。

打开下载文件中“教育中心 .rvt”项目文件，在为建筑物创建散水前，首先需要创建散水所需要的轮廓族。单击【应用程序菜单】按钮，选择【新建】|【族】选项，软件将打开【新族 - 选择样板文件】对话框。选择【公制轮廓 .rft】族类型，如图 3-56 所示。

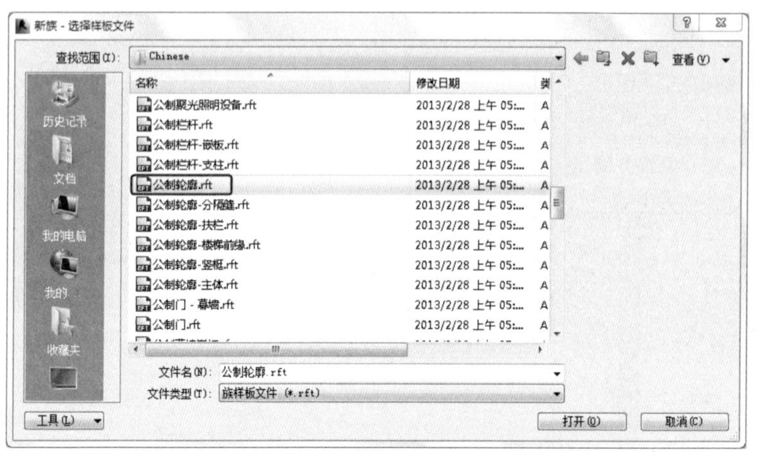

图 3-56　选择族样板文件

然后单击【打开】按钮，进入族编辑器，并在【详图】面板中单击【直线】按钮。此时，在参照平面交点处单击，并水平向右移动绘制长 800 的直线，接着沿垂直向上方向绘制 20 直线，并按 Esc 键退出，如图 3-57 所示。

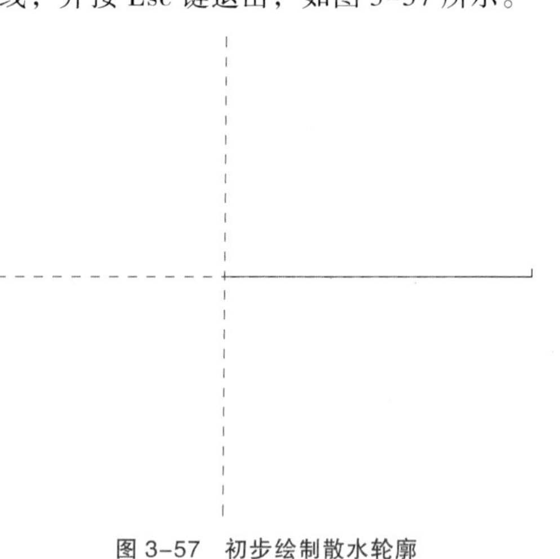
图 3-57　初步绘制散水轮廓

完成轮廓的初步绘制后，单击参照平面的交点，并垂直向上绘制高为 100 的直线。然后连接两个端点，完成散水轮廓的绘制，效果如图 3-58 所示。

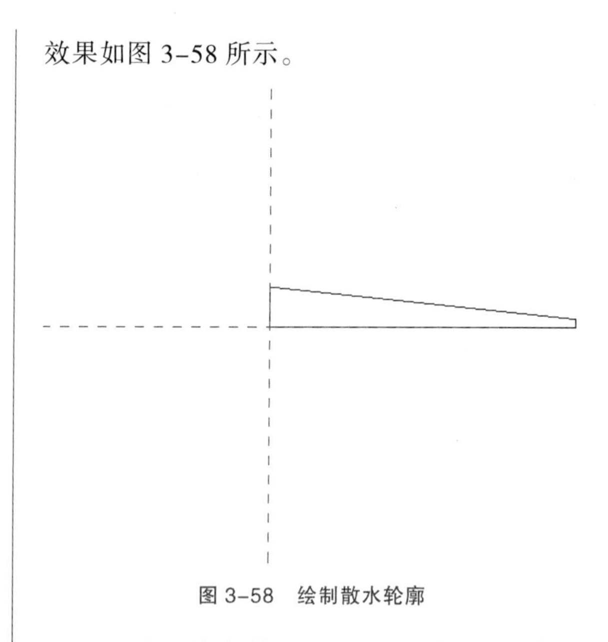
图 3-58　绘制散水轮廓

此时，单击快速访问工具栏中的【保存】按钮，保存为族文件【800 宽室外散水轮廓 .rfa】，如图 3-59 所示。接着单击【族编辑器】面板中的【载入到项目中】按钮，该轮廓族将直接载入至当前项目中。

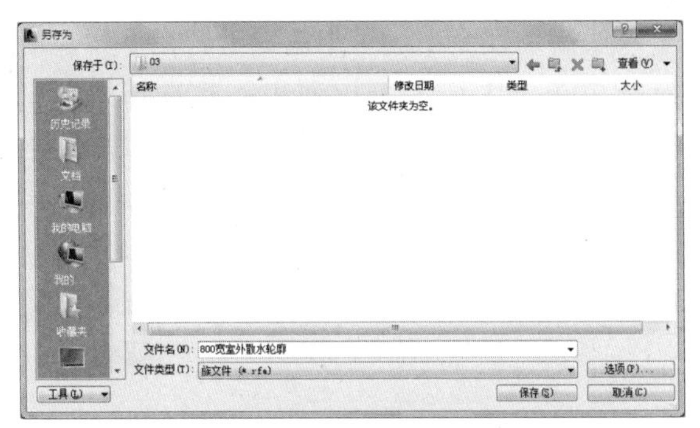

图 3-59　保存族文件

注 意

散水的宽度应根据土壤性质、气候条件、建筑物的高度和屋面排水形式来确定，一般为600mm ~ 1000mm。当屋面采用无组织排水时，散水宽度应大于檐口挑出长度200mm ~ 300mm。为保证排水顺畅，一般散水的坡度为3% ~ 5%左右，且散水外缘高出室外地坪30mm ~ 50mm。散水常用材料为混凝土、水泥砂浆、卵石、块石等。

完成轮廓族的载入后，切换至【教育中心.rvt】项目文件，单击【默认三维视图】按钮。然后切换至【建筑】选项卡，在【构建】面板中单击【墙】下拉列表，并选择【墙：饰条】选项，软件将自动打开墙饰条的【类型属性】对话框，如图3-60所示。

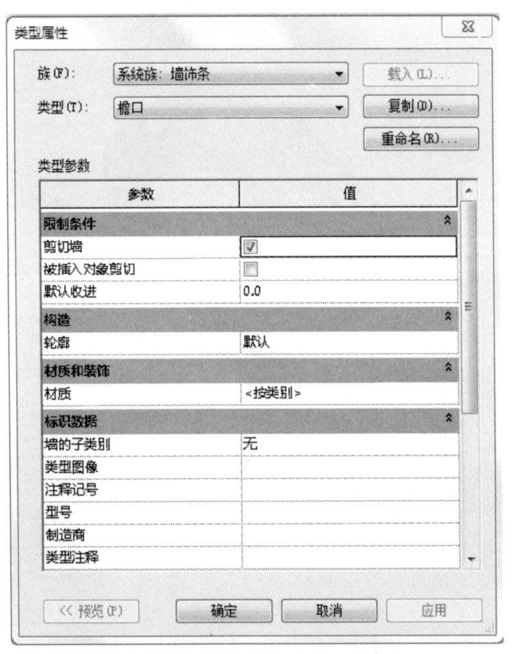

图 3-60　墙饰条【类型属性】对话框

该对话框中的主要参数含义及作用如表3-4所示。

表 3-4　【类型属性】对话框中的主要参数含义

参　数	值
限制条件	
剪切墙	在几何图形和主体墙发生重叠时，启用该复选框，墙饰条将从主体墙中剪切掉几何图形
被插入对象剪切	启用该复选框，门和窗等插入对象将从墙饰条中剪切掉几何图形
默认收进	通过该文本框，用户可以指定墙饰条从每个相交的墙附属件收进的距离
构造	
轮廓	通过该列表框，用户可以指定用于创建墙饰条的轮廓族
材质和装饰	
材质	通过该列表框中的浏览按钮，用户可以设置墙饰条的材质

接着在该对话框中，复制墙饰条类型为"教育中心－室外散水"，并且如图3-61所示设置对话框中的参数。

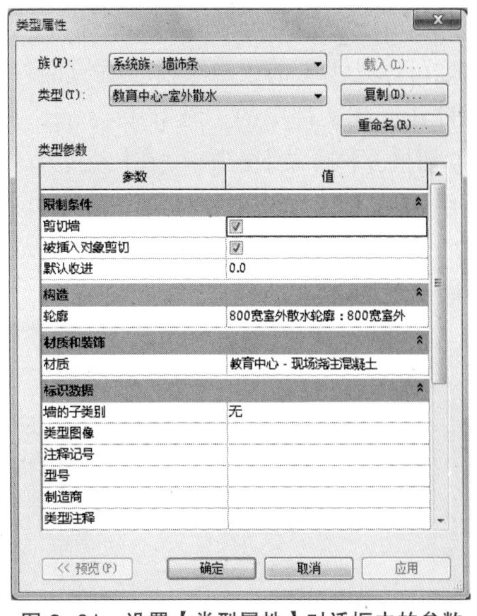

图 3-61　设置【类型属性】对话框中的参数

此时，单击【确定】按钮，并依次单击墙体的底部边缘生成散水，效果如图3-62所示。

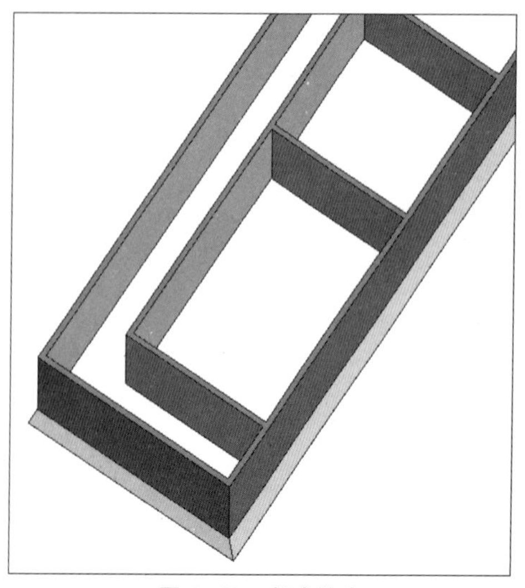

图 3-62　创建散水

注 意

对于需要创建台阶图元的位置不需要创建散水，或者可以在后期修改散水的放置范围。

3.4.2 添加分隔缝

墙分隔缝是墙中装饰性裁切部分。用户可以在三维或立面视图中为墙添加分隔缝，分隔缝可以是水平的，也可以是垂直的。

打开下载文件中的“教育中心 .rvt”项目文件，切换至【插入】选项卡，在【从库中载入】面板中单击【载入族】按钮，并将下载文件中的【分隔缝 10×20.rfa】族轮廓载入项目文件中，如图 3-63 所示。

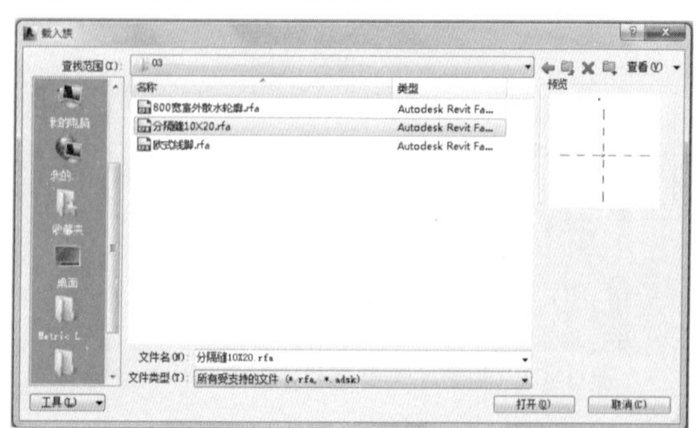

图 3-63　载入族文件

然后切换至【建筑】选项卡，在【构建】面板中单击【墙】下拉列表，并选择【墙：分隔缝】选项。软件将自动打开【类型属性】对话框。此时，复制分隔缝类型为【教育中心 - 分隔缝】，并设置【轮廓】参数为【分割缝 10×20】族文件，如图 3-64 所示。

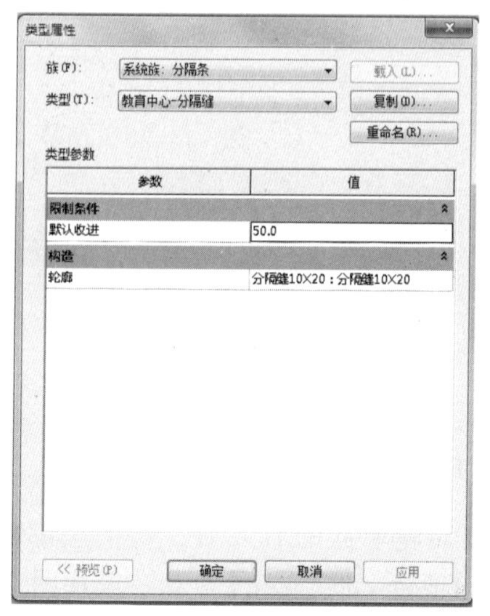

图 3-64　设置分隔缝类型属性

接着单击【确定】按钮，在三维状态下的外墙适当高度位置单击，为其添加分隔缝。配合旋转视图功能，依次为其他方向的外墙添加分隔缝，效果如图 3-65 所示。

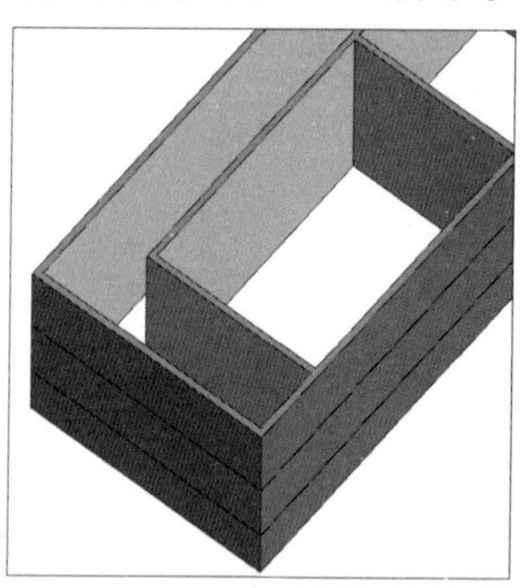

图 3-65　添加分隔缝效果

提 示

在默认三维视图中添加分隔缝时，Revit 会自动显示已经添加分隔缝的轮廓，所以不必担心分隔缝的高度问题。

3.5 墙体编辑

在 Revit 中有多种墙体的编辑方法。选中墙体，软件将自动激活【修改 | 墙】上下文选项卡，各面板上的工具按钮均适用于墙体的编辑。其中，用户可以通过修改墙体图元属性参数编辑墙体，也可以通过面板上的编辑按钮编辑墙体。此外，用户还可以通过【可见性 / 图形替换】对话框的参数设置编辑墙体。下面将介绍几种常见的编辑方法。

3.5.1 匹配工具的应用

【匹配类型属性】工具可以转换相同类别的一个或多个图元，以便使其与相同类别中的其他选定类型相匹配。

在【修改 | 墙】上下文选项卡中，单击【剪贴板】面板上的【匹配类型属性】按钮，单击目标墙体，接着单击需要匹配的墙体，即可使墙体改为同种类型，效果如图 3-66 所示。

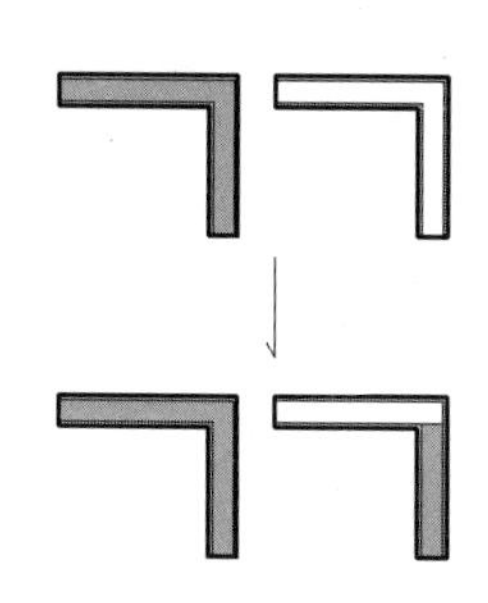

图 3-66　匹配效果

此外，该工具在应用中需要注意下列限制条件：

当用户在项目视图之间使用【匹配类型属性】工具时，需要在绘图区域打开这两个视图并平铺显示。然后，利用该工具将一个视图中的图元类型与另一视图中的图元类型进行匹配。(当视图未平铺时，不可以在视图之间使用该工具。)

当用户匹配项目浏览器中的族类型或组类型时，需要先在项目浏览器中进行选择。然后启动该工具，并在绘图区域中选择要转换的图元。

当用户修改墙的类型时，【匹配类型属性】工具会将源墙类型的“底部偏移”、“无连接高度”、“顶部延伸距离”和“底部延伸距离”复制到目标墙。如果目标墙与源墙位于同一标高，则还将复制“墙顶定位标高”和“顶部偏移”的值。

3.5.2 编辑墙轮廓

墙轮廓的编辑可以直接在立面视图上进行：切换至任一立面视图，选择墙体，在【模式】面板上单击【编辑轮廓】按钮，然后选择【绘制】面板上的【直线】工具，并在绘图区域绘制相应的轮廓，完成轮廓的编辑，效果如图 3-67 所示。

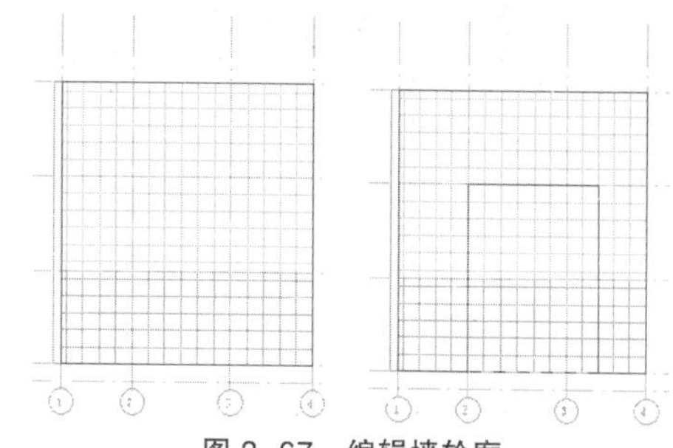

图 3-67　编辑墙轮廓

接着切换至三维视图中，查看墙轮廓编辑后的三维效果，如图 3-68 所示。

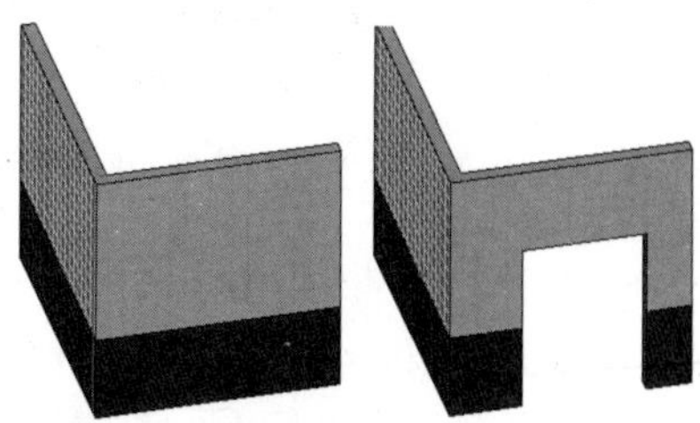

图 3-68　编辑轮廓后三维效果的对比

3.5.3 墙体线型颜色及填充图案的设置

当绘制不同比例的图纸时，需要对墙体的平面表达进行替换、重新设置。切换至【视图】选项卡，在【图形】面板上单击【可见性/图形】按钮，软件将自动打开【可见性/图形替换】对话框。然后选择【模型类别】列表中的【墙】选项，如图 3-69 所示。

图 3-69 【可见性/图形替换】对话框

接着单击【截面】列表中【线】和【填充图案】的替换按钮，软件将依次打开【线图形】和【填充样式图形】对话框，如图 3-70 所示。

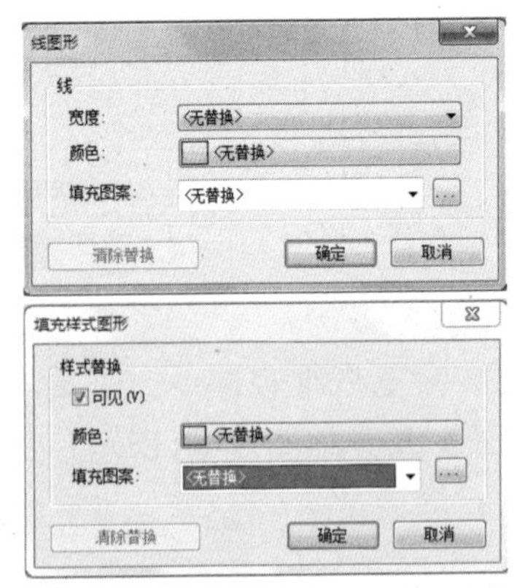

图 3-70 【线图形】和【填充样式图形】对话框

此时，在打开的相应对话框中设置适当的线颜色及填充图案，效果如图 3-71 所示。

此外，用户也可以在【可见性/图形替换】对话框中启用【截面线样式】复选框，并单击【编辑】按钮。此时，软件将打开【主体层线样式】对话框，如图 3-72 所示。然后即可对各结构层的参数选项进行相应的设置。

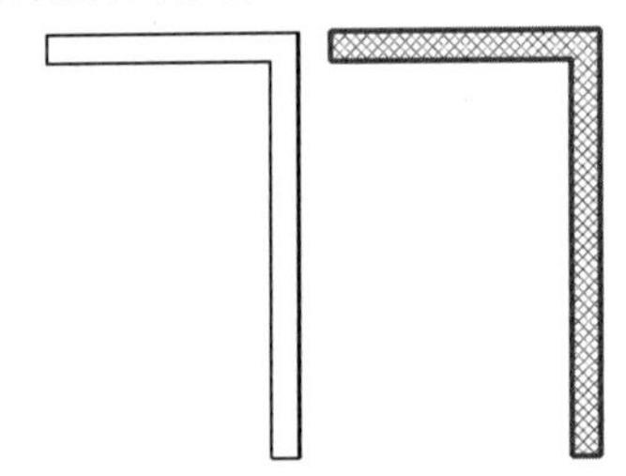

图 3-71 设置线颜色及填充图案效果

主体层线样式

功能	线宽	线颜色	线型图案
结构 [1]	1	黑色	实线
衬底 [2]	1	黑色	实线
保温层/空气层 [3]	1	黑色	实线
面层 1 [4]	1	黑色	实线
面层 2 [5]	3	黑色	实线

将使用较宽的线绘制层之间的公共边。具有相同线宽的层之间的公共边将使用主体的"公共边"对象样式。

核心层清理(C)　默认

确定　取消

图 3-72 【主体层线样式】对话框

3.6 典型案例：教育中心大楼墙体的创建

本实例将创建教育中心大楼的墙体。该教育中心是建筑体系中的一幢独立建筑。其为两层的混凝土－砖石结构，内部配置有卫生间等常规建筑构件设施，满足了该建筑的使用特性要求，效果如图 3–73 所示。

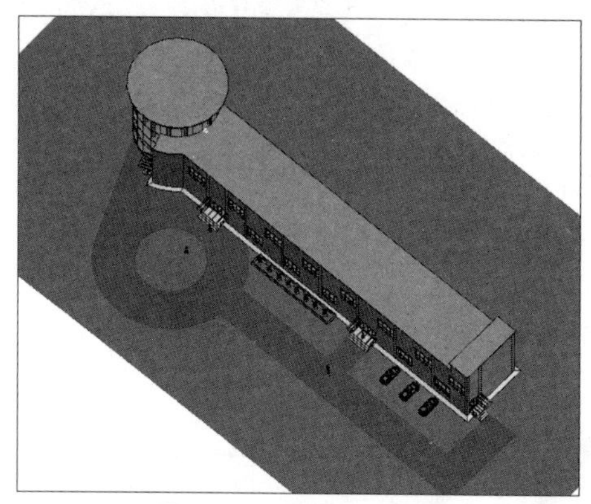

图 3–73 教育中心大楼

在 Revit 中创建墙体时，需要先定义好墙体的类型——包括墙厚、做法、材质、功能等，再指定墙体的平面位置、高度等参数。

1. 创建外墙

建筑中的墙体形状与参数是根据建筑方案来决定的，现以“教育中心大楼”为例，设置外墙的结构从外到内依次为 10mm 厚外抹灰、30mm 厚保温、240mm 厚砖和 20mm 厚内抹灰，如图 3–74 所示。

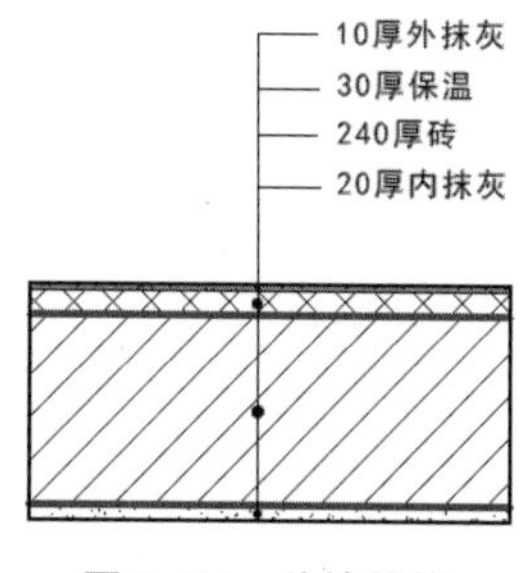

图 3–74 外墙结构

(1) 切换至 F1 楼层平面视图，并单击【构建】面板中【墙：建筑】按钮，软件将打开【修改 | 放置 墙】上下文选项卡。此时，在【属性】面板的类型选择器中选择【基本墙】|【砖墙 240mm】类型，并以该类型为基础进行墙类型的编辑，如图 3–75 所示。

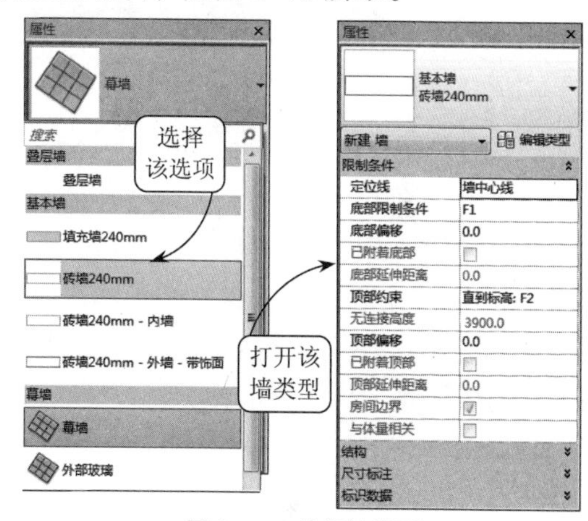

图 3–75 选择墙类型

(2) 单击【属性】面板中的【编辑类型】按钮，软件将自动打开【类型属性】对话框。此时，单击该对话框中的【复制】按钮，并在打开的【名称】对话框中输入“教育中心－外墙”。然后单击【确定】按钮，为基本墙创建一个新类型，如图 3–76 所示。

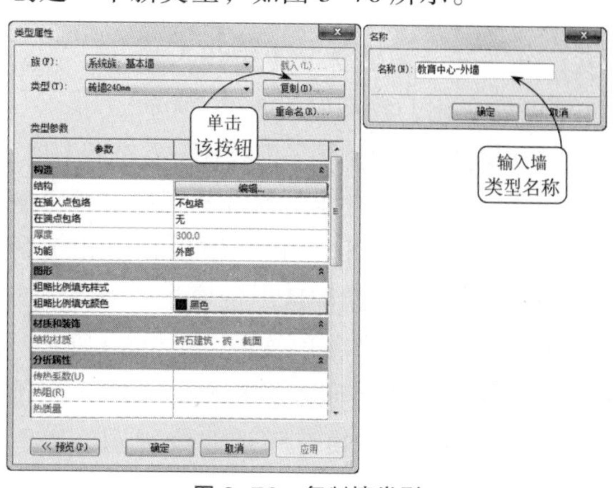

图 3–76 复制墙类型

(3) 单击【结构】右侧的【编辑】按钮，软件将自动打开【编辑部件】对话框。此时，按照前面墙体章节介绍的创建外墙内容，设置餐厅外墙的各部件参数，效果如图 3–77 所示。

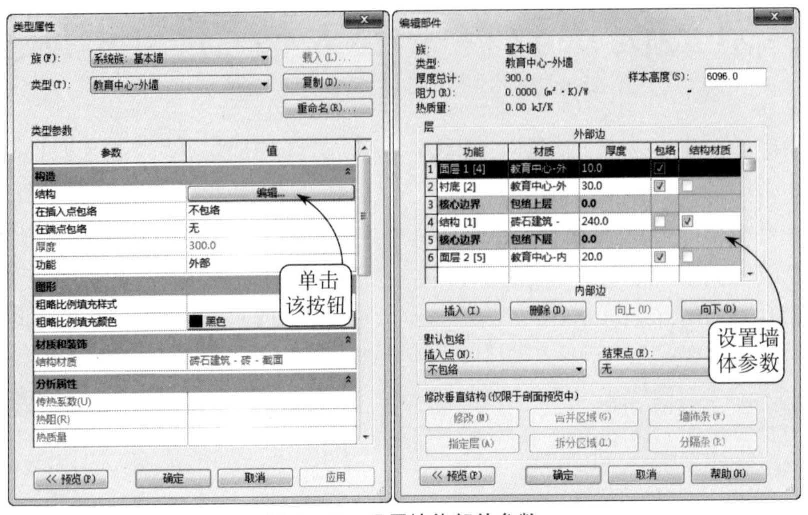

图 3–77 设置墙体部件参数

(4) 完成外墙体部件参数的设置后，在选项栏中如图 3–78 所示依次设置相关的参数选项，并在绘图区域选取相应的轴线交点，绘制外墙的墙体线。

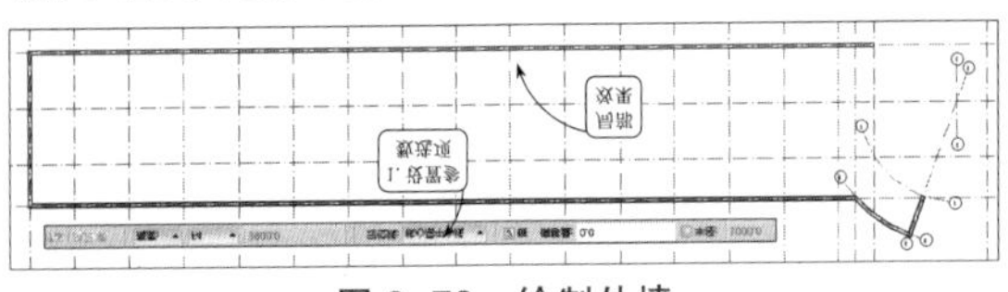

图 3–78 绘制外墙

(5) 切换至【视图】选项卡，在【创建】面板中单击【默认三维视图】按钮，查看教育中心大楼外墙的效果。然后在三维视图中选择所有的外墙对象，并在【属性】面板中设置【底部限制条件】为【室外地坪】。接着单击该面板底部的【应用】按钮，查看外墙高度变化，效果如图 3–79 所示。

(6) 切换至 F4 楼层平面视图，并选择【墙】工具。然后在【属性】类型选择器中选择【餐厅 – 外墙】，并在选项栏中依次设置相关的参数选项。接着在绘图区中选取相应的轴线交点，绘制外墙的墙体线，效果如图 3–80 所示。

(7) 单击快速访问工具栏中的【默认三维视图】按钮，切换至默认三维视图，查看效果，如图 3–81 所示。至此，教育中心的所有外墙图元创建完毕。

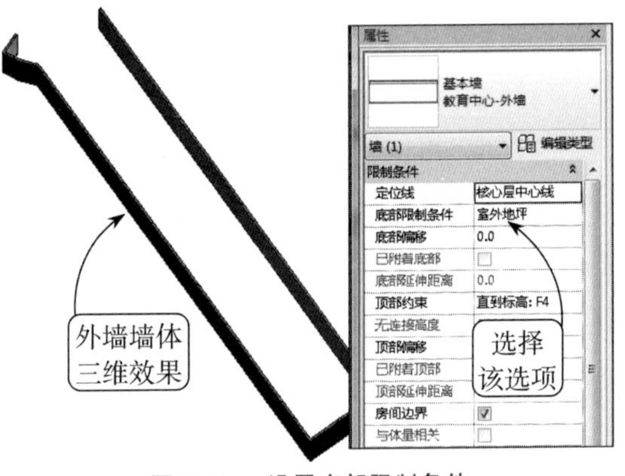

图 3–79 设置底部限制条件

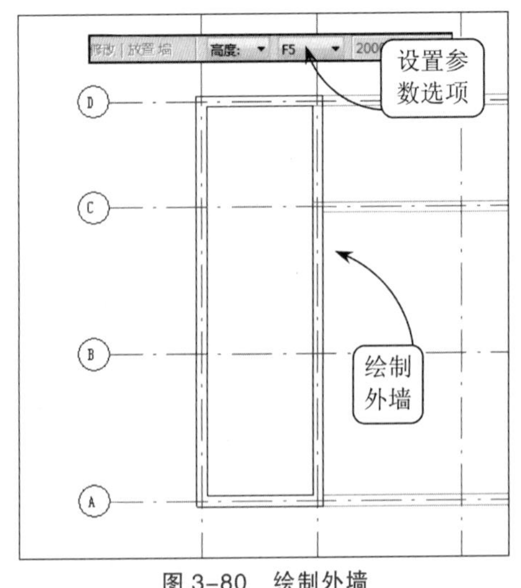

图 3–80 绘制外墙

图 3-81　三维效果

2. 创建内墙

建筑设计中的内墙不仅能够在外墙类型的基础上进行修改，还能够独立建立，而内墙类型的设置方法又与外墙相同。内墙类型的材质结构，从外到内依次如图 3-82 所示。

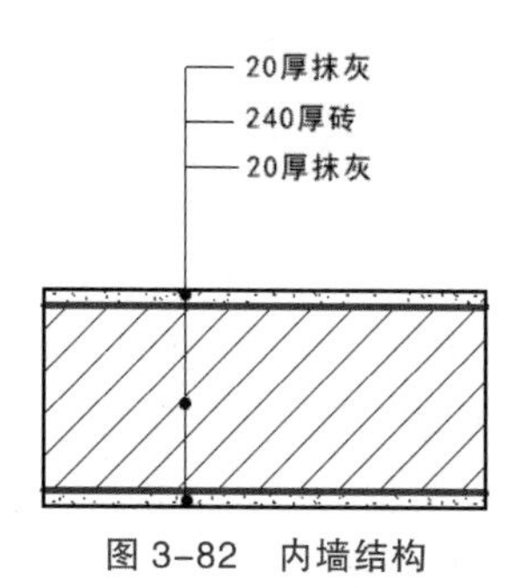

图 3-82　内墙结构

(1) 切换至 F1 楼层平面视图，选择【墙】工具，并在【属性】类型选择器中选择【教育中心－外墙】为基础类型。然后单击【编辑类型】按钮，复制该基础类型并创建“教育中心－内墙”。接着设置【功能】为【内部】，效果如图 3-83 所示。

(2) 单击【结构】右侧的【编辑】按钮，在打开的对话框中按照前面墙体章节介绍的创建内墙内容，设置该餐厅内墙的各部件参数，效果如图 3-84 所示。

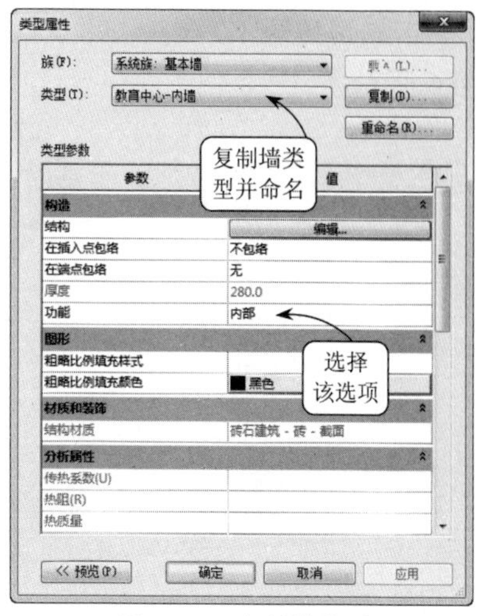

图 3-83　复制墙类型

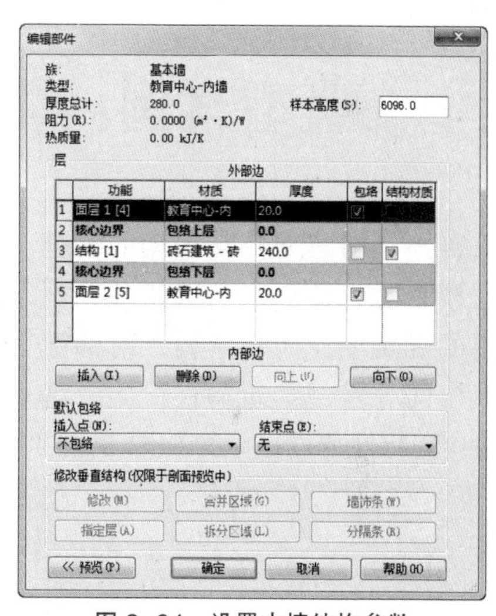

图 3-84　设置内墙结构参数

(3) 完成内墙体部件参数的设置后，在选项栏中依次设置相关的参数选项，并在绘图区域选取相应的轴线交点，绘制内墙的墙体线，效果如图 3-85 所示。

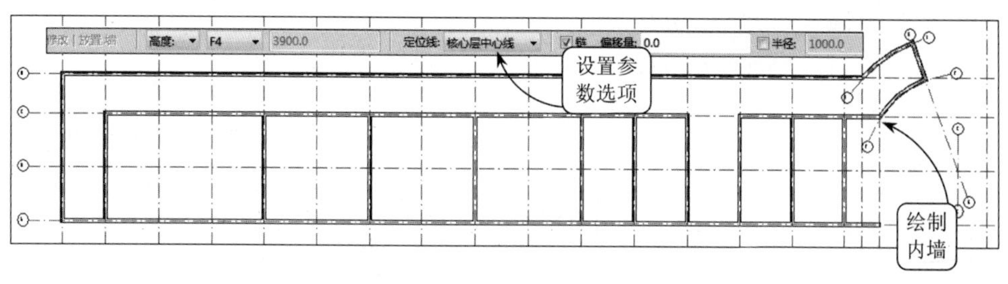

图 3-85　绘制内墙的墙体线

(4) 单击快速访问工具栏中的【 默认三维视图 】按钮，切换至默认三维视图中查看内墙效果，如图 3-86 所示。

图 3-86　内墙三维效果

3.7 典型案例：婴儿部大楼墙体的创建

本实例将创建婴儿部大楼的墙体。该婴儿部大楼是建筑体系中的一幢独立建筑。其为四层的混凝土 - 砖石结构，内部配置有卧室和卫生间等常规建筑构件设施，满足了该建筑的使用特性要求，效果如图 3-87 所示。

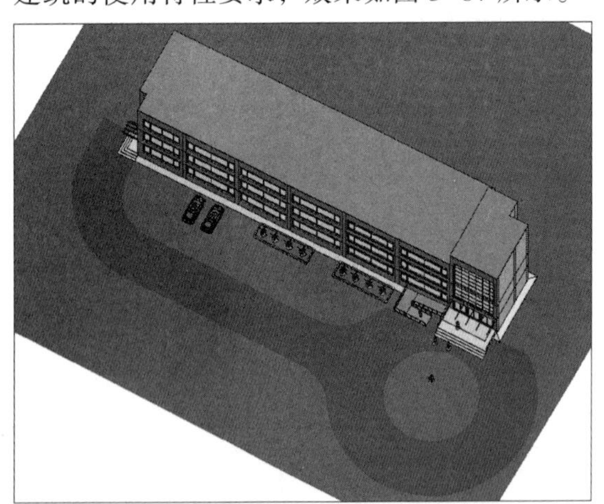

图 3-87　婴儿部大楼

1. 创建 F1 层外墙

(1) 切换至 F1 楼层平面视图。然后单击【 构建 】面板中的【 墙：建筑 】按钮，软件将自动打开【 修改 | 放置 墙 】上下文选项卡。此时，在【 属性 】面板的类型选择器中选择【 基本墙 】族下面的【 砖墙 240mm 】类型，并以该类型为基础进行墙类型的编辑，如图 3-88 所示。

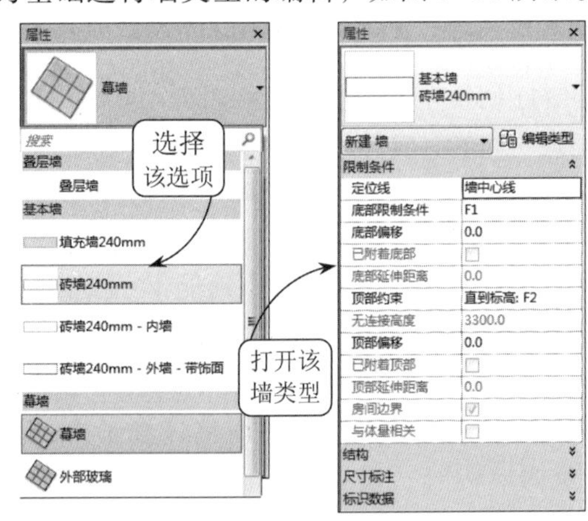

图 3-88　选择墙类型

(2) 单击【 属性 】面板中的【 编辑类型 】按钮，软件将自动打开【 类型属性 】对话框。此时，单击该对话框中的【 复制 】按钮，在打开的【 名称 】对话框中输入“婴儿部大楼 - 外墙”，并单击【 确定 】按钮为基本墙创建一个新类型，如图 3-89 所示。

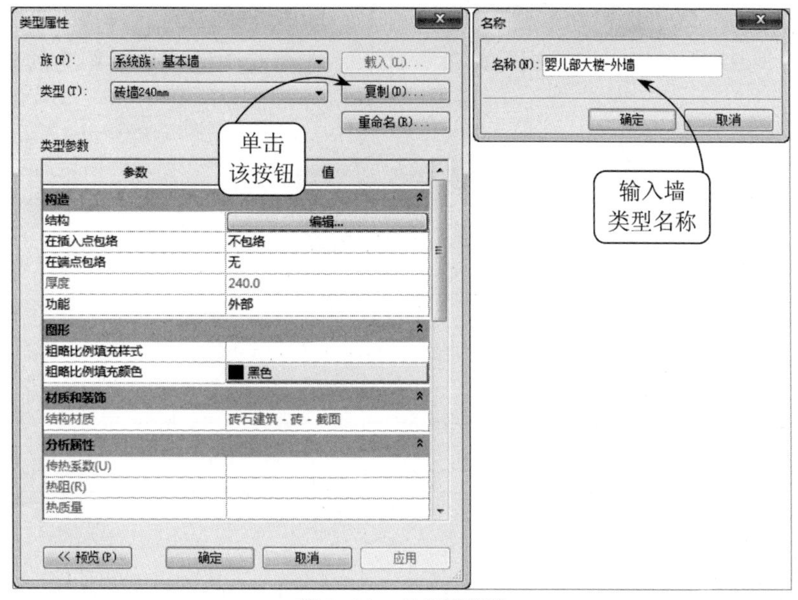

图 3-89　复制墙类型

(3) 单击【结构】右侧的【编辑】按钮，系统将打开【编辑部件】对话框。此时，按照前面介绍的创建外墙章节内容，设置该婴儿部大楼外墙的各部件参数，如图 3-90 所示。

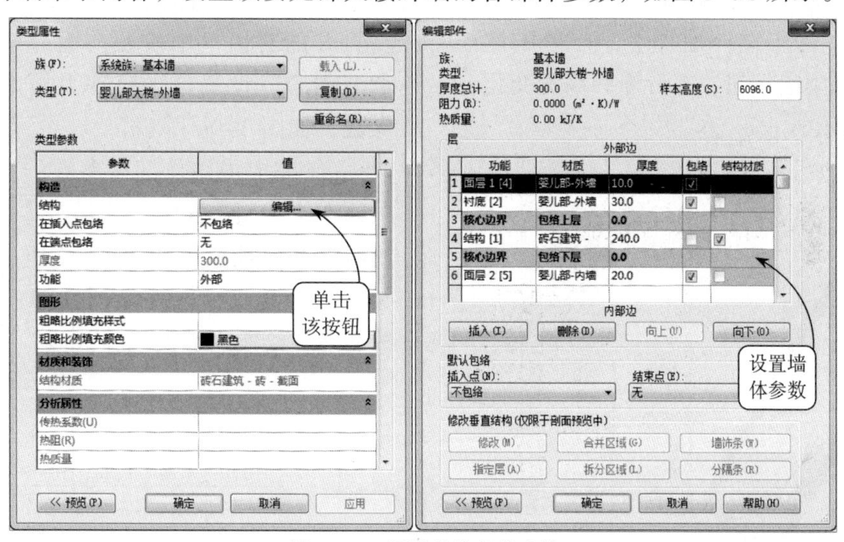

图 3-90　设置墙体部件参数

(4) 完成外墙体部件参数的设置后，切换至建筑选项卡，单击【工作平面】面板中的【参照平面】按钮，如图 3-91 所示添加参照平面。

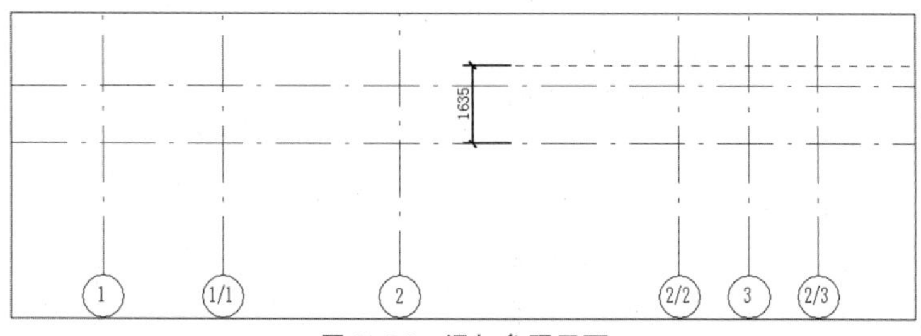

图 3-91　添加参照平面

(5) 在【修改 | 放置 墙】上下文选项卡的【绘制】面板中，软件默认选择了【直线】工具。此时，在选项栏中如图 3-92 所示依次设置相关的参数选项，并在绘图区域选取相应的轴线交点，绘制外墙的墙体线。

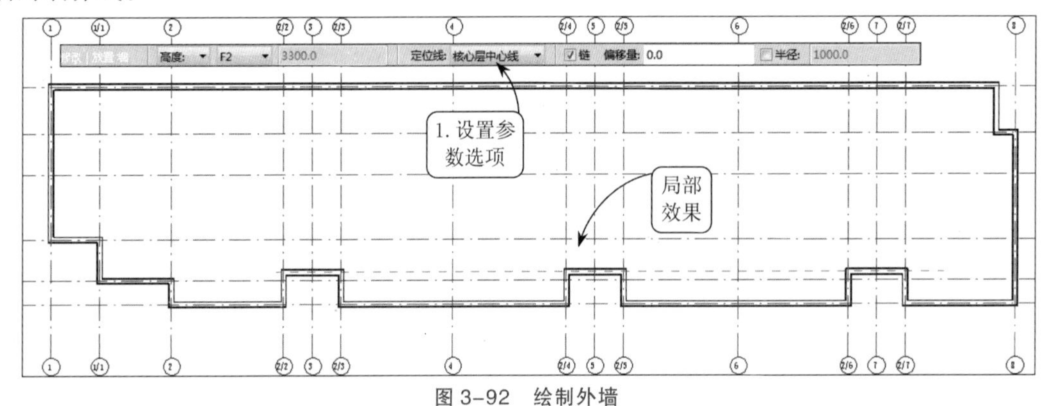

图 3-92　绘制外墙

(6) 切换至【视图】选项卡，在【创建】面板中单击【默认三维视图】按钮，查看婴儿部大楼外墙效果。然后在三维视图中选择所有的外墙对象，在【属性】面板中设置【底部限制条件】为【楼外地坪】，并单击该面板底部的【应用】按钮，查看外墙高度变化，如图 3-93 所示。

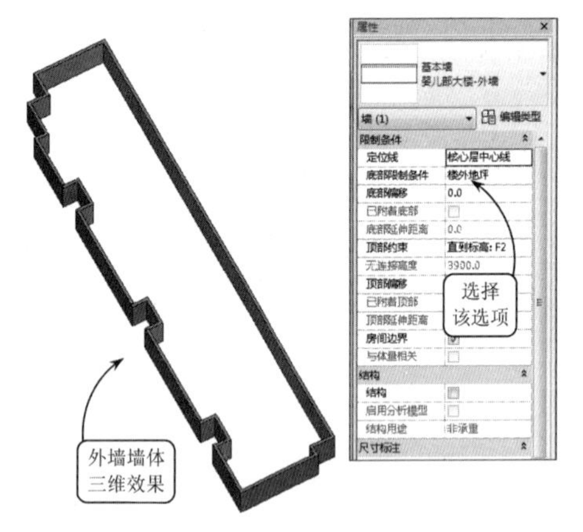

图 3-93　设置底部限制条件

2. 创建 F1 层内墙

(1) 切换至【建筑】选项卡，在【工作平面】面板单击【参照平面】按钮，如图 3-94 所示添加参照平面。

(2) 切换至 F1 楼层平面视图。选择【墙】工具，并在【属性】类型选择器中选择【婴儿部大楼 - 外墙】为基础类型。然后单击【编辑类型】按钮，软件将自动打开【类型属性】对话框。此时，复制类型为“婴儿部大楼 - 内墙”，并设置【功能】为【内部】，如图 3-95 所示。

(3) 单击【结构】右侧的【编辑】按钮，在打开的对话框中按照前面介绍的创建内墙章节内容，设置该少年部大楼内墙的各部件参数，如图 3-96 所示。

(4) 完成内墙体部件参数的设置后，软件默认在【绘制】面板上选择了【直线】工具。此时，在选项栏中如图 3-97 所示依次设置相关的参数选项，并在绘图区中选取相应的轴线交点，绘制内墙的墙体线。

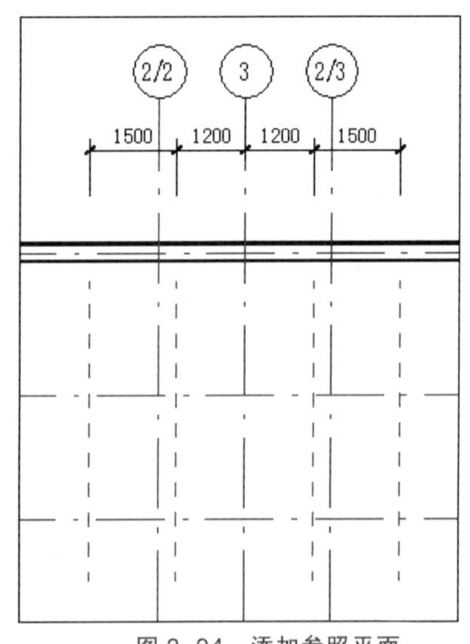

图 3-94　添加参照平面

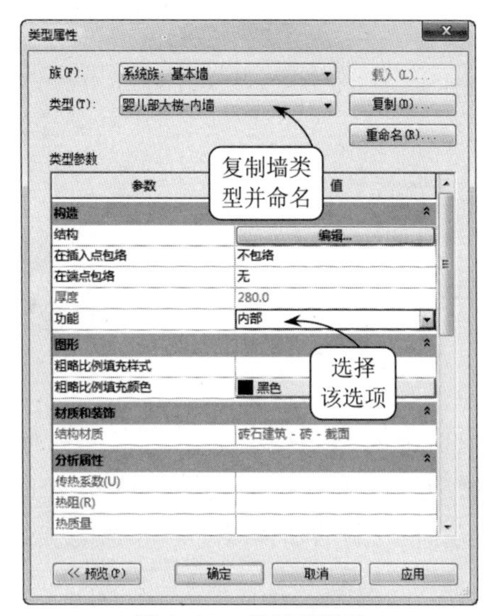

图 3-95 复制墙类型

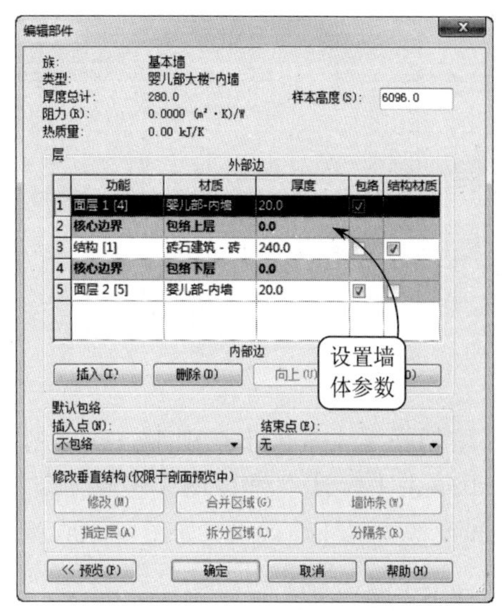

图 3-96 设置内墙结构参数

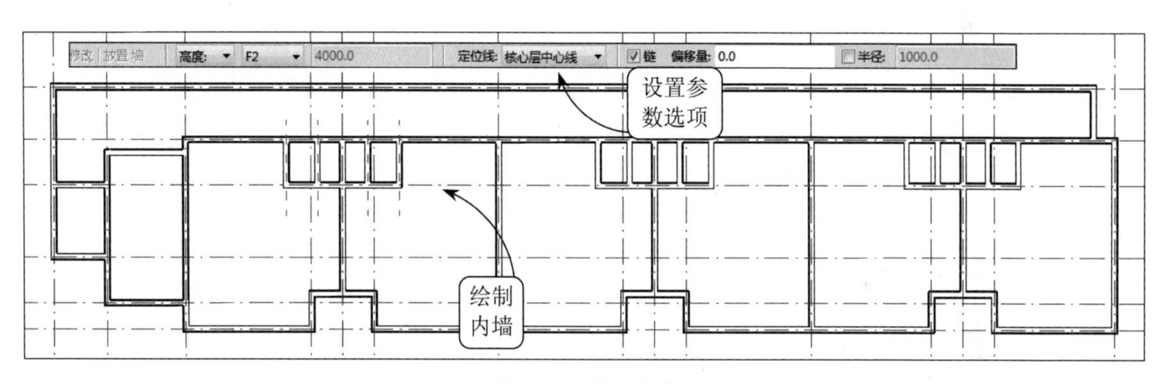

图 3-97 绘制内墙

(5) 单击快速访问工具栏中的【默认三维视图】按钮，切换至默认三维视图中查看内墙效果，如图 3-98 所示。

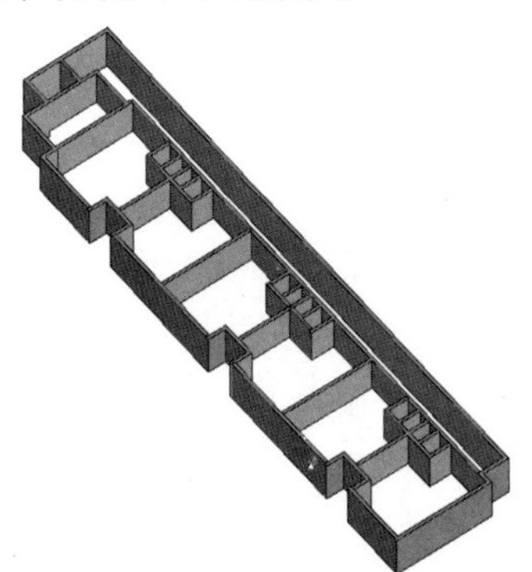
图 3-98 内墙三维效果

3. 创建 F2 层外墙

(1) 切换至F2楼层平面视图。然后单击【构建】面板中【墙：建筑】按钮，软件将自动打开【修改|放置 墙】上下文选项卡。此时，在【属性】面板的类型选择器中选择【婴儿部大楼 - 外墙】选项，并在选项栏中如图 3-99 所示依次设置相关的参数选项。然后在绘图区域选取相应的轴线交点，绘制外墙的墙体线。

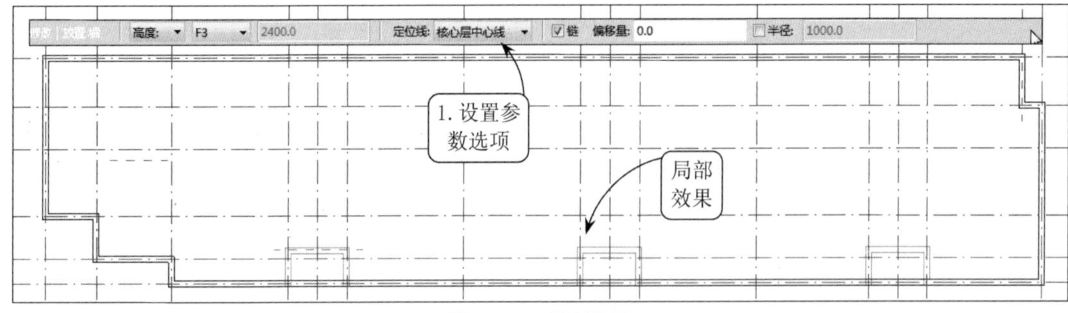

图 3-99　绘制外墙

(2) 切换至【视图】选项卡，在【创建】面板中单击【默认三维视图】按钮，查看婴儿部大楼二层外墙效果，如图 3-100 所示。

4. 创建 F2 层内墙

(1) 返回 F2 楼层平面视图，切换至【建筑】选项卡。然后在【工作平面】面板单击【参照平面】按钮，并如图 3-101 所示添加参照平面。

(2) 单击【构建】面板中的【墙：建筑】按钮，软件将自动打开【修改 | 放置 墙】上下文选项卡。此时，在【属性】面板的类型选择器中选择【婴儿部大楼 - 内墙】，并在选项栏中如图 3-102 所示依次设置相关的参数选项。然后在绘图区域选取相应的轴线交点，绘制内墙的墙体线。

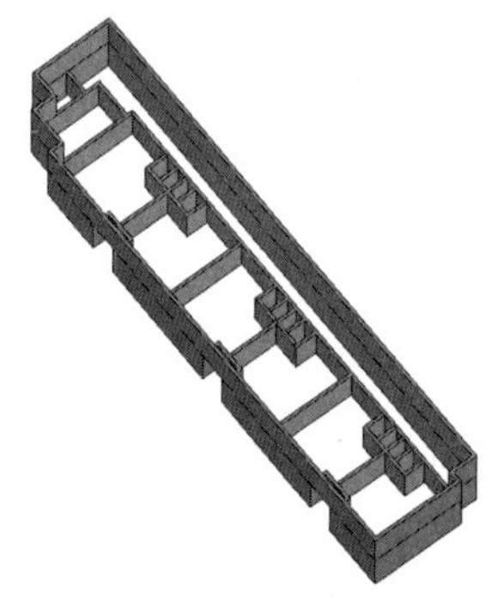

图 3-100　F2 楼层外墙效果

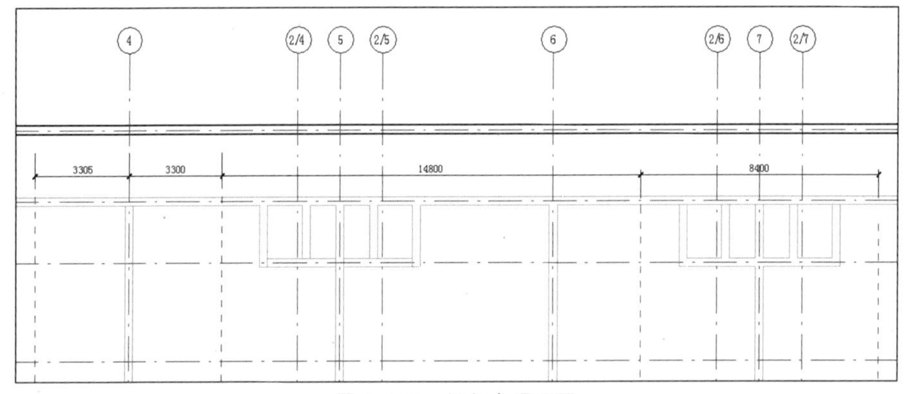

图 3-101　添加参照平面

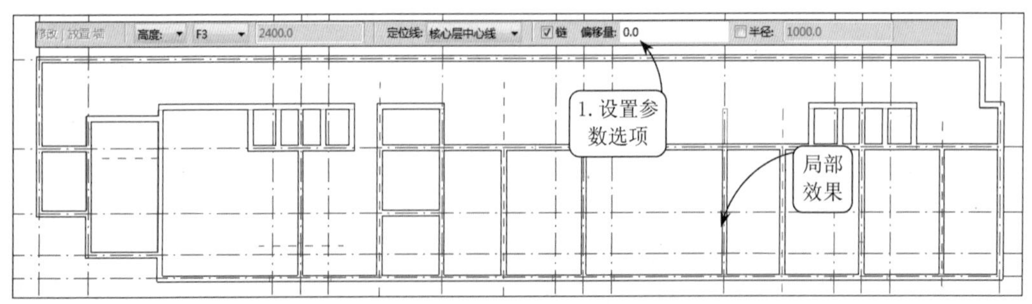

图 3-102　绘制二层内墙

(3) 单击快速访问工具栏中的【默认三维视图】按钮，切换至默认三维视图中查看内墙效果，如图 3-103 所示。

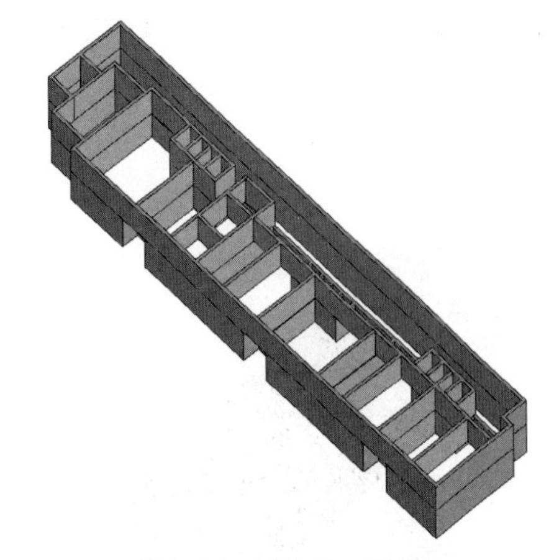

图 3-103　F2 层内墙效果

5. 创建 F3 层外墙

(1) 切换至 F3 楼层平面视图，单击【构建】面板中的【墙：建筑】按钮，软件将自动打开【修改 | 放置 墙】上下文选项卡。此时，在【属性】面板的类型选择器中选择【婴儿部大楼 - 外墙】，并在选项栏中如图 3-104 所示依次设置相关的参数选项。然后在绘图区域选取相应的轴线交点，绘制外墙的墙体线。

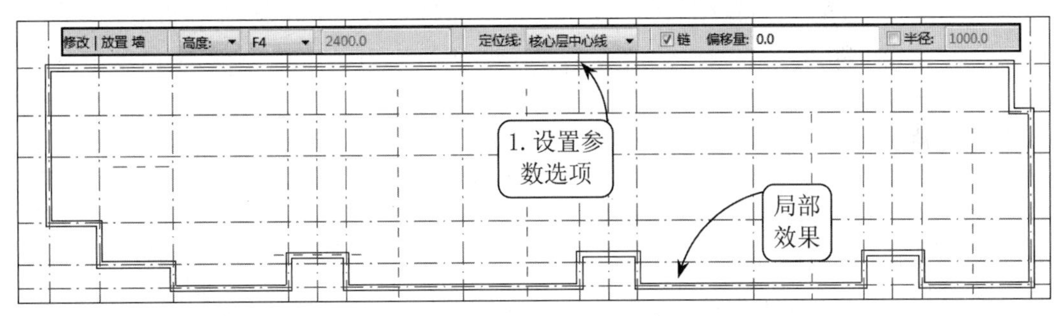

图 3-104　绘制 F3 层外墙

(2) 切换至【视图】选项卡，在【创建】面板中单击【默认三维视图】按钮，查看婴儿部大楼外墙效果，如图 3-105 所示。

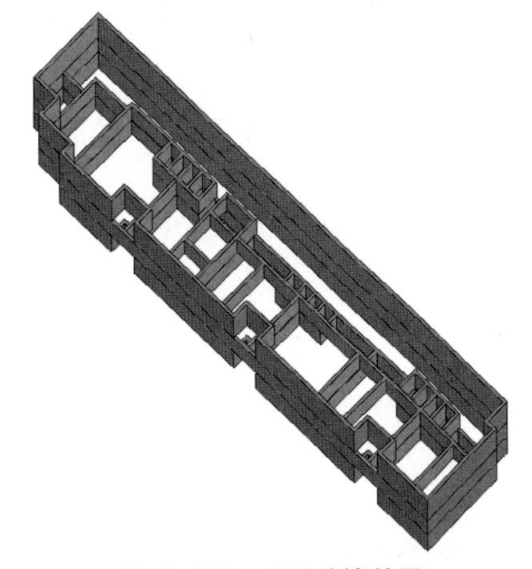

图 3-105　三层外墙效果

6. 创建 F3 层内墙

(1) 返回 F3 楼层平面视图，单击【构建】面板中的【墙：建筑】按钮，系统将打开【修改 | 放置 墙】上下文选项卡。此时，在【属性】面板的类型选择器中选择【婴儿部大楼 - 内墙】，并在选项栏中如图 3-106 所示依次设置相关的参数选项。然后在绘图区域选取相应的轴线交点，绘制内墙的墙体线。

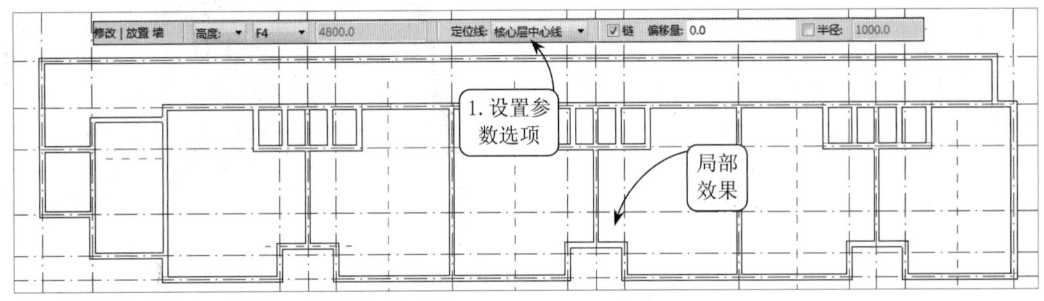

图 3-106　绘制 F3 层内墙

(2) 单击快速访问工具栏中的【默认三维视图】按钮，切换至默认三维视图中查看内墙效果，如图 3-107 所示。

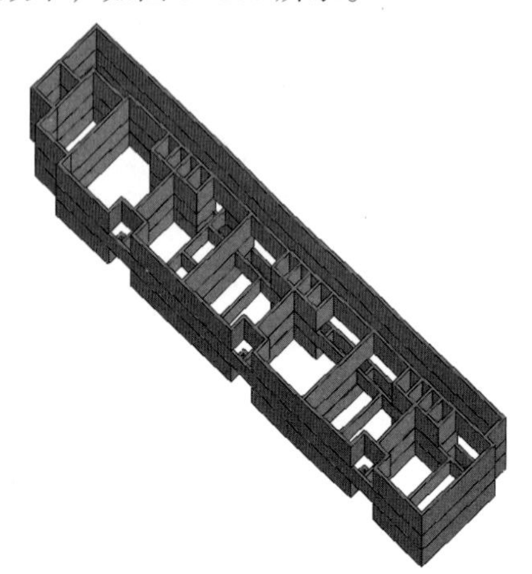

图 3-107　三层内墙效果

7. 创建 F4 层外墙

(1) 切换至F4楼层平面视图。然后单击【构建】面板中的【墙：建筑】按钮，系统将打开【修改 | 放置 墙】上下文选项卡。此时，在【属性】面板的类型选择器中选择“婴儿部大楼 - 外墙”，并在选项栏中如图 3-108 所示依次设置相关的参数选项。然后在绘图区中选取相应的轴线交点，绘制外墙的墙体线。

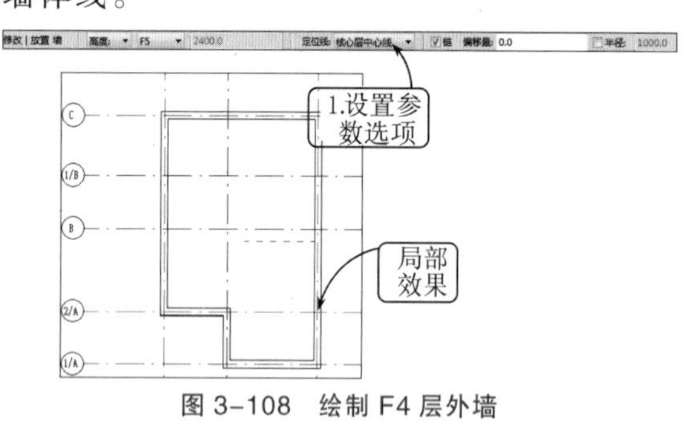

图 3-108　绘制 F4 层外墙

(2) 切换至【视图】选项卡，在【创建】面板中单击【默认三维视图】按钮，查看婴儿部大楼外墙效果，如图 3-109 所示。

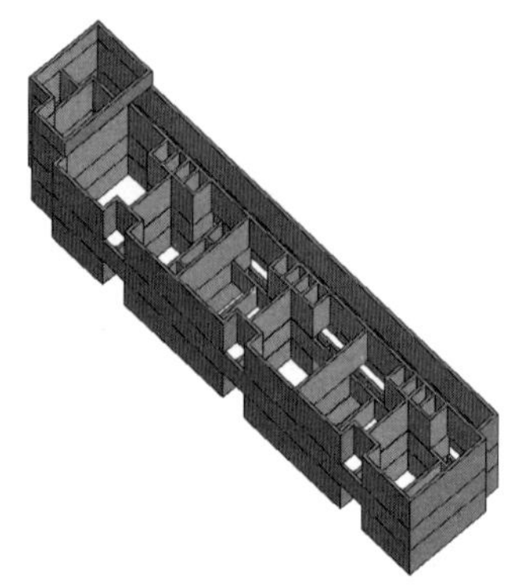

图 3-109　F4 层外墙效果

8. 创建 F4 层内墙

(1) 切换至 F4 楼层平面视图，如图 3-110 所示选中内墙图元，在属性面板中修改【顶部约束】为【直到标高：F5】，单击【应用】按钮即可完成 F4 层内墙的创建。

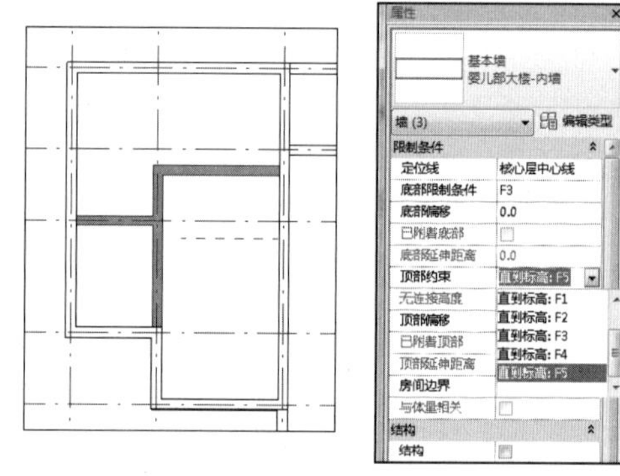

图 3-110　修改顶部约束

(2) 单击快速访问工具栏中的【默认三维视图】按钮，切换至默认三维视图中查看内墙效果，如图 3-111 所示。至此，婴儿部大楼的所有墙体创建完成。

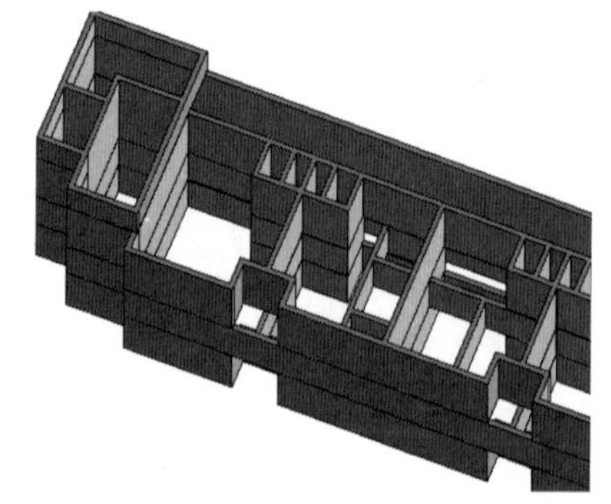

图 3-111　F4 层内墙效果

第4章

幕　墙

幕墙是建筑物的外墙围护，不承受主体结构载荷。其像幕布一样挂上去，因此又称为悬挂墙，是现代大型和高层建筑常用的带有装饰效果的轻质墙体。幕墙由结构框架与镶嵌板材组成，不承担主体结构载荷与作用的建筑围护结构。

本章主要介绍幕墙的绘制方法，以及相应幕墙的编辑方法。此外，还详细介绍了幕墙系统的创建和编辑方法。

本章学习目标

- 了解幕墙的基本知识
- 掌握幕墙的绘制及编辑方法
- 掌握幕墙系统的创建及编辑方法

4.1 幕墙基础

幕墙是一种外墙，附着在建筑结构中，不承担建筑的楼板或屋顶载荷。在一般应用中，幕墙常常定义为薄的、通常带铝框的墙，包含填充的玻璃、金属嵌板或薄石。

4.1.1 幕墙概述

幕墙是利用各种强劲、轻盈、美观的建筑材料取代传统的砖石或窗墙结合的外墙工法，使用幕墙不仅能使整栋建筑达到美观，且功能健全而又安全。幕墙范围主要包括建筑的外墙、采光顶(罩)和雨篷。

在幕墙中，网格线用以定义放置竖梃的位置，而竖梃是分割相邻窗单元的结构图元。用户可以使用默认 Revit 幕墙类型设置幕墙，这些墙类型提供了三种复杂程度。

幕墙 没有网格或竖梃。没有与此墙类型相关的规则。此墙类型的灵活性最强，如图4-1所示。

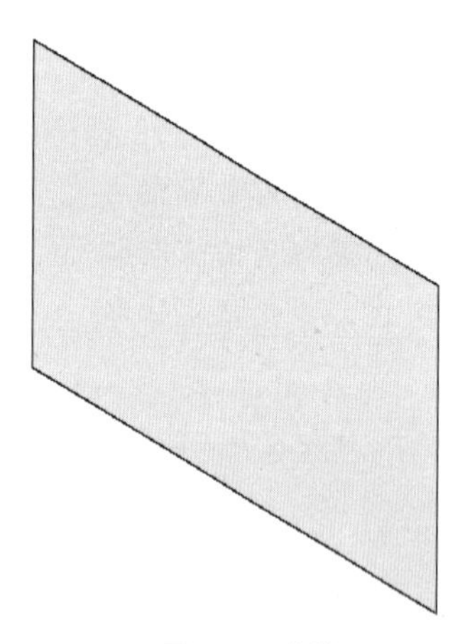

图 4-1 幕墙

外部玻璃 具有预设网格。如果设置不合适，可以修改网格规则，如图 4-2 所示。

店面 具有预设网格和竖梃。如果设置不合适，可以修改网格和竖梃规则，如图 4-3 所示。

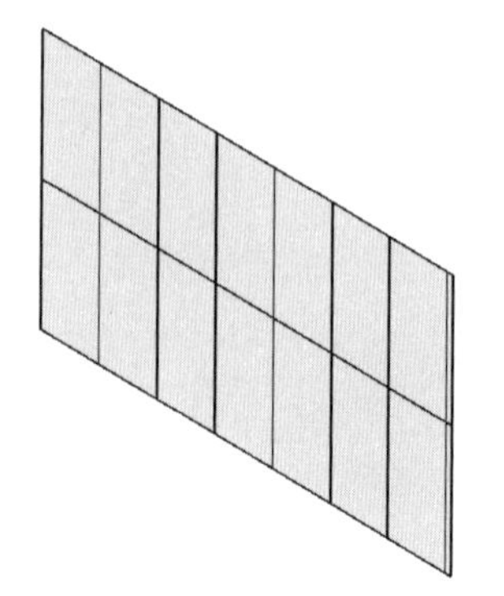

图 4-2 外部玻璃

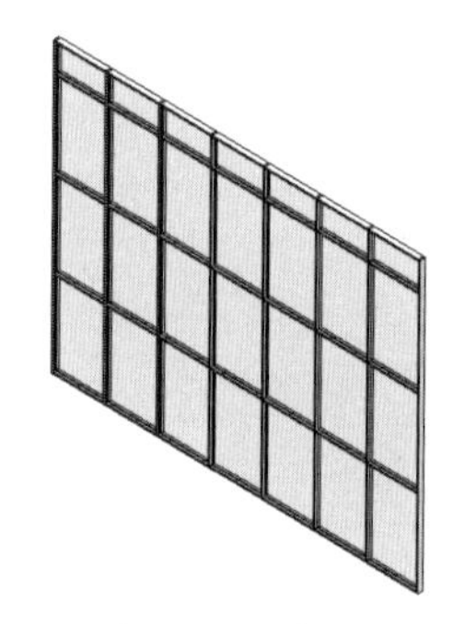

图 4-3 店面

4.1.2 绘制幕墙

在 Revit 中，软件默认提供的三种幕墙类型分别为：幕墙、外部玻璃和店面。其中，外部玻璃和店面是在幕墙【类型属性】对话框中通过对【网格】或【竖梃】的相应设置来创建的。

1. 一般绘制方法

单独绘制幕墙可以通过【修改 | 放置 墙】上下文选项卡中的【绘制】面板工具来创建，其中包括手动绘制、拾取线和拾取面三种方式。

手动绘制

打开空白项目文件，单击【墙】按钮，在【属性】面板中单击类型选择器，并选择【幕墙】|【外部玻璃】选项，效果如图 4-4 所示。

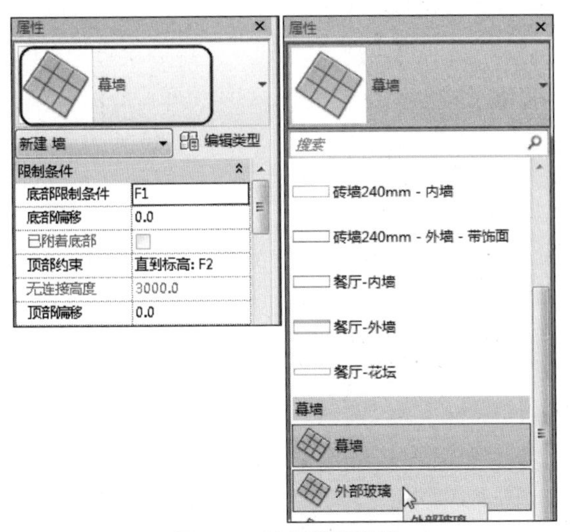

图 4-4　选择幕墙类型

此时，软件将自动激活【绘制】面板上的【直线】工具。然后在绘图区域任意绘制一段直线，并分别切换至【矩形】和【圆心－端点弧】工具，在绘图区域手动绘制相应的矩形和圆弧。接着切换至三维视图中，查看幕墙效果，如图 4-5 所示。

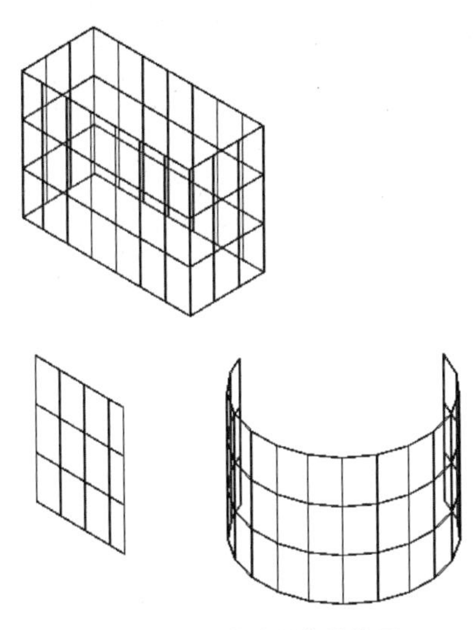

图 4-5　手动绘制幕墙效果

拾取线

完成幕墙类型的选择后，单击【绘制】面板中的【拾取线】按钮，在平面或者三维视图中拾取视图中的直线或弧线，软件将自动将其转换为选择的幕墙，效果如图 4-6 所示。

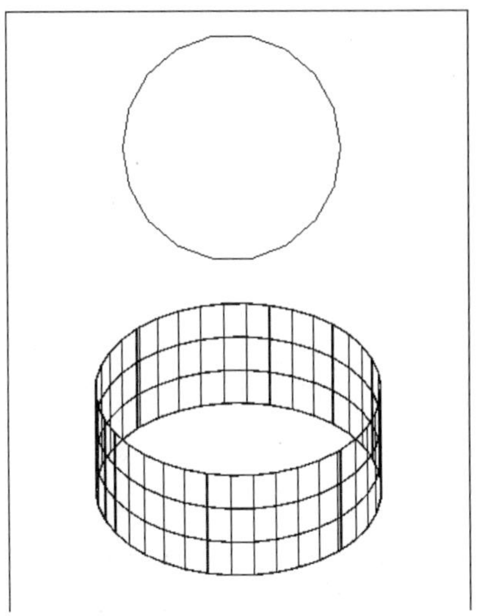

图 4-6　通过拾取线创建幕墙

拾取面

将一体量族载入当前项目中，然后选择幕墙类型为【外部玻璃】，并在【绘制】面板中单击【拾取面】按钮，接着单击任一平面，即可完成幕墙的添加，效果如图 4-7 所示。

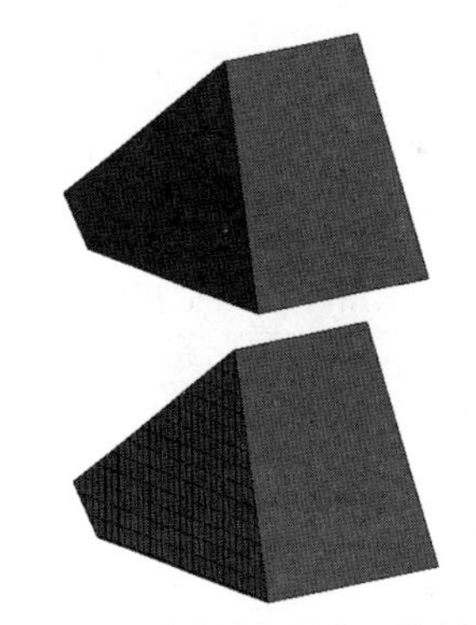

图 4-7　通过【拾取面】工具创建幕墙

2. 在墙体中创建幕墙

在墙体中创建幕墙的方法与绘制基本墙相似，只是选择的墙体类型有所不同。打开下载文件中的“幕墙文件”项目文件，单击【墙】按钮，软件将自动设置【幕墙】为默认的墙类型。此时，单击【编辑类型】按钮，软件将自动打开【类型属性】对话框。然后单击【复制】按钮，并在【名称】对话框中输入“餐厅－外部幕墙”。接着单击【确定】

按钮，效果如图 4-8 所示。

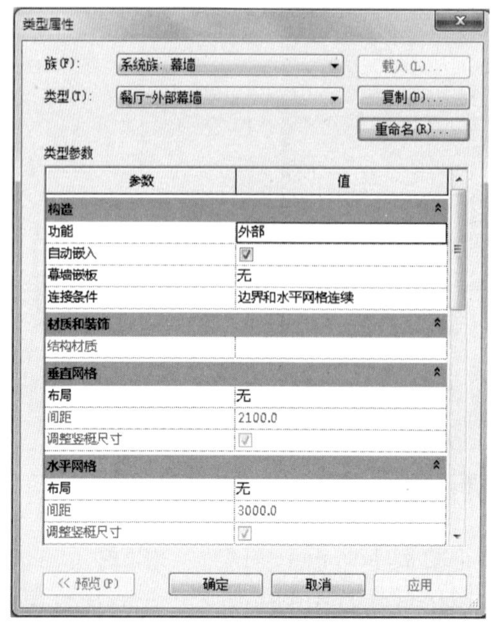

图 4-8　幕墙的【类型属性】对话框

其中，该对话框中的主要类型参数的含义及作用如表 4-1 所示。

表 4-1　幕墙【类型属性】对话框中的主要参数含义

参　数	值
构造	
功能	该列表框可以指定幕墙的功能作用，用户可以选择【外墙】、【内墙】、【挡土墙】、【基础墙】、【檐底板】或【核心竖井】
自动嵌入	启用该复选框，用户可以将幕墙自动嵌入墙中
幕墙嵌板	用户可以通过该列表框设置幕墙图元的幕墙嵌板族类型
连接条件	通过该列表框，用户可以指定某个幕墙图元类型在交点处截断哪些竖梃。例如，此参数使幕墙上的所有水平或垂直竖梃连续，或使玻璃斜窗上的网格 1 或网格 2 上的竖梃连续
材质和装饰	
结构材质	当设置幕墙结构材质后，将在该文本框中显示材质类型
垂直 / 水平网格	
布局	通过该列表框，用户可以沿幕墙长度方向设置幕墙网格线的自动垂直 / 水平布局。用户可以选择：【固定距离】、【固定数量】、【最大间距】和【最小间距】选项。【固定距离】表示根据垂直 / 水平间距指定的确切值放置幕墙网格。如果墙的长度不能被此间距整除，Revit 会根据对正参数在墙的一端或两端插入一段距离；【固定数量】表示可以为不同的幕墙实例设置不同数量的幕墙网格；【最大间距】表示幕墙网格沿幕墙的长度方向等间距放置，其最大间距为指定的垂直 / 水平间距值；【最小距离】与最大距离相似，其最小间距为指定的垂直 / 水平间距值
间距	当【布局】设置为“固定距离”或“最大间距”时启用。如果将布局设置为固定距离，则 Revit 将使用确切的“间距”值。如果将布局设置为最大间距，则 Revit 将使用不大于指定值的值对网格进行布局
调整竖梃尺寸	启用该复选框。用户可以调整类型从动网格线的位置，以确保幕墙嵌板的尺寸相等。但是当放置竖梃时，尤其放置在幕墙主体的边界处时，可能会导致嵌板的尺寸不相等；即使【布局】设置为“固定距离”，也是如此

（续表）

参　数	值
垂直竖梃	
内部类型	该列表框可以指定内部垂直竖梃的竖梃族
边界 1 类型	该列表框可以指定左边界上垂直竖梃的竖梃族
边界 2 类型	该列表框可以指定右边界上垂直竖梃的竖梃族
水平竖梃	
内部类型	该列表框可以指定内部水平竖梃的竖梃族
边界 1 类型	该列表框可以指定左边界上水平竖梃的竖梃族
边界 2 类型	该列表框可以指定右边界上水平竖梃的竖梃族
标识数据	
注释记号	该列表框可以指定添加或编辑幕墙注释记号
型号	该列表框可以指定幕墙的模型类型
URL	该列表框可以指定制造商网页的链接或其他相应的链接
说明	该列表框可以指定幕墙的说明
类型标记	该文本框可以指定特定幕墙，并有利于用户识别多个幕墙。对于项目中的每个幕墙，此值都必须是唯一的。如果此值已被使用，Revit 会发出警告信息，但允许继续使用它
防火等级	该列表框可以指定幕墙的防火等级
成本	该文本框可以指定材料的成本

此时，不修改对话框中的任何参数选项，直接单击【确定】按钮，设置选项栏为：【高度】和 F3。然后按照基本墙的绘制方法分别沿着轴线 A 在轴线 1/1 与 1/3 之间、轴线 1/6 与 1/7 之间绘制水平幕墙，效果如图 4-9 所示。

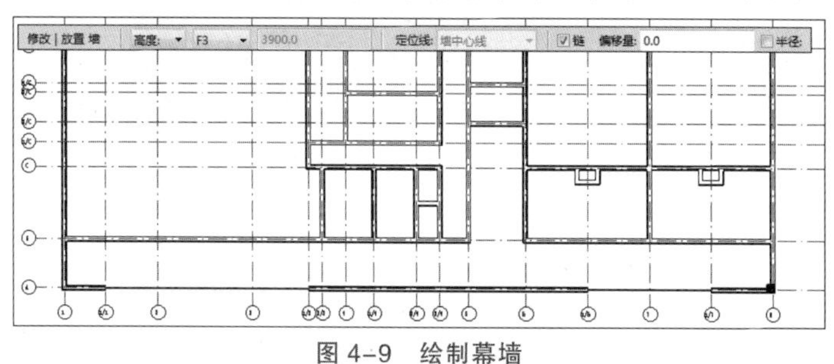

图 4-9　绘制幕墙

接着单击快速访问工具栏中的【默认三维视图】按钮，切换至默认三维视图中，查看外部幕墙效果，效果如图 4-10 所示。

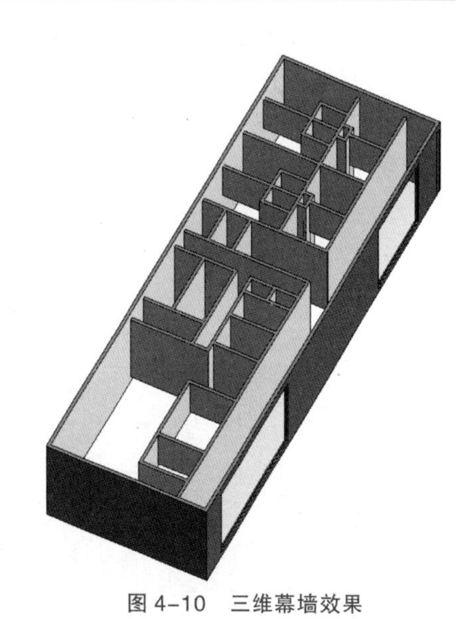

图 4-10　三维幕墙效果

4.2 编 辑 幕 墙

在 Revit 中，幕墙由幕墙嵌板、幕墙网格和幕墙竖梃三部分构成。其中，幕墙嵌板是构成幕墙的基本单元，其大小、数量由幕墙网格决定。而幕墙竖梃即幕墙龙骨，是沿幕墙网格生成的线性构件。当删除幕墙网格时，依赖于该网格的竖梃也将同时被删除。

4.2.1 设置幕墙网格

幕墙网格用以划分幕墙嵌板，用户不仅可以通过【类型属性】对话框对其进行统一设置，还可以通过【幕墙网格】工具自定义网格类型。

1. 批量设置幕墙网格

切换至南立面视图，选择其中一个幕墙对象，并在属性面板上单击【编辑类型】按钮，软件将自动打开幕墙的【类型属性】对话框。然后设置【垂直网格】参数组中的【布局】为【固定距离】，【间距】为 1500；设置【水平网格】参数组中的【布局】为【固定距离】，【间距】为 1800，完成幕墙网格的添加，如图 4-11 所示。

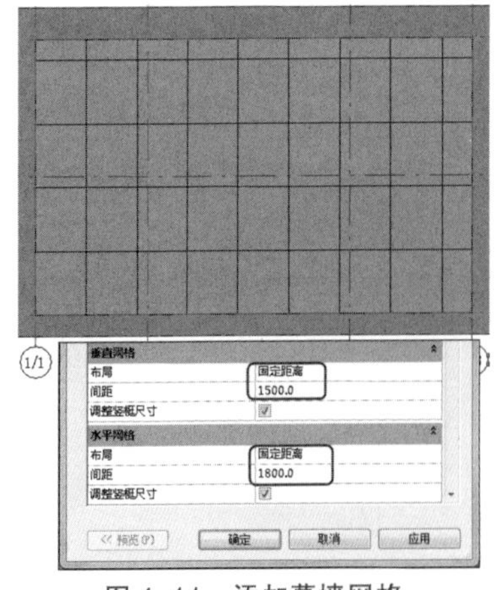

图 4-11　添加幕墙网格

此时，切换至三维视图中，即可查看幕墙的编辑效果，如图 4-12 所示。

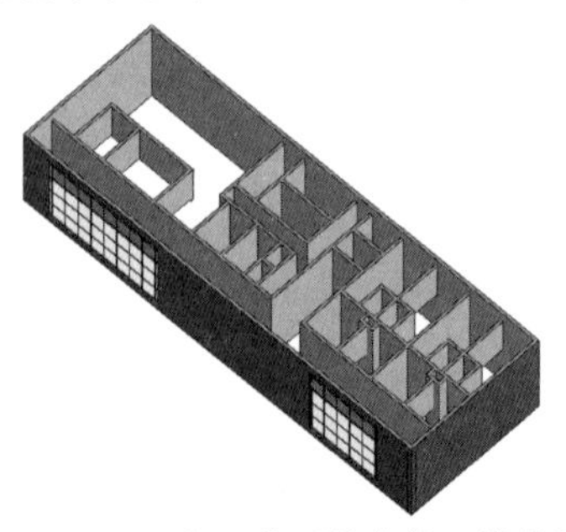

图 4-12　添加网格后的幕墙三维效果

此外，在幕墙选中的情况下，单击幕墙网格中的配置轴网布局图标 ，软件将在幕墙网格边上显示幕墙 UV 坐标。然后单击 UV 坐标系上的箭头，改变坐标中心位置，使幕墙网格以中间向两侧进行网格建立，效果如图 4-13 所示。

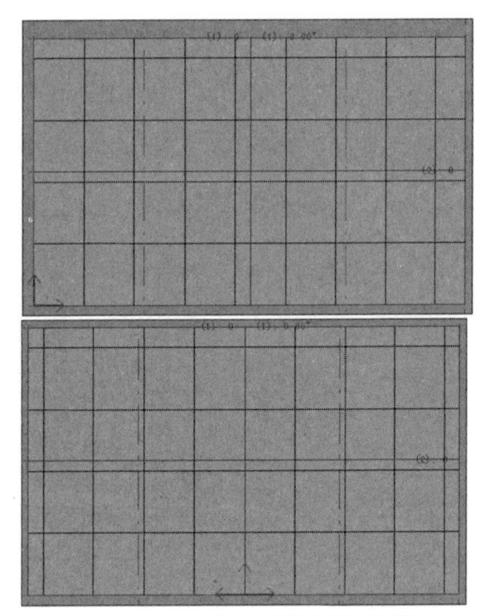

图 4-13　改变网格 UV 坐标

2. 自定义设置幕墙网格

无论任何幕墙类型，用户都可以用【幕墙网格】工具对其进行整体或局部网格的细分，对已有的网格线用户，还可以通过【添加或删除线段】工具做局部处理来满足设计需求。

完成幕墙类型的添加后，切换至南立面视图，并选择需要自定义网格的幕墙。然后单击绘图区域下方的【临时隐藏/隔离】按钮，选择【隔离图元】选项。此时，软件将自动打开一个临时隐藏/隔离窗口，效果如图 4-14 所示。

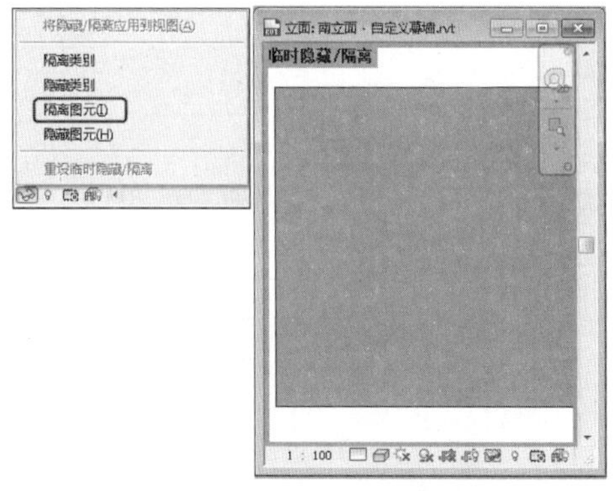

图 4-14　隔离幕墙

隔离幕墙完成后，在【构建】面板上单击【幕墙网格】按钮，软件将自动打开【修改 | 放置幕墙网格】上下文选项卡。此时，在【放置】面板上单击【全部分段】按钮，并移动光标至幕墙边界，软件将显示一网格虚线和临时尺寸标注。然后在适当位置单击，效果如图 4-15 所示。

图 4-15　自定义幕墙网格

注 意

软件提供三种绘制网格线的方式：【全部分段】、【一段】和【除拾取外全部】。其中，【全部分段】工具是沿幕墙整个长度或高度方向分割幕墙；【一段】工具是通过在相邻两条网格线之间添加网格线来将幕墙分割成更小的嵌板。【除拾取外全部】工具与【全部分段】类似，但在添加网格线后需要在该网格线上单击拾取不需要的网格线段。

接着选择一条网格，软件将自动打开【修改 | 幕墙网格】上下文选项卡。此时，单击【添加/删除线段】按钮，并在需要删除的线段上单击，即可删除不需要的网格线段，效果如图 4-16 所示。

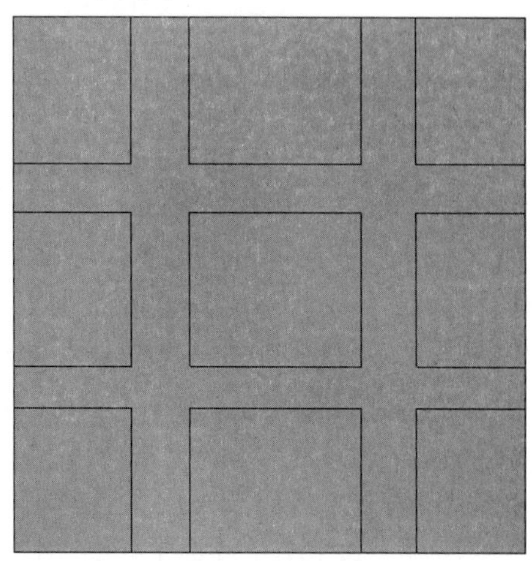
图 4-16　删除网格线段

提 示

用户不仅可以利用【添加/删除线段】工具在选中网格线中不需要的线段上单击进行删除，还可以在该网格线空白处单击进行添加。前提是先选中一网格线。

4.2.2 设置幕墙嵌板

幕墙嵌板具有多样性，其设置方式有两种：即通过【类型属性】对话框进行批量设置，或自定义设置。

1. 批量设置幕墙嵌板

打开下载文件中的“幕墙网格 .rvt”项目文件，切换至【插入】选项卡，在【从库中载入】面板中单击【载入族】按钮。然后打开【建筑】|【幕墙】|【其它嵌板】文件夹，并选择【点爪式幕墙嵌板 1.rfa】族文件，效果如图 4-17 所示。接着单击【打开】按钮，将其载入当前项目中。

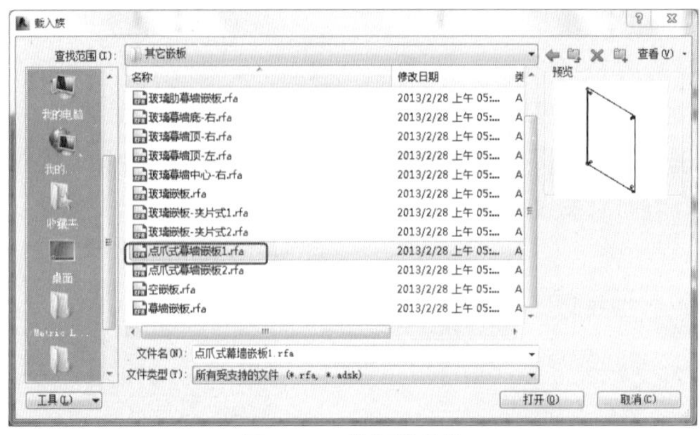

图 4-17 选择嵌板族

完成嵌板族的载入后，选择任一幕墙，并在【属性】面板中单击【编辑类型】按钮，软件将自动打开【类型属性】对话框。然后在【幕墙嵌板】列表框中选择【点爪式幕墙嵌板 1】选项，并单击【确定】按钮。接着切换至三维视图中，即可查看幕墙嵌板的效果，如图 4-18 所示。

2. 自定义幕墙嵌板

打开下载文件中的“自定义幕墙网格”项目文件，按照上述方法载入【点爪式幕墙嵌板 1.rfa】族文件。然后配合 Tab 键选择需要自定义的嵌板，效果如图 4-19 所示。

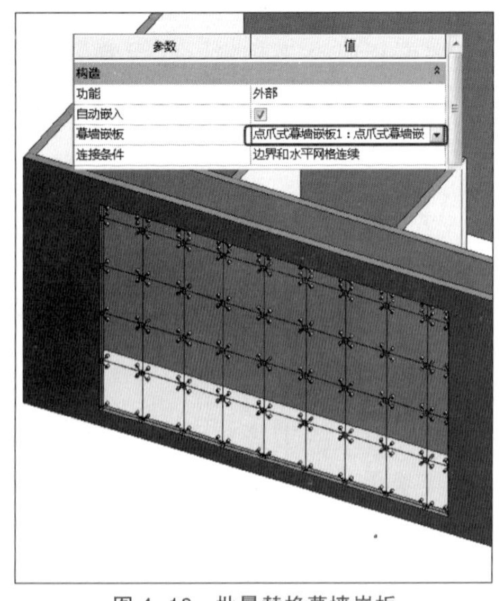

图 4-18 批量替换幕墙嵌板

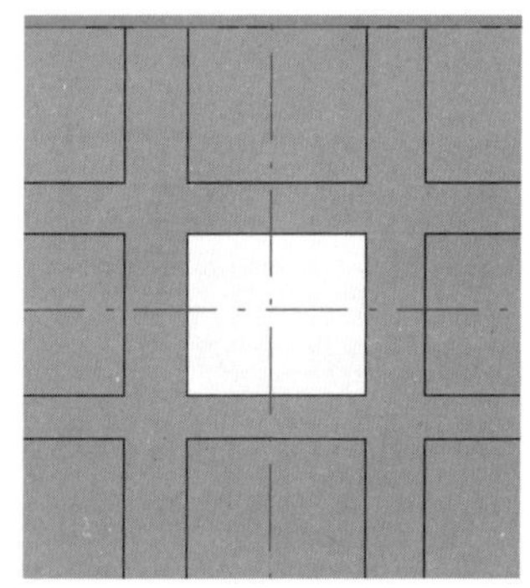
图 4-19 选择嵌板

此时，在【属性】面板中单击类型选择器，并选择【点爪式幕墙嵌板 1】嵌板类型。接着切换至三维视图中，效果如图 4-20 所示。

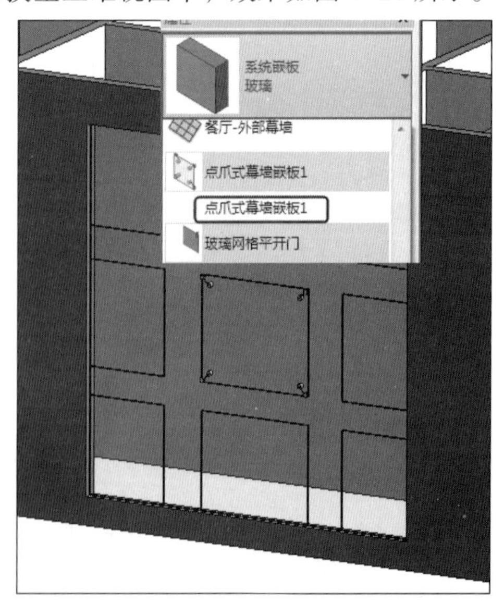

图 4-20 幕墙嵌板效果

此外，用户还可以根据自己的需要将门或者已创建的基本墙设置为幕墙嵌板，效果如图 4-21 所示。

图 4-21　添加其他幕墙嵌板

4.2.3 添加幕墙竖梃

完成幕墙网格线的添加后，即可为幕墙添加竖梃。添加竖梃的方式与添加幕墙网格类似，既可以通过幕墙的【类型属性】对话框统一设置，也可以通过功能区【竖梃】工具进行自定义设置，其设置方式与幕墙网格对应，也有 3 种方式。

1. 批量设置幕墙竖梃

打开下载文件中的“竖梃文件”项目文件，并打开幕墙的【类型属性】对话框。然后分别设置【垂直竖梃】和【水平竖梃】参数组中的所有参数均为【矩形竖梃：50×150mm】选项，并单击【确定】按钮，即可完成幕墙竖梃的添加，效果如图 4-22 所示。

2. 自定义幕墙竖梃

打开下载文件中“竖梃文件”项目文件，在【构建】面板上单击【竖梃】按钮，软件将打开【修改|放置 竖梃】上下文选项卡。此时，在【属性】面板单击【编辑类型】按钮，软件将打开【类型属性】对话框，如图 4-23 所示。

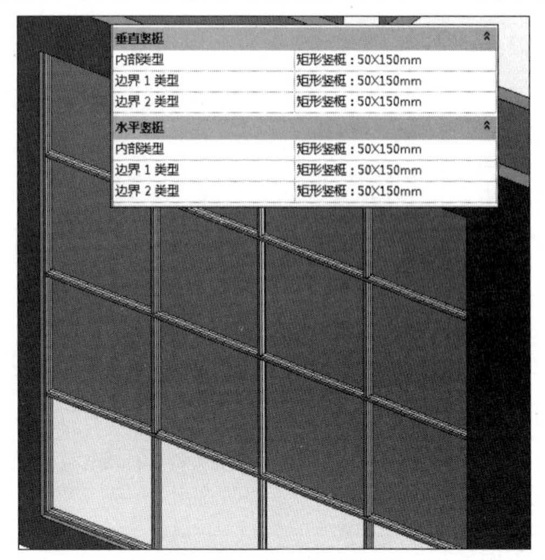

图 4-22　添加幕墙竖梃

类型属性

族(F)：矩形竖梃　载入(L)...
类型(T)：50X150mm　复制(D)...
重命名(R)...

类型参数

参数	值
限制条件	
角度	0.000°
偏移量	0.0
构造	
轮廓	默认
位置	垂直于面
角竖梃	☐
厚度	150.0
材质和装饰	
材质	金属 - 铝
尺寸标注	
边 2 上的宽度	25.0
边 1 上的宽度	25.0
标识数据	
类型图像	

<< 预览(P)　确定　取消　应用

图 4-23　竖梃【类型属性】对话框

用户通过【类型属性】对话框可以设置和编辑竖梃类型。该对话框中主要参数的含义和作用如表 4-2 所示。

表 4-2 竖梃【类型属性】对话框中的主要参数的含义

参 数	值
限制条件	
角度	该文本框可以控制竖梃截面轮廓的旋转角度
偏移量	该文本框可以设置竖梃距嵌板的偏移距离
构造	
轮廓	用户可以从该下拉列表中选择当前已经载入到项目中的轮廓族
位置	该列表框可以控制竖梃的方向，用户可以选择【垂直与面】(垂直于嵌板面，为默认设置)、【与地面平行】(对斜幕墙，此选项很有用)
厚度	该文本框可以设置竖梃截面的厚度
材质和装饰	
材质	用户通过该列表框中的浏览按钮可以从材质库中选择需要的竖梃材质
尺寸标注	
边 2 上的宽度	该文本框可以指定竖梃在幕墙网格线两侧的宽度，且两者之和为竖梃截面宽度
边 1 上的宽度	

完成竖梃类型的设置后，在【放置】面板单击【网格线】工具，并在某一幕墙网格线上单击，即可沿幕墙整个长度或高度方向添加竖梃，效果如图 4-24 所示。

图 4-24 【网格线】添加竖梃

然后单击【单段网格线】按钮，并在幕墙网格线段上单击，即可为该网格线段添加竖梃，效果如图 4-25 所示。

图 4-25 利用【单段网格线】按钮添加竖梃

接着单击【全部网格线】，并在未添加竖梃的幕墙网格线上单击，即可为剩余的所有幕墙网格线添加竖梃，效果如图 4-26 所示。

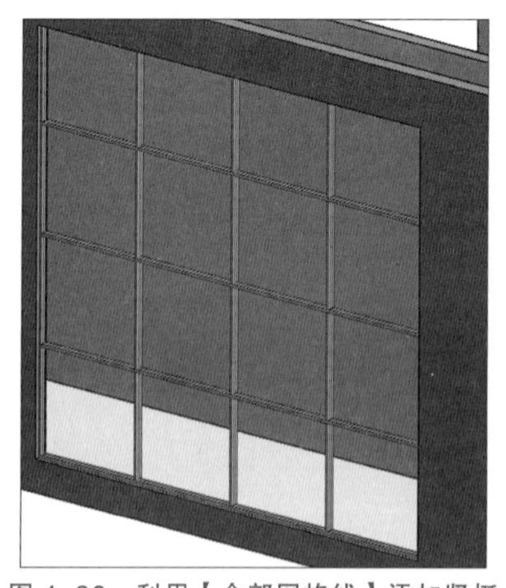

图 4-26 利用【全部网格线】添加竖梃

> **提示** 如果整个幕墙使用相同竖梃类型时，用户可以直接利用【全部网格线】工具为整个幕墙网格添加竖梃。

4.2.4 幕墙编辑的补充

用户不仅可以通过设置幕墙网格、嵌板和竖梃类型参数来编辑幕墙，还可以通过【修改|墙 上下文】选项卡中的各面板的编辑按钮，或鼠标控制与临时尺寸的方式进行编辑幕墙的操作。

1. 编辑轮廓

与编辑基本墙轮廓类似，选择幕墙，并在【模式】面板中选择【编辑轮廓】工具，可以编辑幕墙的立面轮廓，从而快速创建异形立面幕墙。详细操作参见墙体章节，这里不再赘述。

2. 鼠标控制与临时尺寸

与基本墙类似，选择幕墙时同样会显示左右端点蓝色实心点控制柄、上下左右蓝色实心三角形造型控制柄、方向控制符号和蓝色临时尺寸标注。拖曳控制柄可改变幕墙的端点位置和底部高度，编辑临时尺寸可改变幕墙的位置或长度，单击方向控制符号可改变幕墙内外方向，效果如图 4-27 所示。

3. 附着与分离

与基本墙类似，选择幕墙，并在【修改|墙】面板中选择【附着顶部/底部】工具，即可将幕墙的顶部或底部附着到屋顶、楼板或天花板等构件，选择【分离顶部/底部】工具即可将附着的幕墙恢复成矩形形状。

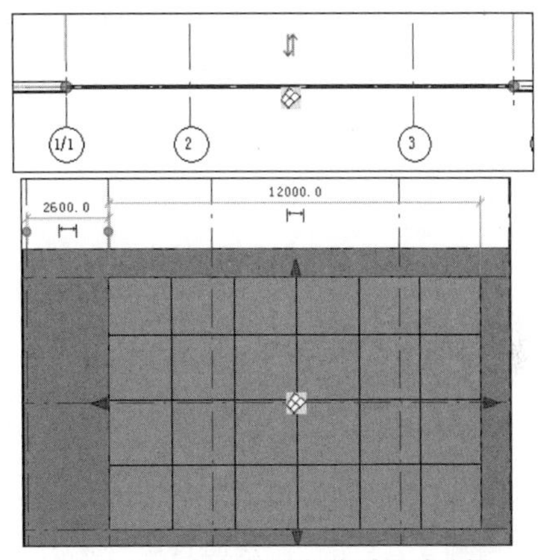

图 4-27 鼠标控制与临时尺寸编辑

4. 常规编辑命令

与基本墙类似，【移动】、【复制】、【阵列】、【镜像】、【旋转】、【对齐】、【拆分】、【修剪】、【偏移】等编辑命令同样使用于幕墙，可以快速创建其他幕墙。

4.3 幕墙系统

幕墙系统是一种构件，由嵌板、幕墙网格和竖梃组成。在创建幕墙系统之后，用户可以利用与绘制幕墙相同的方法为其添加幕墙网格和竖梃。一般情况下，用户不可以将墙或屋顶创建为幕墙系统，但可以创建含有玻璃斜窗的屋顶。

4.3.1 创建幕墙系统

在现代建筑设计中，除常规直线和弧线幕墙外，还需要大量的倾斜或球面等异形曲面幕墙，用户可以使用【幕墙系统】工具通过拾取体量或常规模型的斜面或曲面来快速创建。

打开下载文件中的“幕墙系统文件”项目文件，该文件中已经预先载入了一个体量模型。如果看不到体量模型，用户可以切换至【体量和场地】选项卡，单击【显示体量和楼层】按钮，即可显示。然后在【构建】面板中单击【幕墙系统】按钮，软件将打开【修改 | 放置面幕墙系统】上下文选项卡。软件自动激活了【选择多个】工具，如图 4-28 所示。

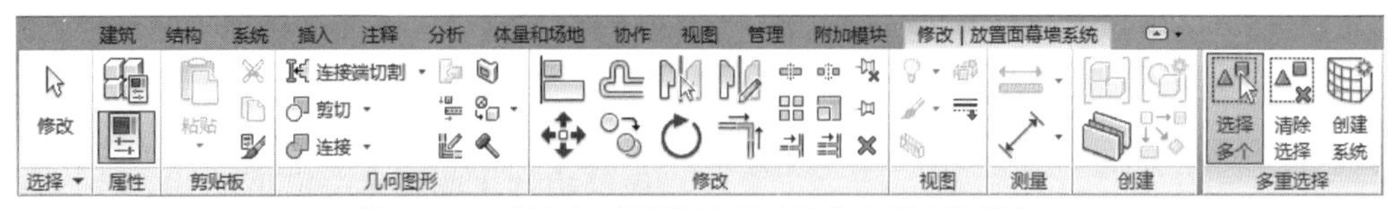

图 4-28 【修改 | 放置面幕墙系统】上下文选项卡

此时，在【属性】面板中单击类型选择器，选择【1500×3000mm】选项。接着单击【编辑类型】按钮，并如图 4-29 所示设置【类型属性】对话框的各参数。

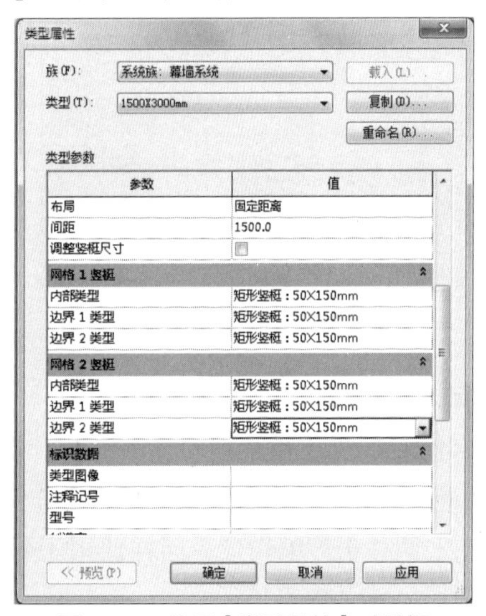

图 4-29 设置【类型属性】对话框

完成属性参数设置后，移动光标至体量模型，并连续单击拾取两个曲面。然后在【多重选择】面板中单击【创建系统】按钮，效果如图 4-30 所示。

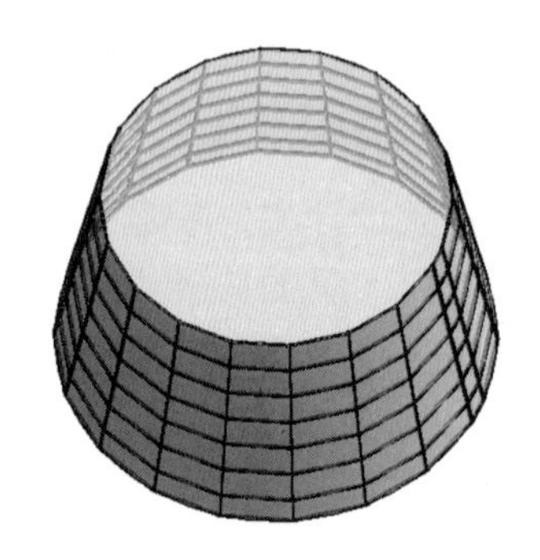

图 4-30 创建幕墙系统

接着切换至【体量和场地】选项卡，单击【显示体量和楼层】按钮，隐藏体量模型，效果如图 4-31 所示。

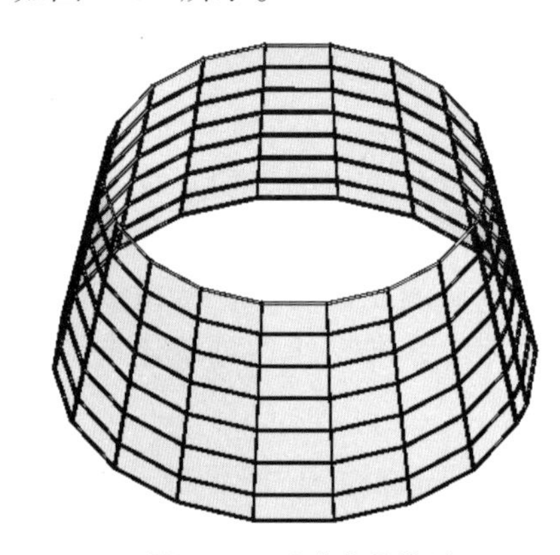

图 4-31 隐藏体量模型

4.3.2 编辑幕墙系统

编辑幕墙系统与编辑幕墙类似，选择幕墙系统，编辑其图元属性中的实例和类型属性参数、新建幕墙类型、替换幕墙类型、编辑其幕墙网格竖梃和嵌板等。但不可以执行附着 / 分离、编辑轮廓等操作。

1. 编辑面选择

选择幕墙系统，软件将自动打开【修改 | 幕墙系统】上下文选项卡，并在【面模型】面板上单击【编辑面选择】按钮，如图 4-32 所示。

此时，若在已有幕墙系统的体量或常规模型面上单击拾取面，并单击【重新创建系统】按钮，则可以自动删除该拾取面上的幕墙系统；若在没有幕墙系统的体量或常规模型面上单击拾取面，并单击【重新创建系统】按钮，则可以在该拾取面上创建幕墙系统，效果如图 4-33 所示。

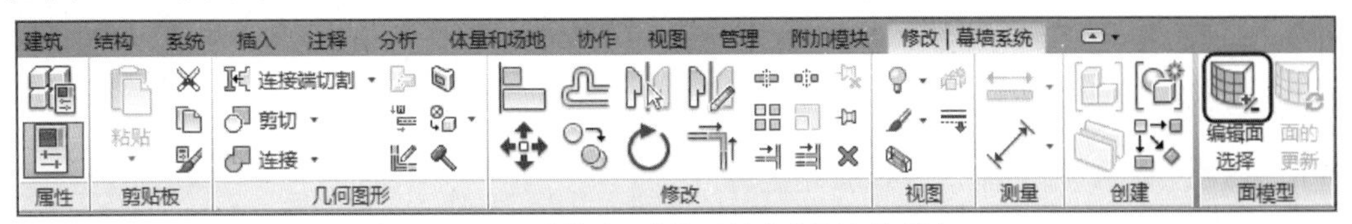

图 4-32 【修改 | 幕墙系统】上下文选项卡

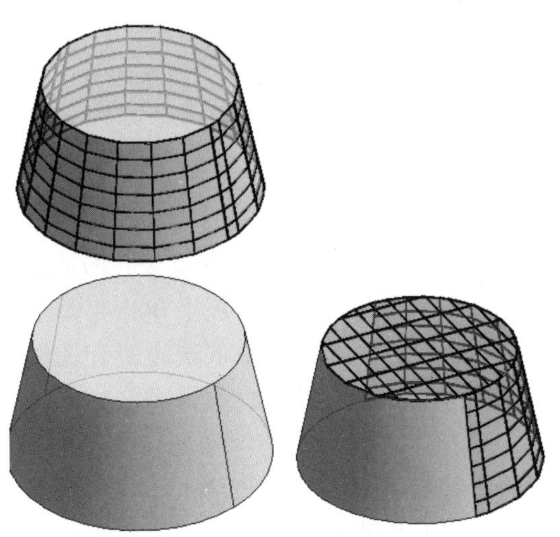

图 4-33 【编辑面选择】工具应用

2. 面的更新

幕墙系统和体量或常规模型的表面保持关联修改的关系。在移动体量或常规模型的位置，或者修改体量或常规模型的形状大小后，用户可以通过【面的更新】工具来自动更新幕墙系统。

当体量或常规模型改变后，选择幕墙系统，并在【面模型】面板上单击【面的更新】按钮，幕墙系统即可随体量或常规模型的表面自动更新，效果如图 4-34 所示。

当体量或常规模型改变后，选择体量或常规模型，并单击【模型】面板中的【相关主体】按钮，然后在【面模型】面板上单击【面的更新】按钮，幕墙系统即可随体量或常规模型的表面自动更新，效果如图 4-35 所示。

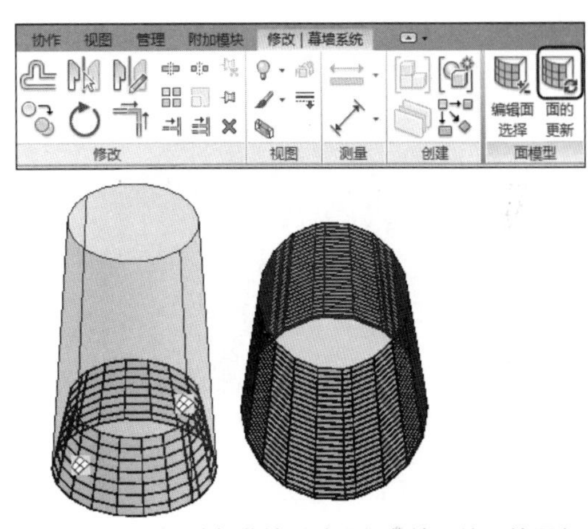

图 4-34 通过选择幕墙系统进行幕墙系统面的更新

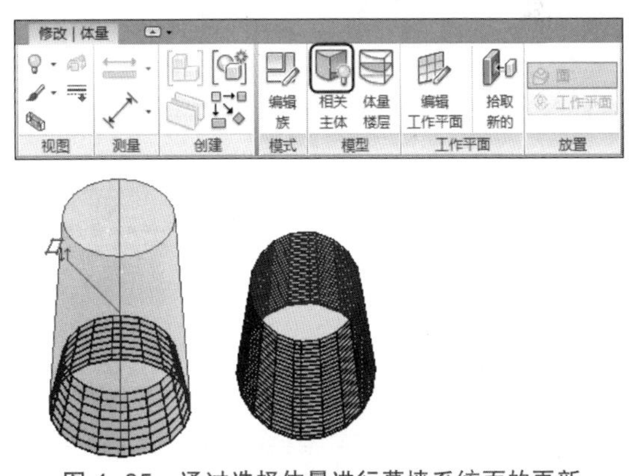

图 4-35 通过选择体量进行幕墙系统面的更新

4.4 典型案例：教育中心大楼幕墙的创建

本实例将创建教育中心大楼的幕墙。该教育中心是建筑体系中的一幢独立建筑。其为两层的混凝土－砖石结构，内部配置有卫生间等常规建筑构件设施，满足该建筑的使用特性要求，效果如图 4-36 所示。

创建教育中心幕墙

幕墙是建筑物的外墙围护，不承受主体结构载荷，像幕布一样挂上去，故又称为悬挂墙，是现代大型和高层建筑常用的带有装饰效果的轻质墙体。幕墙由结构框架与镶嵌板材组成，在一般应用中常常定义为薄的、通常带铝框的墙，包含填充的玻璃、金属嵌板或薄石。

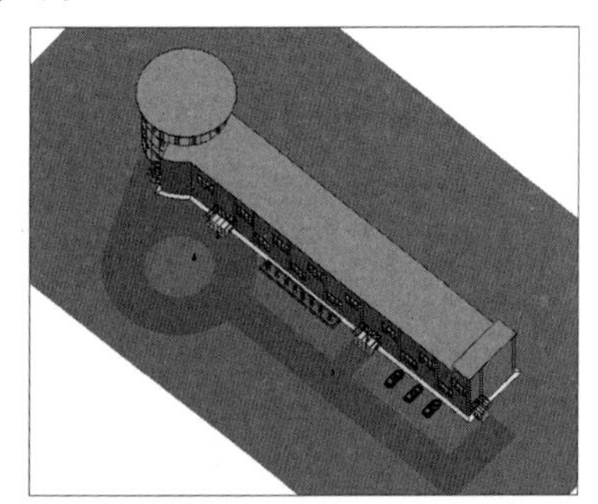

图 4-36　教育中心大楼

(1) 切换至 F1 楼层平面视图，选择【墙】工具，在【属性】面板的类型选择器中选择【幕墙】|【外部玻璃】选项。然后单击该面板中的【编辑类型】选项，复制该类型并重命名为“教育中心－幕墙”，效果如图 4-37 所示。

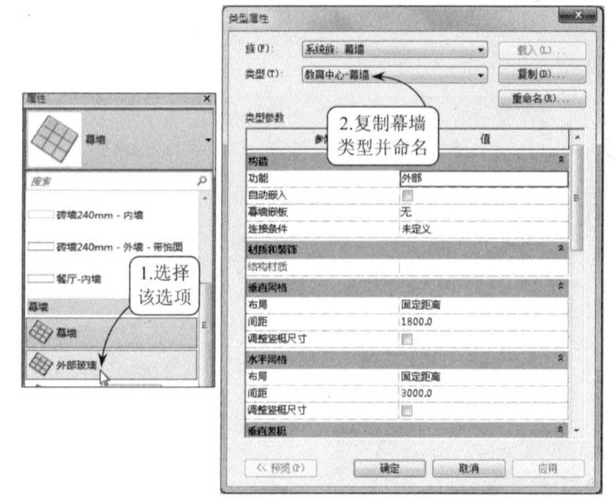

图 4-37　选择幕墙类型并创建新的幕墙类型

(2) 在【属性】面板中设置相关的限制条件参数，并在【绘制】面板上单击【圆形】按钮。然后在选项栏中依次设置相关的参数选项，并在绘图区域绘制幕墙线，效果如图 4-38 所示。

(3) 切换至 F4 楼层平面视图，选择【墙】工具，并在【属性】面板的类型选择器中选择【教育中心－幕墙】类型。然后在【绘制】面板中单击【圆形】按钮，并在选项栏中依次设置相关的参数选项。接着在绘图区域绘制幕墙线，效果如图 4-39 所示。

(4) 切换至默认三维视图中查看幕墙效果，效果如图 4-40 所示。

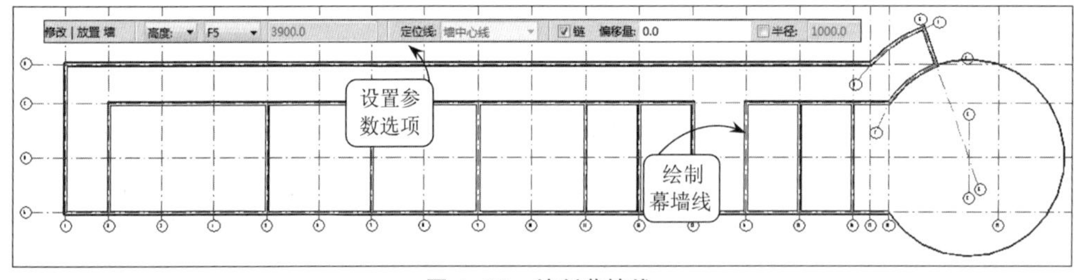

图 4-38　绘制幕墙线

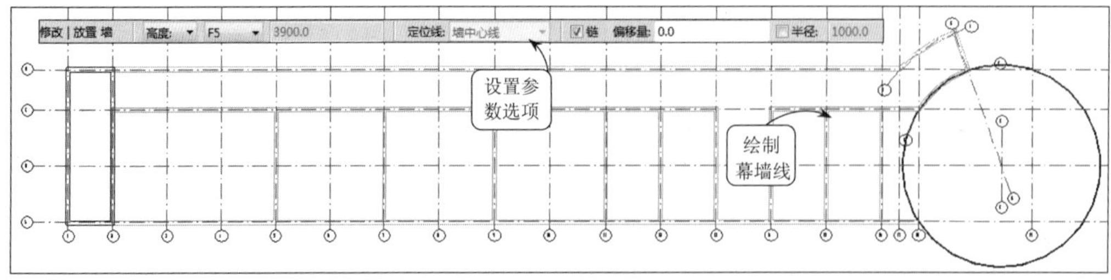

图 4-39　绘制幕墙线

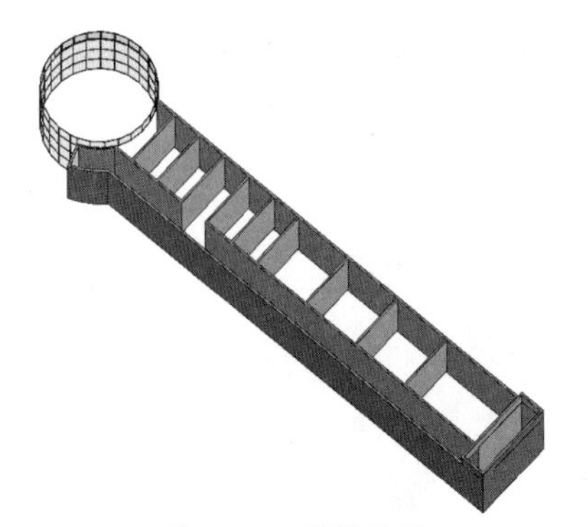

图 4-40　幕墙效果

4.5 典型案例：婴儿部大楼幕墙的创建

本实例将创建婴儿部大楼的幕墙。该婴儿部大楼是建筑体系中的一幢独立建筑。其为四层的混凝土－砖石结构，内部配置有卧室和卫生间等常规建筑构件设施，满足了该建筑的使用特性要求，效果如图 4-41 所示。

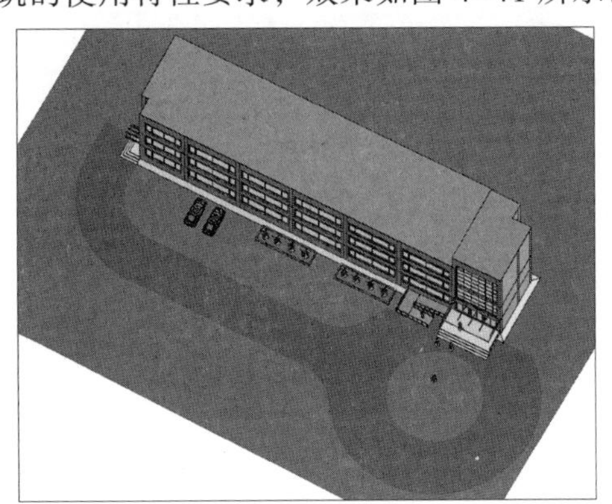

图 4-41　婴儿部大楼

创建婴儿部大楼幕墙

(1) 切换至 F2 楼层平面视图。选择【墙】工具，并在【属性】面板的类型选择器中选择【幕墙】选项。然后单击【编辑类型】按钮，并复制该类型并重命名为“婴儿部大楼幕墙”。接着如图 4-42 所示设置该幕墙类型的相关参数。

(2) 完成幕墙结构参数的设置后，在【属性】面板中如图 4-43 所示设置相关的限制条件参数，并在绘图区域绘制指定尺寸的幕墙线。

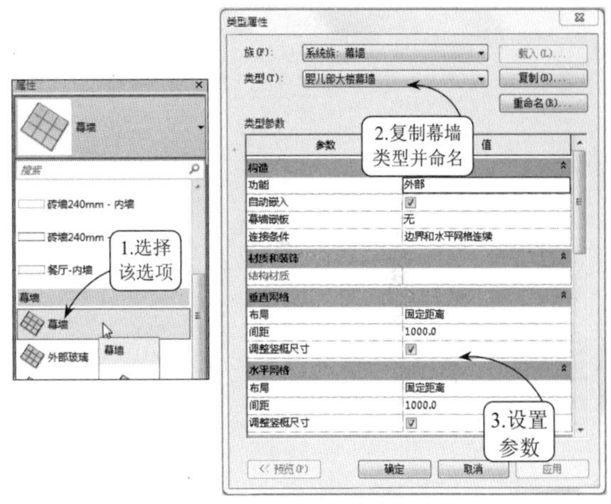

图 4-42　设置幕墙结构参数

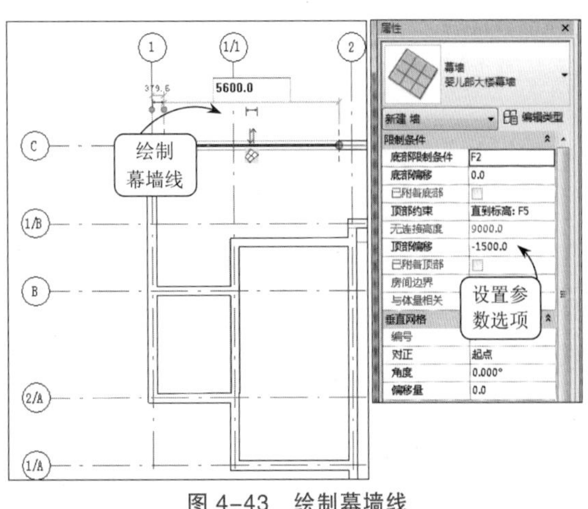

图 4-43　绘制幕墙线

(3) 单击快速访问工具栏中的【默认三维视图】按钮，切换至默认三维视图中查看幕墙效果，如图 4-44 所示。至此，该建筑的幕墙创建完成。

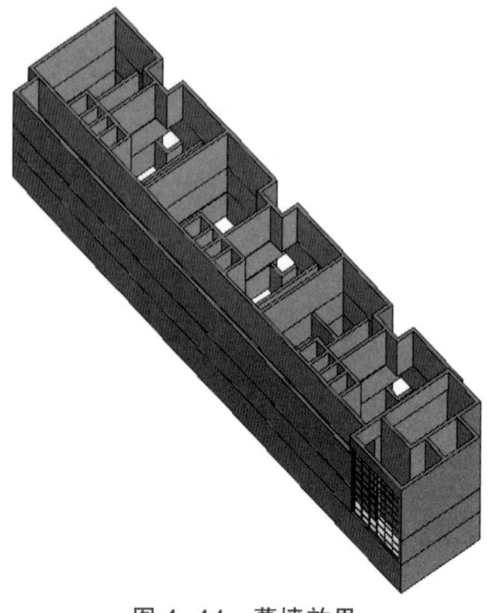

图 4-44 幕墙效果

第5章

柱、梁和结构构件

大量的震害表明，建筑物是否倒塌在很大程度上取决于柱的设计。特别是随着高层建筑和大跨度结构的发展，柱的轴力越来越大。柱不但需要很高的承载力，而且需要较好的延性以防止建筑在大震情况下倒塌。

本章主要介绍建筑柱、结构柱的创建和编辑方法，以及梁、梁系统和结构支撑的创建和编辑方法。

本章学习目标

- 掌握柱的创建及编辑方法
- 掌握梁的创建及编辑方法
- 掌握结构支撑的添加及编辑方法

5.1 柱的创建

在 Revit 中，软件提供了两种柱：建筑柱和结构柱。其中，建筑柱主要为建筑师提供柱子示意使用，它可以有比较复杂的造型，但是功能比较单薄；结构柱是非常重要的结构构件，除了建模之外，它还带有分析线，可直接导入分析软件进行分析。

5.1.1 柱概述

柱是建筑物中的重要结构件，承托其上方物件的重量。按截面形式可分为：方柱、圆柱、管柱、矩形柱、工字形柱、H 形柱、T 形柱、L 形柱、十字形柱和双肢柱等；按所用材料可以分为：石柱、砖柱、砌块柱、木柱、钢柱、钢筋混凝土柱、劲性钢筋混凝土柱、钢管混凝土柱和各种组合柱；按长细比可分为：短柱、长柱及中长柱。

在柱平法施工图的制图规则中，规定要求在图中标明柱编号。柱的编号一般由类型代号和序号组成，具体编号如表 5-1 所示。

表 5-1　柱编号

柱 类 型	代　　号	序　　号
框架柱	KZ	XX
框支柱	KZZ	XX
芯柱	XZ	XX
梁上柱	LZ	XX
剪力墙上柱	QZ	XX

此外，各种柱类型在建筑中的作用如下所述。

框架柱　框架柱就是在框架结构中承受梁和板传来的载荷，并将载荷传给基础，是主要的竖向受力构件。

框支柱　框支柱是框剪结构中框架结构和剪力墙结构转换那一层的框架柱，简单来说就是，支撑剪力墙的梁称为框支梁，支撑框支梁的那一层柱子称为框支柱。

芯柱　指在建筑空心混凝土砌块建筑时，将混凝土砌块墙体中，砌块的空心部分插入钢筋后，再灌入流态混凝土，使之成为钢筋混凝土柱的结构及施工形式。

梁上柱　由于某些原因，建筑物的底部没有柱子，到了某一层又需要设置柱子，那么柱子只有从下一层的梁上生根了，这就是梁上柱。

剪力墙上柱　即从剪力墙上生根的柱子。

5.1.2 创建建筑柱

建筑柱适用于墙垛等柱子类型，可以自动继承其连接到的墙体等其他构件的材质，效果如图 5-1 所示。

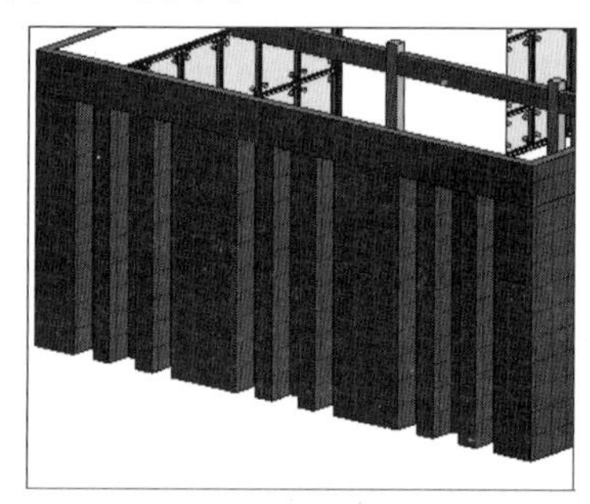

图 5-1　建筑柱应用

选择【柱：建筑】工具后，在【属性】面板类型选择器中选择合适的尺寸、规格的建筑柱类型。若没有合适的尺寸或规格，用户可以在【类型属性】对话框中复制并重命名需要的柱类型，并修改相应的长度或宽度尺寸参数；若没有合适的柱类型，则可以切换至【插入】选项卡，并利用【从库中载入】面板中的【载入族】工具打开相应的柱类型。完成柱类型的设置后，单击插入点即可插入柱子。

5.1.3 创建结构柱

结构柱适用于钢筋混凝土柱等与墙材质不同的柱子类型，是承载梁和板等构件的承重构件，在平面视图中结构柱截面与墙截面各自独立。

打开下载文件中的“餐厅柱文件”项目文件，切换至【插入】选项卡，并在【从库中载入】面板中单击【载入族】按钮。然后选择 China/ 结构 / 柱 / 混凝土 / 混凝土 – 正方形 – 柱 .rfa 族文件，如图 5-2 所示，并单击【打开】按钮，将其载入项目文件中。

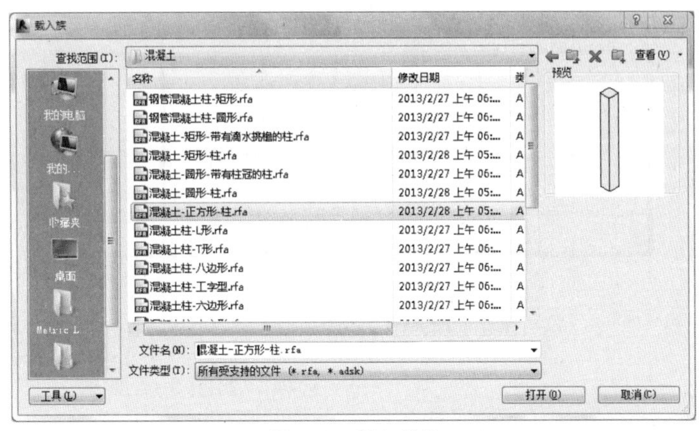

图 5-2 载入柱族

完成柱族的载入后，切换至【建筑】选项卡，在【构建】面板中单击【结构柱】按钮。此时，在【属性】面板中单击【编辑类型】按钮，软件将自动打开【类型属性】对话框，如图 5-3 所示。

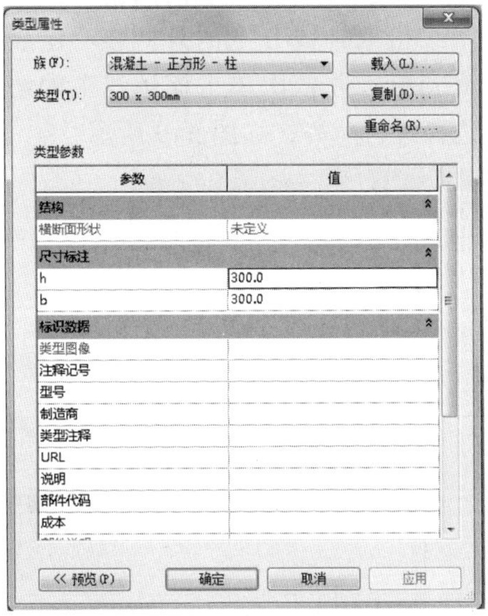

图 5-3 【类型属性】对话框

然后单击【复制】按钮，在打开的【名称】对话框中输入“餐厅 – 结构柱 500×500mm”。接着单击【确定】按钮，并在【尺寸标注】参数列表中设置 h 和 b 均为 500，效果如图 5-4 所示。最后单击【确定】按钮。

完成柱类型参数的设置后，软件默认在【修改 | 放置结构柱】面板中选择【垂直柱】工具。此时，在选项栏中设置选项为【高度】和标高 2，效果如图 5-5 所示。

图 5-4 设置类型属性参数

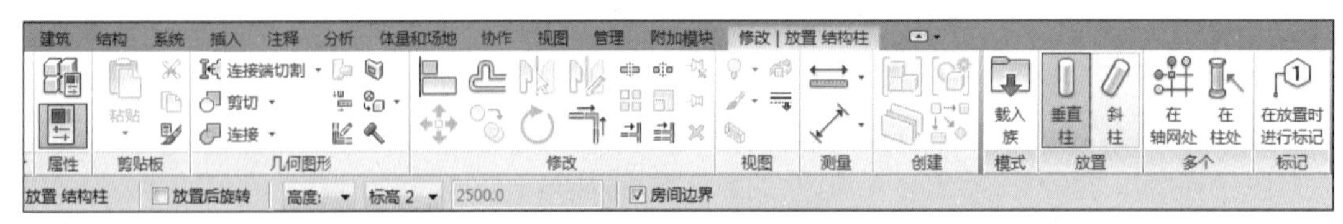

图 5-5　设置结构柱选项

然后如图 5-6 所示依次在各轴网交点处单击，软件将自动在轴网交点位置自动添加结构柱。

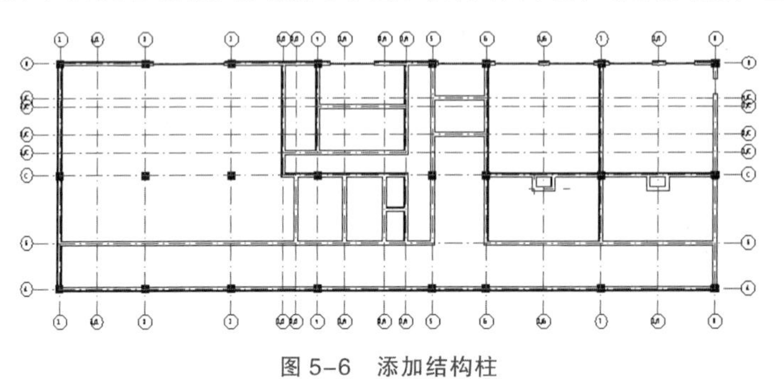

图 5-6　添加结构柱

提示　除此之外，用户还可以选择【在轴网处】工具，在绘图区域框选轴网区域。然后单击【完成编辑模式】按钮，软件将自动在选中的每一个轴网交点处添加结构柱。接着再删除不需要的柱即可。

完成结构柱的添加后，单击快速访问工具栏中的【细线】按钮，软件将自动进入到细线模式中。此时，在【修改】面板中单击【对齐】按钮，并在选项栏中启用【多重对齐】复选框，确定【首选】为【参照核心层表面】选项，如图 5-7 所示。

然后适当放大视图，单击轴线 1 墙体的外侧核心层表面作为对齐目标，并单击结构柱外侧边缘进行对齐，如图 5-8 所示。

接着依次单击轴线 1 上的结构柱。完成该轴线上结构柱的对齐操作后，在空白位置单击鼠标，软件将自动取消当前对齐目标。然后继续拾取轴线 D 上的外侧核心层表面作为对齐目标，并依次单击该轴线上的结构柱外侧边缘进行对齐，如图 5-9 所示。

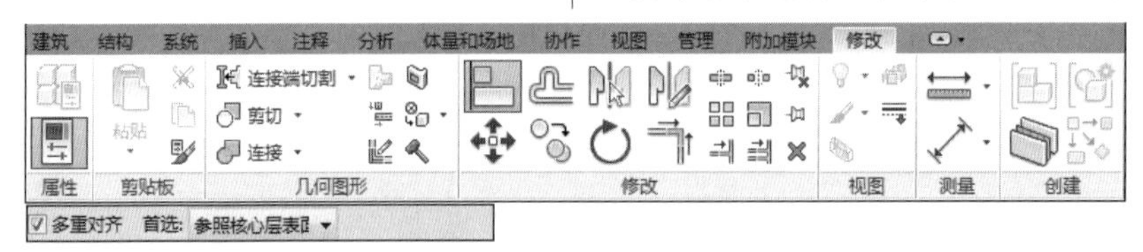

图 5-7　选择对齐工具并设置选项栏参数

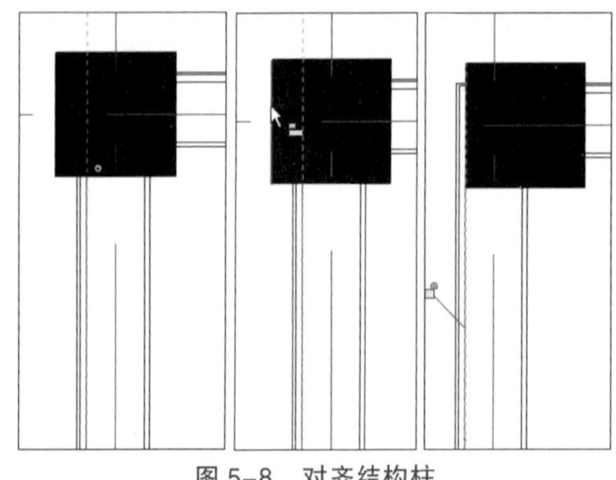

图 5-8　对齐结构柱

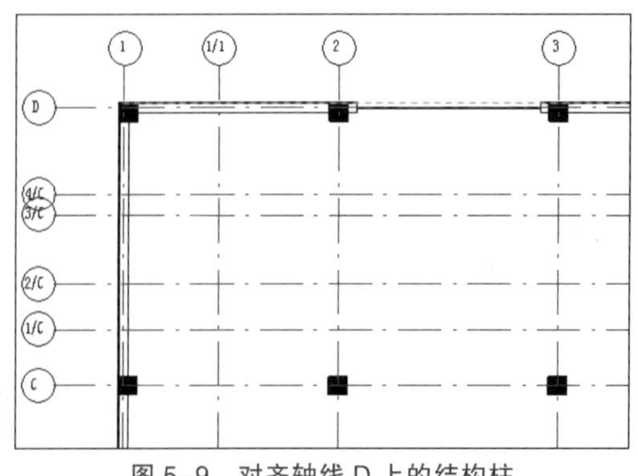

图 5-9　对齐轴线 D 上的结构柱

按照上述方法，对齐所有结构柱。完成后，右击任意结构柱，并选择快捷菜单中的【选择全部实例】|【在视图中可见】选项，软件将自动选中视图中的所有结构柱，效果如图5-10所示。

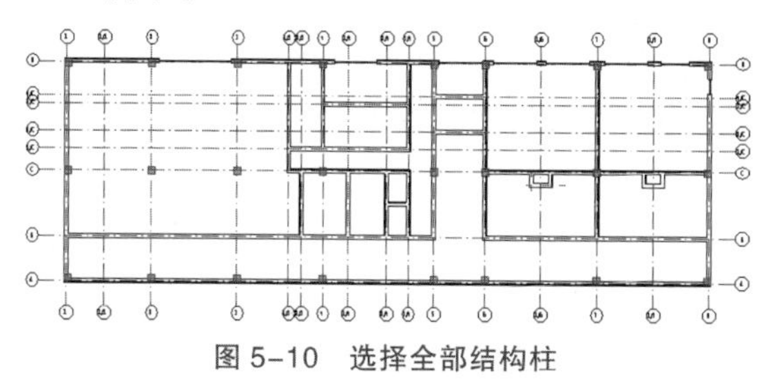

图 5-10　选择全部结构柱

此时，移动光标至【属性】面板，并分别在【底部标高】和【顶部标高】列表框中选择【楼外地坪】和【F3】选项。然后禁用【房间边界】复选框，并单击【应用】按钮。接着切换至三维视图中查看效果，如图5-11所示。

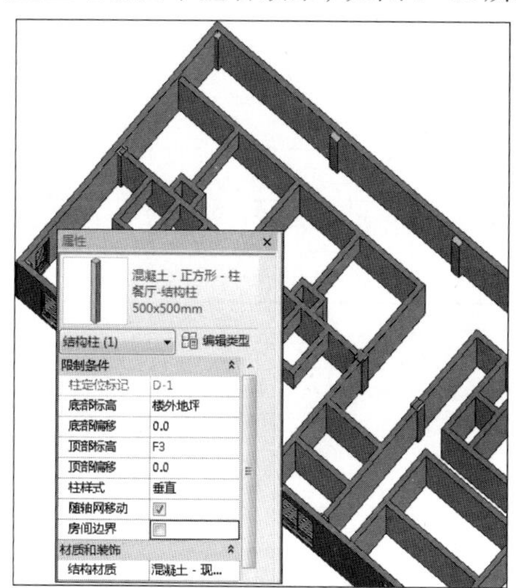

图 5-11　结构柱三维效果

5.1.4 编辑柱

虽然建筑柱与结构柱的创建方法不同，但两者的编辑方法相似，只是个别参数有所区别。

1. 编辑建筑柱

建筑柱的属性可以调整底部标高、底部偏移、顶部标高、顶部偏移、是否随轴网移动，是否设为房间边界等参数，如图5-12所示。

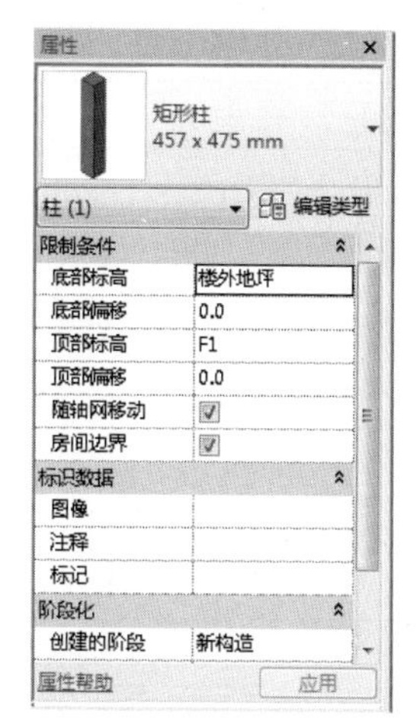

图 5-12　建筑柱【属性】面板

此外，在【属性】面板中单击【编辑类型】按钮，软件将自动打开【类型属性】对话框，如图5-13所示。

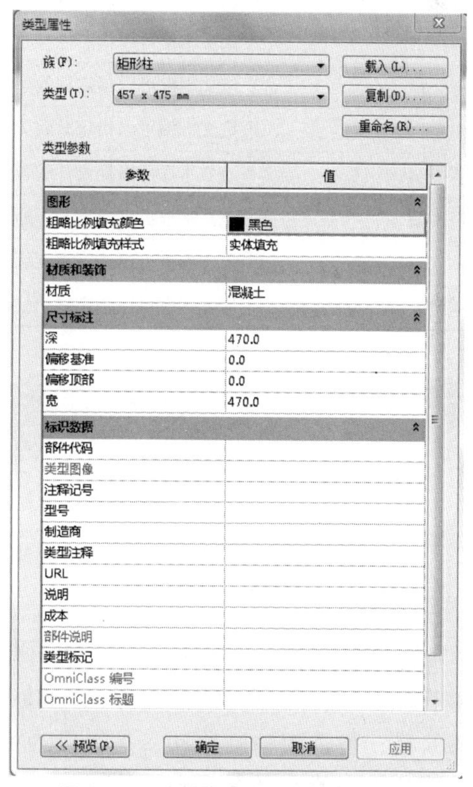

图 5-13　建筑柱【类型属性】对话框

用户可以通过设置该对话框中的参数值来改变建筑柱的尺寸与材质类型。该对话框中的主要参数含义及作用如表5-2所示。

表 5-2　建筑柱【类型属性】对话框中的主要参数含义

参　　数	值
图形	
粗略比例填充颜色	用户可以通过该颜色块指定在任一粗略平面视图中显示粗略比例填充样式的颜色
粗略比例填充样式	用户可以通过该列表框中的填充样式按钮指定在任一粗略平面视图中显示柱截面的填充图案
材质和装饰	
材质	用户可以通过该列表框中的材质浏览器按钮指定柱的材质
尺寸标注	
深	该文本框可以指定柱的深度
偏移基准	该文本框可以指定柱基准的偏移
偏移顶部	该文本框可以指定柱顶部的偏移
宽	该文本框可以指定柱的宽度
标识数据	
注释记号	用户通过该列表框中的【注释记号】按钮添加或编辑柱注释记号
型号	该文本框可以指定柱的模型类型
制造商	该文本框可以指定柱材质的制造商
类型注释	该文本框可以指定柱的建筑或设计注释
URL	该文本框可以指定对网页的链接。例如，制造商的网页
说明	该文本框可以提供柱的说明
部件说明	该文本框可以指定基于所选部件代码的部件说明
部件代码	该文本框可以指定从层级列表中选择的统一格式部件代码
成本	该文本框可以指定建筑柱的材质成本，此信息可包含于明细表中

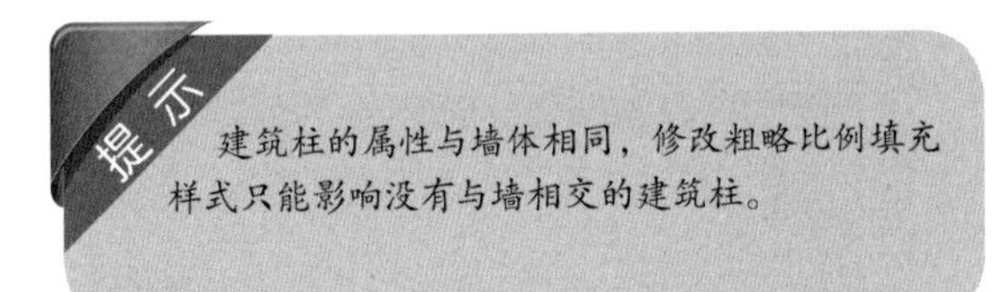

提示
建筑柱的属性与墙体相同，修改粗略比例填充样式只能影响没有与墙相交的建筑柱。

2. 编辑结构柱

和建筑柱相同，结构柱的属性也可以调整柱子基准、底部标高、底部偏移、顶部标高、顶部偏移、是否随轴网移动，是否设为房间边界等参数。若选择混凝土结构柱，并打开相应的【类型属性】对话框，该对话框中的参数与建筑柱【类型属性】对话框相比更为简单：除了相同的【标识数据】参数组外，【尺寸标注】只有 h 与 b 两个参数，分别用来设置结构柱的深度与宽度，效果如图 5-14 所示。

图 5-14　混凝土结构柱属性

3. 常规编辑命令

除以上编辑工具外，用户还可以在【修

改|柱】或【修改|结构柱】上下文选项卡的【修改】面板中使用【复制】、【移动】、【镜像】、【阵列】等工具来编辑柱，或通过【剪贴板】面板中的【复制到剪贴板】、【剪切到剪贴板】、【从剪贴板中粘贴】等工具来编辑柱。

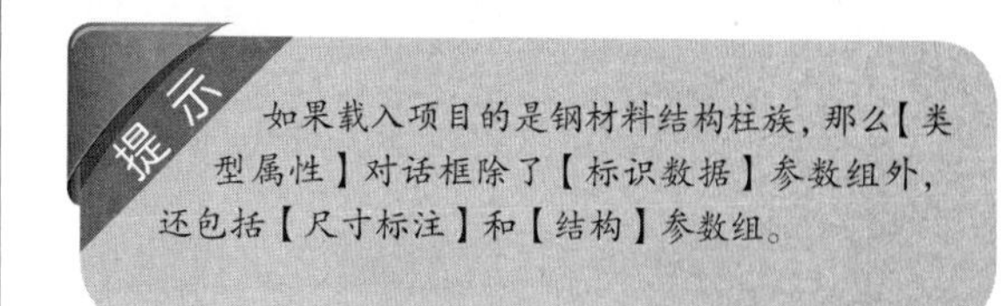

提示
如果载入项目的是钢材料结构柱族，那么【类型属性】对话框除了【标识数据】参数组外，还包括【尺寸标注】和【结构】参数组。

5.2 梁的创建

梁是用于承重用途的结构图元，每个梁的图元是通过特定梁族的类型属性定义的。此外，用户还可以通过修改各种实例属性定义梁的功能。

5.2.1 梁概述

钢梁是一种应用广泛、承受横向载荷弯曲工作的受弯构件（梁必须具有足够的强度、刚度和稳定性）。在工业和民用建筑中最常见到的有工作平台梁、楼盖梁、墙架梁、吊车梁以及檩条等。按制作方法的不同，钢梁可以分为型钢梁和组合梁两大类。

型钢梁又可分为热轧型钢梁和冷弯薄壁型钢梁两种。热轧型钢梁常用普通工字钢、槽钢或H形钢做成。由于型钢梁具有加工方便和成本较为低廉的优点，因此在结构设计中应该优先采用。

当载荷和跨度较大时，型钢梁受到尺寸和规格的限制，常不能满足承载能力或刚度的要求，此时应考虑使用组合梁。组合梁按其连接方法和使用材料的不同，可以分为焊接组合梁（简称为焊接梁）、铆接组合梁（简称为铆接梁）、异种钢组合梁以及钢与混凝土组合梁等几种。组合梁截面的组成比较灵活，可使材料在截面上的分布更为合理。

5.2.2 创建常规梁

在Revit中，梁的绘制方法与墙非常相似。打开下载文件中的“常规梁文件”项目文件，双击项目浏览器中的F2选项，软件将自动进入F2楼层平面视图。然后切换至【结构】选项卡，单击【结构】面板中的【梁】按钮，软件将自动打开【修改|放置 梁】上下文选项卡，软件默认启用【直线】绘制方式。接着确定选项栏中的【放置平面】为【标高：标高2】，【结构用途】为【自动】，如图5-15所示。

完成梁工具的选择后，软件默认在【属性】面板的类型选择器中选择【矩形梁-加强版】|【矩形梁】选项。此时，单击【编辑类型】按钮，软件将自动打开【类型属性】对话框。然后单击【复制】按钮，复制类型为“250×250mm”。接着设置【L_梁高】为500，【L_梁宽】为250，效果如图5-16所示。

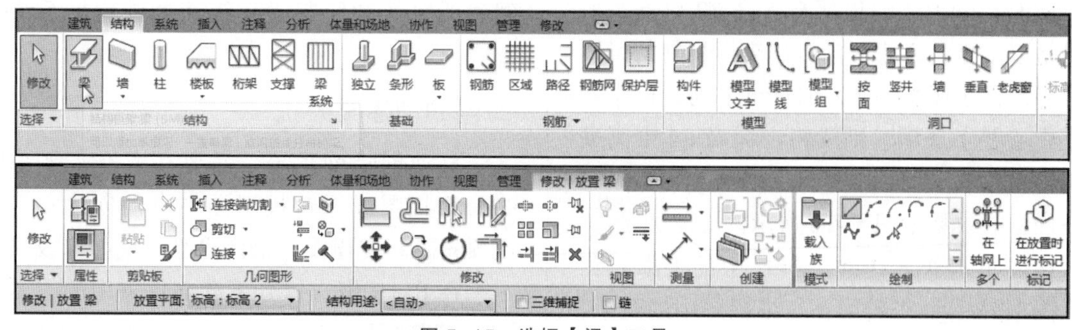

图5-15 选择【梁】工具

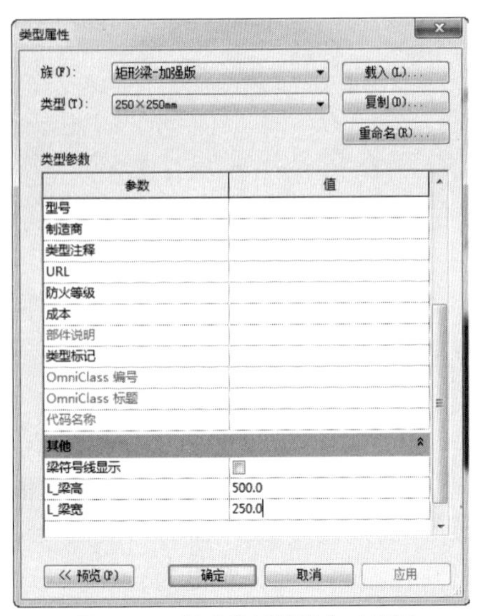

图 5-16　梁【类型属性】对话框

完成梁属性的设置后，单击【确定】按钮，分别在轴线 D 与 5 的交点处及轴线 A 与 5 的交点处单击，建立垂直梁，效果如图 5-17 所示。

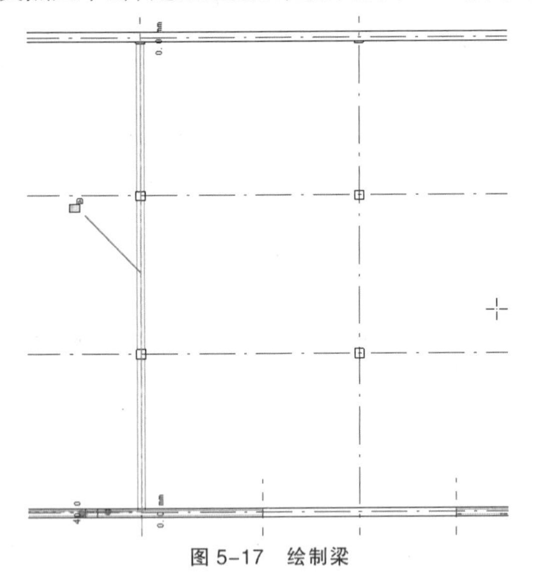
图 5-17　绘制梁

此时，因为梁的顶部与标高 F2 对齐，所以梁是以淡显的方式显示。若选择绘制的梁，并在【属性】面板中【Z 轴对正】列表框中选择【中心线】选项，则梁将在标高 F2 中高亮显示。然后按照上述方法，分别在轴线 6、7 上添加梁，效果如图 5-18 所示。

接着单击快速访问工具栏中的【默认三维视图】按钮，查看梁在三维视图中的效果，如图 5-19 所示。

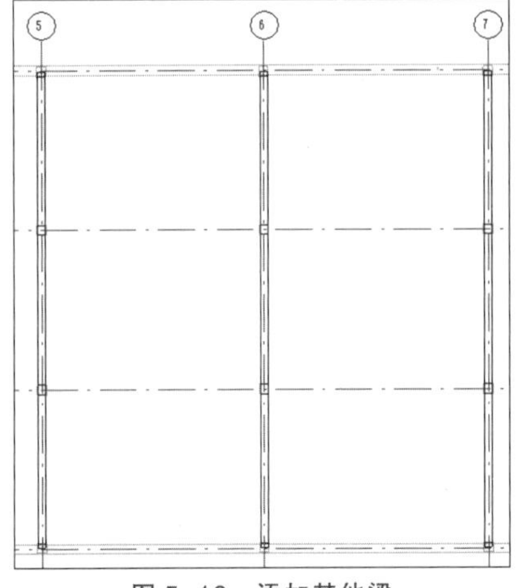

图 5-18　添加其他梁

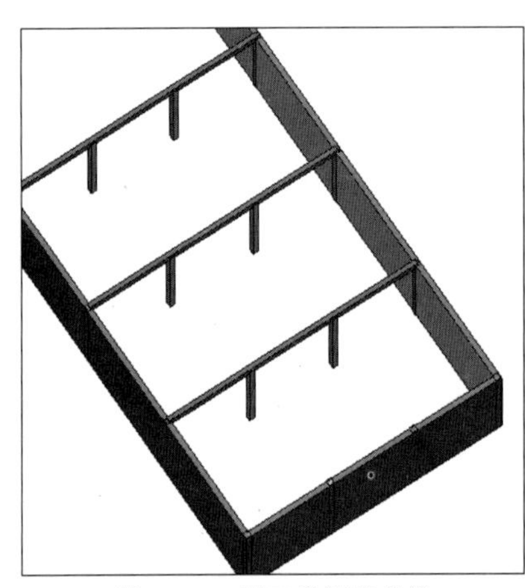
图 5-19　梁三维视图效果

5.2.3 创建梁系统

结构梁系统可创建包含一系列平行放置的梁的结构框架图元。对于需要额外支座的结构，梁系统提供了一种对该结构的面积进行框架的便捷方法。Revit 软件提供了自动创建梁系统和绘制梁系统两种创建梁系统的方式。

1. 自动创建梁系统

自动创建梁系统，需要在含有水平草图的平面视图或天花板视图中自动创建，且必须预先绘制支撑图元的闭合环，例如墙或梁。

在 Revit 中，打开下载文件夹中的“梁系统 .rvt”项目文件。在该项目文件中，已经预先创建了闭合梁，效果如图 5-20 所示。

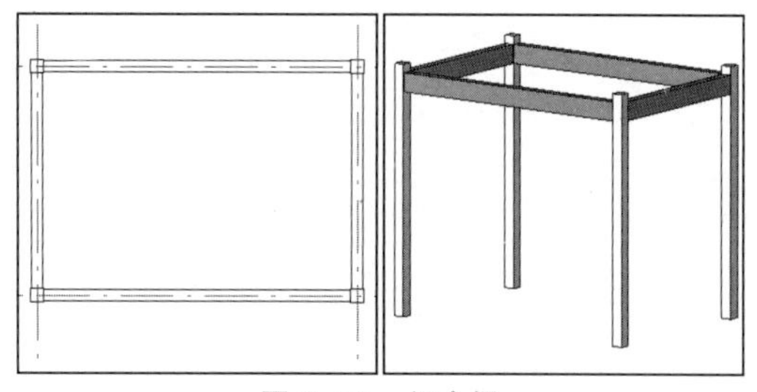

图 5-20　闭合梁

此时，双击项目浏览器中的 F2，软件将自动进入 F2 楼层平面视图中。然后切换至【结构】选项卡，在【结构】面板中单击【梁系统】按钮▥，软件将自动打开【修改 | 放置 结构梁系统】选项卡，Revit 默认在【梁系统】面板选中【自动创建梁系统】工具，效果如图 5-21 所示。

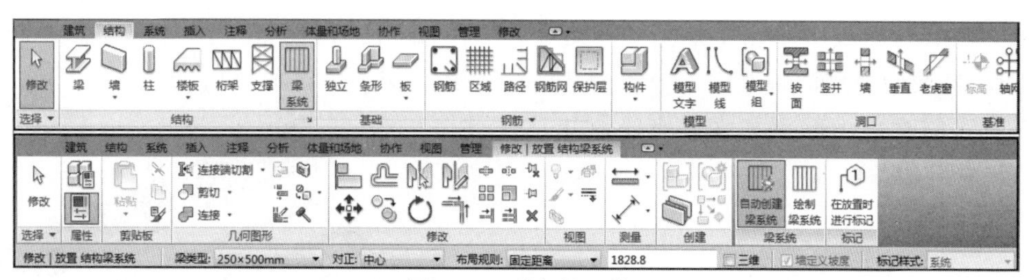

图 5-21　选择梁系统

注 意

当绘图区域中没有支撑图元的闭合环时，选择【梁系统】工具，Revit 会默认打开【修改 | 创建梁系统】上下文选项卡。

接着在结构构件任意梁上单击，软件将自动为该构件添加梁系统，效果如图 5-22 所示。

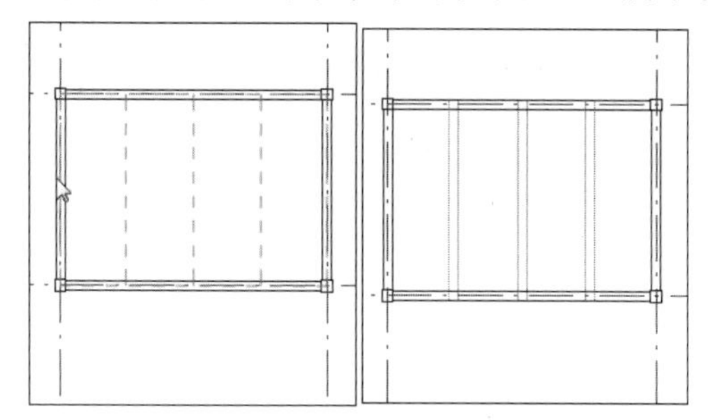

图 5-22　自动添加梁系统

完成梁系统的添加后，选中添加的梁，并在【属性】面板中【Z 轴对正】列表框中选择【中心线】选项。然后切换至默认三维视图，查看梁系统效果，如图 5-23 所示。

此外，梁系统将随原始构件的改变而自动调整。若选中右下角结构柱并随意移到任意位置，则梁系统参数将自动随其位置的改变而自动调整，效果如图 5-24 所示。

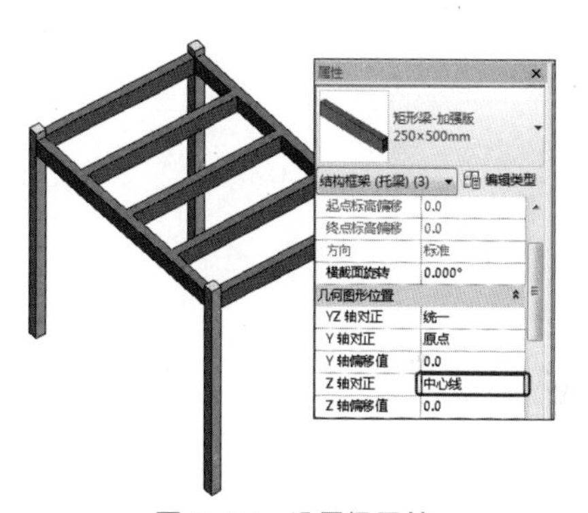

图 5-23　设置梁属性

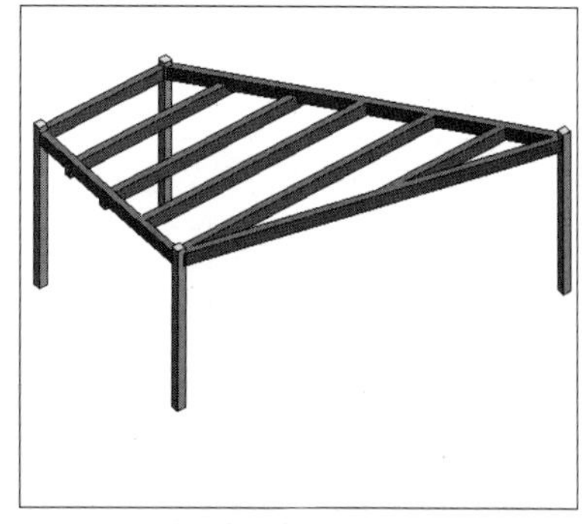

图 5-24　改变结构柱而调整的梁系统

2. 绘制梁系统

打开下载文件中的“绘制梁系统文件”项目文件，切换至【结构】选项卡。然后在【结

构】面板中单击【梁系统】按钮，软件将自动打开【修改 | 创建梁系统边界】上下文选项卡，效果如图 5-25 所示。

图 5-25 【修改 | 创建梁系统边界】上下文选项卡

此时，在绘制面板中单击【矩形】按钮，在绘图区域中分别以轴线 1 与 D 的交点和轴线 5 与 A 的交点为起点和终点来绘制矩形，效果如图 5-26 所示。

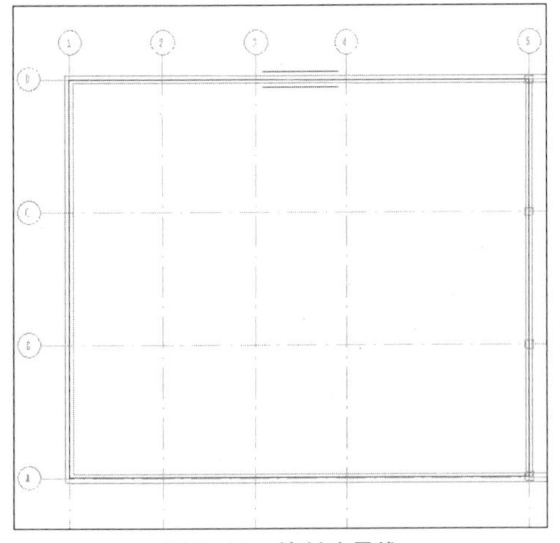

图 5-26 绘制边界线

接着在【模式】面板单击【完成编辑模式】按钮，软件将在绘制区域显示刚刚绘制的梁系统，效果如图 5-27 所示。

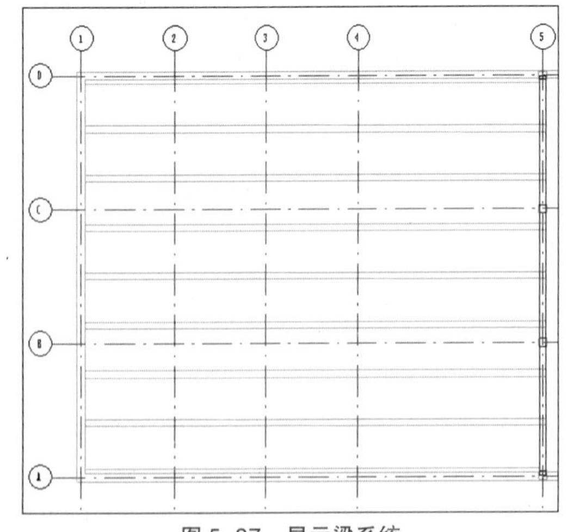

图 5-27 显示梁系统

此时，切换至三维视图中，查看绘制梁系统效果，如图 5-28 所示。

图 5-28 绘制梁系统三维效果

5.2.4 编辑梁

无论是常规梁还是梁系统，编辑方法类似，用户既可以通过修改属性面板中的参数来编辑梁，也可以通过修改选项卡中的编辑命令来编辑梁。

1. 编辑常规梁

选择常规梁，软件将自动打开所选梁类型的属性面板，如图 5-29 所示。

用户可以通过修改该面板中的参数来编辑所选梁的位置、材质、结构、尺寸等。该【属性】面板中的各主要参数的含义及作用如表 5-3 所示。

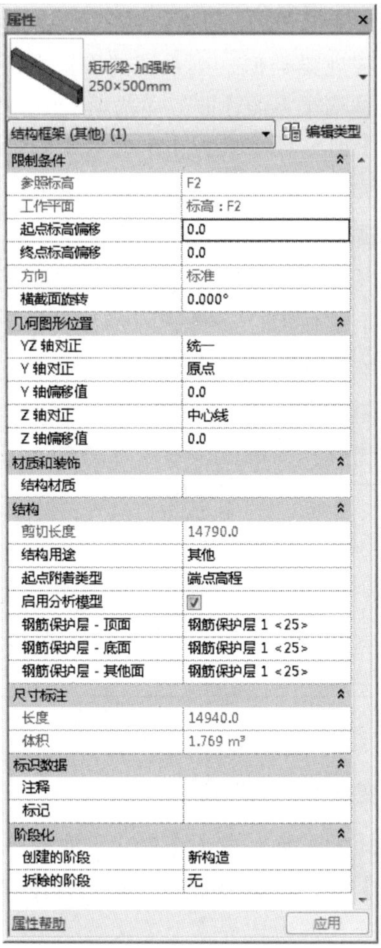

图 5-29 常规梁【属性】面板

表 5-3 常规梁【属性】面板中的主要参数含义

选　　项	参 数 值
限制条件	
参照标高	该文本框可以指定标高限制，其为只读参数，并取决于放置梁的工作平面
工作平面	该文本框指定放置图元的当前平面，其为只读参数
起点标高偏移	该文本框指定梁起点与参照标高间的距离
终点标高偏移	该文本框指定梁端点与参照标高间的距离
方向	该文本框指定梁相对于图元所在的当前平面的方向，其为只读参数
横截面旋转	该文本框指定梁的工作平面和中心参照平面方向的旋转角度
几何图形位置	
YZ 轴对正	该列表框可以指定梁的起点和终点是否设置相同的参数，它只适用于钢梁。用户可以选择【统一】和【独立】两个选项
Y 轴对正	如果【YZ 轴对正】选择【统一】选项，则用户可以通过该文本框指定物理几何图形相对于定位线的位置。用户可以选择【原点】、【左】、【中心】和【右】选项
Y 轴偏移值	如果【YZ 轴对正】选择【统一】选项，则用户可以通过该文本框指定【Y 轴对正】参数中设置的定位线与特性点之间的距离
Z 轴对正	如果【YZ 轴对正】选择【统一】选项，则用户可以通过该文本框指定物理几何图形相对于定位线的位置。用户可以选择【原点】、【顶】、【中心线】和【底】选项
Z 轴偏移值	如果【YZ 轴对正】选择【统一】选项，则用户可以通过该文本框指定【Z 轴对正】参数中设置的定位线与特性点之间的距离
材质和装饰	
结构材质	用户可以通过该文本框中的材质浏览器按钮打开材质浏览器对话框，进而为梁设置需要的材质
结构	
剪切长度	该文本框显示梁的物理长度，其为只读参数
结构用途	该列表框可以指定梁的用途。用户可以选择【大梁】、【水平支撑】、【托梁】、【其他】和【檩条】选项
起点附着类型	该列表框可以指定梁的高程方向，用户可以选择【端点高程】和【距离】选项，其中，【端点高程】用于保持放置标高，【距离】用于确定柱上的连接位置的方向
启用分析模型	启用该复选框可以显示分析模型，并将其包含在分析计算中。默认情况下处于启用状态
钢筋保护层－顶面	该文本框可以指定梁与梁顶面之间的钢筋保护层距离，只适用于混凝土梁
钢筋保护层－底面	该文本框可以指定梁与梁底面之间的钢筋保护层距离，只适用于混凝土梁
钢筋保护层－其他面	该文本框可以指定从梁到邻近图元面之间的钢筋保护层距离，只适用于混凝土梁
尺寸标注	
长度	该文本框指定梁操纵柄之间的长度，长度为只读参数
体积	该文本框指定所选梁的体积。体积为只读参数
标识数据	
注释	该文本框可以指定用户注释
标记	该文本框可以为梁创建标签
阶段化	
创建的阶段	该列表框指定创建梁构件的阶段，用户可以选择【现有】和【新构造】选项
拆除的阶段	该列表框指定拆除梁构件的阶段，用户可以选择【现有】、【新构造】和【无】选项

此外，除了以上编辑方法外，用户还可以通过【修改 | 结构框架】上下文选项卡的【修改】面板中的【复制】、【移动】、【镜像】、【阵列】等工具来编辑常规梁，或通过【剪贴板】面板中的【复制到剪贴板】、【剪切到剪贴板】、【从剪贴板中粘贴】等工具来编辑常规梁。

2. 编辑梁系统

无论是自动创建的梁系统还是手动绘制的梁系统，其编辑方法是一致的，都是通过【属性】面板和修改选项卡中的编辑命令来实现。

梁系统【属性】面板

梁系统的【属性】面板相对简单，与常规梁【属性】面板有类似参数，如图 5-30 所示。

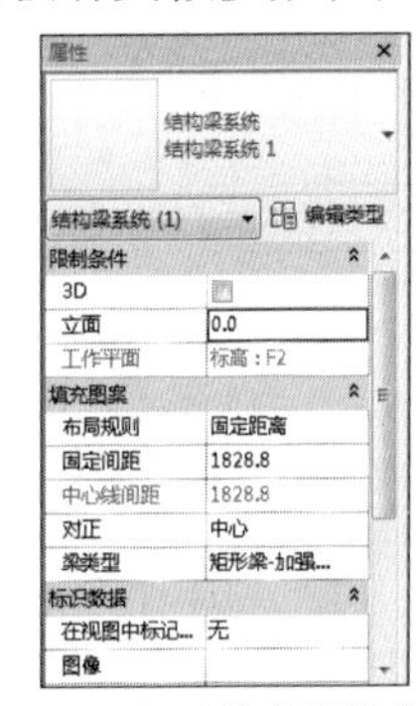

图 5-30 梁系统【属性】面板

用户可以通过该【属性】面板，编辑梁系统的类型或对正情况及布局参数。各主要参数的含义及作用如表 5-4 所示。

表 5-4 梁系统【属性】面板中的主要参数含义

选 项	参 数 值
填充图案	
布局规则	该列表框可以指定梁系统的布局规则，用户可以选择【固定距离】、【固定数量】、【最大间距】和【净间距】
固定间距	如果【布局规则】选择【固定距离】选项，则该文本框指定梁系统梁之间的间距
中心线间距	如果【布局规则】选择【固定距离】选项，则该文本框默认与【固定距离】参数一致
对正	该列表框指定梁系统的对正方式，用户可以选择【起点】、【终点】、【中心】和【方向】选项
梁类型	该列表框指定梁系统所用梁的类型

其他编辑命令

与常规梁类似，梁系统的编辑也可以通过【修改 | 结构梁系统】上下文选项卡中的【修改】面板及【剪贴板】面板中的常规编辑命令来编辑，但是梁系统也具有其独特的编辑方式。

编辑边界

选择梁系统，单击【模式】面板中的【编辑边界】按钮，软件将自动进入【修改 | 结构梁系统 > 编辑边界】上下文选项卡。此时，可以通过单击并拖动梁系统边界的方法来改变梁系统边界的范围，效果如图 5-31 所示。

图 5-31 改变边界范围

改变梁系统的方向

选择梁系统，单击【模式】面板中的【编辑边界】按钮，软件将自动进入【修改 | 结构梁系统 > 编辑边界】上下文选项卡。此时，在【绘制】面板中单击【梁方向】按钮，并在梁系统垂直边界单击。然后单击【完成编辑模式】按钮，即可改变梁系统中梁的放置方向，如图 5-32 所示。

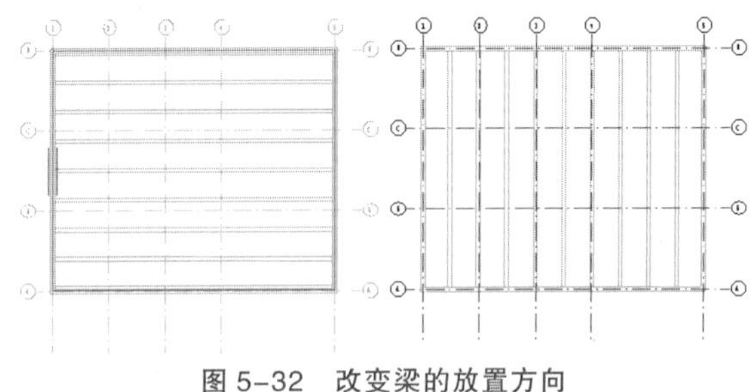

图 5-32 改变梁的放置方向

删除梁系统

选择梁系统，并在【梁系统】面板中单击【删除梁系统】按钮，即可删除梁系统。此时，软件将进入常规梁状态，若单击任何一个梁，软件将自动进入【修改 | 结构框架】

上下文选项卡，效果如图 5-33 所示。

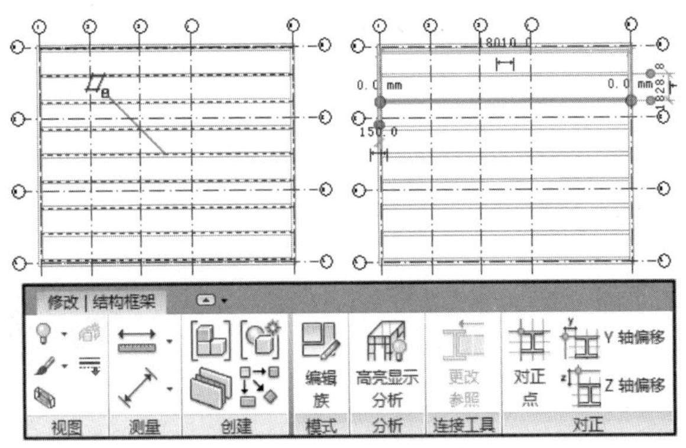

图 5-33　删除梁系统

5.3 结构支撑

支撑是连接梁和柱的斜构件，与梁相似，可以通过单击两个结构图元来创建支撑。例如，支撑可创建于结构柱和结构梁之间。

5.3.1 添加结构支撑

既可以在平面视图、也可以在框架立面视图中添加结构支撑。支撑会将自身附着到梁和柱，并根据建筑设计中的修改进行参数化调整。

添加结构支撑需要预先建立结构柱和结构梁，打开下载文件中的“结构支撑 .rvt”项目文件，如图 5-34 所示。

打开项目文件后，可以选择在平面视图或立面视图中添加结构支撑，但是创建方法截然不同。此时，打开其中一个立面视图——西立面视图，切换至【结构】选项卡。然后在【结构】面板中单击【支撑】按钮，软件将自动打开【修改 | 放置 支撑】上下文选项卡，如图 5-35 所示。

图 5-34　项目文件

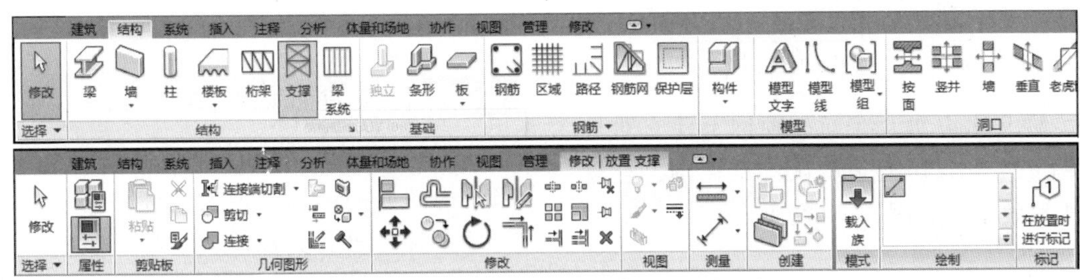

图 5-35　【修改 | 放置 支撑】上下文选项卡

此时，软件默认在【绘制】面板选中【直线】工具。接着将光标指向标高 F2 与轴线 C 的交点处单击，拖动光标至标高 F3 的梁中间单击，即可添加结构支撑，效果如图 5-36 所示。

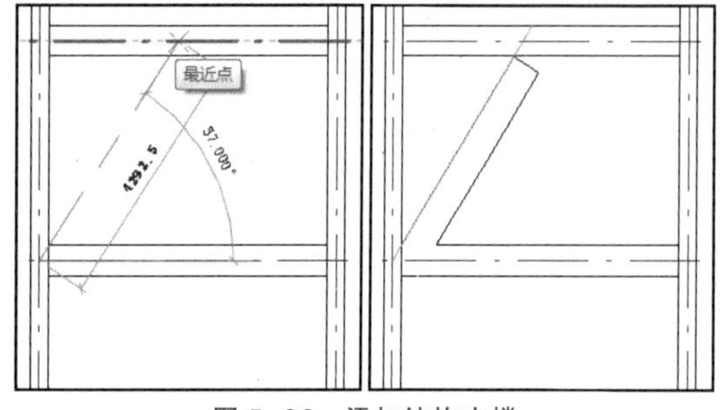

图 5-36　添加结构支撑

完成结构支撑的添加后，按照上述方法，在该结构支撑右侧绘制对称的结构支撑，并切换至默认三维视图，查看结构支撑效果，如图 5-37 所示。

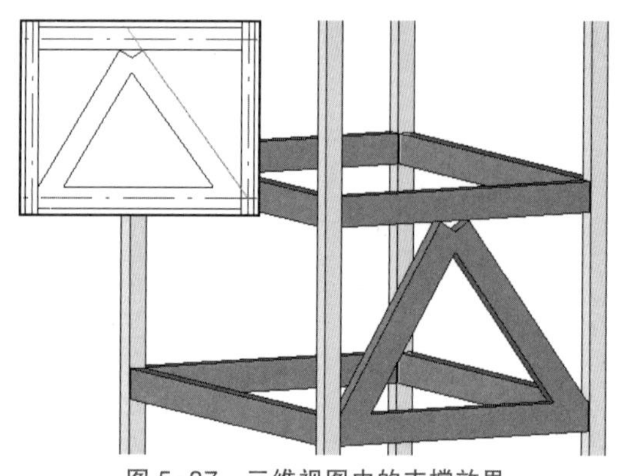
图 5-37　三维视图中的支撑效果

然后切换至 F3 楼层平面视图，选择【支撑】工具。接着在选项栏中设置【起点】为 F2，【终点】为 F3，【偏移距离】为 0，如图 5-38 所示完成选项栏的设置后，将光标指向某个结构柱并单击建立结构支撑的起点。然后拖动光标在同一轴线上的梁中心位置单击，建立结构支撑的终点，效果如图 5-39 所示。

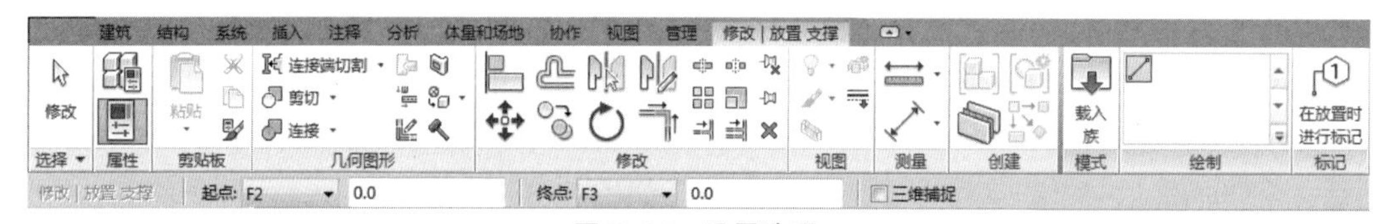

图 5-38　设置选项

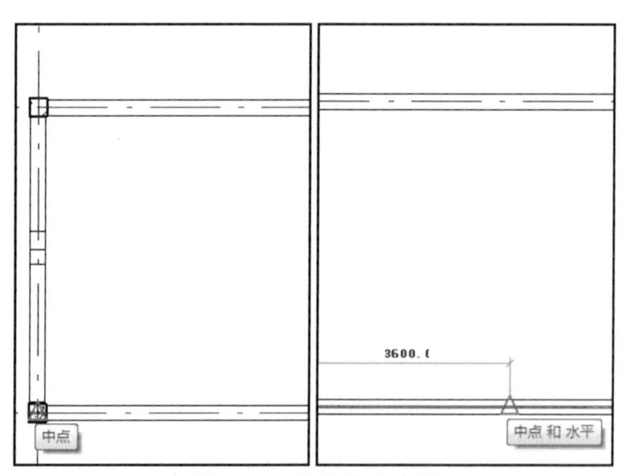

图 5-39　绘制结构支撑

按照上述方法，在同一轴网上建立对称的结构支撑，并切换至默认三维视图，查看结构支撑效果，如图 5-40 所示。

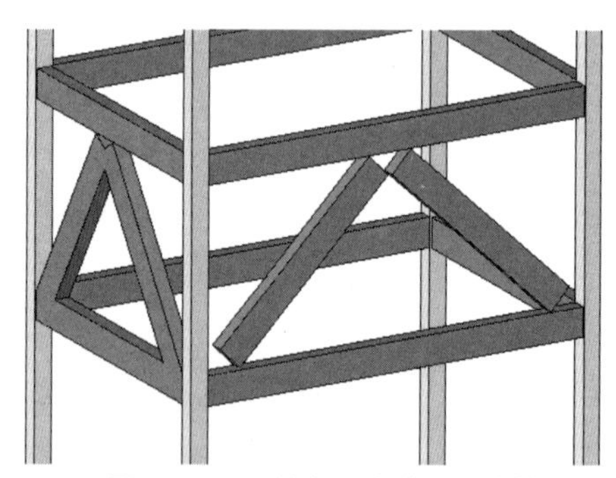
图 5-40　三维视图中的结构支撑

5.3.2 编辑与载入结构支撑

在 Revit 中，结构支撑的材质是依附于相邻结构图元的。选择结构支撑后，用户可以通过多种编辑方式修改其位置、长度、类型等参数。如果需要建立的结构支撑材质不依附于相邻结构图元，则需要在绘制结构支撑之前，载入支撑族文件并选择支撑类型后绘制，即可得到独立材质的结构支撑效果。

1. 编辑结构支撑

结构支撑的编辑方式和编辑梁类似，用户可以通过修改【属性】面板中的参数进行相应的编辑，也可以通过【修改 | 结构框架】上下文选项卡中的各编辑命令进行编辑。在编辑结构支撑之前，首先要了解结构支撑与相邻结构图元之间的关系，如图 5-41 所示。

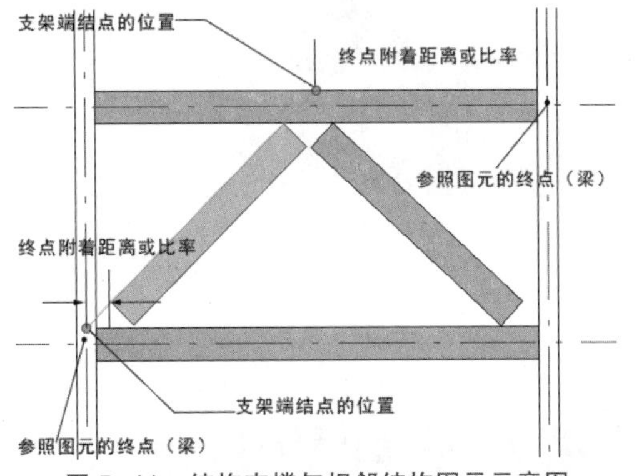

图 5-41　结构支撑与相邻结构图元示意图

当选中结构支撑时，软件将显示支撑端结点。此时，单击并拖动该支撑端结点至结构图元的其他位置，即可改变结构支撑的显示位置，效果如图 5-42 所示。

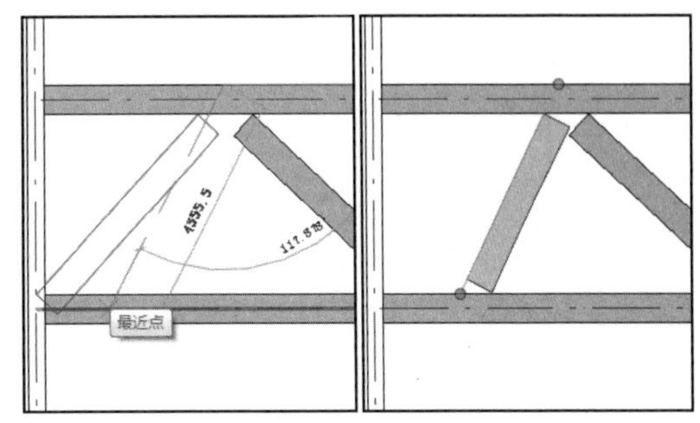

图 5-42　改变结构支撑位置

2. 载入结构支撑

选择【支撑】工具，软件将自动打开【修改 | 放置 支撑】上下文选项卡。此时，在【模式】面板中单击【载入族】按钮，并选择【China/结构 / 框架 / 钢 / 热轧 H 型钢 .rfa】族类型，效果如图 5-43 所示。

图 5-43　载入框架族

然后单击【打开】按钮，软件将自动打开【指定类型】对话框。此时，选择所需的支撑尺寸类型，效果如图 5-44 所示。

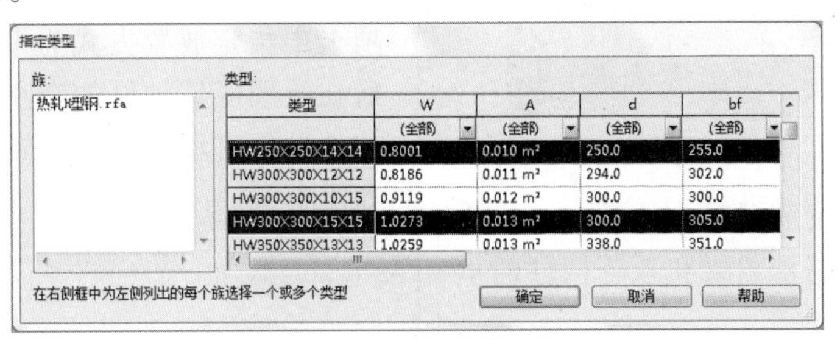

图 5-44　选择支撑尺寸

接着单击【确定】按钮，即可在【属性】面板的类型选择器中显示刚刚载入的框架类型，效果如图 5-45 所示。

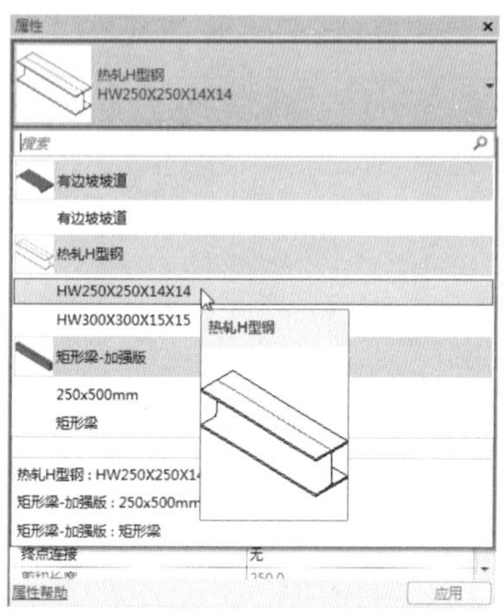

图 5-45　显示载入的框架族类型

此时，按照之前介绍的结构支撑的添加方法新建支撑构件，其将显示独立的材质，效果如图 5-46 所示。

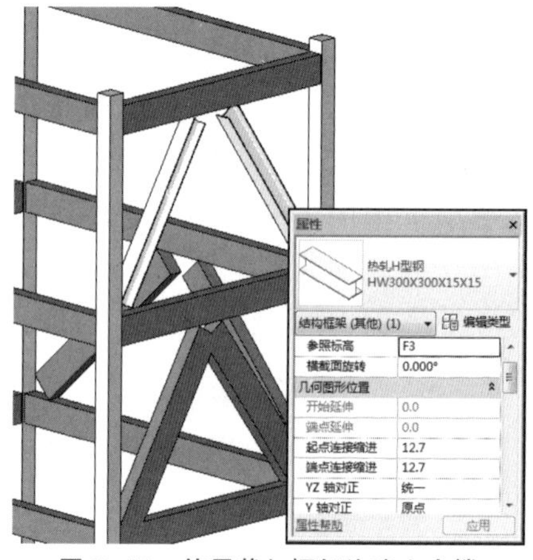

图 5-46　使用载入框架族建立支撑

5.4 典型案例：教育中心大楼结构柱的创建

本实例将创建教育中心大楼的结构柱。该教育中心是建筑体系中的一幢独立建筑。其为两层的混凝土 - 砖石结构，内部配置有卫生间等常规建筑构件设施，满足了该建筑的使用特性要求，效果如图 5-47 所示。

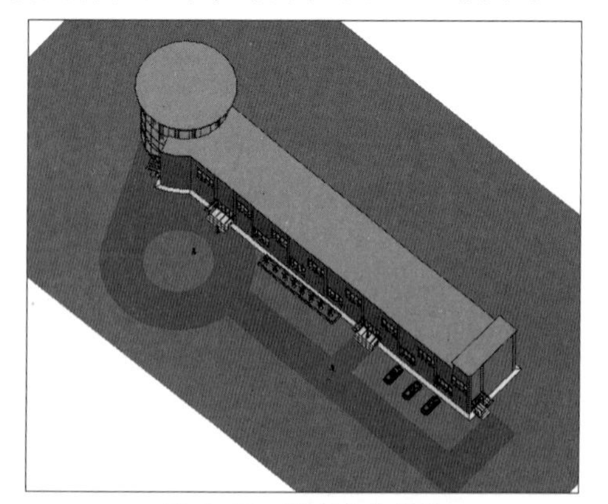

图 5-47　教育中心大楼

结构柱适用于钢筋混凝土柱等与墙材质不同的柱子类型，是承载梁和板等构件的承重构件。在平面视图中，结构柱截面与墙截面各自独立。

(1) 切换至 F1 楼层平面视图，并在【构建】面板中单击【结构柱】按钮。此时，在类型选择器中选择【混凝土 - 矩形 - 柱】|【450×450mm】类型，并单击【编辑类型】按钮。然后在【类型属性】对话框中复制该类型并创建“教育中心 - 结构柱 500×500”。接着设置【尺寸标注】选项栏 b、h 参数值均为 500，并单击【确定】按钮，效果如图 5-48 所示。

(2) 在选项栏中设置【高度】为 F4，在选项卡中指定放置方式为【垂直柱】类型。然后在绘图区域轴网的交点处依次单击放置，软件即可自动在指定位置添加结构柱，效果如图 5-49 所示。

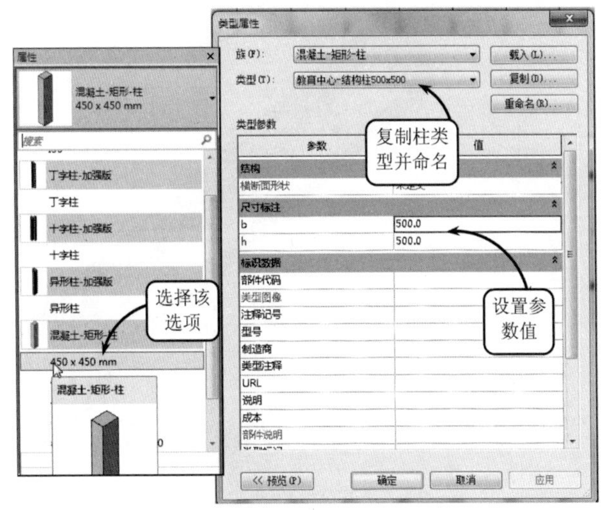

图 5-48 选择并复制结构柱类型

(3) 切换至【视图】选项卡，单击【图形】面板中的【细线】按钮，进入细线模式中。然后切换至【修改】选项卡，单击【修改】面板中的【对齐】按钮，按照前面章节介绍的方法，依次对齐所有位于建筑外侧的结构柱，效果如图 5-50 所示。

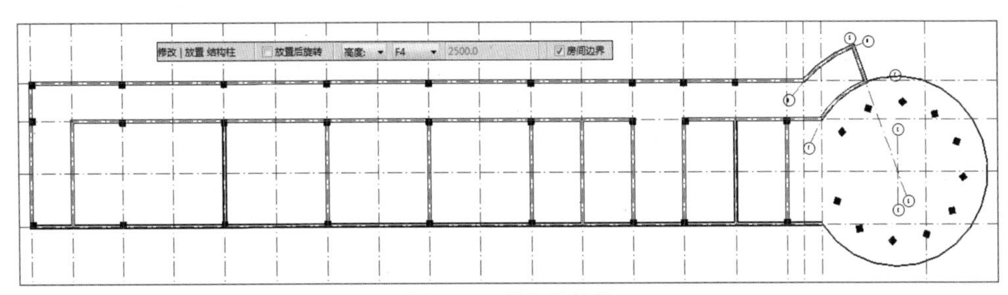
图 5-49 添加结构柱

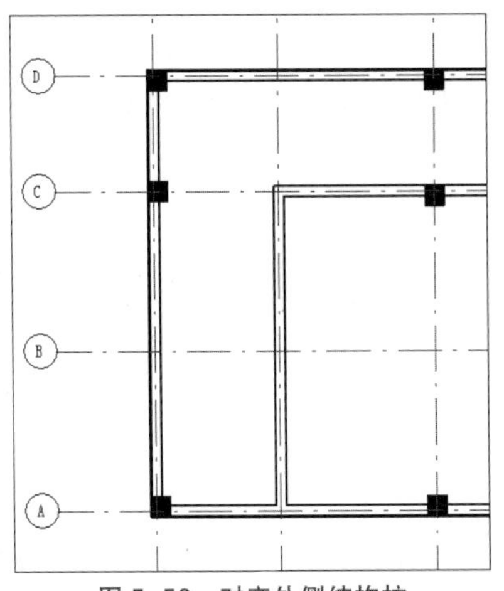

图 5-50 对齐外侧结构柱

(4) 右击任意结构柱，选择快捷菜单中的【选择全部实例】|【在视图中可见】选项，软件将选中视图中的所有结构柱。此时，在【属性】面板中设置【底部标高】为【室外地坪】选项，并单击【应用】按钮。然后切换至默认三维视图中查看效果，如图 5-51 所示。

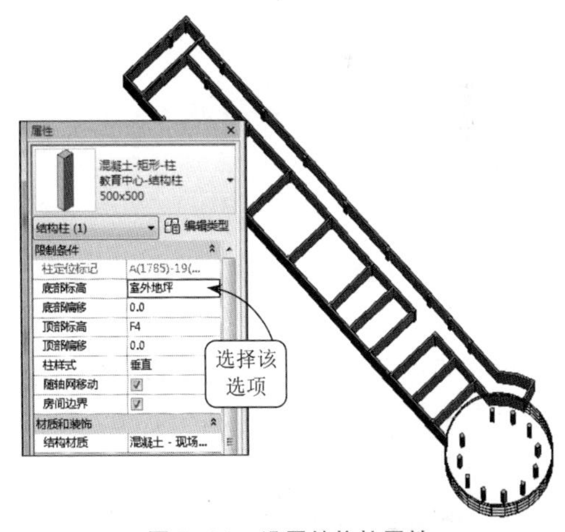

图 5-51 设置结构柱属性

(5) 切换至 F1 楼层平面视图，如图 5-52 所示选择结构柱，并在【属性】面板中设置【顶部标高】为 F5。

(6) 如图 5-53 所示选择结构柱，并在【属性】面板中设置【顶部标高】为 F7。

(7) 切换至默认三维视图中查看效果，如图 5-54 所示。

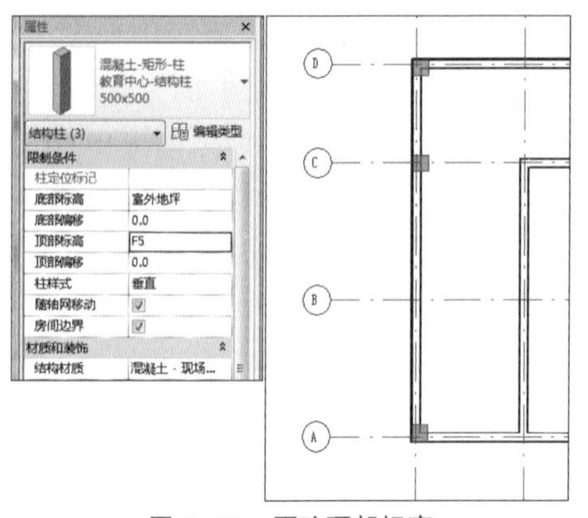

图 5-52　更改顶部标高

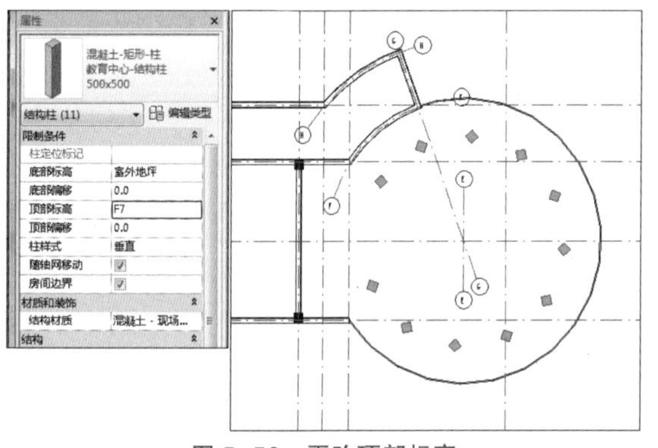

图 5-53　更改顶部标高

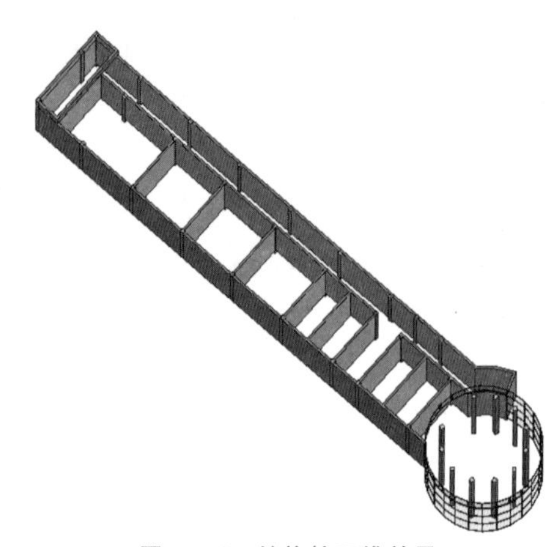

图 5-54　结构柱三维效果

5.5 典型案例：婴儿部大楼结构柱的创建

本实例将创建婴儿部大楼的结构柱。该婴儿部大楼是建筑体系中的一幢独立建筑。其为四层的混凝土 - 砖石结构，内部配置有卧室和卫生间等常规建筑构件设施，满足了该建筑的使用特性要求，效果如图 5-55 所示。

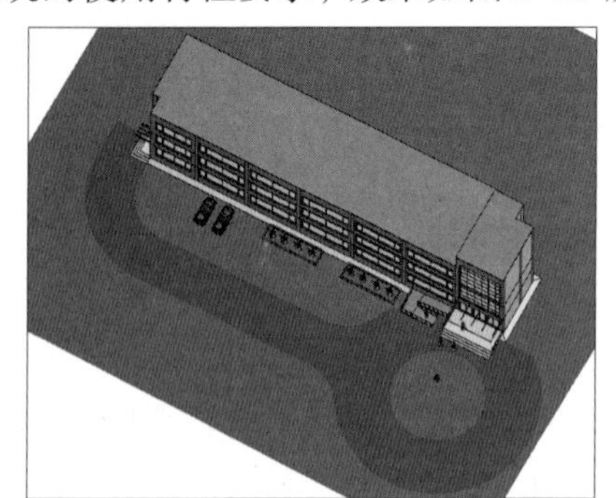

图 5-55　婴儿部大楼

(1) 切换至 F1 楼层平面视图，在【构建】面板中单击【结构柱】按钮，软件将自动打开相应的【属性】面板。此时，在类型选择器中选择【混凝土 - 矩形 - 柱】|【450×450mm】选项，并单击【编辑类型】按钮。然后在【类型属性】对话框中复制该类型并创建“婴儿部结构柱 500×500”结构柱类型。接着设置【尺寸标注】选项栏 b、h 参数值均为 500，单击【确定】按钮，效果如图 5-56 所示。

(2) 在选项栏中设置【高度】为 F4，并在选项卡中指定放置方式为【垂直柱】类型。然后在绘图区域轴网的交点处依次单击放置，系统即可自动添加指定的结构柱，效果如图 5-57 所示。

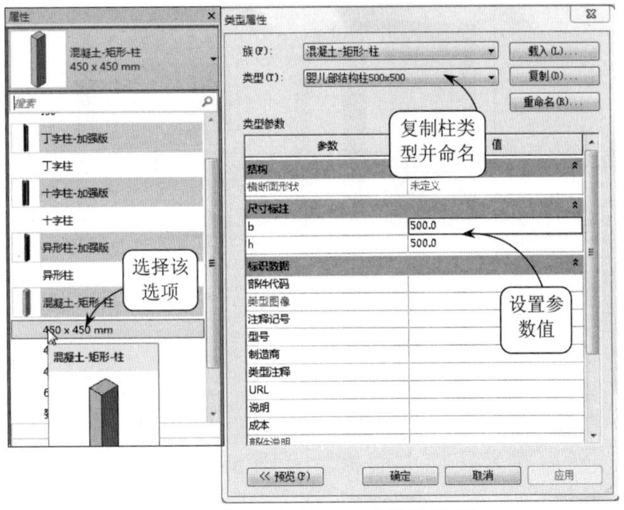

图 5-56　选择并复制结构柱类型

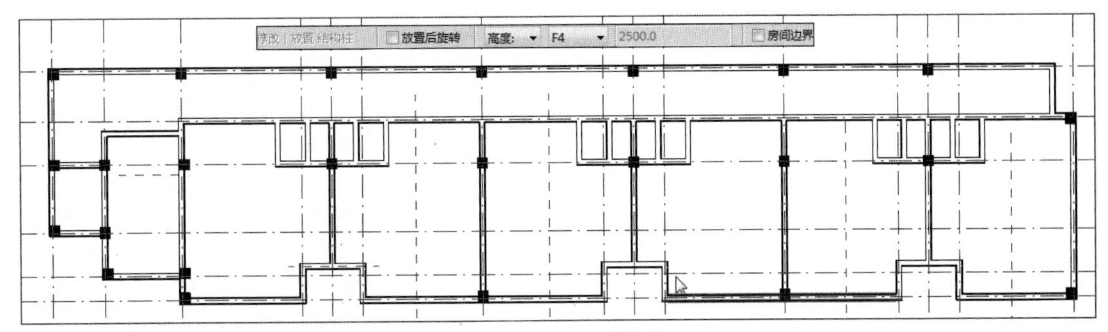

图 5-57　添加结构柱

(3) 切换至【视图】选项卡，单击【图形】面板中的【细线】按钮，进入到细线模式中。然后切换至【修改】选项卡，单击【修改】面板中的【对齐】按钮。接着按照前面章节介绍的方法，依次对齐所有位于建筑外侧的结构柱，效果如图 5-58 所示。

(4) 右击任意结构柱，选择快捷菜单中的【选择全部实例】|【在视图中可见】选项。此时，在【属性】面板中设置【底部标高】为【楼外地坪】选项，单击【应用】按钮。然后切换至默认三维视图中查看效果，如图 5-59 所示。

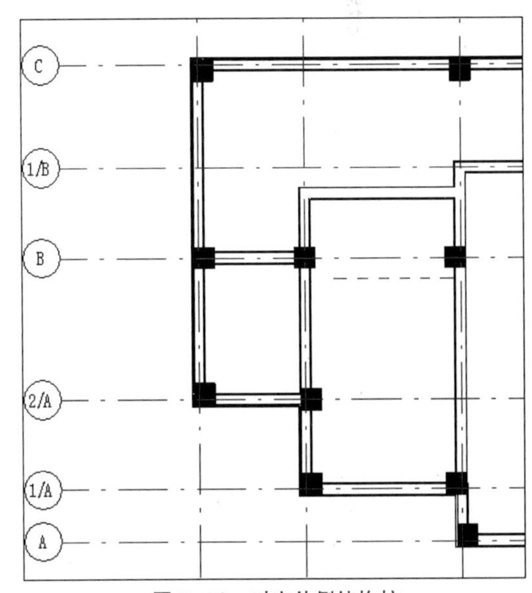

图 5-58　对齐外侧结构柱

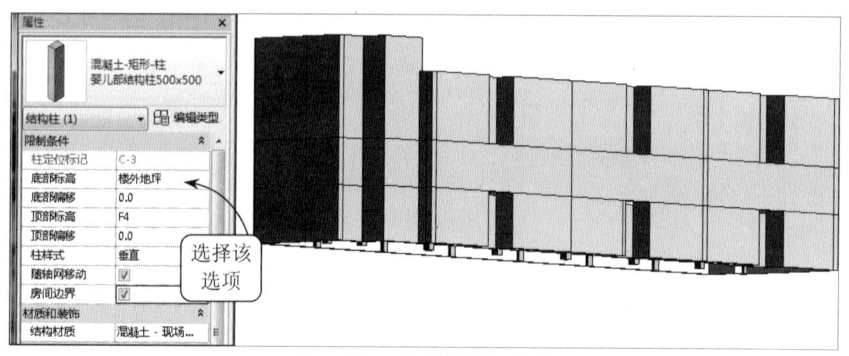

图 5-59　设置结构柱属性

(5) 切换至F4楼层平面视图，并如图 5-60 所示选择结构柱图元。然后在【属性】面板中修改【顶部标高】为 F5，即可创建 F4 楼层结构柱。

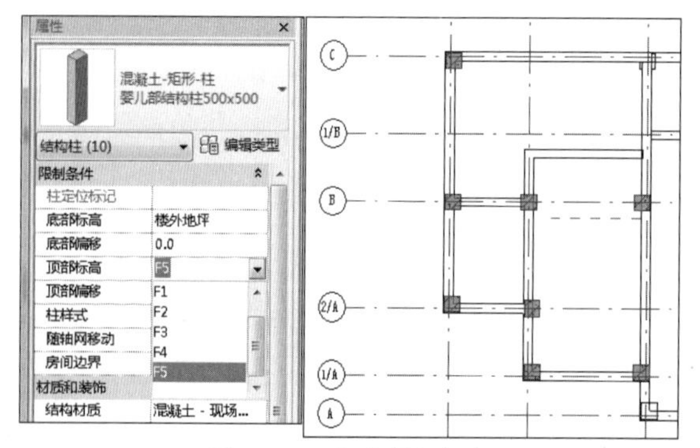

图 5-60　修改顶部标高

(6) 切换至默认三维视图中查看效果，如图 5-61 所示。

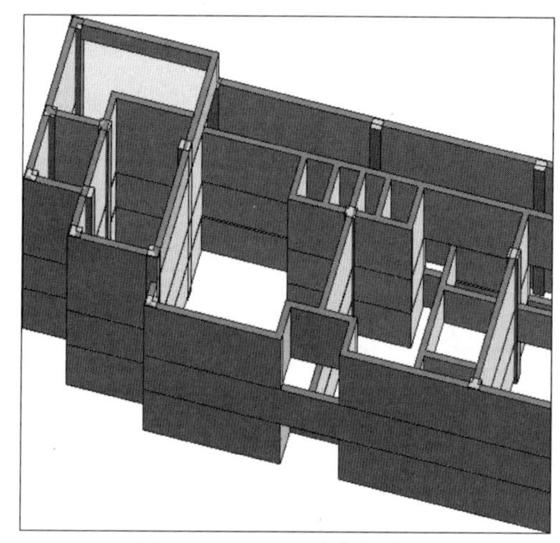

图 5-61　F4 层结构柱效果

第6章

门　窗

门窗是建筑用窗和人行门的总称。其中，门是用来围蔽墙体门窗洞口，可开启关闭，并可供人出入的建筑部件；窗是用来围蔽墙体洞口，可起采光、通风或观察等作用的建筑部件的总称。窗通常包括窗框、一个或多个窗扇以及五金配件，有时还带有亮窗和换气装置。

本章主要介绍门和窗的插入方法以及相应的编辑操作。此外，还详细介绍幕墙门窗的嵌套方法。

本章学习目标

- 了解门窗的基本概念
- 掌握门窗的插入方法
- 掌握门窗的编辑方法
- 掌握幕墙门窗的嵌套方法

6.1 门窗基础

门窗是房屋的重要组成部分，门的主要功能是交通联系，而窗主要供采光和通风之用。门窗按其所处的位置不同可以分为围护构件或分隔构件，并具有不同的设计要求，需要分别具有保温、隔热、隔声、防水、防火和节能等功能。

6.1.1 门概述

门是建筑物的出入口或安装在出入口能开关的装置，是分割有限空间的一种实体，其作用是连接和关闭两个或多个空间的出入口。

1. 门的类别

门的种类很多，按位置可以分为：外门、内门；按材料可以分为：木门、钢门、铝合金门、塑料门、铁门、铝木门、不锈钢门和玻璃门等；按开启方式可以分为：平开门、弹簧门、推拉门、折叠门和转门等。具体可以参照GBT 5823-2008<建筑门窗术语>中的规定，下面将简单介绍几种常见的门类型。

平开门

平开门是水平开启的门，其铰链装于门扇的一侧且与门框相连，可以使门扇围绕铰链转动，如图6-1所示。其门扇有单扇、双扇，有向内开和向外开之分。平开门构造简单，开启灵活，加工支座简便，易于维修，是建筑中最常见、使用最广泛的门。

弹簧门

弹簧门的开启方式与普通平开门相同，不同处是以弹簧铰链代替普通铰链，借助弹簧力作用使门扇可以向内、向外开启并可经常保持关闭，如图6-2所示。其使用方便，美观大方，并广泛用于商店、学校、医院，办公和商业大厦。此外，为避免人流相撞，门扇或门扇上部应镶嵌安全玻璃。

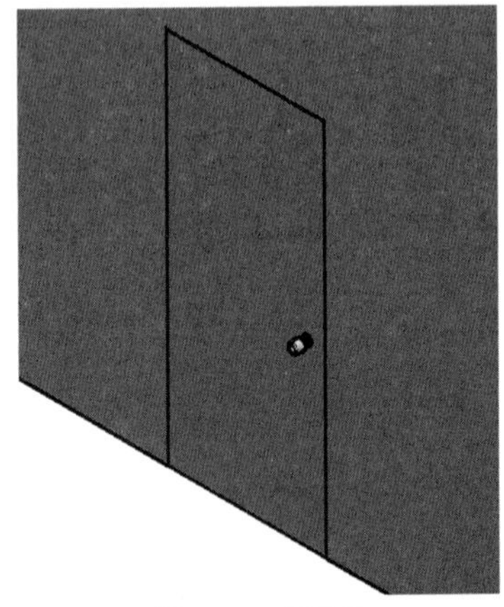

图6-1 平开门

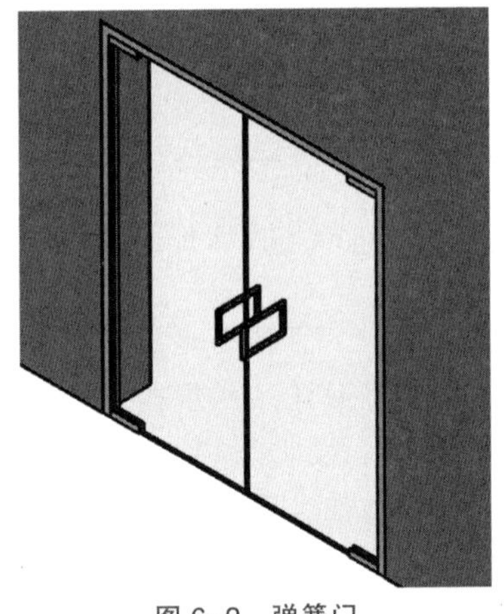

图6-2 弹簧门

推拉门

推拉门开启时门扇沿轨道向左右滑行。根据需要可做成单扇或双扇，也可做成双轨多扇或多轨多扇。开启时门扇可隐藏于墙内或悬于墙外，如图6-3所示。此外，根据轨道的位置，推拉门还可分为上挂式和下滑式。当门扇高度小于4m时，一般作为上挂式推拉门，即在门扇的上部装置滑轮，滑轮吊在门过梁之预埋导轨上；当门扇高度小于 4m 时，一般采用下滑式推拉门，即在门扇下部装滑轮，将滑轮置于预埋在地面的下导轨上。为使门保持垂直状态下稳定运行，导轨必须平直，并有一定刚度，下滑式推拉门的上部应设导向装置，较重型的上挂式推拉门则在门的下部设导向装置。

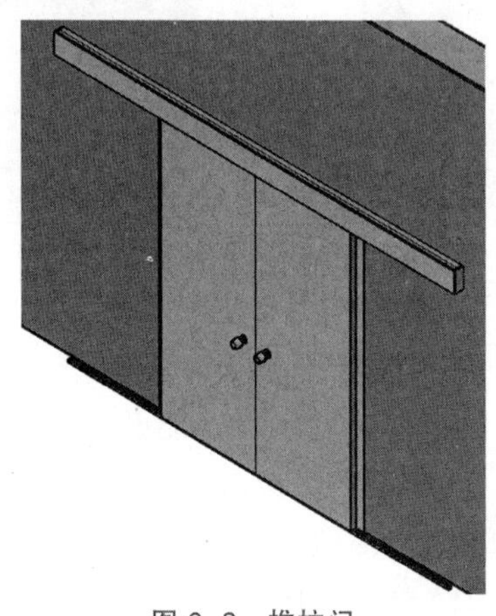

图 6–3　推拉门

折叠门

折叠门可分为侧挂式折叠门和推拉式折叠门两种，如图 6–4 所示。它由多扇门构成，每扇门宽度为 500~1000mm，一般以 600mm 为宜，适用于宽度较大的洞口。其中，侧挂式折叠门与普通平开门相似，其门扇之间用铰链相连而成。当用铰链时，一般只能挂两扇门，不适用于宽大洞口；推拉式折叠门与推拉门构造相似，需要在门顶或门底安装滑轮及导向装置，每扇门之间连以铰链，开启时门扇通过滑轮沿着导向装置移动。此外，折叠门开启时占空间少，但构造较复杂，一般在公共建筑或住宅中做灵活分隔空间使用。

转门

转门是由两个固定的弧形门套和垂直旋转的门扇构成，如图 6–5 所示。门扇可分为三扇或四扇，绕竖轴旋转。此外，转门对隔绝室外气流有一定作用，可作为寒冷地区公共建筑的外门，但不能作为疏散门。而当设置在疏散口时，需要在转门两旁另设疏散用门。

图 6–4　折叠门

图 6–5　转门

2. 门的尺寸

门的尺寸通常是指门的高宽尺寸。门作为交通疏散，其尺寸取决于人的通行要求、家具器械的搬运及建筑物的比例关系等，并需要符合现行 GBJ2–86《建筑模数协调统一标准》的规定。

门高

供人通行的门，高度一般不低于 2m，再高也不宜超过 2.4m，否则有空洞感，门扇制作也要特别加强。若有造型、通风、采光需要时，可在门上加腰窗，其高度从 0.4m 起，不宜过高；供车辆或设备通过的门，需要根据具体情况决定，其高度宜较车辆或设备高出 0.3 ~ 0.5m，以免车辆因颠簸或设备需要垫滚筒搬运时碰撞门框；若是体育场馆、展览厅堂之类大体量、大空间的建筑物，需要设置超尺度的门时，可在大门扇上加设常规尺寸的附门，确保大门勿需开启人也可以通行。

门宽

一般住宅分户门 0.9 ~ 1m，分室门 0.8 ~ 0.9m，厨房门 0.8m 左右，卫生间门 0.7 ~ 0.8m，由于考虑现代家具的搬入，现今多取上限尺寸。而公共建筑的门宽一般单扇门 1m，双扇门 1.2 ~ 1.8m，再宽就要考虑门扇的制作，双扇门或多扇门的门扇宽以 0.6 ~ 1.0m 为宜；供安全疏散的太平门的宽度，要根据计算和规范(有关防火规范)规定设置；供检修的门，宽度一般为 0.6m；供机动车或设备通过的门，除其自身宽度外，每边也只留出 0.3 ~ 0.5m 的空隙；供检修的“人孔”其尺寸也不宜小于 0.6m×0.6m。

此外，门的尺寸也可以看为门洞口的尺寸，具体门洞的尺寸可以参照 GBT5824-2008《建筑门窗洞口尺寸系列》中的规定。

6.1.2 窗概述

窗是装设在围护结构上的建筑配件，用于采光、通风或观望等。外墙上的窗一般还具有隔声、保温、隔热和装饰等作用，内墙上的窗则多为间接采光、观察而设。

1. 窗的类别

窗的类别很多。按照用途可以分为：外窗、内窗、风雨窗、亮窗、换气窗、落地窗、逃生窗和橱窗等；按开启方式可以分为：平开窗、推拉窗、固定窗、悬窗和立转窗等。具体可以参照 GBT 5823-2008《建筑门窗术语》中的规定，下面将简单介绍几种常见的窗类型。

平开窗

平开窗铰链安装在窗扇一侧与窗框相连，向外或向内水平开启，如图 6-6 所示。它有单扇、双扇、多扇及向内开与向外开之分。此外，具有构造简单、开启灵活、制作维修方便等特点，是民用建筑中使用最广泛的窗。

图 6-6　平开窗

固定窗

固定窗是无窗扇、不能开启的窗，如图 6-7 所示。其玻璃直接嵌固在窗框上，可供采光和眺望之用，但不能通风。此外，固定窗具有构造简单、密闭性好、多与亮子和开启窗配合使用的特点。

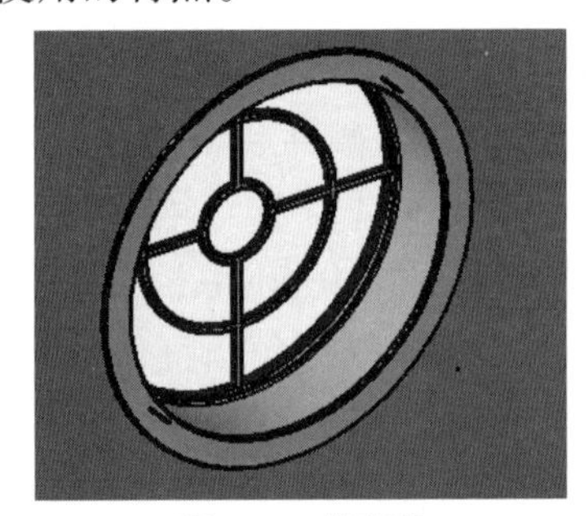

图 6-7　固定窗

悬窗

根据铰链和转轴位置的不同，悬窗可分为上悬窗、中悬窗和下悬窗，如图 6-8 所示。其中，上悬窗铰链安装在窗扇的上边，一般向外开，防雨效果好，可以作为外门和门上的亮子使用；下悬窗铰链安在窗扇的下边，一般向外开，通风较好，但不防雨，不宜用作外窗，一般用于内门上的亮子；中悬窗是窗扇两边中部装水平转轴，开启时窗扇绕水平轴旋转，窗扇上部向内，下部向外，对挡雨、通风均有利，并且开启易于机械化，故常用作大空间建筑的高侧窗，也可用于外窗或靠外廊的窗。

图 6-8　悬窗

2. 窗的尺寸

窗的尺寸主要取决于房间的采光、通风、构造做法和建筑造型等要求，并要符合现行《建筑模数协调统一标准》的规定。

窗高

一般住宅建筑中，窗的高度为 1.5m，加上窗台高 0.9m，则窗顶距楼面 2.4m，还留有 0.4m 的结构高度；在公共建筑中，窗台高度 1.0 ~ 1.8m 不等；开向公共走道的窗扇，其底面高度不应低于 2.0m，至于窗的高度则根据采光、通风、空间形象等要求来决定，但要注意过高窗户的刚度问题，必要时要加设横梁或“拼樘”。此外，窗台高低于 0.8m 时，应采取防护措施。而现代玻璃幕墙中，整块玻璃的高度有的已超过 7.2m，那已不属于一般窗户的范围了。

窗宽

窗宽一般由 0.6m 开始，当宽度增加至一定数值后可以构成“带窗”，但是当采用通宽的带窗时，需要注意左右隔壁房间的隔声问题以及推拉窗扇的滑动范围问题，也要注意全开间的窗宽会造成横墙面上的炫光，该结构对教室、展览室都是不合适的。

此外，窗的尺寸也可以看成窗洞口尺寸，而具体窗洞的尺寸可以参照 GBT5824-2008《建筑门窗洞口尺寸系列》中的规定。确定窗洞口大小的因素很多，其主要因素为使房间有足够的采光。因而应进行房间的采光计算，其采光系数应符合如表 6-1 所示的规定。

表 6-1　几类建筑的采光系数标准值

建筑类别	采光等级	房间名称	侧面采光		顶部采光	
			采光系数最低值	室内天然光临界照度	采光系数平均值	室内天然光临界照度
居住建筑	Ⅳ	起居室、卧室、书房、厨房	1	50		
	Ⅴ	卫生间、过厅、楼梯间、餐厅	0.5	25		
办公建筑	Ⅱ	设计室、绘图室	3	150		
	Ⅲ	办公室、视频工作室、会议室	2	100		
	Ⅳ	复印室、档案室	1	50		
	Ⅴ	走道、楼梯间、卫生间	0.5	25		
学校建筑	Ⅲ	教室、阶梯教室、实验室、报告厅	2	100		
	Ⅴ	走道、楼梯间、卫生间	0.5	25		
图书馆建筑	Ⅲ	阅览室、开架书库	2	100		
	Ⅳ	目录室	1	50		75
	Ⅴ	书库、走道、楼梯间、卫生间	0.5	25		
医院建筑	Ⅲ	诊室、药房、治疗室、化验室	2	100		
	Ⅳ	候诊室、挂号室、综合大厅、病房、医生办、护士室	1	50	1.5	75
	Ⅴ	走道、楼梯间、卫生间	0.5	25		

6.2 创建门窗

常规门窗的创建非常简单，只要选择需要的门窗类型，然后在墙体上单击捕捉插入点位置即可。

6.2.1 创建常规门窗

在 Revit 中，使用门窗工具可以方便地在项目中添加任意形式的门或窗。门窗构件与墙不同，属于外部族。在添加门窗之前，必须在项目中载入所需的门族或窗族，然后才能在项目中使用。

1. 创建常规门

打开下载文件中的“创建常规门窗文件.rvt”项目文件，在【构建】面板中单击【门】按钮，软件将打开【修改 | 放置 门】上下文选项卡。然后在【模式】面板中单击【载入族】按钮，软件将自动打开【载入族】对话框。接着选择并打开【China/ 建筑 / 门 / 普通门 / 平开门 / 双扇】文件夹中的【双面嵌板玻璃门.rfa】族文件，如图 6-9 所示。

完成门族的载入后，软件将在【属性】面板的类型选择器中自动显示该族类型。此时，单击【编辑类型】对话框，软件将打开【类型属性】对话框。然后复制门类型为“少年部大楼 - 正门”，并在【功能】下拉列表中选择【外部】选项，效果如图 6-10 所示。

在该对话框中，除了能够复制族类型外，还能够重命名门类型或者在类型参数列表中设置与门相关的参数，从而改变门图元的显示效果。该对话框中主要参数的含义和作用如表 6-2 所示。

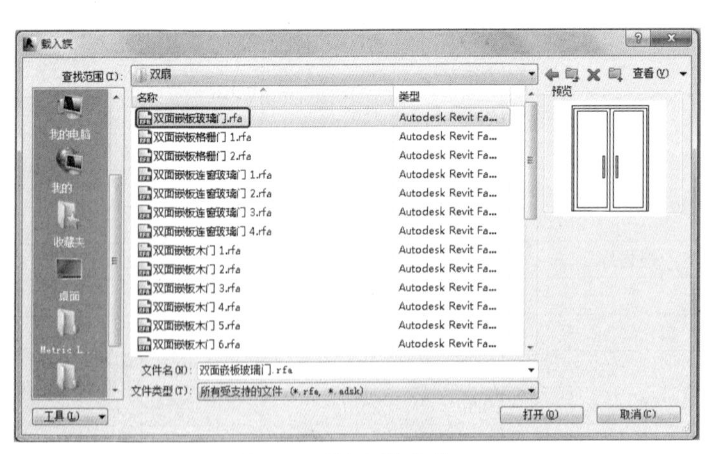

图 6-9 选择门族文件

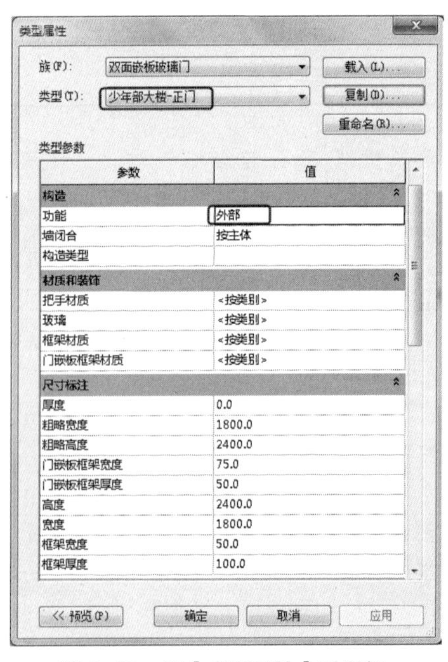

图 6-10 门【类型属性】对话框

表 6-2　门【类型属性】对话框中的主要参数的含义

参　数	值
构造	
功能	该下拉列表框可以指定门的功能，用户可以选择【外部】和【内部】选项，软件默认为【内部】选项
墙闭合	该下拉列表框可以指定门周围的层包络。用户可以选择【按主体】、【两者都不】、【内部】、【外部】和【两者】选项
构造类型	该下拉列表框可以指定门的构造类型
材质和装饰	
把手材质	通过该列表框中的【材质浏览器】按钮，用户可以指定门把手的材质(如金属或木质等)
玻璃	通过该列表框中的【材质浏览器】按钮，用户可以指定门中的玻璃材质
框架材质	通过该列表框中的【材质浏览器】按钮，用户可以指定门框架的材质
门嵌板框架材质	通过该列表框中的【材质浏览器】按钮，用户可以指定门嵌板框架的材质
尺寸标注	
厚度	该文本框可以指定门的厚度
粗略宽度	该文本框可以指定门的粗略宽度
粗略高度	该文本框可以指定门的粗略高度
高度	该文本框可以指定门的高度
宽度	该文本框可以指定门的宽度

完成门类型参数的设置后，将光标移动至绘图区域，沿着轴线 E 并在轴线 1 与轴线 2 之间的墙体适当位置连续单击，为其添加门图元，效果如图 6-11 所示。

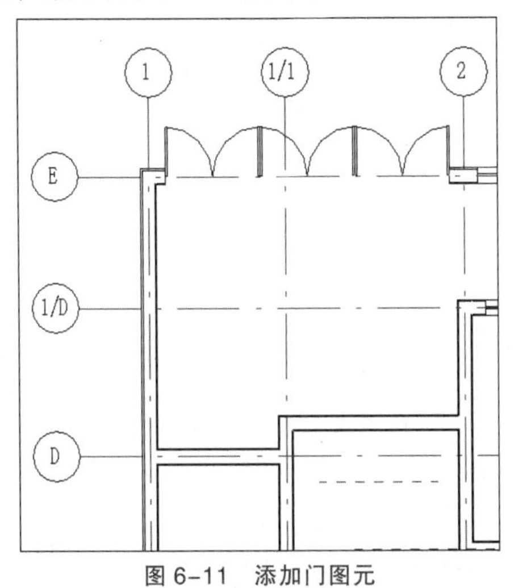

图 6-11　添加门图元

然后单击两次 Esc 键，切换至默认三维视图，即可查看正门的效果，如图 6-12 所示。

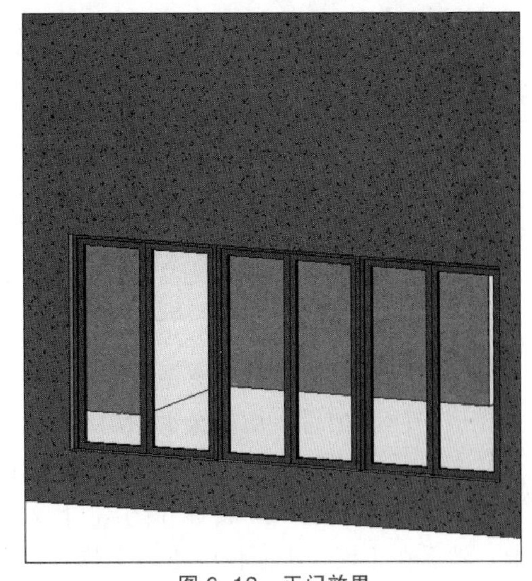
图 6-12　正门效果

完成正门的添加后，切换至 F1 楼层平面视图，然后按照上述方法载入适当的门族类型，并设置相应的类型参数。此时，在适当位置的墙体上添加各门图元，效果如图 6-13 所示。

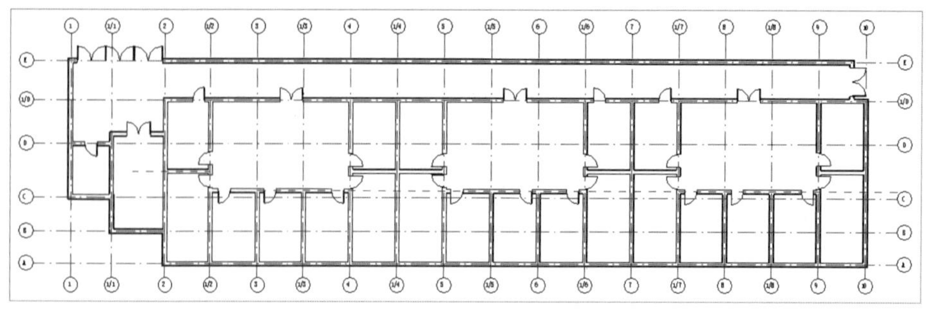

图 6-13　插入其他门图元

接着切换至三维视图中，在【属性】面板中启动【剖面框】复选框，并拖动蓝色控制按钮，查看各门图元效果，如图 6-14 所示。

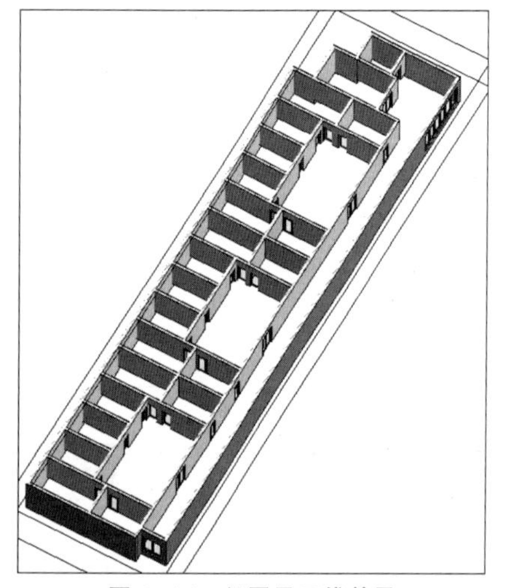

图 6-14　门图元三维效果

此外，用户还可以通过【门】工具从库中载入【门洞】图元来为建筑墙体添加门洞。门洞的添加方法与添加门一样，这里不再赘述。

2. 创建常规窗

完成门的添加后，切换至 F1 楼层平面视图。然后在【构件】面板中单击【窗】按钮▦，软件将打开【修改 | 放置 窗】上下文选项卡。然后在【模式】面板中单击【载入族】按钮▣，软件将自动打开【载入族】对话框。接着选择并打开【China/ 建筑 / 窗 / 普通窗 / 组合窗】文件夹中的【组合窗 – 双层四列 (两侧平开)– 上部固定 .rfa】族文件，效果如图 6-15 所示。

图 6-15　选择窗类型

完成窗族的载入后，软件将在【属性】面板的类型选择器中自动显示该族类型。此时，单击【编辑类型】对话框，软件将打开【类型属性】对话框。然后复制窗类型为"少年部大楼 C-1"，并在【尺寸标注】参数列表【高度】和【宽度】文本框中设置参数为 2000 和 5500，效果如图 6-16 所示。

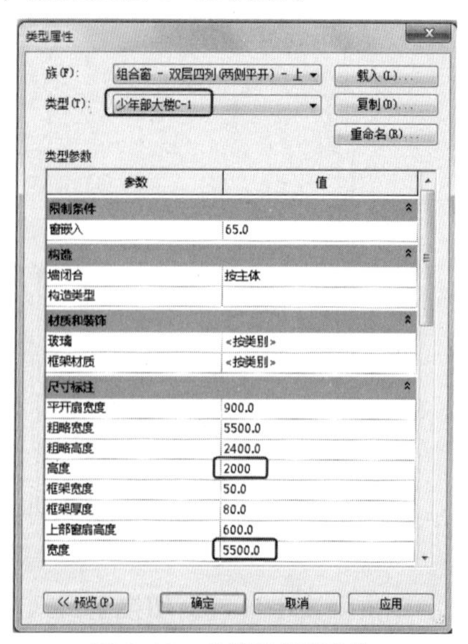

图 6-16　设置窗类型参数

完成窗类型参数的设置后，将光标移动至绘图区域，沿着轴线 E 并在轴线 2 与轴线 10 之间的墙体适当位置连续单击，为其添加窗图元，效果如图 6-17 所示。

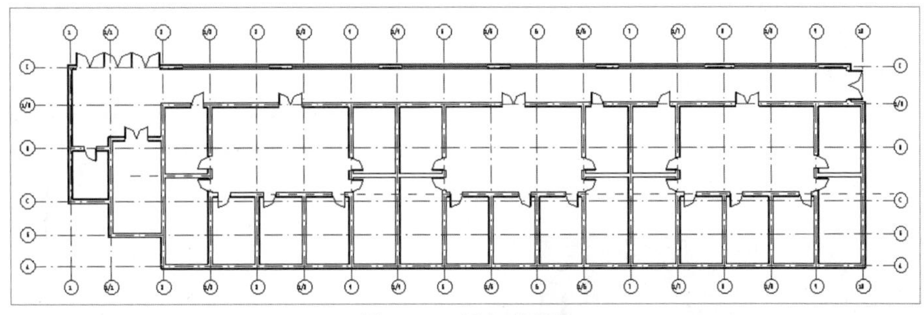

图 6-17　添加窗图元

然后单击两次 Esc 键，切换至默认三维视图中，即可查看窗的效果，如图 6-18 所示。

完成“少年部大楼 C-1”的添加后，切换至 F1 楼层平面视图，然后按照上述方法载入适当的窗族类型，并设置相应的类型参数。接着在适当位置的墙体上添加各窗图元，效果如图 6-19 所示。

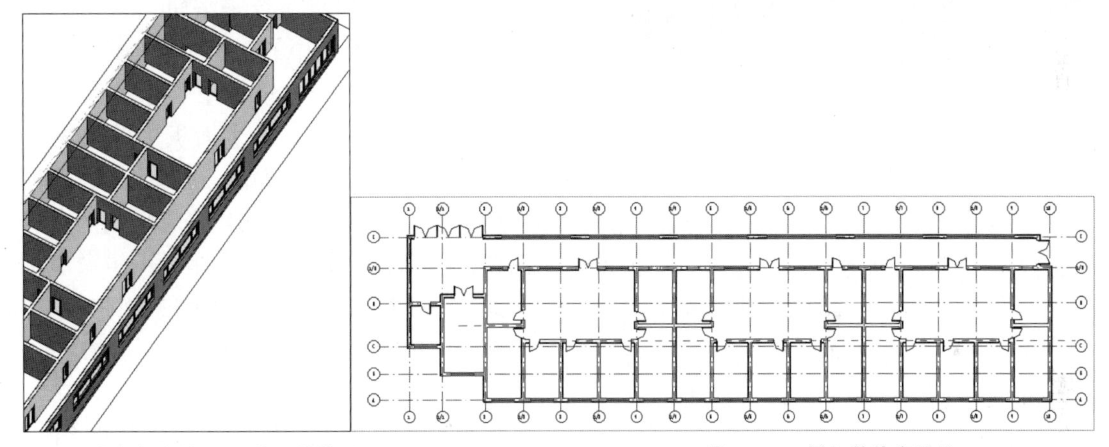

图 6-18　少年部大楼 C-1 的三维效果　　图 6-19　插入其他窗图元

此时，切换至三维视图中，查看各窗图元效果，如图 6-20 所示。

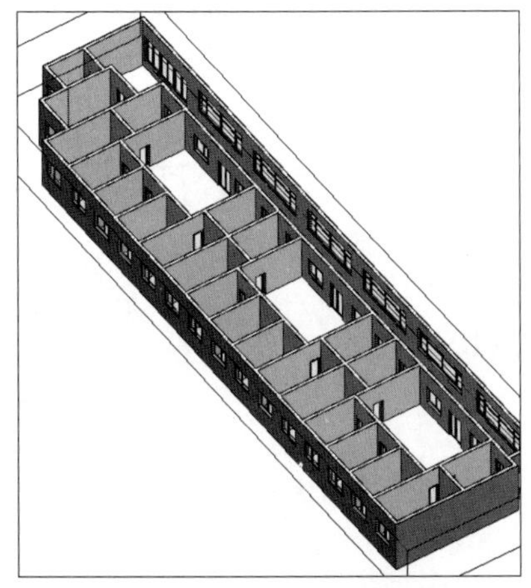

图 6-20　窗图元三维效果

提示　当载入门窗族后，一般要在【类型属性】对话框中将该族类型复制为与项目相关的新的族类型。然后将其插入墙体适当的位置。只有当光标移动至墙体上时，门窗工具才会被激活。

6.2.2 编辑常规门窗

门窗是建筑造型的重要组成部分，所以它们的形状、尺寸、比例、排列、色彩、造型等对建筑的整体造型都有很大的影响。门窗都是外部载入族，其编辑方法完全一样。

1. 修改门窗实例参数

选择门窗，在其【属性】面板中可以设置所选择门窗的标高、底高度等实例参数，效果如图 6-21 所示。

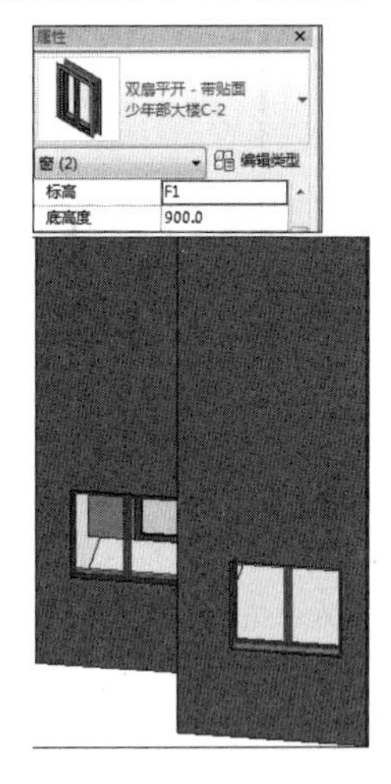

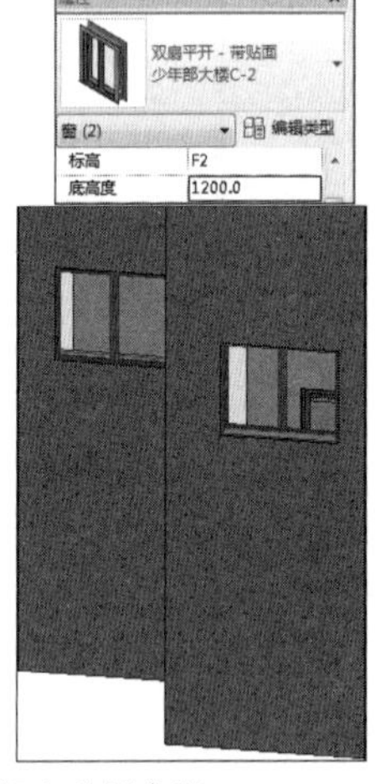

图 6-21　修改门窗实例参数

2. 修改门窗类型参数

选择门窗，在【属性】面板中单击【编辑类型】按钮，软件将自动打开【类型属性】对话框。然后可以通过复制或重命名来创建新的门窗类型，也可以修改门窗的高度、宽度、窗台高度、框架、材质等参数，即可改变门窗的显示效果，如图 6-22 所示。

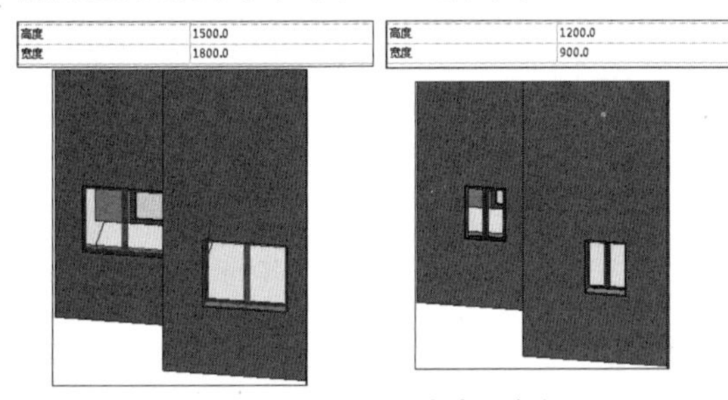

图 6-22　修改门窗类型参数

3. 开启方向及临时尺寸控制

选择门窗，软件将在所选门窗附近显示蓝色临时尺寸和方向控制按钮，效果如图 6-23 所示。其中，单击蓝色临时尺寸文字，并编辑尺寸数值，门窗位置将自动调整；单击蓝色【翻转】方向符号，即可调整门窗的左右、内外开启方向。

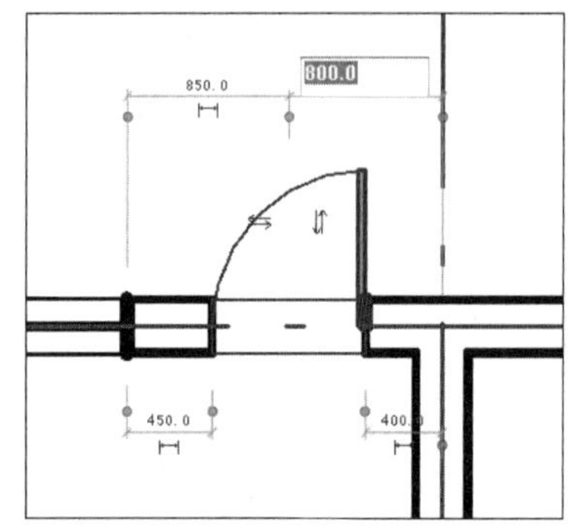

图 6-23　临时尺寸标注与方向控制按钮

4. 常规编辑命令

除了上述编辑工具外，用户还可以通过【修改 | 门】或【修改 | 窗】上下文选项卡的各个面板中的编辑命令来编辑门窗。一般情况下，【修改】面板中的【移动】、【复制】、【旋转】、【阵列】、【镜像】和【对齐】等编辑命令，以及【剪贴板】面板中的【复制到剪贴板】、【剪切到剪贴板】和【从剪贴板中粘贴】等编辑命令都是用户经常使用的命令。例如，可以通过【剪贴板】上的编辑命令将项目文件中 F1 楼层的门窗图元在 F2 和 F3 楼层中的相同位置显示，具体操作如下所述。

完成 F1 楼层门窗图元的添加后，在绘图区域框选所有图元，软件将自动打开【修改 | 选择多个】上下文选项卡。此时，在【选择】面板中单击【过滤器】按钮，软件将自动打开【过滤器】对话框，如图 6-24 所示。然后只启用【门】和【窗】复选框，单击【确定】按钮。

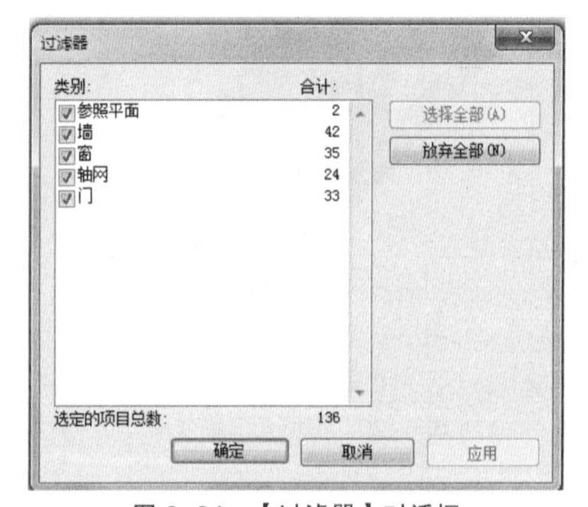

图 6-24　【过滤器】对话框

完成门窗的选择后，在【剪切板】面板中单击【复制到剪切板】按钮，并在【粘贴】下拉菜单中选择【与选定的标高对齐】选项。此时，软件将自动打开【选择标高】对话框。然后按下 Ctrl 键的同时，选择 F2 和 F3 选项，单击【确定】按钮，效果如图 6-25 所示。

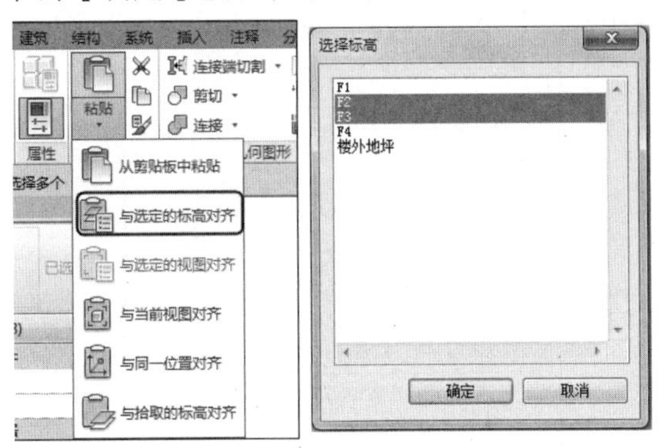

图 6-25　复制粘贴门窗操作

接着切换至三维视图中，删除多余的外墙门，效果如图 6-26 所示。

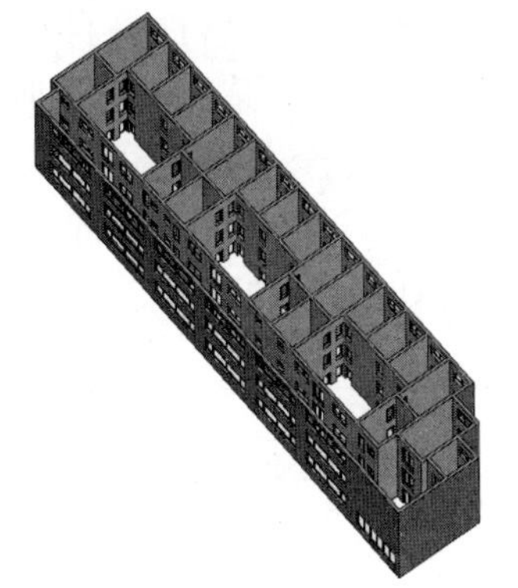
图 6-26　复制粘贴后的门窗三维效果

提示　当使用【移动】、【复制】、【镜像】和【阵列】命令创建门窗时，新的位置必须有墙体存在，否则软件将报警并自动删除所选门窗。

5. 移动门

选择门窗，按住鼠标左键拖曳可以在当前墙的方向上移动所选择图元，如果需要把该图元移动至不同方向的墙体上，则可以使用【拾取新主体】工具。

选择任一门图元，单击功能区【拾取新主体】按钮，并移动光标至右侧垂直墙上。然后同插入门一样捕捉插入位置，并设置开启方向。接着单击，即可将门移动到另一面墙体上，效果如图 6-27 所示。

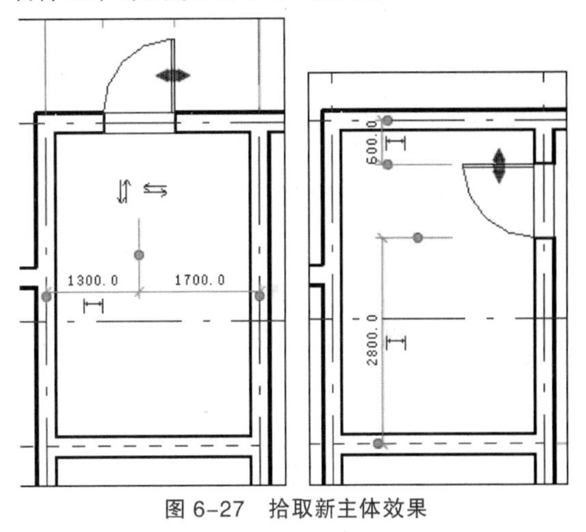

图 6-27　拾取新主体效果

6.3 嵌套幕墙门窗

在现代建筑设计中，除了常规的门窗之外，还有入口处玻璃门联窗、带形窗、落地窗等特殊的门窗形式。这些门窗在传统概念上仍属于门窗的范畴，但其外形却是“幕墙 + 门窗”的形式，且外形各异，所以很难用一个或几个常规门窗族来创建，但可以通过添加幕墙并自定义幕墙网格，然后替换相应的门嵌板的方式来创建。

打开下载文件中“门窗文件 .rvt”项目文件，在【构建】面板中单击【墙】按钮，并在【属性】面板中选择【幕墙】选项。然后设置【无连接高度】为 3000，单击【编辑类型】按钮。接着在【类型属性】对话框中启动【自动嵌入】复选框，效果如图 6-28 所示。

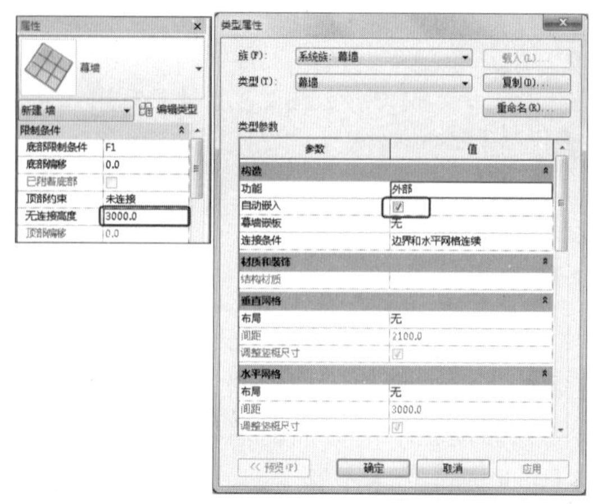

图 6-28　选择并设置幕墙参数

完成幕墙的设置后，沿着轴线 E，并在轴线 1 与轴线 1/1 之间墙体的适当位置单击捕捉左侧一点为幕墙的起点，水平向右移动光标，输入 5400。然后按 Enter 键，即可在基本墙内部嵌入一面幕墙，且自动剪切洞口，效果如图 6-29 所示。

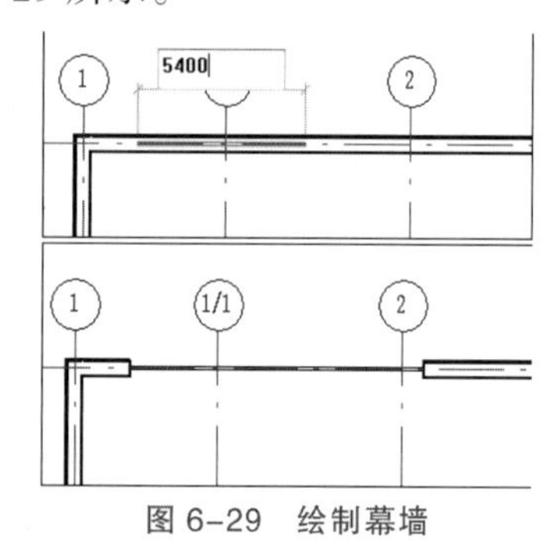

图 6-29　绘制幕墙

完成幕墙的绘制后，切换至三维视图查看效果，如图 6-30 所示。

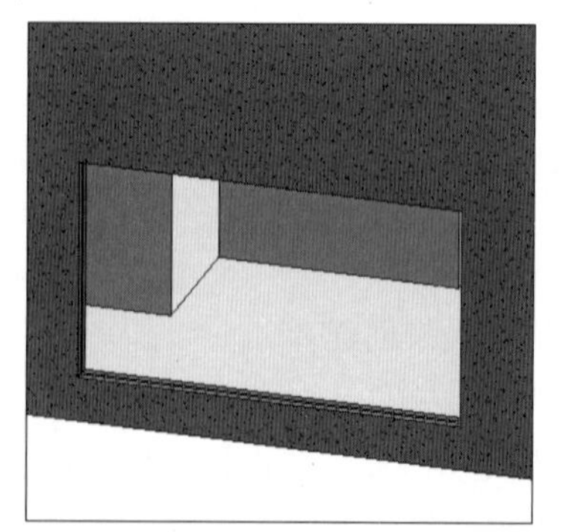
图 6-30　幕墙三维效果

此时，切换至后视图，选择该幕墙，单击【临时隐藏 / 隔离】按钮。然后选择【隔离图元】选项，并在【构建】面板中单击【幕墙网格】按钮，软件将打开【修改 | 放置幕墙网格】上下文选项卡。接着利用【放置】面板上的【全部分段】工具，在距离幕墙顶部 800 位置处单击，创建水平网格线；利用【一段】工具捕捉上下嵌板的 1/2 和 1/3 分割点，单击创建垂直网格线，效果如图 6-31 所示。

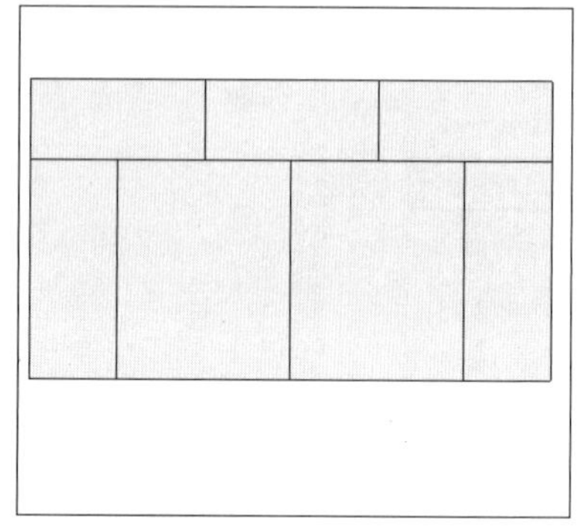
图 6-31　绘制网格线

完成网格的绘制后，在【构建】面板中单击【竖梃】按钮，软件将自动打开【修改 | 放置 竖梃】上下文选项卡。此时，在【放置】面板上单击【全部网格线】按钮，并在任一幕墙网格线段上单击，即可为幕墙添加竖梃，效果如图 6-32 所示。

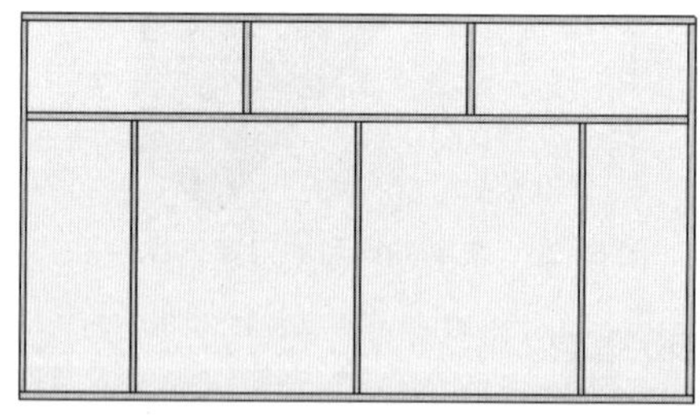
图 6-32　添加幕墙竖梃

然后配合 Tab 键及 Ctrl 键选择中间的两块嵌板，并单击【编辑属性】对话框。此时，在打开的【类型属性】对话框中单击【载入】按钮，选择并打开【建筑 / 幕墙 / 门窗嵌板 / 门嵌板 – 双开门 3.rfa】选项，即可完成嵌套幕墙门窗的创建，如图 6-33 所示。

图 6-33　选择门嵌板

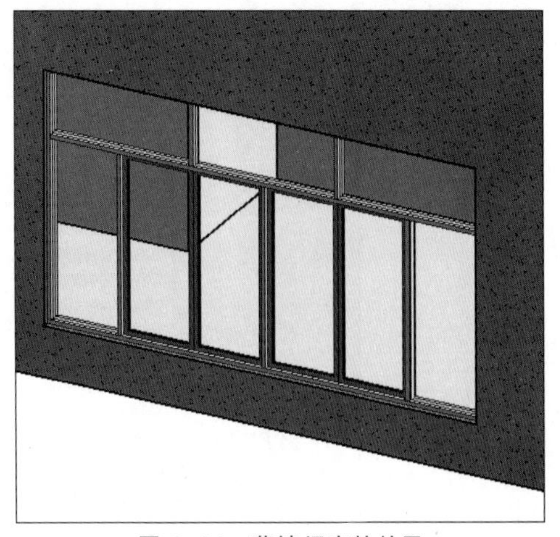

图 6-34　幕墙门窗的效果

接着单击【临时隐藏 / 隔离】按钮，选择【重设临时隐藏 / 隔离】选项。用户即可切换至三维视图查看创建效果，如图 6-34 所示。

6.4 典型案例：教育中心大楼门窗的创建

本实例将创建教育中心大楼的门窗。该教育中心是建筑体系中的一幢独立建筑。其为两层的混凝土 - 砖石结构，内部配置有卫生间等常规建筑构件设施，满足了该建筑的使用特性要求，效果如图 6-35 所示。

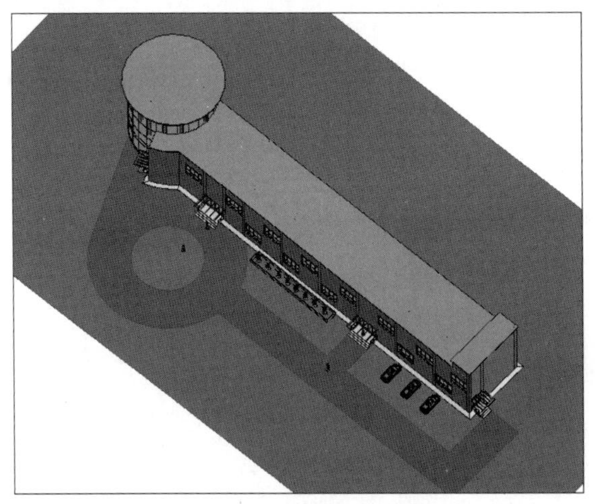

图 6-35　教育中心大楼

门和窗是房屋的重要组成部分，门的主要功能是交通联系，窗主要供采光和通风之用，它们均属建筑的围护构件。在 Revit 中，墙是门窗的承载主体，门窗可以自动识别墙并且只能依附于墙存在。

常规门窗的创建非常简单，只要选择需要的门窗类型，在墙上单击捕捉插入点位置即可放置。而门的类型与尺寸，则可以通过相关的面板或对话框中的参数来设置，从而得到不同的显示效果。

1. 创建门

使用门工具可以方便地在项目中添加任意形式的门。在 Revit 中，门构件与墙不同，门图元属于外部族，在添加门之前必须在项目中载入所需的门族。

(1) 切换至 F1 楼层平面视图，单击【构建】面板中的【门】按钮，软件将自动打开【修改 | 放置 门】上下文选项卡。此时，单击【载入族】按钮，选择【China/ 建筑 / 门 / 普通门 / 平开门 / 双扇 / 双面嵌板玻璃门 .rfa】族文件。然后单击【打开】按钮，载入该族，效果如图 6-36 所示。

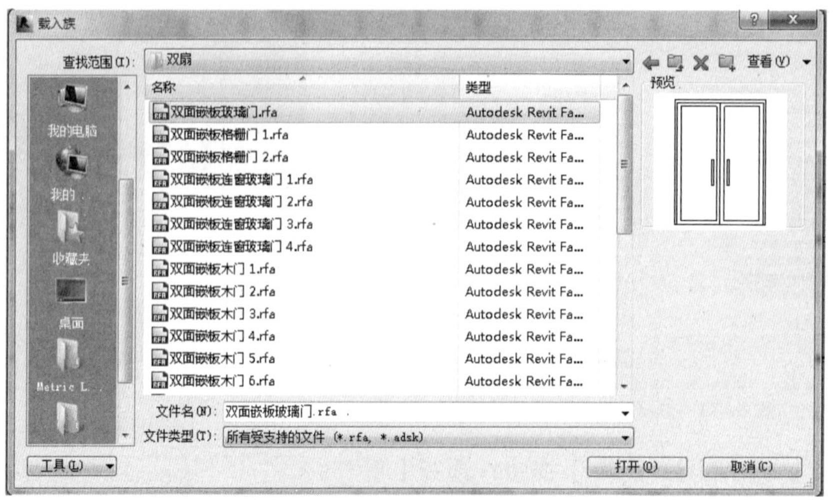

图 6-36　载入指定门族文件

(2) 在【属性】面板类型选择器下拉列表中选择【1500×2400mm】类型，单击【编辑类型】按钮。然后在【类型属性】对话框中复制类型并创建“教育中心 -M-1”。单击【确定】按钮，在绘图区域指定位置单击，添加该门图元，效果如图 6-37 所示。

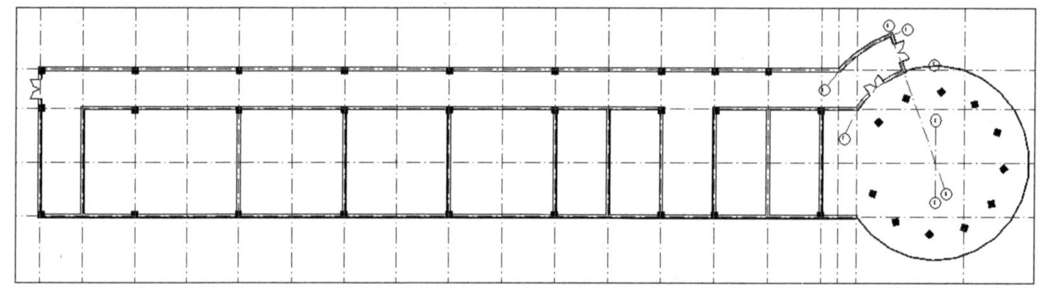

图 6-37　添加教育中心 -M-1

(3) 依照上述方法载入【单嵌板玻璃门 1.rfa】，在【属性】类型选择器中选择【900×2100mm】为基础类型。单击【编辑类型】按钮，复制该基础类型并创建“教育中心 -M-2”。单击【确定】按钮，在绘图区域指定位置依次单击，添加该门图元，效果如图 6-38 所示。

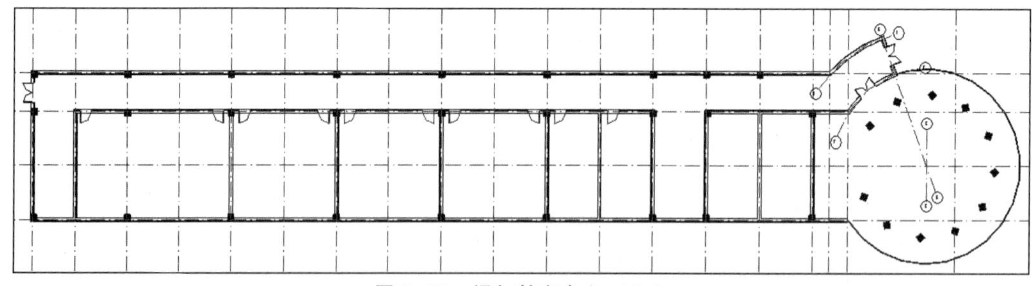

图 6-38　添加教育中心 -M-2

(4) 在【属性】类型选择器中选择【教育中心 -M-2】为基础类型，单击【编辑类型】按钮。然后复制该基础类型并创建“教育中心 -M-3”。此时，在【尺寸标注】选项中设置【宽度】为 800，单击【确定】按钮。接着在绘图区域指定位置依次单击，添加该门图元，效果如图 6-39 所示。

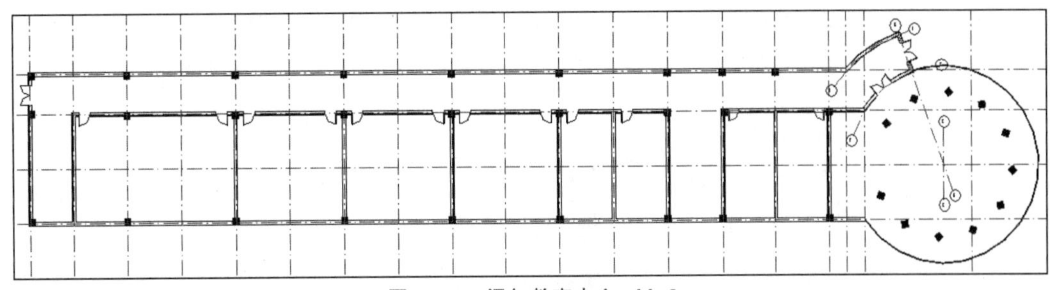

图 6-39　添加教育中心 -M-3

(5) 在【属性】类型选择器中选择【教育中心 -M-1】为基础类型，单击【编辑类型】按钮。然后复制该基础类型并创建“教育中心 -M-4”。此时，在【尺寸标注】选项中设置【宽度】为 1800，单击【确定】按钮。接着在绘图区域指定位置依次单击，添加该门图元，效果如图 6-40 所示。

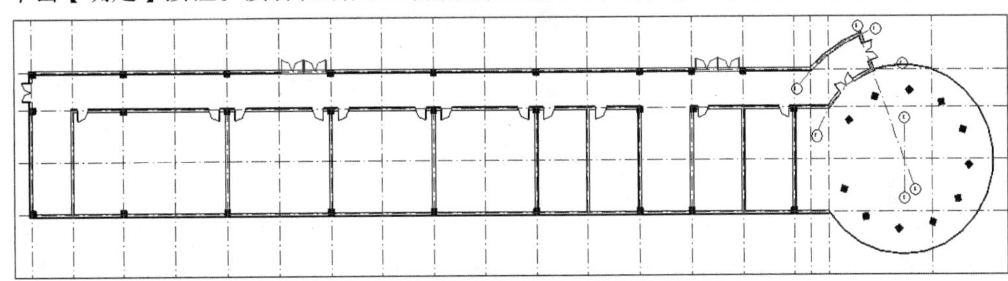

图 6-40　添加教育中心 -M-4

(6) 选择【教育中心 -M-2】、【教育中心 -M-3】的所有门对象，单击【剪切板】面板中的【复制到剪切板】按钮。然后选择【与选定的标高对齐】选项，软件将自动打开【选择标高】对话框。此时，选择 F2，单击【确定】按钮，软件将在 F2 楼层平面的相同位置添加 F1 楼层平面视图中的门图元。接着切换至 F2 楼层平面视图，效果如图 6-41 所示。

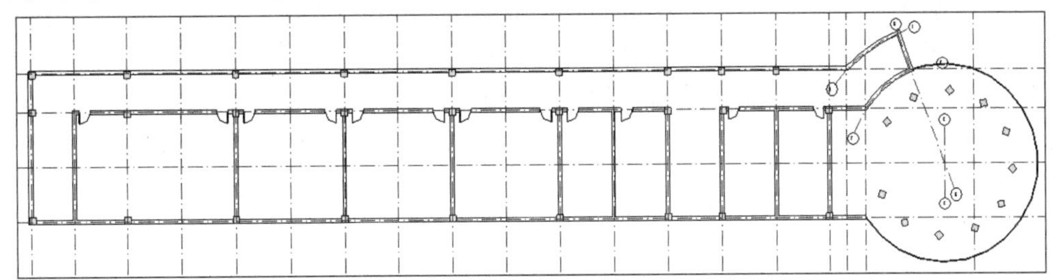

图 6-41　复制门对象

2. 创建窗

窗是基于主体的构件，可以添加到任何类型的墙内。在 Revit 中要创建并添加窗，首先要选择窗类型，然后指定窗在主体图元上的位置，软件将自动剪切洞口并放置窗。

(1) 切换至 F1 楼层平面视图，单击【构建】面板中的【窗】按钮，载入【组合窗 - 三层四列 (两侧平开).rfa】族文件。然后打开该族的【类型属性】对话框，复制类型并命名为“教育中心 C1”。接着在【尺寸标注】选项栏中设置【高度】为 2800，返回至【属性】面板中设置【底高度】为 800，效果如图 6-42 所示。

(2) 完成教育中心 C1 结构参数的设置后，在绘图区域指定位置依次单击放置，软件即可自动添加该窗图元，效果如图 6-43 所示。

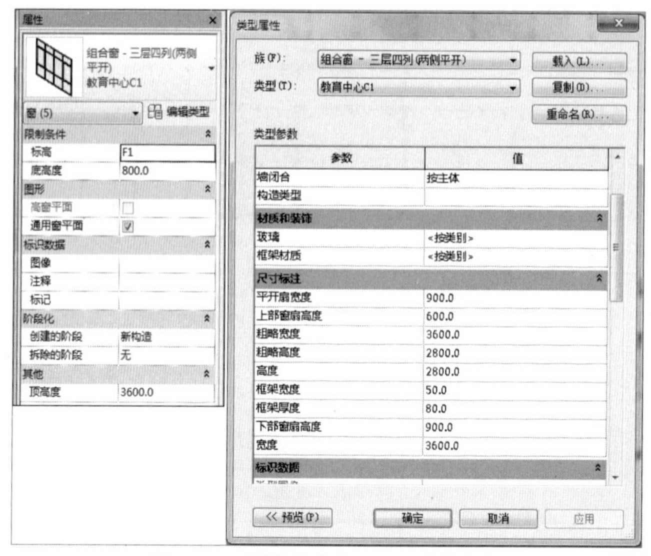

图 6-42　设置教育中心 C1 结构参数

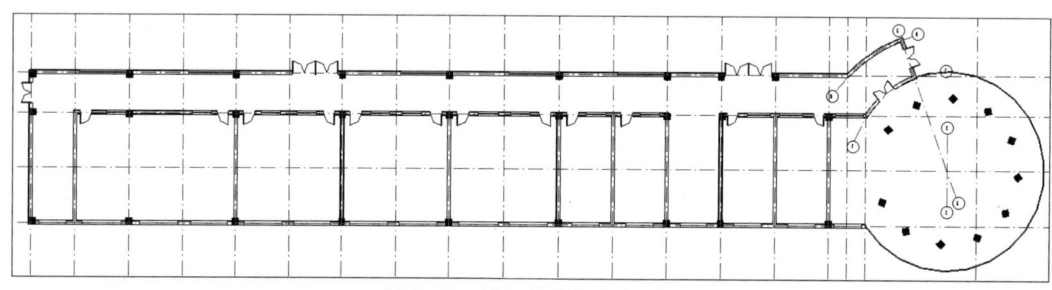

图 6-43　添加教育中心 C1 窗

(3) 利用上述相同的方法载入【双扇平开 - 带贴面 .rfa】族文件，并在【属性】面板中选择【1200×1200】类型。然后打开该族的【类型属性】对话框，复制类型并命名为“教育中心 -C-2”。接着在【尺寸标注】选项栏中设置【宽度】为 1500，并返回至【属性】面板中设置【底高度】为 900，效果如图 6-44 所示。

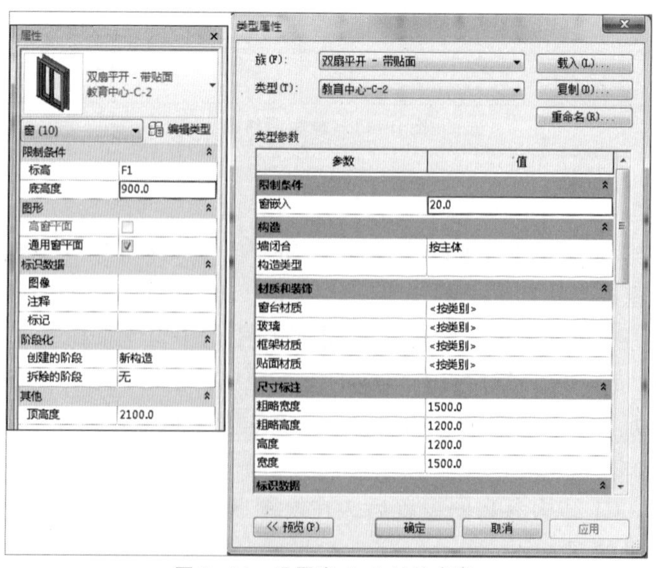

图 6-44　设置窗 C-2 结构参数

(4) 完成教育中心 -C-2 结构参数的设置后，在绘图区域指定位置依次单击放置，软件即可自动添加该窗图元，效果如图 6-45 所示。

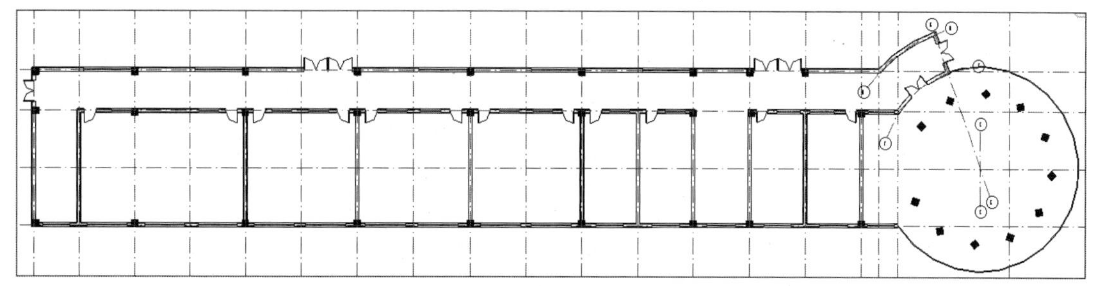

图 6-45　添加教育中心 -C-2 窗

(5) 利用上述相同的方法载入【推拉窗 6.rfa】族文件，打开该族的【类型属性】对话框。然后复制类型并命名为“教育中心 -C-3”。接着在【尺寸标注】选项栏中设置【高度】为 1500，【宽度】为 1800，并返回至【属性】面板中设置【底高度】为 900，效果如图 6-46 所示。

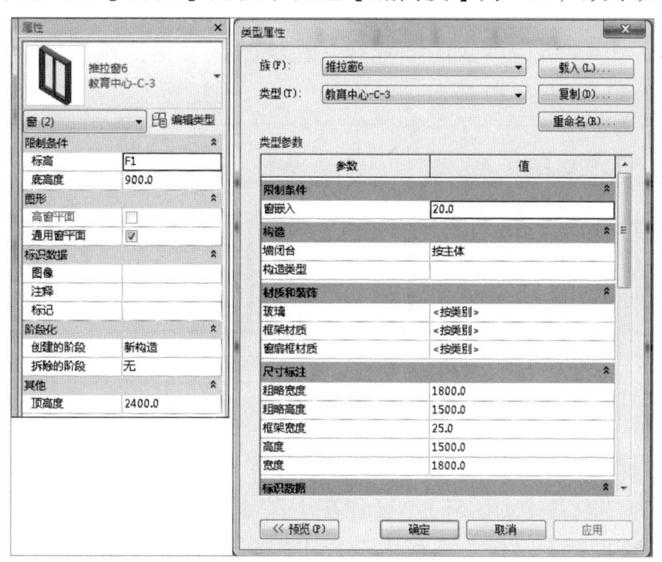

图 6-46　设置教育中心 -C-3 结构参数

(6) 完成教育中心 -C-3 结构参数的设置后，在绘图区域指定位置依次单击放置，软件即可自动添加该窗图元，效果如图 6-47 所示。

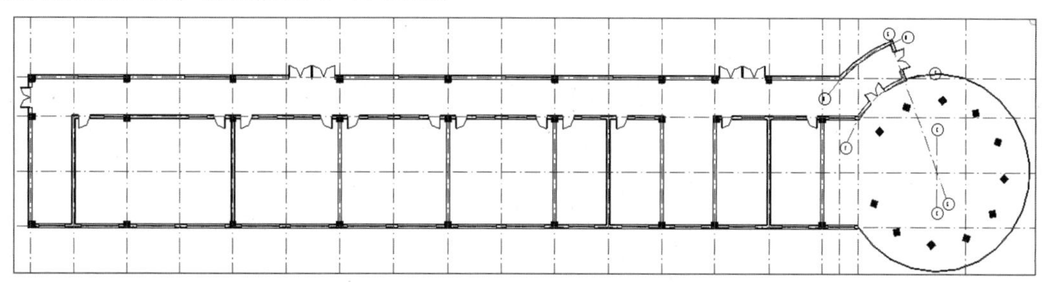

图 6-47　添加教育中心 -C-3 窗

(7) 在【属性】面板中选择【教育中心 -C-3】类型，打开该族的【类型属性】对话框。然后复制类型并命名为“教育中心 -C-4”。接着在【尺寸标注】选项栏中设置【宽度】为 2100，并返回至【属性】面板中设置【底高度】为 900，效果如图 6-48 所示。

图 6-48　设置教育中心 -C-4 结构参数

(8) 完成教育中心 -C-4 结构参数的设置后，在绘图区域指定位置依次单击放置，软件即可自动添加该窗图元，效果如图 6-49 所示。

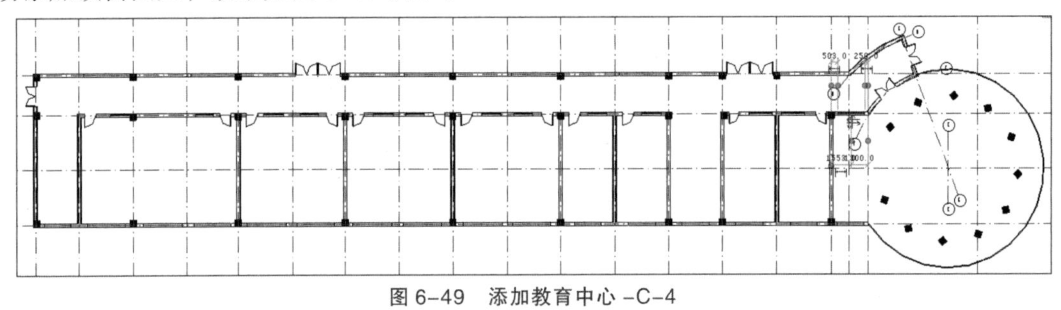

图 6-49　添加教育中心 -C-4

(9) 依照上述方法载入【组合窗 - 三层双列(平开 + 固定).rfa】，打开该族的【类型属性】对话框。然后复制类型并命名为“教育中心 C5”。接着在【尺寸标注】选项栏中设置【宽度】为 2100，【高度】为 2800，并返回至【属性】面板中设置【底高度】为 800，效果如图 6-50 所示。

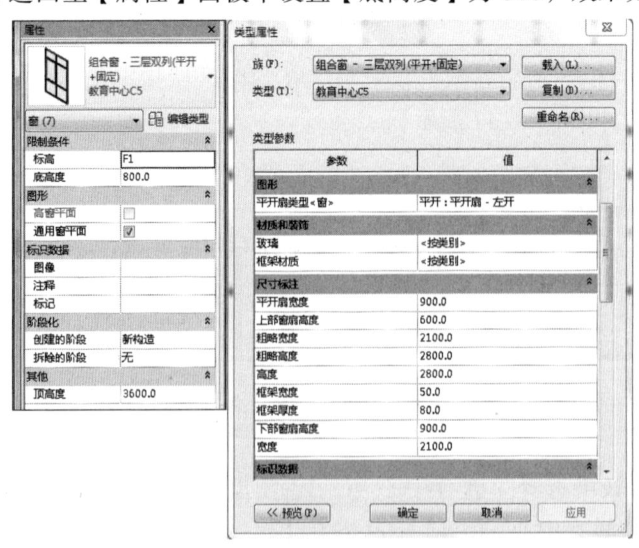

图 6-50　设置教育中心 C5 结构参数

(10) 完成教育中心 C5 结构参数的设置后，在绘图区域指定位置依次单击放置，软件即可自动添加该窗图元，效果如图 6-51 所示。

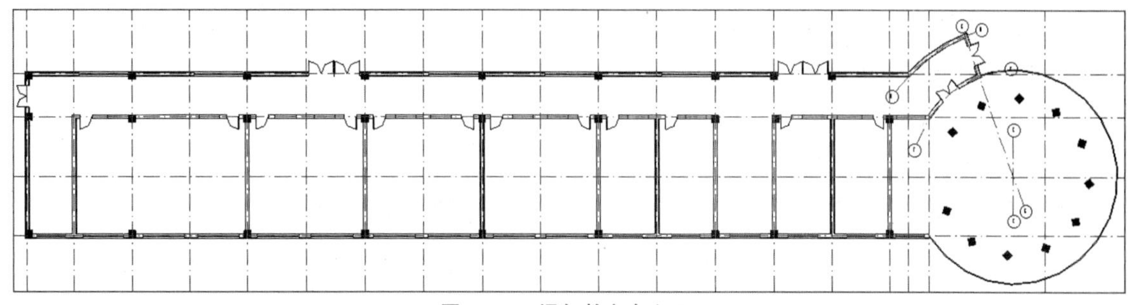

图 6-51　添加教育中心 C5

(11) 在【属性】面板中选择【教育中心 C1】类型，打开该族的【类型属性】对话框。然后复制类型并命名为“教育中心 C6”。接着在【尺寸标注】选项栏中设置【宽度】为 3000，【高度】为 2800，并返回至【属性】面板中设置【底高度】为 800，效果如图 6-52 所示。

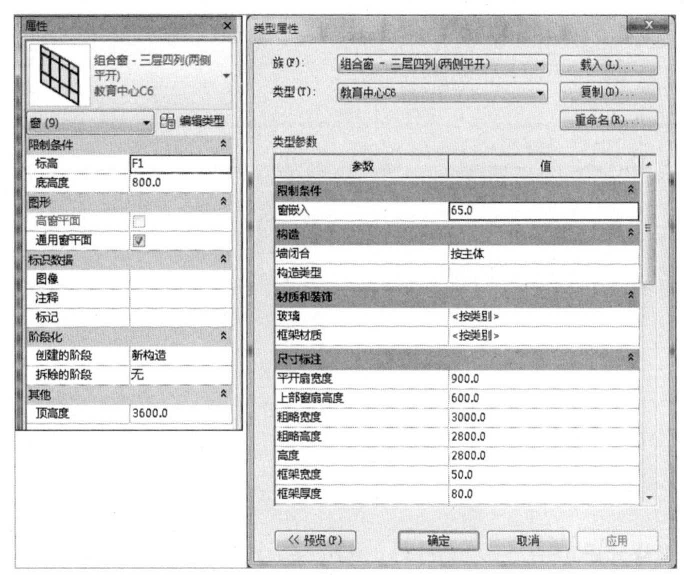

图 6-52　设置教育中心 C6 参数

(12) 完成教育中心 C6 结构参数的设置后，在绘图区域指定位置依次单击放置，软件即可自动添加该窗图元，效果如图 6-53 所示。

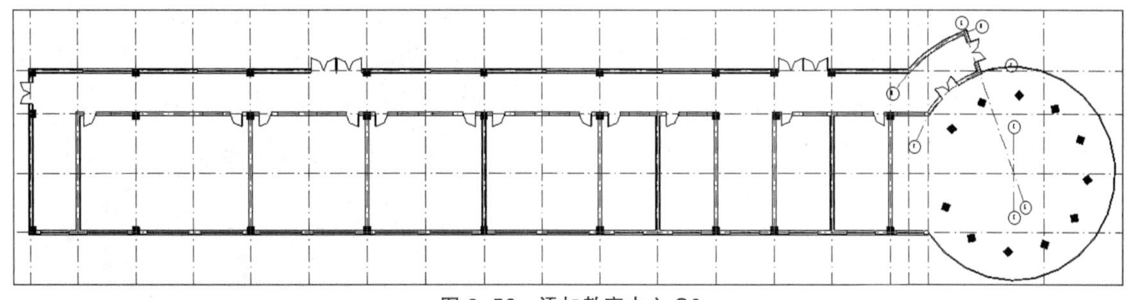

图 6-53　添加教育中心 C6

(13) 选择【教育中心 -C-2】、【教育中心 -C-3】、【教育中心 -C-4】、【教育中心 C5】、【教育中心 C6】的所有窗对象，单击【剪切板】面板中的【复制到剪切板】按钮。然后选择【与选定的标高对齐】选项，软件将自动打开【选择标高】对话框。此时，选择 F2，单击【确定】按钮，软件即可在 F2 楼层平面的相同位置添加 F1 楼层平面视图中的窗图元。接着切换至 F2 楼层平面视图，效果如图 6-54 所示。

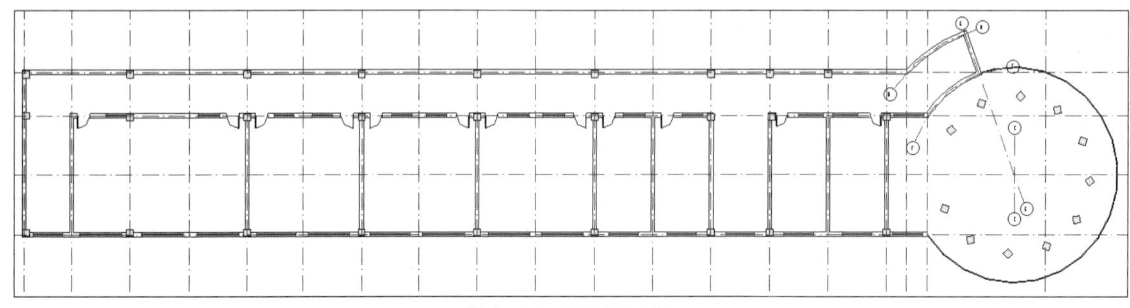

图 6-54 复制窗对象

(14) 在【属性】面板中选择【教育中心 C1】类型，在绘图区域指定位置依次单击放置，软件即可自动添加该窗图元，效果如图 6-55 所示。

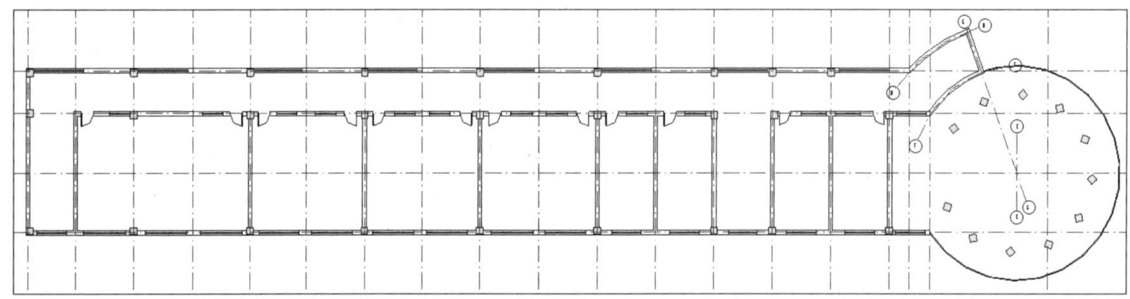

图 6-55 添加 F2 楼层教育中心 C1

6.5 典型案例：婴儿部大楼门窗的创建

本实例将创建婴儿部大楼的门窗。该婴儿部大楼是建筑体系中的一幢独立建筑。其为四层的混凝土 - 砖石结构，内部配置有卧室和卫生间等常规建筑构件设施，满足了该建筑的使用特性要求，效果如图 6-56 所示。

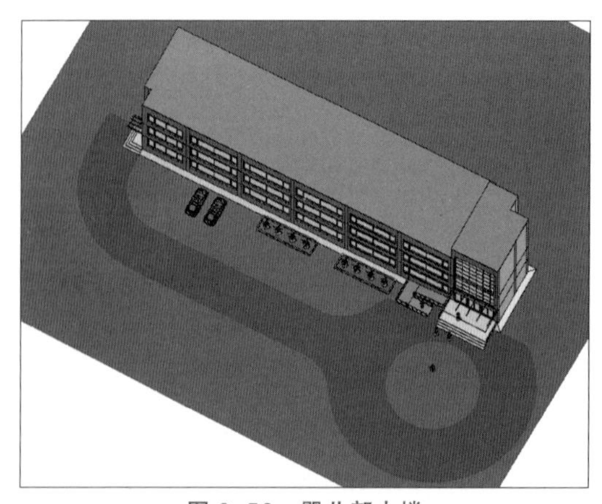

图 6-56 婴儿部大楼

1. 创建门

(1) 切换至 F1 楼层平面视图，单击【构建】面板中的【门】按钮。软件将自动打开【修改 | 放置 门】上下文选项卡。此时，单击【载入族】按钮，选择并打开【China/ 建筑 / 门 / 普通门 / 平开门 / 双扇 / 双面嵌板玻璃门 .rfa】族文件，载入该族文件，效果如图 6-57 所示。

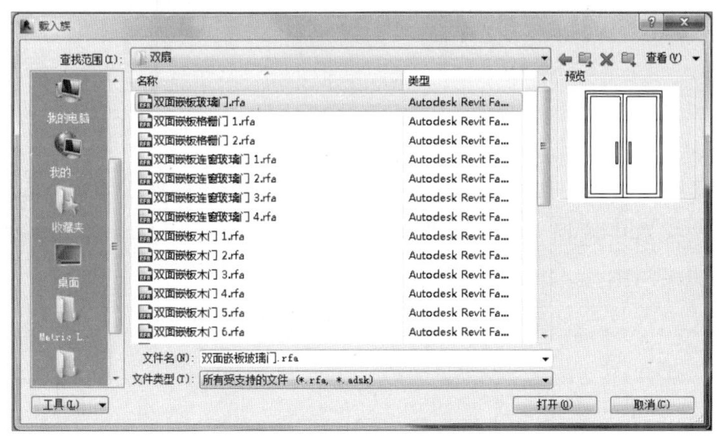

图 6-57　载入指定门族文件

(2) 在该族类型下拉列表中选择【1500×2400mm】选项，单击【编辑类型】按钮。然后在【类型属性】对话框中复制类型并命名为“婴儿部大楼门 M-1”。接着单击【确定】按钮，在绘图区域按照图 6-58 所示的位置单击，添加该门图元。

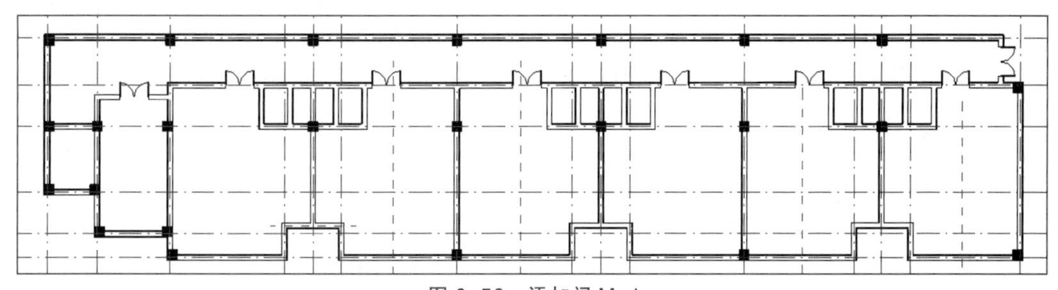

图 6-58　添加门 M-1

(3) 利用上述相同的方法载入【单嵌板玻璃门 1-700×2100mm.rfa】族文件，打开该族类型的【类型属性】对话框。然后复制类型并命名为“婴儿部大楼门 M-3”，单击【确定】按钮。接着在绘图区域按照图 6-59 所示的位置单击，添加该门图元。

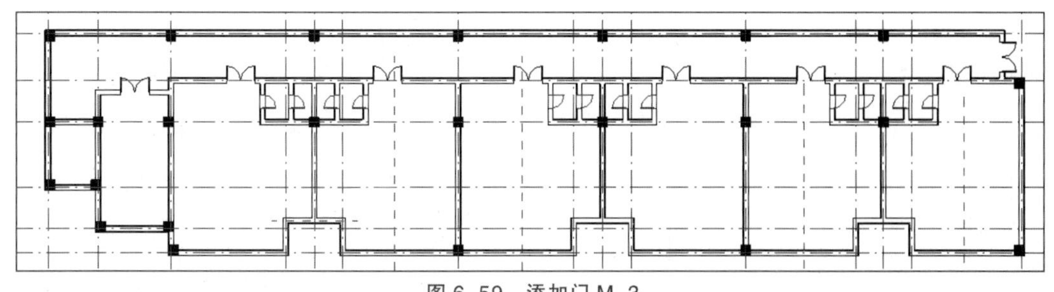

图 6-59　添加门 M-3

(4) 在【属性】类型选择器中选择【双面嵌板玻璃门 -1800×2400mm】为基础类型，单击【编辑类型】按钮。然后复制该基础类型并命名为“婴儿部大楼门 M-4”。接着单击【确定】按钮，在绘图区域按照图 6-60 所示的位置依次单击，添加该门图元。

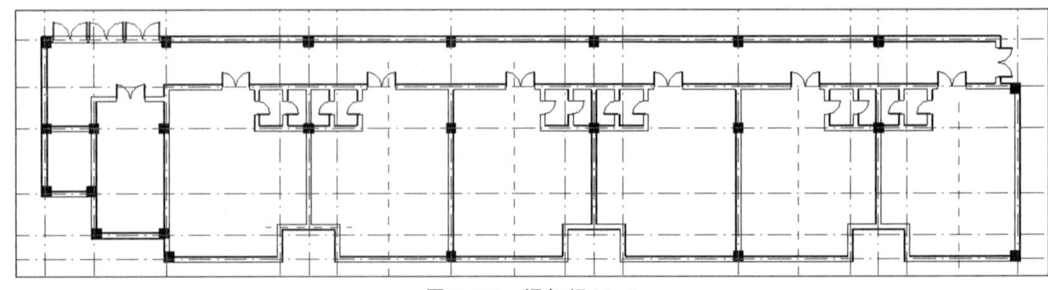

图 6-60 添加门 M-4

(5) 进入 F2 楼层平面视图，切换至【建筑】选项卡。此时，选择【构建】面板中的【门】工具，并在【属性】类型选择器中选择【婴儿部大楼门 M-1】选项，并在绘图区域按照图 6-61 所示的位置依次单击，添加该门图元。

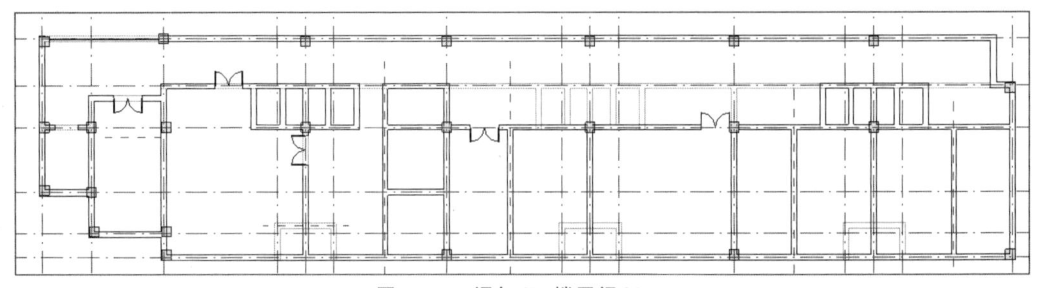

图 6-61 添加 F2 楼层门 M-1

(6) 在【属性】类型选择器中选择【单嵌板玻璃门 1-900×2100mm.rfa】族类型为基础类型，单击【编辑类型】按钮。然后在【类型属性】对话框中复制该类型并重命名为“婴儿部大楼门 M-2”。接着单击【确定】按钮，并在绘图区域按照图 6-62 所示的位置依次单击，添加该门图元。

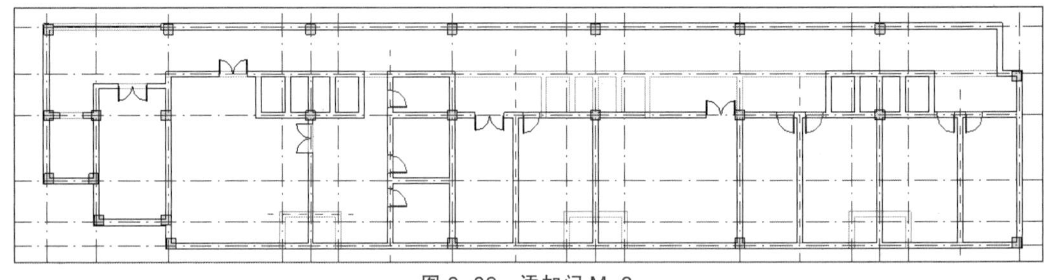

图 6-62 添加门 M-2

(7) 在【属性】类型选择器中选择【婴儿部大楼门 M-3】，在绘图区域按照图 6-63 所示的位置依次单击，添加该门图元。

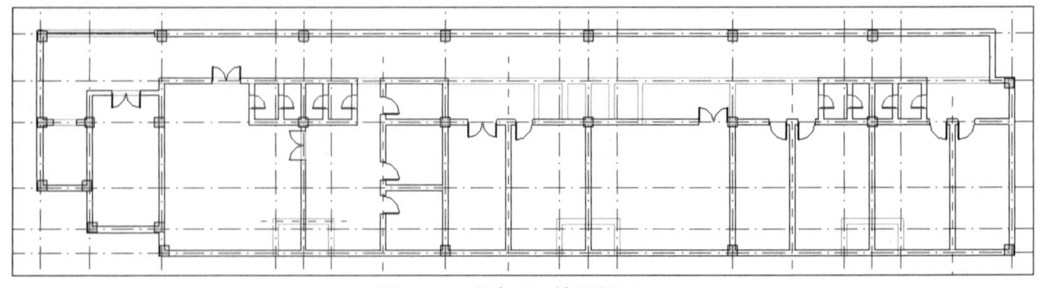

图 6-63 添加 F2 楼层门 M-3

(8) 切换至 F1 楼层平面视图，选择【婴儿部大楼门 M-1】、【婴儿部大楼门 M-3】的所有图元，在【剪切板】面板中单击【复制到剪切板】按钮。然后选择【与选定的标高对齐】选项，软件将自动打开【选择标高】对话框。此时，选择 F3，单击【确定】按钮，即可将选中图元添加到 F3 楼层平面视图中。接着切换至 F3 楼层平面视图，效果如图 6-64 所示。

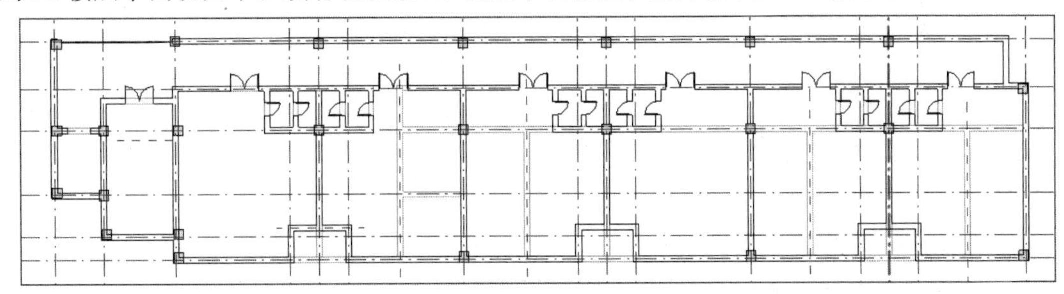

图 6-64　复制门图元

(9) 在【属性】类型选择器中选择【婴儿部大楼门 M-2】选项，并在绘图区域按照图 6-65 所示的位置依次单击，添加该门图元。

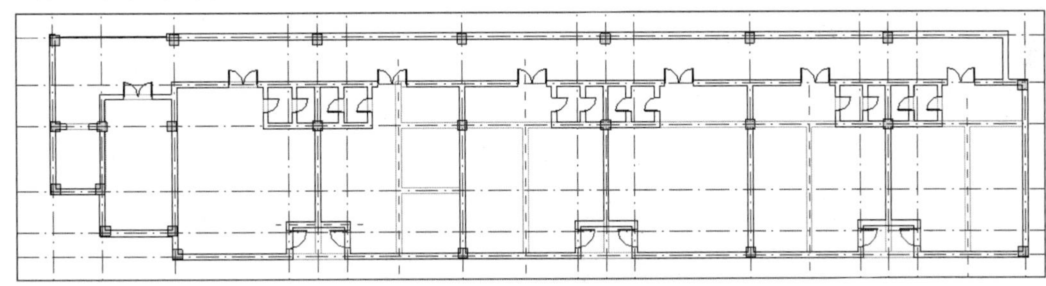

图 6-65　添加 F3 层婴儿部大楼门 M-2

2. 创建窗

(1) 切换至 F1 楼层平面视图，单击【构建】面板中的【窗】按钮。然后载入【组合窗 - 双层四列 (两侧平开)- 上部固定 .rfa】族文件，打开该族类型的【类型属性】对话框。接着复制类型并命名为“婴儿部大楼窗 C-1”。此时，设置相应的尺寸参数，并返回至【属性】面板中设置【底高度】为 900，效果如图 6-66 所示。

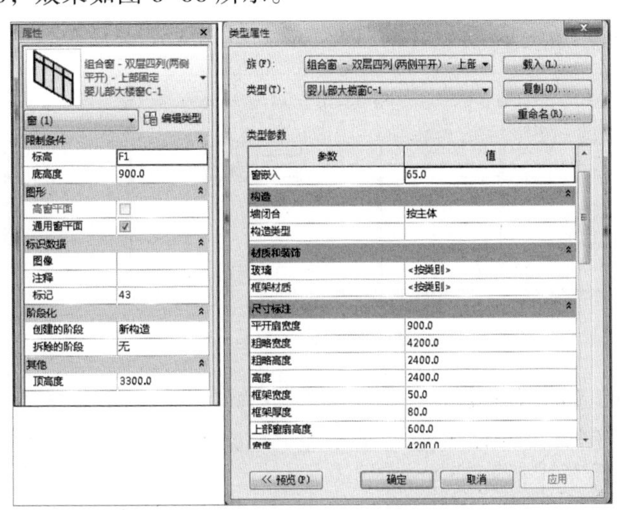

图 6-66　设置窗 C-1 结构参数

(2) 完成婴儿部大楼 C1 结构参数的设置后，在绘图区域指定位置依次单击放置，即可自动添加该窗图元，效果如图 6–67 所示。

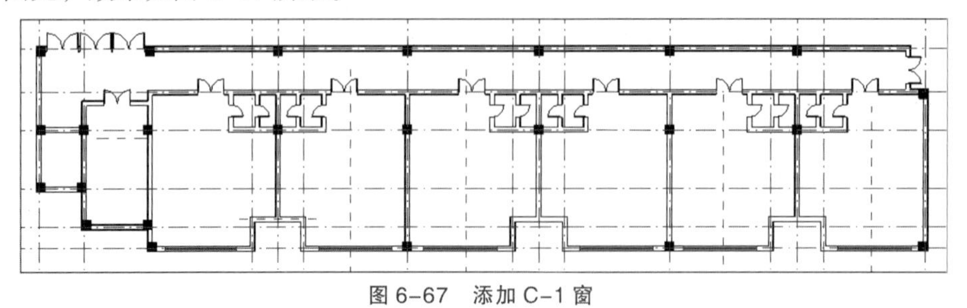

图 6–67　添加 C–1 窗

(3) 利用上述相同的方法载入【双扇平开 – 带贴面 .rfa】族文件，打开该族类型的【类型属性】对话框。然后复制类型并命名为“婴儿部大楼窗 C–2”。接着返回至【属性】面板中设置【底高度】为 900，如图 6–68 所示。

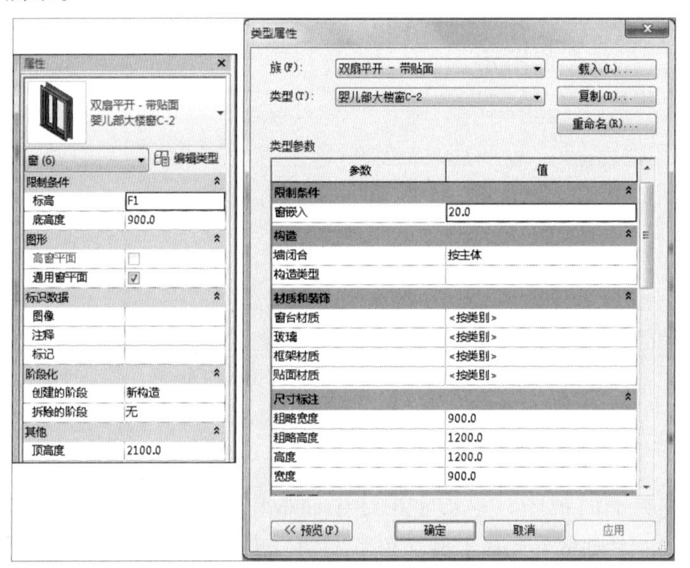

图 6–68　设置窗 C–2 结构参数

(4) 完成婴儿部大楼窗 C–2 结构参数的设置后，在绘图区域指定位置依次单击放置，即可自动添加该窗图元，效果如图 6–69 所示。

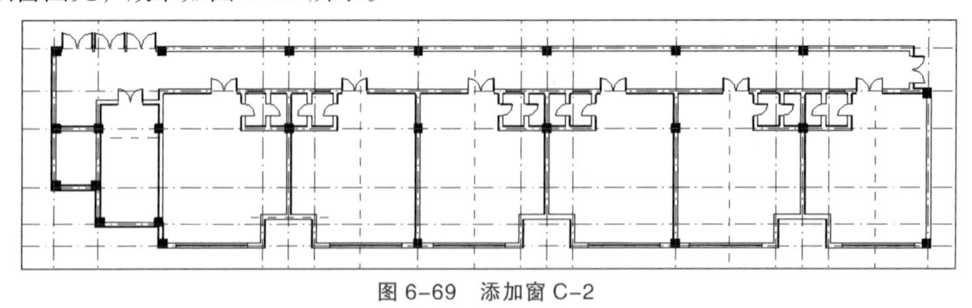

图 6–69　添加窗 C–2

(5) 利用上述相同的方法载入【单扇平开窗 1– 带贴面 .rfa】族文件，打开该族类型的【类型属性】对话框。然后复制类型并命名为“婴儿部大楼窗 C–3”。接着设置相应的尺寸参数，并返回至【属性】面板中设置【底高度】为 900，如图 6–70 所示。

图 6-70　设置窗 C-3 结构参数

(6) 完成婴儿部大楼窗 C-3 结构参数的设置后，在绘图区域指定位置依次单击放置，即可自动添加该窗图元，效果如图 6-71 所示。

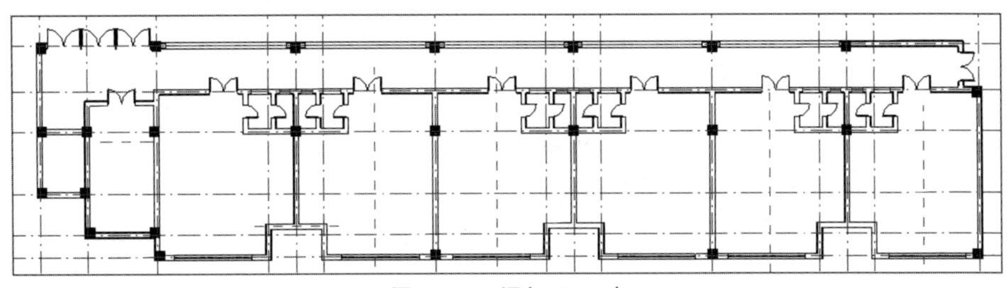

图 6-71　添加 C-3 窗

(7) 在【属性】面板选择器中选择【婴儿部大楼窗 C-1】为基础类型，打开该族类型的【类型属性】对话框。然后复制类型并命名为“婴儿部大楼窗 C-5”。接着设置相应的尺寸参数，并返回至【属性】面板中设置【底高度】为 900，如图 6-72 所示。

图 6-72　设置窗 C-5 结构参数

(8) 完成婴儿部大楼 C-5 结构参数的设置后，在绘图区域指定位置依次单击放置，即可自动添加该窗图元，效果如图 6-73 所示。

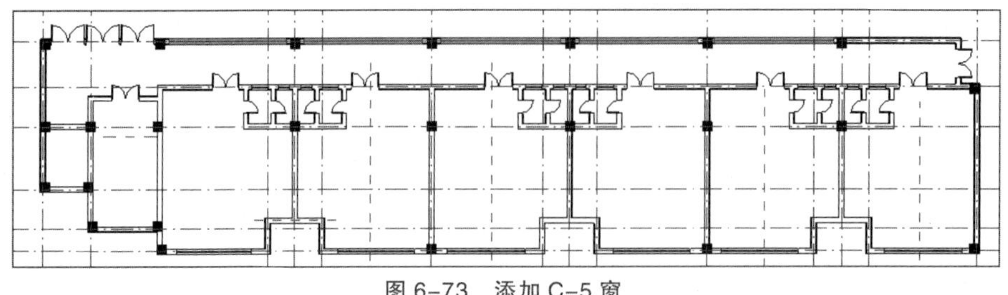

图 6-73　添加 C-5 窗

(9) 在【属性】面板选择器中选择【婴儿部大楼窗 C-5】为基础类型，打开该族类型的【类型属性】对话框。然后复制类型并命名为“婴儿部大楼窗 C-6”。接着设置相应的尺寸参数，并返回至【属性】面板中设置【底高度】为 900，如图 6-74 所示。

图 6-74　设置窗 C-6 结构参数

(10) 完成婴儿部大楼窗 C-6 结构参数的设置后，在绘图区域指定位置依次单击放置，即可自动添加该窗图元，效果如图 6-75 所示。

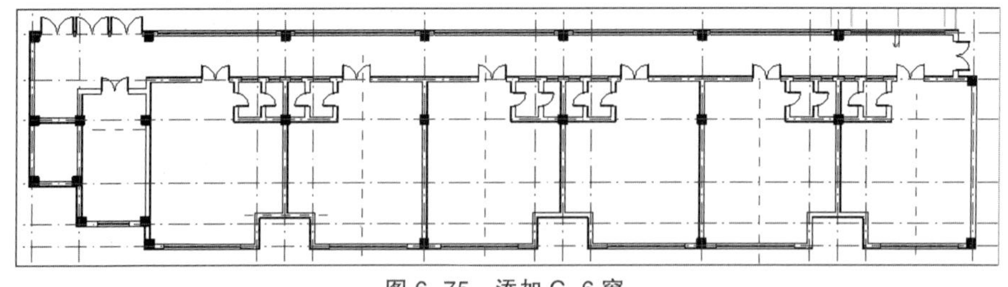

图 6-75　添加 C-6 窗

(11) 在【属性】面板选择器中选择【婴儿部大楼窗 C-2】为基础类型，打开该族类型的【类型属性】对话框。然后复制类型并命名为“婴儿部大楼窗 C-7”。接着设置相应的尺寸参数，并返回至【属性】面板中设置【底高度】为 900，如图 6-76 所示。

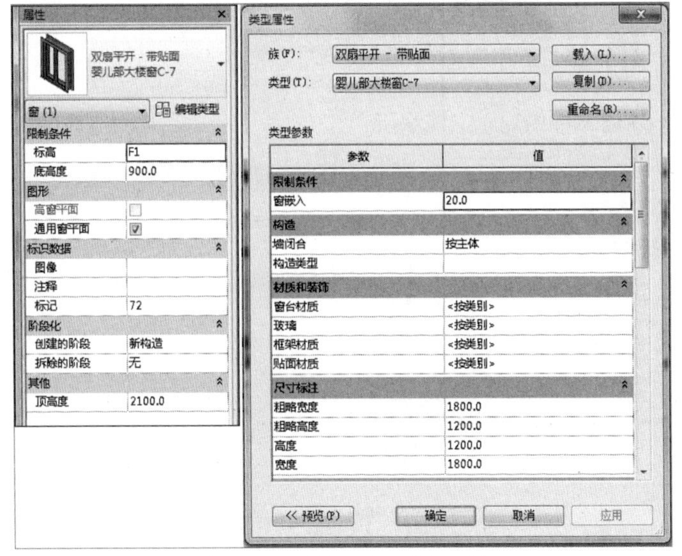

图 6–76　设置窗 C–7 结构参数

(12) 完成婴儿部大楼 C–7 结构参数的设置后，在绘图区域指定位置依次单击放置，即可自动添加该窗图元，效果如图 6–77 所示。

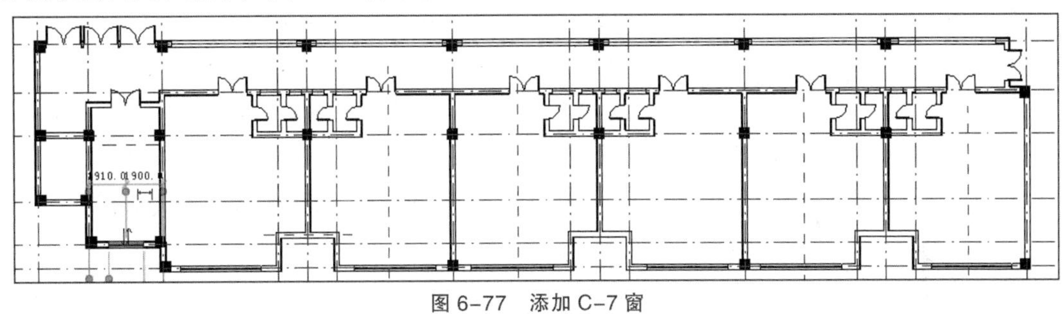

图 6–77　添加 C–7 窗

(13) 如图 6–78 所示选中各窗图元，单击【剪切板】面板中的【复制到剪切板】按钮。然后选择【粘贴】|【与选定的标高对齐】选项，软件将自动打开【选择标高】对话框。此时，选择 F2，单击【确定】按钮，软件即可自动把选中图元添加到 F2 楼层平面视图。

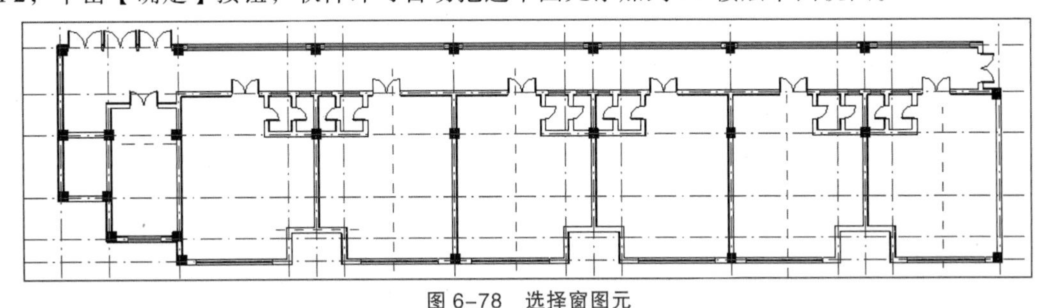

图 6–78　选择窗图元

(14) 切换至 F2 楼层平面视图，在【构建】面板中选择【窗】工具。然后在【属性】面板选择器中选择【婴儿部大楼窗 C–2】为基础类型，打开该族类型的【类型属性】对话框。此时，复制类型并命名为“婴儿部大楼窗 C–4”。接着设置相应的尺寸参数，并返回至【属性】面板中设置【底高度】为 900，如图 6–79 所示。

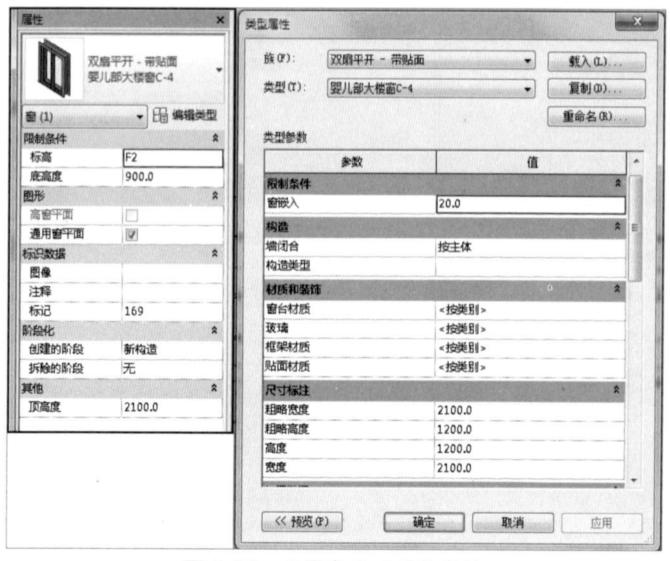

图 6–79　设置窗 C–4 结构参数

(15) 完成婴儿部大楼 C–4 结构参数的设置后，在绘图区域指定位置依次单击放置，即可自动添加该窗图元，效果如图 6–80 所示。

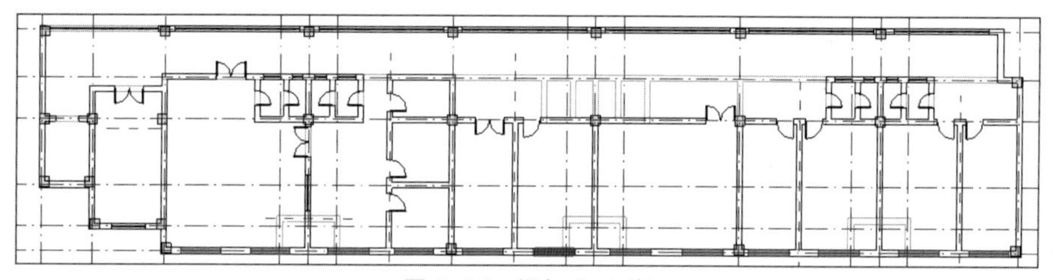

图 6–80　添加 C–4 窗

(16) 切换至 F1 楼层平面视图，选择所有窗图元，单击【剪切板】面板中的【复制到剪切板】按钮。然后选择【粘贴】|【与选定的标高对齐】选项，软件将自动打开【选择标高】对话框。此时，选择 F3，单击【确定】按钮，软件即可自动将选中图元添加到 F3 楼层平面视图的相同位置。至此，所有窗图元创建完成。

第7章

楼板和天花板

楼板是一种分隔承重构件。它将房屋沿垂直方向分隔为若干层，并把人和家具等竖向载荷及楼板自重通过墙体、梁或柱传给基础。而天花板是一座建筑物室内顶部表面的地方，是对装饰室内屋顶材料的总称。在室内设计中，天花板不仅可以通过写画、油漆等方式来美化室内环境，也可以通过安装吊灯、光管、吊扇、开天窗和装空调等方式来改善室内照明及空气流通。

本章主要介绍楼地层的基本知识及在Revit中楼板、楼板边和天花板的创建与编辑方法。

本章学习目标

- 了解楼地层专业知识
- 掌握楼板的建立方法
- 掌握楼板的编辑方法
- 掌握楼板边的创建及编辑方法
- 掌握天花板的建立方法

7.1 楼地层概述

楼地层包括楼盖层和地坪层，是水平方向分隔建筑空间的承重构件。其中，楼盖层是分隔上下楼层空间的水平承重构件，将作用于其上面的各种载荷传递给承重的梁、柱或墙，并由墙、柱传递给基础，对墙体起水平支撑和加强结构整体性的作用；地坪层是建筑物底层室内地面与土壤相接触的构件，分隔大地与底层空间，并且将作用于其上的各种载荷直接传递给地基。

7.1.1 楼盖层的基本组成与类型

为了满足使用要求，楼盖层通常由面层、楼板、附加层和顶棚四部分组成。

面层 又称楼面或地面。起到保护楼板、承受并传递载荷的作用，同时对室内有很重要的清洁及装饰作用。

楼板 楼板是楼盖层的结构层，也是楼盖层的核心部分，且是承重部分，主要功能在于承受楼盖层上的全部载荷，并将这些载荷传给墙或柱，同时还对墙身起水平支撑的作用，增强房屋刚度和加强整体性。

附加层 又称为功能层，主要用来为高层建筑设置隔声、防水、隔热、保温等。

顶棚 顶棚是楼盖层的底面的构造部分。主要用以保护楼板、安装灯具、遮掩各种水平管线设备以及装饰室内。根据其构造不同，有抹灰顶棚、粘贴类顶棚和吊顶棚三种。

根据使用的材料不同，楼板分为木楼板、砖拱楼板、钢筋混凝土楼板、钢衬板楼板四种。

木楼板

木楼板由木梁和木地板组成。该楼板的构造虽然简单，自重也较轻，但防火性能不好，不耐腐蚀，又由于木材昂贵，故一般工程中应用较少。当前它只应用于装修等级较高的建筑中。

砖拱楼板

砖拱楼板采用钢筋混凝土倒T形梁密排，且其间填以普通粘土砖或特制的拱壳砖砌筑成拱形，故称为砖拱楼板。这种楼板虽比钢筋混凝土楼板节省钢筋和水泥，但是自重大，作地面时使用材料多，并且顶棚成弧拱形，一般应作吊顶棚，故造价偏高。此外，砖拱楼板的抗震性能较差，故在要求进行抗震设防的地区不宜采用。

钢筋混凝土楼板

钢筋混凝土楼板采用混凝土与钢筋共同制作。该楼板坚固、耐久、刚度大、强度高、防火性能好，当前应用比较普遍。按施工方法可以分为现浇钢筋混凝土楼板和装配式钢筋混凝土楼板两大类。

现浇钢筋混凝土楼板一般为实心板，它还经常与现浇梁一起浇筑，形成现浇梁板。现浇梁板常见的类型有肋形楼板、井字梁楼板和无梁楼板等。

装配式钢筋混凝土楼板，除极少数为实心板，绝大部分采用圆孔板和槽形板(分为正槽形与反槽形两种)。该楼板一般在板端都伸有钢筋，现场拼装后用混凝土灌缝，以加强整体性。

钢衬板楼板

钢衬板楼板是以压型钢板与混凝土浇筑在一起构成的整体式楼板，压型钢板在下部为现浇混凝土提供模板，同时由于在压型钢板上加肋或压出凹槽，能与混凝土共同工作，起到配筋作用。此外，该楼板已在大空间建筑和高层建筑中采用，提高了施工速度，不仅具有现浇式钢筋混凝土楼板刚度大、整体性好的优点，还可以利用压型钢板肋间空间敷设电力或通讯管线。

7.1.2 地坪层构造

地坪层由面层、垫层和素土夯实层构成。根据需要还可以设置各种附加构造层，如找平层、结合层、防潮层、保温层、管道敷设层等。

面层 地坪面层与楼盖面层一样，是人们日常生活、工作、生产直接接触的地方。不同房间对面层有不同的要求，面层应坚固耐磨、表面平整、光洁、易清洁、不起尘。对于居住和人们长时间停留的房间，要求有较好的蓄热性和弹性；浴室、厕所则要求耐潮湿、不透水；厨房、锅炉房要求地面防水、耐火；实验室则要求耐酸碱、耐腐蚀等。

垫层 垫层是承受并传递载荷给地基的结构层，有刚性垫层和非刚性垫层之分。刚性垫层用于薄而脆的面层，如水磨石地面、瓷砖地面、大理石地面等；非刚性垫层常用于厚而不易断裂的面层，如混凝土地面、水泥制品块地面等。而对某些室内载荷大且地基又较差的并且有保温等特殊要求的地方，或面层装修标准较高的地面，可在地基上先做非刚性垫层，再做一层刚性垫层，即复式垫层。

素土夯实层 素土夯实层是地坪的基层，也称地基。素土即不含杂质的砂质黏土，经夯实后，才能承受垫层传下来的地面载荷。通常是填 300mm 厚的土夯实成 200mm 厚，使之能均匀承受载荷。

7.2 添加楼板

楼板是建筑设计中常用的建筑构件，与墙类似，属于系统族，用于分隔建筑的各层空间。Revit 提供了 3 种楼板:【楼板: 建筑】、【楼板：结构】和【面楼板】。其中，【面楼板】是用于将概念体量模型的楼层面转换为楼板模型图元，该方式适合从体量创建楼板模型时使用。

7.2.1 添加室内楼板

添加楼板的方式与添加墙的方式类似，在绘制前，必须预先定义好需要的楼板类型。

打开下载文件中的“楼板文件 .rvt”项目文件，在【构建】面板中单击【楼板】按钮，软件将默认选择【楼板：建筑】选项并自动打开【修改 | 创建楼层边界】上下文选项卡，如图 7-1 所示。

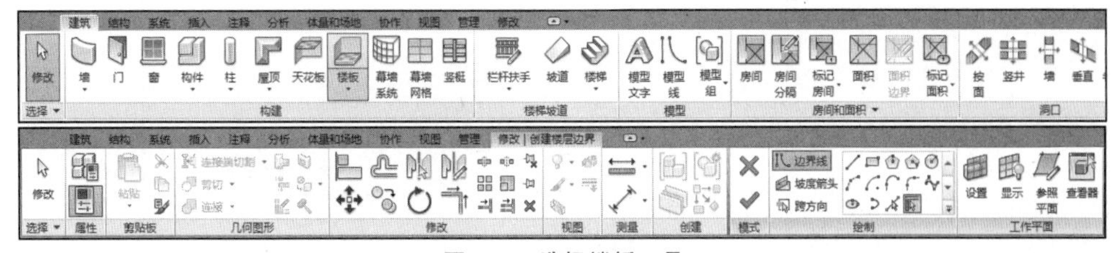

图 7-1 选择楼板工具

此时，在【属性】面板的类型选择器中选择【混凝土 120mm】选项，单击【编辑类型】按钮，软件将自动打开【类型属性】对话框。然后复制类型为“少年部大楼 -150mm- 室内”，如图 7-2 所示。该对话框中的参数，与墙类型属性基本相似。

图 7-2　楼板【类型属性】对话框

然后单击【结构】参数右侧的【编辑】按钮，软件将自动打开【编辑部件】对话框。此时，选择结构层 1，并单击【插入】按钮两次，软件将在结构层最上方插入两结构层。接着单击最上方结构层的【材质】选项，并在打开的【材质浏览器】对话框中输入“混凝土”，软件将自动检索混凝土材质选项，效果如图 7-3 所示。

图 7-3　【材质浏览器】对话框

完成混凝土材质的检索后，按照基本墙结构层的设置方法，将【混凝土 - 沙 / 水泥找平】材质选项复制并重命名为【少年部大楼 - 水泥砂浆找平】作为【编辑部件】对话框中结构层 1 的材质类型。然后分别将【混凝土 - 沙 / 水泥砂浆面层】和【混凝土 - 现场浇注混凝土】材质选项复制并重命名为【少年部大楼 - 水泥砂浆面层】和【少年部大楼 - 现场浇注混凝土】作为结构层 2 和 4 的材质类型。接着分别设置各结构层的【功能】与【厚度】选项，效果如图 7-4 所示。

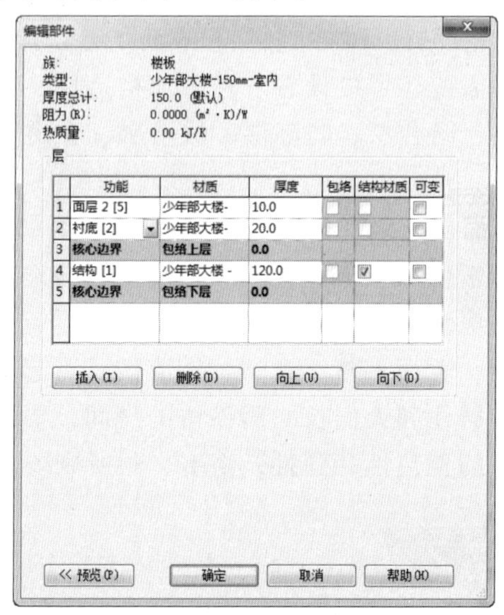

图 7-4　设置结构参数

完成楼板结构参数的设置后，连续单击【确定】按钮，软件将自动进入绘制楼板轮廓线界面。此时，单击【绘制】面板中的【拾取墙】按钮，软件默认在选项栏中设置【偏移】为 0，并启用【延伸到墙中（至核心层）】选项。然后在【属性】面板设置【自标高的高度偏移】选项为 0，并依次在墙体图元上单击，建立楼板轮廓线，效果如图 7-5 所示。

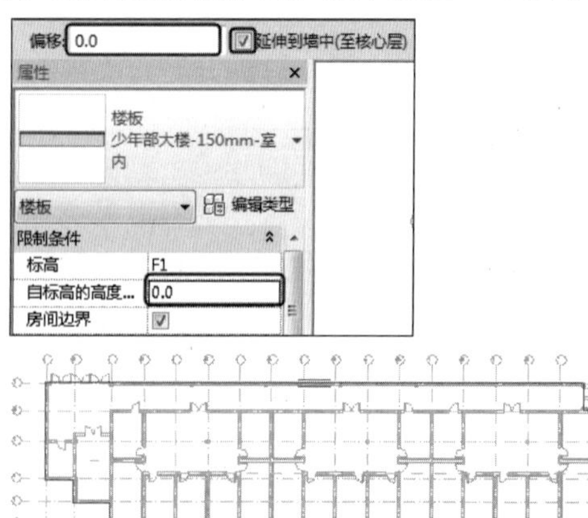

图 7-5　设置绘制参数并绘制楼板轮廓线

> **提示** 当沿墙体绘制楼板轮廓线时，除了可以通过单击【拾取墙】工具并依次拾取墙体的方式外，还可以通过配合 Tab 键一次性选择整个墙轮廓的方式来创建楼板轮廓。但是，注意楼板轮廓边界为墙外侧核心层边界，可以通过选中轮廓线并单击“翻转”图标进行墙内外侧切换。当不沿着墙体绘制时，用户可以通过【拾取线】工具或者【绘制】面板上的其他绘制工具直接绘制出楼板轮廓。

完成楼板轮廓线的绘制后，单击【模式】面板中的【完成编辑模式】按钮，在打开的 Revit 对话框中单击【是】按钮，完成楼板绘制，效果如图 7-6 所示。

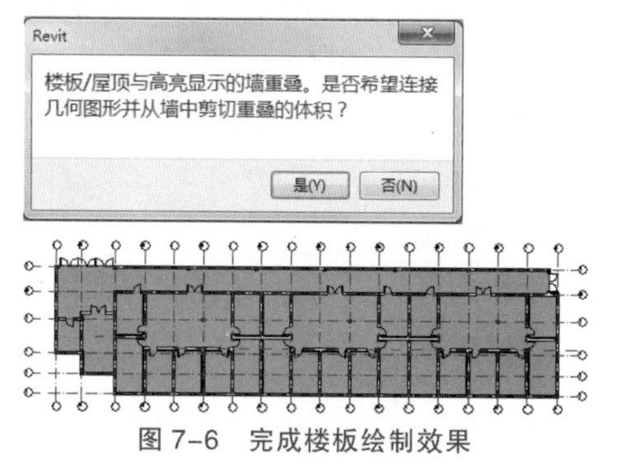

图 7-6　完成楼板绘制效果

> **提示** 由于绘制的楼板与墙体有部分的重叠，因此会显示 Revit 提示对话框“楼板 / 屋顶与高亮显示的墙重叠。是否希望连接几何图形并从墙中剪切重叠的体积？”。单击【是】按钮，接受该建议，从而在后期统计墙体积时得到正确的墙体积。

然后切换至默认三维视图，查看楼板在建筑中的效果，如图 7-7 所示。

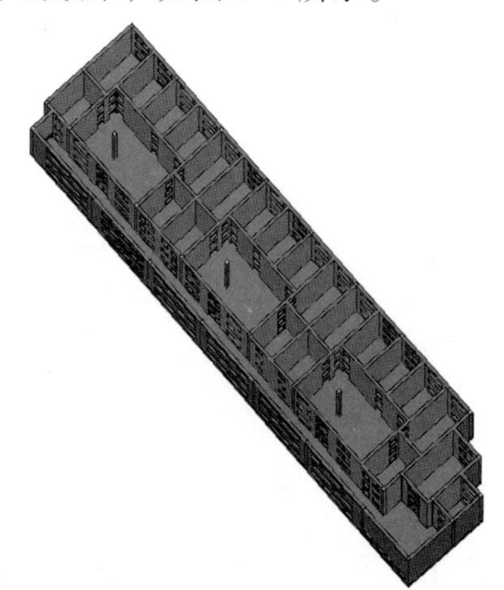

图 7-7　楼板三维效果

7.2.2　创建室外楼板

由于室外楼板与室内楼板的类型不同，因此在创建室外楼板之前，同样需要先定义室外楼板的类型属性。而室外楼板不仅包括室外台阶，还包括空调挑板、雨篷挑板等建筑构件。

在 Revit 中，除了通过【属性】面板中的【编辑类型】选项打开【类型属性】对话框外，还可以通过【项目浏览器】面板直接打开【类型属性】对话框，对族的类型进行调整或编辑。

完成 F1 室内楼板的添加后，在【项目浏览器】面板中展开【族】选项，软件将在【族】选项下面显示所有软件支持的族类别。然后双击【楼板】选项或单击【楼板】选项前的展开十字按钮，软件将自动显示当前项目中所有可用的楼板类型，如图 7-8 所示。

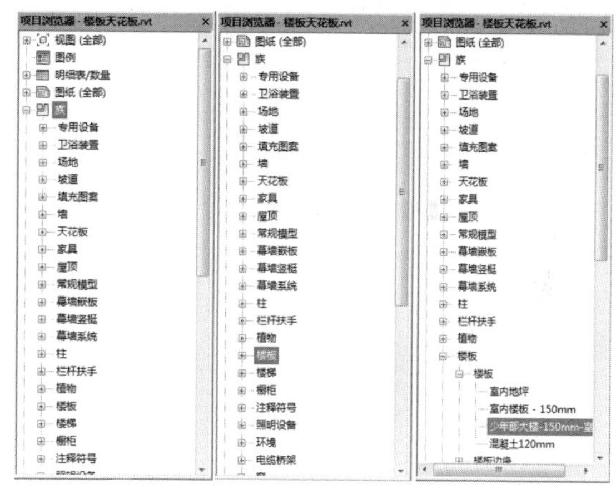

图 7-8　从【项目浏览器】中选择族类型

接着双击【少年部大楼 -150mm- 室内】楼板类型，软件将直接打开该楼板类型的【类型属性】对话框。此时，复制该类型为“少年部大楼 -600mm- 室外台阶”，并修改【功能】为【外部】选项，效果如图 7-9 所示。

完成族类型的复制并命名后，单击【结构】参数右侧的【编辑】按钮，软件将自动打开【编辑部件】对话框。然后修改结构层 1 的材质为【少年部大楼 - 现场浇注混凝土】，并依次设置其余结构层的【厚度】选项，效果如图 7-10 所示。

类型属性

族(F)：系统族：楼板　　载入(L)...

类型(T)：少年部大楼-600mm-室外台阶　　复制(D)...

重命名(R)...

类型参数

参数	值
构造	
结构	编辑...
默认的厚度	600.0
功能	外部
图形	
粗略比例填充样式	实体填充
粗略比例填充颜色	黑色
材质和装饰	
结构材质	少年部大楼 - 现场浇注混凝土
分析属性	
传热系数(U)	
热阻(R)	
热质量	
吸收率	0.100000
粗糙度	1

<< 预览(P)　确定　取消　应用

图 7-9　复制族类型

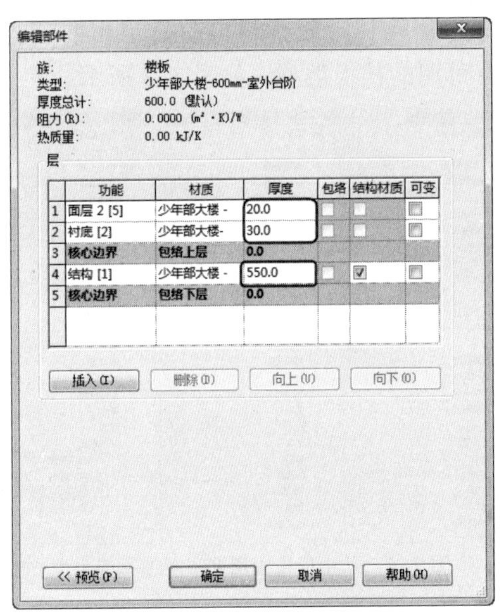

图 7-10　设置室外楼板结构

完成室外楼板结构的设置后，连续单击【确定】按钮，切换至 F1 楼层平面视图。然后在【构建】面板上单击【楼板】按钮，在【绘制】面板上单击【矩形】按钮。接着设置【属性】面板中的类型选择器为“少年部大楼 -600mm- 室外台阶”，设置【自标高的高度偏移】为 -20。此时，在绘图区域捕捉轴线 1 与轴线 E 的交点处单击，建立矩形轮廓线，效果如图 7-11 所示。

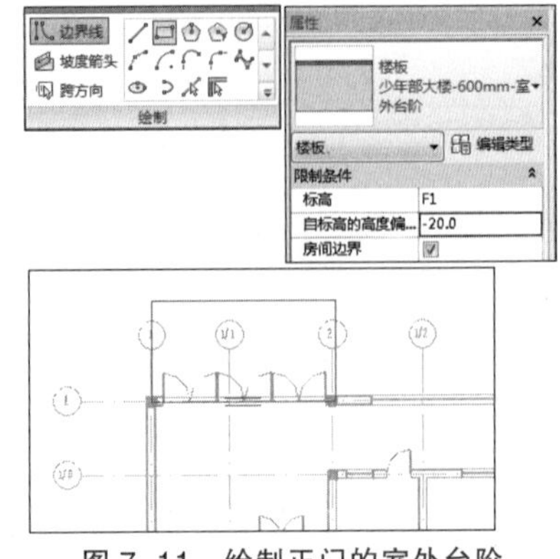

图 7-11　绘制正门的室外台阶

完成室外台阶轮廓的绘制后，单击快速访问工具栏中的【细线】按钮，在【修改】面板中单击【对齐】按钮。然后依次单击墙体的核心层表面与楼板轮廓线进行对齐，效果如图 7-12 所示。

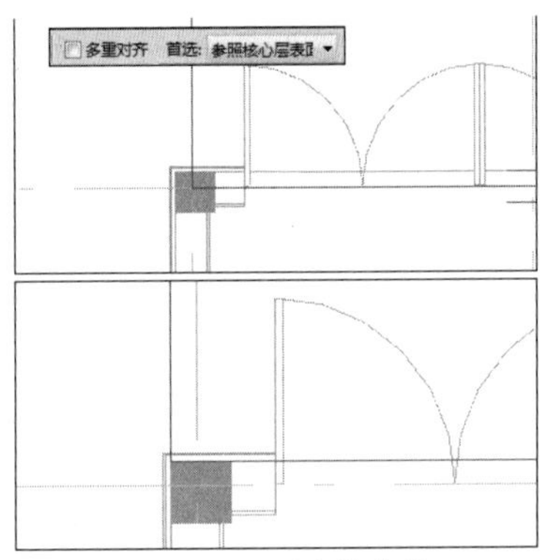

图 7-12　对齐轮廓线

接着通过临时尺寸线，设置楼板轮廓线的宽度为 3000，单击【模式】面板中的【完成编辑模式】按钮，完成楼板轮廓线的绘制，效果如图 7-13 所示。

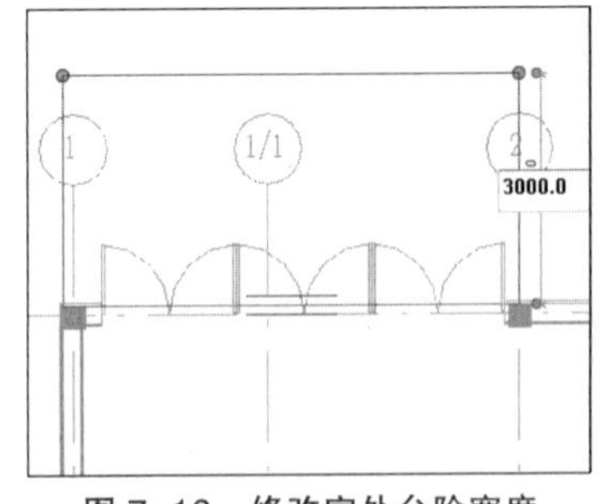

图 7-13　修改室外台阶宽度

完成正门室外台阶的对齐及修改后，利用相同的楼板类型，按照上述方法，绘制侧门室外台阶轮廓。设置其宽度为 2000，效果如图 7-14 所示。

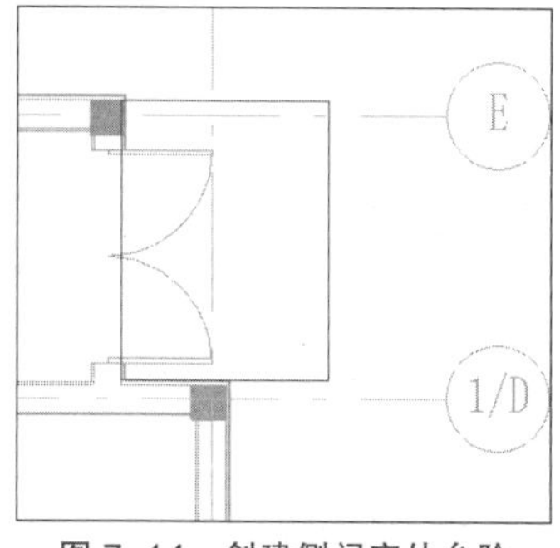

图 7-14　创建侧门室外台阶

接着切换至默认三维视图中，配合 Shift 键及鼠标中建旋转视图，分别查看正门与后门方向的室外台阶效果，如图 7-15 所示。

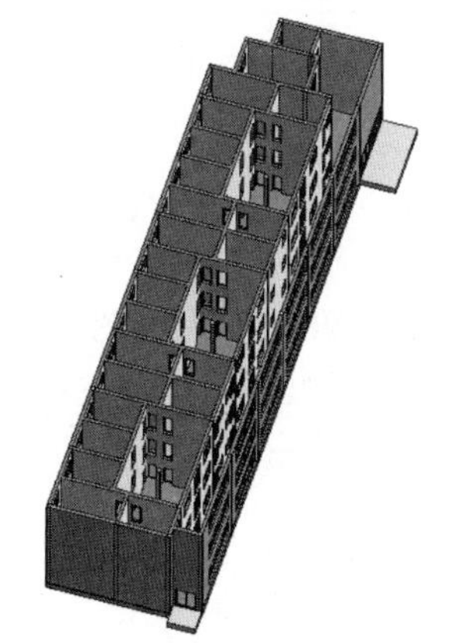

图 7-15　室外台阶三维效果

7.2.3 斜楼板

在 Revit 中，除了水平楼板，用户还可以用【楼板】工具创建斜楼板。斜楼板一般应用在有标高差的建筑之间，如图 7-16 所示。

图 7-16　斜楼板的应用

1. 通过坡度箭头工具创建斜楼板

新建项目文件，切换至 F1 楼层平面视图，在【构建】面板上单击【楼板】按钮。然后在【绘制】面板上单击【矩形】按钮，并在绘图区域绘制 10000mm × 5000mm 的矩形楼板边界线，效果如图 7-17 所示。

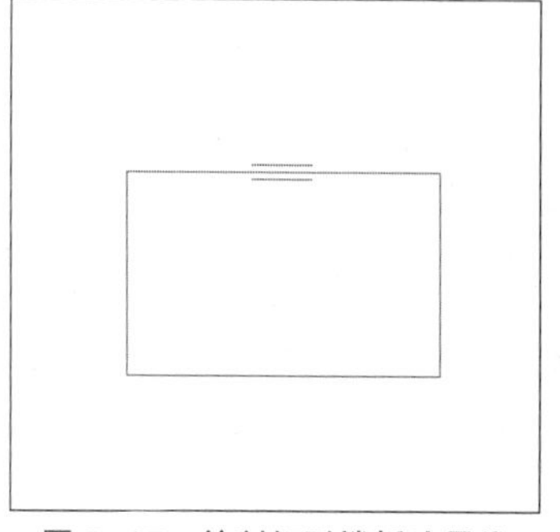

图 7-17　绘制矩形楼板边界线

接着在【绘制】面板上单击【坡度箭头】按钮，软件将默认指定【直线】工具。此时，移动光标至左侧垂直边线中点处单击，并水平向右移动光标至 5000 位置处单击，效果如图 7-18 所示。

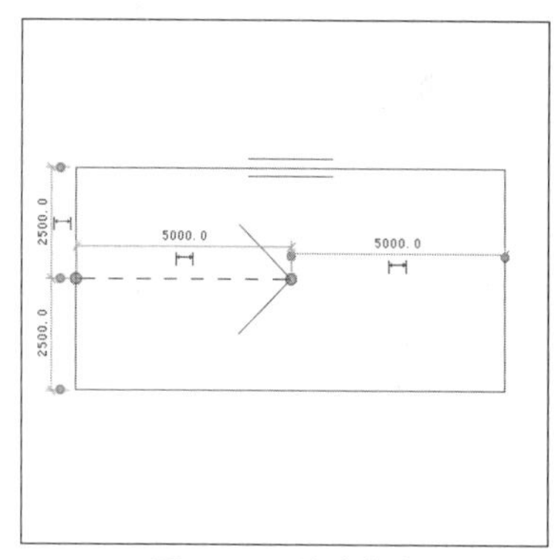

图 7-18　坡度箭头

完成坡度箭头的绘制后，需要在【属性】面板中设置坡度箭头属性，可以按照以下两种方式之一进行设置。本例按照第一种方式设置坡度箭头。

尾高　如图 7-19 所示，在【指定】列表框中选择【尾高】选项，在【最低处标高】列表框中选择【F1】选项，在【尾高度偏移】文本框中输入 0，即可指定箭头尾部的位置和高度。在【最高处标高】列表框中选择【F1】

选项，在【头高度偏移】文本框中输入 800，即可指定箭头头部的位置和高度。软件可根据箭头长度和首尾高自动计算坡度。

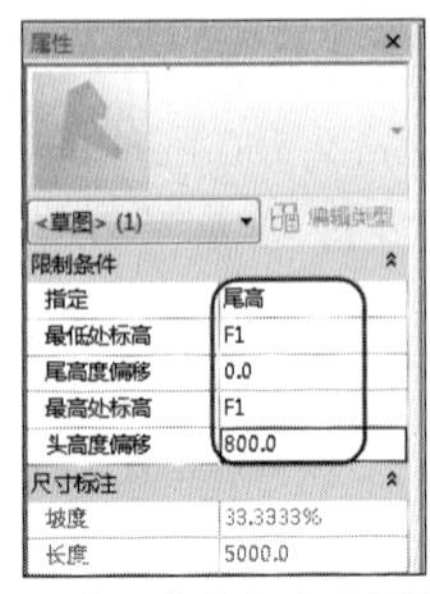

图 7-19　利用【尾高】方式设置坡度箭头参数

坡度　如图 7-20 所示，在【指定】列表框中选择【坡度】选项，并分别设置【最低处标高】、【尾高度偏移】和【坡度】参数。即根据坡度箭头尾部位置和高度及坡度值指定楼板坡度。

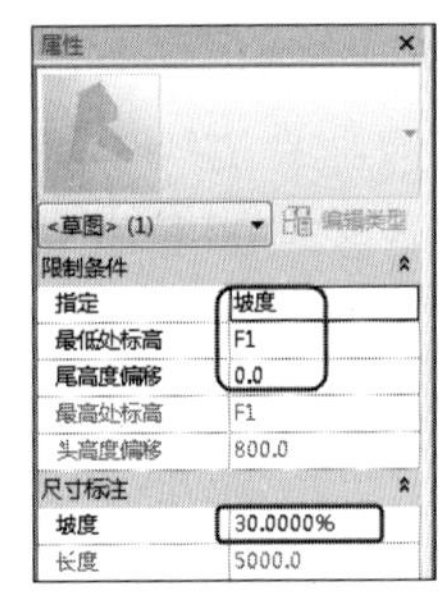

图 7-20　利用【坡度】方式设置坡度箭头参数

完成坡度箭头的参数设置后，单击【模式】面板中的【完成编辑模式】按钮✔，切换至三维视图及南立面视图查看斜楼板效果，如图 7-21 所示。

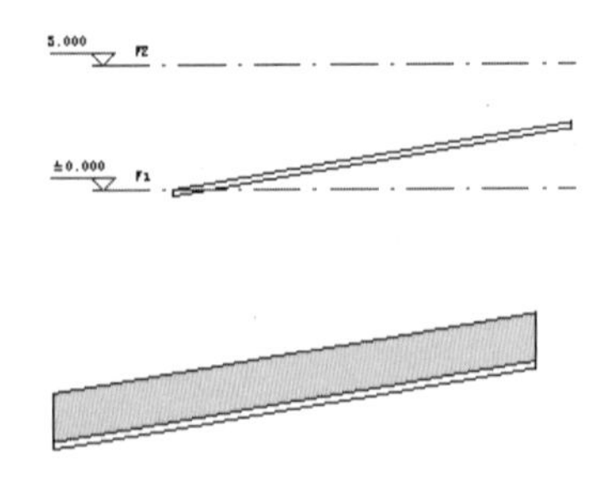

图 7-21　斜楼板效果

2. 通过设置两条平行边线高度创建斜楼板

按照上述方法绘制 10000mm×5000mm 矩形楼板轮廓。然后选择左侧垂直边界线，在【属性】面板中启用【定义固定高度】复选框。接着在【标高】列表框中选择【F1】选项，并在【相对基准的偏移】文本框中输入 0，则边界线将显示为蓝色虚线，效果如图 7-22 所示。

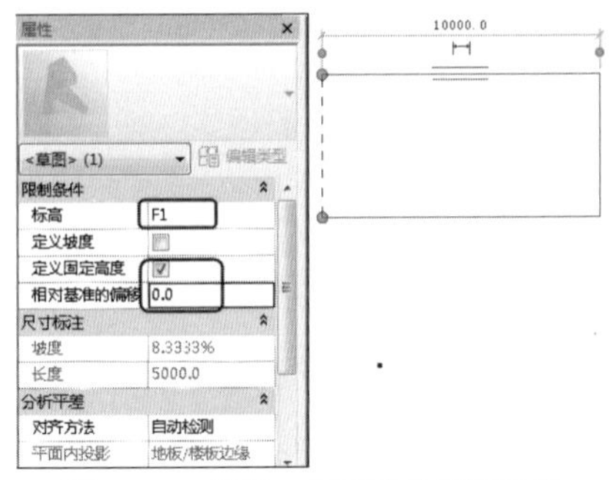

图 7-22　设置一侧楼板轮廓线高度

完成楼板一侧边界的设置后，选择右侧对边平行线，并在【属性】面板中启用【定义固定高度】复选框。然后在【标高】列表框中选择【F1】选项，并在【相对基准的偏移】文本框中输入 1000，效果如图 7-23 所示。

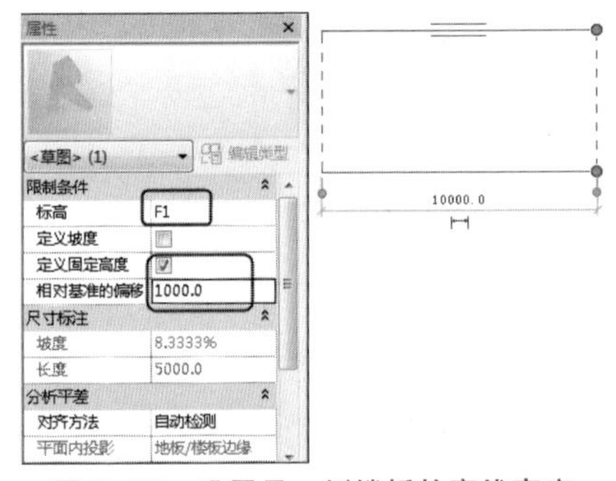

图 7-23　设置另一侧楼板轮廓线高度

接着单击【模式】面板中的【完成编辑模式】按钮✔，即可完成斜楼板的创建。

3. 通过设置单条边线高度与坡度来创建斜楼板

按照上述方法绘制 10000mm×5000mm 矩形楼板轮廓，选择左侧垂直边界线，在【属性】面板中启用【定义固定高度】和【定义坡度】复选框。然后在【标高】列表框中选择【F1】选项，在【相对基准的偏移】文本框中输入 0。接着在【坡度】文本框中输入 20%，则边界线将显示一个三角形坡度符号，效果如图 7-24 所示。

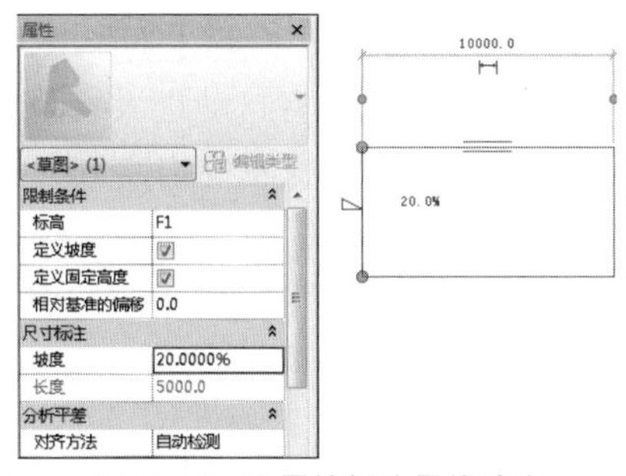

图 7-24　设置楼板边界线坡度

> **提示**　此外，用户也可以通过选择边线，启用【定义坡度】复选框，修改所选边线旁的坡度符号和坡度值的方式添加斜楼板。

此时，单击【模式】面板中的【完成编辑模式】按钮✔，即可完成斜楼板的创建。

7.3 楼板的编辑

楼板作为建筑物分割承重构件，其材质和外形具有多样性。因此，在 Revit 中，软件提供了多种编辑楼板的方式来修改楼板的形状、位置及材质。

7.3.1 图元属性编辑

图元属性有实例属性和类型属性之分。因此，选中需要编辑的楼板后，用户既可以通过修改实例属性参数的方式编辑该楼板的位置，也可以通过修改类型属性参数的方式编辑该楼板的类型及结构材质。

1. 实例属性参数

选择楼板，在【属性】面板上将自动显示该楼板的实例属性参数，如图 7-25 所示，编辑实例属性参数只影响当前选择的楼板。

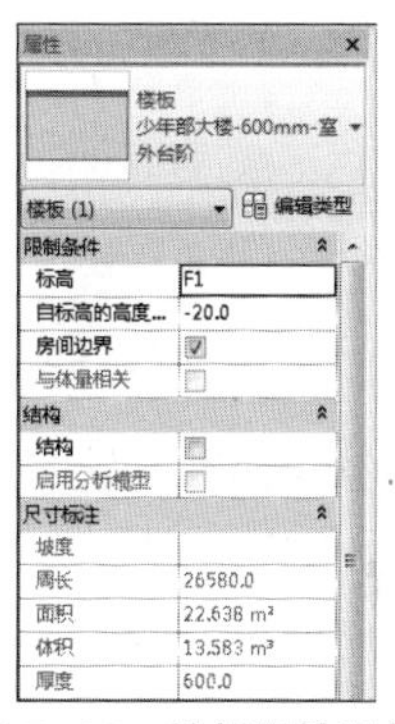

图 7-25　楼板属性面板

该【属性】面板中主要参数的含义及编辑楼板的作用，如表 7-1 所示。

表 7-1　【属性】面板主要参数的作用

参　数	作　用
类型选择器	用户可以从类型选择器下拉列表中选择其他楼板类型，替换当前选择的楼板类型
限制条件	
标高	用户可以从该下拉列表中指定楼板所在楼层的标高
自标高的高度偏移	用户可以通过该文本框指定楼板相对所在楼层【标高】参数的高度偏移
房间边界	启用该复选框，可以将楼板作为计算房间时的边界定义对象
结构	
结构	启用该复选框，则该楼板为结构楼板
尺寸标注	
坡度	该文本框显示所选楼板的坡度
周长	该文本框显示所选楼板的周长
面积	该文本框显示所选楼板的面积
体积	该文本框显示所选楼板的体积
厚度	该文本框显示所选楼板的厚度

2. 类型属性

在【属性】面板中单击【编辑类型】按钮，软件将自动打开【类型属性】对话框，如图 7-26 所示。

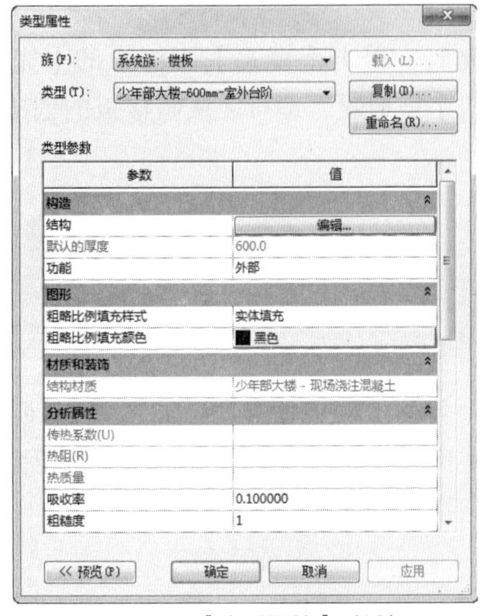

图 7-26 【类型属性】对话框

此时，用户可以通过编辑其中参数来影响和当前选择楼板同类型的所有楼板的显示。该对话框的主要参数含义及作用如表 7-2 所示。

表 7-2 【类型属性】对话框中的主要参数含义及作用

参　数	作　用
复制	单击该按钮可以复制新的楼板类型
重命名	单击该按钮可以为该楼板类型指定新的名称
结构	单击其右侧的【编辑】按钮可以编辑楼板的构造层
功能	该列表框可以编辑楼板的功能选项，用户可以选择【外部】和【内部】选项
粗略比例填充样式	该列表框可以指定楼板在粗略比例下的截面填充图案
粗略比例填充颜色	该色块可以指定楼板在粗略比例下填充图案的颜色

7.3.2 楼板洞口

选择楼板，软件将自动打开【修改 | 楼板】上下文选项卡。此时，在【模式】面板上单击【编辑边界】按钮，软件将自动进入绘制楼板轮廓草图模式。然后在楼板轮廓内绘制一矩形洞口轮廓，单击【完成编辑模式】按钮。接着切换至三维视图查看效果，如图 7-27 所示。

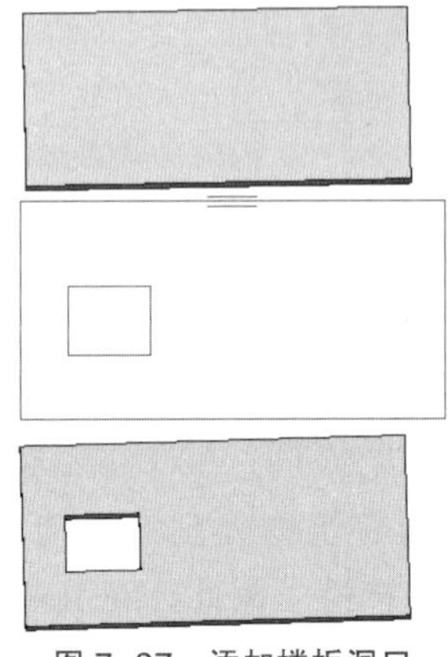

图 7-27 添加楼板洞口

提示

用户除了可以通过编辑楼板轮廓的方式创建楼板洞口外，还可以在创建楼板时，直接在绘制楼板轮廓内部绘制洞口闭合轮廓即可。此外，用户还可以通过【建筑】选项卡中【洞口】面板中的工具来创建楼板洞口，具体操作方法将在楼梯章节中介绍。

7.3.3 复制楼板

完成一层楼板的创建后，切换至 F1 楼层平面视图。然后窗选所有图元，配合【过滤器】工具选择楼板图元。然后在【剪切板】面板中单击【复制到剪切板】按钮，在【粘贴】下拉列表中选择【与选定的标高对齐】选项，效果如图 7-28 所示。

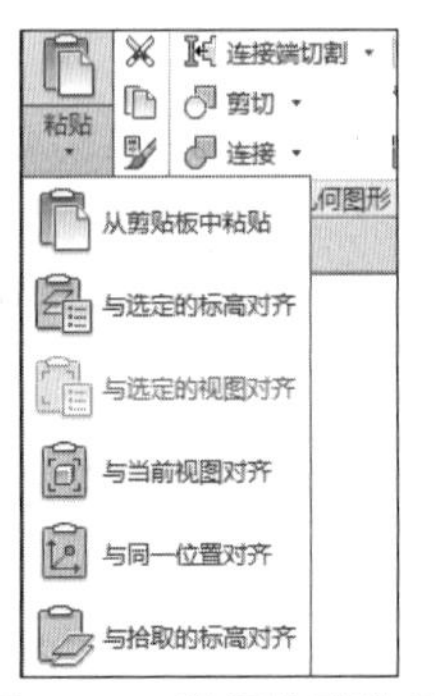

图 7-28 选择粘贴选项

此时，软件将自动打开【选择标高】对话框。然后配合 Ctrl 键选择 F2 和 F3 选项，效果如图 7-29 所示。

图 7-29 【选择标高】对话框

接着单击【确定】按钮，切换至三维视图中删除多余的室外楼板，效果如图 7-30 所示。

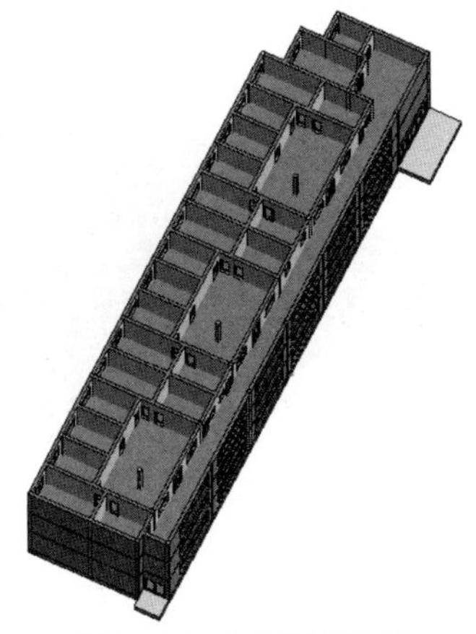

图 7-30 复制楼板效果

7.3.4 形状编辑

在建筑设计中，除了水平楼板和斜楼板外，在某些特殊情况下，还会存在一些特殊的楼板，例如：错层连廊楼板需要在一块楼板中实现水平楼板和斜楼板的组合，或在一块水平楼板的卫生间位置实现汇水设计等。

1. 【形状编辑】工具功能

用户可以通过【修改 | 楼板】上下文选项卡中【形状编辑】面板上的【添加点】、【添加分割线】、【拾取支座】和【修改子图元】工具来改变楼板形状或创建复杂的异形楼板。而【形状编辑】面板的各工具的功能如下：

【添加点】 该工具可以为水平楼板添加高度可偏移的高程点。

【添加分割线】 该工具可以为水平楼板添加高度可偏移的分割线。

【拾取支座】 该工具可以在拾取梁后，在梁中线位置给水平楼板添加分割线，自动将分割线向梁方向抬高或降低一个楼板厚度。

【修改子图元】 单击该命令，可以选择前面添加点、分割线，并编辑其偏移高度。

【重设形状】 单击该命令，软件将自动删除点和分割线，恢复水平楼板原状。

2. 异形楼板

完成一块水平楼板的绘制后，切换至 F1 楼板平面视图，在【形状编辑】面板中单击【添加分割线】按钮。此时，楼板四周将变为绿色虚线，角点处有绿色高程点，效果如图 7-31 所示。

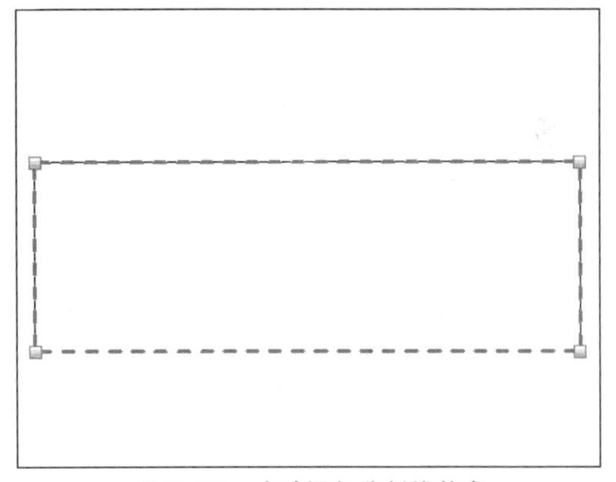

图 7-31 启动添加分割线状态

然后移动光标在矩形内部绘制两条分割线，分割线将蓝色显示，如图 7-32 所示。

完成分割线的绘制后，在【形状编辑】面板中单击【修改子图元】按钮，并窗选右侧小矩形。然后在选项栏【立面】文本框中输入 800，单击 Enter 键。此时，右侧矩形楼板将自动抬高 800。切换至南立面视图及三维视图查看楼板效果，如图 7-33 所示。

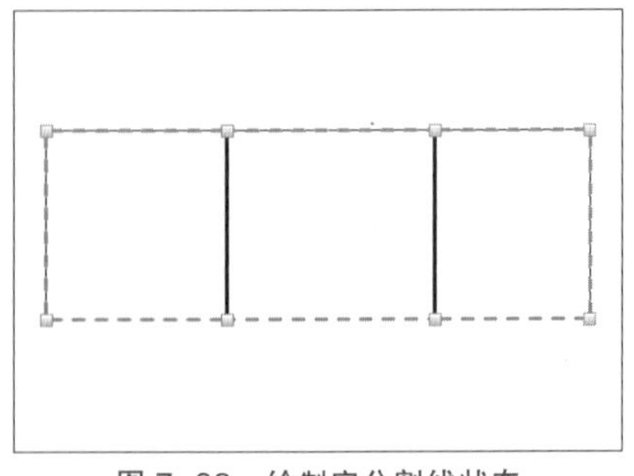

图 7-32　绘制完分割线状态

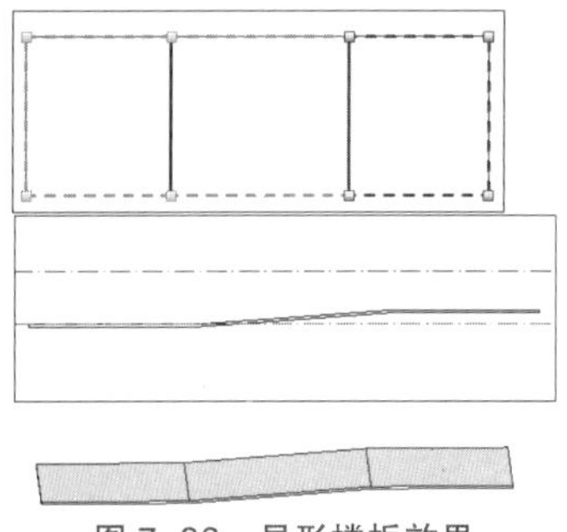

图 7-33　异形楼板效果

7.4 楼　板　边

楼板边和墙体的墙饰条和分割缝一样都属于主体放样对象，其放样的主体是楼板。像阳台楼板下面的滴檐、建筑分层装饰条等对象都可以通过【楼板：楼板边】工具拾取楼板边线来创建。

7.4.1 创建楼板边缘

楼板边缘只能通过拾取楼板、模型线的水平边线来创建。因此，为了方便捕捉，需要在三维视图中创建楼板边缘。

完成楼板的创建后，单击【楼板】下拉按钮，在下拉列表中选择【楼板：楼板边】选项。然后在【属性】面板类型选择器中选择【楼板边】类型，效果如图 7-34 所示。

图 7-34　选择楼板边

此时，移动光标单击拾取楼板边的水平上边线（或下边线），软件将自动创建一段楼板边缘实体。接着旋转模型，继续单击拾取，可以连续创建，效果如图 7-35 所示。

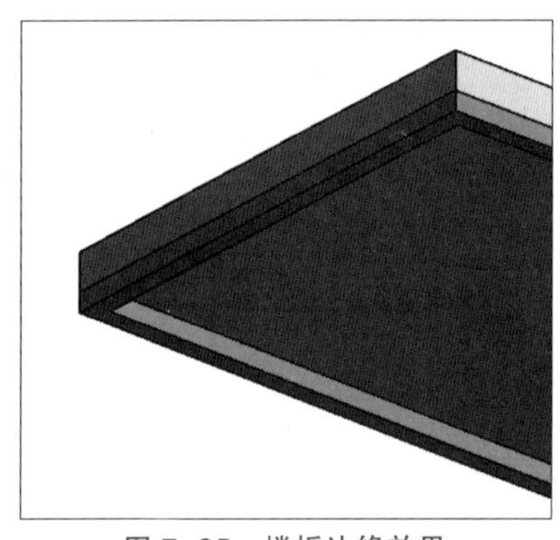

图 7-35　楼板边缘效果

7.4.2 编辑楼板边缘

选择楼板边，软件将自动打开该楼板边对应的【属性】面板以及【修改 | 楼板边缘】上下文选项卡。此时，用户既可以通过【属性】面板参数的修改来编辑该楼板边的位置、尺寸、材质和轮廓等，还可以通过上下文选项卡中各面板中的编辑命令来编辑楼板边。

1. 实例属性编辑

选择楼板边缘，在【属性】面板上将自动显示该楼板的实例属性参数，如图 7-36 所示。编辑实例属性参数只影响当前选择的楼板边缘。

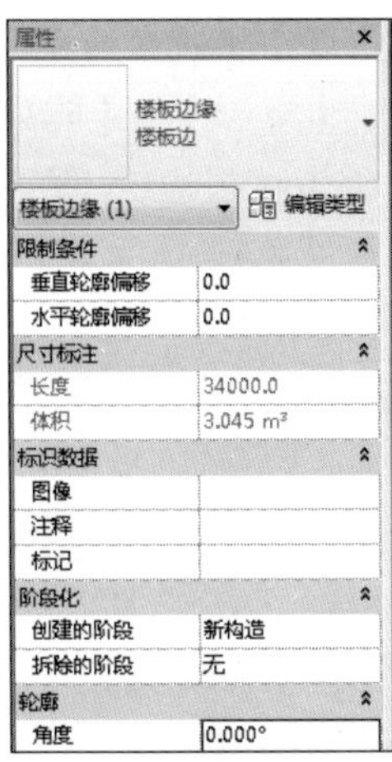

图 7–36　楼板边缘【属性】面板

该【属性】面板主要参数的含义及作用如表 7–3 所示：

表 7-3　【属性】面板主要参数的含义及作用

参　数	作　用
类型选择器	用户可以从该下拉列表选择其他楼板边缘的类型，并替换当前选择的楼板边缘类型
限制条件	
垂直轮廓偏移	该文本框可以调整楼板边缘相对楼板的垂直高度偏移
水平轮廓偏移	该文本框可以调整楼板边缘相对楼板的水平高度偏移
尺寸标注	
长度	该文本框显示所选楼板边缘的长度
体积	该文本框显示所选楼板的体积
角度	该文本框可以将楼板边缘的横断面轮廓绕附着边旋转一个角度

2. 类型属性编辑

在【属性】面板中单击【编辑类型】按钮，软件将自动打开【类型属性】对话框，如图 7–37 所示。编辑该对话框中的参数，将影响到和当前选择楼板边缘同类型的所有楼板边缘的显示。

该对话框的主要参数的含义及作用如表 7–4 所示。

3. 翻转方向

选择已有的楼板边缘，单击方向“翻转”控制符号和即可左右上下翻转方向，效果如图 7–38 所示。

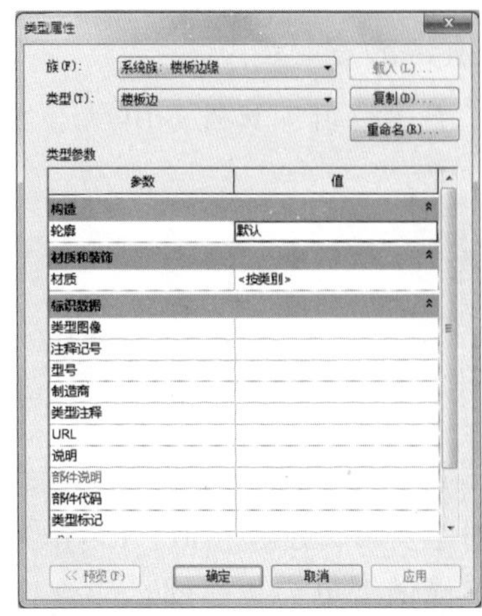

图 7–37　楼板边缘【类型属性】对话框

表 7-4　【类型属性】对话框中的主要参数的作用

参　数	作　用
复制	单击该按钮可以复制新的楼板边类型
重命名	单击该按钮可以为该楼板边类型指定新的名称
轮廓	该列表框可以指定所需的楼板边缘横断面轮廓，用户可以预先从族库中载入现有或自定义的轮廓族后选用
材质	该列表框可以指定该楼板边缘的材质

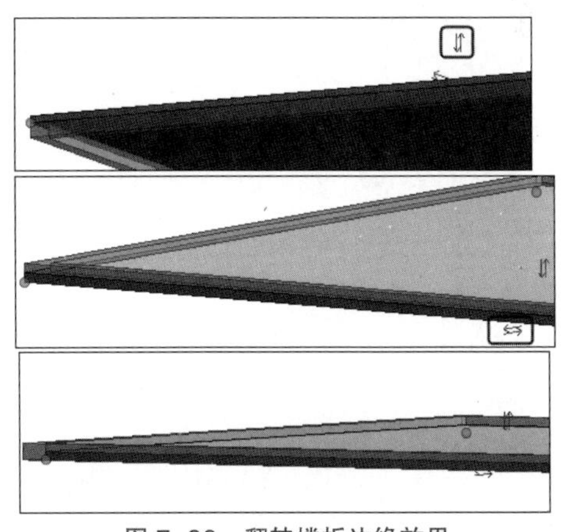
图 7–38　翻转楼板边缘效果

4. 添加或删除线段

选择楼板边缘，在【轮廓】面板中单击【添加或删除线段】按钮。此时，在有楼板边缘的楼板边线上单击，即可删除楼板边缘；在没有楼板边缘的楼板边线上单击，即可添加楼板边缘。

5. 其他编辑命令

除了上述编辑工具外，用户还可以通过【修改 | 楼板边缘】子选项卡的【修改】面板中的【移动】、【复制】、【阵列】、【镜像】等编辑工具来编辑楼板边缘。

7.5 天花板

在 Revit 中，创建与编辑天花板的过程与楼板的创建及编辑过程相似，Revit 为【天花板】工具提供了更为智能的自动查找房间边界功能。

打开下载文件中的“楼板”项目文件，在【构建】面板单击【天花板】按钮。然后在【属性】面板类型选择器中选择【复合天花板】族类型，在【类型属性】对话框中复制类型【600×600 轴网】为“少年部大楼 - 天花板”，效果如图 7-39 所示。

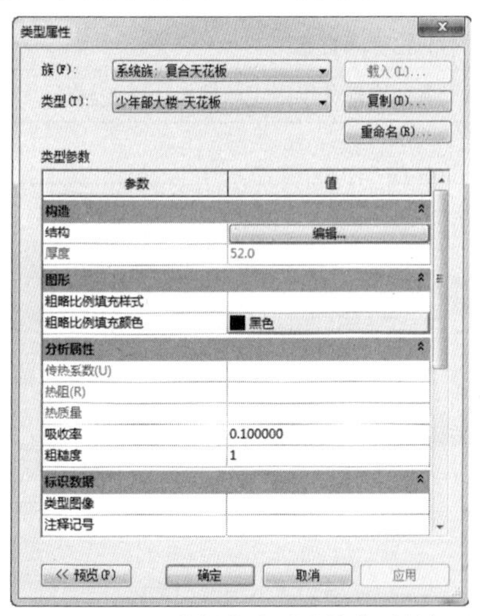

图 7-39　天花板【类型属性】对话框

完成天花板类型的复制后，单击【结构】参数右侧的【编辑】按钮，软件将自动打开【编辑部件】对话框，如图 7-40 所示。

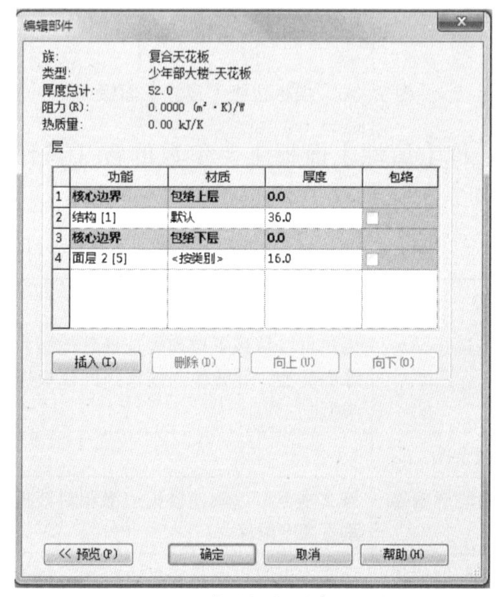

图 7-40　【编辑部件】对话框

然后打开【面层 2[5]】结构层的【材质浏览器】对话框，查找【石膏板】材质，同时复制为【少年部大楼 - 石膏板】，如图 7-41 所示。

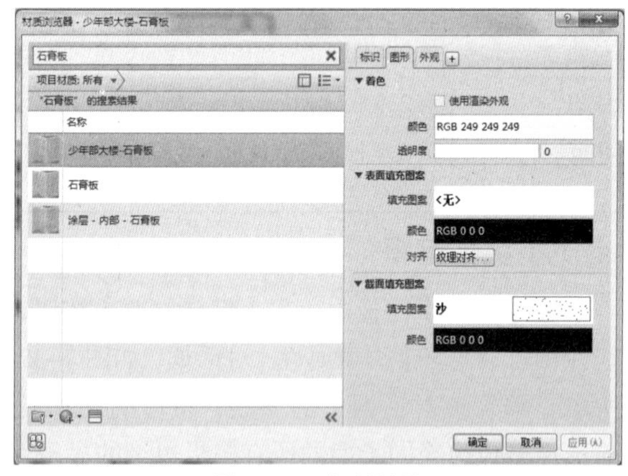

图 7-41　复制材质

接着单击【确定】按钮，即可完成天花板结构层的设置，效果如图 7-42 所示。

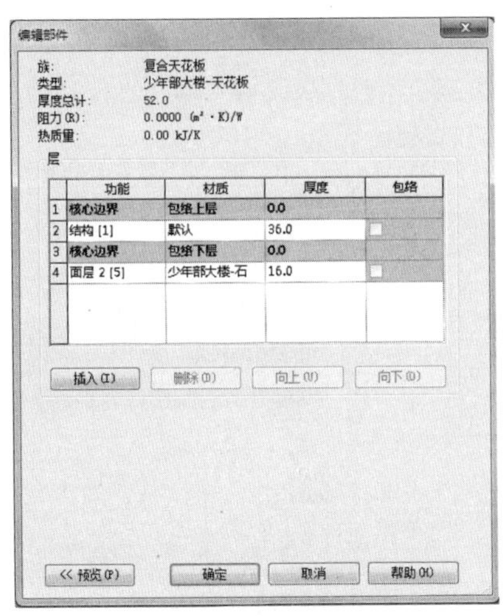

图 7-42 天花板结构

完成天花板结构参数的设置后，连续单击【确定】按钮，切换至 F1 楼层平面视图。此时，单击【构建】面板中的【天花板】按钮，软件将自动打开【修改 | 放置 天花板】上下文选项卡，默认在【天花板】面板中选择【自动创建天花板】工具，效果如图 7-43 所示。

然后在【属性】面板中设置【自标高的高度偏移】为 3150，在墙体图元中间依次单击。此时，软件将自动弹出【警告】提示框，说明当前视图无法查看创建的天花板，效果如图 7-44 所示。

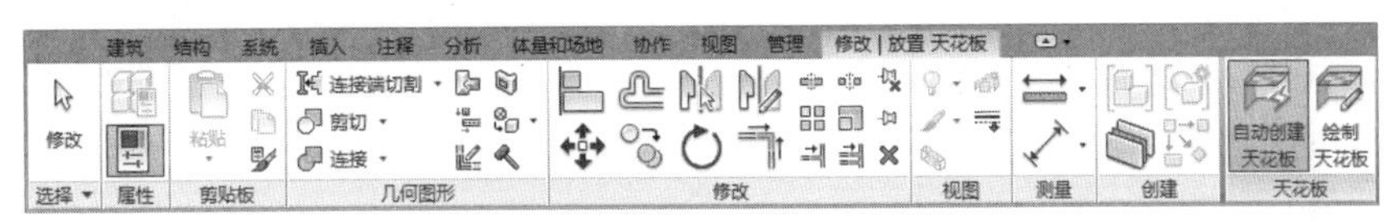

图 7-43 【自动创建天花板】工具

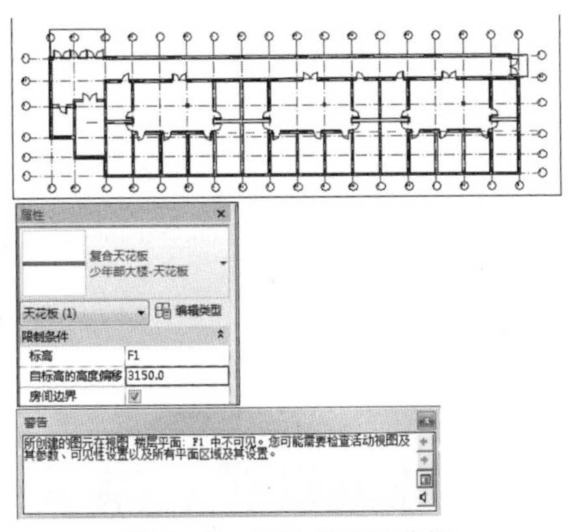

图 7-44 自动创建天花板

完成天花板的创建后，切换至默认三维视图，在【属性】面板中启用【剖面框】复选框。然后单击并拖动剖面框右侧的向左箭头图标，即可查看天花板效果，如图 7-45 所示。

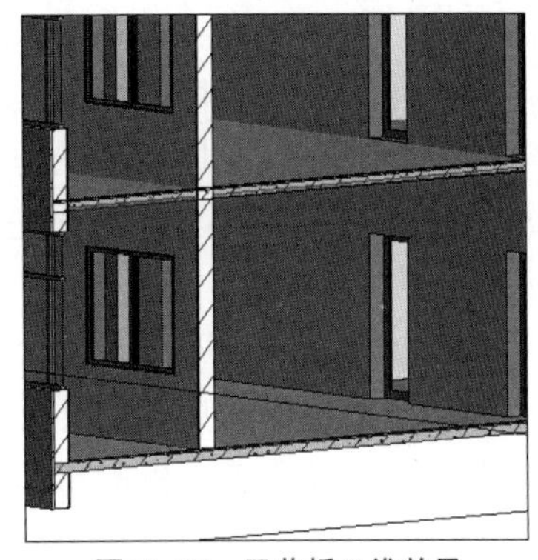

图 7-45 天花板三维效果

此外，在【修改 | 放置 天花板】上下文选项卡中，除了【自动创建天花板】工具外，还包括【绘制天花板】工具，其主要应用在未封闭的墙体中，其绘制与编辑方法与楼板的绘制方法相同。

7.6 典型案例：教育中心大楼的楼板和天花板的创建

本实例将创建教育中心大楼的楼板和天花板。该教育中心是建筑体系中的一幢独立建筑。其为两层的混凝土 – 砖石结构，内部配置有卫生间等常规建筑构件设施，满足了该建筑的使用特性要求，效果如图 7-46 所示。

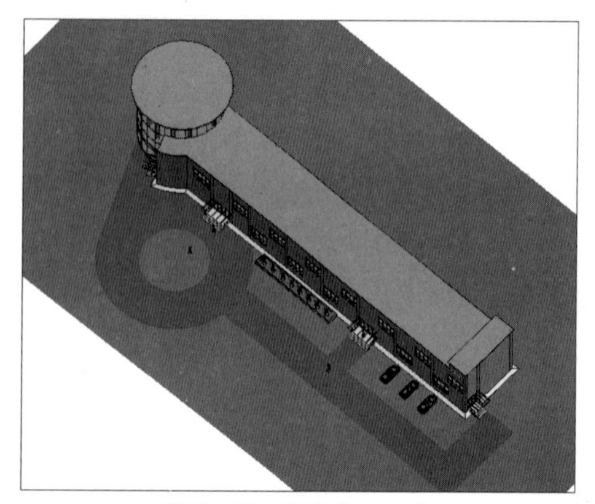

图 7-46　教育中心大楼

Revit 提供了灵活的楼板工具，可以在项目中生成任意形式的楼板。与墙类似，楼板属于系统族，用户可以根据草图轮廓及类型属性中定义的结构生成任意结构和形状的楼板。

1. 创建室内楼板

楼板是建筑设计中常用的建筑构件，用于分隔建筑各层空间。添加楼板的方式与添加墙的方式类似，在绘制前需要预先定义好所需的楼板类型。

(1) 进入 F1 楼层平面视图，切换至【建筑】选项卡，单击【构建】面板中的【楼板：建筑】按钮。然后在【属性】面板的类型选择器中选择【混凝土 120mm】为基础类型，复制该类型并命名为“教育中心－楼板”，效果如图 7-47 所示。

(2) 单击【结构】参数右侧的【编辑】按钮，软件将自动打开【编辑部件】对话框。此时，按照前面楼板章节介绍的创建室内楼板内容，设置【教育中心－楼板】的结构参数，效果如图 7-48 所示。

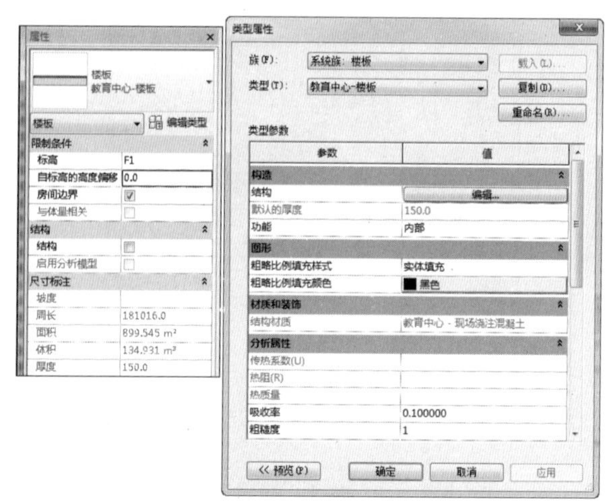

图 7-47　选择楼板类型

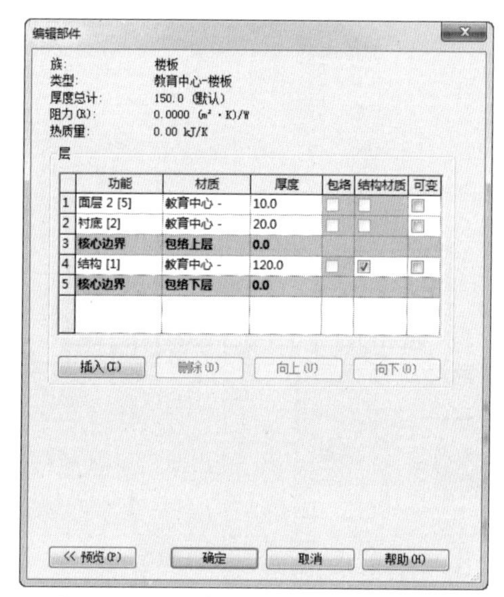

图 7-48　设置教育中心－楼板结构参数

(3) 完成室内楼板结构参数的设置后，单击【绘制】面板中的【拾取墙】按钮，在选项栏中设置相应的参数选项。然后依次在墙体图元上单击，绘制楼板轮廓线，效果如图 7-49 所示。接着单击【模式】面板中的【完成编辑模式】按钮，即可完成该层楼板的创建。

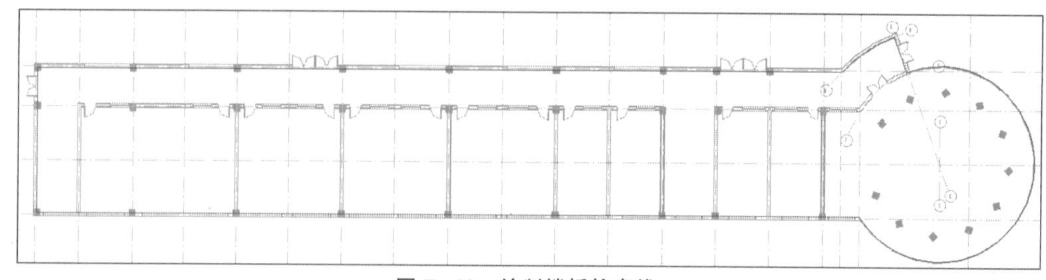

图 7-49　绘制楼板轮廓线

(4) 利用上述相同的方法，创建 F2 楼层平面的楼板，切换至默认三维视图中查看效果，如图 7-50 所示。

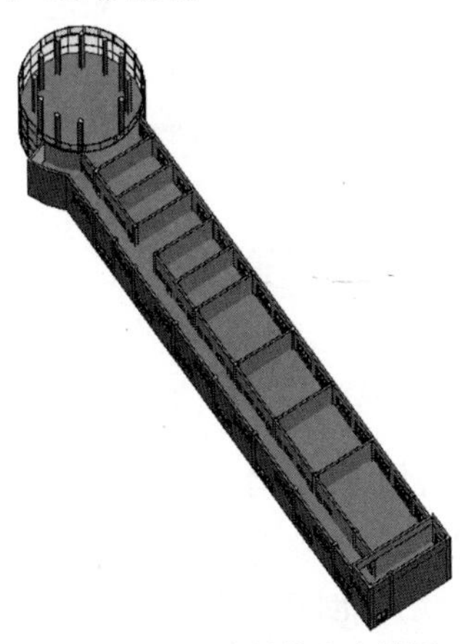

图 7-50　创建其他室内楼板

2. 创建室外楼板

由于室外楼板与室内楼板的类型不同，因此在创建室外楼板之前，同样需要先定义室外楼板的类型属性。

(1) 返回 F1 楼层平面视图，切换至【建筑】选项卡，单击【构建】面板中的【楼板：建筑】按钮，软件将自动打开相应的【属性】面板。此时，在该面板的类型选择器中选择【教育中心 - 楼板】为基础类型，复制该类型并命名为“教育中心室外楼板”，效果如图 7-51 所示。

(2) 单击【结构】参数右侧的【编辑】按钮，软件将自动打开【编辑部件】对话框。此时，按照前面楼板章节介绍的创建室外楼板内容，设置【教育中心室外楼板】的结构参数，效果如图 7-52 所示。

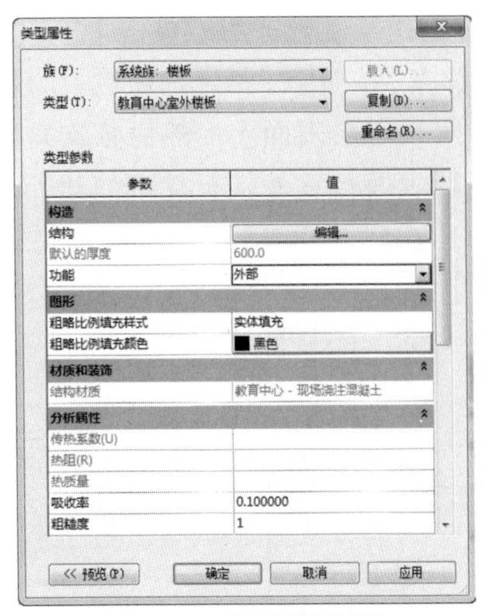

图 7-51　选择楼板类型

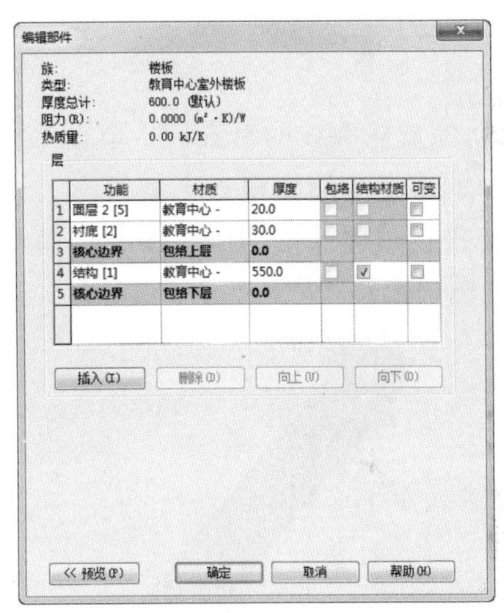

图 7-52　设置室外楼板的结构参数

(3) 完成室外楼板结构参数的设置后，单击【绘制】面板中的【矩形】按钮，设置【自标高的高度偏移】为 -20。然后在绘图区域指定位置绘制相应的楼板轮廓线，效果如图 7-53 所示。

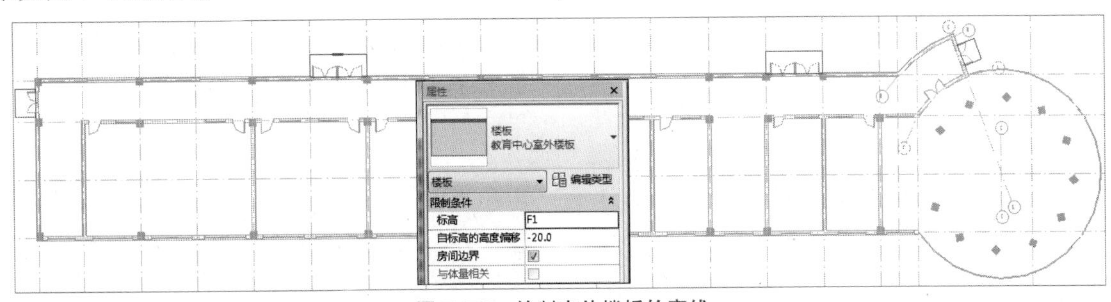

图 7-53　绘制室外楼板轮廓线

(4) 退出绘制模式后，单击【修改】面板中的【对齐】按钮，指定选项栏中的【首选】为【参照核心层表面】。然后依次单击墙体的核心层表面与室外楼板轮廓线进行对齐，效果如图 7-54 所示。

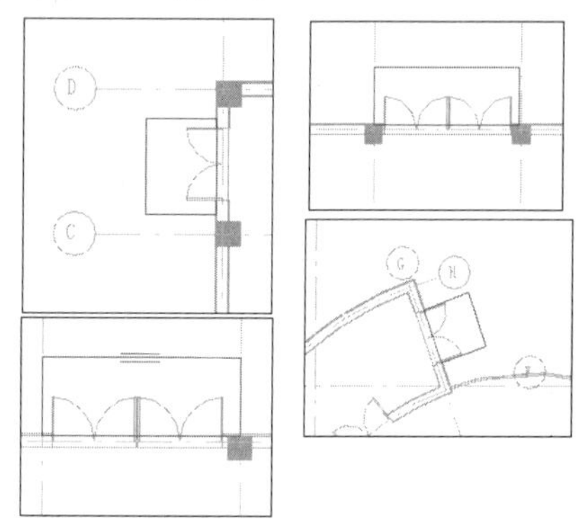

图 7-54　对齐轮廓线

(5) 完成轮廓线的对齐后，单击【模式】面板中的【完成编辑模式】按钮，即可完成室外楼板轮廓线的绘制。然后切换至默认三维视图中查看效果，如图 7-55 所示。

图 7-55　创建室外楼板

3. 创建天花板

天花板是建筑设计中常用的建筑构件，创建方法与楼板类似，在绘制前需要预先定义好所需的天花板类型。

(1) 返回 F1 楼层平面视图，切换至【建筑】选项卡。单击【构建】面板中的【天花板】按钮，在【属性】面板的类型选择器中选择【复合天花板】|【600×600mm 轴网】为基础类型。此时，复制该类型并命名为“教育中心 - 天花板”。接着设置【属性】面板中【自标高的高度偏移】为 3700，如图 7-56 所示。

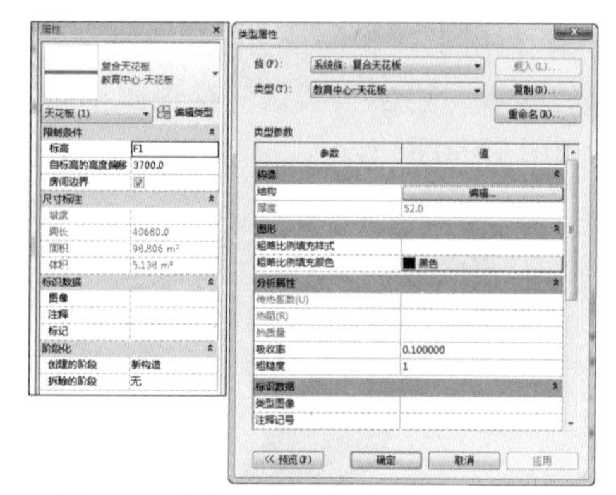

图 7-56　选择天花板类型并复制和重命名

(2) 单击【结构】参数右侧的【编辑】按钮，软件将打开【编辑部件】对话框。此时，按照前面章节介绍的创建天花板内容，设置该天花板的相关结构参数，效果如图 7-57 所示。

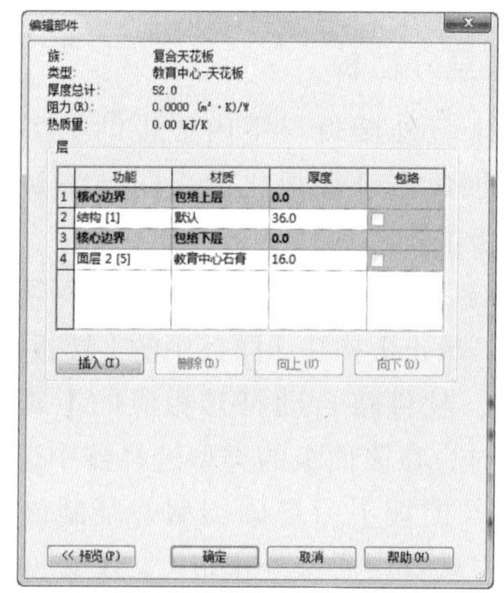

图 7-57　设置教育中心 - 天花板的结构参数

(3) 完成天花板结构参数的设置后，软件将自动激活【自动创建天花板】工具。此时，在墙体图元中间单击，软件将在距离标高 F1 的 3700mm 高度位置自动创建天花板。然后切换至默认三维视图后，启用【属性】面板中的【剖面框】选项。接着单击并拖动剖面框右侧的向左箭头图标，即可查看天花板效果，如图 7-58 所示。

提示　自动创建天花板后，Revit 弹出【警告】提示框。其中提示“所创建的图元在视图楼层平面:F1 中不可见。可能需要检查活动视图及其参数、可见性设置以及所有平面区域及其设置。”，说明当前视图无法查看创建的天花板。

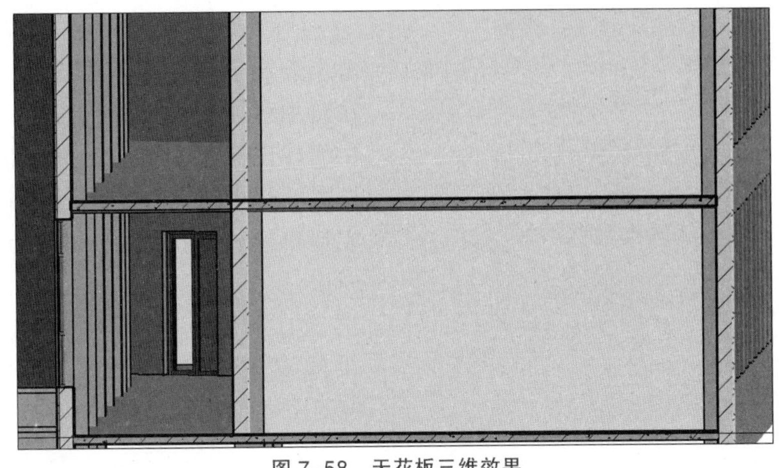

图 7-58　天花板三维效果

(4) 利用上述相同的方法，创建 F2 楼层平面的天花板。然后切换至默认三维视图中查看效果。

7.7 典型案例：婴儿部大楼楼板和天花板的创建

本实例将创建婴儿部大楼的楼板和天花板。该婴儿部大楼是建筑体系中的一幢独立建筑。其为四层的混凝土－砖石结构，内部配置有卧室和卫生间等常规建筑构件设施，满足了该建筑的使用特性要求，效果如图 7-59 所示。

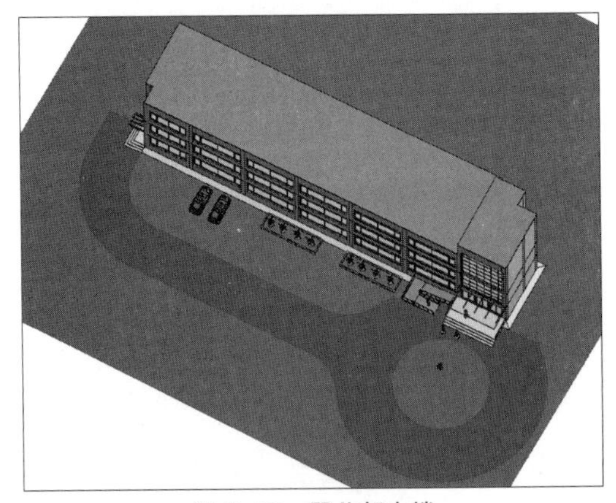

图 7-59　婴儿部大楼

1. 创建室内楼板

(1) 进入 F1 楼层平面视图，切换至【建筑】选项卡，单击【构建】面板中的【楼板：建筑】按钮。此时，在【属性】面板的类型选择器中选择【混凝土 120mm】选项为基础类型。然后复制该类型并命名为“婴儿部室内楼板 150mm”，如图 7-60 所示。

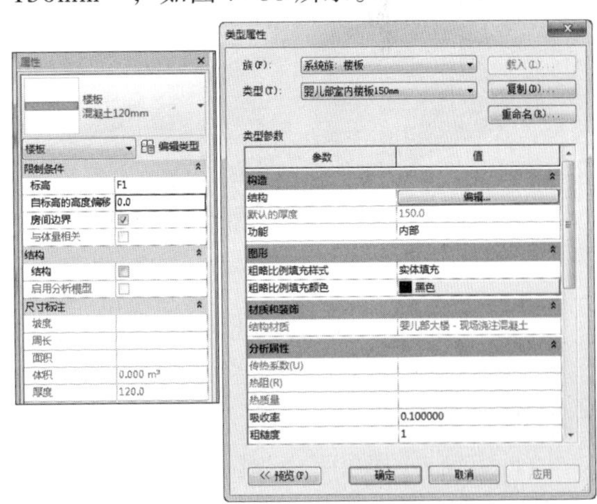

图 7-60　选择楼板类型

(2) 单击【结构】参数右侧的【编辑】按钮，软件将自动打开【编辑部件】对话框。此时，按照前面介绍的创建室内楼板内容，设置【婴儿部室内楼板 150mm】的结构参数，如图 7-61 所示。

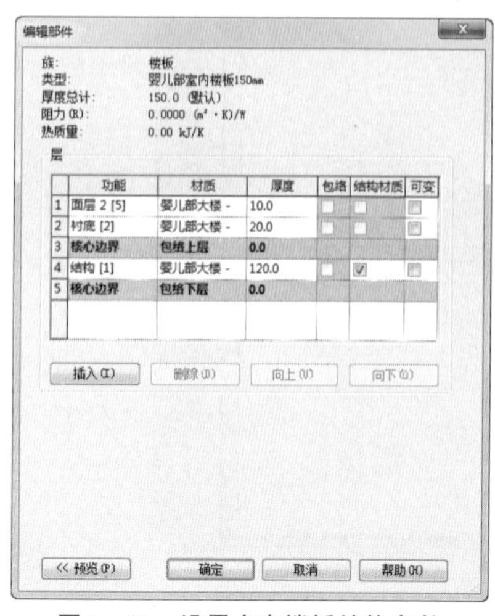

图 7-61　设置室内楼板结构参数

(3) 完成室内楼板结构参数的设置后，单击【绘制】面板中的【拾取墙】按钮，并在选项栏中设置相应的参数选项。然后依次在墙体图元上单击，绘制楼板轮廓线，效果如图 7-62 所示。接着单击【模式】面板中的【完成编辑模式】按钮，即可完成该层楼板的创建。

(4) 利用上述相同的方法，依次创建 F2 和 F3 楼层平面的楼板。然后切换至默认三维视图中查看效果，如图 7-63 所示。

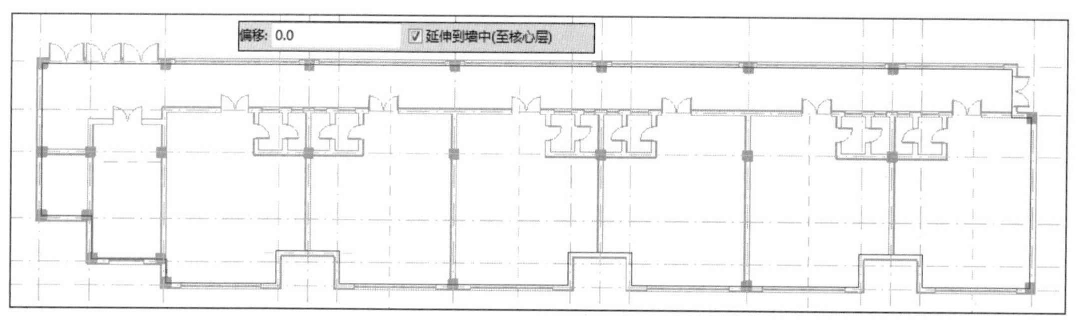

图 7-62　绘制楼板轮廓线

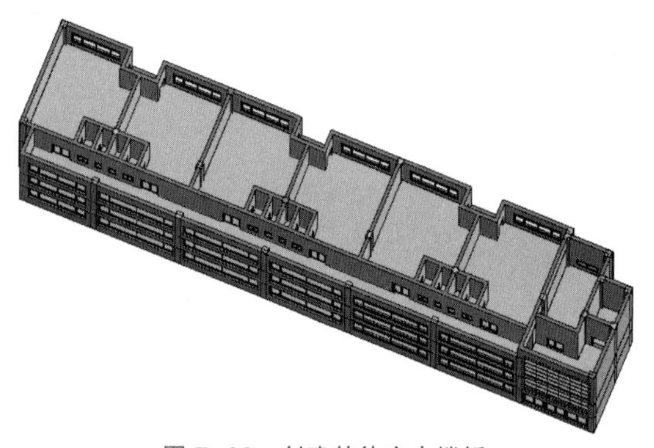

图 7-63　创建其他室内楼板

2. 创建室外楼板

(1) 返回 F1 楼层平面视图，切换至【建筑】选项卡，单击【构建】面板中的【楼板：建筑】按钮。此时，在【属性】面板的类型选择器中选择【婴儿部室内楼板 150mm】为基础类型。然后复制该类型并命名为“婴儿部大楼室外楼板”，如图 7-64 所示。

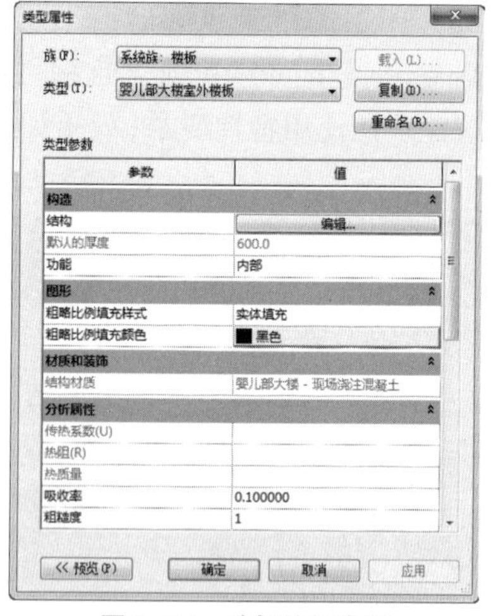

图 7-64　选择楼板类型

(2) 单击【结构】参数右侧的【编辑】按钮，软件将自动打开【编辑部件】对话框。此时，按照前面介绍的创建室外楼板内容，设置【婴儿部大楼室外楼板】的结构参数，如图 7-65 所示。

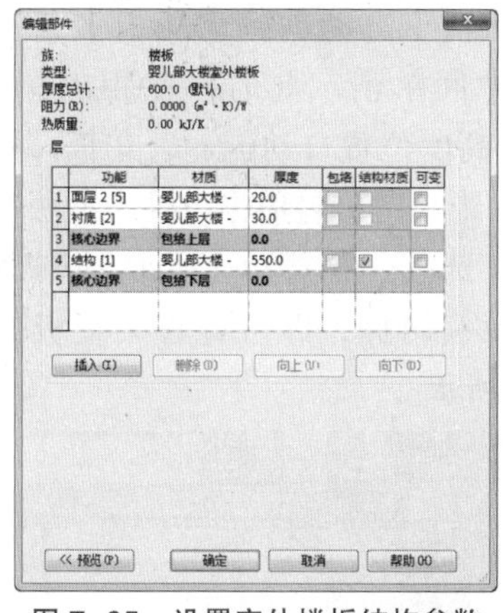

图 7-65　设置室外楼板结构参数

(3) 完成室外楼板结构参数的设置后，单击【绘制】面板中的【矩形】按钮，设置【自标高的高度偏移】为 -20。然后在绘图区域指定位置绘制相应的楼板轮廓线，效果如图 7-66 所示。

(4) 退出绘制模式后，单击【修改】面板中的【对齐】按钮，指定选项栏中的【首选】为【参照核心层表面】。然后依次单击墙体的核心层表面与室外楼板轮廓线进行对齐，如图 7-67 所示。

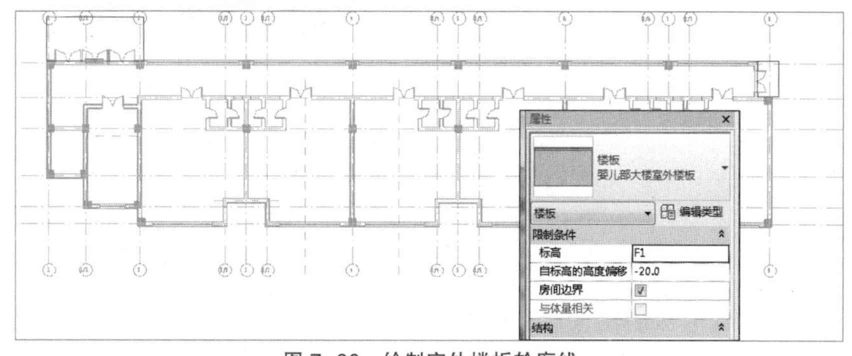

图 7-66　绘制室外楼板轮廓线

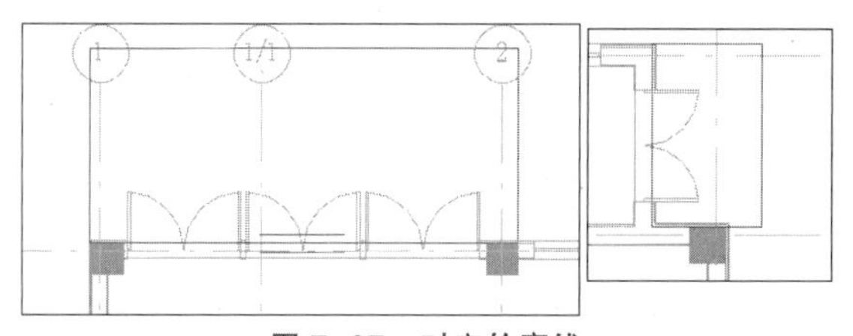

图 7-67　对齐轮廓线

(5) 完成轮廓线的对齐后，单击【模式】面板中的【完成编辑模式】按钮，即可完成室外楼板轮廓线绘制。然后切换至默认三维视图中查看效果，如图 7-68 所示。

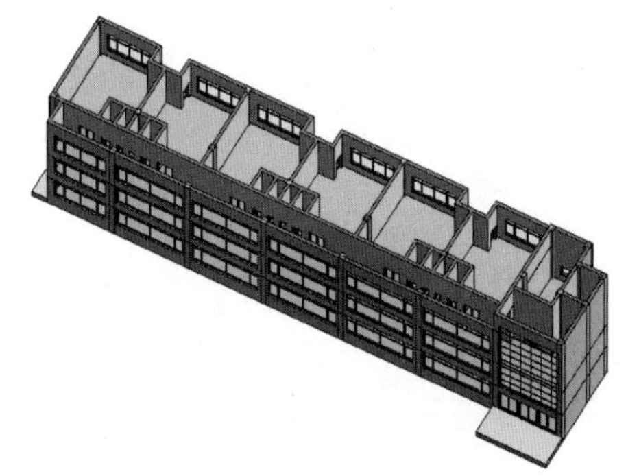

图 7-68　室外楼板效果

3. 创建天花板

(1) 返回 F1 楼层平面视图，切换至【建筑】选项卡，单击【构建】面板中的【天花板】按钮。然后在【属性】面板的类型选择器中选择【复合天花板】|【600×600mm 轴网】为基础类型。此时，复制该类型并命名为“婴儿部大楼天花板”。接着设置【属性】面板中【自标高的高度偏移】为 3100，如图 7-69 所示。

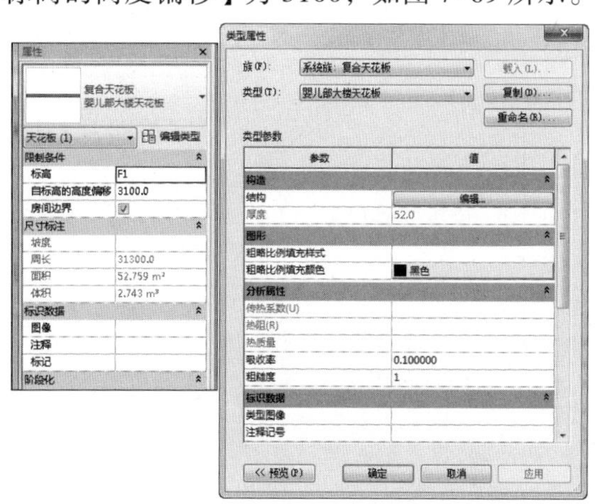

图 7-69　选择天花板类型

(2) 单击【结构】参数右侧的【编辑】按钮，软件将打开【编辑部件】对话框。此时，按照前面介绍的创建天花板内容，设置该天花板的相关结构参数，如图 7-70 所示。

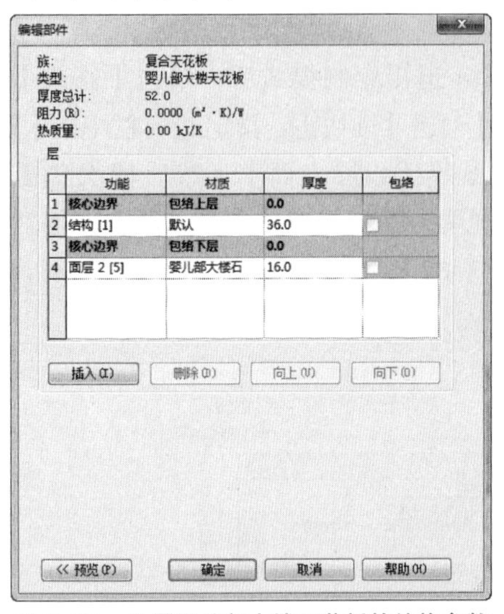

图 7-70　设置婴儿部大楼天花板的结构参数

(3) 完成天花板结构参数的设置后，软件将自动激活【自动创建天花板】工具，在墙体图元中间单击。此时，在距离标高 F1 的 3100mm 高度位置自动创建天花板。然后切换至默认三维视图，启用【属性】面板中的【剖面框】复选框。接着单击并拖动剖面框右侧的向左箭头图标，即可查看天花板效果，如图 7-71 所示。

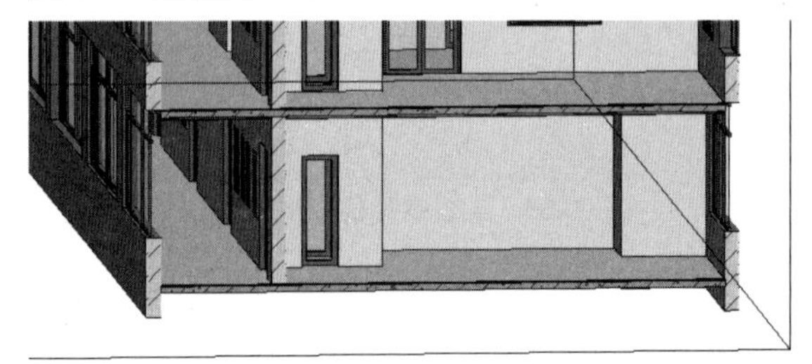

图 7-71　天花板三维效果

(4) 利用上述相同的方法，依次创建 F2 和 F3 楼层平面的天花板。然后切换至默认三维视图中查看效果。至此，该建筑的所有室内天花板创建完成。

第 8 章

屋顶和洞口

屋顶是建筑的普遍构成元素之一，是房屋顶层覆盖的外围护结构，其功能是抵御自然界的风霜雪雨、太阳辐射、气温变化以及其他不利因素。洞口是在建筑物施工过程中，建筑物结构上所预留的孔洞，其中包括楼梯口、电梯井口、预留洞口、通道口等。

本章主要介绍各种类型屋顶的创建及编辑方法，以及常见洞口的创建方法，从而掌握建筑模型中屋顶与洞口的基本操作。

本章学习目标

- 掌握屋顶的创建方法
- 掌握屋顶的编辑方法
- 掌握常见洞口的创建方法

8.1 创建屋顶

屋顶是建筑的重要组成部分。在 Revit 中提供了多种创建屋顶的工具，如迹线屋顶、拉伸屋顶、面屋顶、玻璃斜窗等常规工具。此外，对于一些特殊造型的屋顶，还可以通过内建模型的工具创建。

8.1.1 迹线屋顶

迹线屋顶是最常用的创建屋顶的方式，与楼板的创建方法类似。用户可以通过该方式创建平屋顶、斜屋顶等各种形状的屋顶。

1. 平屋顶

打开下载文件中的“平屋顶文件”项目文件，在 F3 楼层平面视图中，单击【构建】面板中的【迹线屋顶】按钮，软件默认在【属性】面板类型选择器中选择【基本屋顶】|【混凝土 120mm】屋顶类型。此时，单击【编辑类型】按钮，软件将自动打开【类型属性】对话框，如图 8-1 所示。

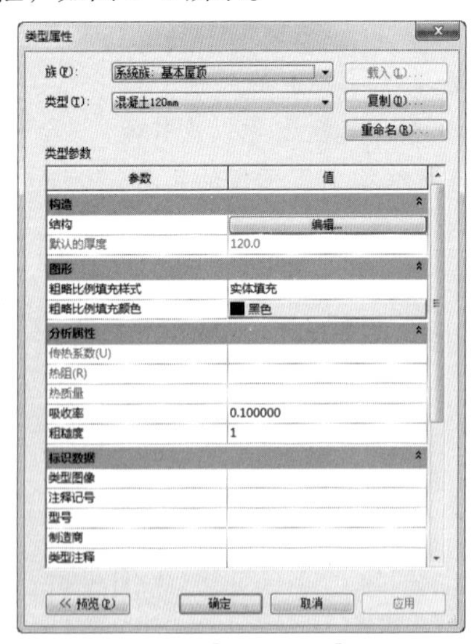

图 8-1 屋顶【类型属性】对话框

然后单击【复制】按钮，在打开的【名称】对话框中输入“餐厅 - 平屋顶”，效果如图 8-2 所示。

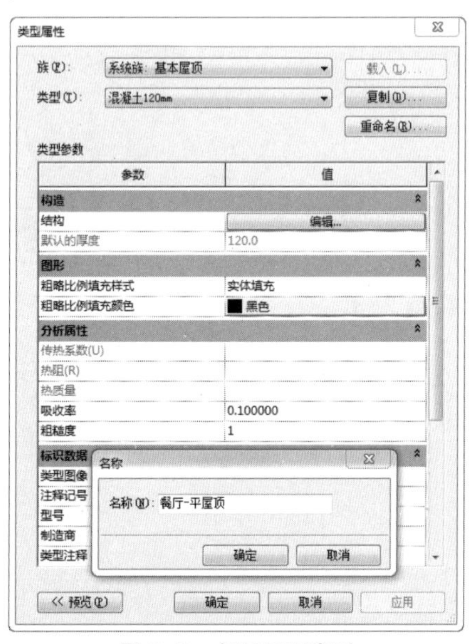

图 8-2 复制屋顶类型

完成屋顶类型复制并重命名后，单击【确定】按钮，在【结构】参数选项中单击【编辑】按钮，软件将自动打开【编辑部件】对话框，如图 8-3 所示。

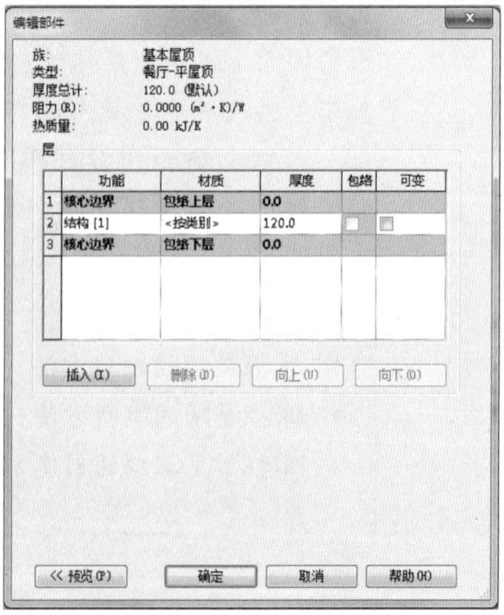

图 8-3 【编辑部件】对话框

然后选择结构层 1，连续两次单击【插入】按钮，插入两个新结构层。接着分别设置结构层 1 材质为【餐厅 – 水泥砂浆面层】；结构层 4 材质为【餐厅 – 现场浇注混凝土】，并如图 8–4 所示设置各结构层的【功能】和【厚度】参数。

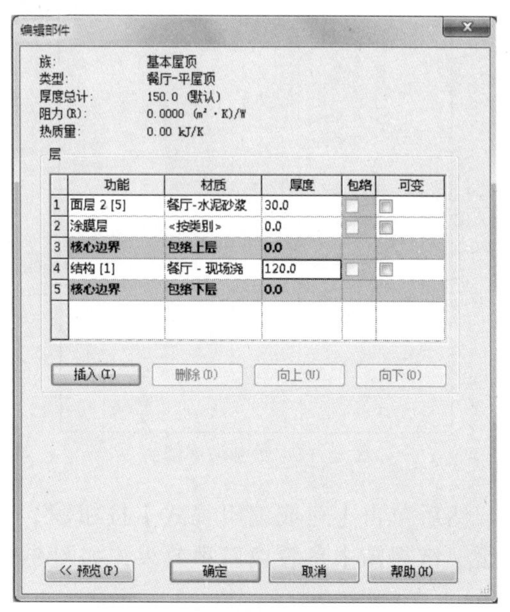

图 8–4　设置屋顶结构参数

完成屋顶结构的设置后，连续单击【确定】按钮，确定选项栏设置：不启用【定义坡度】复选框，【悬挑】文本框为 0，启用【延伸到墙中(至核心层)】复选框。然后配合 Tab 键选中所有外墙轮廓，并单击，即可自动生成屋顶边界，效果如图 8–5 所示。

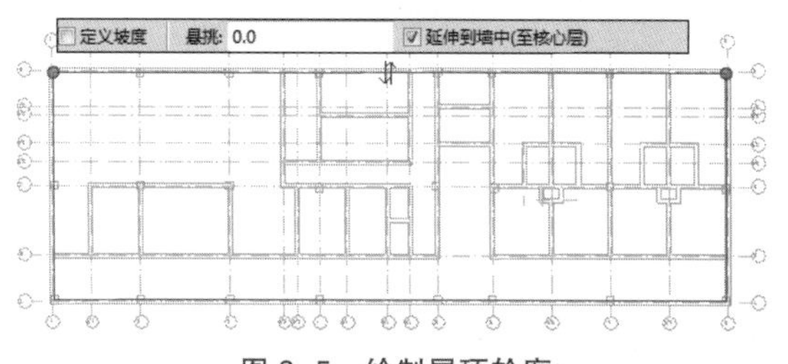

图 8–5　绘制屋顶轮廓

接着在【模式】面板中单击【完成编辑模式】按钮，在 Revit 提示框中单击【是】按钮。此时，切换至三维视图中，查看平屋顶效果，如图 8–6 所示。

图 8–6　平屋顶三维效果

2. 坡屋顶

在 Revit 中，除了平屋顶，用户还可以通过【定义坡度】和【坡度箭头】等工具创建各种形状的坡屋顶。

定义坡度创建坡屋顶

打开下载文件中“坡屋顶文件”项目文件，在 F7 楼层平面视图中，单击【构建】面板中的【迹线屋顶】按钮。然后在选项栏中确定：启用【定义坡度】复选框，【悬挑】文本框为 200，不启用【延伸到墙中(至核心层)】复选框。接着在【绘制】面板中单击【圆心 半径】按钮，移动光标至轴线 E 与 G 的交点处单击作为圆心。此时，直接输入 8500 作为半径，并按 Enter 键，效果如图 8–7 所示。

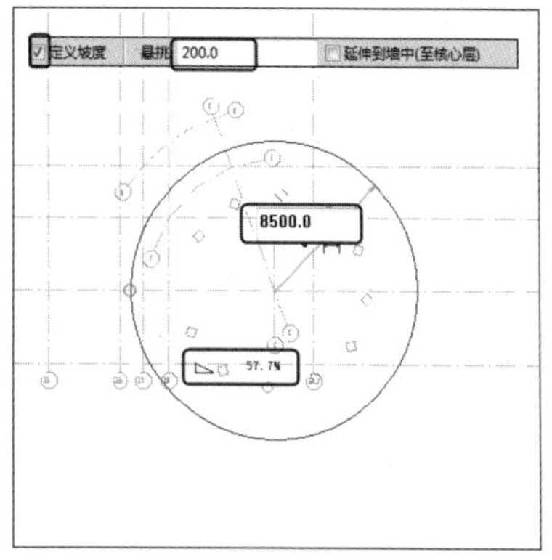

图 8–7　绘制屋顶轮廓

完成屋顶的绘制后，单击【模式】面板中的【完成编辑模式】按钮，在【属性】面板中的【坡度】文本框输入 80%，效果如图 8–8 所示。

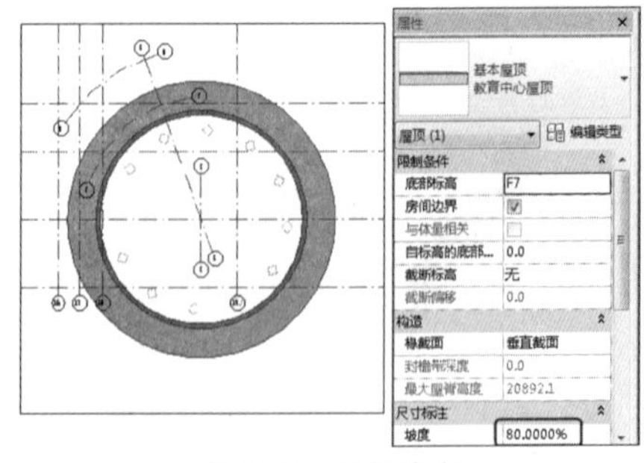

图 8-8　设置坡度

然后切换至三维视图中，查看圆锥屋顶效果，如图 8-9 所示。

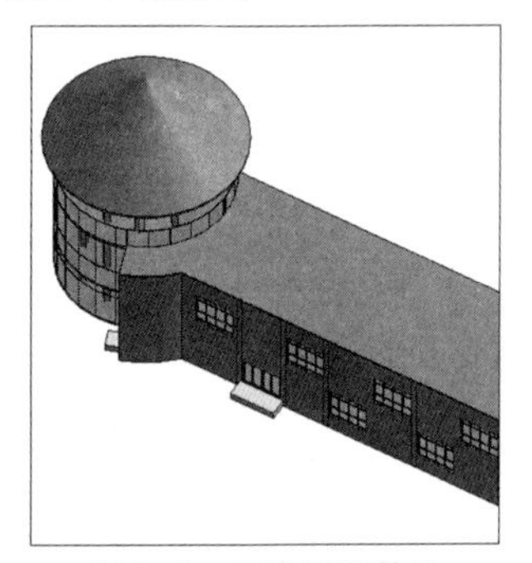

图 8-9　圆锥屋顶效果

通过坡度箭头创建坡屋顶

打开下载文件中的“坡屋顶文件”项目文件，切换至 F5 楼层平面视图，在【构建】面板中单击【迹线屋顶】按钮。然后在选项栏中确定：不启用【定义坡度】复选框，【悬挑】文本框为 200，不启用【延伸到墙中(至核心层)】复选框。接着配合 Tab 键选中左侧外墙轮廓，单击完成屋顶轮廓的绘制，效果如图 8-10 所示。

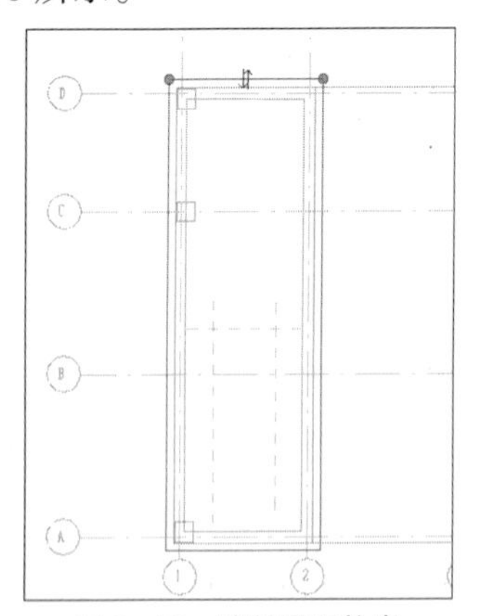

图 8-10　绘制屋顶轮廓

完成屋顶轮廓的绘制后，在【绘制】面板上单击【坡度箭头】按钮，分别捕捉屋顶轮廓中点，绘制坡度箭头，效果如图 8-11 所示。

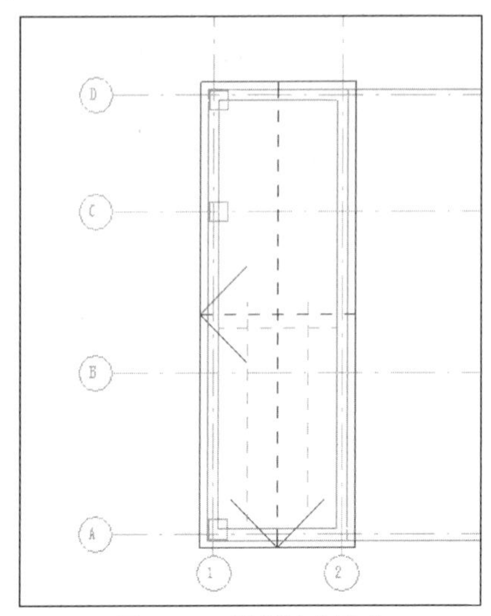

图 8-11　绘制坡度箭头

然后单击【完成编辑模式】按钮，切换至三维视图中参看坡屋顶效果，如图 8-12 所示。

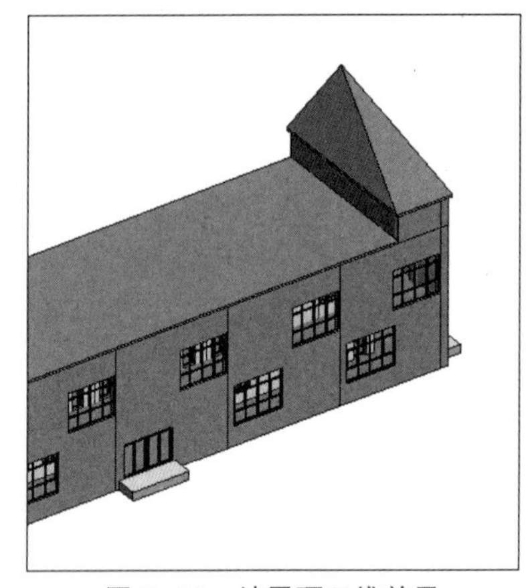

图 8-12　坡屋顶三维效果

8.1.2　面屋顶

打开下载文件中的“面屋顶文件.rvt”项目文件，切换至【体量和场地】选项卡，在【概念体量】面板中单击【显示体量形状和楼层】按钮，软件将在绘图区域显示体量模型，效果如图 8-13 所示。

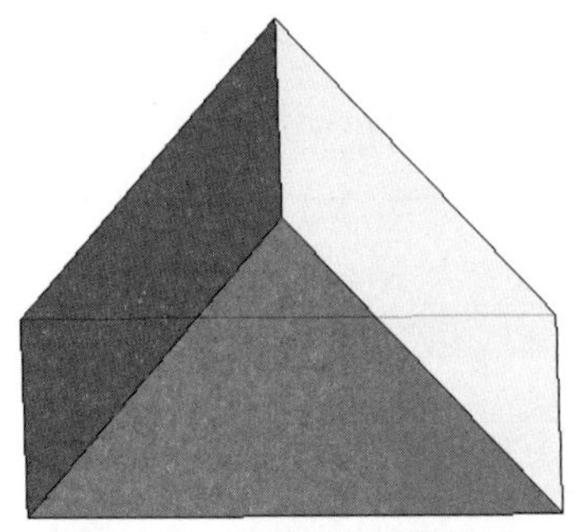

图 8-13　显示概念体量模型

然后切换至【建筑】选项卡，在【屋顶】下拉列表中单击【面屋顶】按钮，软件将自动打开【修改 | 放置面屋顶】上下文选项卡。此时，移动光标至体量平面上单击，效果如图 8-14 所示。

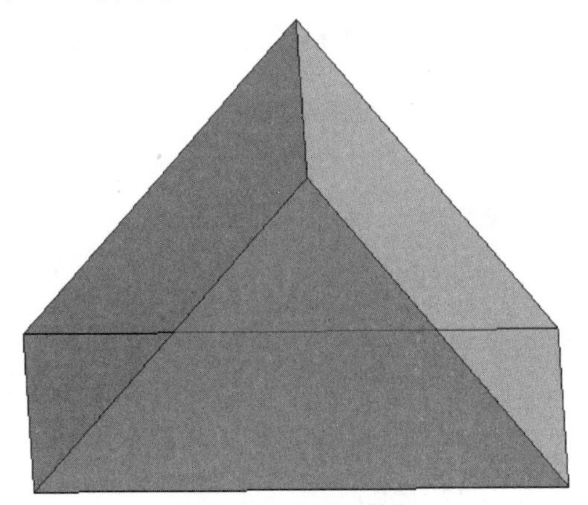

图 8-14　拾取体量面

接着在【多重选择】面板中单击【创建屋顶】按钮，切换至【体量和场地】选项卡。此时，在【概念体量】面板中单击【显示体量形状和楼层】按钮，即可显示面屋顶效果，如图 8-15 所示。

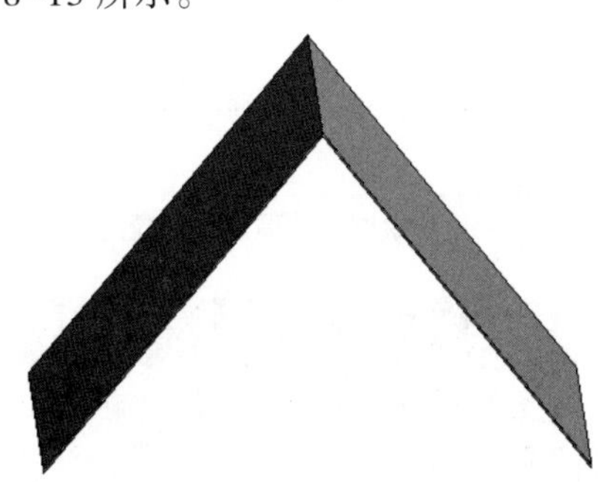

图 8-15　面屋顶效果

8.1.3 拉伸屋顶

除了【迹线屋顶】、【面屋顶】，【屋顶】工具组，还提供了【拉伸屋顶】工具，该工具用来创建具有弧度效果的屋顶。

打开下载文件中的“职工食堂 - 屋顶 .rvt”项目文件，切换至东立面视图，在【工作平面】面板中单击【参照平面】按钮。此时，分别在轴线 A 左侧、轴线 D 右侧建立垂直参照平面，并设置之间的距离为 700；在标高 F2 上方创建水平参照平面，并设置两者之间的距离为 600，效果如图 8-16 所示。

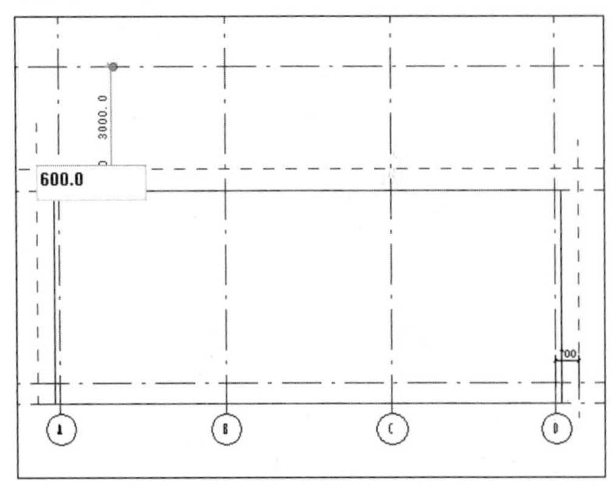

图 8-16　建立参照平面

然后切换至 F2 楼层平面视图，在【屋顶】下拉列表中单击【拉伸屋顶】按钮，软件将自动打开【工作平面】对话框，如图 8-17 所示。

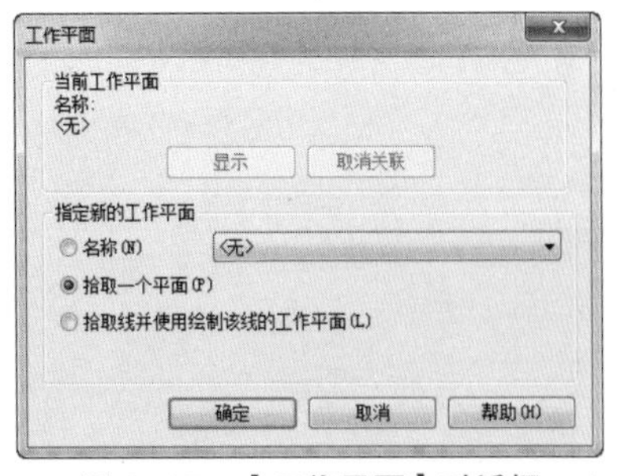

图 8-17　【工作平面】对话框

此时，单击【确定】按钮，在绘图区域单击轴线 6，软件将自动打开【转到视图】对话框。接着选择【立面：东立面】视图，效果如图 8-18 所示。

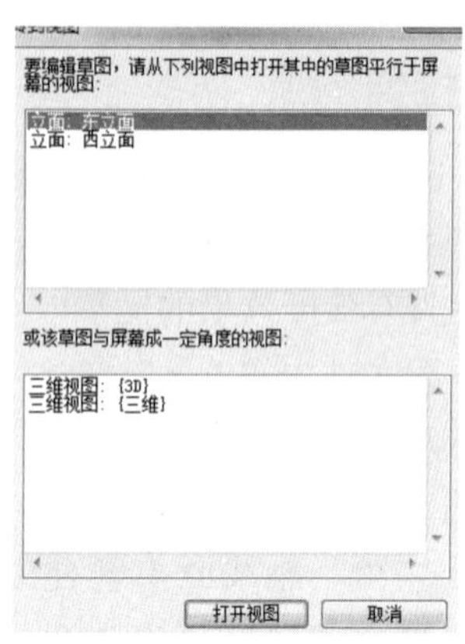

图 8-18 【转到视图】对话框

完成立面视图的选择后，单击【打开视图】按钮，软件将自动打开【屋顶参照标高和偏移】对话框。此时，在【标高】列表框中选择 F2 选项，效果如图 8-19 所示。

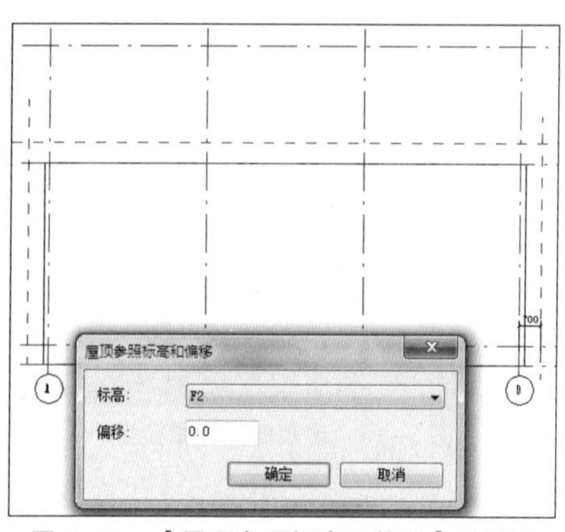

图 8-19 【屋顶参照标高和偏移】对话框

然后单击【确定】按钮，软件将自动打开【修改 | 创建拉伸屋顶轮廓】上下文选项卡。接着在【绘制】面板中单击【起点 - 终点 - 半径弧】按钮，并默认选项栏设置，如图 8-20 所示。

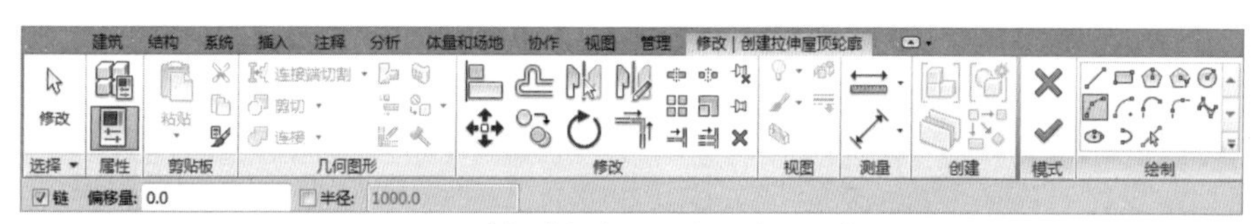

图 8-20 选择【起点 - 终点 - 半径弧】工具

完成绘制工具的选择后，捕捉轴网 A 左侧的垂直与水平参照平面的交点处作为起点单击，并在轴线 C 与水平参数平面的交点处作为终点单击。然后向两点中间上方移动光标至适当位置单击，建立向上弧度的轮廓线，效果如图 8-21 所示。

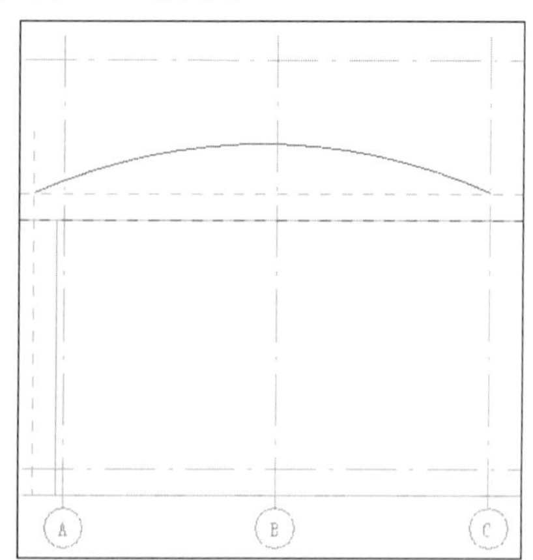

图 8-21 建立拉伸屋顶轮廓线

接着拖动光标在轴线 D 与水平参照平面的交点处单击，并沿弧线建立向下弧度的拉伸屋顶轮廓线；拖动光标在轴线 D 右侧垂直参照平面与水平参照平面的交点处单击，并沿弧线建立向上弧度的拉伸屋顶轮廓线，效果如图 8-22 所示。

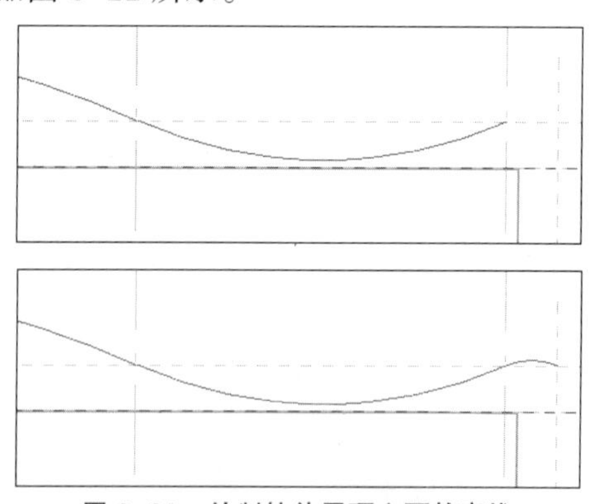

图 8-22 绘制拉伸屋顶立面轮廓线

技巧

当建立连续弧度的拉伸屋顶轮廓线时，为了使其自然平滑连接，需要对比相连接的弧度拉伸屋顶轮廓线。

完成拉伸屋顶轮廓线的绘制后，在【模式】面板中单击【完成编辑模式】按钮，切换至默认三维视图中，查看拉伸屋顶效果，如图 8-23 所示。

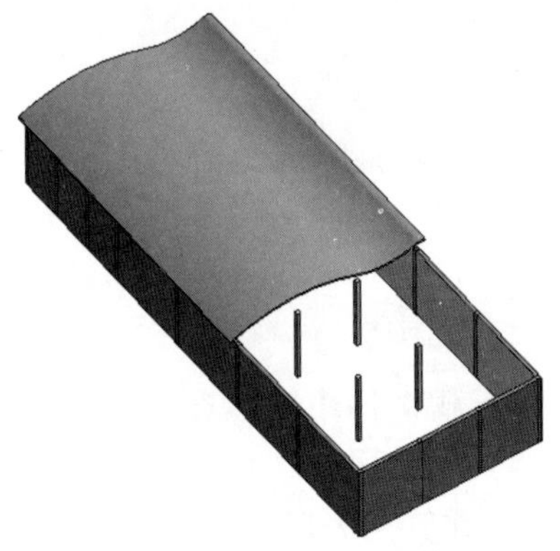

图 8-23　拉伸屋顶三维效果

此时，拉伸屋顶并没有覆盖整个建筑，选择该屋顶，软件将在屋顶上显示蓝色拖动三角图标，如图 8-24 所示。用户可以通过拖动该符号使其覆盖整个建筑。

此外，选择屋顶，用户还可以通过在【属性】面板中设置【拉伸起点】、【拉伸终点】选项来改变拉伸屋顶的范围，且可以进行精确设置，效果如图 8-25 所示。

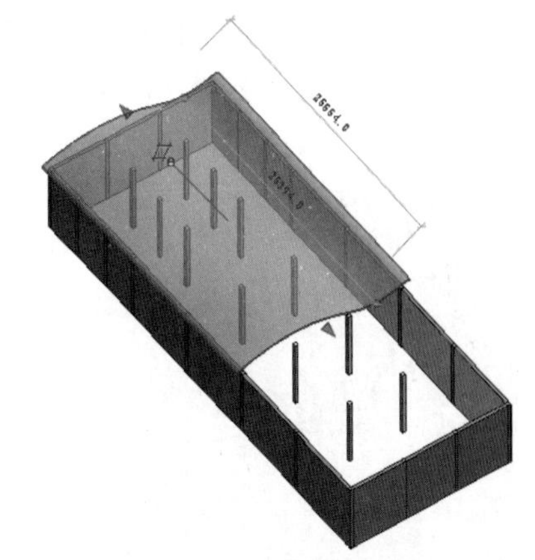

图 8-24　拉伸屋顶控制符号

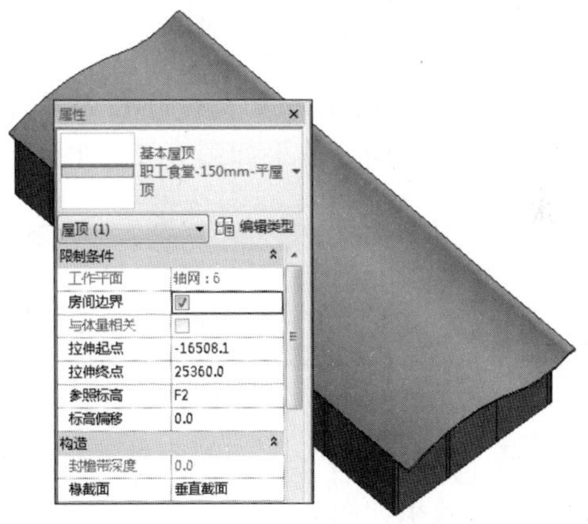

图 8-25　设置拉伸屋顶【属性】选项

8.2 编辑屋顶

编辑屋顶的方式与编辑楼板相似，用户可以通过楼板【属性】对话框来修改屋顶的标高、偏移、截断层、椽截面、坡度等；可以通过【类型属性】对话框修改屋顶的构造（结构、材质、厚度）、图形等；可以通过修改上下文选项卡上的编辑命令来修改屋顶轮廓等。此外，Revit 还提供了屋顶独有的辅助编辑方式。

8.2.1 封檐带

打开下载文件中的“教育中心 - 屋顶”项目文件，在【构建】面板中单击【屋顶】下拉按钮，在其列表框中单击【屋顶：封檐板】按钮，软件将自动打开【修改 | 放置封檐板】上下文选项卡，如图 8-26 所示。

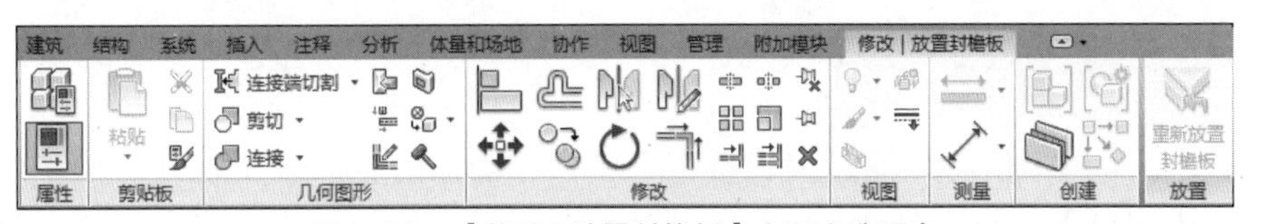

图 8-26　【修改 | 放置封檐板】上下文选项卡

然后，默认【属性】面板设置并配合旋转视图在屋顶下边界线上单击，软件将自动为屋顶创建封檐板，效果如图 8-27 所示。

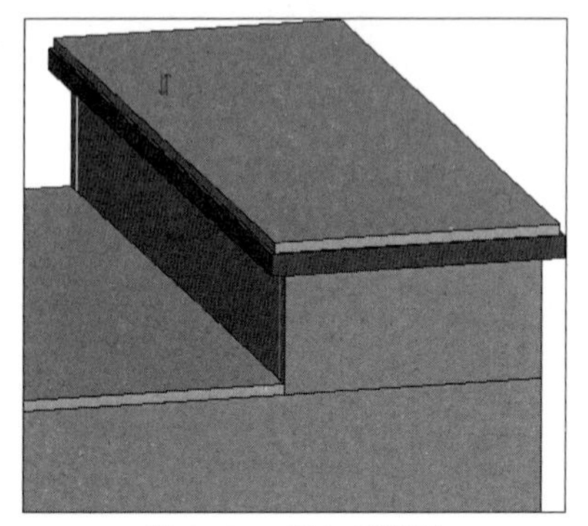

图 8-27　添加封檐板

接着可以通过单击方向控制符号来编辑封檐板的生成方向，效果如图 8-28 所示。

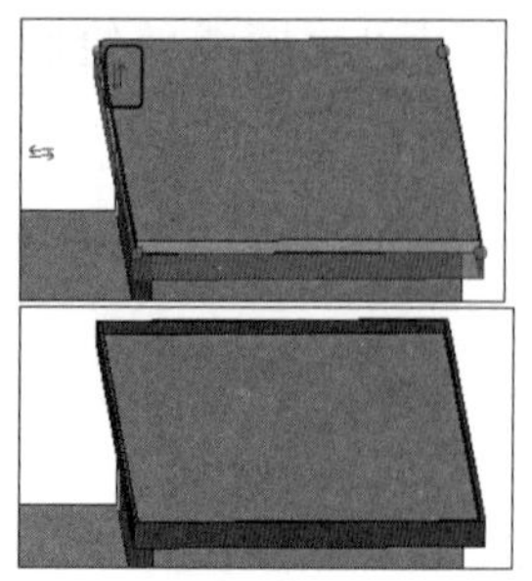

图 8-28　改变封檐板方向

8.2.2 檐槽

打开下载文件中的“教育中心－屋顶”项目文件，在【构建】面板中单击【屋顶】下拉按钮，在其列表框中单击【屋顶：檐槽】按钮，软件将自动打开【修改 | 放置檐沟】上下文选项卡，如图 8-29 所示。

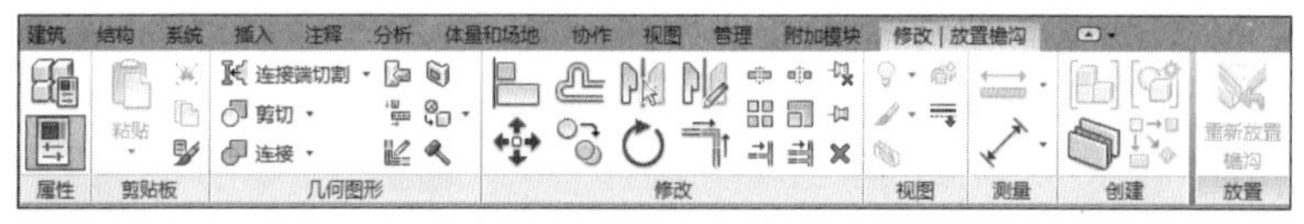

图 8-29　【修改 | 放置檐沟】上下文选项卡

然后，默认【属性】面板设置并配合旋转视图在屋顶下边界线上单击，软件将自动为屋顶创建檐槽，效果如图 8-30 所示。

接着可以通过单击方向控制符号来编辑檐槽的生成方向，效果如图 8-31 所示。

图 8-30　添加檐槽图

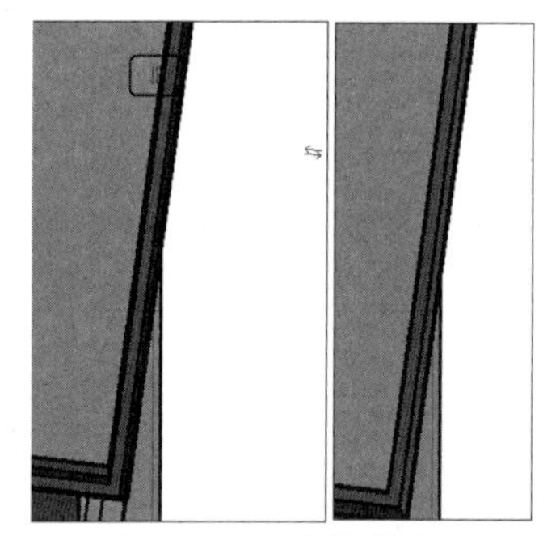

图 8-31　改变檐槽方向

8.3 创建洞口

在 Revit 中，用户不仅可以通过编辑楼板、屋顶、墙体的轮廓来实现开洞口，而且软件还提供了专门的【洞口】命令来创建面洞口、垂直洞口、竖井洞口、老虎窗洞口等。此外，对于异形洞口造型，还可以通过创建内建族的空心形式，应用剪切几何形体命令来创建。

8.3.1 楼梯间洞口

当创建完楼板、天花板、屋顶后，就需要在楼梯间或电梯间等部位的天花板和楼板上创建洞口。可以通过【竖井洞口】工具快速完成该项操作。

打开下载文件中的“少年部大楼－楼梯洞口文件.rvt”项目文件，在【洞口】面板中单击【竖井洞口】按钮，软件将自动打开【修改|创建竖井洞口草图】上下文选项卡，如图 8-32 所示。

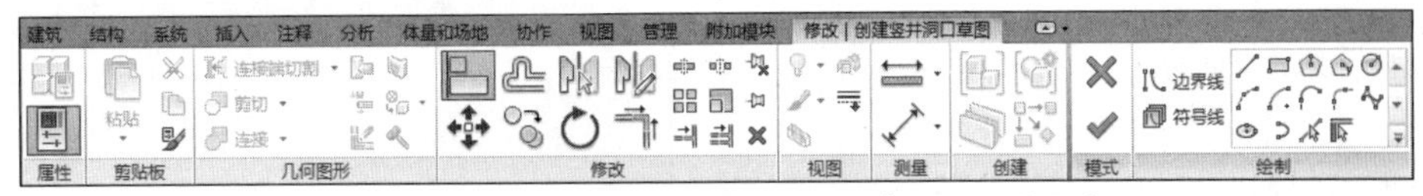

图 8-32 【修改|创建竖井洞口草图】上下文选项卡

此时，在【绘图】面板上选择【矩形】工具，并在楼梯栏杆与墙的交点处单击作为左角点。然后拖动光标至楼梯间右下角的交点处单击作为右角点，并将洞口边界与楼梯间墙内部核心层表面对齐，如图 8-33 所示。

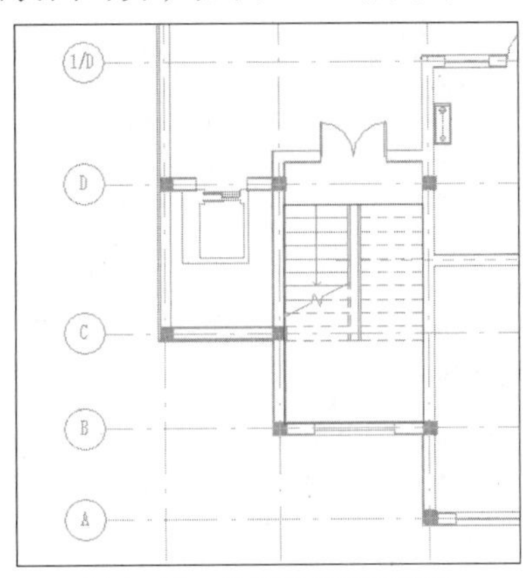

图 8-33 绘制竖井洞口轮廓

完成洞口轮廓的绘制后，在【属性】面板中确定【底部限制条件】为【F1】，【顶部约束】为【直到标高：F3】，【顶部偏移】为 0，【底部偏移】为 0，如图 8-34 所示。

图 8-34 设置【属性】面板

用户通过设置【属性】面板参数可以一次剪切多个楼层洞口，面板中的各个选项的含义及作用如表 8-1 所示。

表 8-1 竖井洞口【属性】面板中的各个选项的含义

选　项	作　用
限制条件	
底部限制条件	该列表框指定洞口的底部标高
底部偏移	该文本框指定洞口距洞底定位标高的高度
顶部约束	该列表框指定洞口的顶部标高
无连接高度	该文本框显示洞口的总高度
顶部偏移	该文本框指定洞口距顶部标高的偏移
阶段化	
创建的阶段	该列表框指定主体图元的创建阶段
拆除的阶段	该列表框指定主体图元的拆除阶段

然后在【模式】面板中单击【完成编辑模式】按钮，并切换至默认三维视图中。接着配合剖面框查看效果，查看楼梯间洞口效果，如图 8-35 所示。

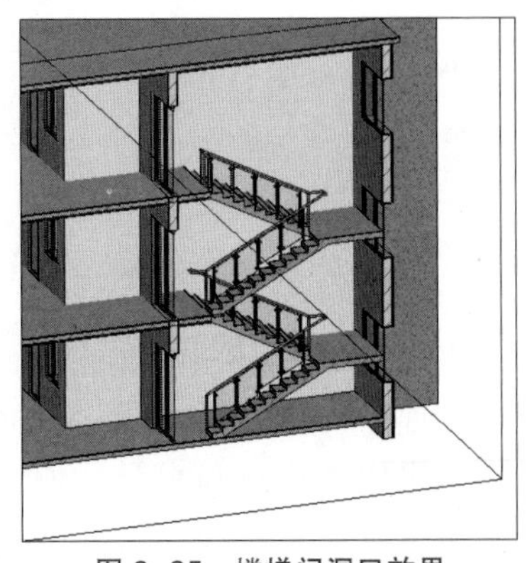

图 8-35 楼梯间洞口效果

8.3.2 面洞口

在 Revit 中，用户可以通过【按面】洞口工具在垂直于楼板、天花板、屋顶、梁、柱子、支架等构件的斜面、水平面或垂直面中剪切洞口。

打开下载文件中的“洞口文件 .rvt”项目文件，在【洞口】面板中单击【按面】按钮，效果如图 8-36 所示。

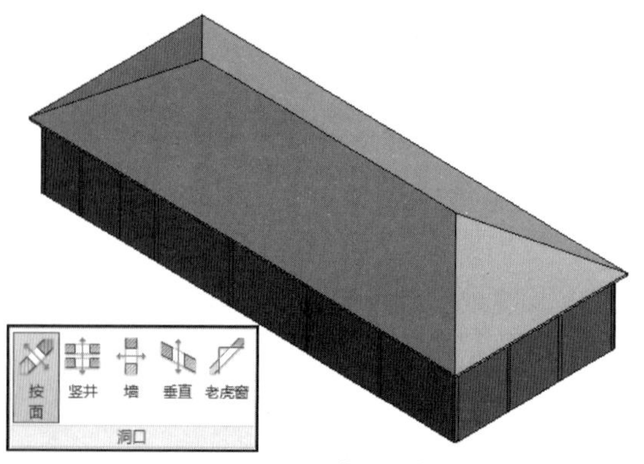

图 8-36 选择【按面】工具

然后在绘图区域通过 ViewCube 导航切换至右视图，在需要开洞的屋顶边缘单击，软件将自动打开【修改 | 创建洞口边界】上下文选项卡，同时在绘图区域进入洞口草图模式，效果如图 8-37 所示。

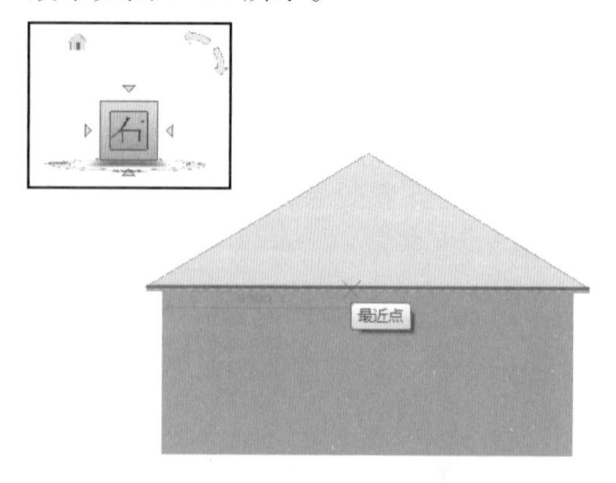

图 8-37 洞口草图模式

此时，在【绘制】面板中单击【矩形】按钮，在屋顶斜面区域内绘制 3500mm×3000mm 矩形轮廓，效果如图 8-38 所示。

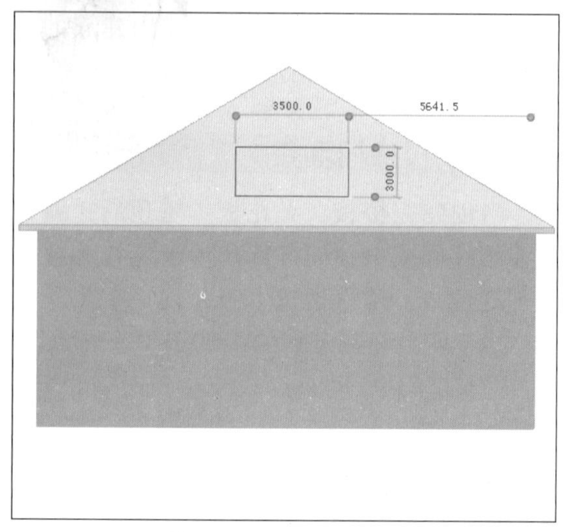

图 8-38 绘制矩形轮廓

接着在【模式】面板中单击【完成编辑模式】按钮，完成洞口的添加，效果如图 8-39 所示。

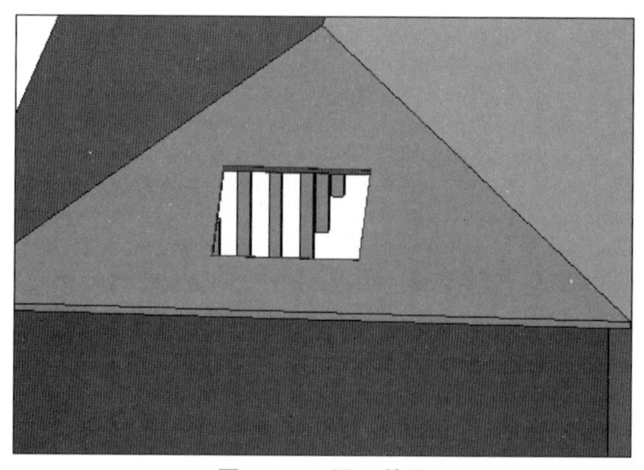
图 8-39 洞口效果

8.3.3 墙洞口

在 Revit 中，用户可以通过【墙洞口】工具在任意直线、弧线常规墙以及幕墙上快速创建矩形洞口，并可以通过控制符号编辑其位置与大小。

在面洞口添加完成的基础上，单击【洞口】面板中的【墙洞口】按钮，并通过 ViewCube 导航切换至右视图。然后将光标移动至墙体并单击。此时，光标会变成“十字 + 矩形”形状，效果如图 8-40 所示。

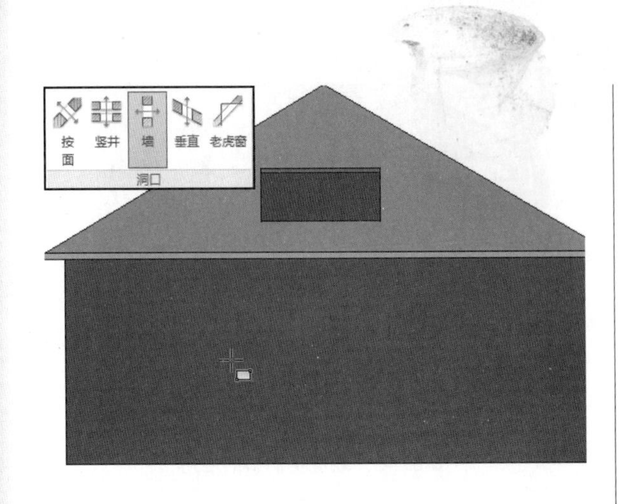

图 8-40　选择【墙洞口】工具

接着在墙面上单击并拖动光标绘制矩形轮廓，即可创建矩形洞口，效果如图 8-41 所示。

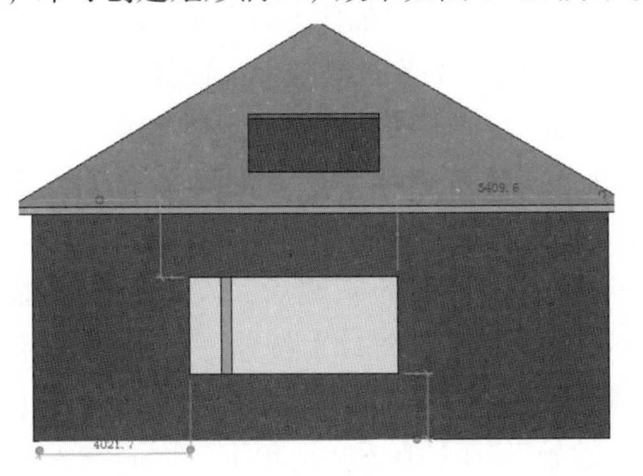

图 8-41　创建墙洞口

此外，选择该洞口，软件将在洞口附近显示临时尺寸标注和蓝色三角图标控制符。用户可以通过对临时尺寸标注的设置来精确控制该洞口的尺寸及位置，也可以通过拖动蓝色三角图标来粗略控制该洞口的尺寸及位置，效果如图 8-42 所示。

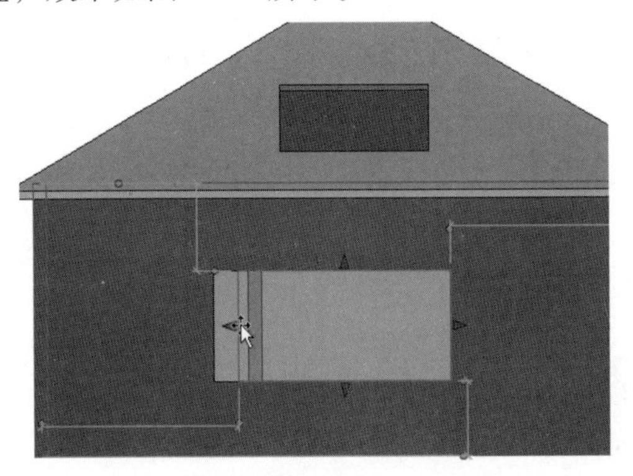

图 8-42　编辑洞口尺寸及位置

8.3.4　垂直洞口

【垂直洞口】工具只适用于垂直某个标高时的剪切洞口，因此用户可以通过该工具在楼板、天花板、屋顶或屋檐底板上创建垂直于楼层平面的洞口。

打开下载文件中的“垂直洞口文件 .rvt”项目文件，切换至 F5 楼层平面视图，并在【洞口】面板中单击【垂直洞口】按钮。然后单击楼板边界进入创建洞口边界状态，并在【绘制】面板中选择【矩形】工具。此时，在楼板区域单击，并拖动光标绘制矩形洞口轮廓，效果如图 8-43 所示。

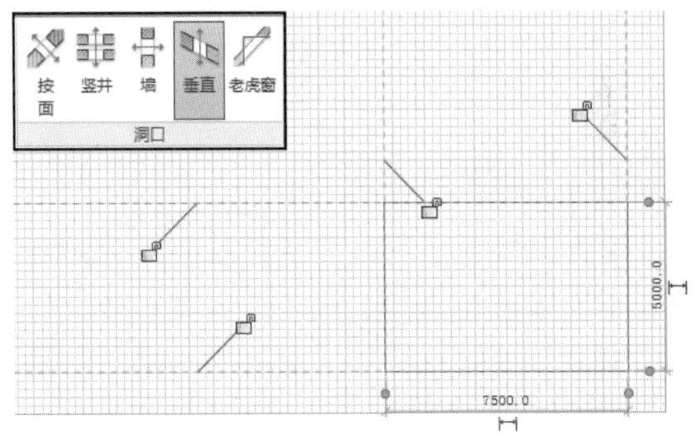

图 8-43　绘制垂直洞口轮廓

接着在【模式】面板中单击【完成编辑模式】按钮，切换至默认三维视图中，查看洞口效果，如图 8-44 所示。

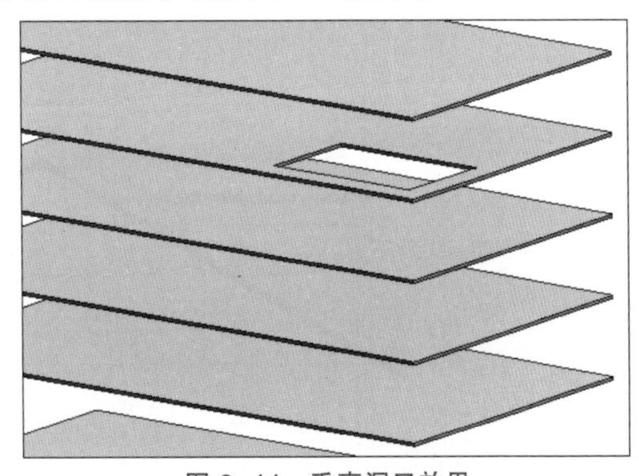

图 8-44　垂直洞口效果

此外，【垂直洞口】工具一次只能剪切一层楼板、天花板或屋顶并创建一个洞口，而对于楼梯间洞口、电梯井洞口、风道洞口等，在整个建筑高度方向上洞口形状大小完全一样，因此可以通过【竖井洞口】工具一次剪切所有楼板、天花板或屋顶来创建洞口，效果如图 8-45 所示。

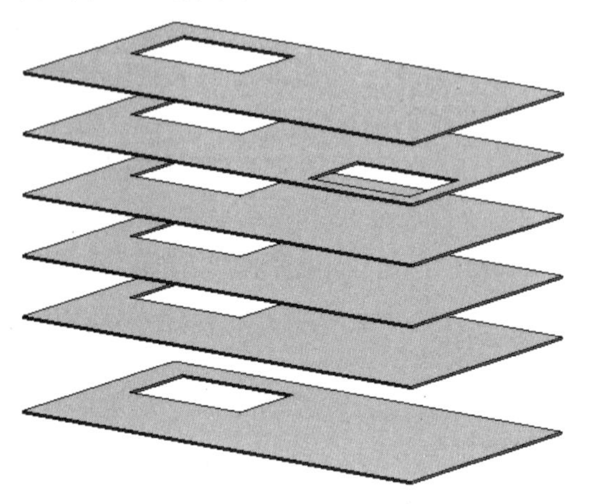

图 8-45　竖井洞口效果

8.3.5 老虎窗洞口

垂直洞口和面洞口分别是垂直于标高和垂直于面来剪切屋顶、楼板、天花板等，而老虎窗洞口则比较特殊，需要同时水平和垂直剪切屋顶。老虎窗洞口只适用于剪切屋顶，效果如图 8-46 所示。

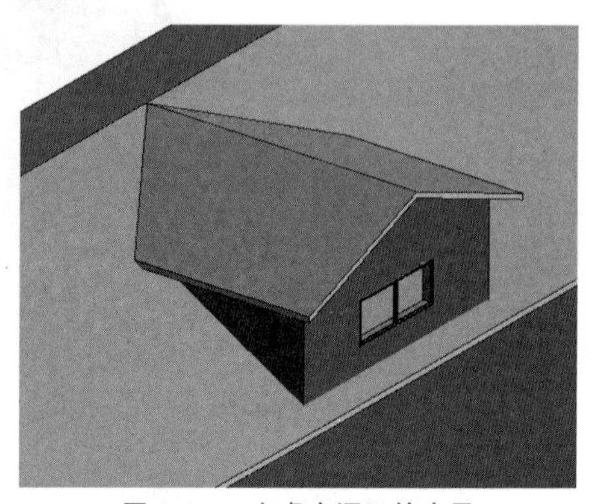

图 8-46　老虎窗洞口的应用

打开下载文件中的“老虎窗 .rvt”项目文件，为便于捕捉老虎窗墙边界，同时打开 F3 平面视图和剖面 Section 0 视图，并平铺显示这两个视图，效果如图 8-47 所示。

然后在 F3 平面视图中，选择老虎窗小屋顶图元，在控制栏中单击【临时隐藏 / 隔离】按钮。接着选择【隐藏图元】选项，将小屋顶临时隐藏，效果如图 8-48 所示。

完成小屋顶的隐藏后，在【洞口】面板中单击【老虎窗洞口】按钮，并单击拾取要剪切的大屋顶图元，软件将自动打开【修改 | 编辑草图】上下文选项卡，同时进入洞口边界绘制模式，如图 8-49 所示。

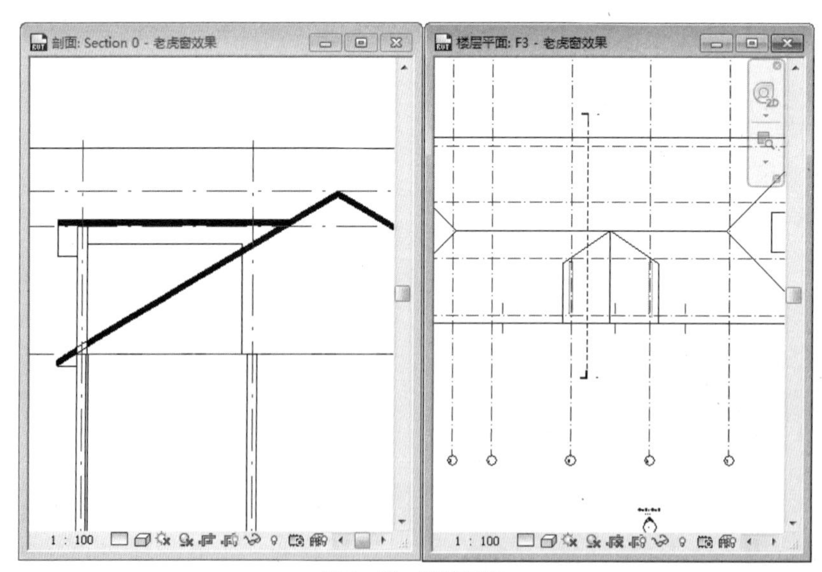

图 8-47　平铺视图

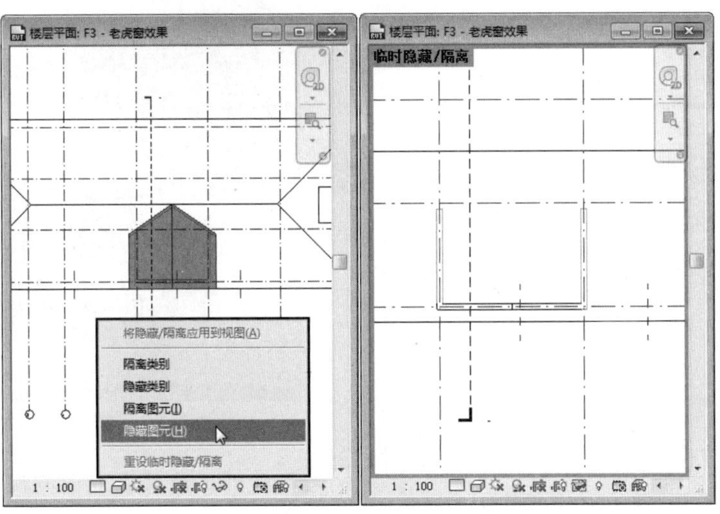

图 8-48　隐藏图元

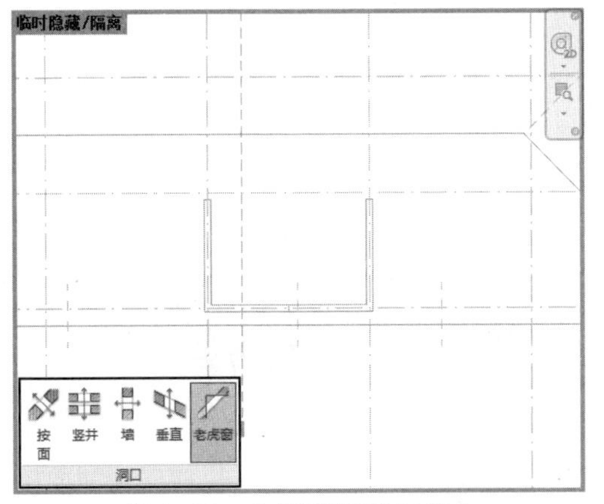

图 8-49　老虎窗洞口绘制模式

然后在【拾取】面板中单击【拾取屋顶 / 墙边缘】按钮，依次单击老虎窗三面墙的内边线，创建 3 条边界线，效果如图 8-50 所示。

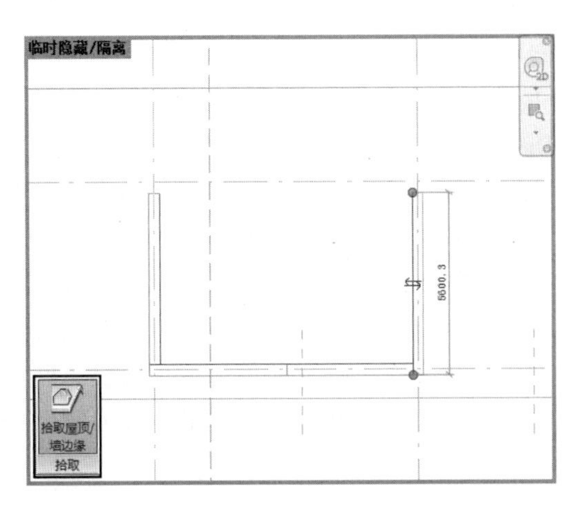

图 8-50　拾取边界线

接着单击控制栏中的【临时隐藏 / 隔离】按钮，选择【重设临时隐藏 / 隔离】选项，重新显示小屋顶图元。此时，单击拾取小屋顶图元创建边界线，效果如图 8-51 所示。

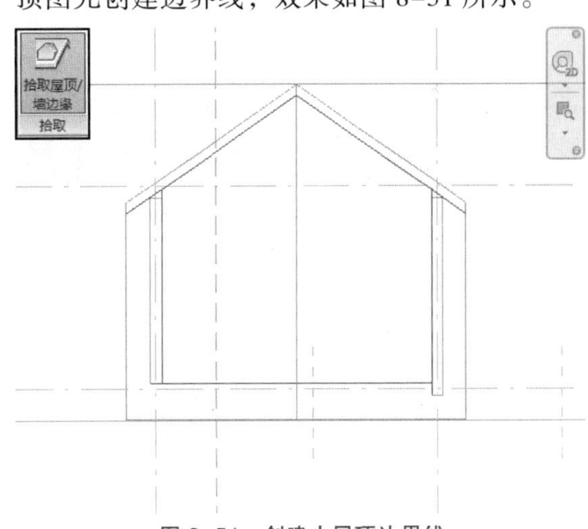

图 8-51　创建小屋顶边界线

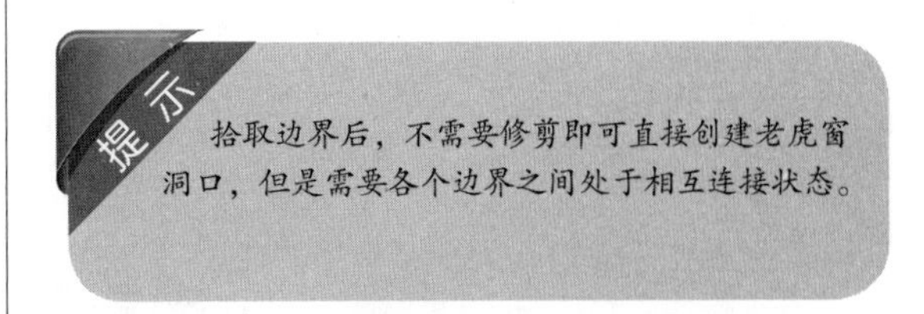

提示
拾取边界后，不需要修剪即可直接创建老虎窗洞口，但是需要各个边界之间处于相互连接状态。

完成洞口边界的绘制后，在【模式】面板中单击【完成编辑模式】按钮。此时，可在剖面 Section 0 视图中查看老虎窗洞口在屋顶中同时进行垂直和水平剪切，效果如图 8-52 所示。

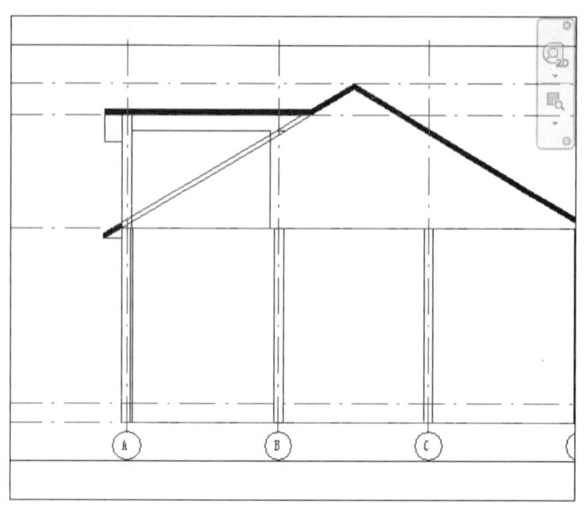

图 8-52　查看老虎窗洞口的剖面效果

然后切换至三维视图中，隐藏小屋顶图元，即可查看老虎窗洞口效果，如图 8-53 所示。

图 8-53　老虎窗洞口的三维效果

此外，选择老虎窗洞口，软件将自动打开【修改 | 屋顶洞口剪切】上下文选项卡，用户可以通过【修改】面板中的移动、复制、旋转、阵列、镜像等编辑命令，编辑或快速创建其他洞口。

8.4 典型案例：教育中心大楼屋顶的创建

本实例将创建教育中心大楼的屋顶。该教育中心是建筑体系中的一幢独立建筑。其为两层的混凝土 - 砖石结构，内部配置有卫生间等常规建筑构件设施，满足了该建筑的使用特性要求，效果如图 8-54 所示。

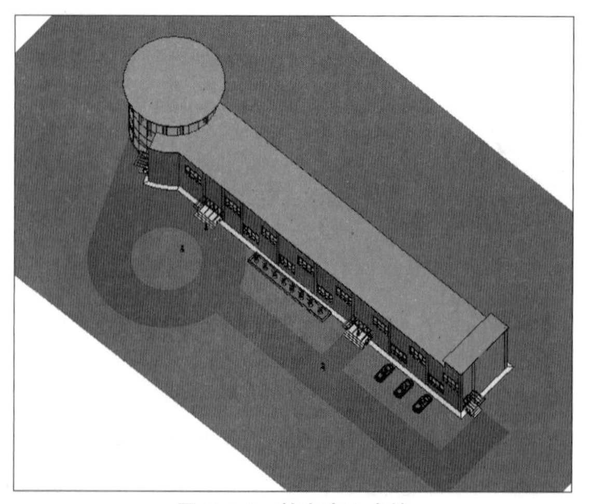

图 8-54　教育中心大楼

Revit 提供了迹线屋顶、拉伸屋顶和面屋顶三种创建屋顶的方式。其中，迹线屋顶的创建方式与创建楼板的方式非常类似。不同的是，在迹线屋顶中可以灵活地为屋顶定义多个坡度。

(1) 打开下载文件中的“教育中心 .rvt”项目文件，切换至F4楼层平面视图，单击【构建】面板中的【屋顶】|【迹线屋顶】按钮。此时，在【属性】面板中选择【基本屋顶 - 混凝土 120mm】为基础类型，打开相应的【类型属性】对话框。然后复制该族类型并命名为“教育中心屋顶”，效果如图 8-55 所示。

(2) 单击【结构】参数右侧的【编辑】按钮，软件将打开【编辑部件】对话框。此时，按照前面屋顶章节介绍的添加屋顶内容，设置该屋顶的相关结构参数，效果如图 8-56 所示。

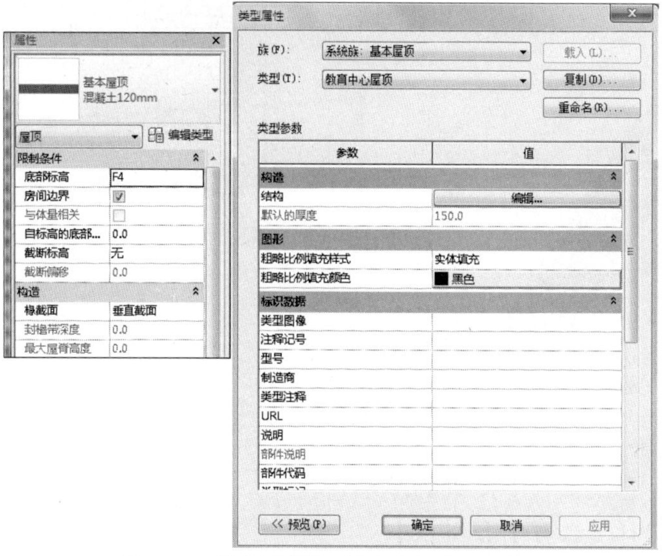

图 8-55　选择屋顶类型并复制新的屋顶类型

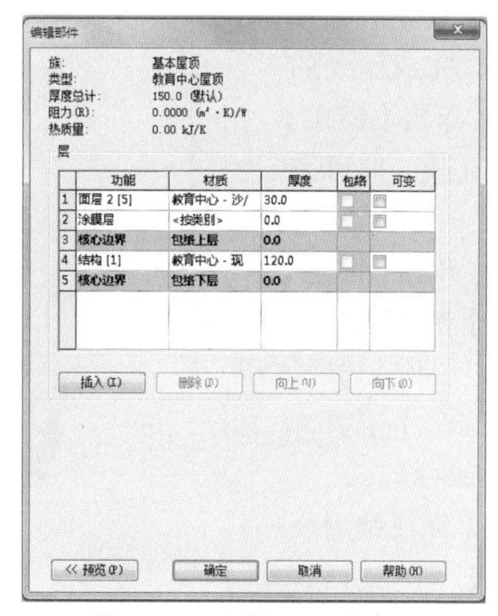

图 8-56　设置屋顶结构参数

(3) 完成屋顶结构参数的设置后，指定屋顶的绘制方式为【拾取墙】工具。然后在选项栏中设置相应的参数选项，并在绘图区域依次单击相应的墙体，生成屋顶轮廓线，效果如图 8-57 所示。

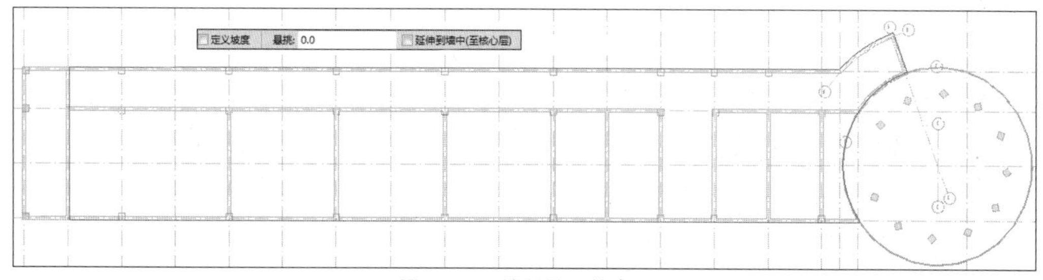

图 8-57　绘制屋顶轮廓线

(4) 单击【模式】面板中的【完成编辑模式】按钮✔，即可完成屋顶的创建。此时，用户可以切换至默认三维视图查看屋顶效果，如图 8-58 所示。

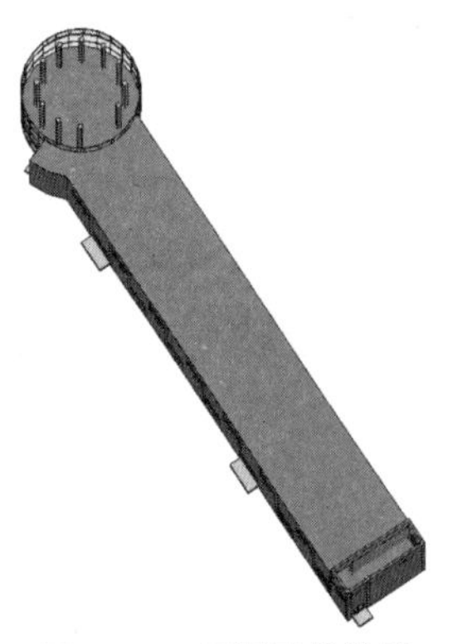

图 8-58　屋顶三维效果

(5) 切换至F5楼层平面视图，单击【构建】面板中的【屋顶】|【迹线屋顶】按钮，并在【属性】面板中选择【教育中心屋顶】。此时，指定屋顶的绘制方式为【拾取墙】工具，并在选项栏中设置相应的参数选项。然后在绘图区域依次单击相应的墙体，完成屋顶的绘制，效果如图 8-59 所示。接着单击【模式】面板中的【完成编辑模式】按钮，即可完成屋顶的创建。

(6) 切换至F7楼层平面视图，单击【构建】面板中的【屋顶】|【迹线屋顶】按钮，并在【属性】面板中选择【教育中心屋顶】选项。然后指定屋顶的绘制方式为【圆形】工具，并按照如图 8-60 所示绘制屋顶轮廓线。

(7) 单击【模式】面板中的【完成编辑模式】按钮，即可完成屋顶的创建。此时，用户可以切换至默认三维视图查看屋顶效果，如图 8-61 所示。

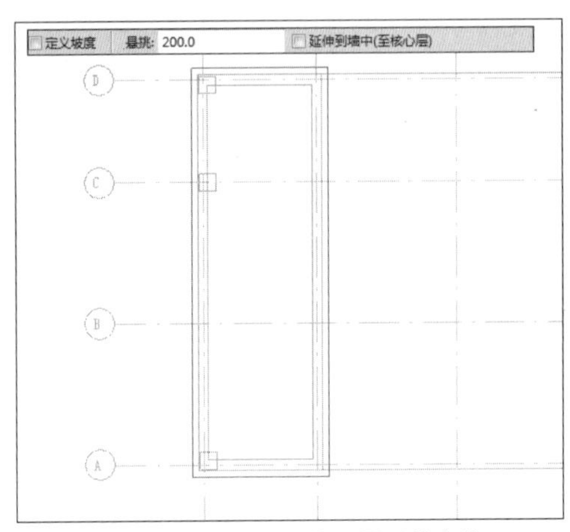

图 8-59　绘制 F5 楼层屋顶轮廓线

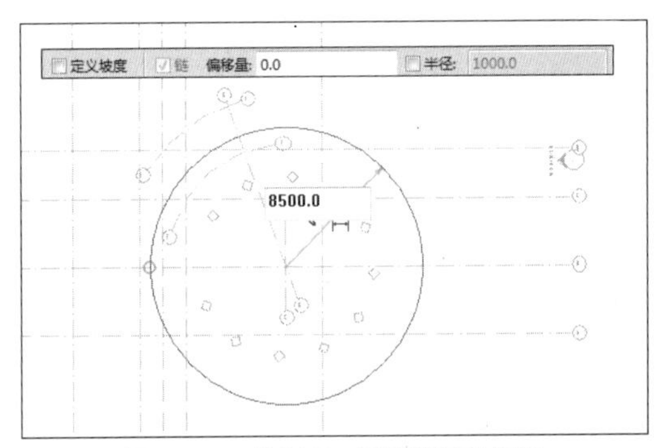

图 8-60　绘制 F7 楼层屋顶轮廓线

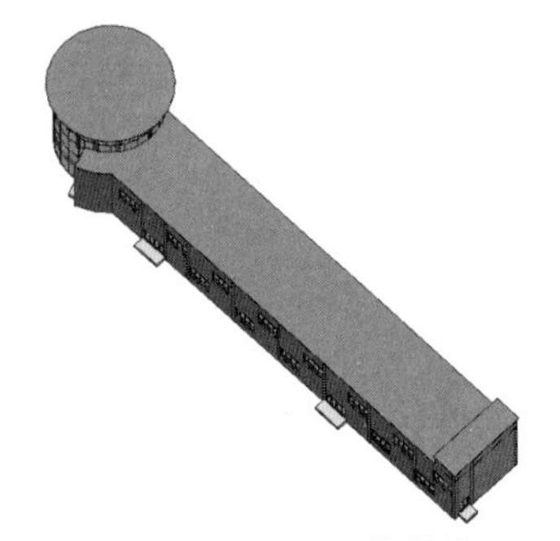

图 8-61　屋顶三维效果

8.5 典型案例：婴儿部大楼屋顶的创建

本实例将创建婴儿部大楼的屋顶。该婴儿部大楼是建筑体系中的一幢独立建筑。其为四层的混凝土 - 砖石结构，内部配置有卧室和卫生间等常规建筑构件设施，满足了该建筑的使用特性要求，效果如图 8-62 所示。

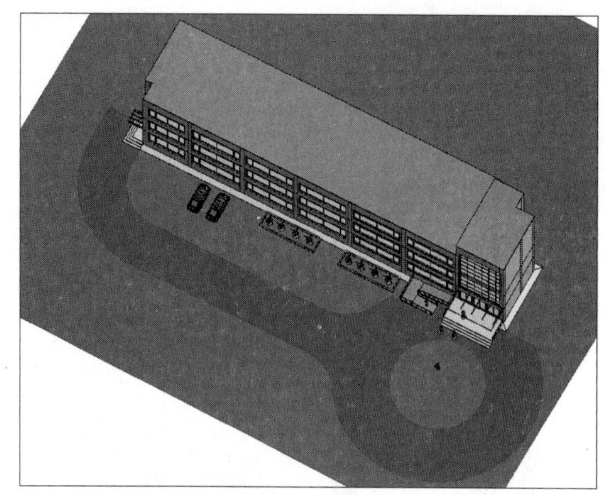

图 8-62　婴儿部大楼

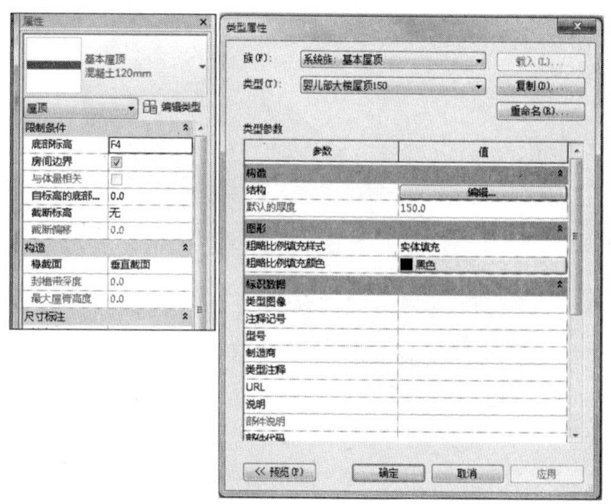

图 8-63　选择屋顶类型

(1) 打开下载文件中的“婴儿部大楼 .rvt”项目文件，切换至 F4 楼层平面视图，单击【构建】面板中的【屋顶】|【迹线屋顶】按钮。然后在【属性】面板中选择【基本屋顶－混凝土 120mm】为基础类型。接着打开相应的【类型属性】对话框，复制该族类型并命名为“婴儿部大楼屋顶 150”，如图 8-63 所示。

(2) 单击【结构】参数右侧的【编辑】按钮，软件将自动打开【编辑部件】对话框。此时，按照前面屋顶章节介绍的添加屋顶内容，设置该屋顶的相关结构参数，如图 8-64 所示。

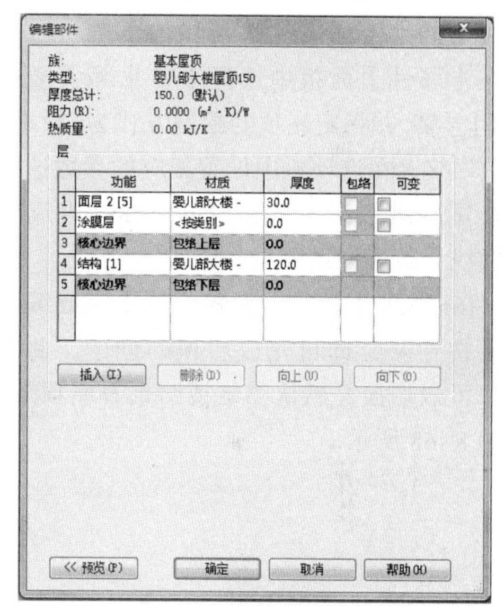

图 8-64　设置屋顶结构参数

(3) 完成屋顶结构参数的设置后，指定屋顶的绘制方式为【拾取墙】工具。然后在选项栏中设置相应的参数选项，并在绘图区域依次单击相应的墙体，生成屋顶轮廓线，效果如图 8-65 所示。

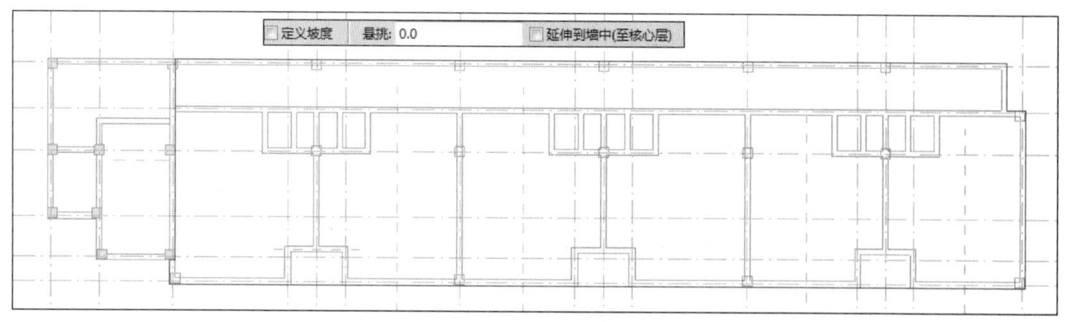

图 8-65　绘制屋顶轮廓线

(4) 单击【模式】面板中的【完成编辑模式】按钮，即可完成屋顶的创建。此时，用户可以切换至默认三维视图查看屋顶效果，如图 8-66 所示。

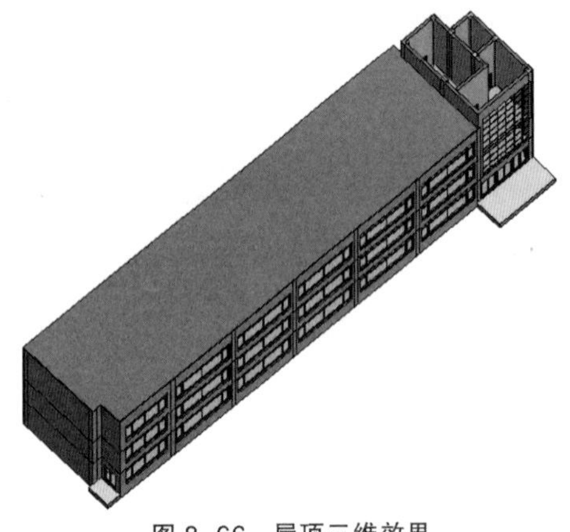

图 8-66　屋顶三维效果

(5) 切换至 F5 楼层平面视图，单击【构建】面板中的【屋顶】|【迹线屋顶】按钮。然后在【属性】面板中选择【婴儿部大楼屋顶 150】选项，并指定屋顶的绘制方式为【拾取墙】工具。接着在选项栏中设置相应的参数选项，在绘图区域依次单击相应的墙体，生成屋顶轮廓线，效果如图 8-67 所示。

(6) 单击【模式】面板中的【完成编辑模式】按钮，即可完成屋顶的创建。此时，用户可以切换至默认三维视图查看屋顶效果，如图 8-68 所示。

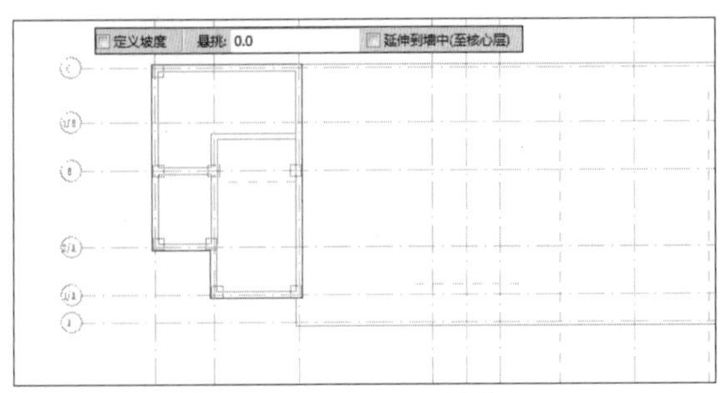

图 8-67　绘制屋顶轮廓线

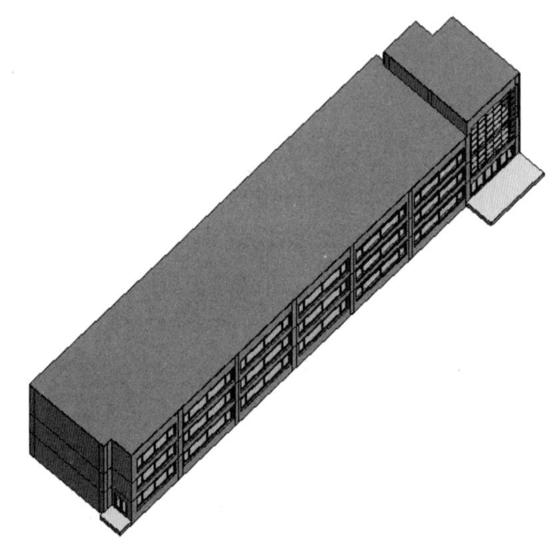

图 8-68　屋顶三维效果

第9章

楼梯和其他构件

建筑空间的竖向交通联系依托于楼梯、电梯、自动扶梯、台阶、坡道以及爬梯等竖向交通设施。楼梯作为楼层间垂直交通用的构件，用于楼层之间和高差较大时的交通联系，且形式多样造型复杂。此外，在设有电梯、自动梯作为主要垂直交通手段的多层和高层建筑中也需要设置楼梯，以便供火灾时逃生之用。

本章主要介绍楼梯与坡道的创建方法，以及与其相关的扶手、楼板边缘、室外台阶、雨篷等创建方法。

本章学习目标

- 了解楼梯专业知识
- 掌握楼梯的创建方法
- 掌握坡道的创建方法
- 掌握扶手及其他构件的添加方法

9.1 楼梯和坡道

楼梯作为建筑空间竖向联系的主要部件，其位置应明显，起到提示引导人流的作用，并要充分考虑到造型美观、人流通行顺畅、行走舒适、结构坚固、防火安全，同时还应满足施工和经济条件的要求。因此，需要合理地选择楼梯的形式、坡度、材料、构造做法等。

坡道是连接高差地面或者楼面的斜向交通通道，主要是为车辆及残疾人进出建筑而设置。坡道按用途可以分为行车坡道和轮椅坡道两类。其中，行车坡道又分为普通行车坡道与回车坡道两种：普通行车坡道布置在有车辆进出的建筑入口处，如车库等；回车坡道与台阶踏步组合在一起，布置在某些大型公共建筑的入口处，如办公楼、医院等。轮椅坡道专供残疾人使用，又称为无障碍坡道。

9.1.1 楼梯概述

楼梯是让人顺利地上下两个空间的通道，其结构必须设计合理。它要求设计师对尺寸有一个透彻的了解和掌握，使得设计的楼梯行走便利，而所占空间最少。此外，从建筑艺术和美学的角度来看，楼梯是视觉的焦点，也是彰显主人个性的一大亮点。

1. 楼梯的组成

楼梯一般由梯段、平台、栏杆扶手三部分组成，如图 9-1 所示。

梯段 俗称梯跑，是联系两个标高平台的倾斜构件。通常为板式梯段，可以由踏步板和梯斜梁组成板式梯段。为了减轻疲劳，梯段的踏步步数一般不宜超过 18 级，但也不宜少于 3 级，因为梯段步数太多使人连续疲劳，步数太少则不易为人察觉。

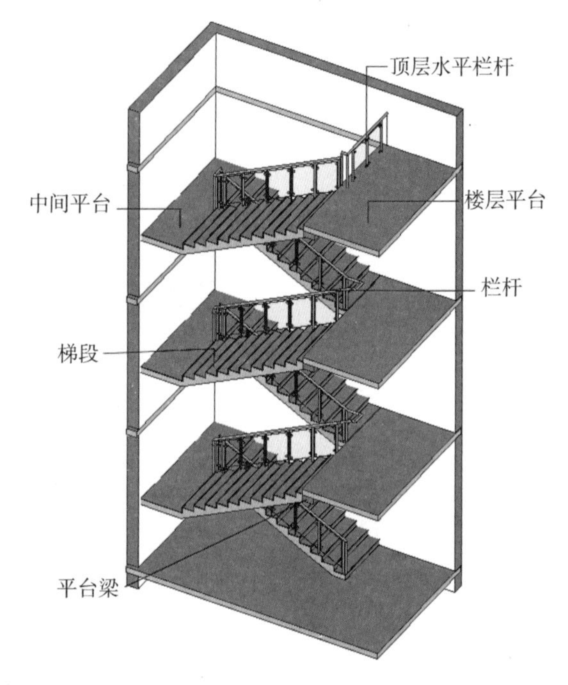

图 9-1 楼梯组成

楼梯平台 按平台所处位置和标高不同，有中间平台和楼层平台之分。其中，中间平台是两楼层之间的平台，用于供人们行走时调节体力和改变行进方向；楼层平台是与楼层地面标高平齐的平台，除起着与中间平台相同的作用外，还用于分配从楼梯到达各楼层的人流。

栏杆扶手 栏杆扶手是设在梯段及平台边缘的安全保护构件。当梯段宽度不大时，可只在梯段临空设置；当梯段宽度较大时，非临空面也应加设靠墙扶手；当梯段宽度很大时，则需要在梯段中间加设中间扶手。

2. 楼梯的形式

楼梯形式的选择取决于所处位置、楼梯间的平面形状与大小、楼层高低与层数、人流多少与缓急等因素，设计时需要综合权衡这些因素。

直行单跑楼梯　此种楼梯无中间平台，且由于单跑梯段踏步数一般不超过 18 级，故仅用于层高不高的建筑，效果如图 9-2 所示。

图 9-2　直行单跑楼梯

直行多跑楼梯　此种楼梯是直行单跑楼梯的延伸，增设了中间平台，并将单梯段变为多梯段。一般为双跑梯段，适用于层高较高的建筑，如图 9-3 所示。

图 9-3　直行多跑楼梯

平行双跑楼梯　此种楼梯起步方位对每一层楼来说都是相同的，且与楼梯上升的空间回转往复性吻合。此外，当上下多层楼面时，它比直跑楼梯节约交通面积并缩短了人流行走距离，是常用的楼梯形式之一，如图 9-4 所示。

图 9-4　平行双跑楼梯

平行双分双合楼梯　此种楼梯形式是在平行双跑楼梯基础上演变产生的，通常在人流多、楼段宽度较大时采用。由于其造型的对称严谨性，常用作办公类建筑的主要楼梯。平行双合楼梯与平行双分楼梯类似，区别仅在于楼层平台起步第一跑梯段，前者在中间而后者在两边，如图 9-5 所示。

图 9-5　平行双分双合楼梯

折行多跑楼梯　此种楼梯人流导向较自由，折角可变，可为 90°，也可大于或小于 90°。当折角大于 90° 时，由于其行进方向性类似于直行双跑楼，故常用于导向性强且仅一层楼的影剧院、体育馆等建筑的门厅；当折角小于 90° 时，其行进方向回转延续性有所改观，形成三角形楼梯间，可用于多层楼的建筑中，如图 9-6 所示。

图 9-6　折行多跑楼梯

注 意

折行三跑楼梯其中部形成较大梯井，由于有三跑梯段，因此常用于层高较高的公共建筑中。但是因楼梯井较大，不安全，供少年儿童使用的建筑不能采用此种楼梯。

交叉跑（剪刀）楼梯　此种楼梯可视为是

由两个直行单跑楼梯交叉并列布置而成，可通行的人流量较大，且为上下楼层的人流提供了两个方向。它有利于空间开敞、楼层人流多方向进入，但仅适合层高小的建筑，如图 9-7 所示。

图 9-7　交叉跑（剪刀）楼梯

螺旋形楼梯　此种楼梯通常是围绕一根单柱布置，平面呈圆形。其平台和踏步均为扇形平面，且踏步内侧宽度很小，形成较陡的坡度，行走时不安全。这种楼梯不能作为主要的人流交通和疏散楼梯，如图 9-8 所示。

图 9-8　螺旋形楼梯

提示

为了克服螺旋形楼梯内侧坡度过陡的缺点，在较大型的楼梯中，可将中间的单柱变为群柱或筒体。

弧形楼梯　该楼梯与螺旋形楼梯的不同之处在于它围绕一个较大的轴心空间旋转，未构成水平投影圆，仅为一段弧环，并且曲率半径较大。其扇形踏步的内侧宽度也较大，使坡度不至于过陡，可以用来通行较多的人流。此外，弧形楼梯也是折行楼梯的演变形式，当布置在公共建筑的门厅时，具有明显的导向性和优美轻盈的造型。不过，其施工难度较大，通常采用现浇钢筋混凝土结构，如图 9-9 所示。

图 9-9　弧形楼梯

3. 楼梯的尺度

楼梯尺度包括踏步尺度、梯段尺度、平台宽度、梯井宽度、栏杆扶手尺度和楼梯净空高度。

踏步尺度

楼梯的坡度在实际应用中均由踏步高宽比决定。踏步的高宽比需要根据人流行走的舒适度、安全性和楼梯间的尺度、面积等因素进行综合权衡。常用的坡度为 1 ： 2 左右。当人流量大时，安全要求高的楼梯坡度应该平缓一些，反之则可陡一些，以利节约楼梯水平投影面积。楼梯踏步的踏步高和踏步宽尺寸一般根据经验数据确定，具体如表 9-1 所示。

表 9-1 踏步常用高宽尺寸

名　称	住　宅	幼　儿　园	学校、办公楼	医　院	剧院、会堂
踏步高 (mm)	150~175	120~150	140~160	120~150	120~150
踏步宽 (mm)	260~300	260~280	280~340	300~350	300~350

此外，对于踏步的高度，成人以 150mm 左右较适宜，不应高于 175mm。踏步的宽度 (水平投影宽度) 以 300mm 左右为宜，不应窄于 260mm。当踏步宽度过宽时，将导致梯段水平投影面积的增加；而踏步宽度过窄时，会使人流行走不安全。为了在踏步宽度一定的情况下增加行走舒适度，常将踏步出挑 20~30mm，使踏步实际宽度大于其水平投影宽度。

梯段尺度

梯段尺度分为梯段宽度和梯段长度。其中，梯段宽度应根据紧急疏散时要求通过的人流股数多少确定，且每股人流按 550~600mm 宽度考虑，双人通行时为 1100~1200mm，三人通行时为 1650~1800mm，依次类推。此外，还需要满足各类建筑设计规范中对梯段宽度的最低限要求。

平台宽度

平台宽度分为中间平台宽度和楼层平台宽度。对于平行和折行多跑等类型楼梯，其中间平台宽度应不小于梯段宽度，且不得小于 1200mm，以保证通行和梯段同股数的人流；同时应便于家具搬运，医院建筑还应保证担架在平台处能转向通行，且其中间平台宽度应不小于 1800mm。对于直行多跑楼梯，其中间平台宽度不宜小于 1200mm，而楼层平台宽度应比中间平台更宽松一些，以利于人流分配和停留。

梯井宽度

所谓梯井，指梯段之间形成的空档，且该空档从顶层到底层贯通。在平行多跑楼梯中，可无梯井，但为了梯段安装和平台转变缓冲，可设梯井。此外，为了安全，其宽度应小，以 60~200mm 为宜。

栏杆扶手尺度

梯段栏杆扶手高度指踏步前缘线到扶手顶面的垂直距离。其高度根据人体重心高度和楼梯坡度大小等因素确定。一般不应低于 900mm；靠楼梯井一侧水平扶手超过 500mm 长度时，其扶手高度不应小于 1050mm；供儿童使用的楼梯应在 500~600mm 高度增设扶手。

楼梯净空高度

楼梯各部位的净空高度应保证人流通行和家具搬运，一般要求不小于 2000mm，梯段范围内的净空高度应大于 2200mm。

9.1.2 添加楼梯

在 Revit 中，提供了【楼梯 (按草图)】和【楼梯 (按构件)】这两种专用的楼梯创建工具，用户可以通过其快速创建直跑楼梯、U 形楼梯、L 形楼梯和螺旋楼梯等各种常见楼梯。同时，还可以通过绘制楼梯踢面线和边界线以及设置楼梯主体、踢面、踏板、梯边梁的尺寸和材质等参数的方式来自定义楼梯样式，从而衍生出各种各样的楼梯样式，并满足楼梯施工图的设计要求。

当出现两层或两层以上的建筑时，需要为其添加楼梯。楼梯同样属于系统族，在创建楼梯之前必须为其定义类型属性以及实例属性。

打开下载文件中的“餐厅 – 楼梯文件.rvt”项目文件，在【工作平面】面板中单击【参照平面】按钮，然后移动光标至轴线 5 和 6 之间的楼梯间，并按照图 9–10 所示绘制参照平面。

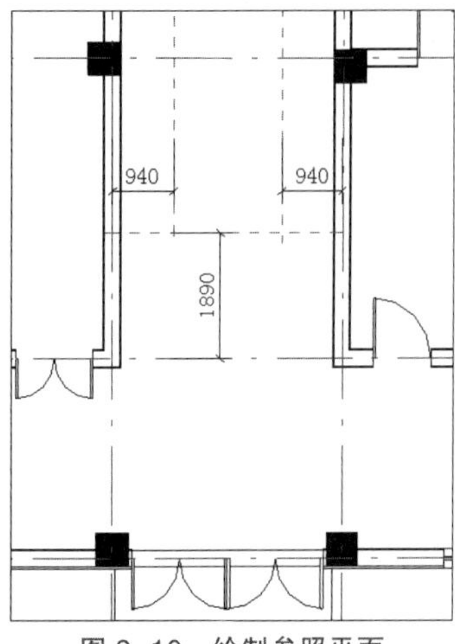

图 9-10　绘制参照平面

然后在【楼梯坡道】面板中单击【楼梯】下拉按钮，并选择【楼梯(按草图)】选项，软件将自动打开【修改 | 创建楼梯草图】上下文选项卡，如图 9-11 所示。

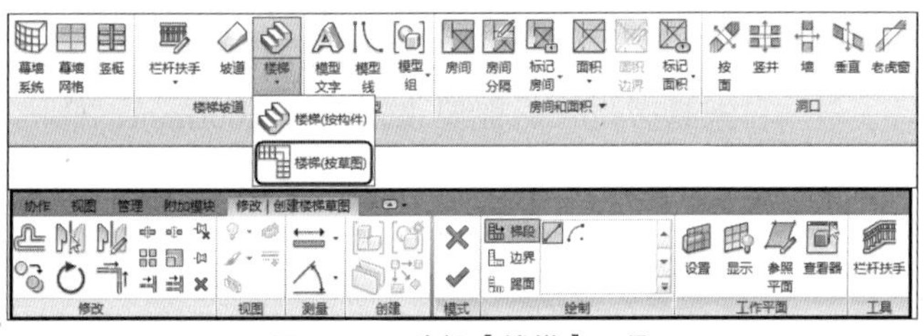

图 9-11　选择【楼梯】工具

此时，在【属性】面板的类型选择器中选择【整体板式 - 公共】类型，并单击【编辑类型】按钮，软件将自动打开该类型的【类型属性】对话框。接着在该对话框中复制该类型为“餐厅 - 室内楼梯”，并按照图 9-12 所示设置列表中的参数选项。

图 9-12　设置类型属性参数

在该对话框中，类型参数列表中的主要参数的含义及作用如表 9-2 所示。

表 9-2　楼梯【类型属性】对话框中主要参数的含义

参　数	含　义
计算规则	
计算规则	单击【编辑】按钮可以设置楼梯计算规则
最小踏板深度	该文本框可以指定楼梯上每个踏板的最小深度，同时这也是【属性】面板中的【实际踏板深度】的初始值
最大踢面高度	该文本框可以指定楼梯上每个踢面的最大高度
构造	
延伸到基准之下	该文本框指定梯边梁延伸到楼梯底部标高之下的距离，适用于梯边梁附着至楼板洞口表面而不是放置在楼板表面的情况，且若将梯边梁延伸到楼板之下，则需要输入负值
整体浇筑楼梯	如果启用该复选框，则楼梯将由一种材质构造
平台重叠	当启用【整体浇筑楼梯】复选框时，该文本框可以指定平台重叠数值

（续表）

参　数	含　义
螺旋形楼梯底面	当启用【整体浇筑楼梯】复选框时，如果某个整体浇筑楼梯拥有螺旋形楼梯，则此楼梯底端可以是平滑式或阶梯式底面
功能	该列表框可以指定楼梯的功能，用户可以选择【内部】和【外部】选项
图形	
平面中的波折符号	该复选框可以指定平面视图中的楼梯图例是否具有截断线
文字大小	该文本框可以指定平面视图中 UP-DN 符号的尺寸
文字字体	该列表框可以指定 UP-DN 符号的字体
材质和装饰	
踏板材质	单击该列表框中的材质浏览器按钮可以指定该楼梯的踏板材质
踢面材质	单击该列表框中的材质浏览器按钮可以指定该楼梯的踢面材质
梯边梁材质	单击该列表框中的材质浏览器按钮可以指定该楼梯的梯边梁材质，此处为只读参数
整体式材质	单击该列表框中的材质浏览器按钮可以指定该整体式楼梯的材质
踏板	
踏板厚度	该文本框可以指定踏板的厚度
楼梯前缘长度	该文本框可以指定相对于下一个踏板的踏板深度悬挑量
楼梯前缘轮廓	该列表框可以指定添加到踏板前侧的放样轮廓
应用楼梯前缘轮廓	该文本框可以指定单边、双边或三边踏板前缘，此处为只读参数
踢面	
开始于踢面	如果启用该复选框，Revit 将向楼梯开始部分添加踢面。如果禁用此复选框，则 Revit 会删除起始踢面，且此时可能会出现有关实际踢面数超出所需踢面数的警告
结束于踢面	如果启用该复选框，Revit 将向楼梯末端部分添加踢面
踢面类型	该列表框可以指定踢面类型，用户可以选择【无】、【直梯】、【斜梯】选项
踢面厚度	该文本框可以指定踢面厚度
踢面至踏板连接	该列表框可以切换踢面与踏板的相互连接关系，用户可以选择【踢面延伸至踏板后】或【踏板延伸至踢面下】选项
梯边梁	
在顶部修剪梯边梁	该列表框可以指定对梯边梁的剪切方式，用户可以选择：【不修剪】，这会对梯边梁进行单一垂直剪切，并生成一个顶点；【匹配标高】，这会对梯边梁进行水平剪切，并使梯边梁顶端与顶部标高等高；【匹配平台梯边梁】，这会对平台上的梯边梁顶端的高度进行水平剪切
右侧梯边梁	该列表框可以指定楼梯右侧的梯边梁类型。用户可以选择：【无】，表示没有梯边梁；【闭合】，表示梯边梁将踏板和踢面围住；【开放】，表示梯边梁没有围住踏板和踢面
左侧梯边梁	参见“右侧梯边梁”
梯边梁厚度	该文本框可以指定梯边梁的厚度
梯边梁高度	该文本框可以指定梯边梁的高度
楼梯踏步梁高度	该文本框可以控制侧梯边梁和踏板之间的关系
平台斜梁高度	该文本框可以控制梯边梁与平台的高度关系

完成类型参数的设置后，单击【确定】按钮，在【属性】面板中确定【限制条件】选项组中的【底部标高】为 F1，【顶部标高】为 F2，【底部偏移】和【顶部偏移】均为 0；【尺寸标注】选项组中的【宽度】为 1600，如图 9-13 所示。

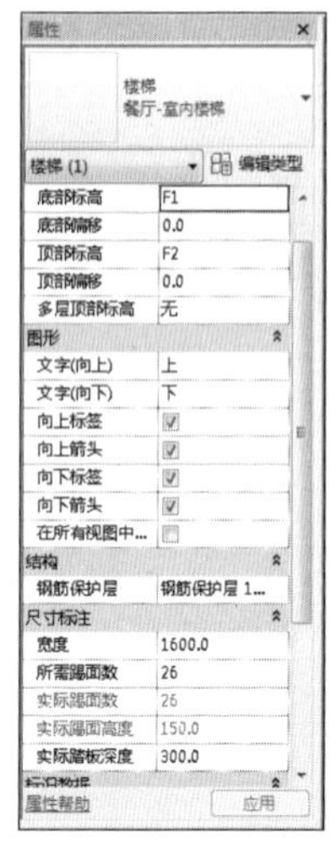

图 9-13　楼梯【属性】面板设置

此时，在【属性】面板中，【尺寸标注】选项组中的选项，除【宽度】选项外，其他选项的值均是通过【限制条件】选项组中的选项值自动算出的，通常情况下不需要改动。该面板中的主要参数选项的含义及作用如表 9-3 所示。

完成【属性】面板的设置后，在【工具】面板中单击【栏杆扶手】按钮，软件将自动打开【栏杆扶手】对话框。此时，单击下拉按钮，并在列表中选择【不锈钢玻璃板栏杆 -900mm】选项，效果如图 9-14 所示。

表 9-3　楼梯【属性】面板中主要参数选项的含义

选　　项	含　　义
限制条件	
底部标高	该列表框可以指定楼梯的基面
底部偏移	该文本框可以指定楼梯相对于底部标高的偏移量
顶部标高	该列表框可以指定楼梯的顶部标高
顶部偏移	该文本框可以指定楼梯相对于顶部标高的偏移量
多层顶部标高	该列表框可以指定多层建筑中楼梯的顶部标高，一般选择【无】选项
图形	
文字（向上）	设置平面中“向上”符号的文字，默认值为 UP
文字（向下）	设置平面中“向下”符号的文字，默认值为 DN
向上标签	启用该复选框可以显示平面中的“向上”标签
向上箭头	启用该复选框可以显示平面中的“向上”箭头
向下标签	启用该复选框可以显示平面中的“向下”标签
向下箭头	启用该复选框可以显示平面中的“向下”箭头
在所有视图中显示向上箭头	启用该复选框可以在所有项目视图中显示向上箭头
结构	
钢筋保护层	该列表框可以指定楼梯结构材质
尺寸标注	
宽度	该文本框可以指定楼梯的宽度
所需踢面数	该文本框中的踢面数是基于标高间的高度计算得出的
实际踢面数	通常此值与所需踢面数相同，但如果未向给定梯段完整添加正确的踢面数，则这两个值也可能不同。该值为只读
实际踢面高度	该文本框显示实际踢面高度。该值为只读
实际踏板深度	该文本框的数值与【类型属性】对话框中的【最小踏板深度】一致

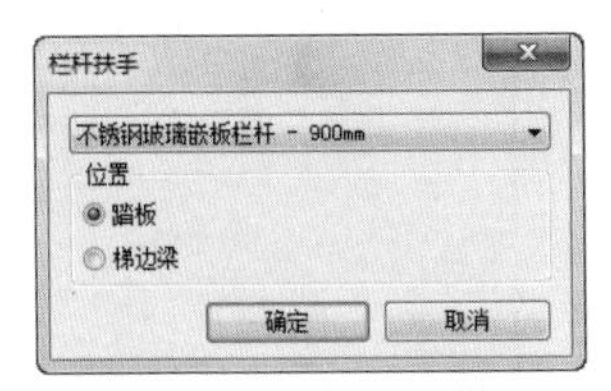

图 9-14　设置栏杆类型

然后单击【确定】按钮，软件默认在【绘制】面板中选择【梯段】工具和【直线】工具。此时，在水平参照平面与左侧参照平面的交点处单击，并垂直向上移动光标，且当文字提示显示为“创建了 13 个踢面，剩余 13 个”时单击，即可创建梯段，效果如图 9-15 所示。

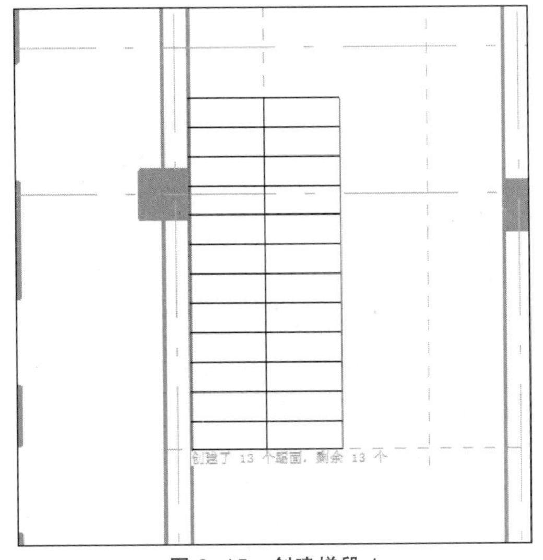

图 9-15　创建梯段 1

完成一个梯段的创建后，继续单击梯段终点与右侧参照平面的交点，并垂直向下移动光标至与水平参照平面的交点处单击，即可完成第二段的梯段创建，效果如图 9-16 所示。

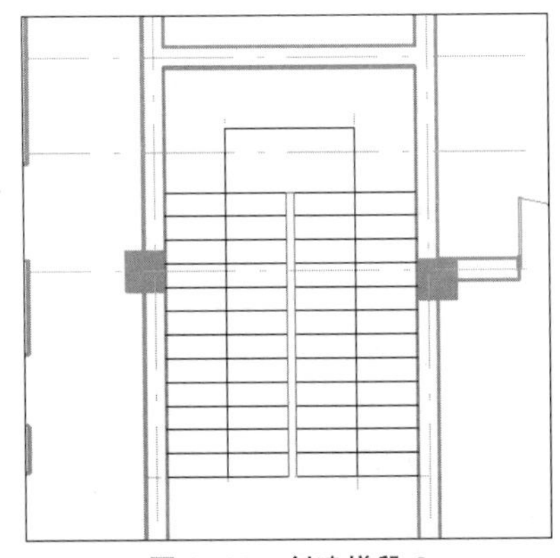

图 9-16　创建梯段 2

然后在【修改】面板中单击【对齐】按钮，将梯段上部边界与相邻的墙体表面对齐，效果如图 9-17 所示。

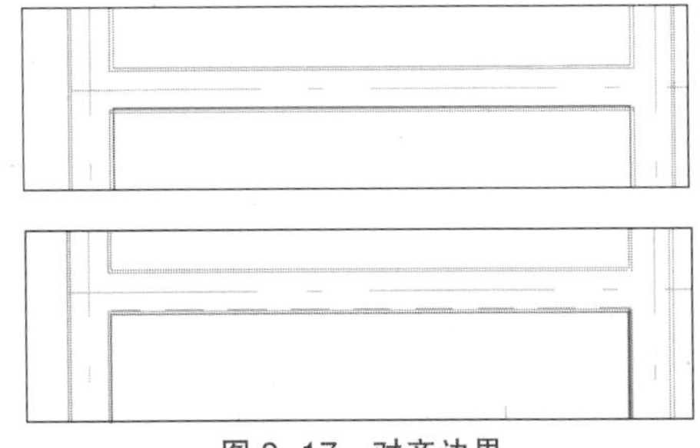

图 9-17　对齐边界

接着单击【模式】面板中的【完成编辑模式】按钮，并切换至默认三维视图中，配合剖面框查看楼梯在建筑中的效果，如图 9-18 所示。

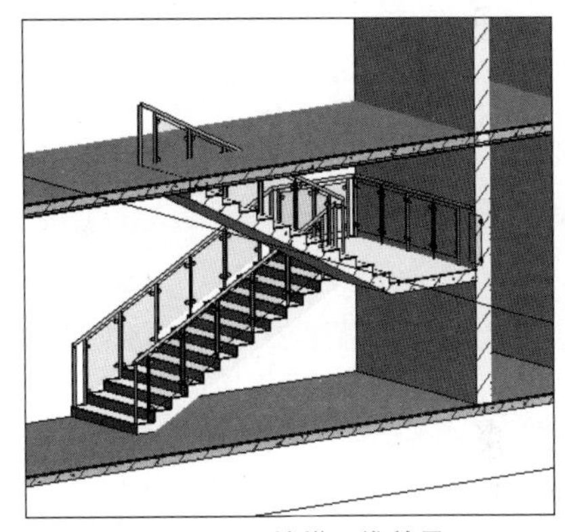

图 9-18　楼梯三维效果

完成楼梯的添加后，按照前面章节介绍的添加楼梯间洞口的方法，为该项目添加楼梯竖井洞口，并删除靠墙一侧的栏杆扶手，效果如图 9-19 所示。

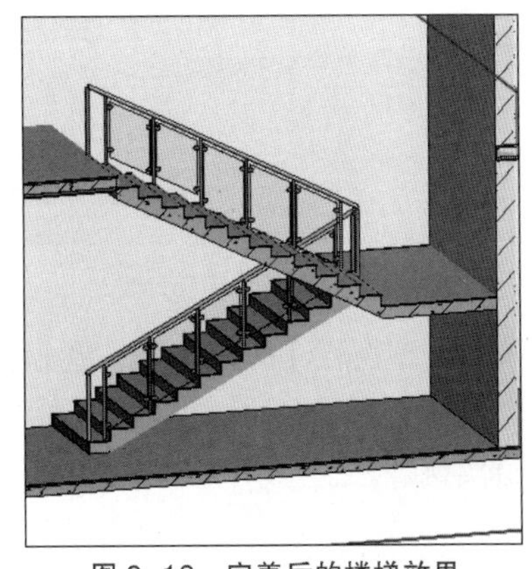

图 9-19　完善后的楼梯效果

9.1.3 添加坡道

在 Revit 中，坡道的创建方法与楼梯相似。用户可以定义直梯段、L 形梯段、U 形坡道和螺旋坡道，还可以通过修改草图来更改坡道的外边界。

打开下载文件中的“少年部大楼－坡道文件”项目文件，在【楼梯坡道】面板中单击【坡道】按钮，软件将自动打开【修改 | 创建坡道草图】上下文选项卡。此时，在【属性】面板中单击【编辑类型】按钮，软件将自动打开【类型属性】对话框。然后复制类型为“少年部大楼主坡道”，并设置列表中的参数，如图 9-20 所示。

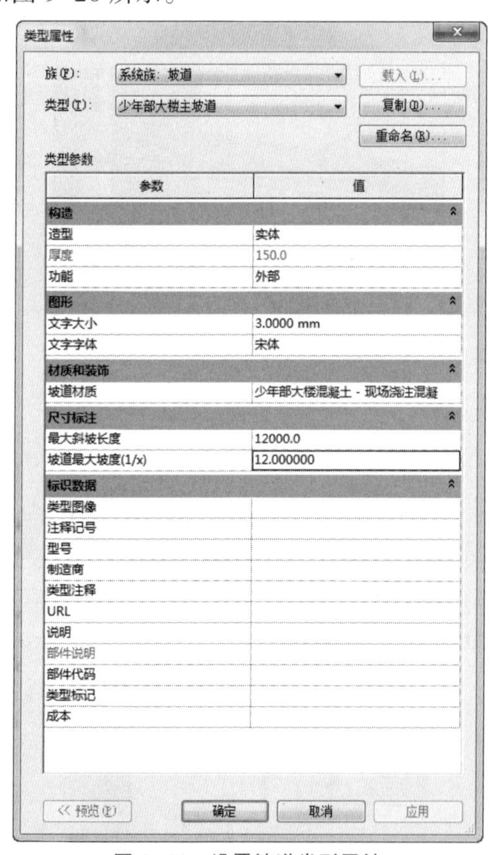

图 9-20　设置坡道类型属性

完成【类型属性】的设置后，单击【确定】按钮，并在【属性】面板中按照图 9-21 所示设置坡道实例属性。

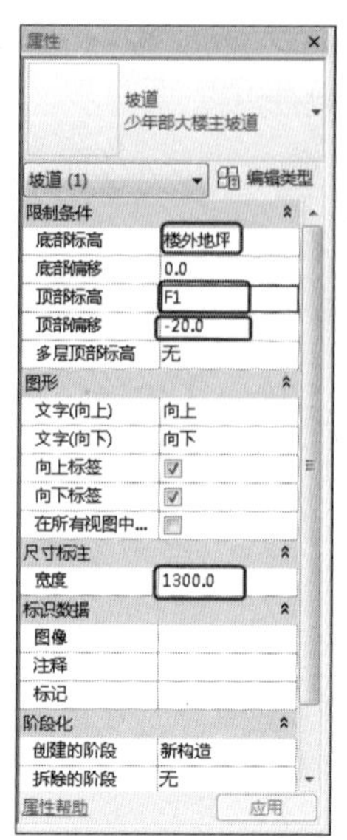

图 9-21　设置实例属性

然后在【工具】面板中单击【栏杆扶手】按钮，并在【栏杆扶手】对话框中选择【不锈钢玻璃板栏杆－900mm】选项及启用【踏板】复选框，效果如图 9-22 所示。

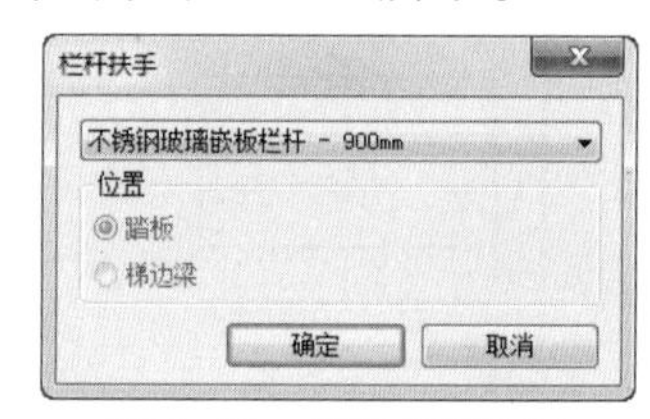

图 9-22　选择栏杆扶手

完成栏杆的选择后，选择【参照平面】工具，并按照图 9-23 所示添加参照平面。然后分别为其命名：将 1610 尺寸的参照平面命名为 P-1；将 1500 尺寸的参照平面命名为 P-2；将 1620 尺寸的参照平面命名为 P-3；将 2120 尺寸的参照平面命名为 P-4。

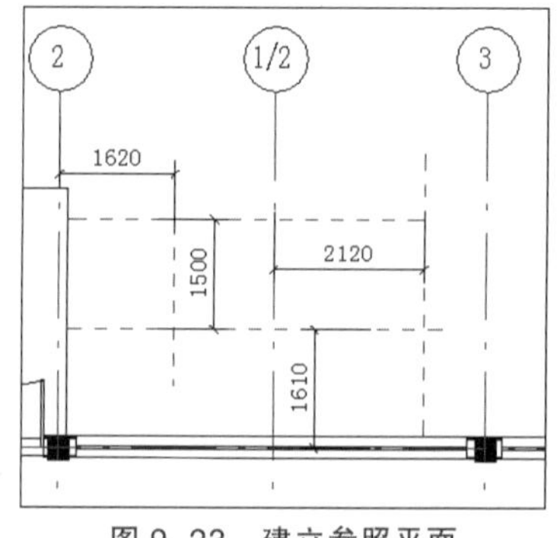

图 9-23　建立参照平面

然后确定在【绘制】面板中选择【梯段】工具和【直线】工具，并单击参照平面P-2与P-3的交点。此时，水平向右移动光标至参照平面P-2与P-4的交点处单击，完成一段坡道的绘制，效果如图9-24所示。

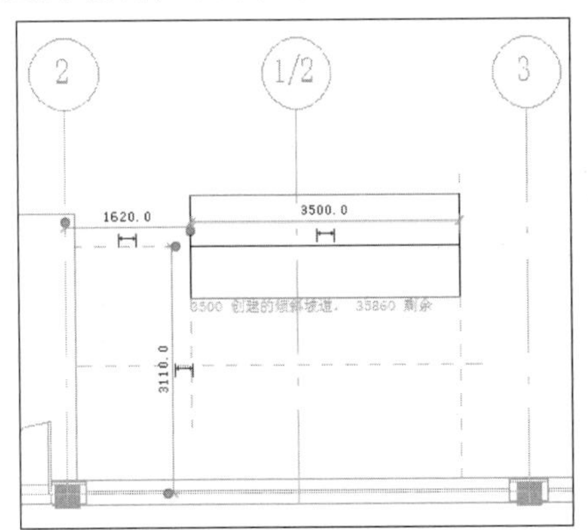

图 9-24 绘制第一段坡道

接着沿着参照平面P-4垂直向下移动光标，并在与参考平面P-1的交点处单击。此时，沿着参考平面P-1向左水平移动光标至与室外楼板的交点处单击，即可完成坡道草图的绘制，效果如图9-25所示。

完成坡道草图的绘制后，单击【模式】面板中的【完成编辑模式】按钮，并切换至三维视图查看坡道的三维效果，如图9-26所示。

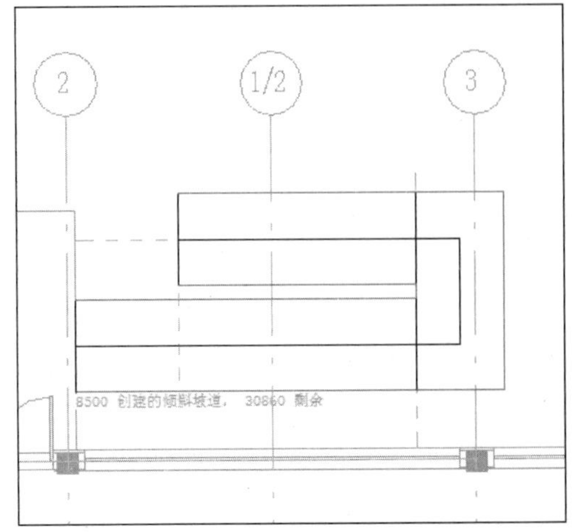

图 9-25 绘制其他坡道

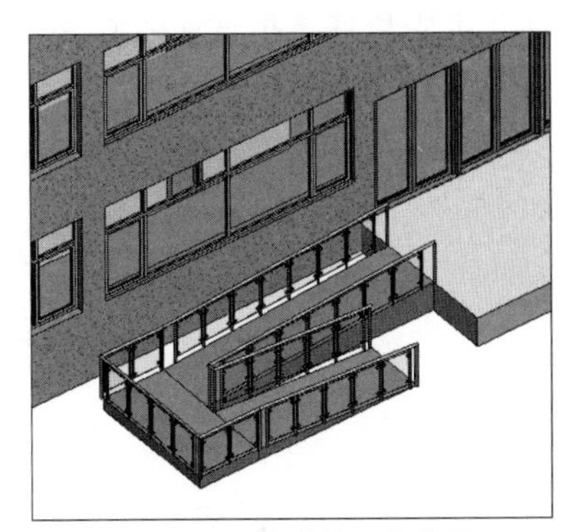

图 9-26 坡道的三维效果

9.2 扶 手

在Revit中，用户可以通过扶手工具创建任意形式的扶手模型，并可以通过定义类型参数形成各类参数化的扶手。其中，扶手属于系统族。

9.2.1 创建栏杆扶手

在Revit中，除了可以通过编辑扶手对话框来定义扶手外，还可以通过系统族来定义扶手结构。

使用建筑样板新建一个空白项目文件，切换至【插入】选项卡，并在【从库中载入】面板中单击【载入族】按钮。然后将下载文件中的“顶部扶手轮廓.rfa”和“正方形扶手轮廓.rfa”族文件载入至项目文件中。此时，切换至【建筑】选项卡，并在【楼梯坡道】面板中单击【栏杆扶手】按钮，软件默认选择【直线】工具。接着在绘图区域绘制任意扶手图元，效果如图9-27所示。

图 9-27 绘制任意扶手图元

完成扶手图元的绘制后，打开该扶手的【类型属性】对话框，并复制【类型】900mm为900mm-2016。然后确定【顶部扶栏】参数组中的【类型】参数为【矩形 -50×50mm】，并设置【高度】参数为1100，【栏杆偏移】参数为0，效果如图9-28所示。

此时，单击【栏杆位置】右侧的【编辑】按钮，软件将自动打开【编辑栏杆位置】对话框。接着在主样式2【顶部】列表框中选择【顶部扶栏图元】选项，效果如图9-29所示。

完成栏杆位置的编辑后，连续单击【确定】按钮，并在【模式】面板中单击【完成编辑模式】按钮✔，完成栏杆绘制。然后切换至默认三维视图中，查看栏杆效果，如图9-30所示。

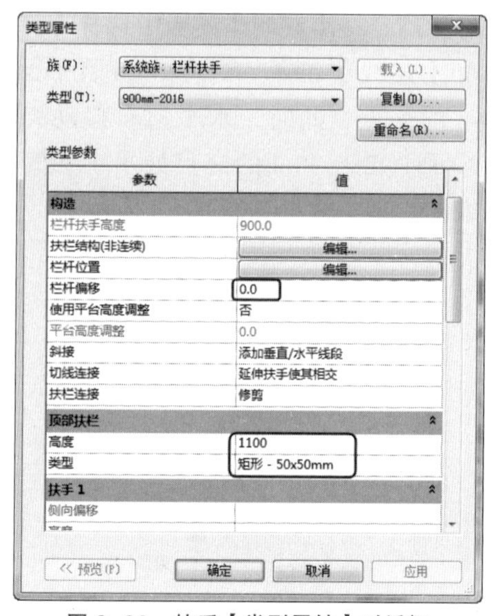

图 9-28 扶手【类型属性】对话框

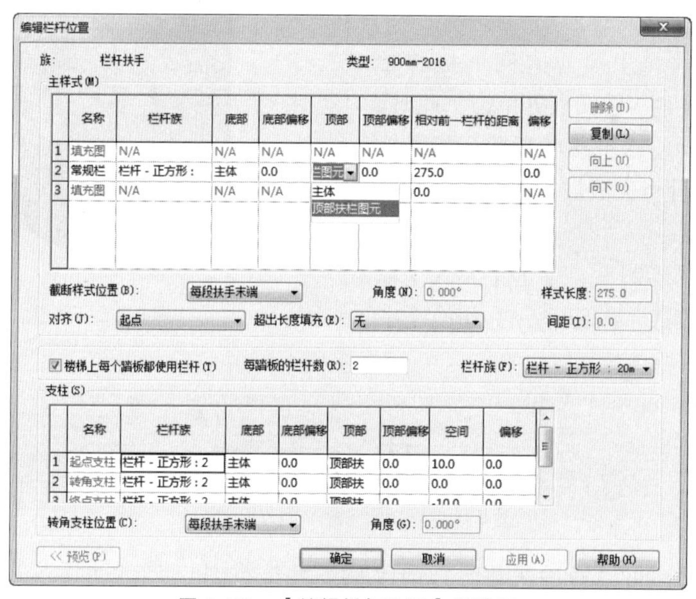

图 9-29 【编辑栏杆位置】对话框

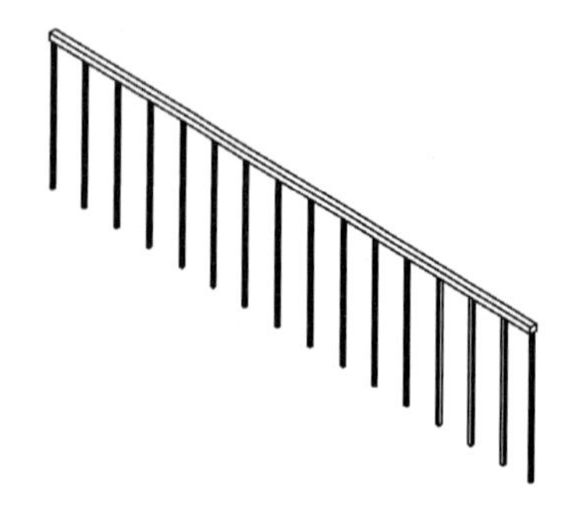

图 9-30 栏杆三维效果

完成栏杆的创建后，移动光标至【项目浏览器】面板中，并双击【族】|【栏杆扶手】|【扶手类型】|【矩形 - 墙式安装】类型选项，软件将自动打开该类型的【类型属性】对话框。此时，复制该类型为“中间扶手”，并设置【手间隙】参数为0，【高度】参数为850，【轮廓】参数为【正方形扶手轮廓：50×50mm】，【族】参数为【无】，效果如图9-31所示。

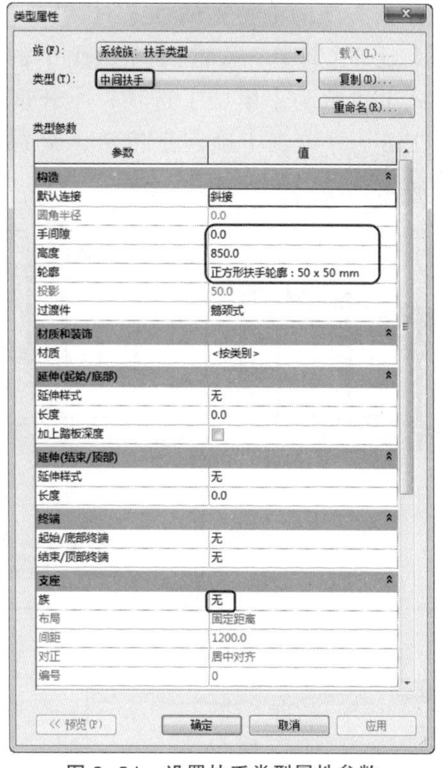

图 9-31　设置扶手类型属性参数

用户可以通过修改该对话框中的参数来编辑该族类型的轮廓、材质、延伸效果等各种显示效果，其中主要参数的含义及作用如表9-4所示。

表 9-4　扶手类型【类型属性】对话框中主要参数的含义

参　数	含　义
构造	
默认连接	该列表框可以指定扶手或顶部扶栏的连接类型，用户可以选择【斜接】或【圆角】选项
圆角半径	如果在【默认连接】中指定圆角连接，则可以通过该文本框指定圆角半径
手间隙	该文本框可以指定从扶手的外部边缘到扶手附着到的墙、支柱或柱的距离
高度	该文本框可以指定扶手顶部距离楼板、踏板、梯边梁、坡道或其他主体表面的高度
轮廓	该列表框可以指定连续扶栏形状的轮廓
投影	该文本框可以指定从扶手的内部边缘到扶手附着到的墙、支柱或柱的距离
过渡件	该列表框可以指定在扶手或顶部扶栏中使用的过渡件的类型。用户可以选择【无】、【鹅颈式】和【普通】选项
材质和装饰	
材质	用户可以通过该文本框中的材质浏览器按钮指定扶手或顶部扶栏的材质
延伸（起始 / 底部）	
延伸样式	该列表框可以指定扶栏延伸的附着系统配置，用户可以选择【无】、【墙】、【楼层】和【支柱】选项
长度	该文本框可以指定延伸的长度
加上踏板深度	启用该复选框可将一个踏板深度添加到延伸长度
延伸（结束 / 顶部）	
延伸样式	参见“延伸（起始 / 底部）”
长度	参见“延伸（起始 / 底部）”
终端	
起始 / 底部终端	该列表框可以指定顶部扶栏或扶手的起始 / 底部的终端类型
结束 / 顶部终端	该列表框可以指定顶部扶栏或扶手的结束 / 顶部的终端类型
支座	
族	该列表框可以指定扶手支撑的类型
布局	该列表框可以指定扶手支撑的放置规则，用户可以选择【无】、【固定距离】、【与支柱对齐】、【固定数量】、【最大间距】和【最小间距】选项
间距	该文本框可以指定关联的“布局”系统配置的间距值
对正	该列表框可以指定支撑位置的对正选项，用户可以选择【左侧对齐】、【居中对齐】和【右侧对齐】选项
编号	如果在【布局】列表框中选择【固定数量】选项，则该文本框可以指定使用的支撑数

完成中间扶手类型属性的设置后，连续单击【确定】按钮，并以该扶手为基础类型，复制新类型为“底部扶手”。然后设置【高度】参数为 200，并连续单击【确定】按钮。

完成底部扶手类型的创建后，按照上述方法，双击【族】|【栏杆扶手】|【顶部扶栏类型】|【矩形 - 50×50mm】类型选项，软件将自动打开该类型的【类型属性】对话框。此时，设置【轮廓】参数为【顶部扶手轮廓：顶部扶手轮廓】，并单击【确定】按钮查看顶部扶手效果，如图 9-32 所示。

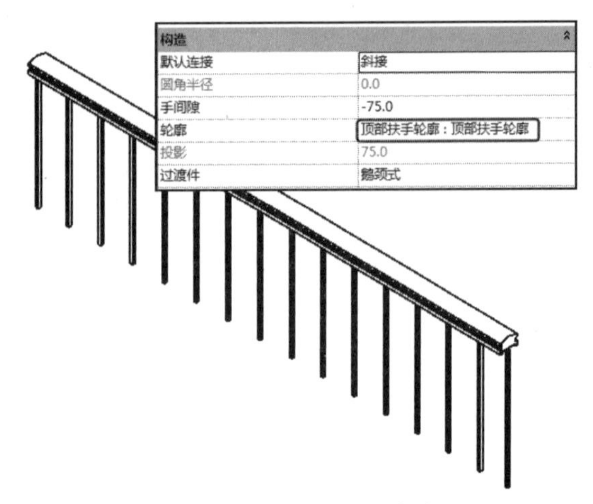

图 9-32　修改顶部扶手轮廓

然后选择栏杆扶手图元，并在【属性】面板中单击【编辑类型】按钮，软件将自动打开【类型属性】对话框。接着设置【扶手 1】参数组中的【类型】参数为【中间扶手】,【位置】参数为【左侧】; 设置【扶手 2】参数组中的【类型】参数为【底部扶手】，【位置】参数为【左侧】，并单击【确定】按钮查看扶手效果，如图 9-33 所示。

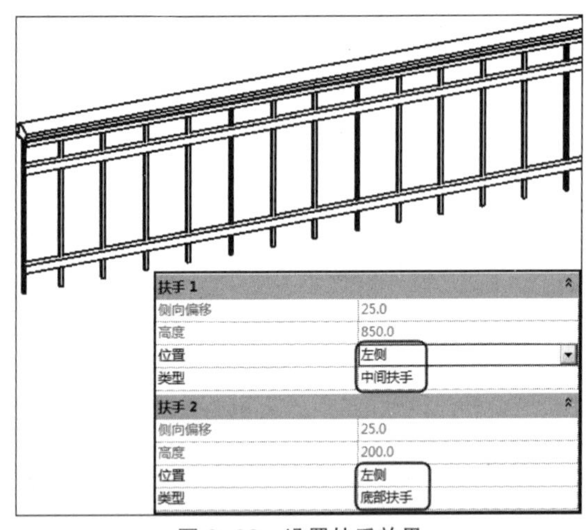

图 9-33　设置扶手效果

完成中间扶手和底部扶手的添加后，移动光标至顶部扶栏图元，并配合 Tab 键选择顶部扶栏图元。此时，软件将在【属性】面板中显示为【栏杆扶手：顶部扶栏 (1)】实例属性，效果如图 9-34 所示。

然后单击【编辑类型】按钮，软件将自动打开该类型的【类型属性】对话框。接着设置【延伸 (起始 / 底部)】参数组中的【延伸样式】参数为【楼层】选项，【长度】参数为 150，并单击【确定】按钮，查看效果如图 9-35 所示。

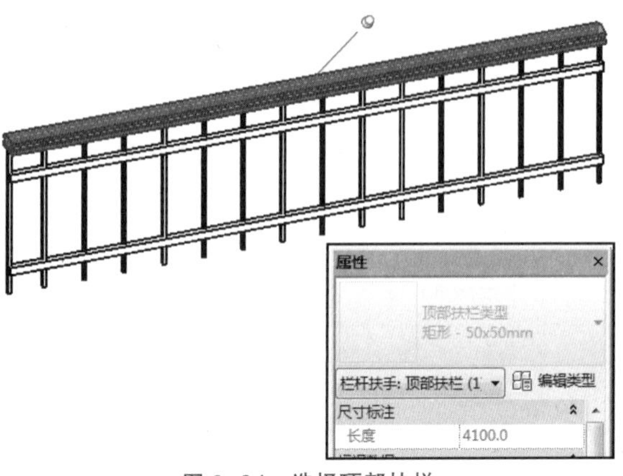

图 9-34　选择顶部扶栏

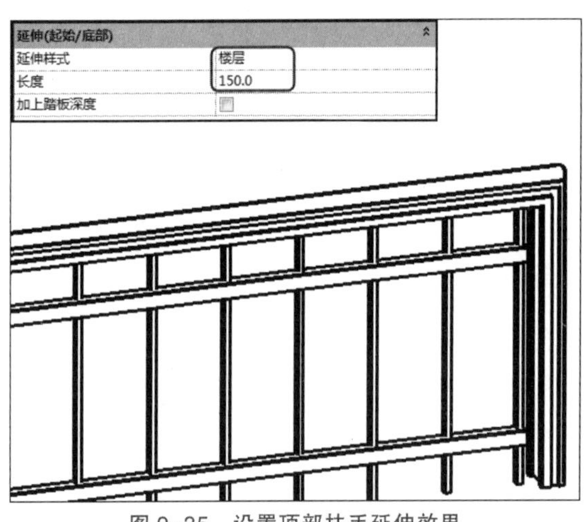

图 9-35　设置顶部扶手延伸效果

完成顶部扶手延伸的设置后，继续选择顶部扶手，并在【连续扶栏】面板中单击【编辑扶栏】按钮，软件将自动打开【修改 | 编辑连续扶栏】选项卡。此时，在【工具】面板中单击【编辑路径】按钮，并确定绘制模式为【直线】工具。然后在栏杆扶手另一侧扶栏中点位置单击，并连续单击绘制扶栏，效果如图 9-36 所示。

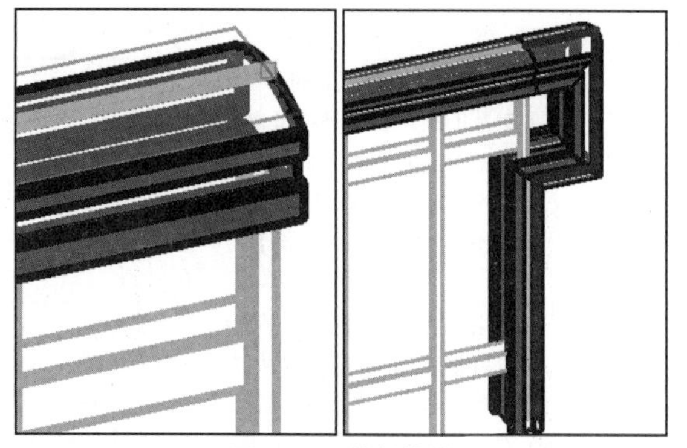

图 9-36　绘制扶栏

接着选中转角扶栏，并在【连接】面板中单击【编辑扶栏连接】按钮。此时，在右侧下拉列表中选择【圆角】选项，并设置【半径】参数为 200，完成扶栏转角的设置，效果如图 9-37 所示。

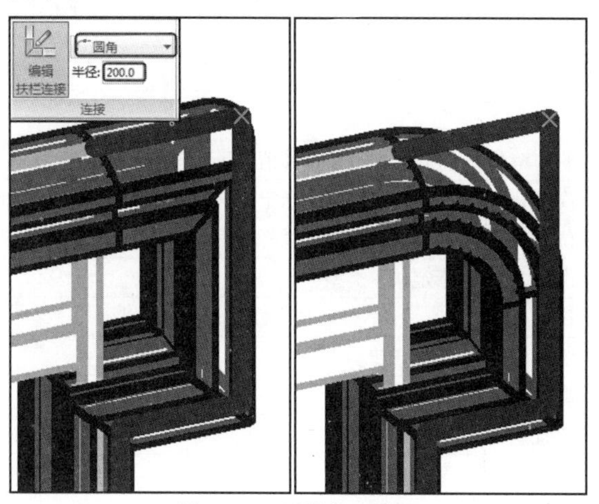

图 9-37　设置转角效果

完成转角的设置后，连续单击【模式】面板中的【完成编辑模式】按钮✓两次，完成栏杆扶栏的编辑，即可在默认三维视图中查看效果，如图 9-38 所示。

> **提示**
> 中间扶手与底部扶手类型同样可以按照顶部扶手的选择方式、设置方法进行编辑，从而得到更加丰富的效果。

图 9-38　栏杆扶栏三维效果

9.2.2 创建室外空调栏杆

在 Revit 中，既可以在绘制楼梯、坡道等主体构件时自动创建扶手，也可以单独绘制扶手，且在创建扶手前，需要定义扶手的类型和结构。以为“职工食堂 .rvt”项目添加室外空调栏杆为例，具体操作方法如下。

打开下载文件中的“职工食堂 .rvt”项目文件，在 F1 楼层平面视图中，单击【楼梯坡道】面板中的【栏杆扶手】下拉按钮，并选择【绘制路径】选项，软件将自动打开【修改 | 创建栏杆扶手路径】上下文选项卡，如图 9-39 所示。

然后在【属性】面板中单击【编辑类型】选项，软件将自动打开【类型属性】对话框。此时，在该对话框中选择类型为【阳台栏杆 1050mm 带踏面】，并复制该类型为“职工食堂 - 900mm- 空调栏杆”，效果如图 9-40 所示。

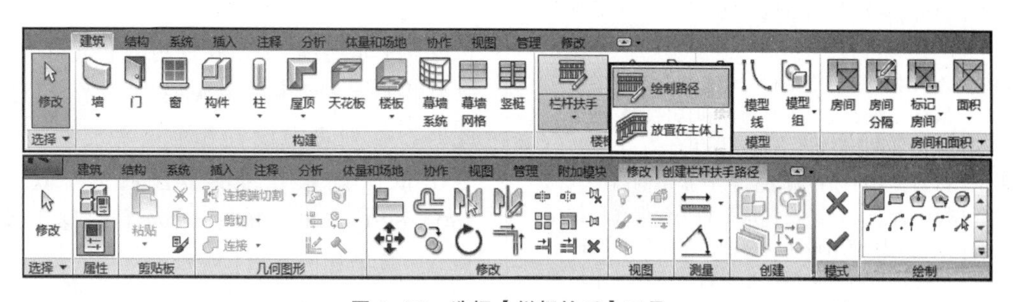

图 9-39　选择【栏杆扶手】工具

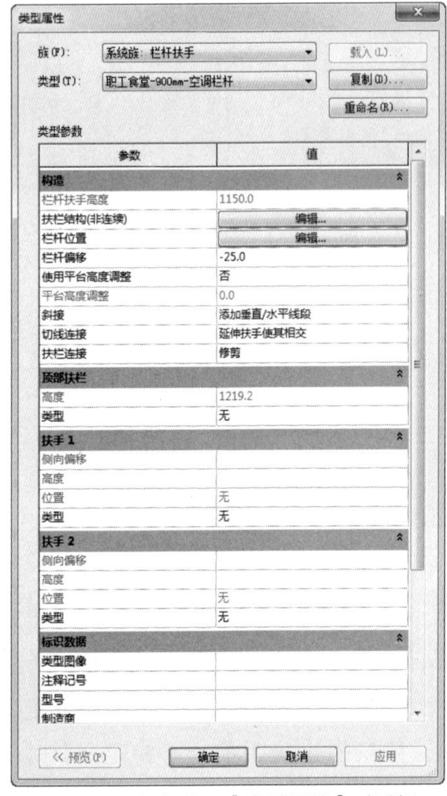

图 9-40 栏杆扶手【类型属性】对话框

该对话框中主要参数的含义及作用如表 9-5 所示。

表 9-5 栏杆扶手【类型属性】对话框中主要参数的含义

参　　数	含　　义
构造	
栏杆扶手高度	该文本框可以显示栏杆扶手系统中最高扶栏的高度
扶栏结构(非连续)	单击【编辑】按钮可以打开一个独立对话框，在此对话框中可以设置每个扶栏的编号、高度、偏移、材质和轮廓族(形状)
栏杆位置	单击【编辑】按钮可以单独打开一个对话框，在此对话框中可以定义栏杆样式
栏杆偏移	该文本框可以指定相对于扶栏绘制线的栏杆偏移，且通过设置此属性和扶栏偏移的值，可以创建扶栏和栏杆的不同组合
使用平台高度调整	该列表框可以控制平台栏杆扶手的高度。选择【否】选项，栏杆扶手和平台像在楼梯梯段上一样使用相同的高度；选择【是】选项，栏杆扶手高度会根据【平台高度调整】设置值向上或向下调整

（续表）

平台高度调整	基于中间平台或顶部平台【栏杆扶手高度】参数的指示值提高或降低栏杆扶手高度
斜接	如果两段栏杆扶手在平面内相交成一定角度，但没有垂直连接，则可以从以下选项中选择：【添加垂直 / 水平线段】为创建连接；【无连接件】为留下间隙
切线连接	如果两段栏杆扶手在平面中共线或相切，但没有垂直连接，则可以从以下选项中选择:【添加垂直 / 水平线段】为创建连接；【无连接件】为留下间隙；【延伸扶栏使其相交】为创建平滑连接
扶栏连接	如果 Revit 无法在栏杆扶手段之间进行连接时创建斜接连接，则可以选择下列选项之一：【修剪】为使用垂直平面剪切分段；【接合】为尽可能以接近斜接的方式连接分段，它最适合于圆形扶栏轮廓
顶部扶栏	
高度	该文本框可以显示栏杆扶手系统中顶部扶栏的高度
类型	该列表框可以指定顶部扶栏的类型
扶手 1	
侧向偏移	报告上述栏杆偏移值(只读)
高度	扶手类型属性中指定的扶手高度(只读)
位置	指定扶手相对于栏杆扶手系统的位置
类型	指定扶手类型
扶手 2	
侧向偏移	参见“扶手 1”
高度	参见“扶手 1”
位置	参见“扶手 1”
类型	参见“扶手 1”

> **提示**　栏杆扶手【类型属性】对话框中【标识数据】参数组中的各个参数与前面介绍的其他系统族【类型属性】对话框中的【标识数据】参数组基本相同。

完成栏杆扶手类型的复制后，单击【扶栏结构(非连续)】参数右侧的【编辑】按钮，软件将自动打开【编辑扶手(非连续)】对话框。此时，在列表中设置 6 个扶手类型，并由下至上依次设置【高度】参数为 150、300、450、600、750、900，以及【偏移】参数均为 0，效果如图 9-41 所示。

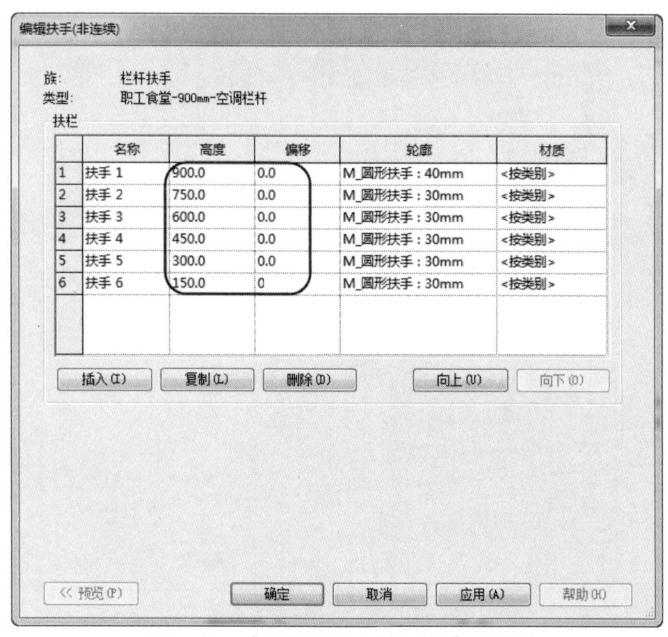

图 9-41 【编辑扶手(非连续)】对话框

然后在【扶手 1】的【轮廓】下拉列表中选择【公制 _ 圆形扶手：50mm】选项，并单击【材质】参数中的【编辑】按钮。此时，在打开的【材质浏览器】对话框中查找材质【抛光不锈钢】，并复制为【职工食堂 - 抛光不锈钢】，效果如图 9-42 所示。

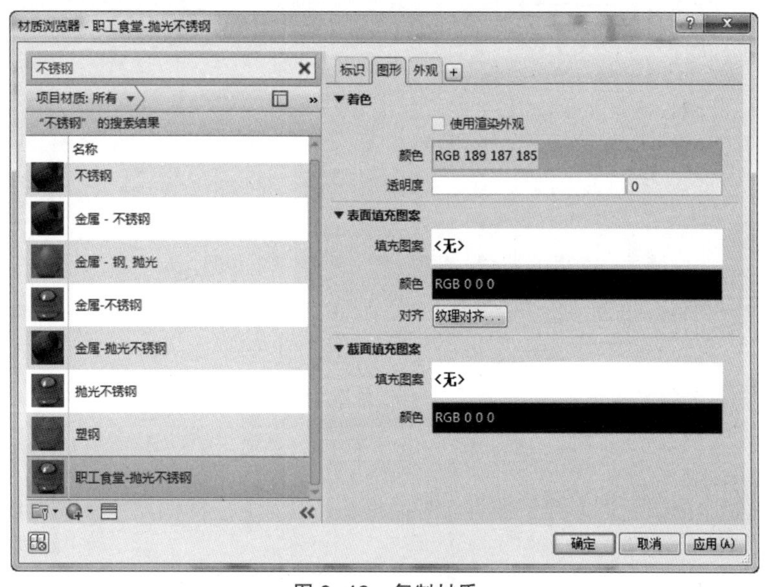

图 9-42 复制材质

接着采用复制后的材质【职工食堂 - 抛光不锈钢】，依次为所有扶栏设置【材质】参数，效果如图 9-43 所示。

扶手 2 至扶手 6 的轮廓全部设置成【M_ 圆形扶手：30mm】。完成【扶栏结构(非连续)】对话框中参数的设置后，单击【确定】按钮。然后单击【栏杆位置】参数右侧的【编辑】按钮，软件将自动打开【编辑栏杆位置】对话框。此时，在所有【栏杆族】下拉列表框中选择【无】选项，效果如图 9–44 所示。

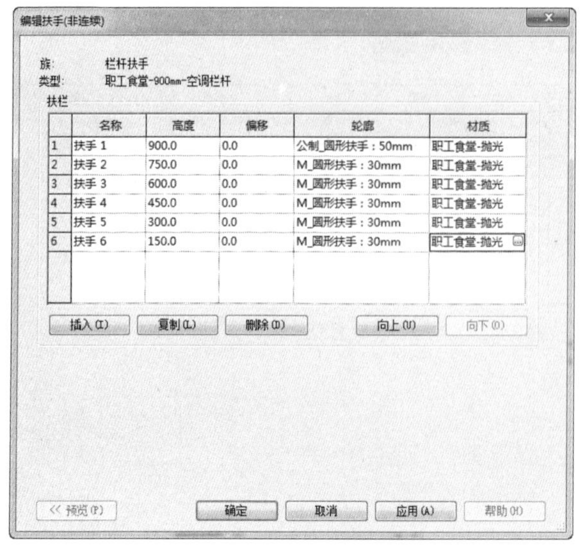

图 9–43　设置【材质】参数

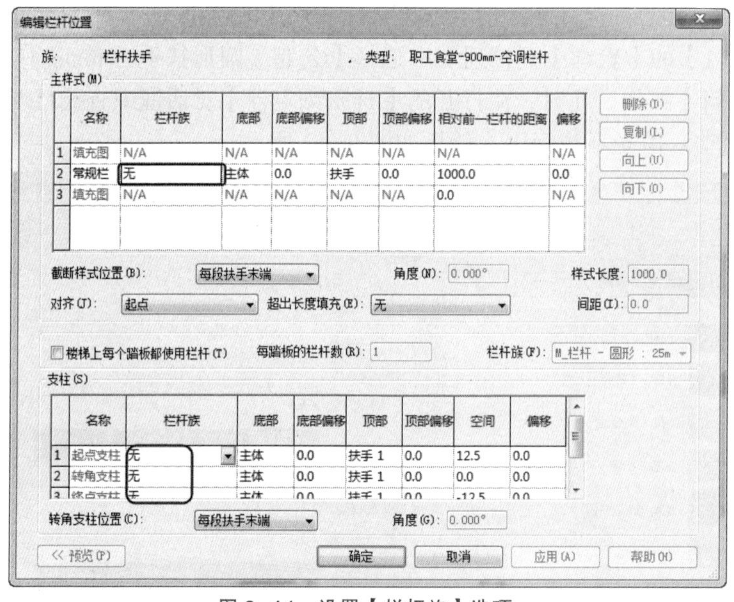

图 9–44　设置【栏杆族】选项

接着单击【确定】按钮返回【类型属性】对话框，并设置【栏杆偏移】参数为 0，效果如图 9–45 所示。

完成【类型属性】参数设置后，单击【确定】按钮，并确定【属性】面板中的【底部偏移】参数为 –20。然后启用【选项】面板中的【预览】复选框，并确定选项栏中的【偏移量】参数为 0。此时，放大左侧上方的空调挑板图元区域，在轴线 1 上依次捕捉转弯墙体并单击，绘制空调栏杆，效果如图 9–46 所示。

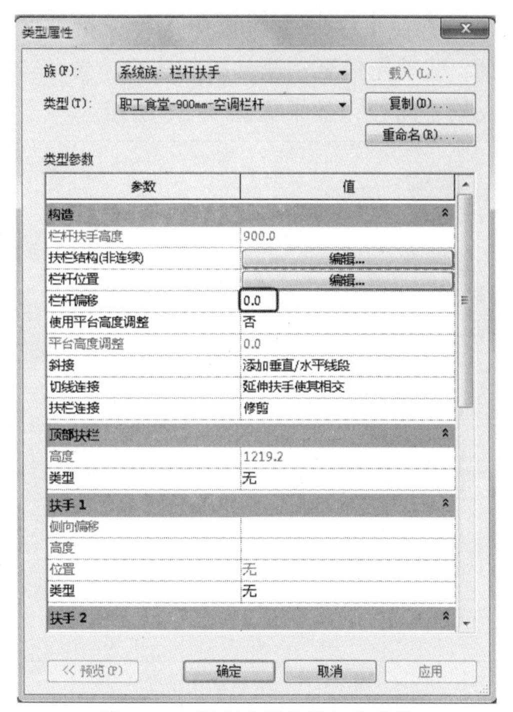

图 9-45　设置【栏杆偏移】参数

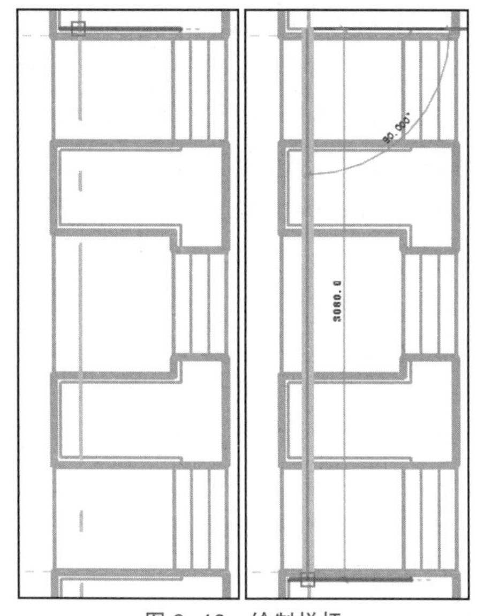

图 9-46　绘制栏杆

完成第一段空调栏杆的绘制后，单击【模式】面板中的【完成编辑模式】按钮。然后单击【修改】面板中的【镜像】按钮，并在确定启用选项栏中的【复制】复选框后以轴线 C 为对称轴进行镜像复制。接着使用相同方法复制创建其他的空调栏杆，效果如图 9-47 所示。

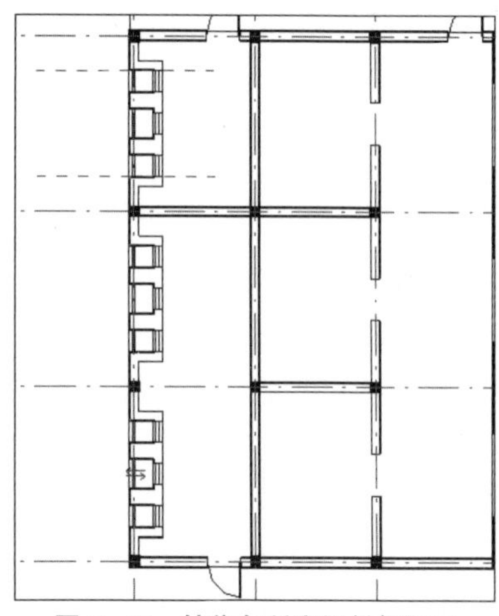

图 9-47　镜像复制空调栏杆图元

最后按照上述方法，在职工食堂右侧的空调挑板上方创建空调栏杆，并切换至默认三维视图中，查看空调栏杆效果，如图 9-48 所示。

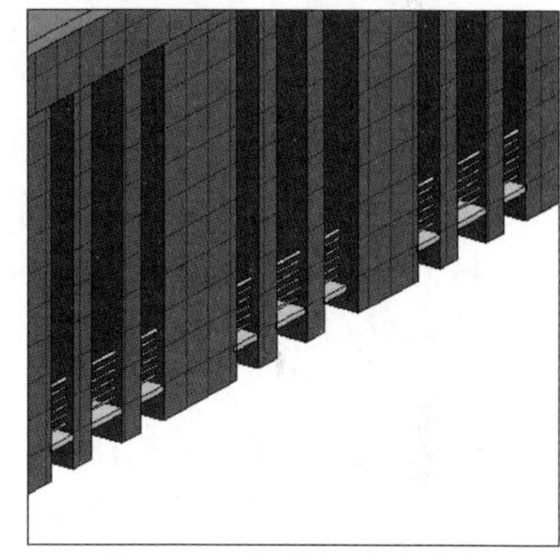

图 9-48　空调栏杆三维效果

9.2.3 修改楼梯扶手

绘制完成楼梯之后，Revit 会自动沿楼梯草图边界线生成扶手，且用户可以通过修改扶手的迹线与样式来编辑楼梯扶手。

打开下载文件中的“餐厅 – 楼梯效果 .rfa”项目文件，并载入下载文件中的“扶手接头 100.rfa”族文件。然后在 F1 平面视图中，选择楼梯扶手图元，软件将自动打开【修改 | 栏杆扶手】上下文选项卡。此时，在【模式】面板中单击【编辑路径】按钮，配合 Ctrl 键依次选择梯井位置的扶手路径与其左侧的扶手路径并删除，效果如图 9-49 所示。

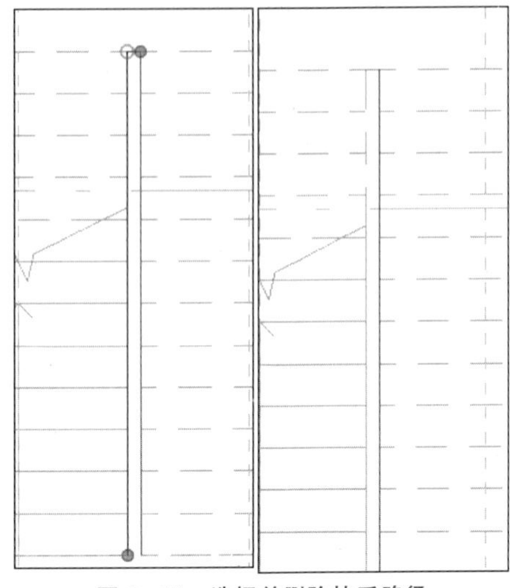

图 9-49　选择并删除扶手路径

注 意

栏杆扶手轮廓必须是一条单一且连接的草图。如果要将栏杆扶手分为几个部分，则必须创建两个或多个单独的栏杆扶手。因此，在删除梯井位置的扶手路径时，必须删除其中一条扶手路径并重新绘制。

完成扶手的删除后，单击【模式】面板中的【完成编辑模式】按钮，并在【属性】面板中设置【踏板 / 梯边梁偏移】为 0。然后选择【栏杆扶手】工具，并在类型选择器下拉列表中选择【不锈钢玻璃嵌板栏杆 - 900mm】选项。此时，打开该类型的【类型属性】对话框，并复制类型为“餐厅 - 栏杆”，如图 9-50 所示。

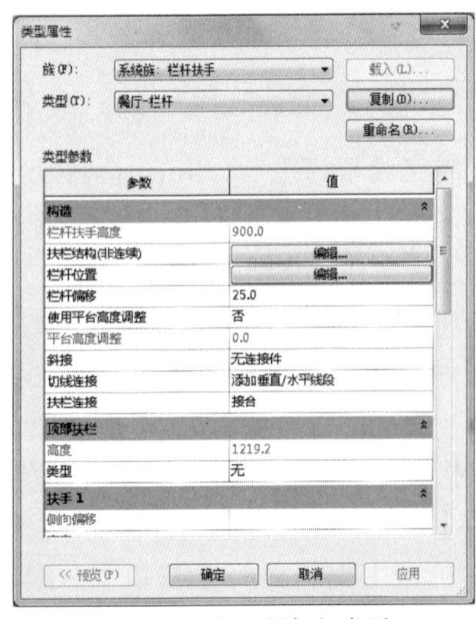

图 9-50　复制栏杆新类型

接着在【绘制】面板中选择【拾取线】工具，移动光标至左侧梯段的边缘位置单击，生成扶手路径，效果如图 9-51 所示。

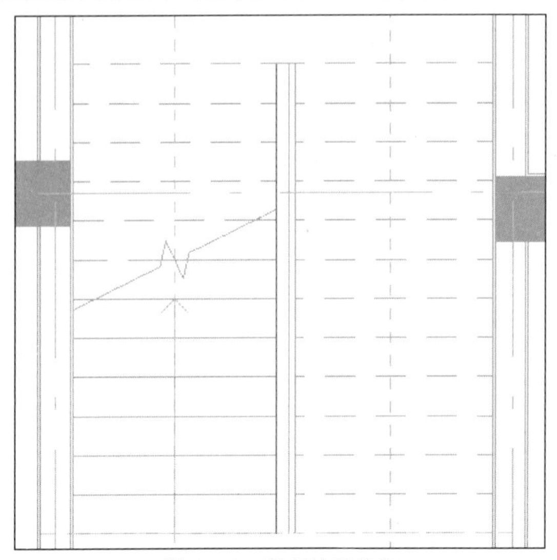

图 9-51　绘制扶手路径

完成扶手路径的绘制后，在【工具】面板中单击【拾取新主体】按钮，并单击刚刚绘制了扶手路径的楼梯，使其走向按照楼梯的走向显示。然后单击【模式】面板中的【完成编辑模式】按钮，完成扶手的绘制。此时，选择刚刚创建的扶手图元，并打开该类型的【类型属性】对话框。接着单击【栏杆位置】参数右侧的【编辑】按钮，软件将自动打开【编辑栏杆位置】对话框。此时，在【支柱】列表中 End Post 的【栏杆族】下拉列表中选择【扶手接头 100：梯井 200】选项，其他参数默认，效果如图 9-52 所示。

完成该对话框参数的设置后，连续单击【确定】按钮，并切换至默认三维视图中查看效果。如图 9-53 所示。

注 意

扶手接头有时会产生以相反方向添加的情况，此时需要切换至楼层平面视图中，选择该扶手图元并单击方向翻转图标即可。

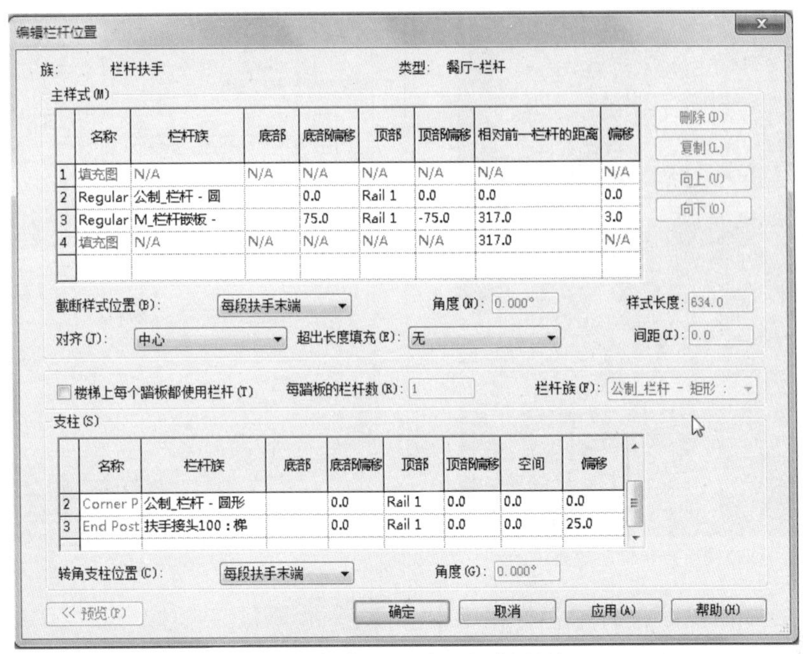

图 9-52 【编辑栏杆位置】对话框

图 9-53 扶手接头效果

然后切换至【项目浏览器】面板中，双击【族】|【栏杆扶手】|【扶手接头 100】|【梯井 200】族选项，软件将自动打开其【类型属性】对话框。此时，设置【接头材质】参数为【餐厅－抛光不锈钢】，效果如图 9-54 所示。

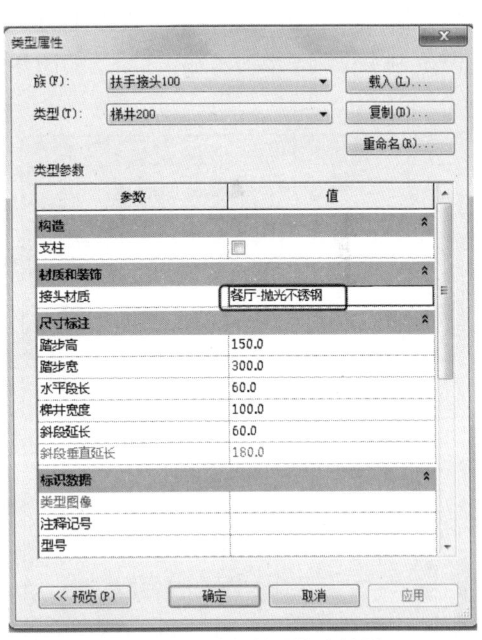

图 9-54 定义扶手接头材质

完成扶手接头材质的设置后，单击【确定】按钮，即可使接头材质与扶手栏杆材质一致，效果如图 9-55 所示。

图 9-55　修改扶手接头材质效果

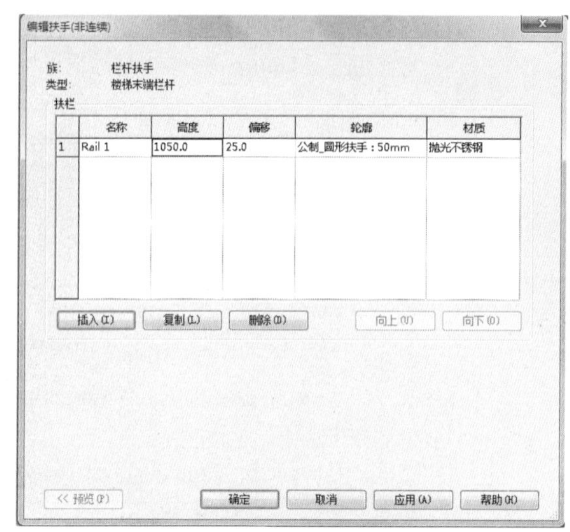

图 9-57　修改栏杆扶手高度参数

此时，打开F2平面视图，选择【栏杆扶手】工具，并在【属性】面板的类型选择器下拉列表中选择【不锈钢玻璃嵌板栏杆 -900mm】选项。然后打开该类型的【类型属性】对话框，并复制类型为“楼梯末端栏杆”，如图 9-56 所示。

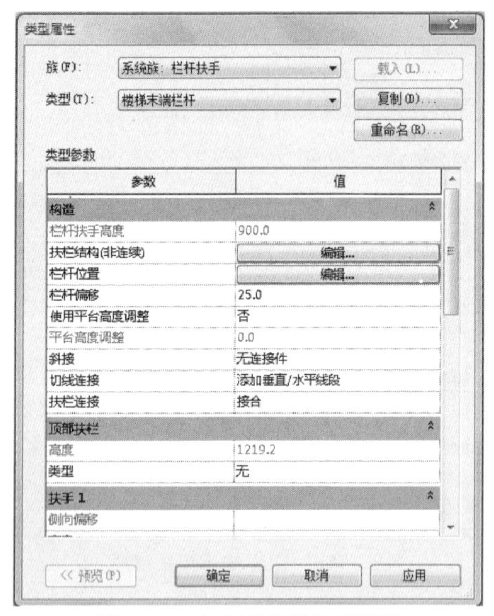

图 9-56　复制新栏杆扶手类型

接着单击【栏杆结构(非连续)】右侧的【编辑】按钮，并在自动打开的对话框中修改高度参数为 1050，效果如图 9-57 所示。

提示

由于在我国的设计规范中水平段的高度最小为 1.05 米，因此需要修改水平段栏杆的高度。

完成高度参数的设置后，连续单击【确定】按钮，并在【绘制】面板中选择【直线】工具。此时，在绘图区单击右侧栏杆下端点，并水平向左移动光标至墙体图元处单击，效果如图 9-58 所示。

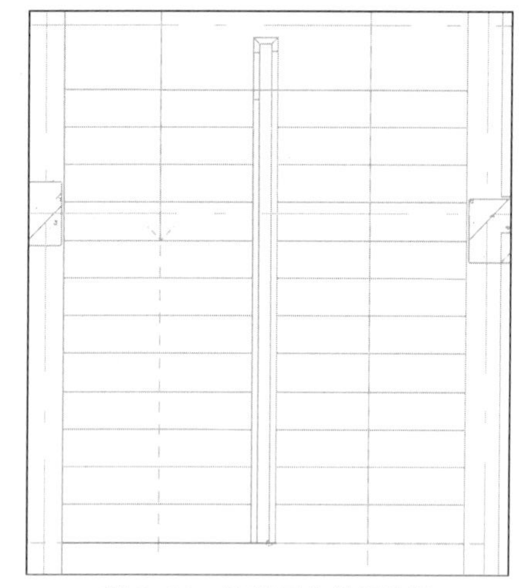

图 9-58　绘制平台栏杆路径

然后在【模式】面板中单击【完成编辑模式】按钮，并切换至三维视图中，查看平台栏杆的效果，如图 9-59 所示。

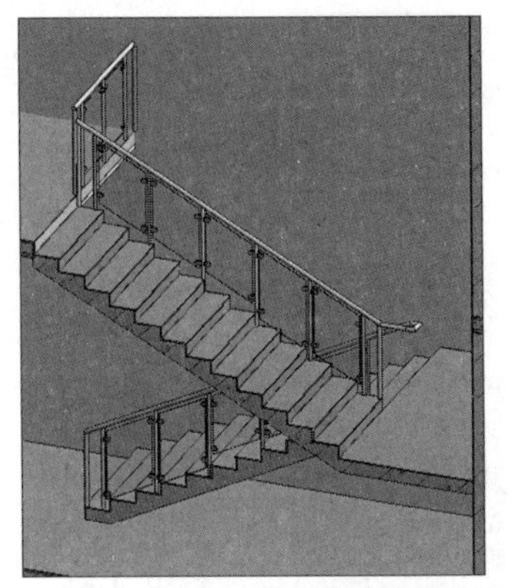

图 9-59　平台栏杆效果

9.3 主体放样构件

在 Revit 中，软件提供了基于主体的放样构件，用于沿所选择主体或其边缘按指定轮廓放样生成实体。可以生成放样的主体对象包括墙、楼板和屋顶，其对应生成的构件的名称分别为墙饰条和分隔缝、楼板边缘、封檐带和檐沟。下面主要通过【楼板：楼板边】工具来介绍主体放样构件的创建方法。

9.3.1 添加楼梯间楼板边缘

使用楼板边缘构件，可以沿所选择的楼板边缘，按指定的轮廓创建带状放样模型。打开下载文件中的“餐厅 – 修改楼梯扶手效果.rvt”项目文件，并通过【载入族】工具从下载文件中载入“楼板边梁.rfa”族文件。然后切换至【建筑】选项卡，在【构建】面板中单击【楼板】下拉三角按钮，并选择【楼板：楼板边】选项，软件将自动打开【修改 | 放置楼板边缘】上下文选项卡，如图 9-60 所示。

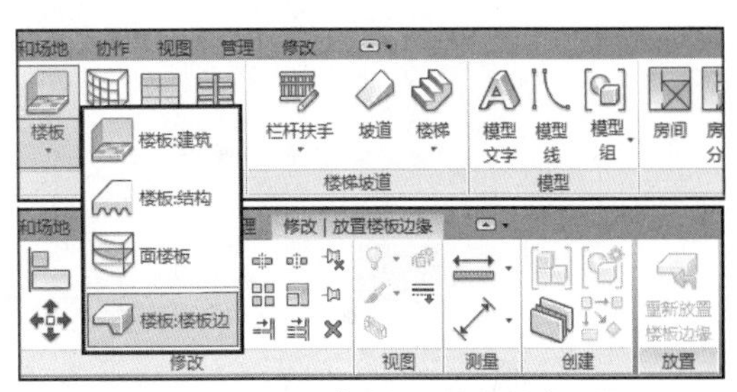

图 9-60　选择【楼板：楼板边】工具

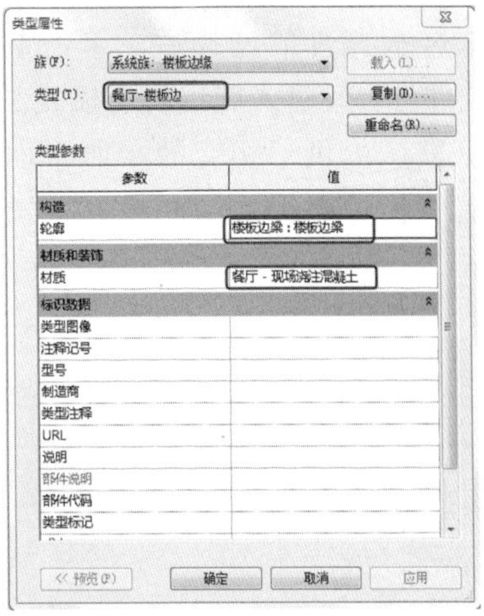

接着打开楼板边缘的【类型属性】对话框，并复制类型为“餐厅 – 楼板边”。此时，设置【轮廓】参数为载入的【楼板边梁：楼板边梁】；【材质】参数为【餐厅 – 现场浇注混凝土】，效果如图 9-61 所示。

图 9-61　设置楼板边缘类型属性

完成楼板边【类型属性】的设置后，单击【确定】按钮，并在楼梯的洞口边缘单击，创建楼板边梁，效果如图 9-62 所示。

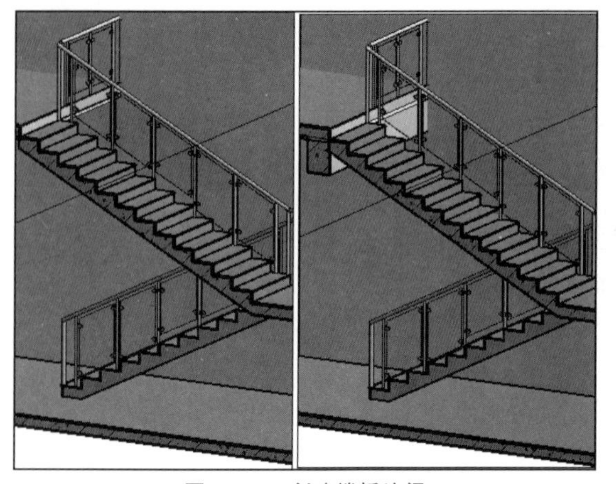

图 9-62　创建楼板边梁

9.3.2 室外台阶

创建主体放样构件的关键操作是创建并指定合适的轮廓族，而且在 Revit 中，用户可以指定任意形式的轮廓族。下面将具体介绍创建轮廓族及添加室外台阶的方法。

打开下载文件中的“餐厅 – 楼板边.rvt”项目文件，并单击【应用程序菜单】按钮。然后选择【新建】|【族】选项，软件将自动打开【新族 – 选择样板文件】对话框，从中选择【公制轮廓.rft】族样板文件，效果如图 9-63 所示。

图 9-63　选择样板文件

完成样板文件的选择后，单击【打开】按钮，软件将自动进入族编辑器模式。此时，在绘图区默认提供了相交的参照平面，且其交点位置将作为楼板边缘的投影位置，效果如图 9-64 所示。

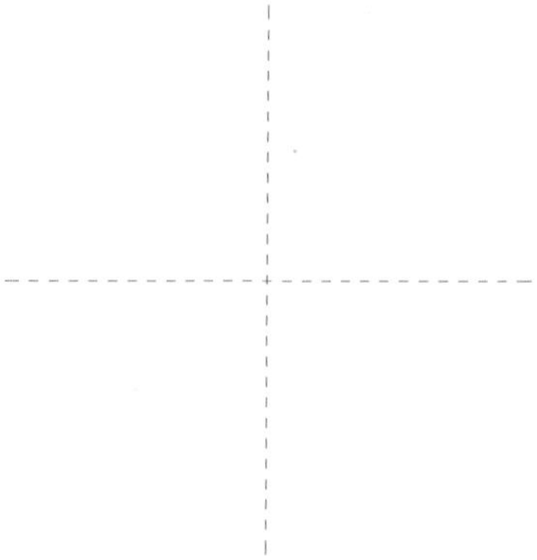

图 9-64　公制轮廓中的参照平面

然后在【详图】面板中单击【直线】按钮，软件将自动打开【修改 | 放置线】上下文选项卡。此时，在参照平面交点正下方 150mm 的位置单击作为起点，并水平向右移动至 300mm 位置处单击，效果如图 9-65 所示。

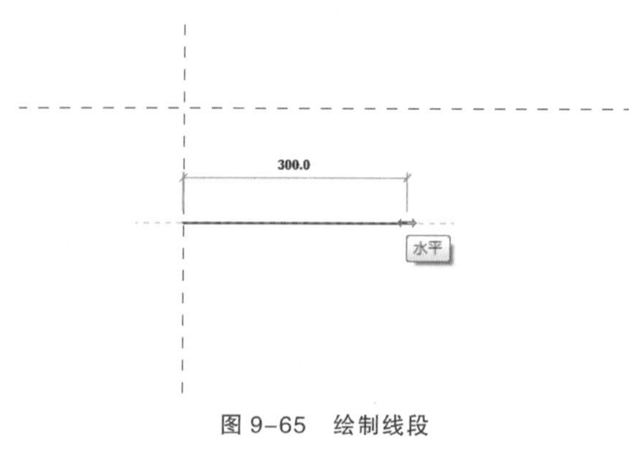

图 9-65　绘制线段

接着以垂直 150mm、水平 300mm 的长度连续绘制直线段至完成第三个阶梯，并按照图 9-66 所示形成封闭轮廓。

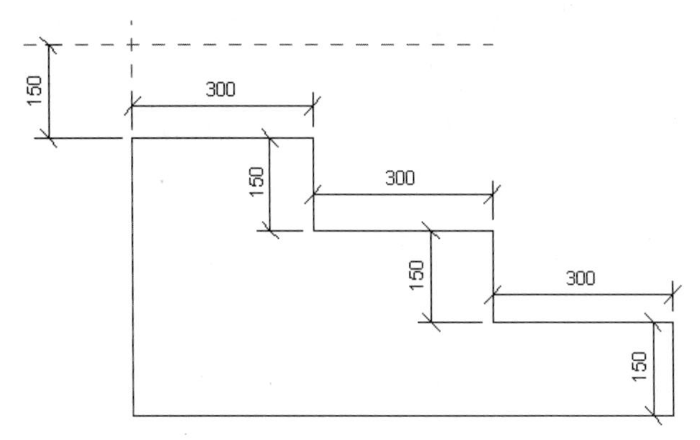

图 9-66　绘制台阶轮廓

完成台阶轮廓的绘制后，单击【保存】按钮，并在【另存为】对话框中保存族文件为“4 级室外台阶轮廓 .rfa”，效果如图 9-67 所示。

图 9-67　保存族文件

然后在【族编辑器】面板中单击【载入到项目】按钮，软件将自动将刚刚创建的族轮廓文件载入至已经打开的项目文件中，并切换至该项目文件窗口。此时，禁用【剖面框】复选框，并在【楼板】下拉列表框中选择【楼板：楼板边】选项。接着打开该楼板边类型的【类型属性】对话框，并复制类型为“餐厅室外台阶”。同时设置【轮廓】参数为【4 级室外台阶轮廓：4 级室外台阶轮廓】，效果如图 9-68 所示。

完成楼板边的类型属性的设置后，单击【确定】按钮，并移动光标至正门室外楼板上边缘线处单击，软件将自动按指定的轮廓创建室外台阶，效果如图 9-69 所示。

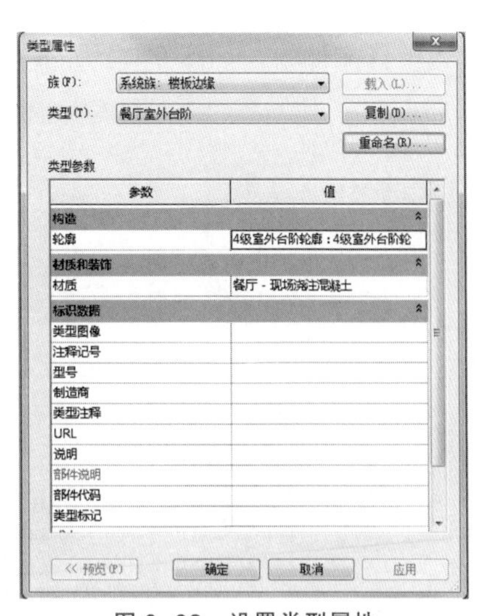

图 9-68　设置类型属性

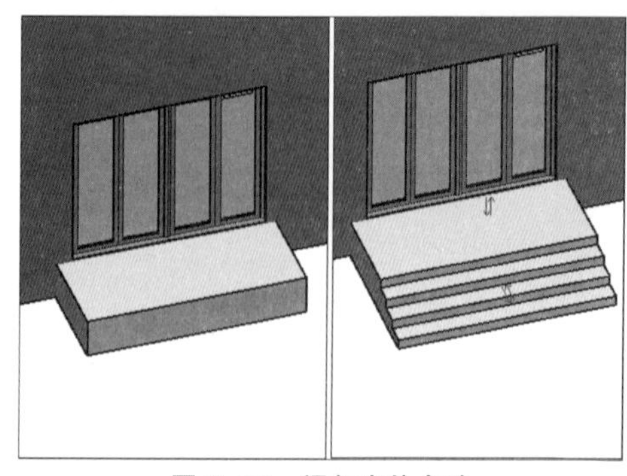

图 9-69　添加室外台阶

然后单击正门左侧和右侧的室外楼板的上边缘线，完成正门室外台阶的创建，效果如图 9-70 所示。

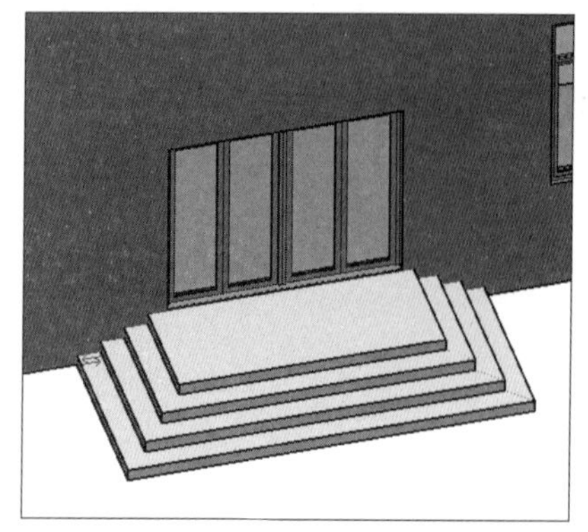

图 9-70　添加其他室外台阶

接着旋转视图，按照上述方法为其他室外楼板添加台阶。完成后按 Esc 键两次，即可完成室外台阶的创建。

9.4 建筑构件

除了前面介绍的各种常用建筑构件外，各种卫浴、家具、雨篷等室内外布局构件也是建筑设计中不可或缺的重要组成部分。

9.4.1 添加特殊雨篷

在 Revit 中，可以将任意的特殊构件保存为族文件，并在载入项目中之后放置在指定的位置。下面通过载入并放置的方式，为职工食堂项目添加入口处雨篷与后门处雨篷。

打开下载文件中的“职工食堂.rvt”项目文件，切换至【插入】选项卡，并在【从库中载入】面板中单击【载入族】按钮。然后将下载文件中的“主入口雨篷.rfa”和“后门雨篷.rfa”族文件载入项目文件中，如图 9-71 所示。

图 9-71　载入族文件

完成族文件的载入后，进入 F2 楼层平面视图中，并切换至【建筑】选项卡。然后在【构建】面板中单击【构件】下拉三角按钮，并在列表框中选择【放置构件】选项。此时，确定【属性】面板中的类型选择器为【后门雨篷】，并打开该类型的【类型属性】对话框。接着设置【雨篷挑宽】参数为 2600，【雨篷长度】参数为 39000，效果如图 9-72 所示。

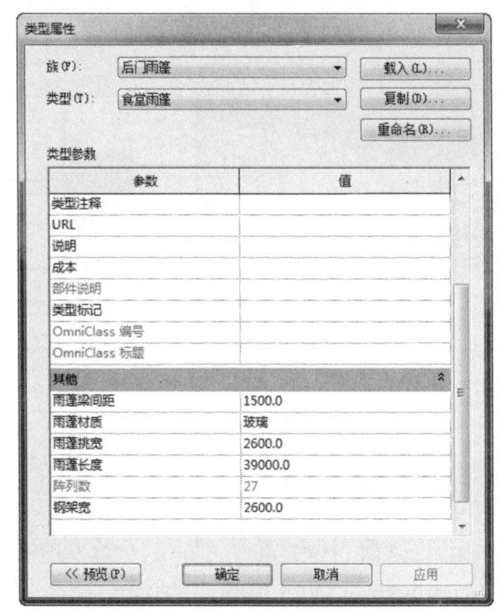

图 9-72　设置雨篷类型属性参数

完成雨篷类型属性的设置后，移动光标至轴线 D 上的墙体图元，并确定雨篷覆盖整个项目的长度。然后单击放置该雨篷，并按两次 Esc 键，退出放置构件模式，效果如图 9-73 所示。

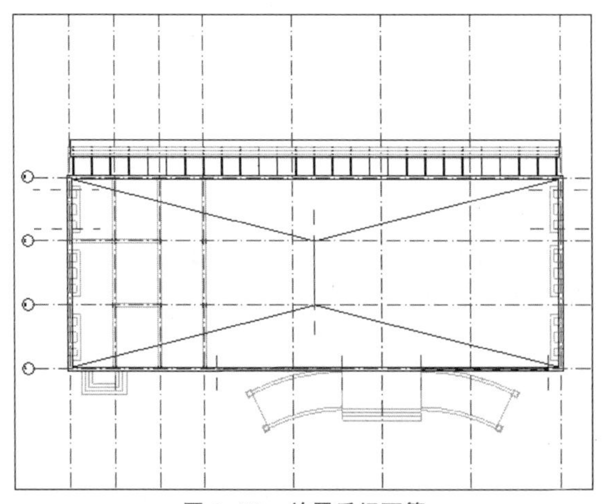

图 9-73　放置后门雨篷

接着选择该雨篷图元，并在【属性】面板中设置【立面】选项为 -100。此时，切换至默认三维视图，查看雨篷在后门的效果，如图 9-74 所示。

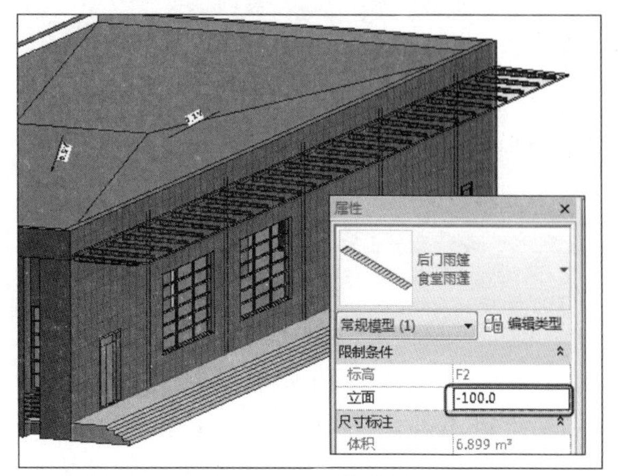

图 9-74　雨篷效果

完成后门雨篷的添加后，切换至 F2 楼层平面视图，选择【放置构件】工具，并确定【属性】面板中的类型选择器为【主入口雨篷】。然后打开该类型的【类型属性】对话框，并设置【雨篷材质】参数为【职工食堂 - 现场浇注混凝土】。此时，移动光标至正门所在的墙体处单击，即可放置主入口雨篷，效果如图 9-75 所示。

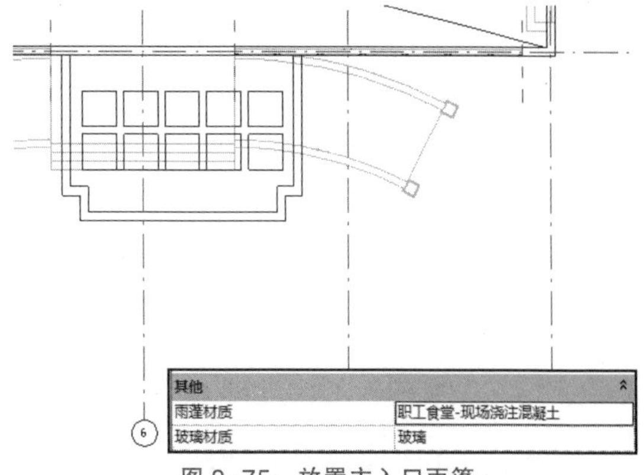

图 9-75　放置主入口雨篷

完成入口雨篷的添加后，配合【修改】面板中的【对齐】工具，将雨篷的中心线对齐轴线 6。然后切换至默认三维视图，查看入口处的雨篷效果，如图 9-76 所示。

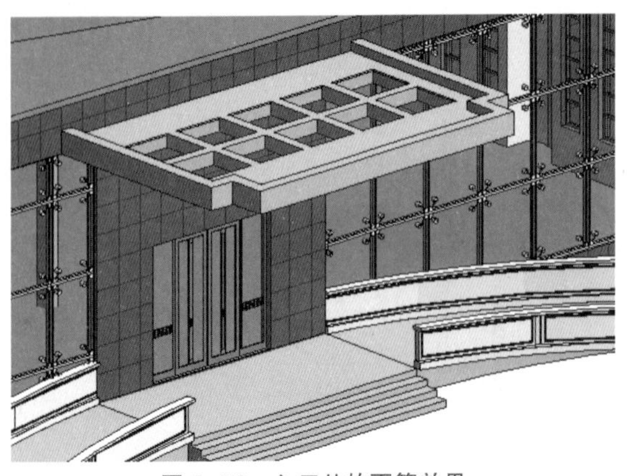

图 9-76　入口处的雨篷效果

此时，返回 F2 楼层平面视图，选择【构建】面板中的【结构柱】工具，并在【属性】面板中选择【混凝土 - 正方形 - 柱】|【450×450mm】结构柱类型。然后以垂直柱的放置方式在雨篷两侧单击放置结构柱，并在【属性】面板中设置【底部标高】为【室外地坪】，【顶部标高】为 F2，【顶部偏移】为 100，效果如图 9-77 所示。

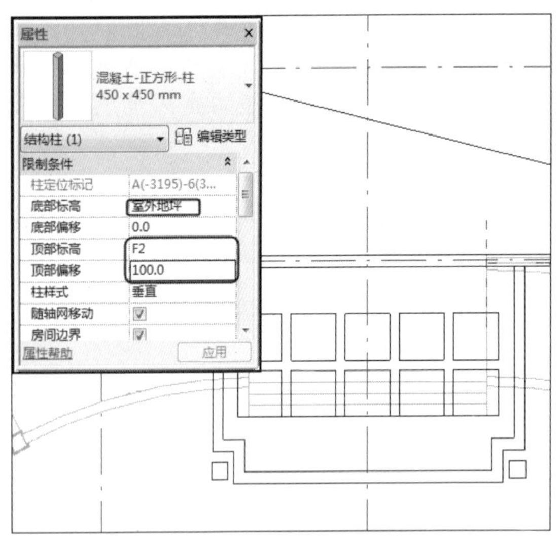

图 9-77　放置结构柱

完成结构柱的放置后，切换至 F1 楼层平面视图，并选择【修改】面板中的【对齐】工具。然后使结构柱内侧边缘分别对齐台阶的两侧，使结构柱的下方边缘对齐台阶的第二个踏步的边缘线。接着切换至默认三维视图，查看最终效果，如图 9-78 所示。

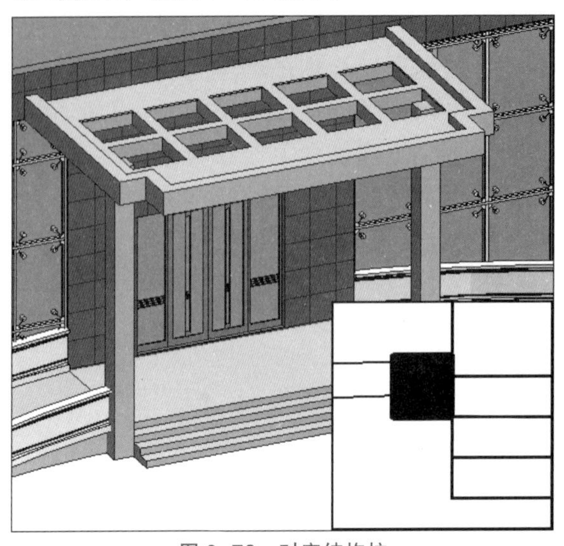

图 9-78　对齐结构柱

9.4.2　放置室内配件

Revit 系统中配置了绝大多数的特殊配件，其中为建筑项目提供了 19 个分类。下面通过其中的家具文件，为职工食堂添加餐桌。

打开下载文件中的“职工食堂 .rvt”项目文件，切换至【插入】选项卡，并在【从库中载入】面板中单击【载入族】按钮，软件将自动打开【载入族】对话框。此时，选择“建筑 / 家具 /3D/ 桌椅 / 桌椅组合 / 餐桌 - 带长椅 .rfa”族文件，效果如图 9-79 所示，并单击【打开】按钮。

然后切换至 F1 楼层平面视图，选择【构建】面板中的【放置构件】工具，并确定【属性】面板中的类型选择器为【餐桌 - 带长椅】选项。接着将光标指向轴线 5 与 C 区域单击，放置餐桌，效果如图 9-80 所示。

图 9–79　载入族文件

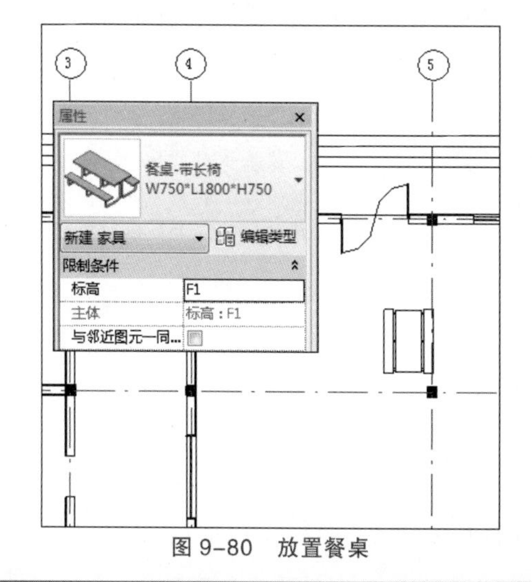

图 9–80　放置餐桌

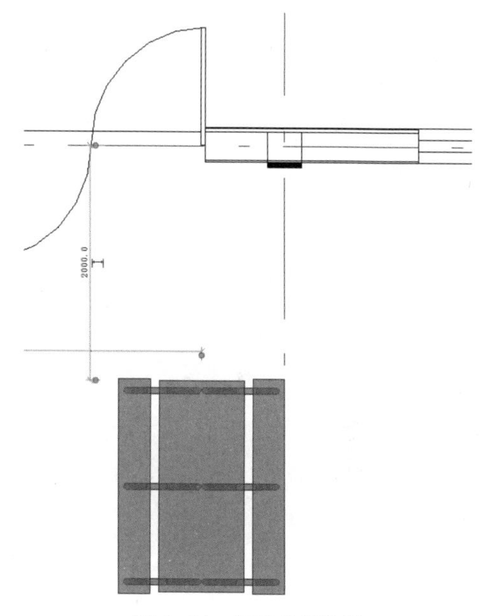

图 9–81　精确放置位置

技巧

当放置餐桌时，如果餐桌的放置方向不是想要的方向，那么可以通过按空格键来进行改变。

完成第一个餐桌的放置后，按两次 Esc 键退出放置构件状态，并利用临时尺寸标注以及【对齐】工具，修改餐桌图元的放置位置，效果如图 9–81 所示。

然后再次选中该餐桌图元，并在【修改】面板中单击【复制】按钮。此时，启用选项栏中的【约束】和【多个】复选框，并在该餐桌图元上单击。接着向右移动光标并以 2500mm 为固定间距连续复制餐桌图元至右侧门图元，效果如图 9–82 所示。

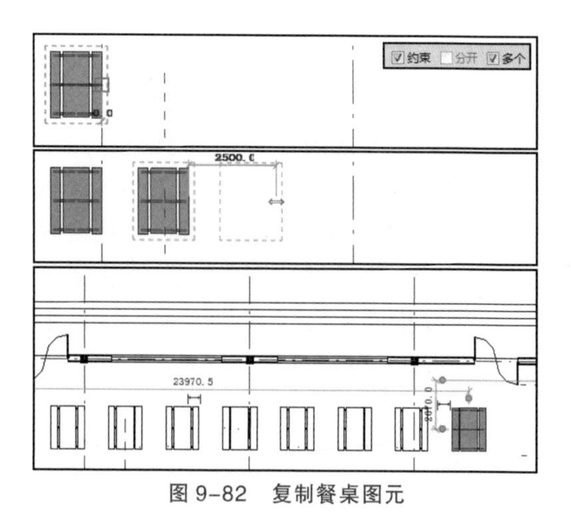

图 9–82　复制餐桌图元

完成餐桌图元的连续复制后，选择整排餐桌图元，并在【修改】面板中单击【阵列】按钮▦。然后禁用选项栏中的【成组并关联】，启用【第二个】与【约束】选项，设置【项目数】为3。接着单击所选餐桌图元并向下移动光标至4500mm处单击，完成餐桌图元的阵列，效果如图9-83所示。

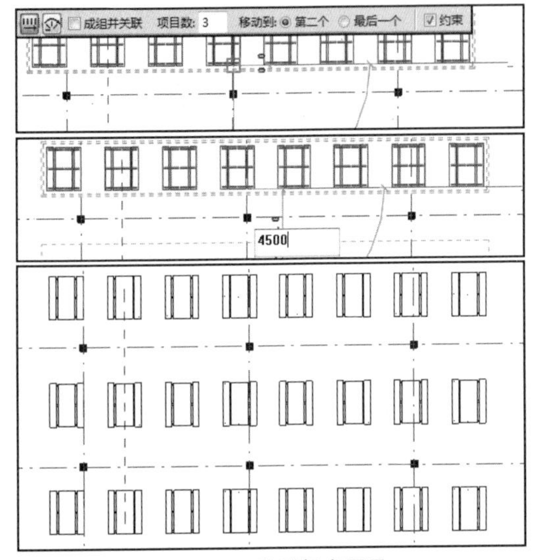

图9-83　阵列餐桌图元

此时，切换至默认三维视图中，并启用【属性】面板中的【剖面框】选项，同时配合控制图标查看建筑内部的餐桌效果，如图9-84所示。

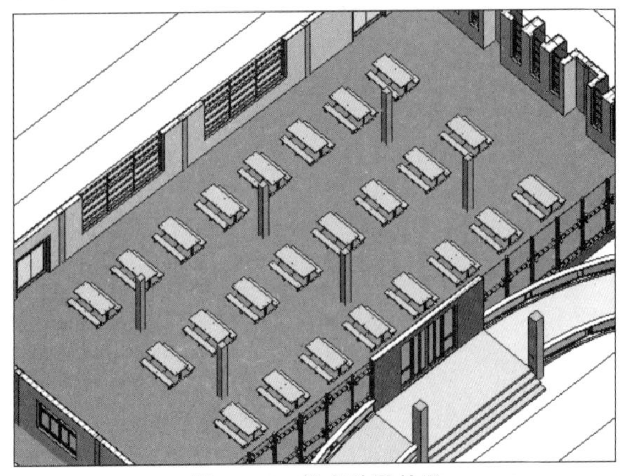

图9-84　餐桌放置效果

提示　放置餐桌时，要避开空间中的结构柱，并且注意餐桌与门口之间的距离。此外，放置需要依附于墙体的其他构件时，需要移动光标至墙体上时才会显示该构件。

9.5 典型案例：教育中心大楼楼梯的创建

本实例将创建一家福利院的教育中心大楼的楼梯，并为其添加相应的内置构件。该教育中心是某福利院建筑体系中的一幢独立建筑。其为两层的混凝土－砖石结构，内部配置有卫生间等常规建筑构件设施，满足了该建筑的使用特性要求，效果如图9-85所示。

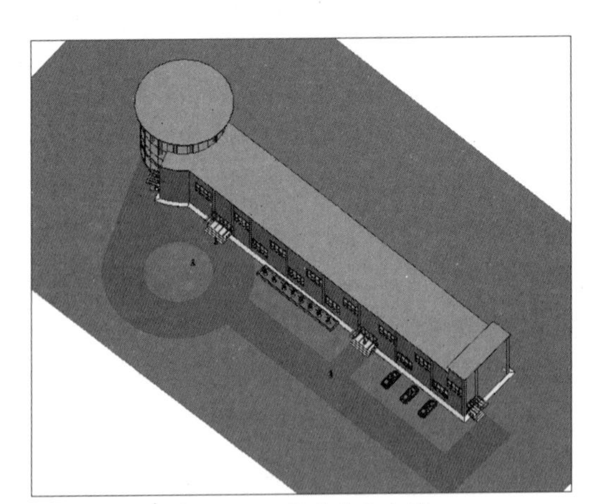

图9-85　教育中心大楼

在Revit中，楼梯的创建可以使用两种不同的方式：一种是按草图的方式创建楼梯，另一种是按构件的方式创建楼梯。这里主要通过草图的方式创建楼梯。

1. 创建室内楼梯

楼梯是建筑中不同垂直层面之间的连接通道。在创建楼梯之前，首先要为其定义类型属性以及实例属性。

(1) 切换至F1楼层平面视图，并在【楼梯坡道】面板中单击【楼梯(按草图)】按钮。然后在打开的【属性】面板中选择【整体板式-公共】为基础类型，并打开该类型的【类型属性】对话框。此时，复制该类型并命名为“教育中心-室内楼梯”。接着设置相关参数，效果如图9-86所示。

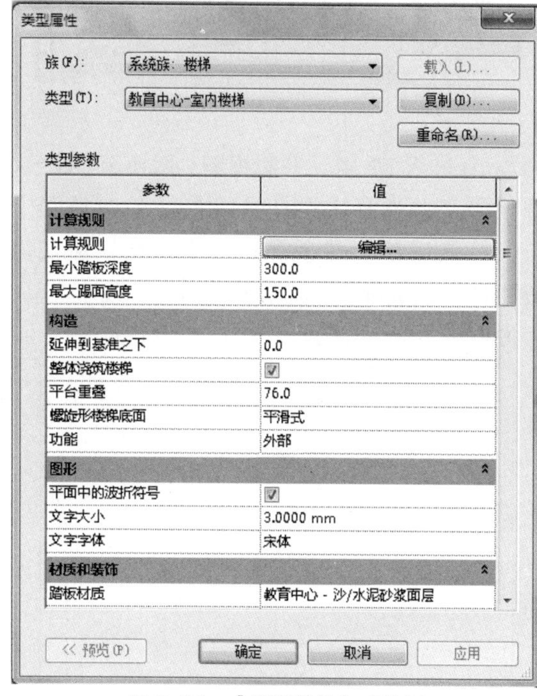

图9-86 【类型属性】对话框

(2) 在【属性】面板中设置相应的限制条件，并单击【工具】面板中的【栏杆扶手】按钮。然后指定【不锈钢玻璃嵌板栏杆-900mm】为选用类型，并在绘图区中的指定位置依次单击确定楼梯的梯段线轮廓，效果如图9-87所示。接着单击【模式】面板中的【完成编辑模式】按钮，即可完成楼梯的创建。

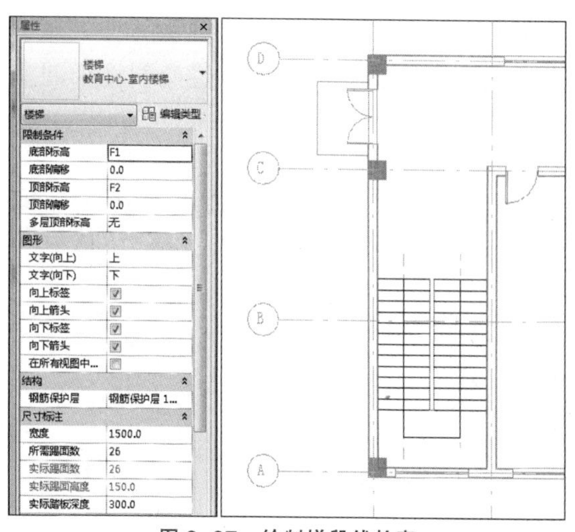

图9-87 绘制梯段线轮廓

(3) 切换至默认三维视图，利用剖面工具查看楼梯在建筑中的构建效果，并删除靠墙一侧的扶手栏杆，效果如图9-88所示。

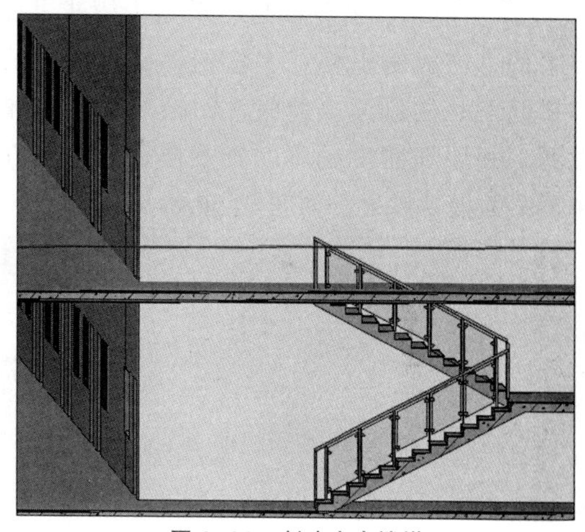

图9-88 创建室内楼梯

2. 创建楼梯间洞口

Revit针对墙体、楼板、天花板、屋顶、结构柱、结构梁和结构支撑等不同的洞口主体以及不同的洞口形式，提供了专用的【洞口】命令，其中包括按面、墙、垂直、竖井和老虎窗5种洞口。当创建楼板、天花板和屋顶后，一般需要在楼梯间、电梯间等部位的天花板和楼板上创建洞口。

(1) 切换至F1楼层平面视图，单击【洞口】面板中的【竖井】按钮，并确定绘制方式为【矩形】工具。然后设置相应的参数选项，并在绘图区中楼梯的相应位置绘制楼梯间洞口的轮廓，效果如图 9-89 所示。

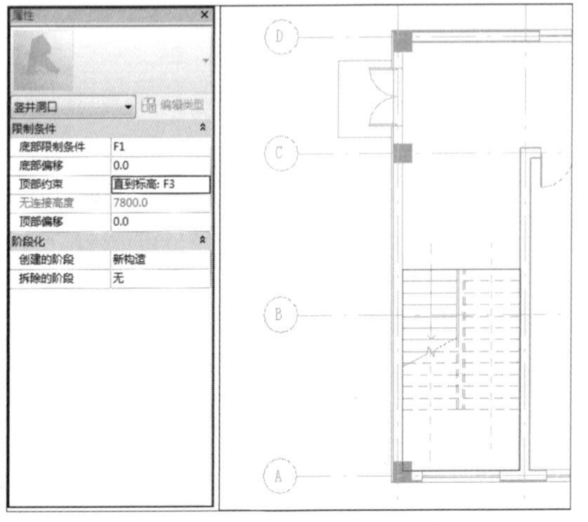

图 9-89　绘制楼梯间洞口轮廓

(2) 完成轮廓的绘制后，单击【模式】面板中的【完成编辑模式】按钮✔，即可完成楼梯间洞口的创建。此时，切换至默认三维视图，利用剖面工具可以查看楼梯间洞口在建筑中的构建效果，如图 9-90 所示。

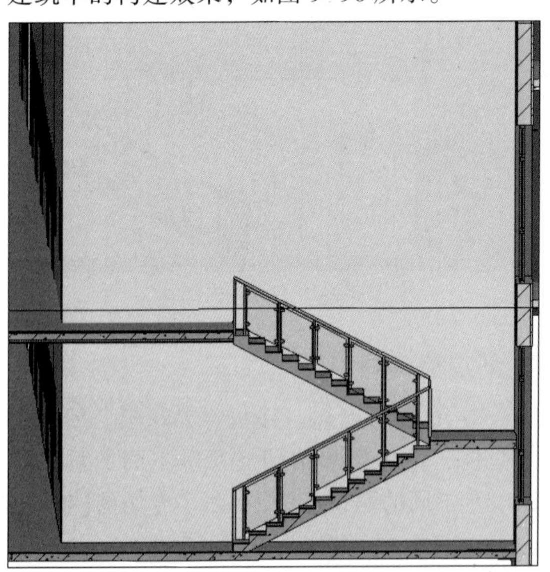

图 9-90　创建楼梯间洞口

3. 修改楼梯扶手

(1) 当建立楼梯后，梯井宽度已确定为 120mm，需要创建 120mm 的扶手接头。此时，从下载文件中载入“扶手接头 120.rfa”族文件，并按照前面楼梯章节的创建方法在项目中添加该扶手接头，效果如图 9-91 所示。

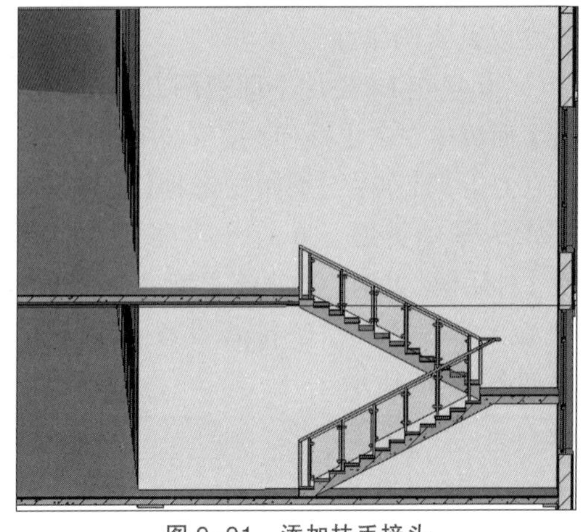

图 9-91　添加扶手接头

(2) 进入 F2 楼层平面视图，切换至【建筑】选项卡，并选择【栏杆扶手】|【绘制路径】工具。然后确定扶手类型为【不锈钢玻璃嵌板栏杆 - 900mm】，绘制方式为【直线】工具，并按照图 9-92 所示绘制栏杆扶手路径。

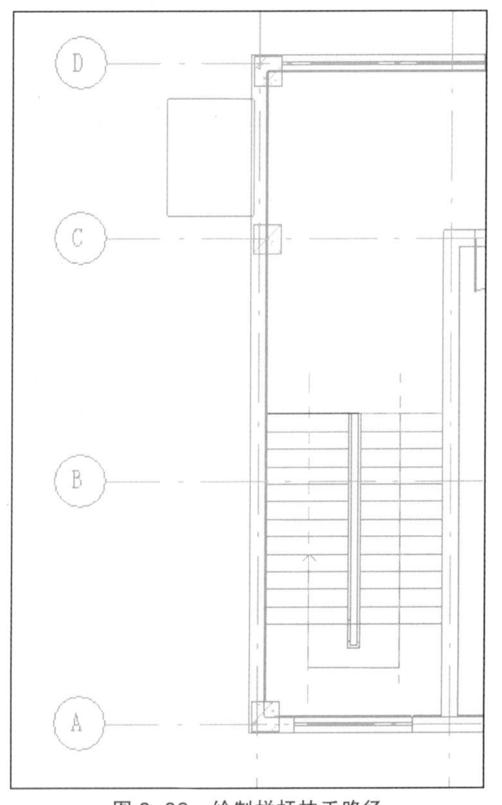

图 9-92　绘制栏杆扶手路径

(3) 完成轮廓的绘制后，单击【模式】面板中的【完成编辑模式】按钮✔，即可完成楼梯平台栏杆的创建。此时，切换至默认三维视图，利用剖面工具可以查看平台栏杆在建筑中的构建效果，如图 9-93 所示。

图 9-93　楼梯平台栏杆效果

4. 添加楼板边缘

(1) 从下载文件中载入“楼板边梁 .rfa”族文件，切换至【建筑】选项卡，并选择【楼板：楼板边】工具。然后在【属性】面板中选择【楼板边缘】|【楼板边】为基础类型，复制并修改名称为“教育中心 - 楼板边”。接着按照图 9-94 所示设置相应的轮廓和材质，并单击【确定】按钮。

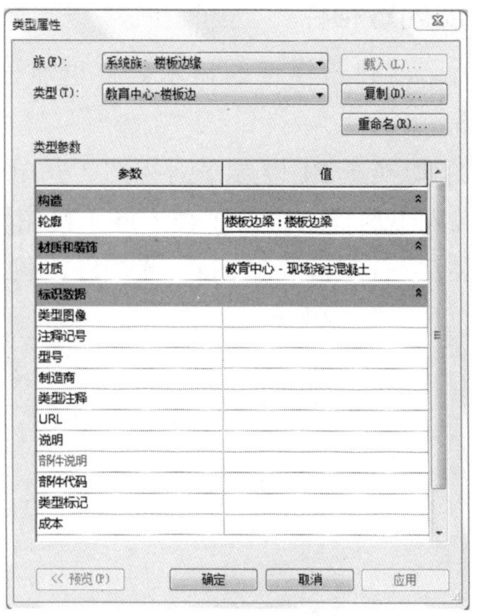

图 9-94　设置楼板边梁结构参数

(2) 单击楼板边，软件将自动添加楼板边梁，效果如图 9-95 所示。

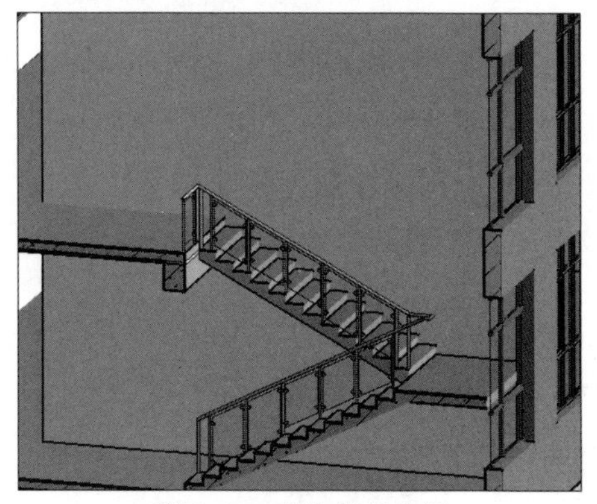

图 9-95　添加楼板边梁

(3) 按照上述方法创建轴线 13 与轴线 14 之间的室内楼梯，如图 9-96 所示。

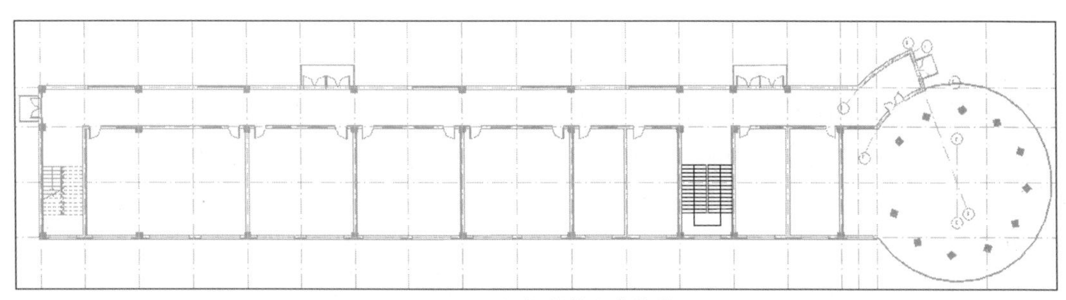

图 9-96　添加其他室内楼梯

5. 添加内置构件

为了使建筑模型的显示效果更加丰富，这里为建筑内部添加了各种室内构件，如卫浴和家具等。

(1) 切换至 F1 楼层平面视图，并单击【构建】面板中的【放置构件】按钮，然后在【从库中载入】面板中单击【载入族】按钮，选择并打开“China/ 建筑 / 卫生器具 /3D/ 常规卫浴 / 洗脸盆 / 立柱式洗脸盆.rfa”族文件，载入该族，效果如图 9-97 所示。

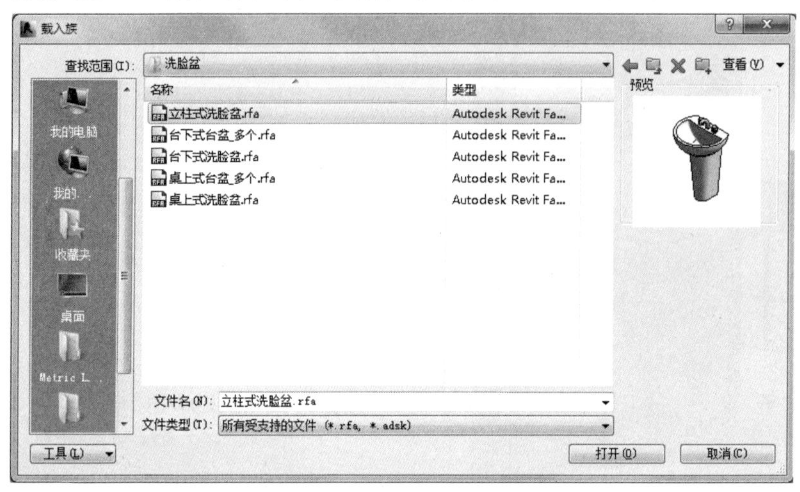

图 9-97　载入族文件

(2) 在绘图区中的指定位置依次单击，即可放置该卫生器具，效果如图 9-98 所示。

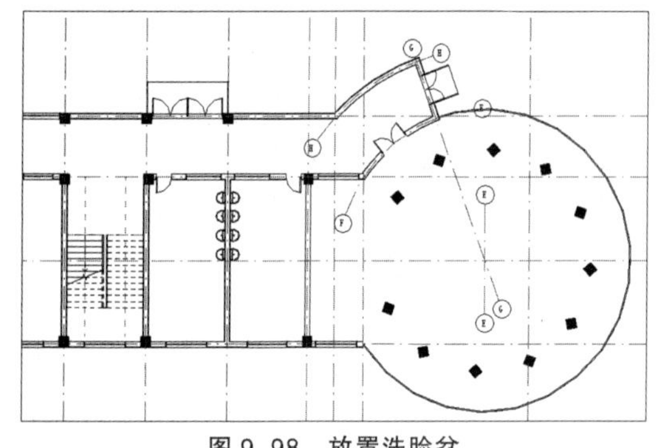

图 9-98　放置洗脸盆

(3) 用上述相同的方法，分别载入“连体式坐便器.rfa”、“立式小便器 - 落地式.rfa”、“厕所隔断 1 3D.fra”和“盥洗室隔断 3 3D.rfa”族文件，并按照图 9-99 所示的位置依次单击放置各族类型。

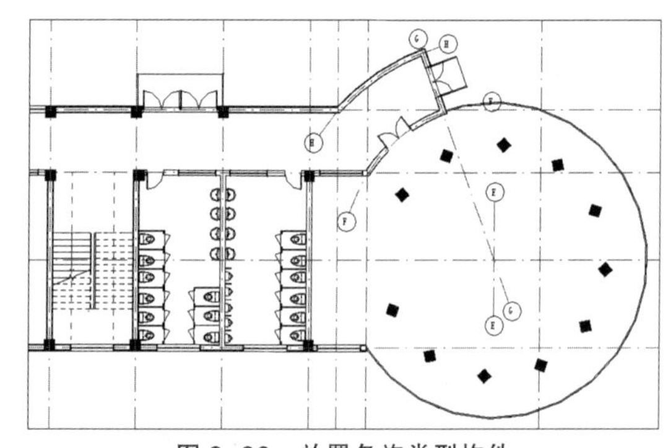

图 9-99　放置各族类型构件

(4) 选择所有内置构件，并单击【剪切板】面板中的【复制到剪切板】按钮。然后选择【与选定的标高对齐】选项，软件将自动打开【选择标高】对话框。此时，选择 F2，并单击【确定】按钮，软件将自动在 F2 楼层平面相同位置添加 F1 楼层平面视图中的内置构件。接着切换至 F2 楼层平面视图，查看效果，如图 9-100 所示。

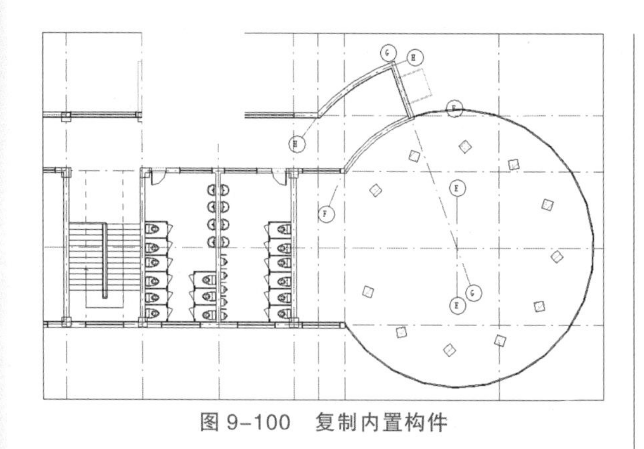

图 9-100 复制内置构件

(5) 此时，用户即可切换至默认三维视图，并利用剖面工具查看所有内置构件效果，如图 9-101 所示。

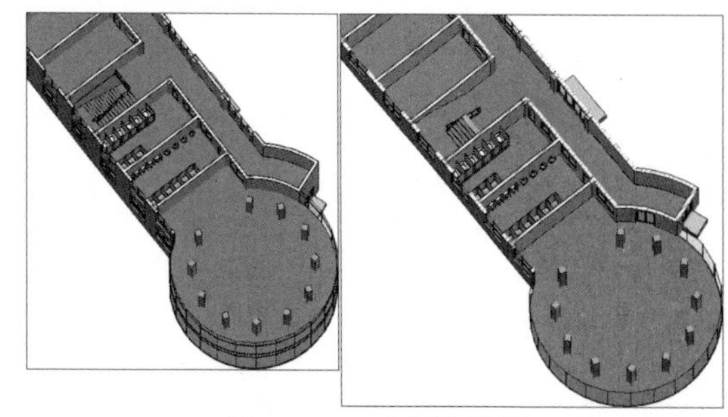

图 9-101 内置构件效果

9.6 典型案例：婴儿部大楼楼梯的创建

本实例将创建一家福利院的婴儿部大楼的楼梯，并为其添加相应的内置构件。该婴儿部大楼是某福利院建筑体系中的一幢独立建筑。其为四层的混凝土－砖石结构，内部配置有卧室和卫生间等常规建筑构件设施，满足了该建筑的使用特性要求，效果如图 9-102 所示。

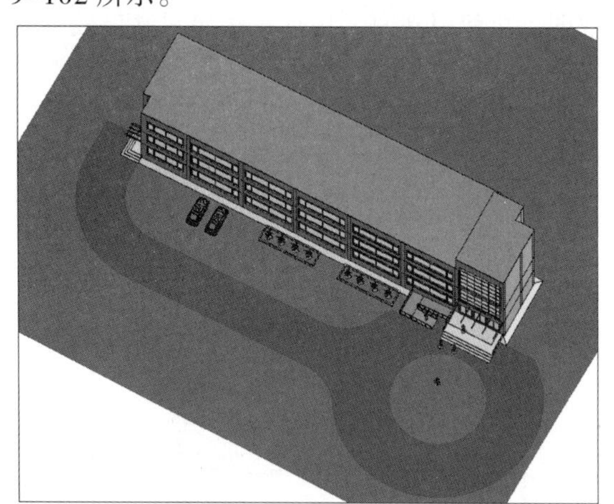

图 9-102 婴儿部大楼

1. 创建室内楼梯

(1) 切换至 F1 楼层平面视图，并在【楼梯坡道】面板中单击【楼梯(按草图)】按钮。然后在打开的【属性】面板中选择【整体板式－公共】为基础类型，并打开该类型的【类型属性】对话框。接着复制该类型并命名为“婴儿部大楼室内楼梯”，如图 9-103 所示。

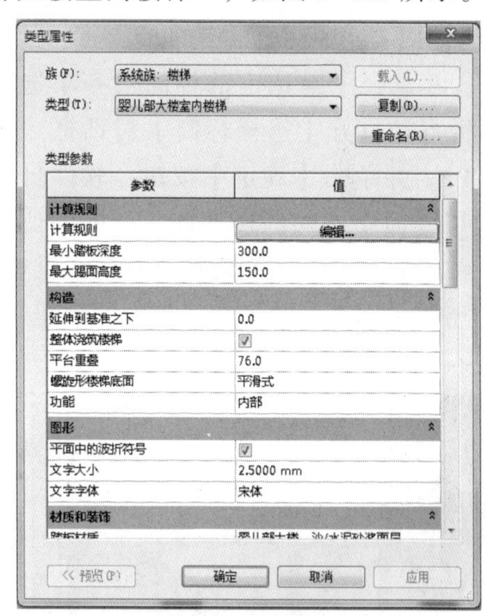

图 9-103 选择楼梯类型

(2) 在【属性】面板中按图所示设置相应的限制条件，并单击【工具】面板中的【栏杆扶手】按钮。然后选择【不锈钢玻璃嵌板栏杆－900mm】为选用类型，并在绘图区中的指定位置依次单击确定楼梯的梯段线轮廓。接着单击【模式】面板中的【完成编辑模式】

按钮✓，即可完成楼梯的创建，效果如图 9-104 所示。

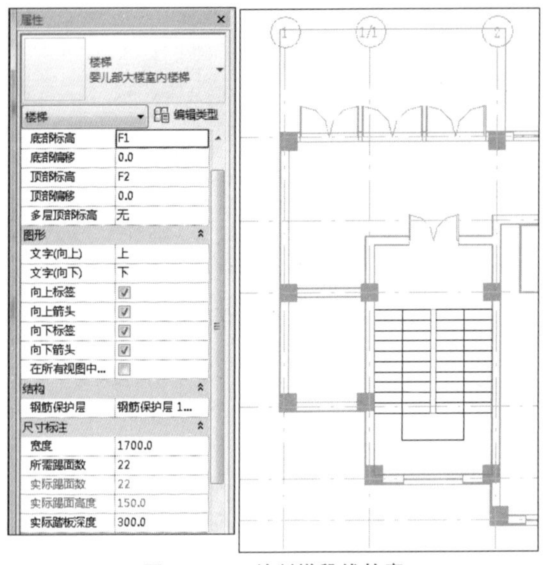

图 9-104　绘制梯段线轮廓

(3) 切换至默认三维视图，配合【剖面框】查看楼梯在建筑中的构建效果。然后删除靠墙一侧的扶手栏杆，并选中栏杆扶手和楼梯。此时，单击【剪切板】面板中的【复制到剪切板】按钮，并选择【与选定的标高对齐】选项，软件将自动打开【选择标高】对话框。接着选择 F2，并单击【确定】按钮，软件自动将 F1 楼层平面中添加的楼梯按照相同的位置复制到 F2 楼层平面。最后切换至默认三维视图，配合【剖面框】查看楼梯在建筑中的构建效果，如图 9-105 所示。

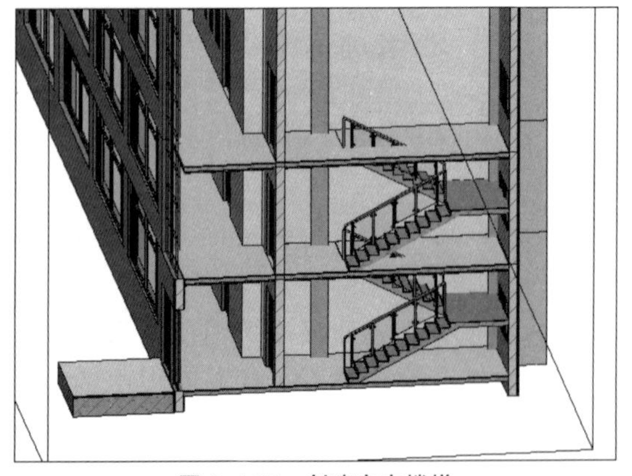

图 9-105　创建室内楼梯

2. 创建楼梯间洞口

(1) 切换至 F1 楼层平面视图，单击【洞口】面板中的【竖井】按钮，并确定绘制方式为【矩形】工具。然后设置相应参数选项，并在绘图区中楼梯的相应位置绘制楼梯间洞口的轮廓，效果如图 9-106 所示。

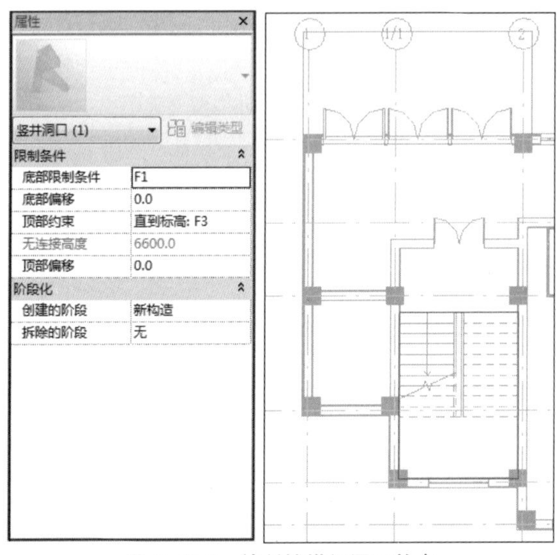

图 9-106　绘制楼梯间洞口轮廓

(2) 完成轮廓的绘制后，单击【模式】面板中的【完成编辑模式】按钮✓，即可完成楼梯间洞口的创建。此时，切换至默认三维视图，并利用剖面工具查看楼梯间洞口效果，如图 9-107 所示。

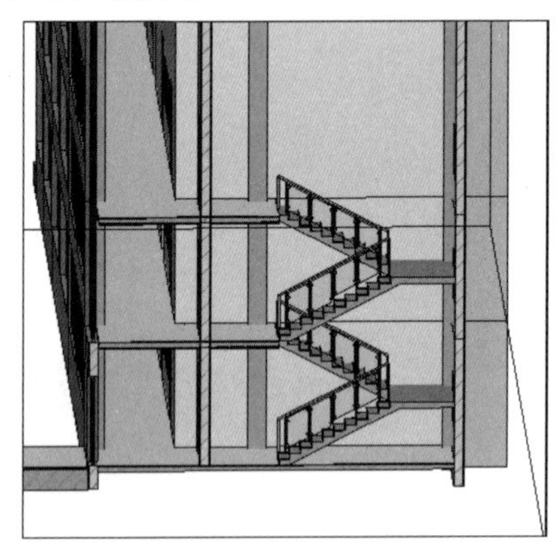

图 9-107　创建楼梯间洞口

3. 修改楼梯扶手

(1) 当建立楼梯后，梯井宽度已确定为 160mm，需要创建 160mm 的扶手接头。此时，从下载文件中载入“扶手接头 160.rfa”族文件，并在项目中添加扶手接头，效果如图 9-108 所示。

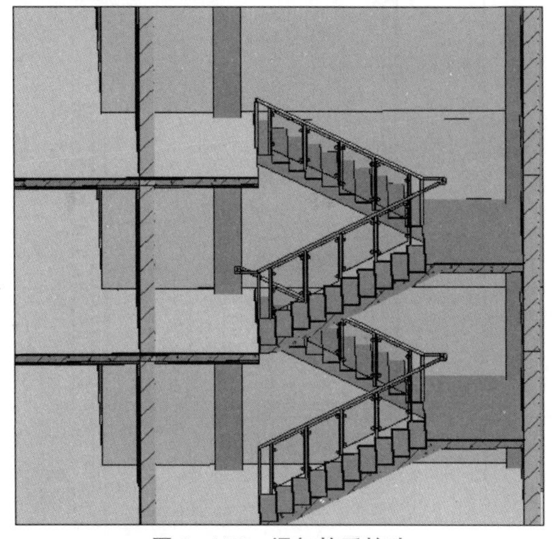

图 9-108　添加扶手接头

(2) 进入 F3 楼层平面视图，切换至【建筑】选项卡，选择【栏杆扶手】|【绘制路径】工具，并确定扶手类型为【不锈钢玻璃嵌板栏杆 - 900mm】，绘制方式为【直线】工具。然后按照图 9-109 所示绘制路径。

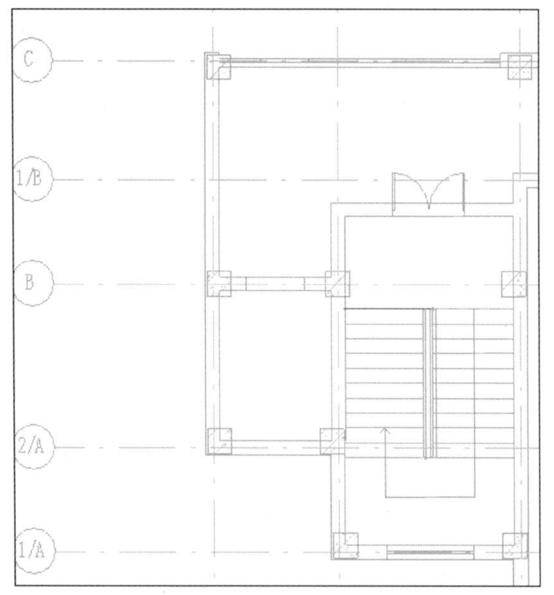

图 9-109　绘制栏杆扶手路径

(3) 完成轮廓的绘制后，单击【模式】面板中的【完成编辑模式】按钮✔，即可完成楼梯平台栏杆的创建。此时，切换至默认三维视图，利用剖面工具可以查看楼梯间平台栏杆效果，如图 9-110 所示。

图 9-110　添加楼梯平台栏杆

4. 添加楼板边缘

(1) 从下载文件中载入“楼板边梁.rfa”族文件，切换至【建筑】选项卡，并选择【楼板：楼板边】工具。然后在【属性】面板中选择【楼板边缘】|【楼板边】为基础类型，复制并修改名称为“婴儿部大楼楼板边”。接着按照图 9-111 所示设置轮廓和材质，并单击【确定】按钮。

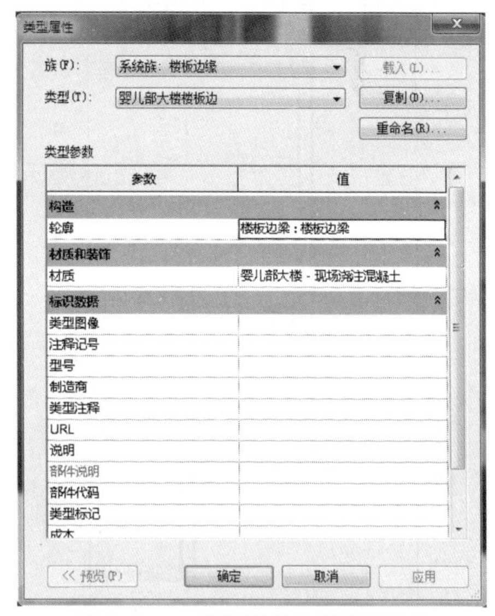

图 9-111　设置楼板边梁结构参数

(2) 切换至默认三维视图，配合【剖面框】捕捉楼板边并单击，软件将自动添加楼板边梁，效果如图 9-112 所示。

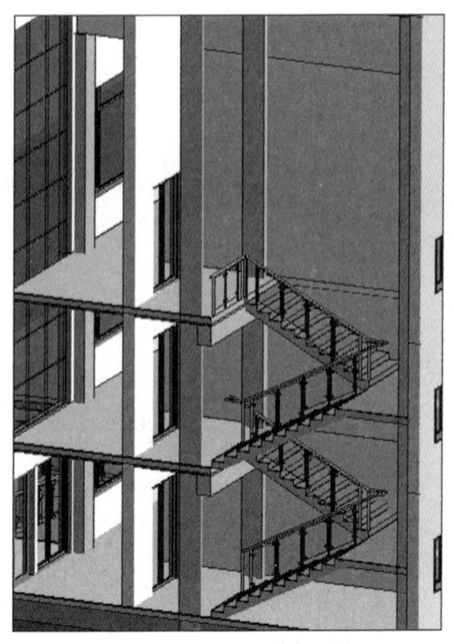

图 9-112　添加楼板边梁

5. 添加电梯门和电梯

(1) 切换至 F1 楼层平面视图，单击【构建】面板中的【放置构件】按钮，并单击【载入族】按钮。然后选择“China/ 建筑 / 专用设备 / 电梯 / 电梯门.rfa”族文件，并单击【打开】按钮。接着按照图 9-113 所示的位置放置该图元。

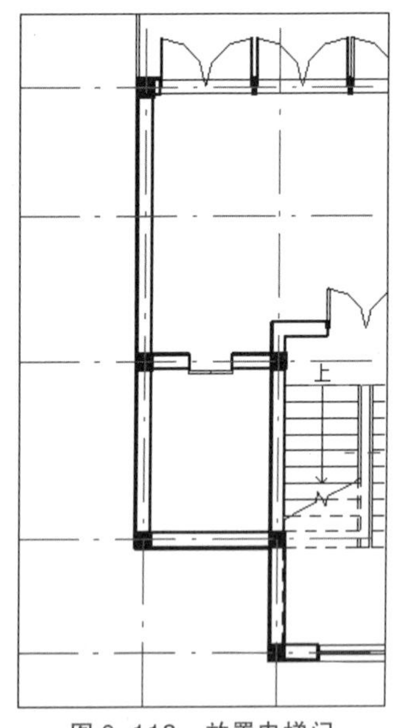

图 9-113　放置电梯门

(2) 用上述相同的方法，载入“住宅电梯.rfa”族文件，并按照图 9-114 所示的位置放置该图元。

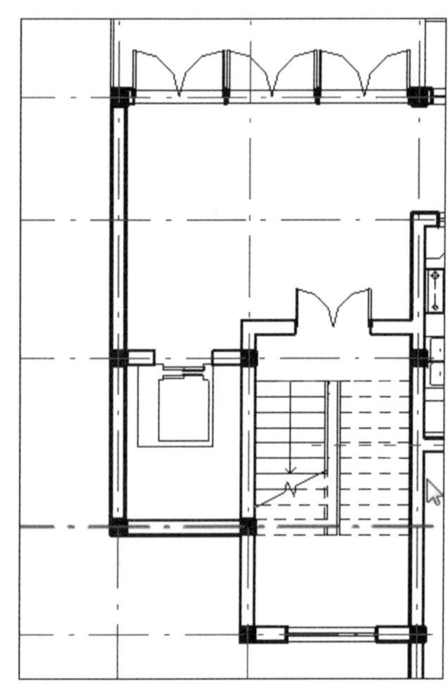

图 9-114　放置电梯

6. 创建电梯间洞口

(1) 切换至 F1 楼层平面视图，单击【洞口】面板中的【竖井】按钮，并确定绘制方式为【矩形】工具。然后设置相应参数选项，并在绘图区中楼梯的相应位置绘制电梯间洞口的轮廓，效果如图 9-115 所示。

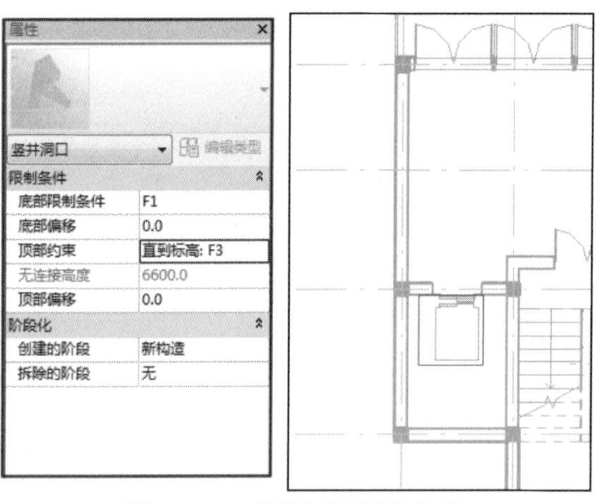

图 9-115　绘制电梯间洞口轮廓

(2) 完成轮廓的绘制后，单击【模式】面板中的【完成编辑模式】按钮，即可完成电梯间洞口的创建。此时，切换至默认三维视图，利用剖面工具可以查看电梯间洞口效果，如图 9-116 所示。

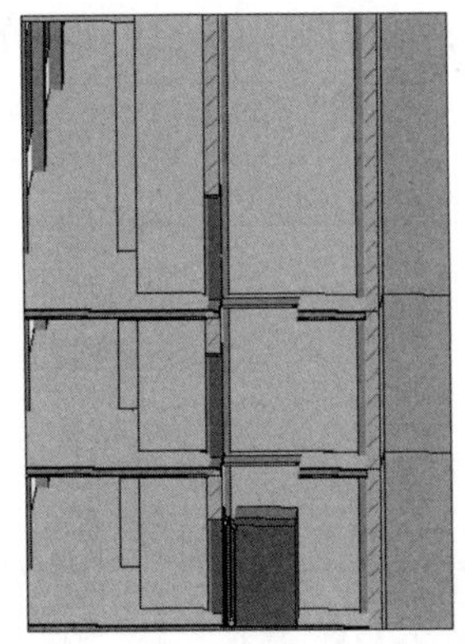
图 9-116　创建电梯间洞口

7. 添加内置构件

(1) 切换至F1楼层平面视图，并单击【构建】面板中的【放置构件】按钮，软件将自动打开【修改 | 放置构件】上下文选项卡。此时，单击【载入族】按钮，选择“China/ 建筑 / 家具 /3D/ 柜子 / 装饰柜.rfa”族文件，如图 9-117 所示。

图 9-117　载入族文件

(2) 单击【打开】按钮，载入该族文件，并在绘图区中的指定位置依次单击，即可放置该装饰柜，效果如图 9-118 所示。

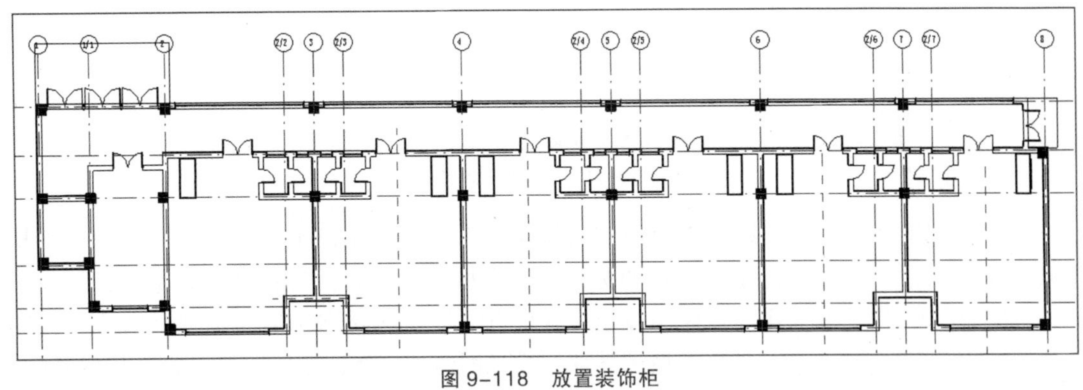
图 9-118　放置装饰柜

(3) 用上述相同的方法，分别载入“连体式坐便器.rfa”、“立柱式洗脸盘.rfa”、“污水池.rfa”

和“立式小便器 - 落地式.rfa”族文件，并按照图 9-119 所示的位置依次单击，即可放置各族类型。

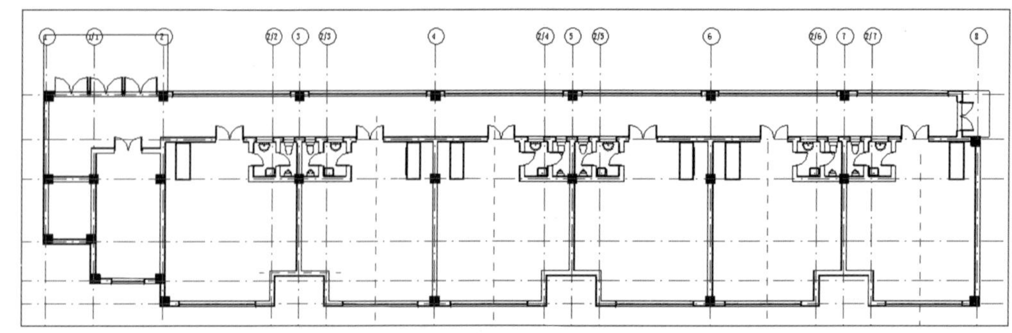

图 9-119　放置各族类型构件

(4) 选择如图 9-120 所示的构件图元，并单击【剪贴板】面板中的【复制到剪贴板】按钮。然后在【剪贴板】面板中单击【与选定的标高对齐】按钮，软件将自动打开【选择标高】对话框。此时，选中 F2，并单击【确定】按钮，软件自动将 F1 楼层平面中添加的构件图元按照相同的位置复制到 F2 楼层平面。

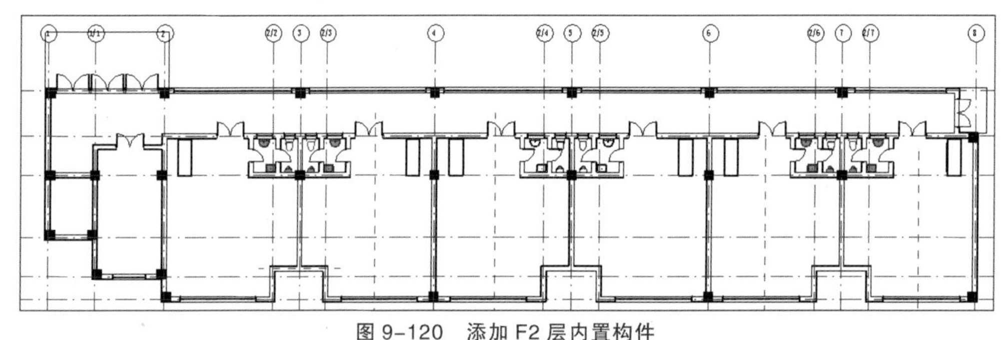

图 9-120　添加 F2 层内置构件

(5) 切换至 F2 楼层表面视图，用上述相同的方法载入单人床.rfa | W1150×D2250，并按照图 9-121 所示的位置依次单击，即可放置各族类型。

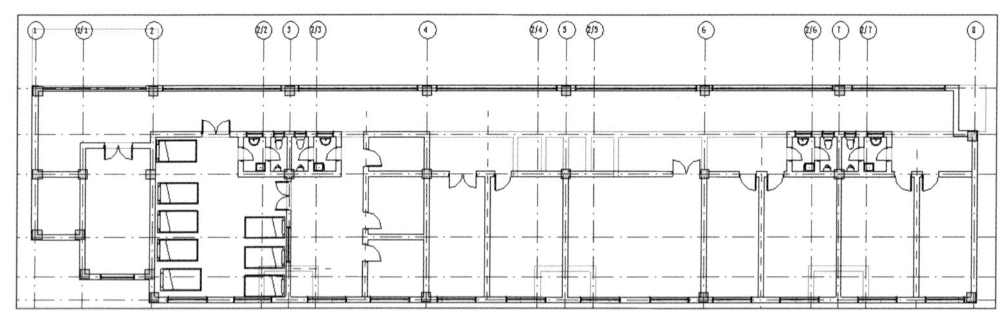

图 9-121　放置单人床

(6) 切换至 F1 楼层平面视图，选择所有内置构件图元，并单击【剪贴板】面板中的【复制到剪贴板】按钮。然后单击【与选定的标高对齐】按钮，软件将自动打开【选择标高】对话框。此时，选中 F3，并单击【确定】按钮，软件自动将 F1 楼层平面中添加的构件图元按照相同的位置复制到 F3 楼层平面。接着切换至默认三维视图后，配合【剖面框】查看 F3 层内置构件，如图 9-122 所示。

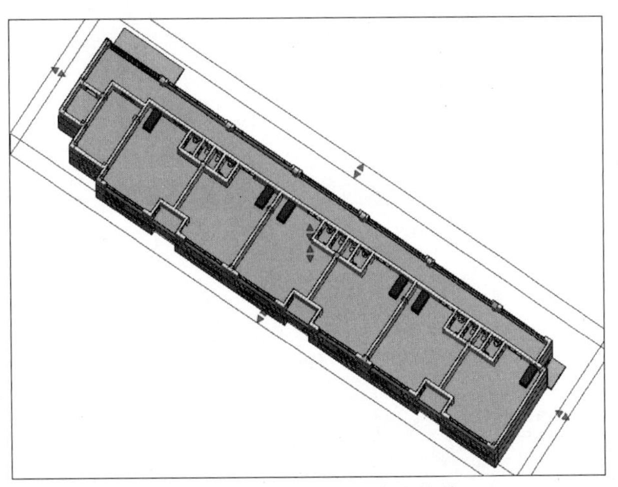

图 9-122　添加 F3 层内置构件

第 10 章

场　地

场地是指工程群体所在地，在 Revit 中场地就是建筑模型的所在地。Revit 提供了多种工具，可布置场地平面。从绘制地形表面开始，添加建筑红线、建筑地坪，以及停车场和场地构件，从而创建三维视图或渲染该视图，以提供更真实的演示效果。

本章主要学习场地的相关设置，以及与场地关联的地形表面、场地构件的创建和编辑的基本方法，从而完善项目的建立。

本章学习目标

- 掌握地形表面的添加方法
- 掌握建筑地坪的添加方法
- 掌握场地道路的创建方法
- 掌握场地平整的设置方法
- 掌握场地构件的添加方法

10.1 地形表面和建筑地坪

地形表面是场地设计的基础，而创建地形表面后，可以沿建筑轮廓创建建筑地坪，平整场地表面，从而形成完整的场地效果。

10.1.1 添加地形表面

Revit 中的场地工具用于创建项目的场地，而地形表面的创建方法包括两种：一种是通过导入数据的方式创建地形表面；另一种是通过放置点的方式生成地形表面。

1. 通过导入数据的方式创建地形表面

通过导入数据的方式创建地形表面时可导入两种不同的数据：一种是 DWG 格式的 CAD 文件，另一种是 TXT 格式的记事本文件。

对于 DWG 格式的 CAD 文件，首先要载入该文件。方法是，打开“地形表面 01.rvt”项目文件，切换至【插入】选项卡，单击【导入】面板中的【导入 CAD】按钮。在打开的【导入 CAD 格式】对话框中选择“场地.dwg”文件，设置【导入单位】为“米”，【定位】为“自动 - 原点到原点”。单击【打开】按钮后，导入 CAD 文件，如图 10-1 所示。

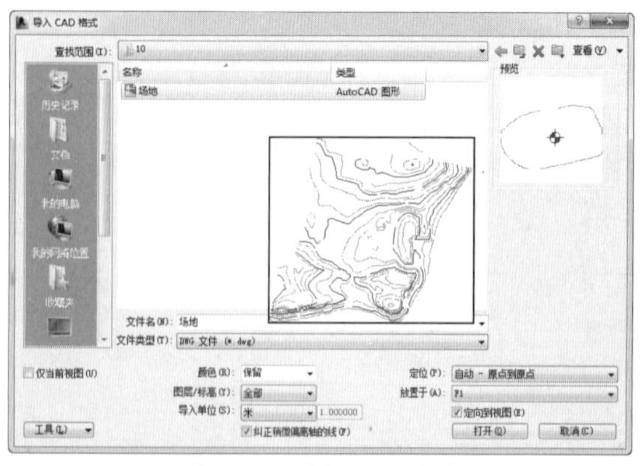

图 10-1 导入 CAD 文件

切换至【体量和场地】选项卡，单击【场地建模】面板中的【地形表面】按钮，进入【修改 | 编辑表面】上下文选项卡。切换至场地平面视图，单击【工具】面板中的【通过导入创建】下拉按钮，选择【选择导入实例】选项。点击 CAD 文件，在打开的【从所选图层添加点】对话框中选择两个等高线图层，单击【确定】按钮，Revit 自动沿等高线放置一系列高程点，如图 10-2 所示。

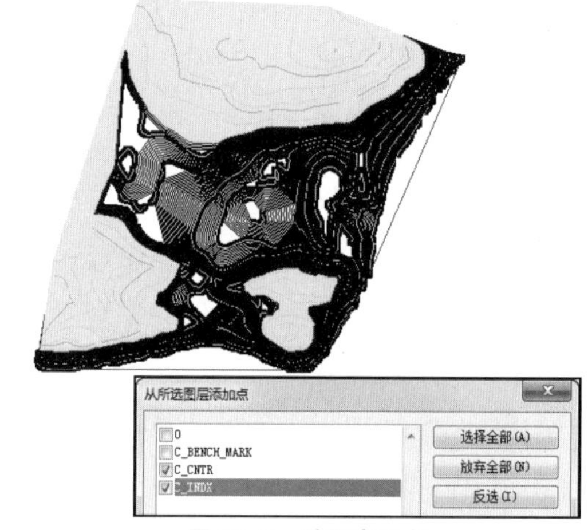

图 10-2 放置高程点

选择【工具】面板中的【简化表面】工具，设置【简化表面】对话框中的【表面精度】为 100，单击【确定】按钮进行简化，如图 10-3 所示。

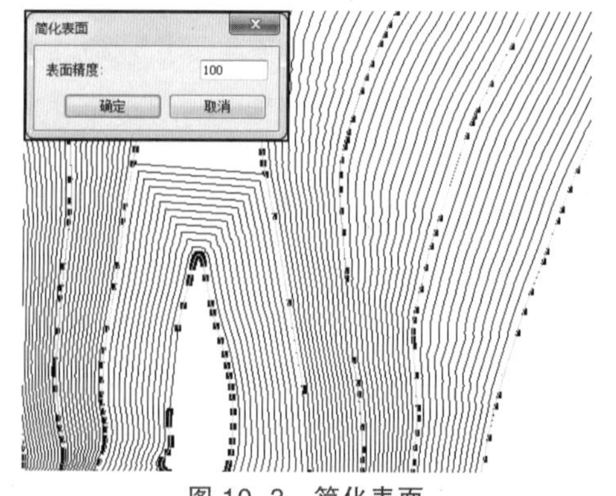

图 10-3 简化表面

单击【表面】面板中的【完成表面】按钮✔，切换至默认三维视图，查看导入 CAD 数据后的地形表面效果，如图 10-4 所示。

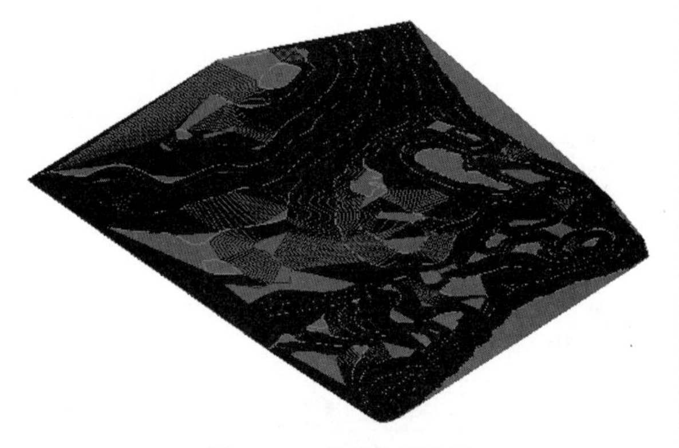

图 10-4　地形表面效果

选择 DWG 地形文件并右击，选择关联菜单中的【删除选定图层】选项。在打开的【选择要删除的图层 / 标高】对话框中选择导入的图层选项，单击【确定】按钮，删除 DWG 文件，保留 Revit 地形，如图 10-5 所示。

图 10-5　删除 DWG 文件

在 Revit 生成地形表面后，可以根据需要对地形等高线进行设置。单击【场地建模】面板右下角的【场地设置】按钮，打开【场地设置】对话框。在该对话框中，禁用【间隔】选项，删除【附加等高线】列表中的所有等高线，并插入两个等高线，设置参数如图 10-6 所示，并单击【确定】按钮完成场地设置。

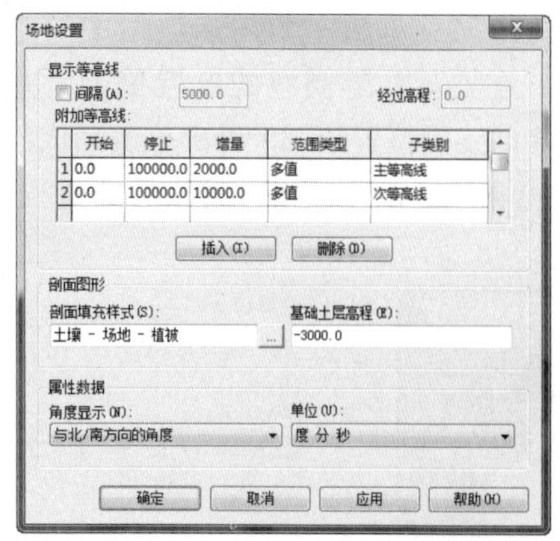

图 10-6　【场地设置】对话框

切换至场地平面视图，在【属性】面板中设置【视图比例】为 1 ∶ 500。选择【修改场地】面板中的【标记等高线】工具，打开相应的【类型属性】对话框。复制类型为“3.5mm 仿宋”，设置【文字字体】与【文字大小】参数后，单击【单位格式】右侧的编辑按钮。在打开的【格式】对话框中，禁用【使用项目设置】选项，设置【单位】为“米”，如图 10-7 所示。

图 10-7　设置类型属性

关闭对话框后，禁用选项栏中的【链】选项。在要标注等高线的位置单击，并沿垂直于等高线的位置绘制，再次单击完成绘制。Revit 会沿经过的等高线自动添加等高线标签，如图 10-8 所示。

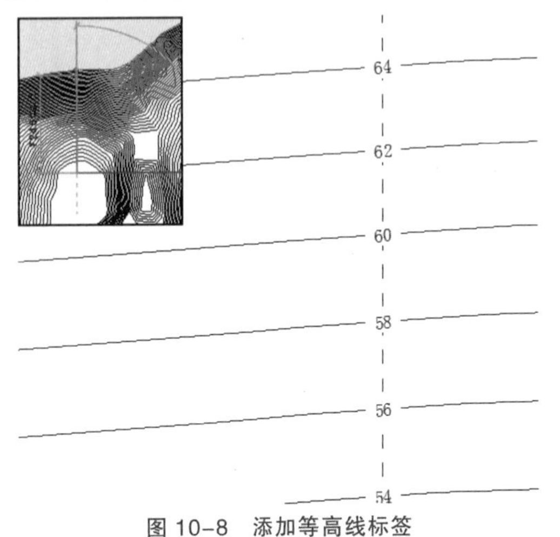

图 10-8　添加等高线标签

Revit 除了通过导入 DWG 格式的等高线文件生成地形表面外，还可以使用原始测量点数据文件快速创建地形表面。点文件必须使用逗号分隔的 CSV 或 TXT 文件格式，文件每行的开头必须是 X、Y 和 Z 坐标值，后面的点名称等其他数值信息将被忽略。如果该文件中有两个点的 X 和 Y 坐标值相等，则 Revit 会使用 Z 坐标值最大的点。

打开“地形表面 02.rvt”项目文件，切换至默认三维视图。在【体量和场地】选项卡中，选择【场地建模】面板中的【地形表面】工具。继续单击【工具】面板中的【通过导入创建】下拉按钮，选择【指定点文件】选项。在打开的【打开】对话框中，设置【文件类型】选项为“逗号分隔文本”，选择 TXT 格式文件，如图 10-9 所示。

单击【确定】按钮，在打开的【格式】对话框中确定【文件中的一个单位等于一】选项为“米”，Revit 自动沿等高线放置一系列高程点。单击【表面】面板中的【完成表面】按钮，完成地形表面的生成，如图 10-10 所示。

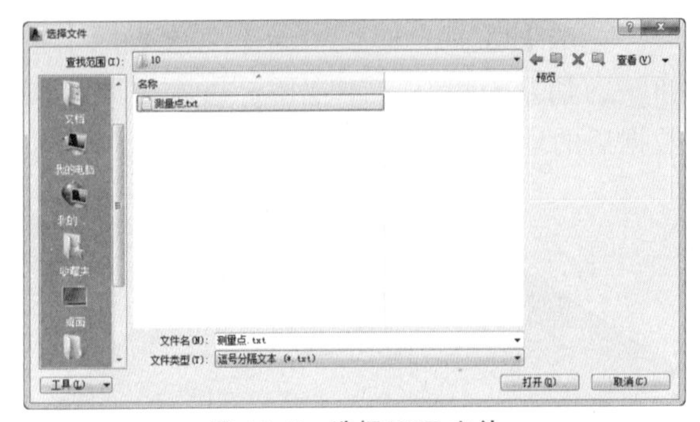

图 10-9　选择 TXT 文件

图 10-10　生成地形表面

2. 通过放置点的方式生成地形表面

对于较复杂的场地，需要将场地 CAD 文件导入至项目中来辅助绘制场地，而放置点的方式是比较简单的、没有复杂高低起伏的、平整的场地的绘制方式。在“民用住宅 .rvt”项目文件中，通过放置点的方式来为该项目添加地形表面。

打开场地平面视图，切换至【体量和场地】选项卡。单击【场地建模】面板中的【地形表面】按钮，在打开的【修改 | 编辑表面】上下文选项卡中，默认的是【放置点】工具。在选项栏中设置【高程】为 -600，在下拉列表中选择“绝对高程”，如图 10-11 所示。

在项目周围的适当位置（也就是左上角、右上角、右下角以及左下角位置）连续单击，放置高程点，如图 10-12 所示。

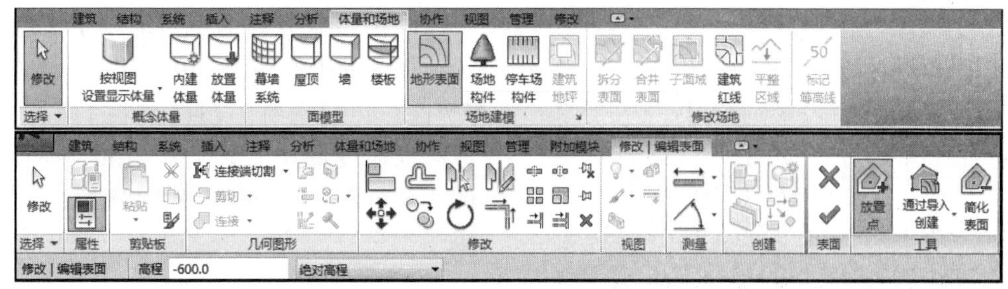

图 10-11　选择【地形表面】工具

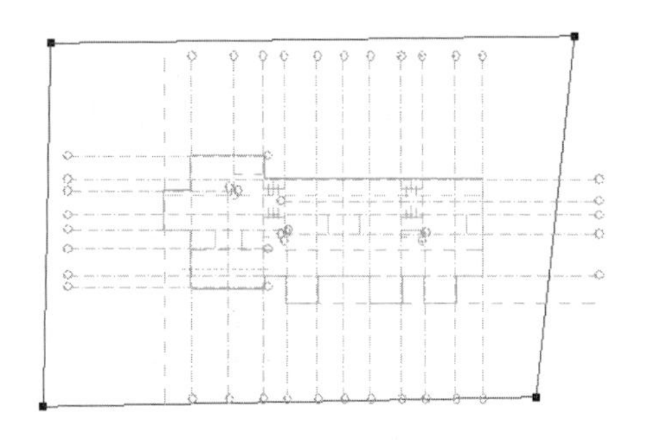

图 10-12　放置高程点

连续单击 Esc 键两次退出放置高程点的状态，单击【属性】面板中【材质】选项右侧的【浏览】按钮，打开【材质浏览器】对话框。选择“场地－草”并复制为“民用住宅－场地草”，将其指定给地形表面，如图 10-13 所示。

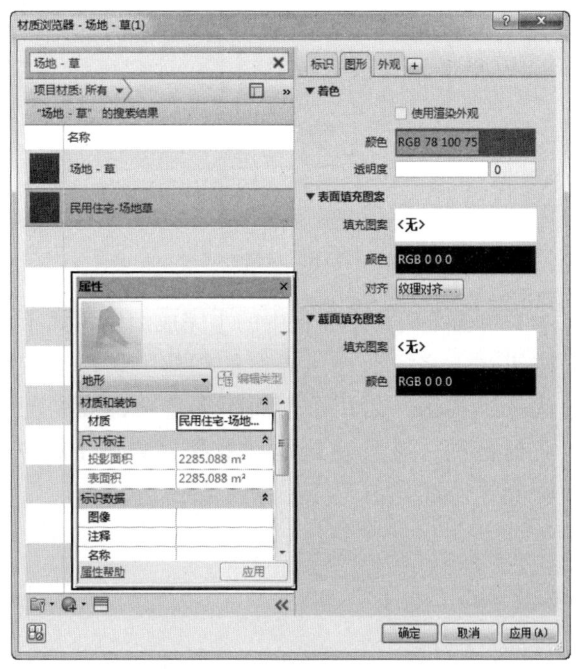

图 10-13　设置地形表面材质

单击【表面】面板中的【完成表面】按钮，完成地形表面的创建。切换至默认三维视图，查看地形表面效果，如图 10-14 所示。

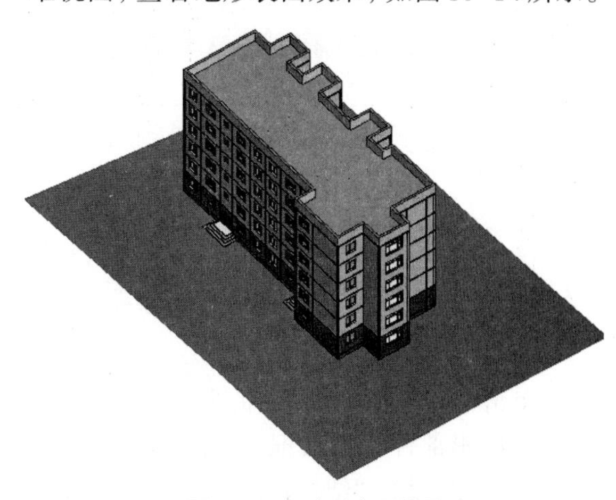

图 10-14　地形表面效果

10.1.2　添加建筑地坪

通过在地形表面绘制闭合环，可以添加建筑地坪。在绘制地坪后，可以指定一个值来控制其相对于标高的高度偏移，还可以指定其他属性。可通过在建筑地坪的边界之内绘制闭合环来定义地坪中的洞口。

继续使用“民用住宅.rvt”项目文件，在 F1 平面视图中切换至【体量和场地】选项卡。单击【场地建模】面板中的【建筑地坪】按钮，进入【修改 | 创建建筑地坪边界】上下文选项卡。打开相关的【类型属性】对话框后，复制类型为“民用住宅－地坪”，如图 10-15 所示。

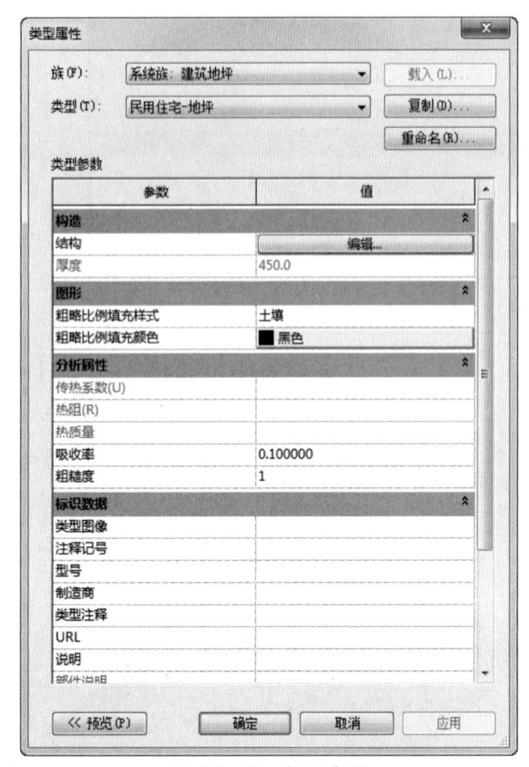

图 10-15　复制类型

单击【结构】参数右侧的【编辑】按钮，打开【编辑部件】对话框。删除结构以外的其他功能层，设置“结构[1]”的【材质】和【厚度】参数，如图 10-16 所示。

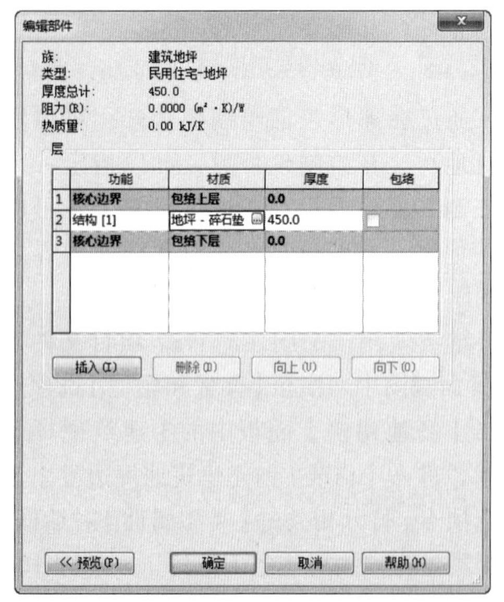

图 10-16　设置结构层

确定绘制方式为【拾取墙】工具，设置选项栏中的【偏移】为 0，启用【延伸到墙中(至核心层)】选项。设置【属性】面板中的【自标高的高度偏移】选项为 -150，捕捉墙体内侧位置单击，生成边界线，如图 10-17 所示。

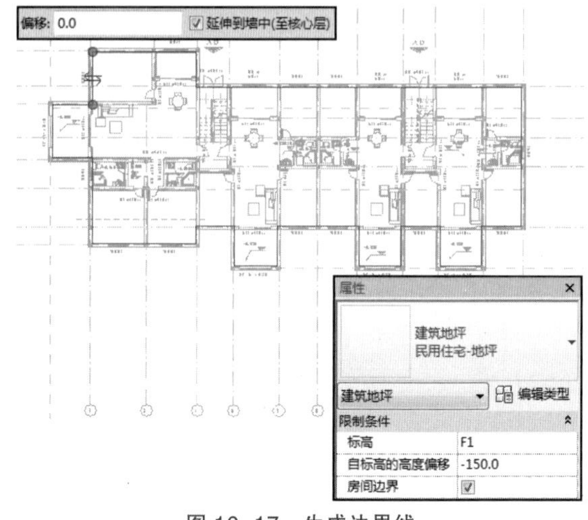

图 10-17　生成边界线

配合【修改】面板中的【修剪/延伸为角】工具，将生成的边界线进行封闭操作，使其成为闭合的边界线，如图 10-18 所示。

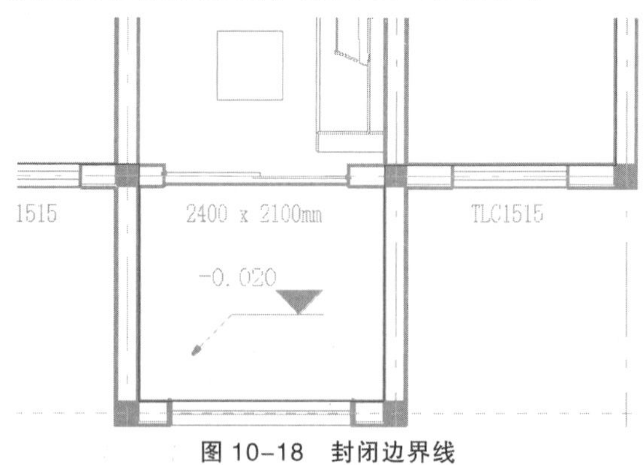

图 10-18　封闭边界线

单击【模式】面板中的【完成编辑模式】按钮，完成地坪边界线的创建。切换至默认三维视图，启用【剖面框】选项，改变剖面框范围，查看建筑地坪效果，如图 10-19 所示。

图 10-19　建筑地坪效果

注意

只能在地形表面中添加建筑地坪。建议在场地平面视图中创建建筑地坪，但也可以在楼层平面视图中将建筑地坪添加到地形表面中。如果视图范围或建筑地坪偏移都没有经过相应的调整，则楼层平面视图中的地坪是不会立即可见的。

10.2 场地道路与场地构件

地形表面建立完成后，可以在此基础上建立场地道路，并添加场地构件，从而形成完整的场地效果。

10.2.1 创建场地道路

使用【子面域】工具可以为项目创建道路。该工具是为场地绘制封闭的区域并为这个区域指定独立材质的方式，用来区分区域内的材质与场地材质。

打开“民用住宅.rvt”项目文件，在场地平面视图中，选择【修改场地】面板中的【子面域】工具，进入【修改 | 创建子面域边界】上下文选项卡。确定绘制方式为【矩形】工具，在 K 轴线上方绘制宽度为 5m 的长方形，如图 10-20 所示。

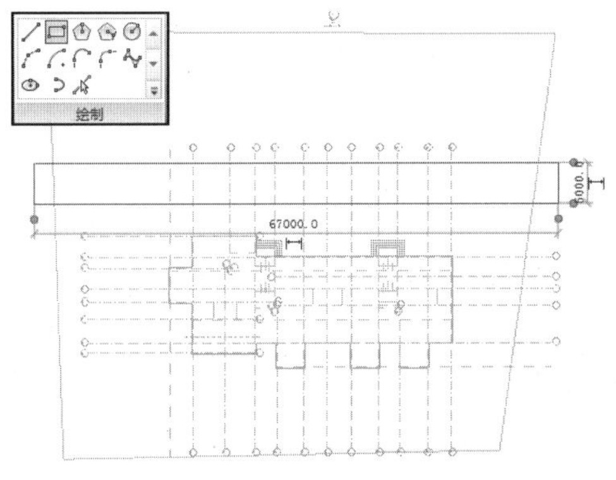

图 10-20　绘制矩形边界线

继续使用【矩形】绘制工具，在民用住宅周围绘制宽度为 5m 的矩形。在室外台阶前方绘制矩形，其宽度与室外台阶一致，如图 10-21 所示。

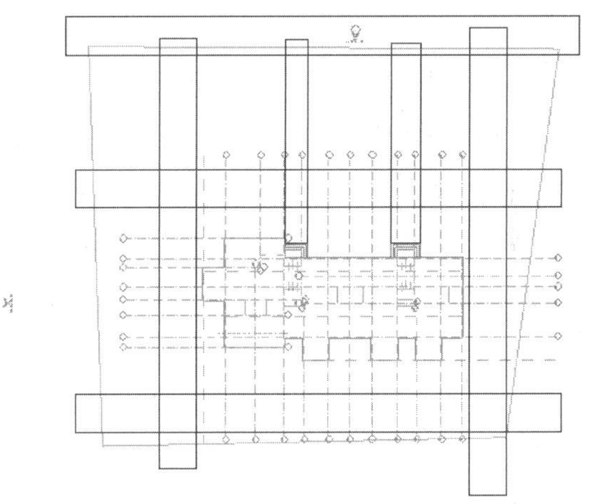

图 10-21　绘制矩形道路

选择【修改】面板中的【拆分图元】工具，在左下角矩形交叉点内部的线段上分别单击，将其分别拆分为两段线段，如图 10-22 所示。

选择【修改】面板中的【修剪 / 延伸为角】工具，依次单击该交叉点外侧的线段形成角，如图 10-23 所示。

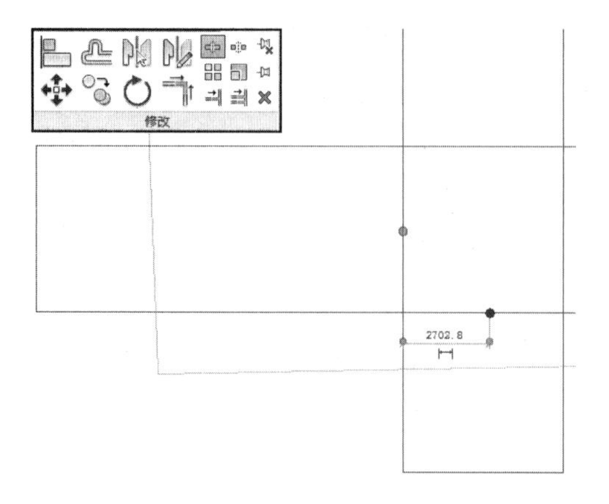

图 10-22　拆分线段

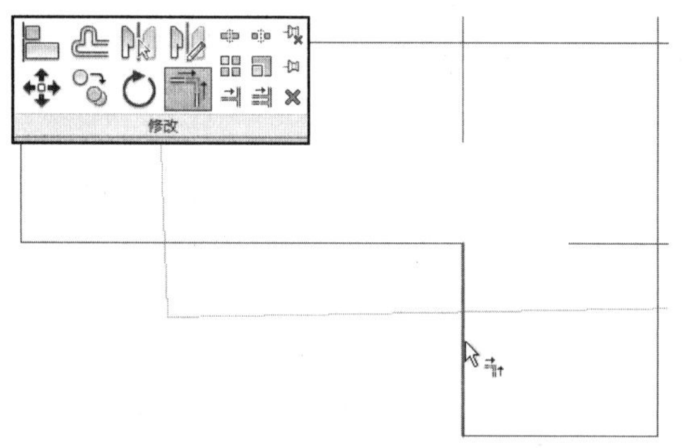

图 10-23　修剪 / 延伸为角

选择【绘制】面板中的【圆角弧】工具，依次单击转角外两侧的直线，然后在任意位置单击后设置圆角半径为 4m，如图 10-24 所示。

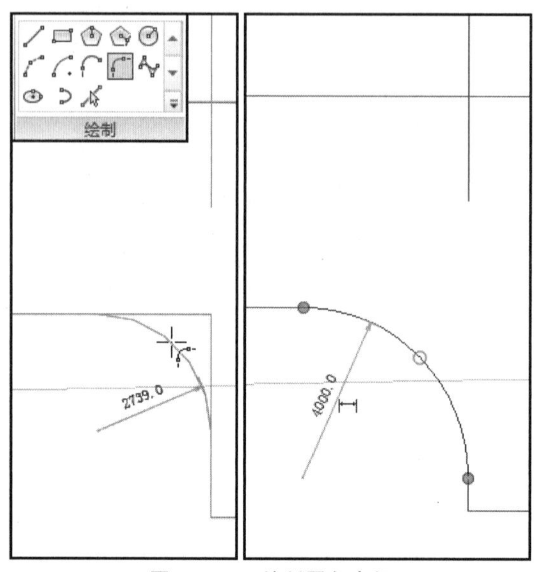

图 10-24　绘制圆角半径

注 意

由于道路是用【矩形】工具进行绘制的，要想将交叉的矩形交点转换为圆角，就需要拆分矩形交叉点附近的线段，并将形成交叉点的两条线段转换为角，这样才能够使用【圆角弧】工具绘制圆角。

使用相同方法，依次为外转角设置半径为 4m 的圆弧，为内转角设置半径为 2m 的圆弧，如图 10-25 所示。

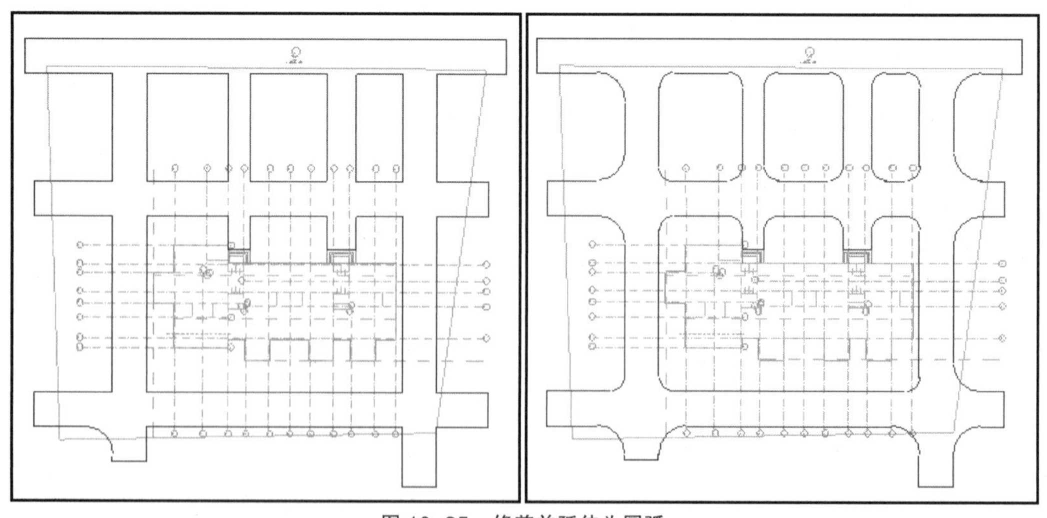

图 10-25　修剪并延伸为圆弧

按照上述方法，使用【直线】工具，在地形表面边缘绘制水平直线。配合使用【拆分图元】工具以及【修剪 / 延伸为角】工具，将地形表面以外的道路删除，如图 10-26 所示。

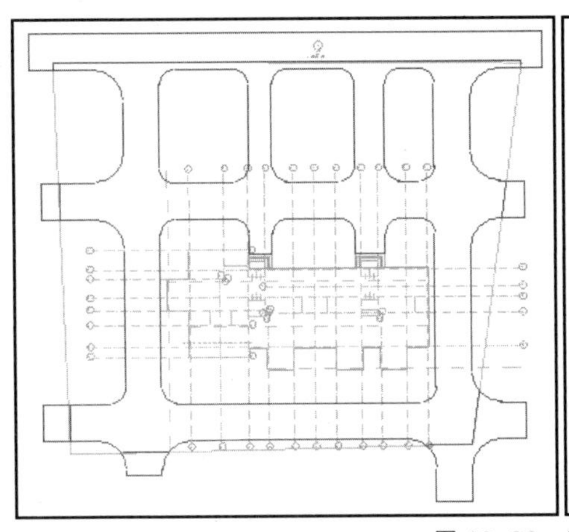

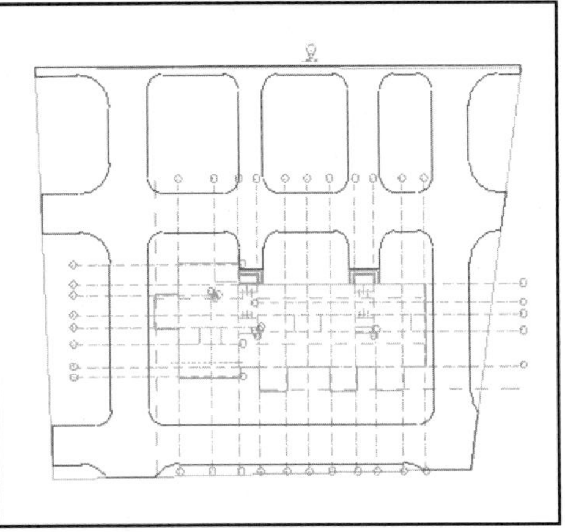

图 10-26　修剪边界线

单击【属性】面板中的【材质】选项右侧的【浏览】按钮，设置该选项为"混凝土 - 柏油路"。单击【模式】面板中的【完成编辑模式】按钮，退出边界线绘制状态，完成道路的创建，如图 10-27 所示。

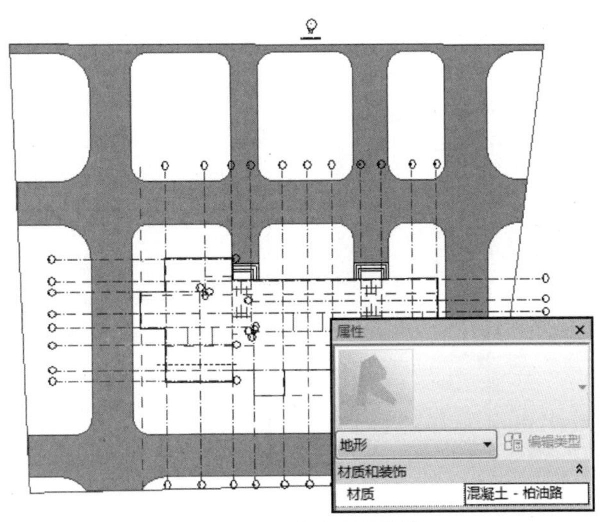

图 10-27　道路平面效果

切换至默认三维视图，按住 Shift 键的同时按住鼠标中键并移动，旋转三维视图，查看道路在项目中的效果，如图 10-28 所示。

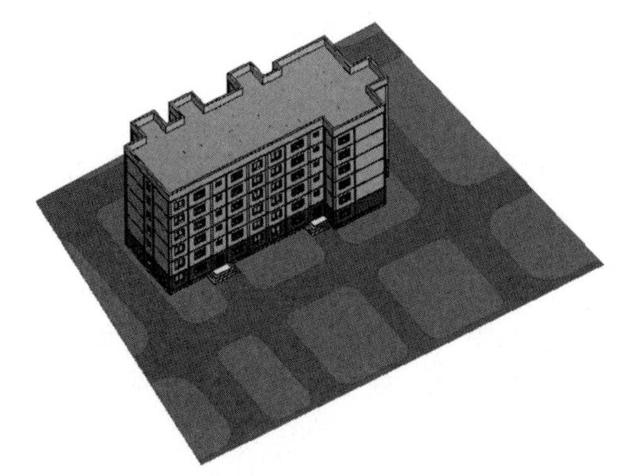

图 10-28　道路三维效果

10.2.2 场地平整

Revit 提供了平整区域工具，可以计算对场地进行平整所需的土方量。Revit 会将原始表面标记为已拆除并生成一个带有匹配边界的副本，它会将此副本标记为在当前阶段新建的图元。

若要创建平整区域，需要选择一个地形表面，该地形表面应该为当前阶段中的一个现有表面。方法是，打开通过导入 DWG 格式的高程点文件生成的地形表面项目文件。这里打开下载文件中的“场地平整.rvt”项目文件，该项目中已经创建了由参照平面建立的4个点，如图10-29所示。

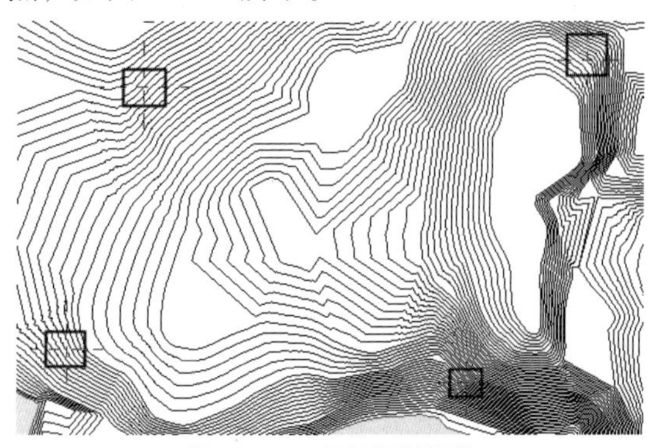

图 10-29　场地平面视图

在【体量和场地】选项卡中，选择【修改场地】面板中的【建筑红线】工具。在打开的【创建建筑红线】对话框中，单击【通过绘制来创建】选项，顺时针依次单击参照平面形成的交点，建立红线边界线，如图10-30所示。

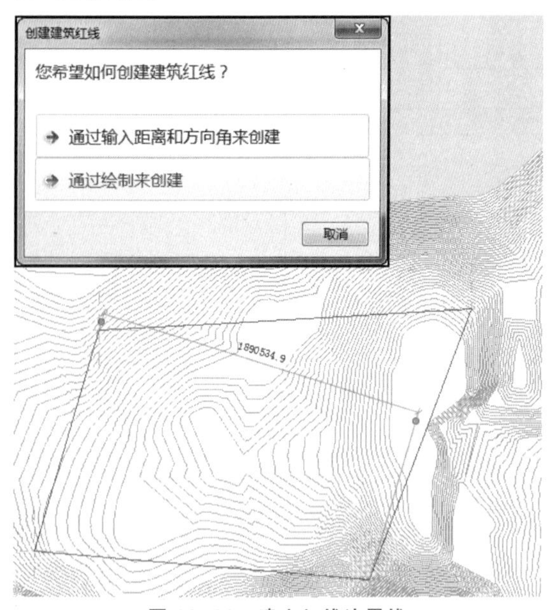

图 10-30　建立红线边界线

单击【模式】面板中的【完成编辑模式】按钮，完成建筑红线创建。选择已有的地形表面，修改【属性】面板中的【创建的阶段】选项为“现有”，单击【应用】按钮，如图10-31所示。

图 10-31　设置属性

选择【修改场地】面板中的【平整区域】工具，在打开的【编辑平整区域】对话框中单击【仅基于周界点新建地形表面】选项。单击已有的地形表面，Revit会自动沿已有的边界创建高程点，如图10-32所示。

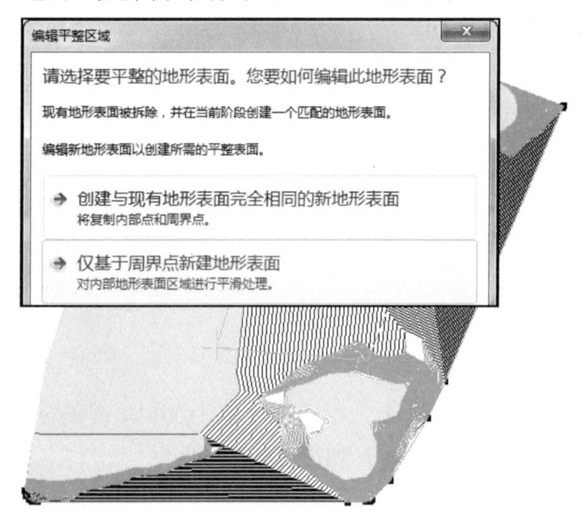

图 10-32　创建高程点

单击选择靠近参照平面A与B交点的任意高程点，将其拖曳至该交点。按照该方法，依次拖曳高程点至参照平面C与D的交点、参照平面E与F的交点，以及参照平面G与H的交点。然后将周边的高程点删除，如图10-33所示。

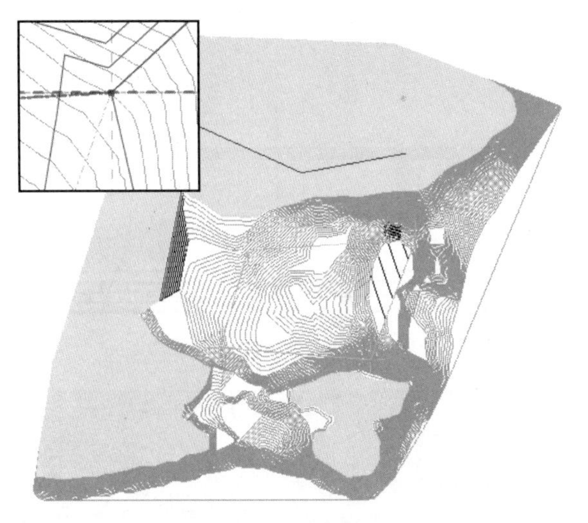

图 10-33　拖曳高程点

完成后选择这 4 个边界点，在【属性】面板中设置【立面】选项为 28m，单击【应用】按钮，按 Esc 键退出当前模式。在编辑表面模式中，使属性【属性】面板中的【名称】选项为“整平场地”，单击【应用】按钮，如图 10-34 所示。

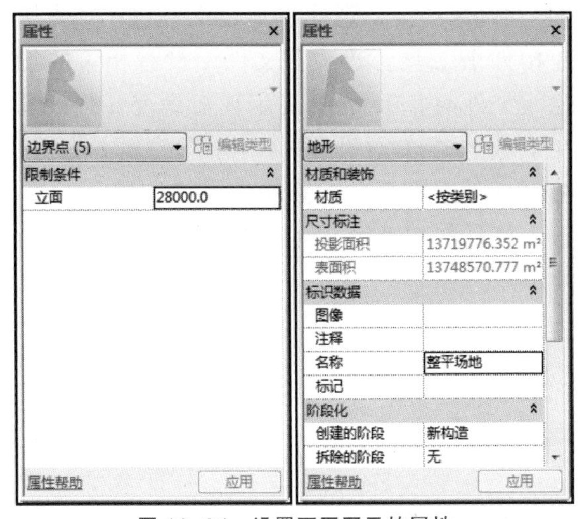

图 10-34　设置不同图元的属性

单击【表面】面板中的【完成表面】按钮，切换至默认三维视图，发现 Revit 生成了新的场地。隐藏原有的场地，查看生成的场地，如图 10-35 所示。

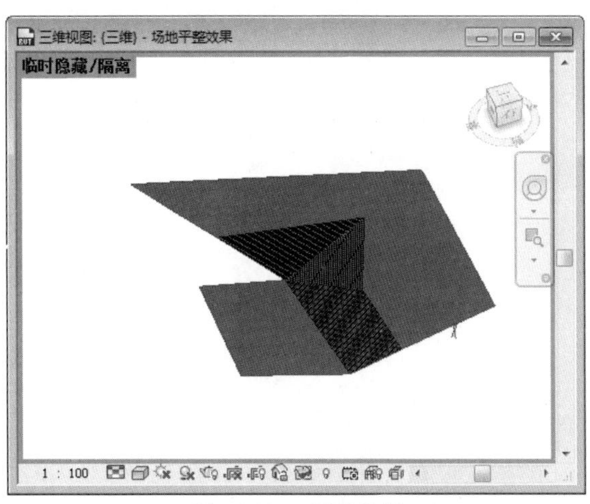

图 10-35　场地效果

10.2.3 添加场地构件

Revit 提供了场地构件工具，可以为场地添加停车场、树木、人物等场地构件。这些构件均依赖于载入的构件族，也就是说要使用场地构件，必须将要使用的族载入当前项目中才行。

1. 添加花坛

为项目添加场地构件可以美化环境，使其在后期渲染时更加真实。这里为“民用住宅 .rvt”项目文件中的建筑添加花坛场地构件。

在室外地坪平面视图中，选择【墙：建筑】工具，打开相应的【类型属性】对话框。复制类型“砖墙 240mm”为“民用住宅 - 花坛”。单击【结构】参数右侧的【编辑】按钮，在打开的【编辑部件】对话框中设置“结构 [1]”的【材质】和【厚度】参数，如图 10-36 所示。

确定绘制模式为【直线】工具，并在选项栏中设置【高度】为“未连接”，【高度值】为 400mm，【定位线】为“核心面：外部”。在正门的中间区域连续单击，建立矩形形状的闭合墙体，如图 10-37 所示。

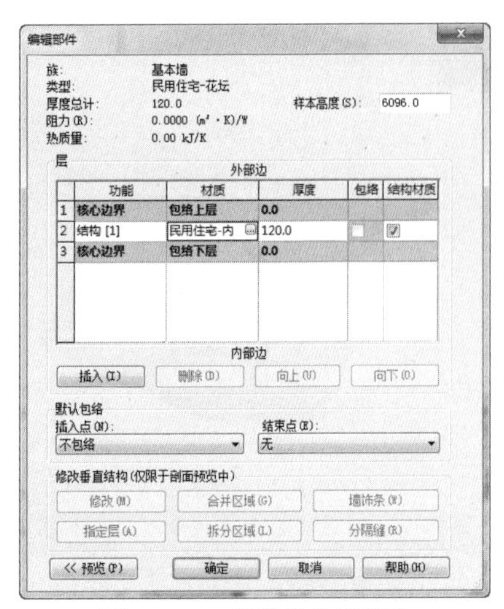

图 10-36　设置花坛墙材质

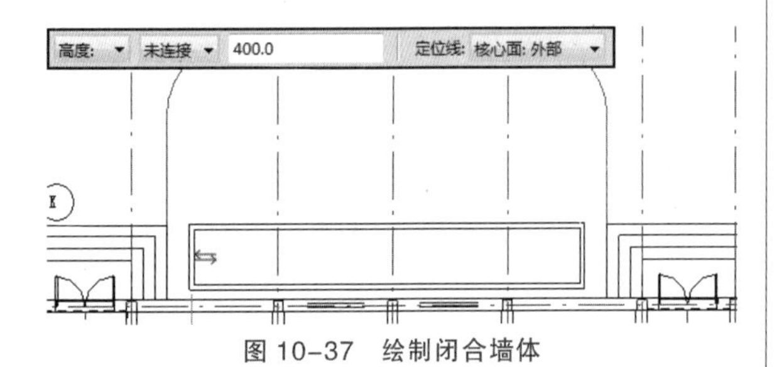

图 10-37　绘制闭合墙体

使用【修改】面板中的【对齐】工具，将内侧墙体对齐至项目墙体边缘。配合临时尺寸标注，设置外侧墙体与轴线 J 之间的距离为 1500mm，如图 10-38 所示。

按照上述方法，绘制正门右侧的花坛墙体。完成绘制后切换至默认三维视图，查看花坛效果，如图 10-39 所示。

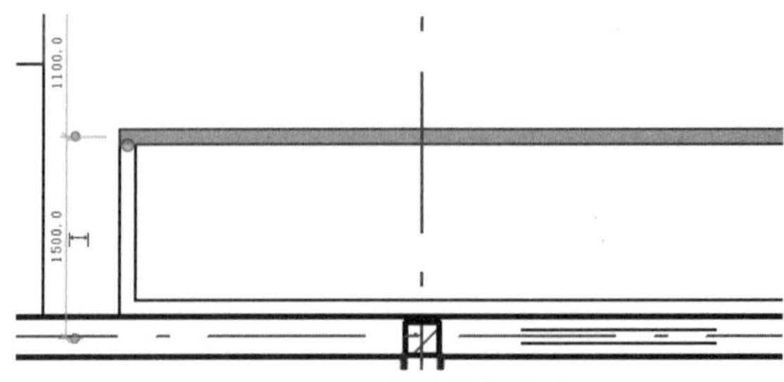

图 10-38　精确墙体位置

图 10-39　花坛效果

返回室外地坪平面视图，切换至【体量和场地】选项卡，选择【场地建模】面板中的【场地构件】工具。当项目文件中没有相关的场地族文件时，Revit 会提示现在是否要载入。在【载入族】对话框中，选择建筑/植物/RPC 文件夹中的“RPC 灌木.rfa”族文件，单击【打开】按钮载入项目文件中，如图 10-40 所示。

图 10-40　载入族文件

打开相应的【类型属性】对话框，复制类型“杜松-0.92米”为“日本蕨”。设置【高度】参数为1600，【类型注释】参数为“日本蕨”，如图10-41所示。

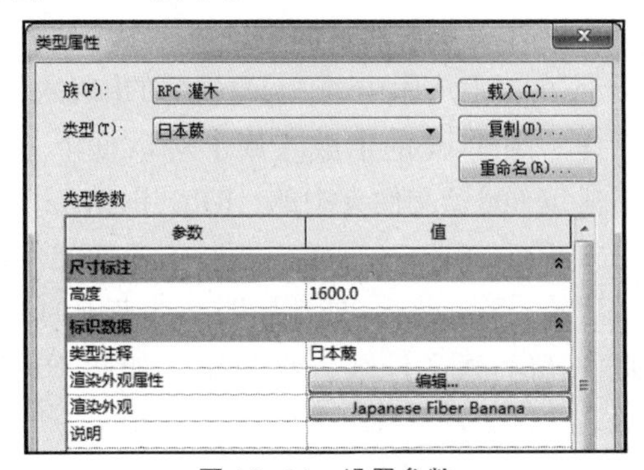

图10-41　设置参数

单击【渲染外观】右侧的按钮，打开【渲染外观库】对话框。选择【类别】为Trees [Tropical]，并在列表中选择Japanese Fiber Banana，单击【确定】按钮，如图10-42所示。

单击【渲染外观属性】右侧的【编辑】按钮，打开【渲染外观属性】对话框。启用Cast Reflections选项，如图10-43所示。这样在玻璃等对象上可以形成反射的倒影，使场景更加真实。

关闭【类型属性】对话框后，移动光标至花坛的任意位置单击放置日本蕨。这里不必特别在意距离与尺寸，只要单击放置即可，如图10-44所示。

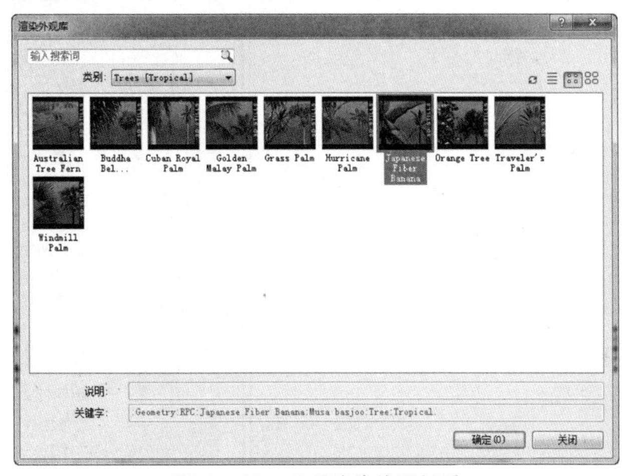

图10-42　设置渲染外观材质

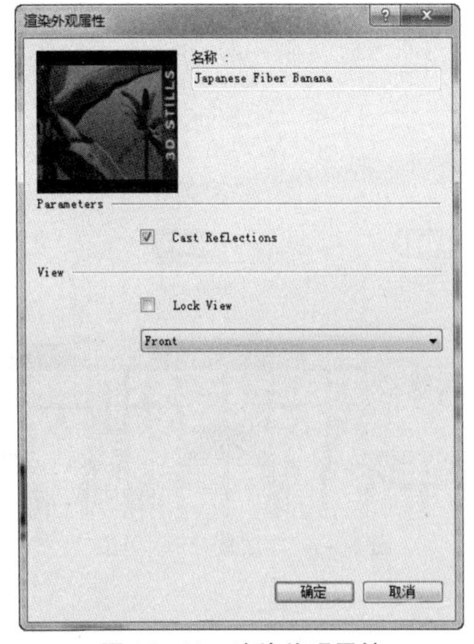

图10-43　渲染外观属性

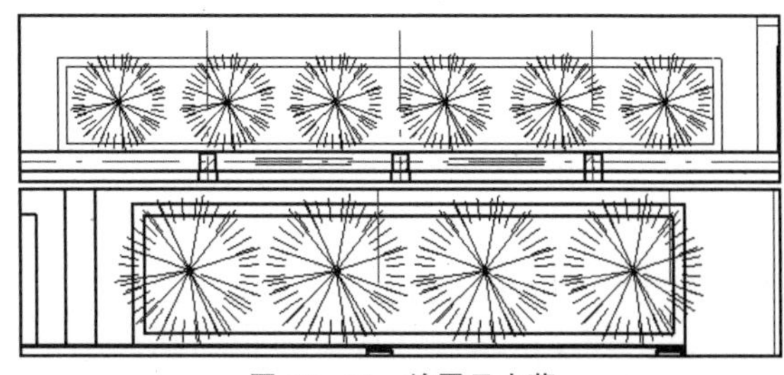

图10-44　放置日本蕨

切换至默认三维视图，当【视图样式】为“着色”时，可以查看植物在项目中的形状与位置；如果设置【视图样式】为“真实”，则可查看植物的真实效果，如图10-45所示。

图 10-45　植物效果

2. 添加其他构件

对于场地中的其他构件，如人物、路灯、交通工具等，只需要将场地族文件载入当前项目中，在适当的位置放置即可。

在室外地坪平面视图中，切换至【插入】选项卡，单击【从库中载入】面板中的【载入族】按钮。在打开的【载入族】对话框中，依次将建筑/配景文件夹中的“RPC 甲虫.rfa”、“RPC 男性.rfa”、“RPC 女性.rfa”族文件，以及建筑/照明设备/外部照明文件夹中的“室外灯 5.rfa”族文件载入项目中，如图 10-46 所示。

图 10-46　载入族文件

打开室外地坪平面视图，切换至【体量和场地】选项卡，单击【场地建模】面板中的【场地构件】按钮，确定【属性】面板中的选择器为“RPC 甲虫”。将光标指向正门前道路上的适当位置，按空格键改变甲虫小汽车的方向，单击放置如图 10-47 所示。

在【属性】面板中，重新设置选择器中的类型为“RPC 男性 | Dwayne”。通过空格键改变放置的方向，如图 10-48 所示。按照上述方法，在不同位置放置“RPC 女性 | 佛罗伦萨”。

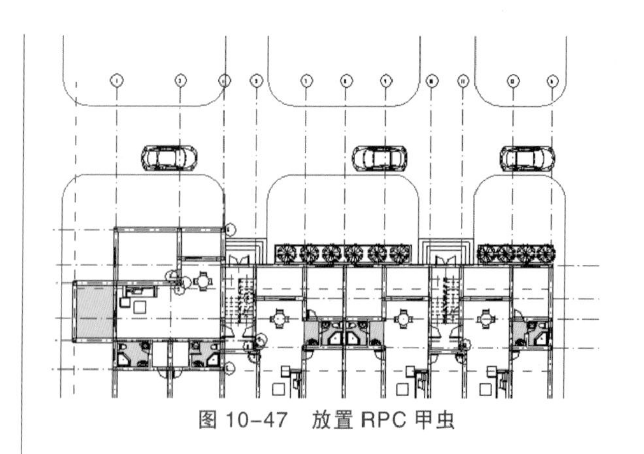

图 10-47　放置 RPC 甲虫

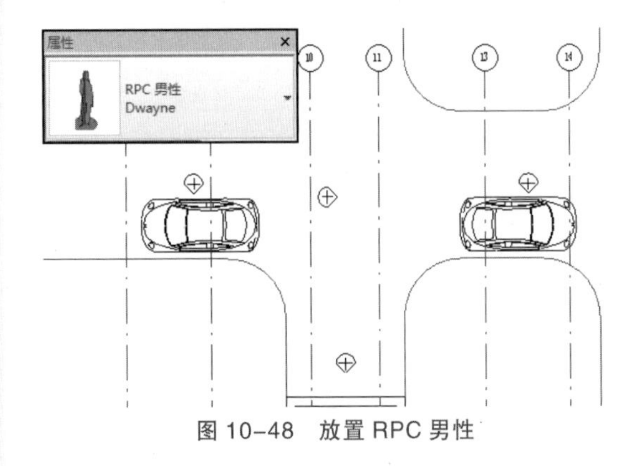

图 10-48　放置 RPC 男性

切换至【建筑】选项卡，选择【构建】面板中的【放置构件】工具，确定【属性】面板中的选择器为“室外灯 5”。配合空格键，在道路两侧位置放置不同显示方向的路灯，如图 10-49 所示。

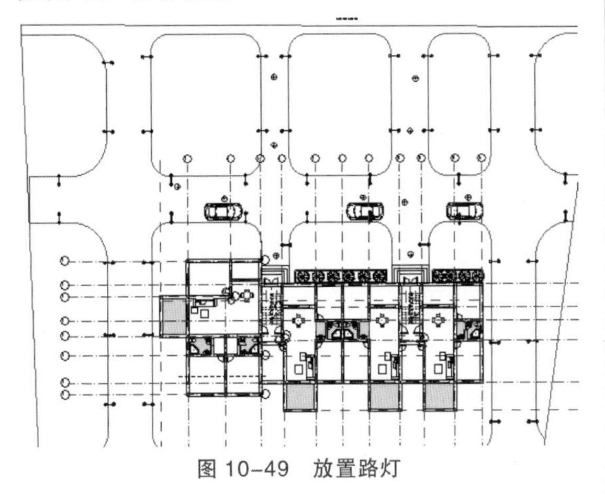

图 10-49　放置路灯

完成所有构件放置后，切换至默认三维视图。设置【视图样式】为“真实”，查看各个构件在项目中的效果，如图 10-50 所示。

场地构件并不是必须放置在室外地坪平面视图中，可以根据需要在不同的标高中进行放置。例如场地构件中的人物，可以在 F1 平面视图中，放置在正门台阶上，如图 10-51 所示。

图 10-50　场地构件放置效果

图 10-51　人物的放置效果

第 11 章

体量设计与分析

人们总喜欢打破常规，创造新奇，设计和建造的现代建筑也不例外。众所周知，自由形状的建筑越来越多，例如鸟巢、水立方等。为了帮助建筑师创建各种自由形状的建筑体量，Revit 提供了概念设计环境。概念设计环境可以使建筑师针对建筑外轮廓的灵活要求，去创建比较自由的三维建筑形状和轮廓，而且可以运用比较强大的形状编辑功能。

在本章中，除了掌握体量族的创建方法外，还可以对创建好的三维形状表面作一些复杂的处理，来实现形状表面肌理多样化。

本章学习目标

- 掌握体量族的创建方法
- 掌握表面有理化的使用与创建方法
- 掌握体量族在项目文件中的放置方法
- 掌握体量与结构之间的转换方法

11.1 体量概念

在 Revit 中，体量是指在建筑模型的初始设计中使用的三维形状。整个建筑是由多个形状拼起来的，这里所说的形状仅仅是一个单独的几何体，它有可能是立方体、球体、圆柱体或者不规则体等。体量就是由一个或多个形状拼接和连接组成的。

11.1.1 内建体量与可载入体量族

在 Revit 中，为了创建概念体量而开发了一个操作界面，这个界面可以专门用来创建概念体量。概念设计环境其实是一种族编辑器，在该环境中，可以使用内建和可载入的体量族图元来创建概念设计。

Revit 提供了两种创建体量的方式：内建体量，用于表示项目独特的体量形状；创建体量族，当在一个项目中放置体量的多个实例或者在多个项目中需要使用同一体量族时，通常使用可载入体量族。

1. 内建体量

在项目文件中，切换至【体量和场地】选项卡。单击【概念体量】面板中的【内建体量】按钮，Revit 显示【体量 - 显示体量已启用】对话框。单击【关闭】按钮，在打开的【名称】对话框中，输入体量名称，单击【确定】按钮即可进入概念体量族编辑器，如图 11-1 所示。

图 11-1　内建体量

这时使用【创建】选项卡中的绘制工具，即可创建体量模型。完成体量模型绘制后，单击【在位编辑器】面板中的【完成体量】按钮即可。

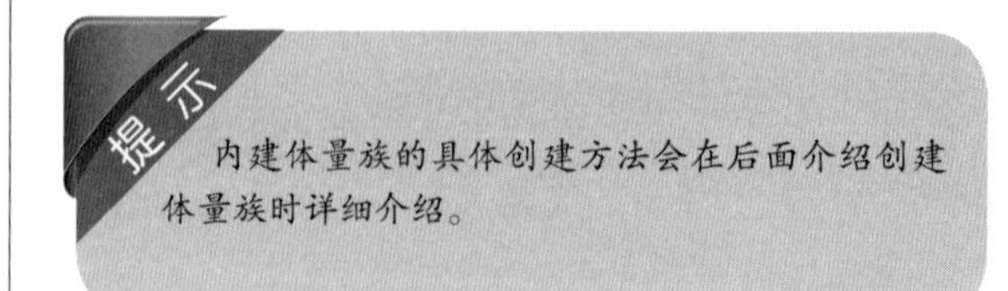

提示

内建体量族的具体创建方法会在后面介绍创建体量族时详细介绍。

2. 可载入体量族

可载入体量族与族文件相似，属于独立的文件。可以通过【应用程序菜单】中的【新建】命令建立体量族文件，从而进入概念体量族编辑器绘制体量模型。具体的体量模型绘制方法在 11.2 节中详细介绍。

完成体量模型的绘制后，保存体量族文件。然后可在项目文件中，使用【体量和场地】选项卡中的【放置体量】工具，将体量族文件载入到项目文件中放置后使用。

3. 两种体量族的区别

内建体量和可载入体量族的体量模型的创建方法完全一样，两者的区别除一个是项目内而另一个是项目外之外，根本的区别在于操作便利性：可载入体量族的三维视图中可以显示参照平面、标高等用于定位和绘制的工作平面，可以快速在工作平面之间自由切换，提高设计效果，如图 11-2 所示。

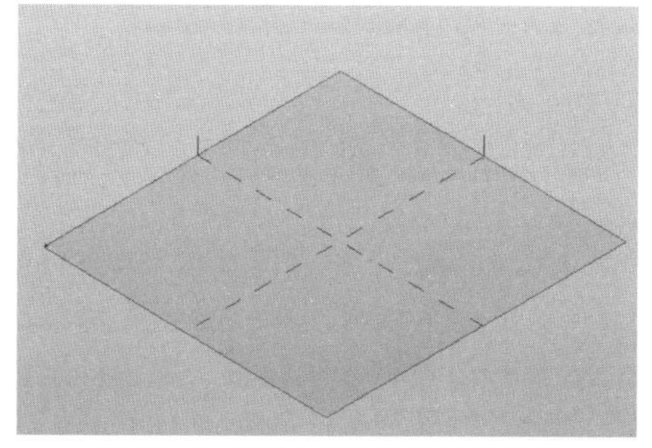

图 11-2　可载入体量族的三维视图

提示　由于设计前期的方案设计，建筑师更习惯在三维视图中推敲设计方案，因此建议使用可载入体量族来创建概念体量设计。

11.1.2　体量族与构件族的区别

体量族的设计思路与族中的构件族基本一致，但在以下方面，两者有很多不同之处。

参数化　体量族一般不需要像构件族一样设置很多的控制参数，它只有几个简单的尺寸控制参数或没有参数。

创建方法　创建构件族时，是先选择某一个“实心”或“空心”形状命令，再绘制轮廓、路径等创建三维模型；而体量族必须先绘制轮廓、对称轴、路径等三维图元，然后才能用【创建形状】工具的【实心形状】或者【空心形状】选项创建三维模型。

模型复杂程度　构件族只能用拉伸、融合、旋转、放样、放样融合 5 种方法创建相对比较复杂的三维实体模型；而体量族则可以使用点、线、面图元创建各种复杂的实体模型和面模型。

表面有理化与智能子构件　体量族可以自动使用有理化图案分割体量表面，并且还可以使用嵌套的智能子构件来分割体量表面，从而实现一些复杂的设计。

11.2　创建体量族

体量族的创建方法是先创建模型线或参照，然后选择这些模型线或参照，使用【实心形状】或【空心形状】选项创建三维体量模型。不同的参照，如族中已有几何图形的边线、表面、曲线或参照线等，均能够创建不同的三维体量模型。

11.2.1 定义概念体量

无论是内建体量还是可载入体量族，其概念设计环境就是一种族编辑器，并且为同一个。其中，可载入的概念体量族是通过新建独立的体量族文件来建立体量模型。

方法是，单击【应用程序菜单】按钮，选择【新建】|【概念体量】命令，打开【新概念体量 - 选择样板文件】对话框。选择【概念体量】文件夹中的“公制体量.rft”族样板文件，单击【打开】按钮，新建体量族文件，如图 11-3 所示。

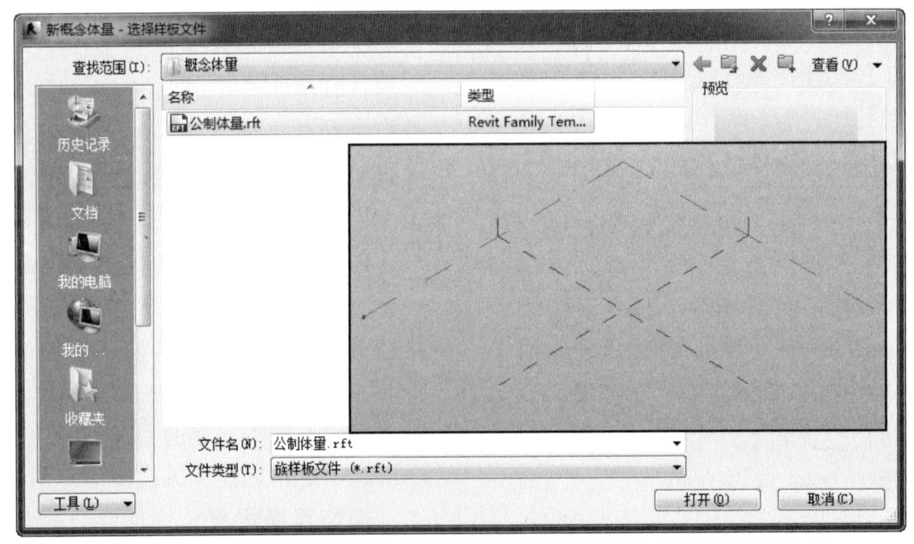

图 11-3　新建概念体量族文件

在体量编辑器中，Revit 提供了默认的标高，以及默认相交的参照平面，如图 11-4 所示。其中，标高与参照平面的交点被认为是体量的原点。

在【创建】选项卡中，单击【基准】面板中的【标高】按钮，切换至【修改 | 放置标高】选项卡。确定启用选项栏中的【创建平面视图】选项，移动鼠标至项目当中，根据光标与已有标高之间的临时尺寸标注，建立 45m 的标高 2，如图 11-5 所示。按两次 Esc 键，退出标高放置状态，至此概念体量定义完成，即可开始建立体量模型。

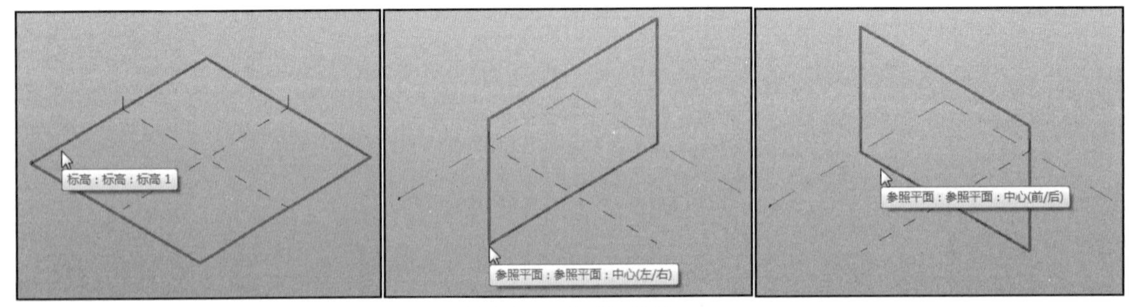

图 11-4　体量编辑器

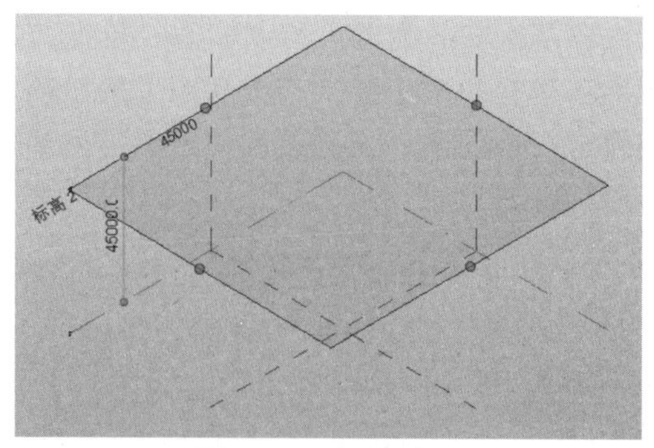

图 11-5　建立标高 2

> **提示**　在概念设计环境的默认视图中，标高会作为线以三维形式显示在立方体背面周围，而参照平面显示在概念设计环境的三维视图中，可以作为三维图元来编辑。

11.2.2　通过模型线绘制图元

当新建并定义概念设计环境后，就可以开始绘制图元。其中，模型线是三维线，它和墙体等三维模型一样，一根线可以在所有平、立、剖及三维视图中显示。

要绘制体量模型，首先必须指定工作平面。单击【工作平面】面板中的【显示】按钮后，显示已经激活的工作平面。当单击不同的参照平面或标高后，将显示不同的工作平面，如图 11-6 所示。

选择标高 1，激活该工作平面。在【项目浏览器】面板中，双击【楼层平面】|【标高 1】选项，进入标高 1 楼层平面视图，如图 11-7 所示。

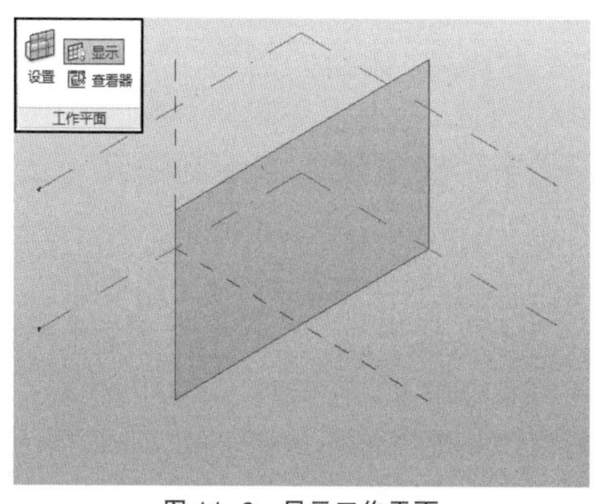

图 11-6　显示工作平面

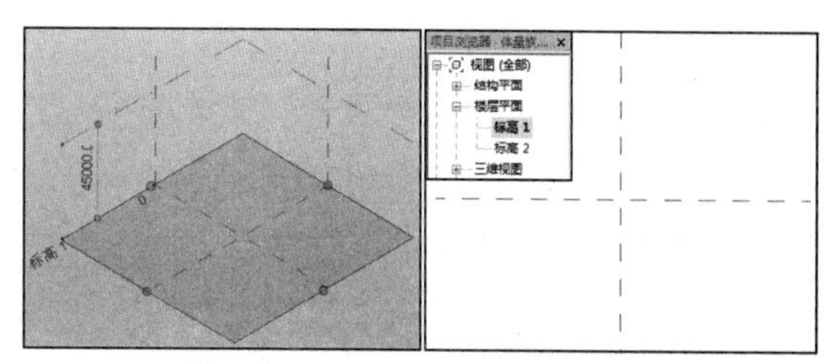

图 11-7　进入标高 1 楼层平面视图

选择【绘制】面板中的【矩形】工具，确定选项栏中的【放置平面】为“标高: 标高 1”。单击原点的位置作为矩形的起点，向左上角绘制一个 40×30m 矩形，如图 11-8 所示。

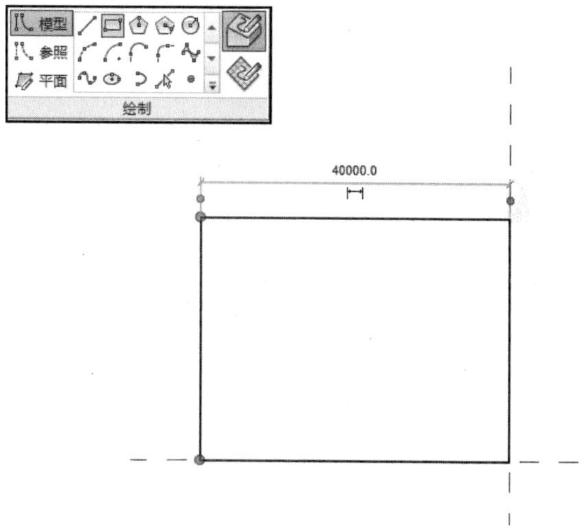

图 11-8　绘制矩形

按两次 Esc 键后，退出绘制状态。单击并选中参照线后，在【属性】面板中显示参照线的基本属性，如图 11-9 所示。

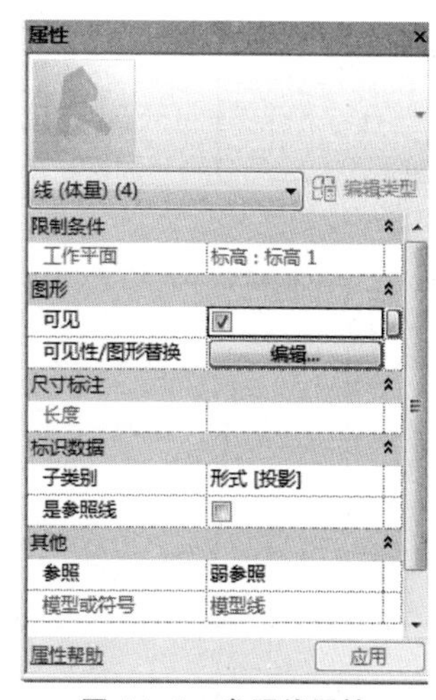

图 11-9　参照线属性

参照线【属性】面板中的各个选项及作用如表 11-1 所示。

表 11-1　参照线属性选项及作用

选　项	作　用
限制条件	
工作平面	标识用于放置线的工作平面
图形	
可见	控制模型线在项目中是否显示，且可访问【关联族参数】对话框，使用现有参数或添加新参数对其可见性进行控制
可见性 / 图形替换	指定在项目中以何种视图以及在视图中以何种详细程度显示族图元
尺寸标注	
长度	指定线的实际长度
标识数据	
子类别	指定线的子类别
是参照线	将无约束的模型线修改为参照线
其他	
参照	将参照类型指定为“非参照”、“弱参照”或“强参照”
模型或符号	显示线的实际类型为“模型”或“符号”，这是只读参数

切换至标高 2 楼层平面视图，选择【绘制】面板中的【内接多边形】工具，在矩形内部绘制内接多边形，如图 11-10 所示。

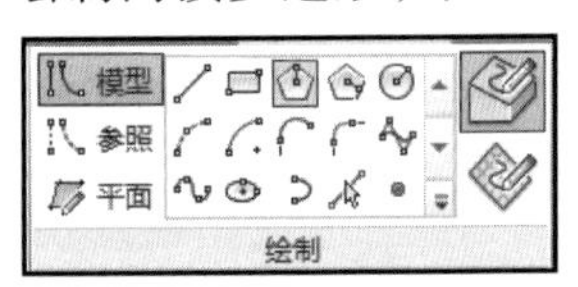

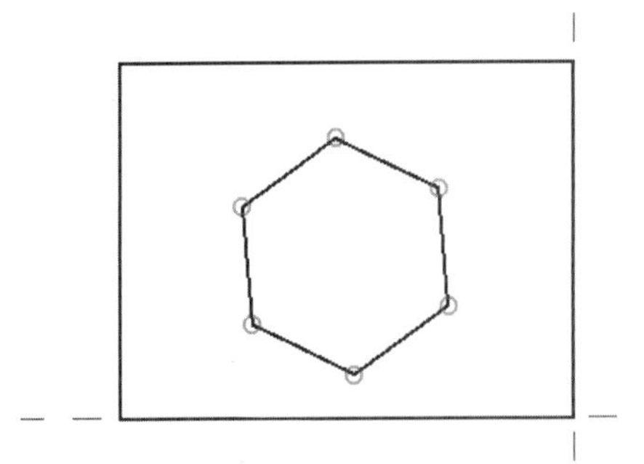

图 11-10　绘制内接多边形

按两次 Esc 键退出绘制状态，单击快速访问工具栏中的【默认三维视图】按钮，切换至三维视图，查看绘制的矩形与内接多边形，如图 11-11 所示。

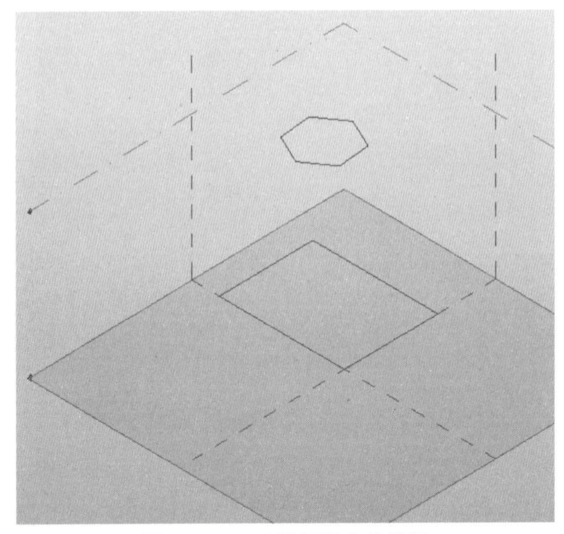

图 11-11　三维视图中的图元

按住 Ctrl 键，依次单击矩形与内接多边形图元，同时选中这两个图元。单击【形状】面板中的【创建形状】下拉三角，选择【实心形状】选项，创建三维模型，如图 11-12 所示。

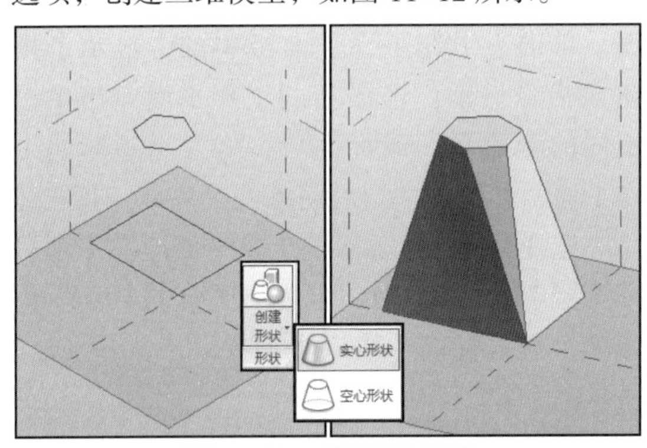

图 11-12　创建实心形状

11.2.3 通过参照点绘制图元

在 Revit 中，除了能够使用面来作为工作平面外，还能够使用点来绘制工作平面。

选择【直线】工具，确定激活【在面上绘制】选项，并启用【三维捕捉】选项。依次在斜面的顶点与斜面的底边终点单击，沿斜面绘制新的直线，如图 11-13 所示。

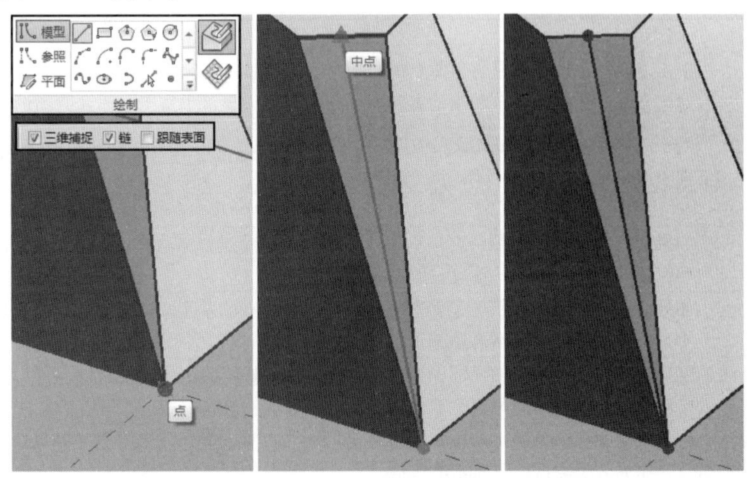

图 11-13　绘制直线

选择【绘制】面板中的【点图元】工具，在直线上单击建立点。按两次 Esc 键退出绘制状态，单击并选中建立的点，显示该点的工作平面，并在【属性】面板中显示参照点的属性选项，如图 11-14 所示。

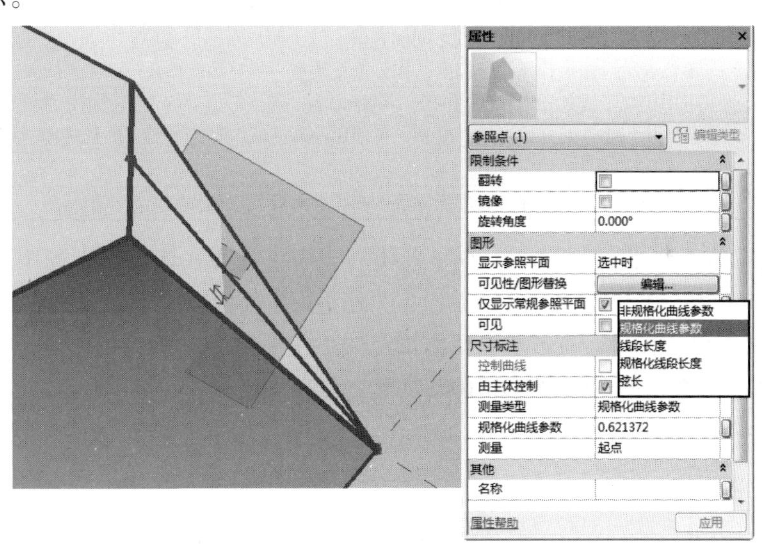

图 11-14　选中参照点

其中，参照点【属性】面板中的选项及作用如表 11-2 所示。

表 11-2　参照点属性选项及作用

选　项	作　用
限制条件	
翻转	用于参照点工作平面的翻转
镜像	用于参照点工作平面的镜像
旋转角度	用于参照点工作平面的旋转
图形	
显示参照平面	指定点的参照平面在什么时候可见：“始终”、“选中时”或“从不”

(续表)

选　　项		作　　用
可见性 / 图形替换		单击【编辑】按钮可显示参照点的【可见性 / 图形替换】对话框
仅显示常规参照平面		对于基于主体的参照点和驱动参照点，指定是否只显示垂直于主体几何图形的参照平面
可见		如果启用此选项，在体量载入项目后参照点将可见。如果要在项目中查看参照点，则不要通过【类别】或【可见性 / 图形替换】设置隐藏参照点，这一点很重要
尺寸标注		
控制曲线		如果启用该选项，则参照点是一条或多条线的驱动点，移动该点可修改几何图元。如果禁用该选项，该参数变为只读，并且参照点不再是驱动点
由主体控制		如果启用该选项，参照点是随其主体几何图形移动的基于主体的点。如果禁用该选项，该参数变为只读，并且参照点不再是基于主体的点
测量类型	规格化曲线参数	将参照点在直线上的位置标识为直线长度与总线长度的比率。其值范围可以为0～1。如果选择“规格化曲线参数”作为测量类型，将显示此参数
	非规格化曲线参数	沿圆或椭圆标识参照点的位置。也称为原始、自然、内部或T参数。如果选择“非规格化曲线参数”作为测量类型，将显示此参数
	线段长度	根据参照点和测量起始终点之间的线段长度来标识参照点在直线上的位置。线段长度由项目单位表示。如果选择“线段长度”作为测量类型，将显示此参数
	规格化线段长度	将参照点在直线上的位置标识为线段长度与总曲线长度的比率（0～1）。例如，如果总曲线长度为170'，而点距离一个端点的距离为17'，则对应该曲线长度的比例值应为0.1或0.9，具体取决于是从哪一端进行测量。如果选择“规格化线段长度”作为测量类型，将显示此参数
	弦长	根据参照点和测量起始终点之间的直线（弦）距离来标识参照点在曲线上的位置。弦长度由项目单位表示。如果选择“弦长度”作为测量类型，将显示此参数
测量		可用于基于线条和形状的边的点。可指定为“起点”或“终点”。指定曲线终点，所选定参照点位置从该终点处开始测量。或者，可使用绘制区域中临近参照点的翻转控制指定终点
其他		
名称		点的用户定义的名称。通过光标将点高亮显示后，该名称将出现在工具提示中

由参照点确定的工作平面是垂直于参照直线的，为了方便在该工作平面中进行编辑，Revit提供了工作平面查看器。选中参照点后，单击【工作平面】面板中的【工作平面查看器】按钮，打开【工作平面查看器】窗口，查看垂直于激活点的工作平面，如图11-15所示。

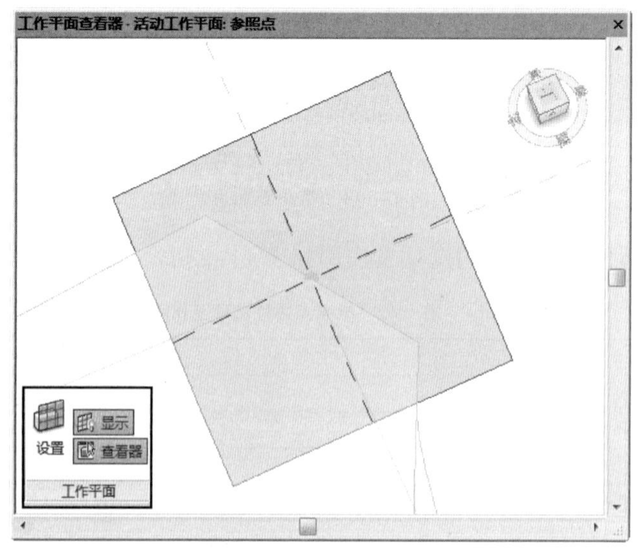

图 11-15　工作平面查看器

在【工作平面查看器】窗口中，选择【绘制】面板中的【矩形】工具，在工作平面中绘制

1500×2500mm 的矩形，如图 11–16 所示。

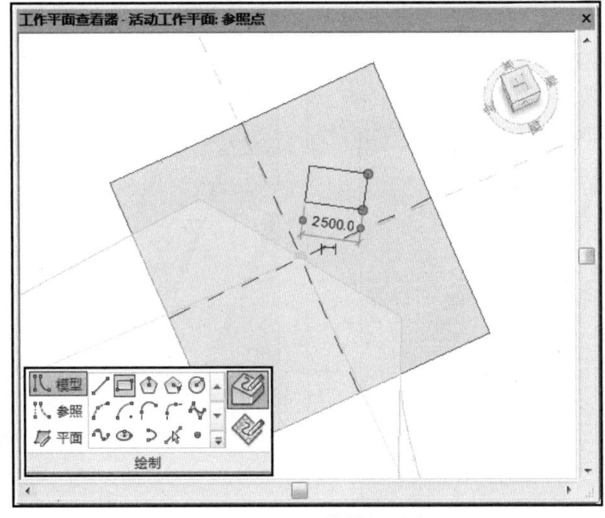

图 11–16　绘制矩形

选中绘制的矩形，选择【移动】工具，单击矩形的中点后单击原点，将矩形的中点移动到原点的位置，如图 11–17 所示。

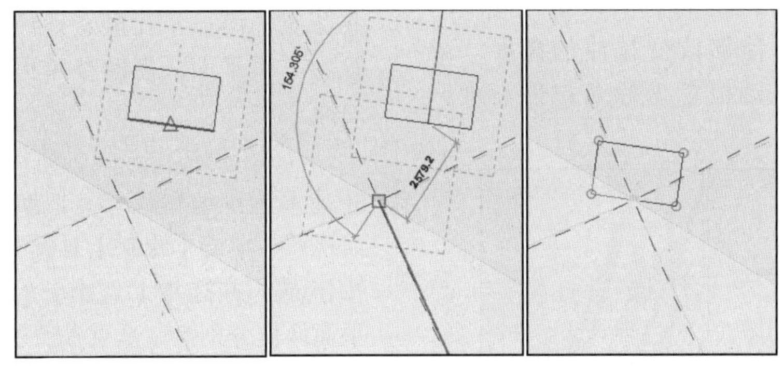

图 11–17　移动矩形

继续选中矩形，选择【旋转】工具，将旋转中心点设置在原点，旋转矩形使其与工作平面对齐，如图 11–18 所示。

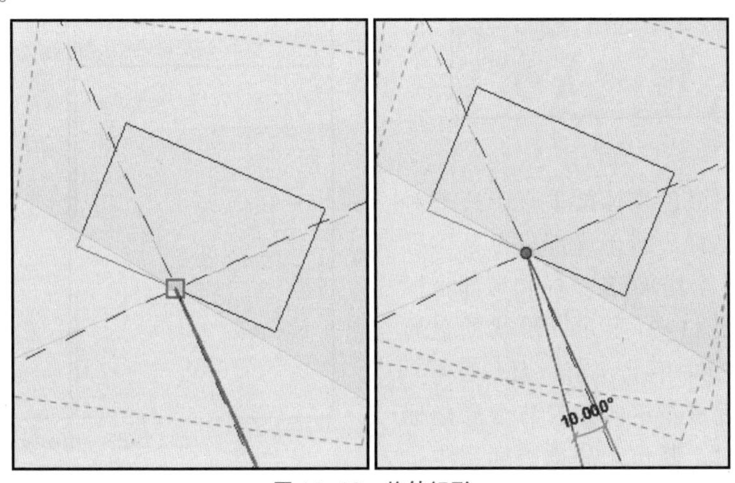

图 11–18　旋转矩形

关闭工作平面查看器后，可发现绘制的矩形垂直于当前直线。选中该矩形，单击【形状】面板中的【创建形状】下拉三角，选择【实心形状】选项，创建拉伸效果，如图 11-19 所示。

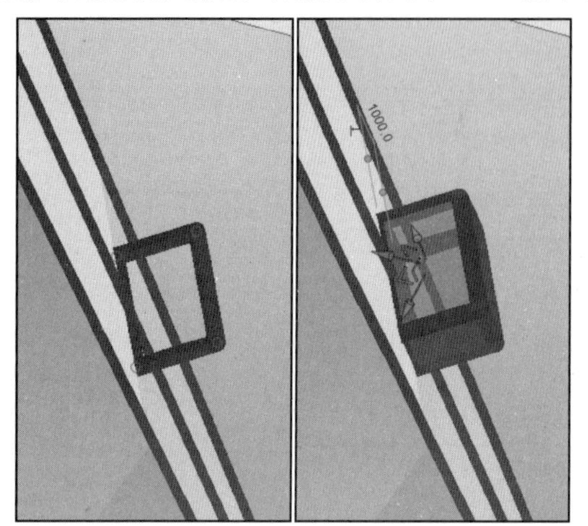

图 11-19　创建拉伸效果

选择拉伸图元的顶部，更改拉伸高度的临时尺寸参数，能够改变拉伸的高度。或者直接单击并拖动橙色坐标来拉伸高度，如图 11-20 所示。

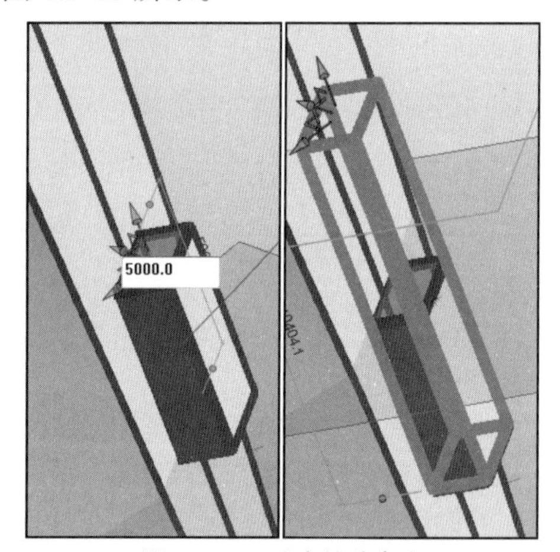

图 11-20　改变拉伸高度

拉伸形状中的橙色坐标是垂直于所选对象法线方向上的坐标，属于局部坐标系。可以通过按空格键在全局 XYZ 坐标和局部坐标系之间切换，如图 11-21 所示。形状的全局坐标系基于 ViewCube 的北、东、南、西 4 个坐标。当形状发生重新定向并且与全局坐标系有不同的关系时，其位于局部坐标系中。如果形状由局部坐标系定义，则三维形状控件会以橙色显示。只有转换为局部坐标系的坐标才会以橙色显示。

图 11-21　局部坐标与全局坐标

11.2.4　通过参照平面绘制曲面

三维平面用于绘制将创建形状的线，这些参照平面显示在概念设计环境中，可以设置为工作平面。借助参照平面，还能够绘制曲面。

以“公制体量.rft”为族样板创建体量族，并进入体量编辑模式。切换至标高 1 楼层平面视图，单击【绘制】面板中的【参照平面】按钮，并选择【直线】工具。在已有参照平面两侧分别绘制垂直参照平面，并设置它们与中间的参照平面的距离为 30m，如图 11-22 所示。

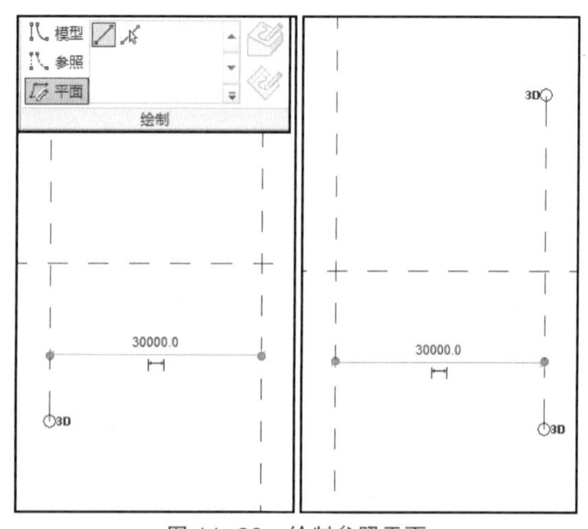

图 11-22　绘制参照平面

退出绘制状态后，切换至默认三维视图。激活显示工作平面选项后，选中标高1平面的中心参照平面，单击视图右上角的ViewCube上的右侧视图，切换至右侧的三维视图，如图11-23所示。

选择【绘制】面板中的【圆心-端点弧】工具，以参照平面与交点作为圆心进行单击，向左水平拖动鼠标，绘制半径为15m的半圆，角度为180°，如图11-24所示。

退出绘制状态后，切换至轴侧视图，可发现半圆绘制在中心参照平面上。选中这个半圆，单击【形状】面板中的【创建形状】按钮，基于半圆创建曲面，如图11-25所示。

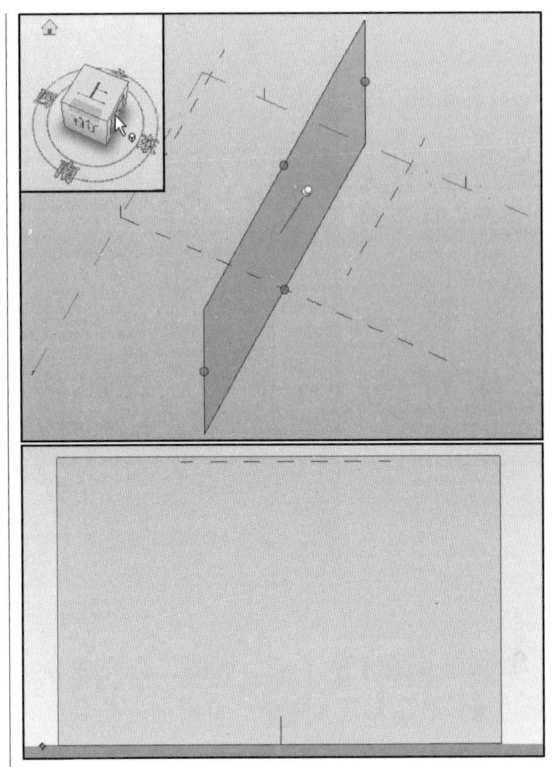

图11-23　调整三维视图

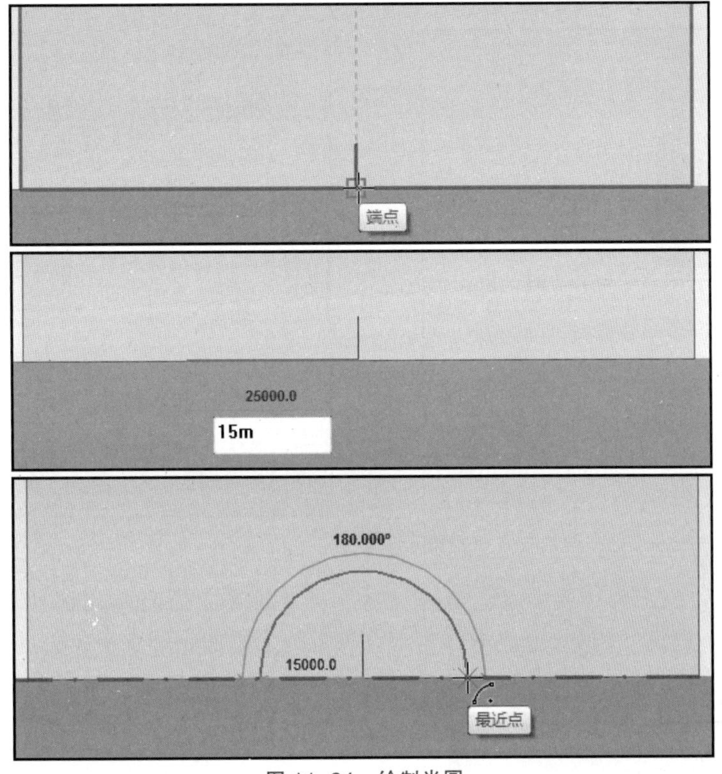

图11-24　绘制半圆

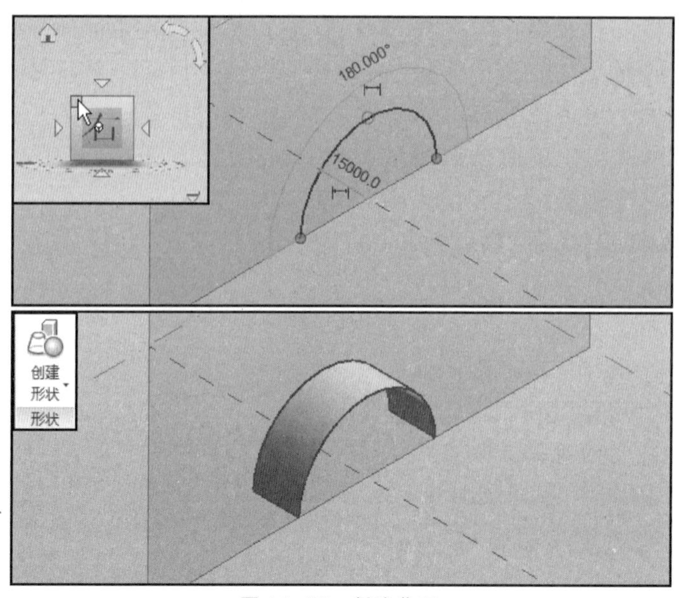

图 11-25　创建曲面

切换至标高 1 楼层平面视图，选择曲面左侧边缘，显示彩色坐标系并单击向左拖动红色箭头，将其移动到左侧参照平面并对齐。配合 Tab 键选中曲面右侧边缘，并水平向右拖动红色箭头，使其与右侧参照平面对齐，如图 11-26 所示。

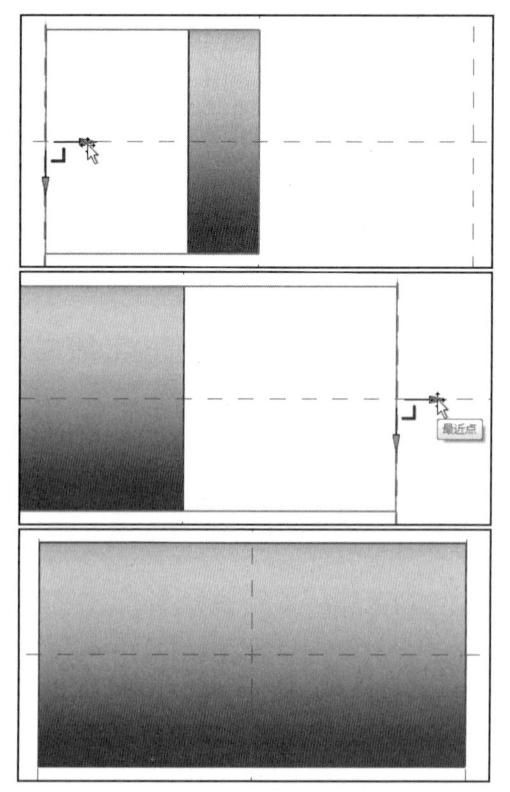

图 11-26　移动曲面边缘

切换至默认三维视图后，选中曲面图元，单击【形状图元】面板中的【透视】按钮，曲面图元进入透视状态，如图 11-27 所示。

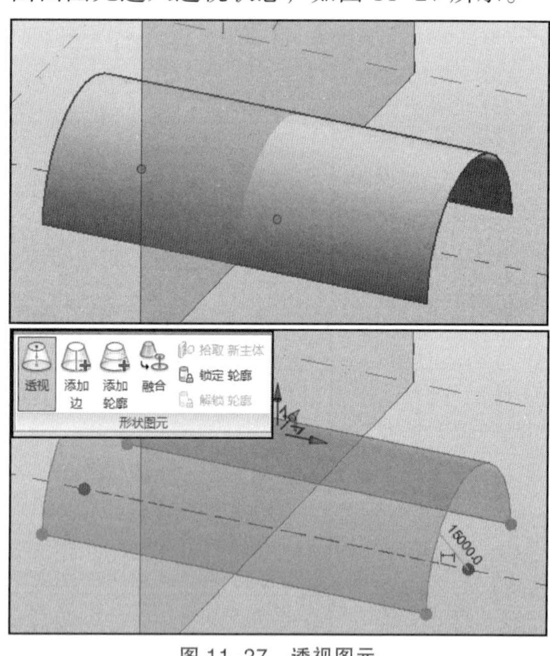

图 11-27　透视图元

继续选择曲面，选择【形状图元】面板中的【添加轮廓】工具，进入轮廓添加模式。移动鼠标至曲面，显示轮廓预览，在曲面中间位置单击放置轮廓，如图 11-28 所示。

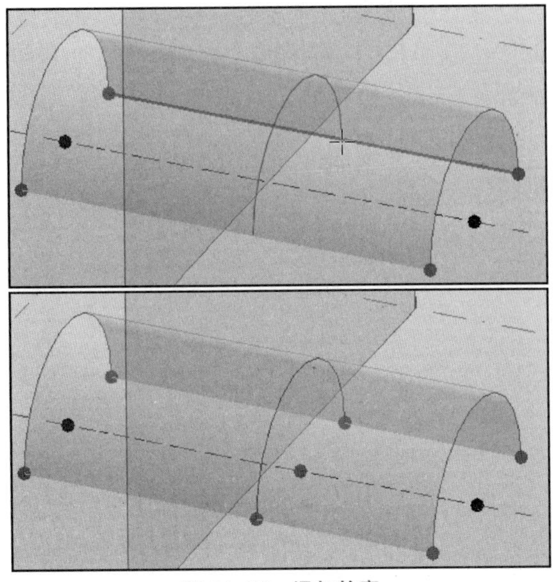

图 11-28　添加轮廓

切换至标高 1 楼层平面视图，选择建立的轮廓并水平向左移动至中心参照平面上，如图 11-29 所示。

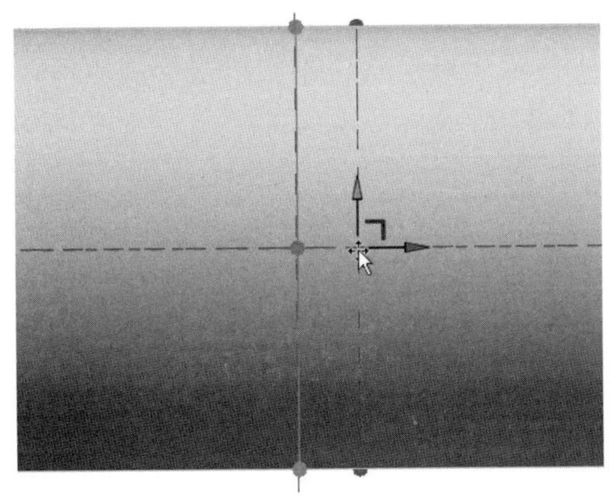

图 11-29　移动轮廓位置

返回默认三维视图，选中中间轮廓，并设置轮廓半径为 30m，这时曲面修改为异形的双曲面，如图 11-30 所示。

选择曲面，单击【形状图元】面板中的【添加边】按钮，将鼠标指向中心前后位置并单击添加边。添加边后，Revit 会在所有的轮廓上添加控制点，如图 11-31 所示。

选中中间的控制点，单击【修改】面板中的【移动】按钮，单击控制点后，水平向右移动 3m。精确数值可以通过临时标注来设置，从而修改曲面的轮廓形状，如图 11-32 所示。

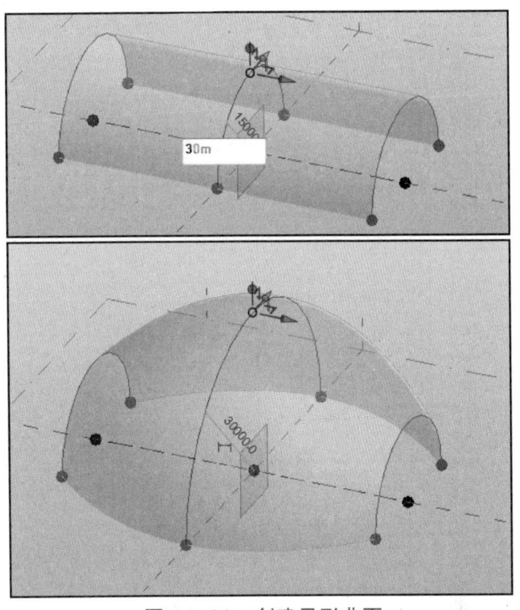

图 11-30　创建异形曲面

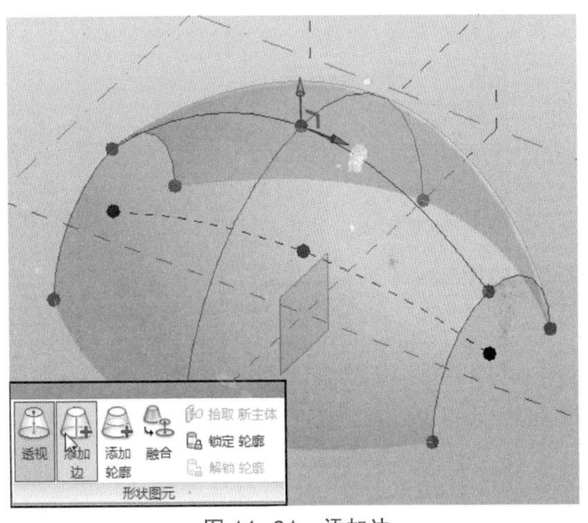

图 11-31　添加边

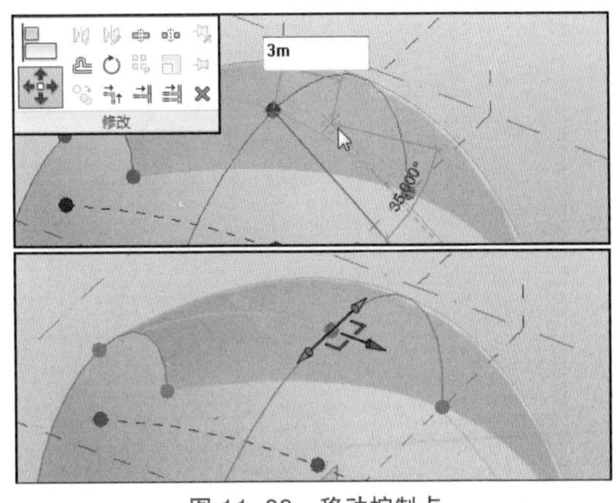

图 11-32　移动控制点

选择【绘制】面板中的【点图元】工具，分别在左右两侧轮廓的中点位置单击，添加点工作平面，如图 11-33 所示。

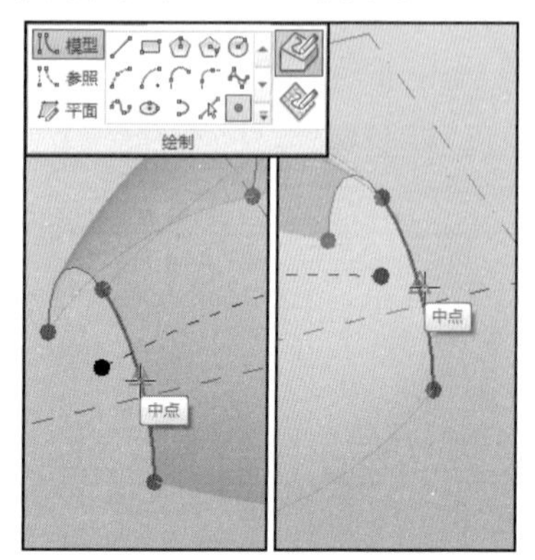

图 11-33　添加点图元

单击左侧的参照点并显示点工作平面，选择【绘制】面板中的【圆形】工具，以参照点为中心，绘制半径为 1m 的圆，如图 11-34 所示。

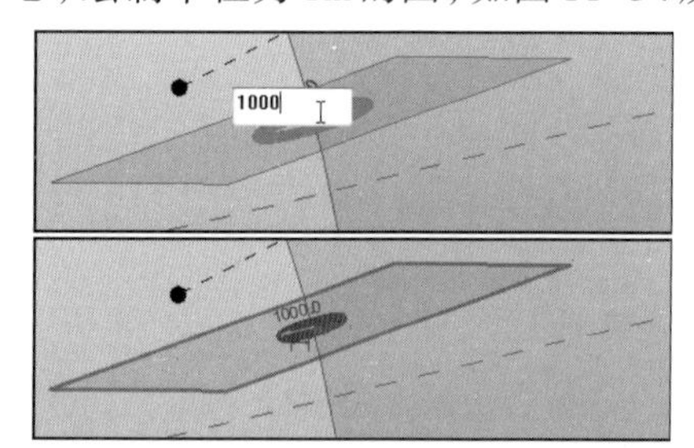

图 11-34　绘制圆

退出绘制状态后选择圆，并配合 Ctrl 键选择同侧的轮廓边缘，单击【形状】面板中的【创建形状】下拉三角，选择【实心形状】选项，Revit 沿选择的曲线生成圆的放样，如图 11-35 所示。

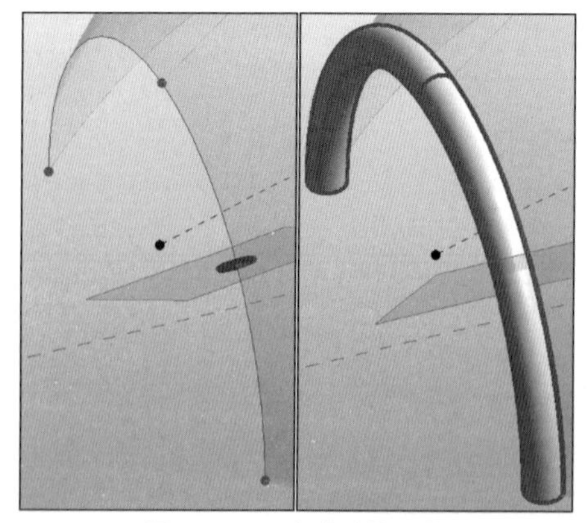
图 11-35　生成放样形状

按照上述方法，在右侧的参照点工作平面上绘制半径为 1m 的圆，并结合曲面边缘生成放样形状，如图 11-36 所示。

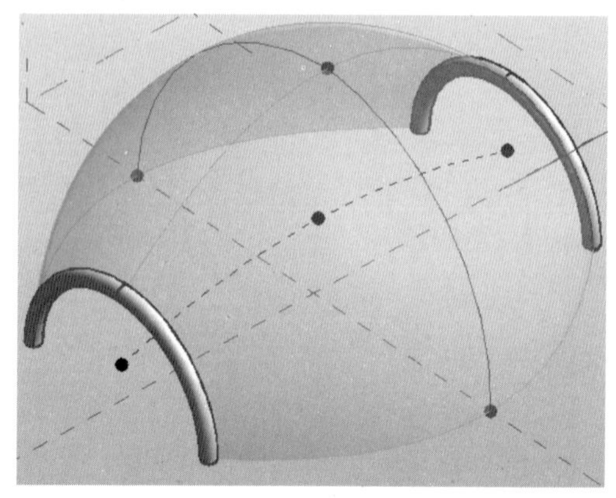
图 11-36　曲面边缘效果

选择【绘制】面板中的【矩形】工具，在选项栏中启用【三维捕捉】和【跟随表面】选项，并设置【投影类型】选项为“跟随表面 UV”。在曲面的适当位置单击作为矩形的起点，然后向右移动鼠标，Revit 沿曲面的方式显示矩形形状，再次单击绘制矩形，如图 11-37 所示。

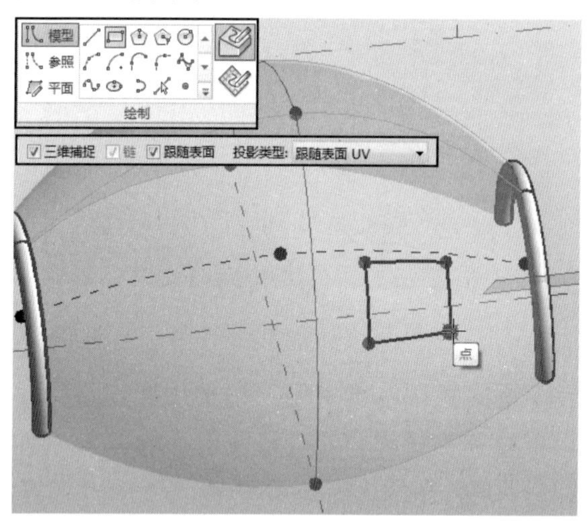

图 11-37　绘制矩形

退出绘制状态后，选中绘制的矩形，单击【创建形状】下拉三角，选择【空心形状】选项，形成空心表面。选择空心表面，再次选择【空心形状】选项，形成空心拉伸体，如图 11-38 所示。

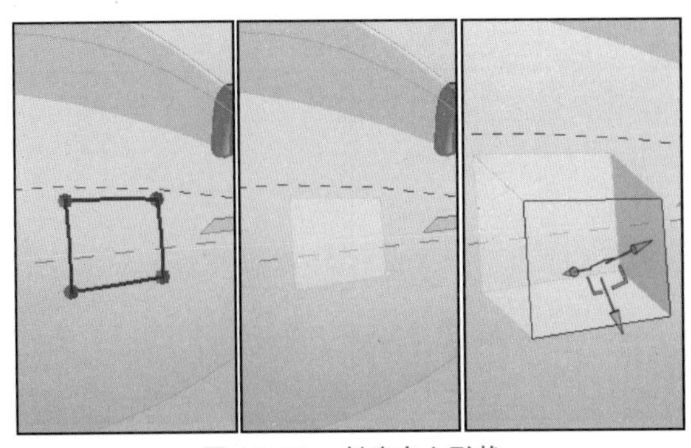

图 11-38 创建空心形状

单击并拖曳橙色箭头，增加曲面外部的拉伸厚度。然后选择曲面内部空心形状的表面，增加其拉伸厚度。按 Esc 键退出拉伸状态后，查看曲面中的镂空效果，如图 11-39 所示。

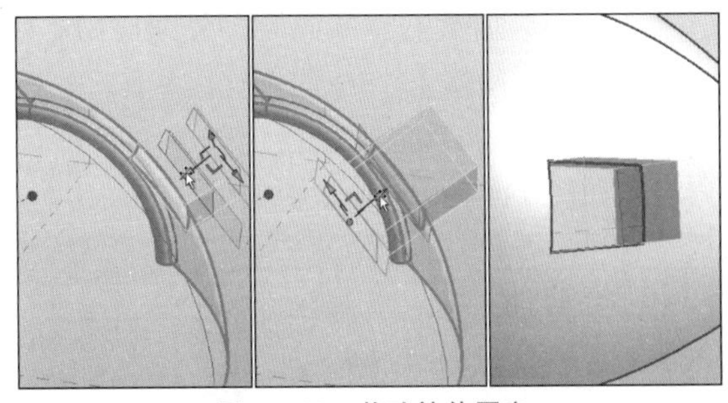

图 11-39 修改拉伸厚度

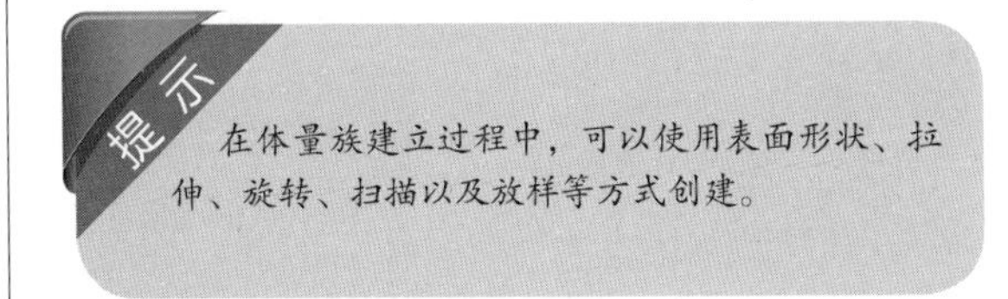

提示

在体量族建立过程中，可以使用表面形状、拉伸、旋转、扫描以及放样等方式创建。

11.3 表面有理化

表面有理化是指将体量形状表面进行 UV 网格分割，并对分割后的表面用六边形、八边形、错缝、箭头、棱形、棋盘、Z 字形等各种图案填充。在 Revit 中还可以将自定义的填充图案嵌套至体量族中，从而创建特殊的体量表面形状。

11.3.1 使用 UV 网格分割表面

在 Revit 体量当中，当生成曲面后可以对其进行细分。其中，使用 UV 网格自动分割表面是一种快速的细分方式。

在 Revit 中，打开下载文件中的“使用 UV 网格分割表面.rfa”文件，如图 11-40 所示。

选择曲面，将功能区切换至【修改|形式】选项卡。单击【分割】面板中的【分割表面】按钮，将表面进行分割，并以网格线的形式显示表面，如图 11-41 所示。

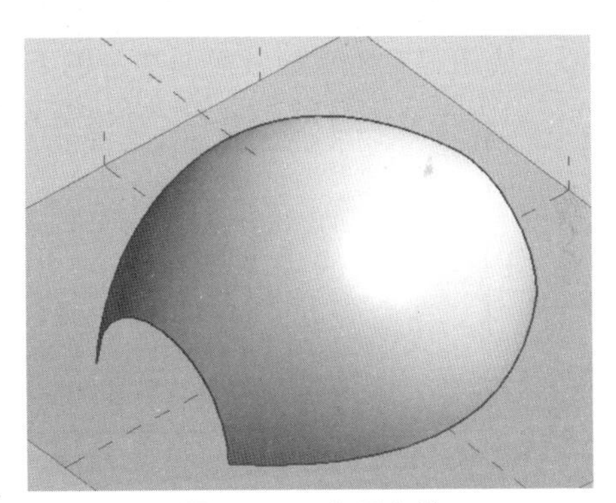

图 11-40 打开文件

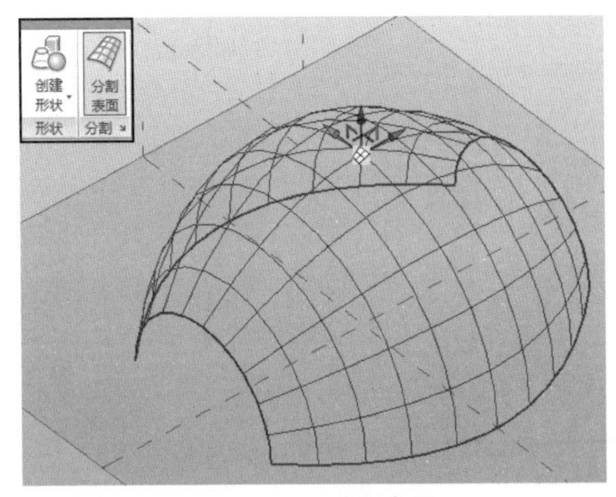

图 11-41 分割表面

在曲面表面被选中的同时，分别启用【U网格】和【V网格】中的【距离】选项，并设置参数值为4000，使网格使用新的方式进行分割，如图11-42所示。

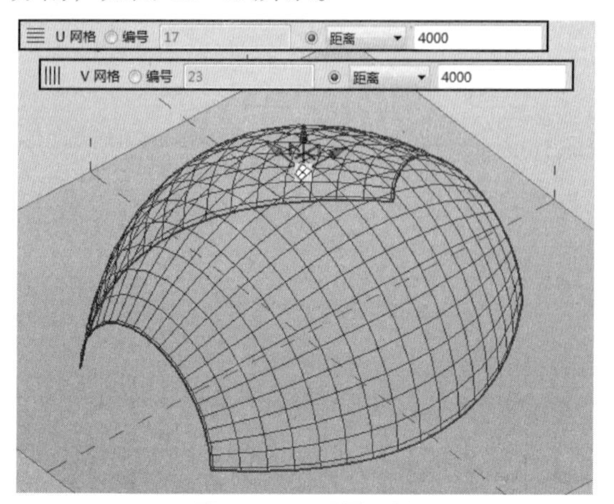

图11-42 设置网格

适当放大视图并选中网格，显示网格中间位置的【配置UV网格布局】图标。单击该图标进入网格编辑状态，如图11-43所示。曲面UV网格的形式与幕墙UV网格的形式基本类似，所谓UV网格是沿曲面本身的方向所生成的坐标系。

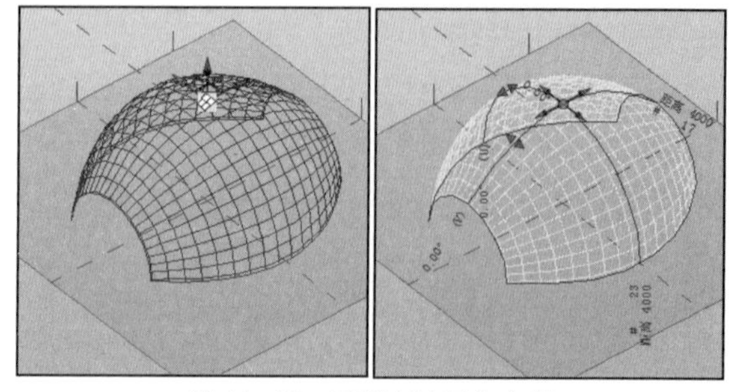

图11-43 配置UV网格布局

单击并拖动中心位置的网格对正坐标至曲面左下角位置，Revit会自动修改对齐的方式。释放鼠标，网格对正坐标被放置在左下角位置，这时网格的分割是以左下角位置为起点的，如图11-44所示。

对于曲面上的网格除了能够设置对齐方式外，还能够改变其显示角度。在网格编辑状态中，U网格与V网格的旋转角度为0°，分别单击其参数，输入旋转角度(如30°)，即可改变网格显示效果，如图11-45所示。

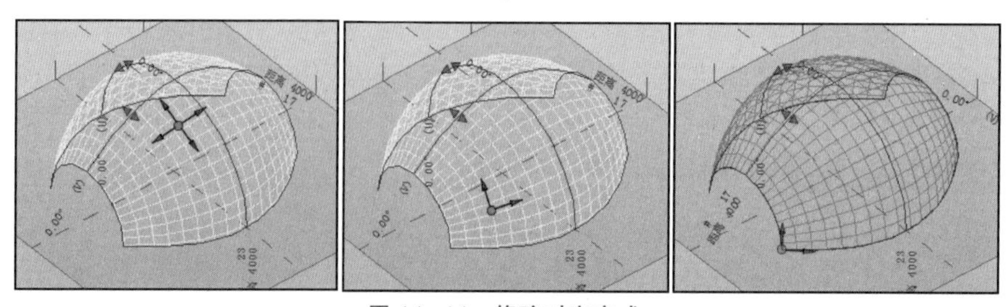

图11-44 修改对齐方式

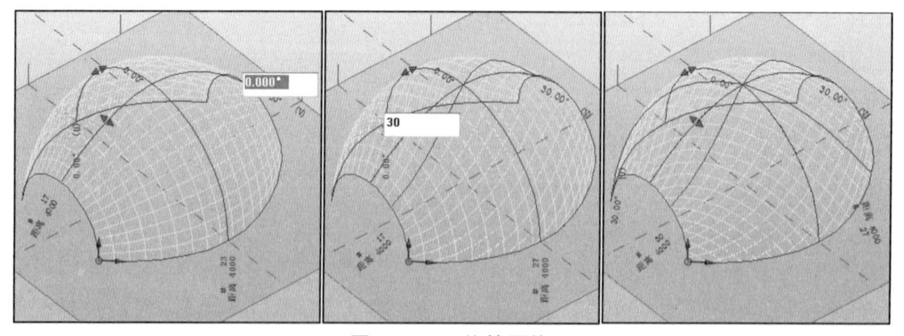

图11-45 旋转网格

选择分割之后的曲面，单击【表面表示】面板右下角的【显示属性】箭头图标，打开【表面表示】对话框。在该对话框中，依次启用【原始表面】选项、【节点】选项以及【UV网格和相交线】

选项，如图 11-46 所示。

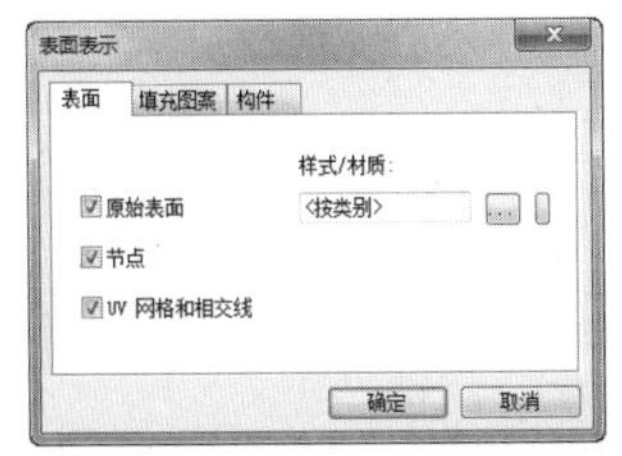

图 11-46 【表面表示】对话框

单击【确定】按钮后，关闭【表面表示】对话框。按 Esc 键退出选择状态后，Revit 会显示曲面的原始表面，以及网格的交点，如图 11-47 所示。

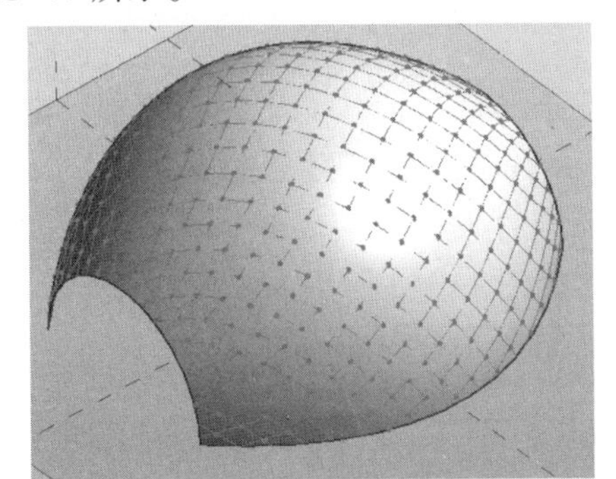
图 11-47 曲面分割最终效果

11.3.2 自定义曲面分割

在 Revit 中，除了能够通过曲面的 UV 网格进行分割外，还能够通过标高、参照平面或者模型线来分割表面。

在 Revit 中打开下载文件中的“自定义曲面分割.rfa”体量族文件，在该体量族中建立的简单的曲面以及参照平面如图 11-48 所示。

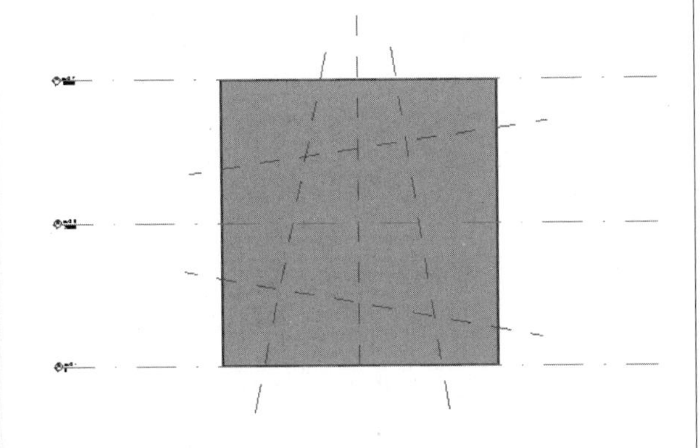
图 11-48 准备文件

切换至南立面视图，选择项目当中的曲面，再选择【分割】面板中的【分割表面】工具，将曲面进行 UV 网格的分割，如图 11-49 所示。

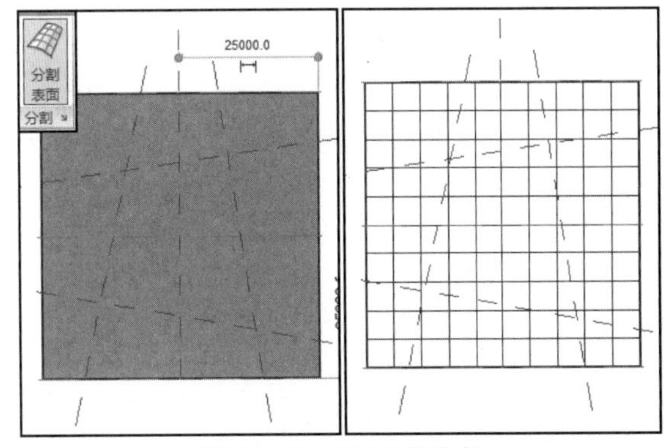

图 11-49 UV 网格分割

继续选中分割网格，取消【UV 网格和交点】面板中的【U 网格】和【V 网格】选项。单击【交点】下拉三角，选择【交点】选项，进入交点选择模式，如图 11-50 所示。

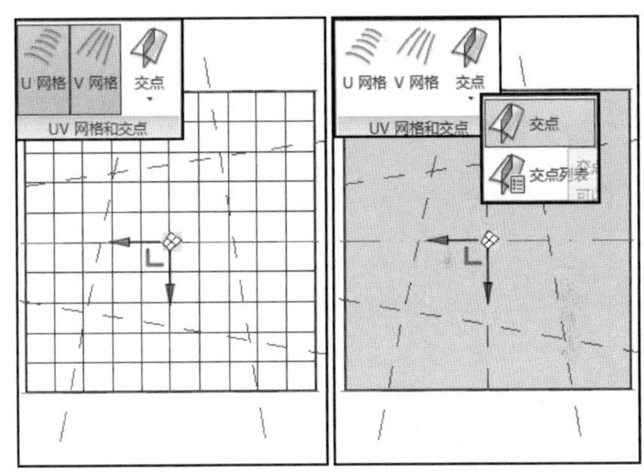

图 11-50 进入交点选择模式

配合 Ctrl 键，依次单击视图中的所有标高和参照平面，将其全部选中。单击【交点】面板中的【完成】按钮，建立交点网格。切换至默认三维视图，即可查看被标高与参照平面分割后的网格效果，如图 11-51 所示。

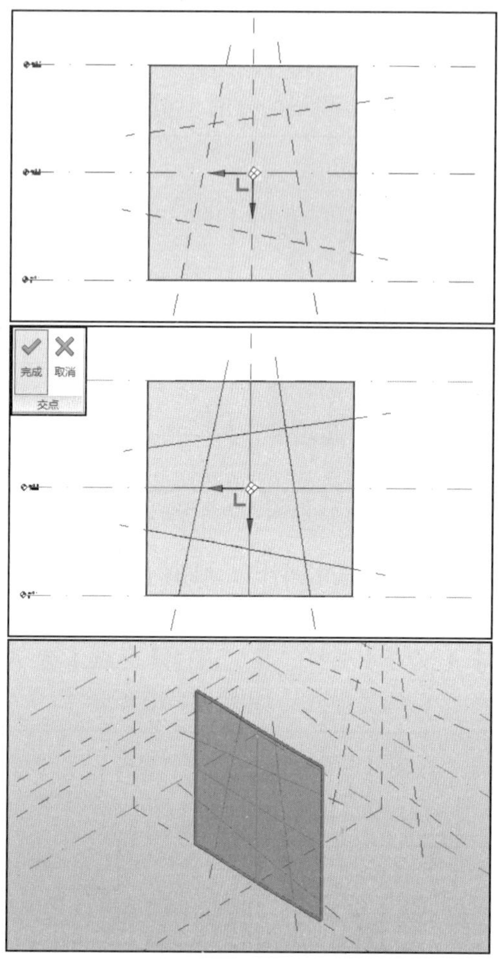

图 11-51　建立交点网格

11.3.3 表面图案填充

无论是通过 UV 网格分割表面，还是自定义分割表面，均能够为表面填充图案。而表面的图案即可以通过自动填充方式，也可以通过自适应构件的方式进行填充。

1. 使用自动表面填充图案

在 Revit 中，对曲面的表面进行 UV 网格分割后，可以为其指定填充图案，从而增强表现效果。

打开下载文件中的“自动表面填充图案 .rfa”文件，在默认三维视图中选中曲面的分割网格，【属性】面板中显示的是【分割的表面】属性，如图 11-52 所示。

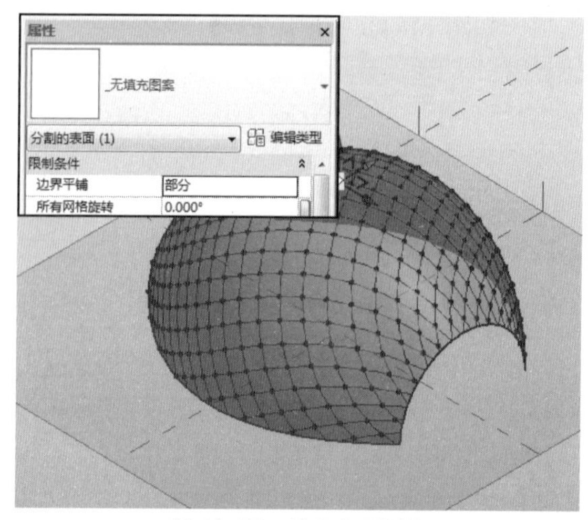

图 11-52　选中分割网格

在【属性】面板的下拉列表中，选择一种 Revit 自带的填充图案选项，经过 Revit 计算后，即可发现分割表面的显示效果发生了变化，如图 11-53 所示。

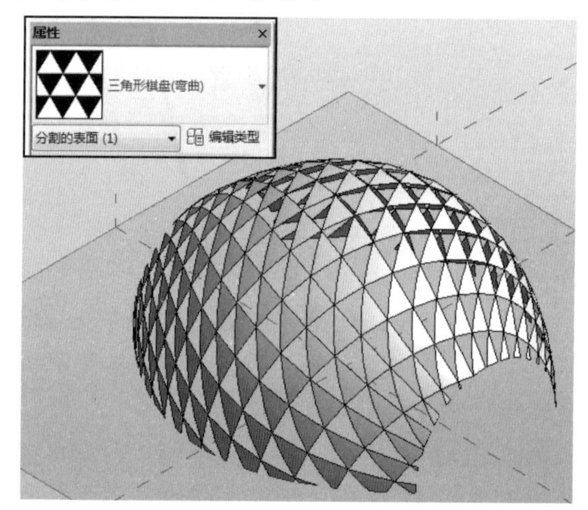

图 11-53　填充图案

技巧

在 Revit 中，对于曲面不仅能够使用 Revit 自带的图案进行填充，还能够载入外部的图案族文件作为图案进行填充。

2. 使用自适应构件

除了使用自动填充表面图案来替换分割曲面外，Revit 还允许手动放置自适应的表面填充图案。自适应的表面填充图案是沿任意不规则的分割形式来生成曲面的表面。

打开下载文件中的“自定义曲面分割效果.rfa”文件，双击【项目浏览器】面板中的南立面选项，切换至南立面视图，如图 11-54 所示。

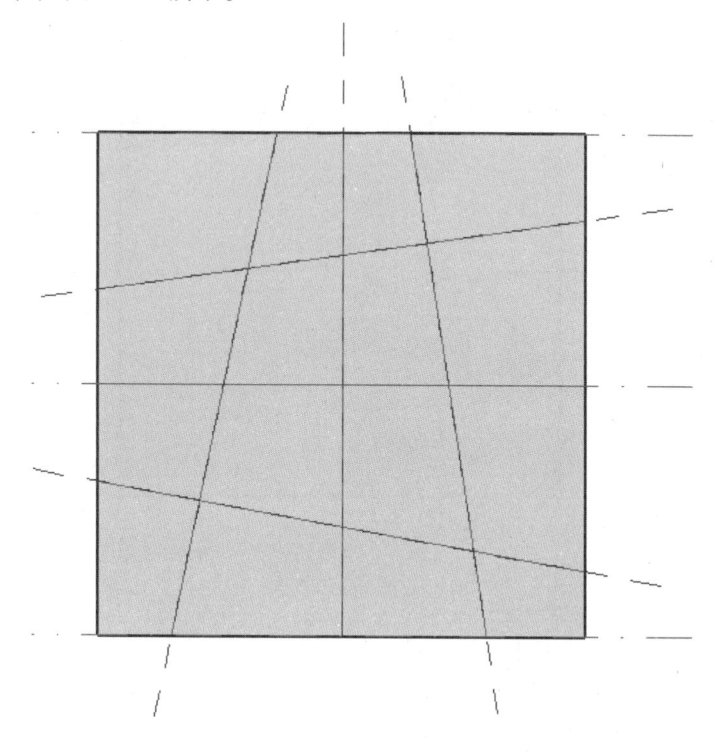

图 11-54　南立面视图

选择当前的曲面，单击【表面表示】面板右下角的箭头，打开【表面表示】对话框。启用对话框中的【节点】和【UV 网格和相交线】选项，如图 11-55 所示。

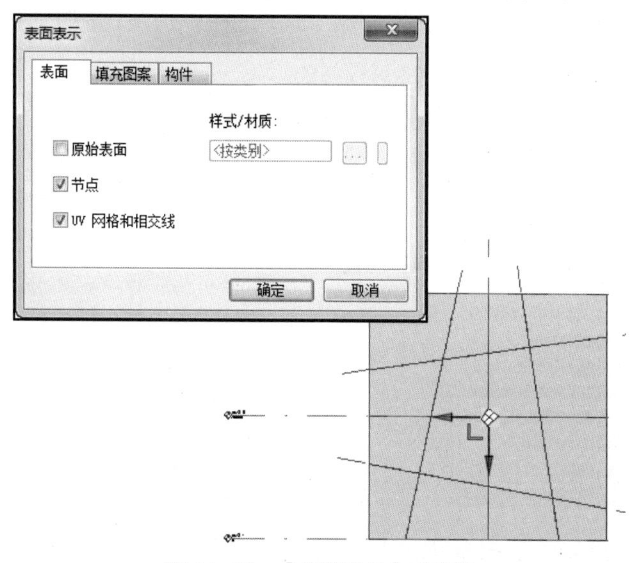

图 11-55　【表面表示】对话框

单击【确定】按钮，关闭【表面表示】对话框后，在当前的曲面中会显示节点，如图 11-56 所示。

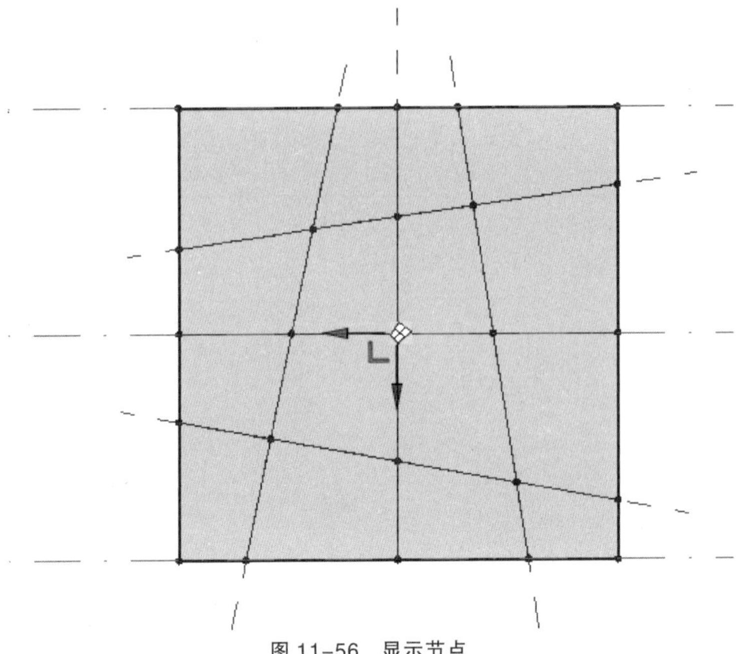

图 11-56　显示节点

切换至【插入】选项卡，单击【从库中载入】面板中的【载入族】按钮，打开【载入族】对话框。将下载文件中的“自适应图案 - 玻璃嵌板.rfa”和“自适应图案 - 实体嵌板.rfa”族文件载入项目中，如图 11-57 所示。

在【创建】选项卡中，单击【模型】面板中的【构件】按钮，切换至【修改 | 放置构件】选项卡。确定【属性】面板中的族类型为“自适应图案 - 实体嵌板”选项后，依次单击表面网格中的节点，完成该嵌板的放置，如图 11-58 所示。

在【属性】面板中，切换嵌板为“自适应图案 - 玻璃嵌板”选项。按照上述方法，依次捕捉节点，放置玻璃嵌板，如图 11-59 所示。

图 11-57　载入族文件

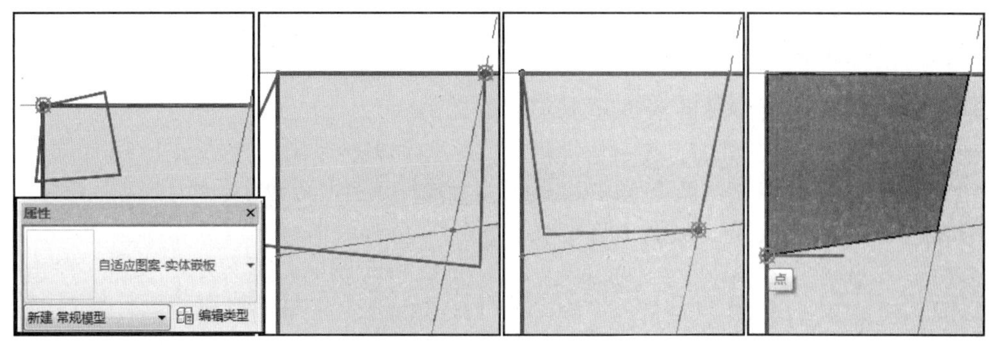

图 11-58　放置实体嵌板

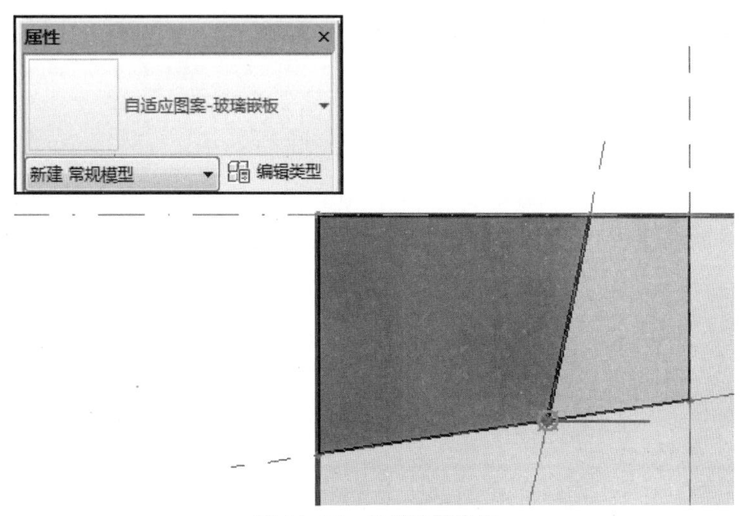

图 11-59　放置玻璃嵌板

重复使用上述工具，交叉选择实体嵌板和玻璃嵌板，并依次放置在曲面的分割网格中。完成后，按 Esc 键退出自适应嵌板放置状态，如图 11-60 所示。

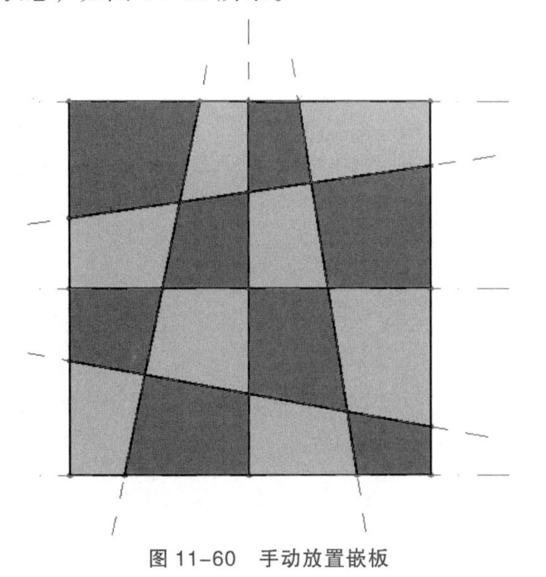

图 11-60　手动放置嵌板

切换至默认三维视图，并在视图控制栏中设置【视图样式】为“着色”选项，从而查看放置嵌板后的曲面效果，如图 11-61 所示。

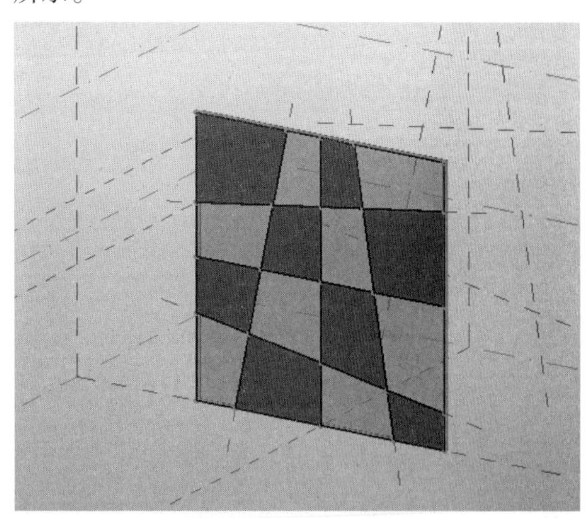

图 11-61　三维效果

11.3.4 创建图案填充

在体量当中，要使用体量的表面填充图案，必须创建体量填充图案的族。Revit 提供了“基于公制幕墙嵌板填充图案”和“自适应公制常规模型”两种族样板，用于自定义填充图案。

1. 创建标准表面填充图案

自动填充的规律图案与自适应的无规律图案，其创建模板有所不同，前者是通过“基于公制幕墙嵌板填充图案.rft”模板文件来创建的。

在 Revit 中，单击【应用程序菜单】按钮，选择【新建】|【族】选项，在打开的【新族 - 选择样板文件】对话框中选择“基于公制幕墙嵌板填充图案.rft”文件，单击【打开】按钮，进入族编辑器模式，如图 11-62 所示。

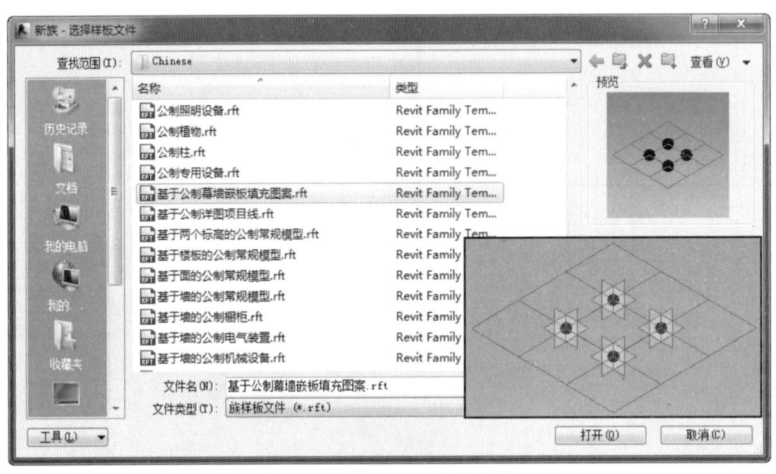

图 11-62 创建族样板文件

选中视图中的网格，在【属性】面板中设置【水平间距】和【垂直间距】参数值均为 3000mm，如图 11-63 所示。

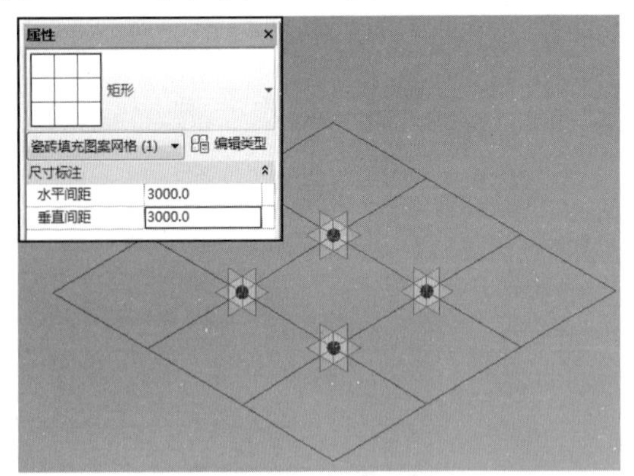

图 11-63 设置网格尺寸

提示

在【属性】面板中，除了能够设置网格的尺寸标注外，还能够修改网格的形状，只要打开面板中的下拉列表即可选择不同形状的选项。

在网格中，当前的点提供了三个方向的参照平面。将光标指向左侧的点，并配合 Tab 键选中水平方向的参照平面。选择【绘制】面板中的【点图元】工具，捕捉到点的位置单击，放置该点，如图 11-64 所示。按 Esc 键，退出放置状态。

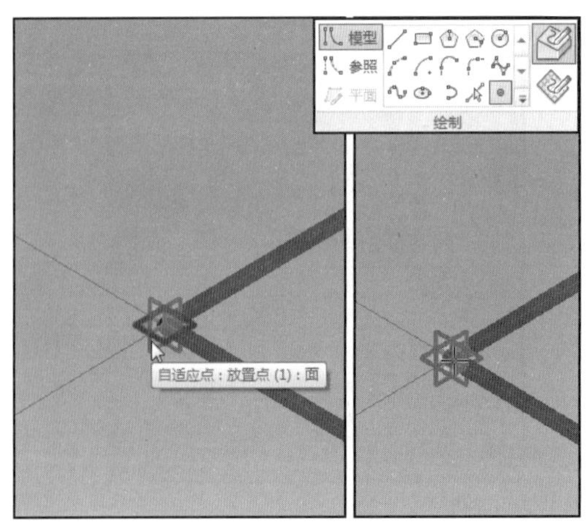

图 11-64 放置点

按照上述方法，激活对角点的水平参照平面，并使用【点图元】工具在点的位置单击放置点。配合 Ctrl 键同时选中放置的两个点，在【属性】面板中设置【偏移量】为 800mm，使其显示在点的上方 800mm 的位置，如图 11-65 所示。

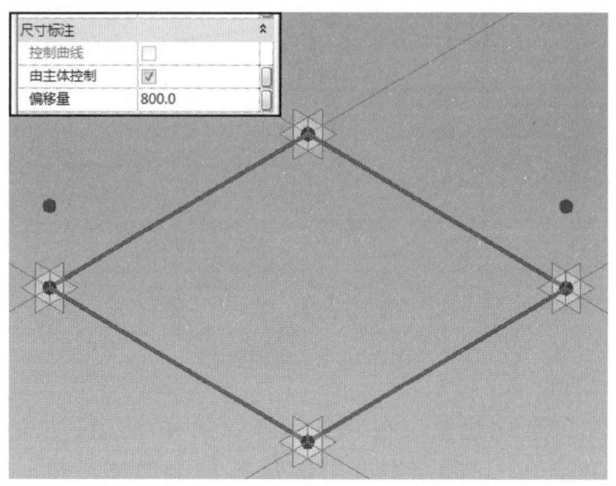

图 11-65　改变点的放置位置

单击【绘制】面板中的【参照线】按钮，并确定绘制工具为【直线】工具。在选项栏中启用【三维捕捉】选项后，依次捕捉两个点，完成参照平面的绘制。按 Esc 键退出，效果如图 11-66 所示。

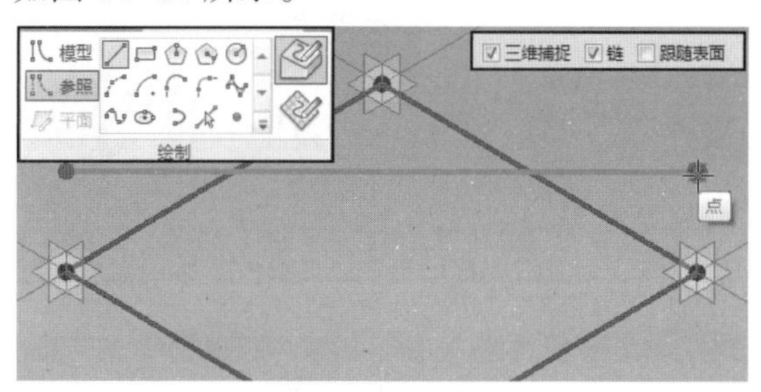

图 11-66　建立参照线

继续使用【参照线】工具，依次单击已有的点、空间中参照线的中点以及对角的点，从而形成空间的参照线。使用相同方法，建立其他对角点之间的参照线，如图 11-67 所示。

选择【绘制】面板中的【点图元】工具，在外侧参照线的任意位置上单击，放置该点，按 Esc 键退出。选择该点，激活该点的工作平面，如图 11-68 所示。

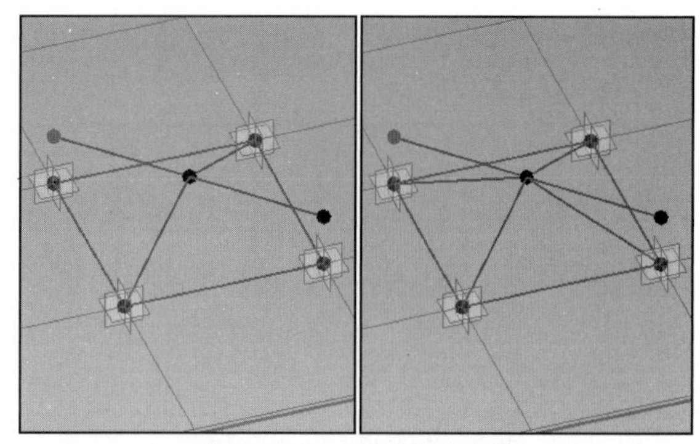

图 11-67　建立空间参照线

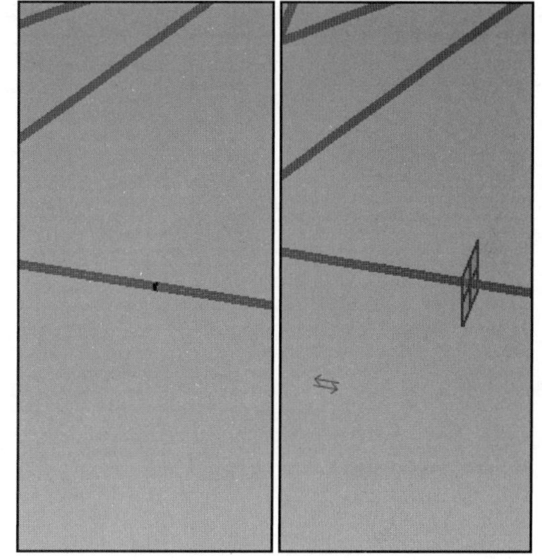

图 11-68　放置点

选择【绘制】面板中的【矩形】工具，禁用选项栏中的【三维捕捉】选项。在端点上单击，绘制 300×150mm 的矩形，确定放样轮廓的工作面，如图 11-69 所示。

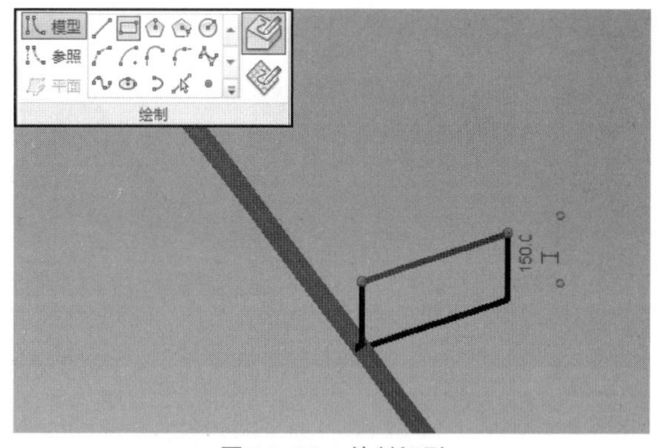

图 11-69　绘制矩形

配合 Ctrl 键，同时选择矩形和周围的参照平面。单击【形状】面板中的【创建形状】

按钮，沿所选的参照平面作为路径生成放样，如图 11-70 所示。

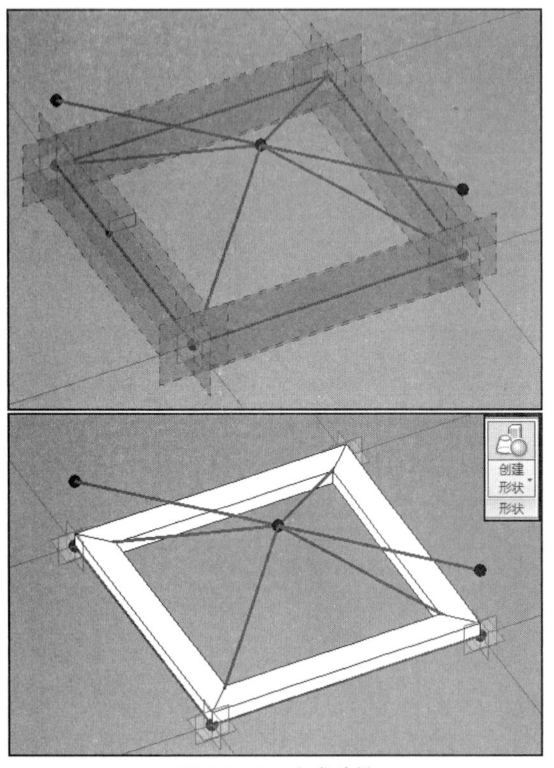

图 11-70 生成放样

选择一边的参照平面，并配合 Ctrl 键选择相邻的倾斜参照平面形成封闭的轮廓。选择【创建形状】工具，选择生成的方式为平面，形成空间的平面，如图 11-71 所示。

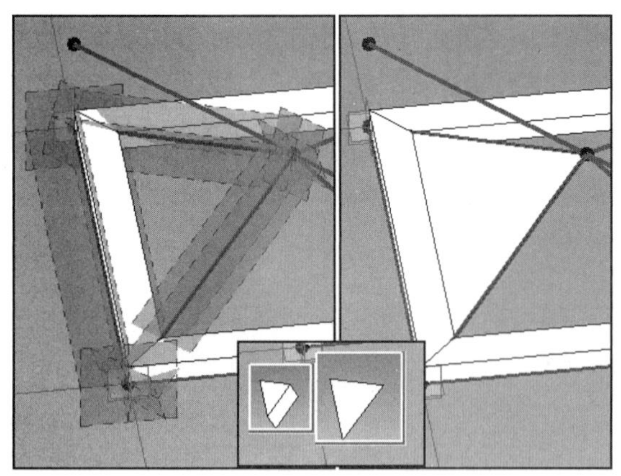

图 11-71 形成空间平面

按照上述方法，分别选择相邻的参照线后，单击【创建形状】按钮，选择生成的方式为平面，形成空间的平面，如图 11-72 所示。

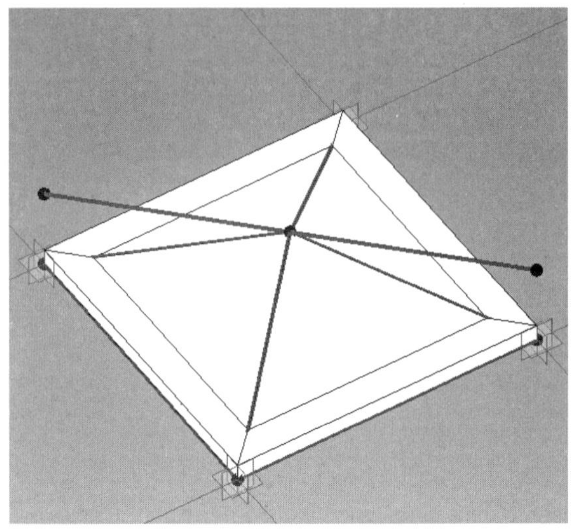

图 11-72 空间斜面

至此完成嵌板族的制作，保存该文件后，确定 Revit 同时打开分割网格后的曲面文件。单击【族编辑器】面板中的【载入到项目中】按钮，将制作好的图案族载入曲面体量中，即可使用该图案族填充曲面表面，如图 11-73 所示。

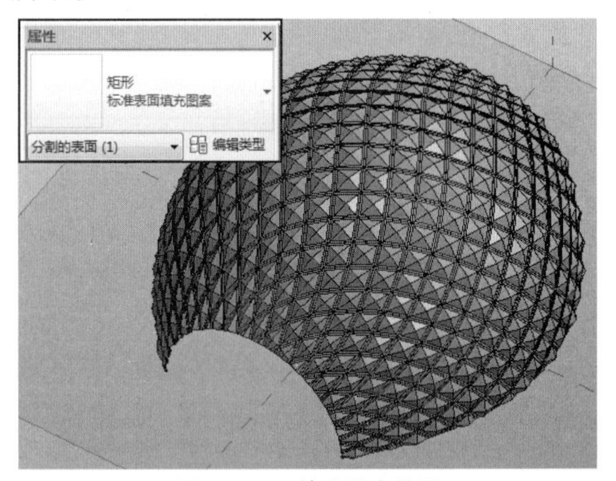

图 11-73 填充图案效果

2. 创建自适应构件

Revit 除了能够创建自动填充图案的图案族文件外，还能够创建用于自适应填充的自适应构件族文件。

方法是，单击【应用程序菜单】按钮，选择【新建】|【族】选项，在打开的【新族 - 选择样板文件】对话框中选择“自适应公制

常规模型.rft”文件，单击【打开】按钮，进入族编辑器模式，如图 11-74 所示。

图 11-74　新建样板文件

双击【项目浏览器】面板中的【参照标高】选项，切换至【参照标高】平面视图中。选择【绘制】面板中的【点图元】工具，由左至右、由上至下依次单击建立 4 个参照点，如图 11-75 所示。

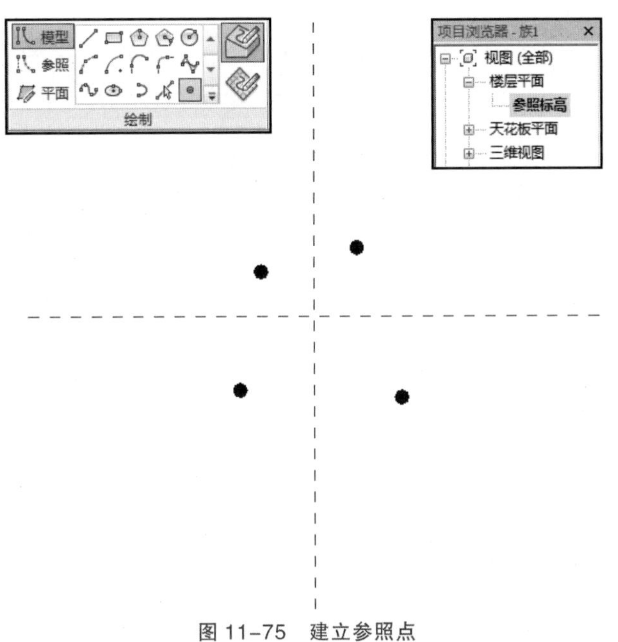

图 11-75　建立参照点

按 Esc 键退出绘制状态后，同时选中这 4 个参照点，单击【自适应构件】面板中的【使自适应】按钮，为参照点添加顺序编号，如图 11-76 所示。

切换至默认三维视图，选择【绘制】面板中【参照】中的【直线】工具，启用选项栏中的【三维捕捉】选项。按照顺序依次单击参照点，形成封闭的参照线，如图 11-77 所示。

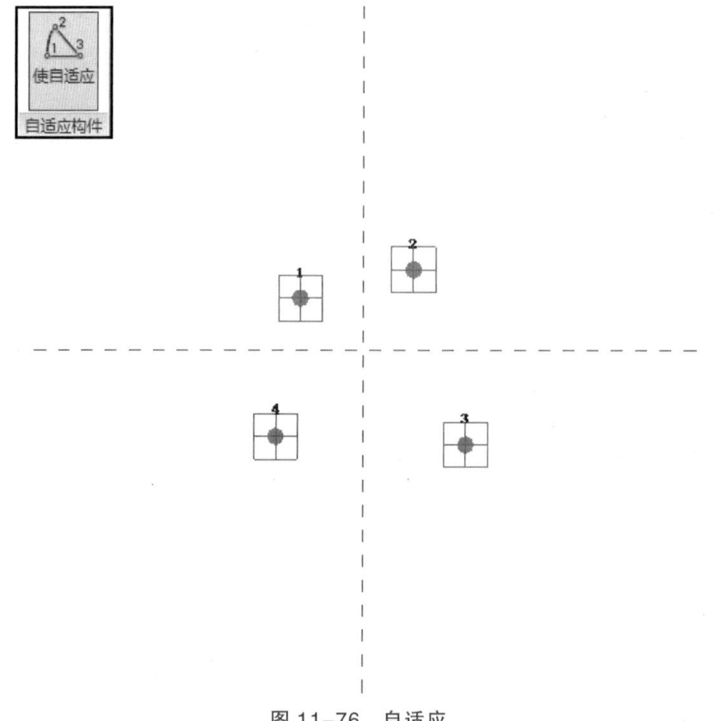

图 11-76　自适应

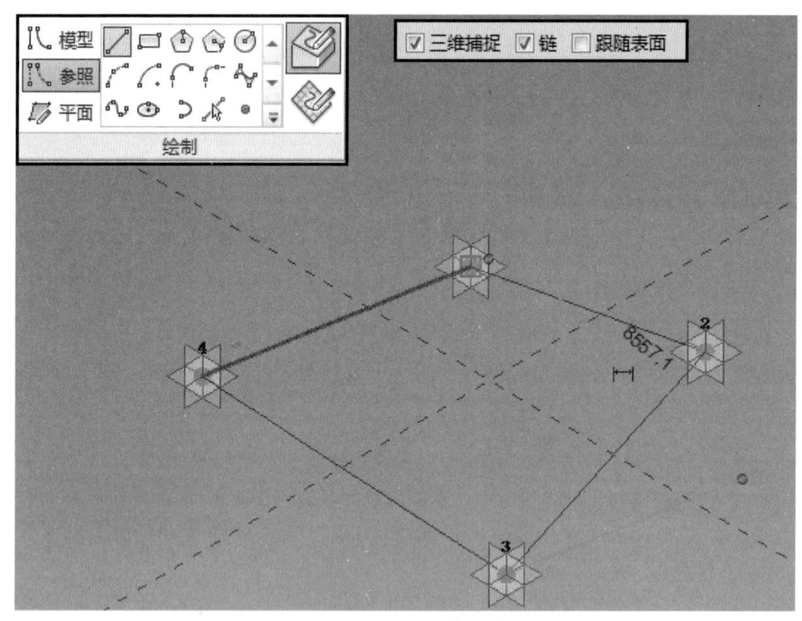

图 11-77　绘制参照线

按 Esc 键退出参照线绘制状态后，选择【点图元】工具在任意参照线上单击放置该点。使用模型线中的【矩形】工具，在点参照平面上绘制 100×50mm 的矩形，如图 11-78 所示。

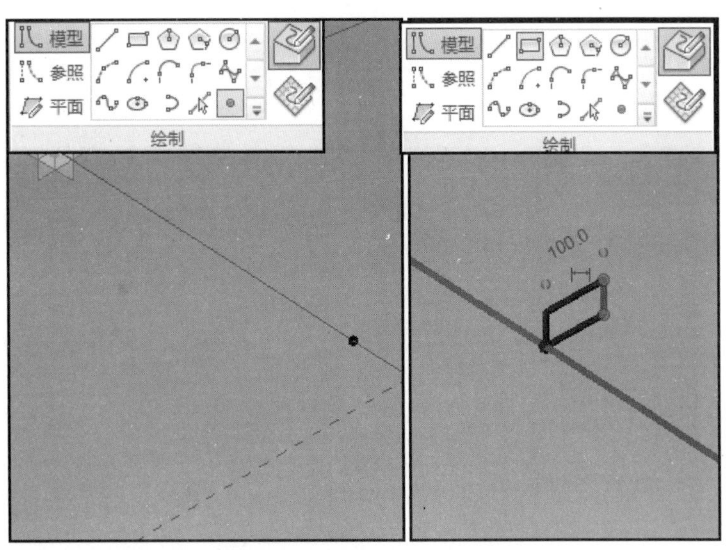

图 11-78　绘制点平面与矩形

技巧

在绘制参照线时，要想方便查看工作平面，可以单击【显示工作平面】按钮，激活【显示工作平面】工具。

按 Esc 键退出矩形绘制状态后，配合 Ctrl 键同时选择矩形和周围的参照线。选择【创建形状】工具，创建放样，如图 11-79 所示。

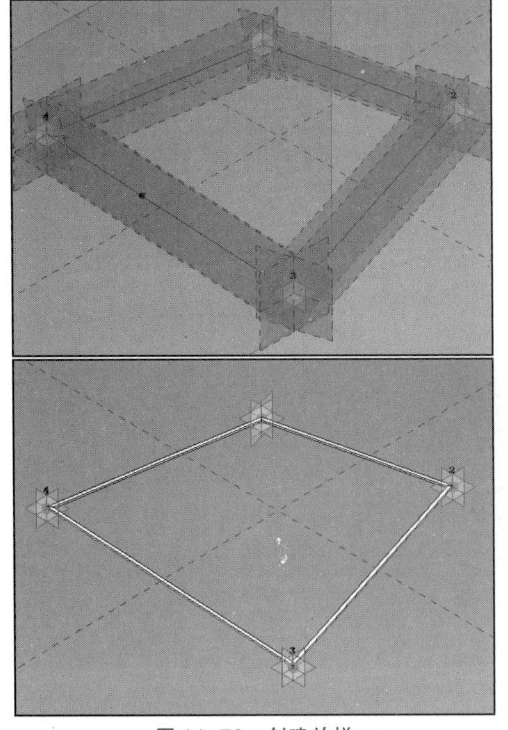

图 11-79　创建放样

继续选择参照线，单击【形状】面板中的【创建形状】按钮，选择创建的方式为平面，完成自适应构件的创建，如图 11-80 所示。

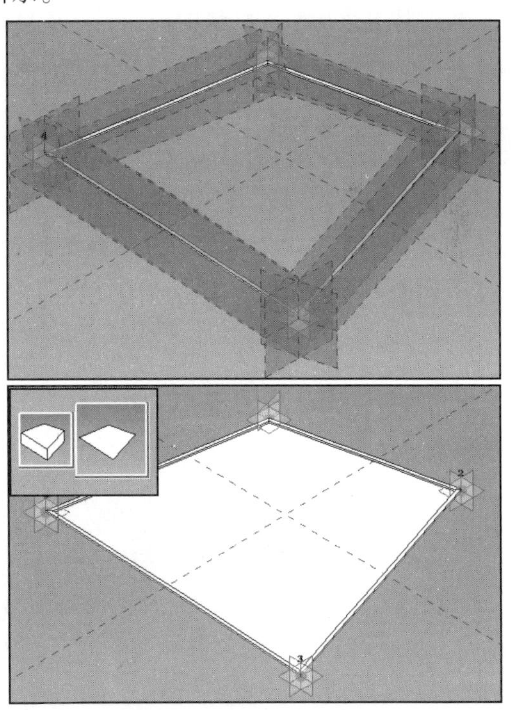

图 11-80　创建平面

保存该文件后，确定 Revit 同时打开分割网格后的曲面文件。单击【族编辑器】面板中的【载入到项目中】按钮，将制作好的图案族载入曲面体量中，即可手动为曲面填充图案，如图 11-81 所示。

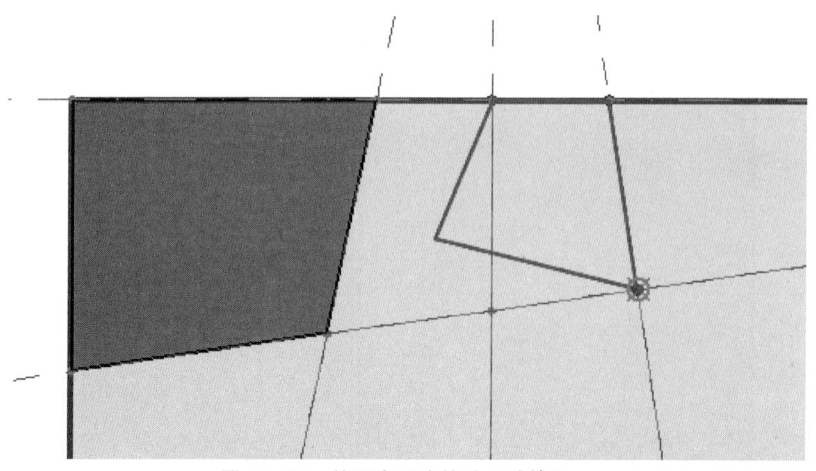

图 11-81　使用自适应构件手动填充

11.4 体量研究

生成体量之后，可以将体量载入至项目中进行分析和研究，并通过体量模型自动创建楼板、墙、幕墙、屋顶等基础建筑构件，快速完成平、立、剖视图等设计。

11.4.1 放置体量

当建立体量模型后，即可将该模型载入项目文件中，并根据该体量模型创建各种建筑构件。为了在项目中顺利地将体量模型转换为建筑模型，在建立体量模型时，就需要精确计算体量的尺寸。如图 11-82 所示，为下载文件中准备的体量模型。

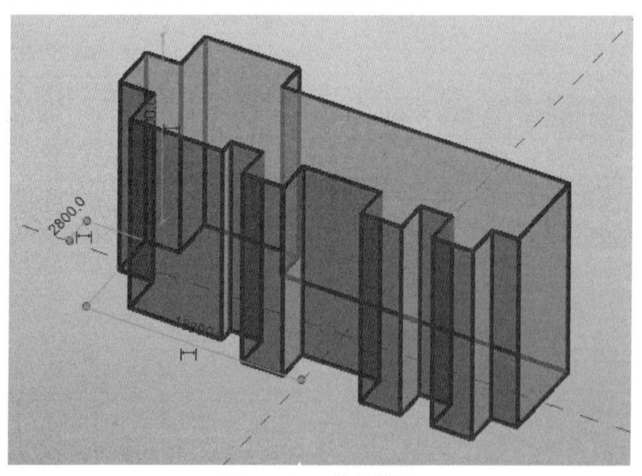

图 11-82　体量模型

在 Revit 中，打开下载文件中的“民用住宅 - 空项目.rvt”文件，在该项目中已经建立的标高如图 11-83 所示。

在【项目浏览器】面板中双击F1楼层平面选项，切换至F1楼层平面视图。在【插入】选项卡中，单击【从库中载入】面板中的【载入族】按钮，打开【载入库】对话框，选择“体量-民用住宅楼.rfa”体量文件，如图11-84所示。

F7 17.100

F6 14.250

F5 11.400

F4 8.550

F3 5.700

F2 2.850

F1 ±0.000

室外地坪 -0.620

图11-83　标高显示

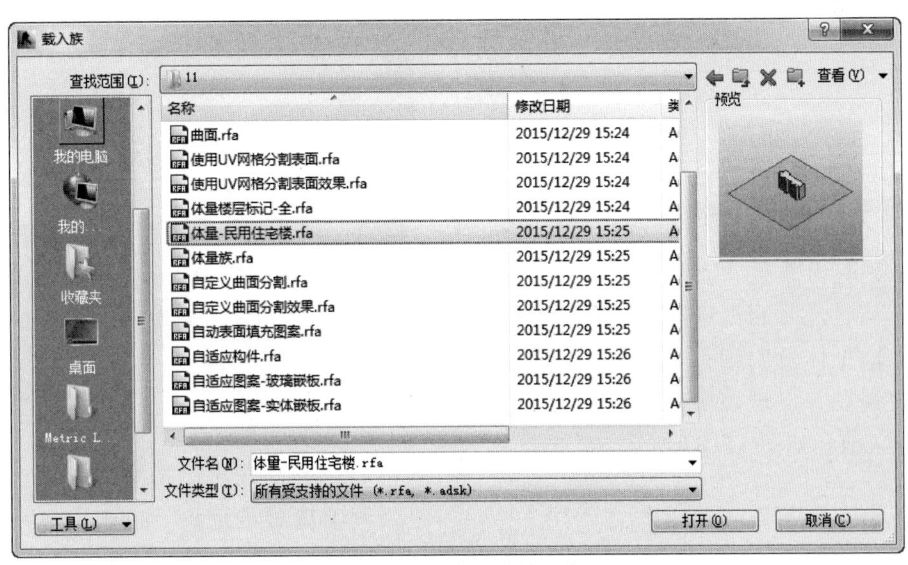

图11-84　载入体量文件

切换至【体量和场地】选项卡，单击【概念体量】面板中的【放置体量】按钮。在打开的【体

量 - 显示体量已启用】对话框中，单击【关闭】按钮，“显示体量”模式被启用，如图 11-85 所示。

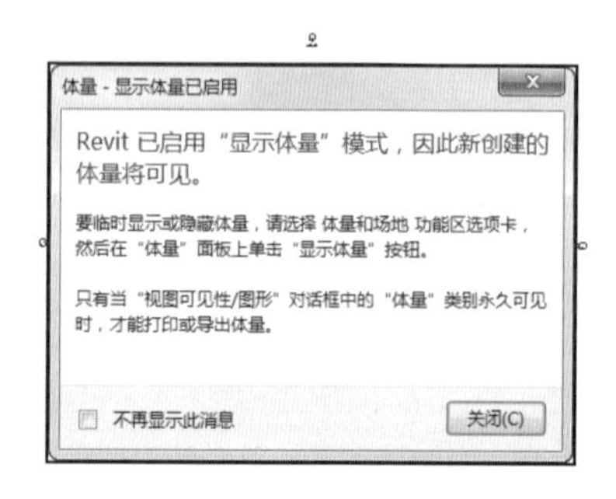

图 11-85 启用显示体量模式

确定【放置】面板中的【放置在工作平面上】工具被激活，选项栏中的【放置平面】选项为“标高：F1”。选择【属性】面板列表中的体量族为“体量 - 民用住宅楼”，在适当的位置单击放置该体量，如图 11-86 所示。

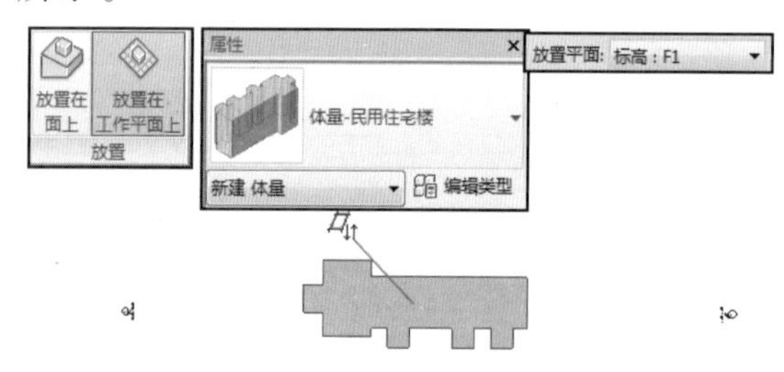

图 11-86 放置体量

按 Esc 键退出放置状态后，选中放置后的体量模型。双击【项目浏览器】面板中的【明细表 / 数量】|【体量明细表】选项，切换至体量明细表视图，发现该明细表中只有总表面积的具体数值，如图 11-87 所示。

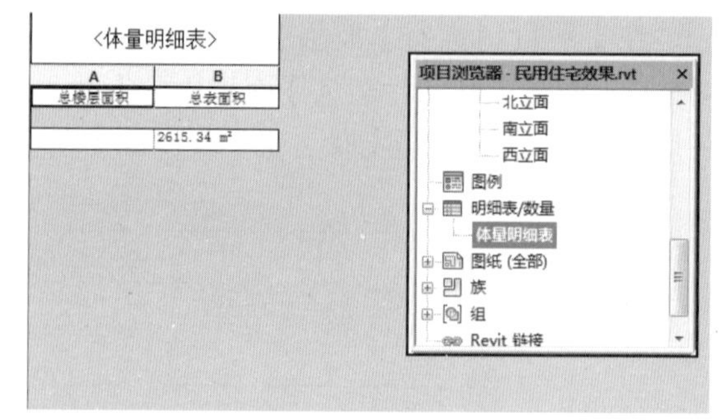

图 11-87 体量明细表

11.4.2 创建体量楼层

由于将体量模型放置在项目中并没有创建任何建筑构件，因此在体量明细表中没有显示总楼层面积的具体参数。要想将体量模型转换为建筑模型，首先要为体量模型创建楼层。

打开放置体量模型的项目文件后，切换至默认三维视图。如果三维视图中没有显示体量模型，则切换至【体量和场地】选项卡，单击【概念体量】面板中的【显示体量形状和楼层】按钮，显示体量模型，如图 11-88 所示。

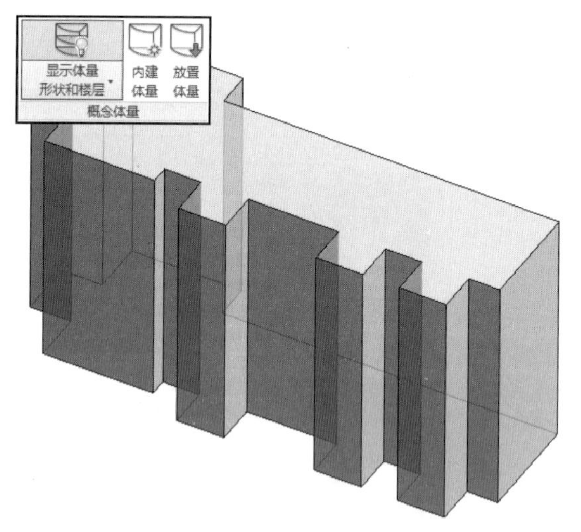

图 11-88 显示体量模型

选中体量模型后，单击【模型】面板中的【体量楼层】按钮，在打开的【体量楼层】对话框中依次启用 F1、F2、F3、F4、F5 和 F6 选项，如图 11-89 所示。

图 11-89 【体量楼层】对话框

单击【确定】按钮后，关闭【体量楼层】对话框，可发现选中的体量模型创建了体量楼层，如图 11-90 所示。

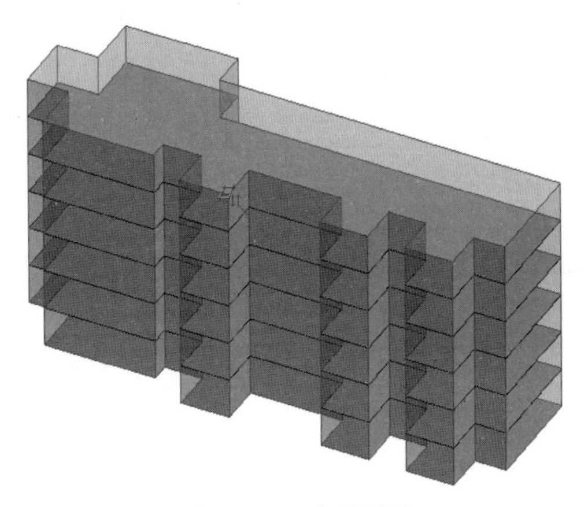

图 11-90 体量楼层

注 意

通过体量模型创建体量楼层时，即使只有一层楼层，也必须通过【体量楼层】工具进行创建。

这时，双击【项目浏览器】面板中的【体量明细表】选项，打开体量明细表。体量明细表中的总楼层面积显示了具体参数，如图 11-91 所示。

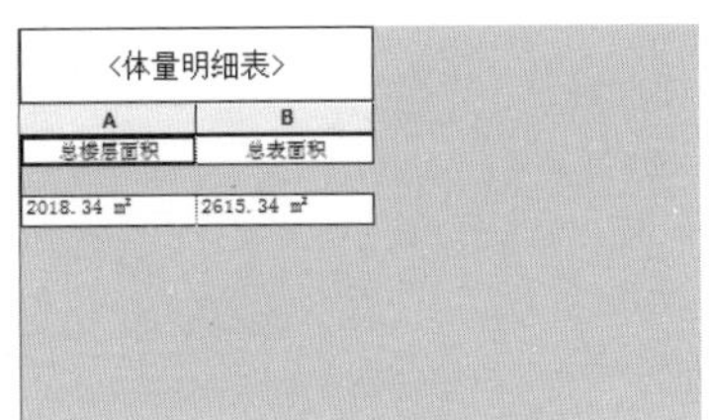

<体量明细表>	
A	B
总楼层面积	总表面积
2018.34 m^2	2615.34 m^2

图 11-91 体量明细表

11.4.3 编辑体量楼层

当创建了体量楼层后，体量的楼层面积、外表面面积、周长、体积等参数已经自动化完成，并存储在其图元属性中。可以单独选择体量的某个楼层，在【属性】面板中查看体量楼层的各种参数，如图 11-92 所示。

在【属性】面板中，【楼层周长】、【楼层面积】、【外表面积】、【楼层体积】以及【标高】选项均为只读参数，只能查看不能编辑。在【标识数据】选项组中的【用途】文本框中输入“住宅”，如图 11-93 所示。按照上述方法，分别设置 F1、F2、F3、F4 和 F6 标高的【用途】为“住宅”。

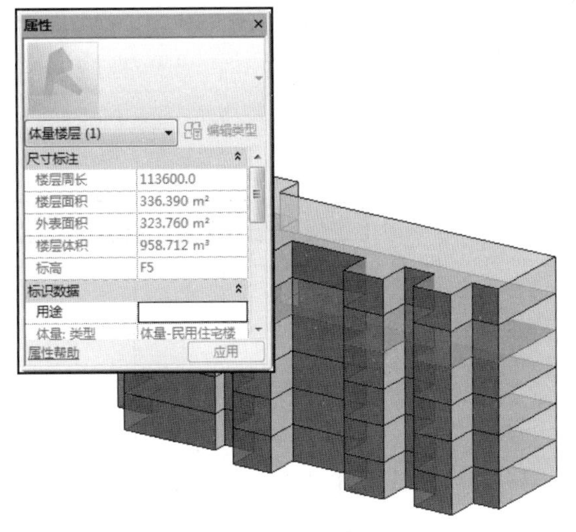

图 11-92 体量楼层属性

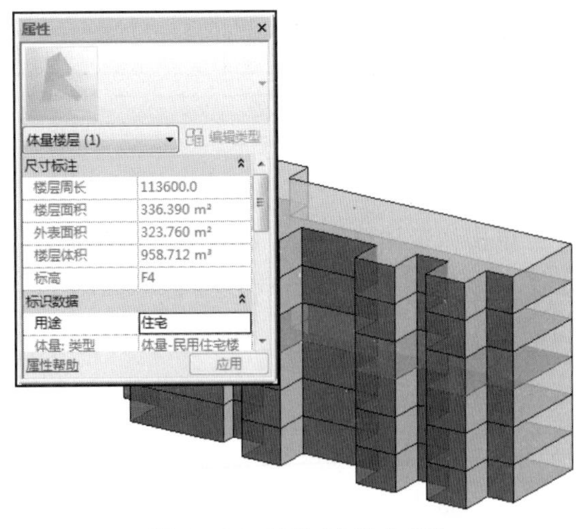

图 11-93 设置【用途】参数

切换至南立面视图，选择【载入族】工具。在打开的【载入族】对话框中，选择“体量楼层标记.rfa”注释族文件，如图 11-94 所示。

切换至【注释】选项卡，单击【标记】面板中的【按类别标记】按钮，在选项栏中启用【引线】选项，并选择下拉列表中的“自由端点”。将光标指向体量模型右下角的 F1 标高，配合 Tab 键选择体量楼层面，这时出现体量楼层标记预览效果，如图 11-95 所示。

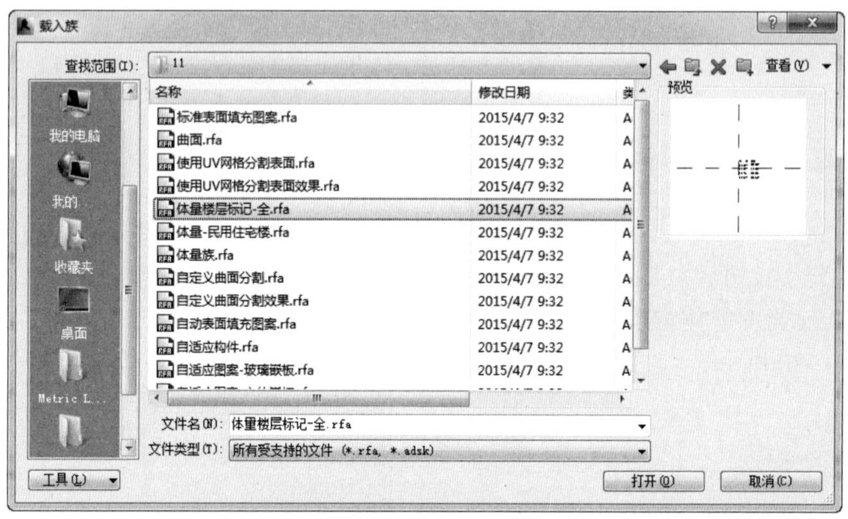

图 11-94　载入注释族文件

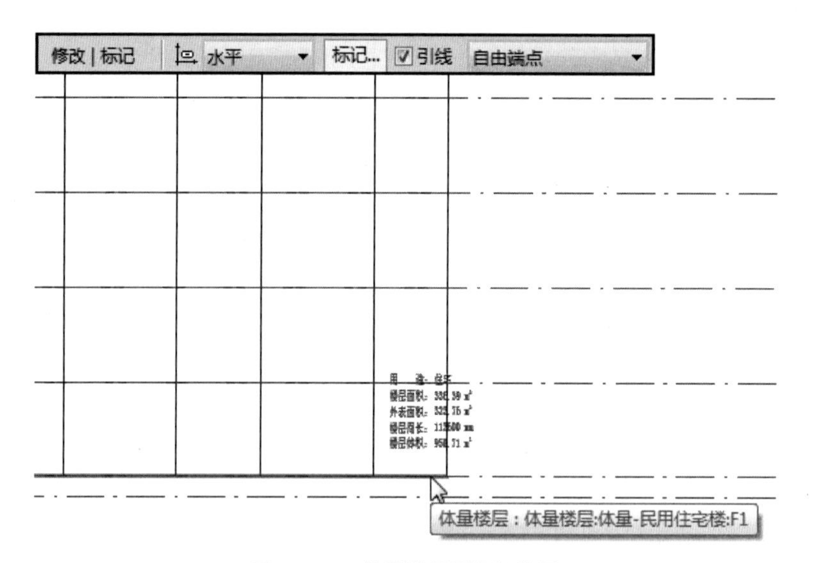

图 11-95　体量楼层面标记效果

单击体量楼层面后，向右上方移动光标。然后在体量模型外单击捕捉引线折点，继续向右水平移动光标再次单击放置标记，如图 11-96 所示。

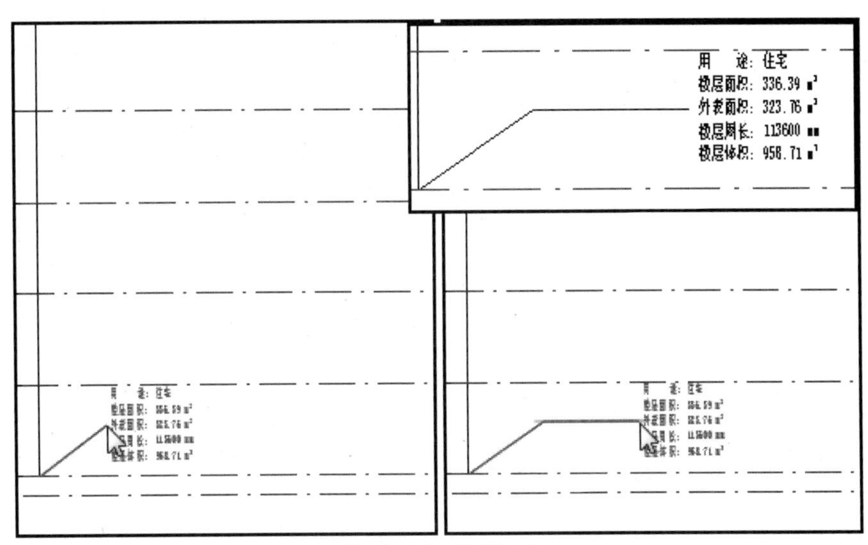

图 11-96 放置标记

选中放置后的标记，在【属性】面板中单击【编辑类型】选项，打开【类型属性】对话框。单击【引线箭头】右侧的下拉按钮，选择“空心点 3mm”选项，单击【确定】按钮改变标记引线箭头效果，如图 11-97 所示。

使用相同方法，用【按类别标记】工具依次拾取 F2 ~ F6 体量楼层面，放置标记，如图 11-98 所示。

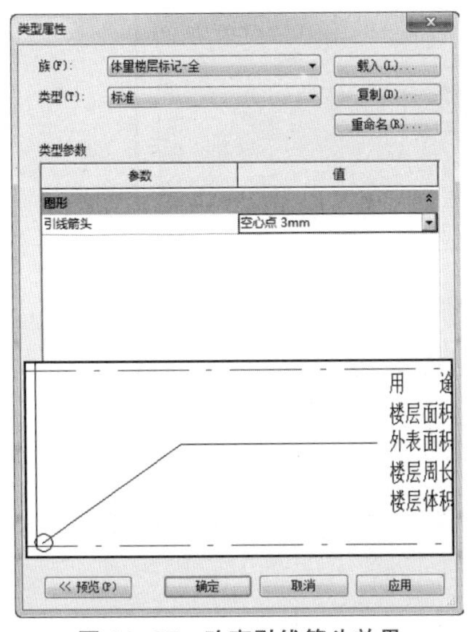

图 11-97 改变引线箭头效果

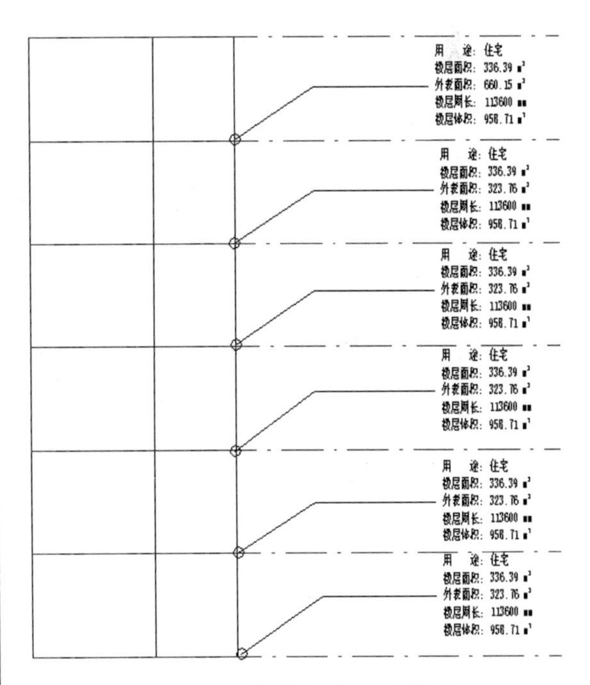

图 11-98 体量楼层各层面的标记

11.5 通过体量表面创建建筑图元

当为体量模型创建楼层后，还可以通过【面模型】工具使体量模型快速转换成方案设计的初步模型，有利于业主对建筑方案的选择。

11.5.1 创建面模型

为了将体量模型转换为建筑模型，需要为其创建各种建筑构件，而建筑构件的创建可以通过【面模型】面板中的各种工具来实现。

打开下载文件中的“民用住宅效果－原文件.rvt”项目文件，在默认三维视图中通过【显示体量形状和楼层】工具显示体量模型。切换至【体量和场地】选项卡，单击【面模型】面板中的【楼板】按钮，确定【多重选择】面板中的【选择多个】工具被激活。选择【属性】面板中楼板类型列表中的“民用住宅－室内楼板”选项，依次单击生成后的体量楼层，如图 11-99 所示。

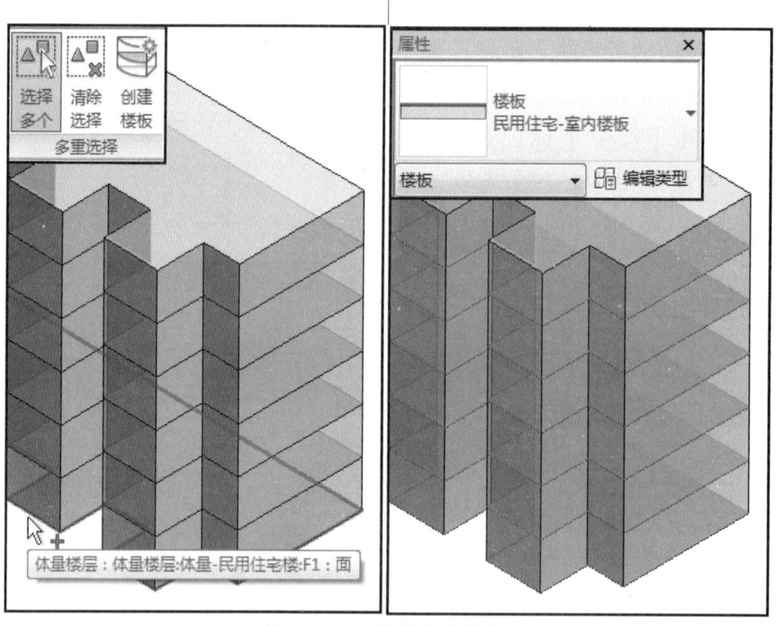

图 11-99 选择体量楼层

选择体量模型中的所有楼层后，单击【多重选择】面板中的【创建楼板】按钮，Revit 将沿所选体量楼层的范围创建楼板，如图 11-100 所示。

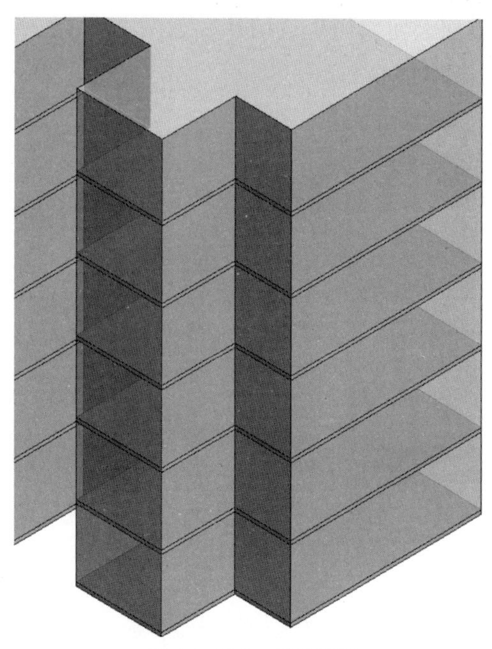

图 11-100　创建楼板

技巧

对于体量楼板，除了使用【面模型】面板中的【楼板】工具进行创建外，还可以通过【建筑】面板中【楼板】下拉列表中的【面楼板】工具进行建立，两者的功能完全一致。

按 Esc 键退出楼板创建状态后，选择【面模型】面板中的【面墙】工具，设置选项栏中的【标高】为 F1，【高度】为“自动”，【定位线】为“面层面：外部”，选择【属性】面板中墙类型列表中的“民用住宅 - 外墙”选项。依次单击体量外表面，使其生成墙体，如图 11-101 所示。

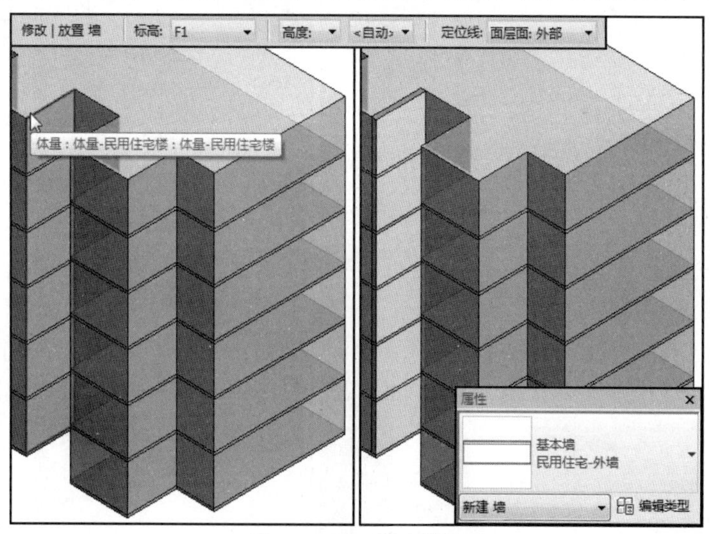

图 11-101　创建墙体

继续单击其他的体量外表面，使它们生成墙体，如图 11-102 所示。注意，最左侧的体量外表面不需要生成墙体。

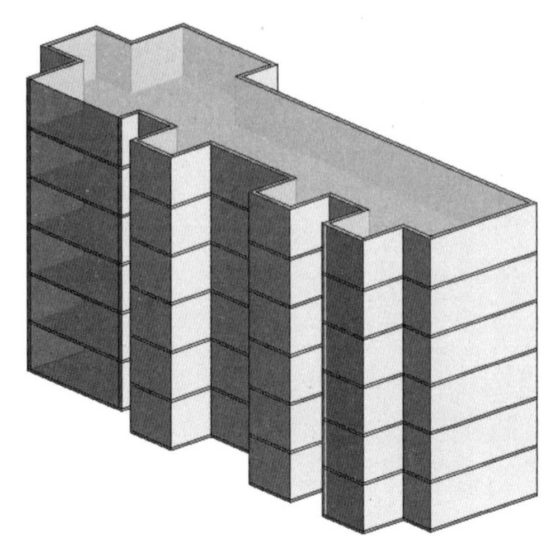

图 11-102　整体墙体效果

按 Esc 键退出墙体创建状态后，选择【面模型】面板中的【面幕墙系统】工具，确定【属性】面板列表中为“幕墙系统”选项。单击体量最左侧的外表面后，选择【多重选择】面板中的【创建系统】工具，创建幕墙，如图 11-103 所示。

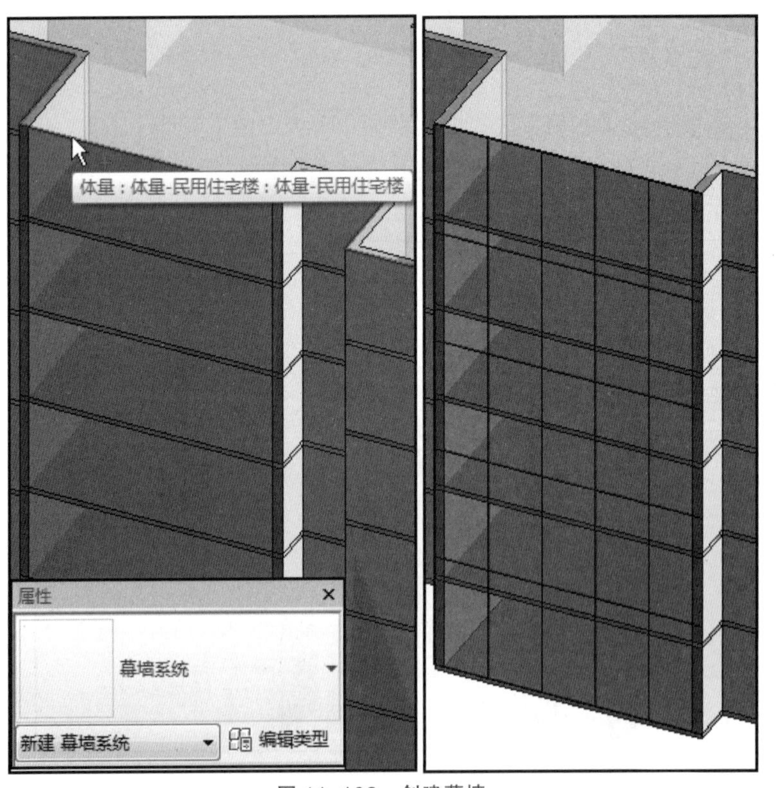

图 11-103　创建幕墙

按 Esc 键退出幕墙创建状态后，选择【面模型】面板中的【面屋顶】工具，确定【属性】面板中的屋顶类型列表选项为“民用住宅 - 平屋顶”。单击体量顶部表面后，选择【多重选择】面板中的【创建屋顶】工具，创建屋顶，如图 11-104 所示。

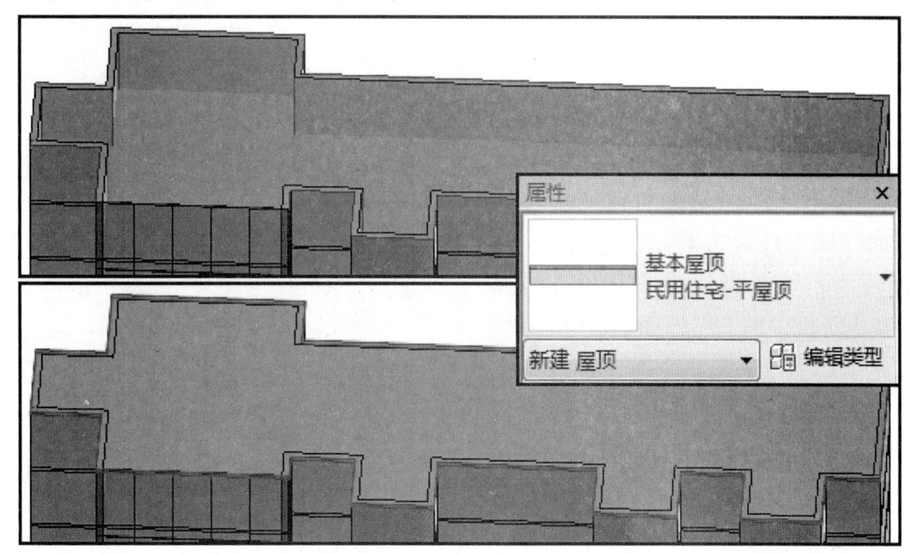

图 11-104　创建屋顶

按 Esc 键退出后，完成体量模型转换为建筑模型的基本操作，如图 11-105 所示。这时可以继续使用前面介绍的添加门窗、内部墙体的方式进一步细化模型。

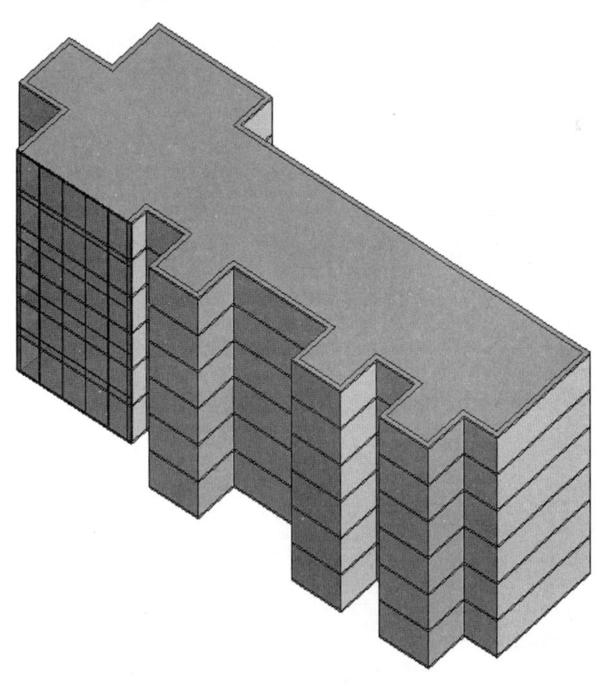

图 11-105　建筑模型基本效果

11.5.2 编辑面模型

通过【面模型】面板中的工具创建的楼板、墙体、幕墙系统等图元的编辑方法与直接创建的楼板、墙体和幕墙系统的编辑方法完全相同；而屋顶图元除了不能像编辑迹线屋顶的轮廓和坡度那样外，其他编辑方法也和迹线屋顶完全一样。此外，体量面模型还可以使用面模型的专属工具来编辑。

当选择幕墙系统或者屋顶图元后，可以激活【面模型】面板中的【编辑面选择】工具。这里选择的是幕墙系统，单击【编辑面选择】按钮后，移动光标在已有幕墙系统的体量面上单击。切换至【修改 | 编辑幕墙系统的面】选项卡，在【多重选择】面板中可以选择【清除选择】工具或者【重新创建系统】工具，如图 11-106 所示。

这时可以删除该面上的幕墙系统，并重新创建。或者是单击【属性】面板中的【编辑类型】选项，打开【类型属性】对话框，按照介绍过的幕墙系统编辑方法编辑幕墙，如图 11-107 所示。

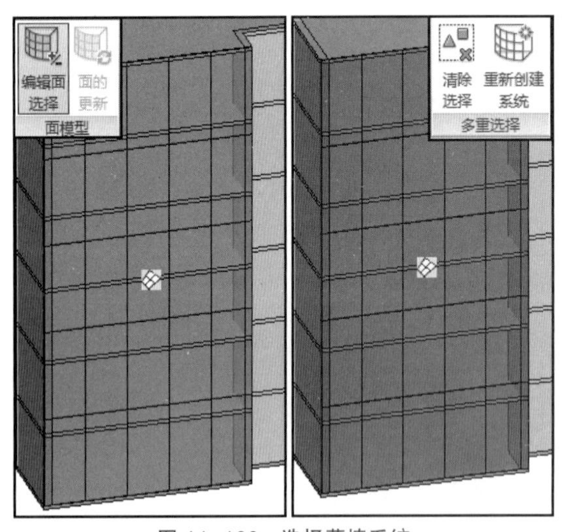

图 11-106　选择幕墙系统

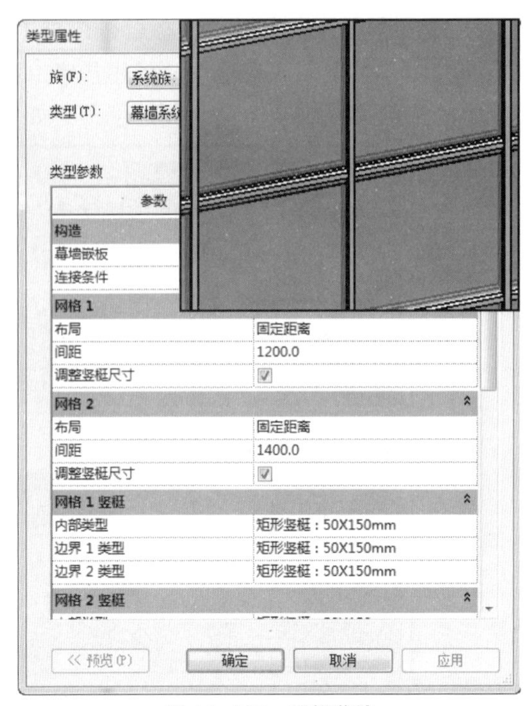

图 11-107　编辑幕墙

所谓面的更新，是指在通过体量面创建了建筑图元后，如果修改了体量，则基于面的建筑图元可以自动更新，无须删除后重新拾取创建。可以按以下两种方法之一自动更新基于面的建筑图元。

一种是选择屋顶，单击【面的更新】工具，屋顶即可自动匹配体量表面大小（其他幕墙系统、墙、楼板图元同理）。

另一种是选择编辑后的体量模型，单击【相关主体】工具，系统会自动查找并蓝色亮显与该体量相关的建筑构件。然后再单击【面的更新】工具，即可自动将所有建筑图元匹配体量表面大小。

例如，在基于体量模型的基础上创建完成建筑构件后，在三维视图中，移动光标至底层楼板边位置，配合 Tab 键循环切换。当左下角显示“体量：体量 - 民用住宅楼：体量 - 民用住宅楼”时单击选择体量模型，如图 11-108 所示。

在体量模型右侧，单击临时尺寸标注的参数值，输入 10000 并按 Enter 键后，移动体量模型，如图 11-109 所示。

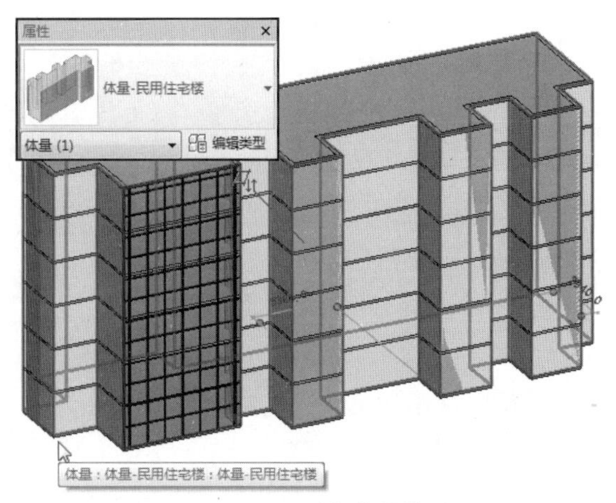

图 11-108　选择体量模型

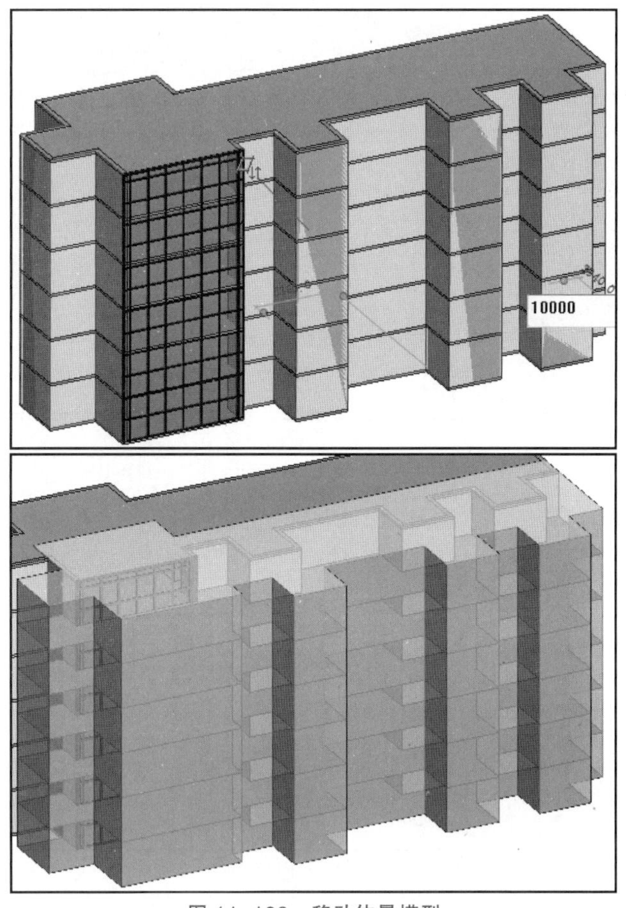

图 11-109　移动体量模型

选中移动后的体量模型，单击【模型】面板中的【相关主体】按钮，Revit 会自动查找并蓝色显示与该体量相关的建筑构件。然后单击【面模型】面板中的【面的更新】按钮，即可自动将所有建筑图元匹配体量表面位置，如图 11-110 所示。

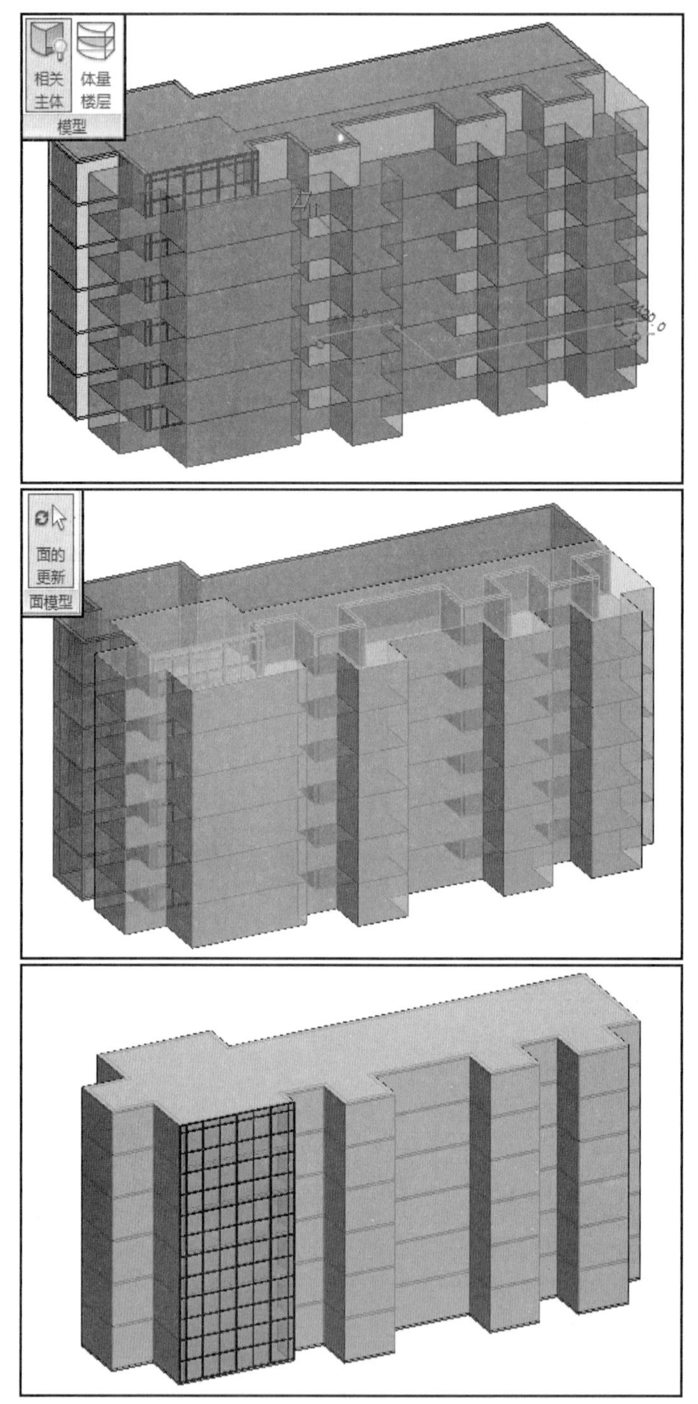

图 11-110　面的更新

第 12 章

明细表应用

Revit 中的明细表是以表格的形式显示信息的，这些信息是从项目中的图元属性中提取的。在设计过程中的任何时候均能够创建明细表，如果对项目的修改会影响明细表，则明细表将自动更新以反映这些修改。

在本章中，将了解 Revit 明细表的各种类型，以及创建方法、编辑方法与导出方式，从而将项目中的各种参数详细列出，帮助后期施工顺利进行。

本章学习目标

- 掌握构件明细表的创建方法
- 掌握明细表的编辑方法
- 掌握明细表的导出方式
- 了解其他常用明细表类型

12.1 构件明细表

Revit 可以分别统计模型图元数量、材质数量、图纸列表、视图列表、注释块列表和图形柱明细表等。在进行施工图设计时，最常用的统计表格是门窗统计表和图纸列表。下面以门窗统计表为例介绍明细表的创建、编辑与导出操作方法。

12.1.1 创建构件明细表

与门窗等图元有实例属性和类型属性一样，明细表也分为实例明细表和类型明细表两种。

实例明细表 按个数逐行统计每一个图元实例的明细表。

类型明细表 按类型逐行统计某一类图元总数的明细表。

在 Revit 中创建建筑模型后，即可在【项目浏览器】面板中提供【明细表 / 数量】视图类别，并且在该类别下默认提供【门明细表】和【窗明细表】选项，如图 12-1 所示。

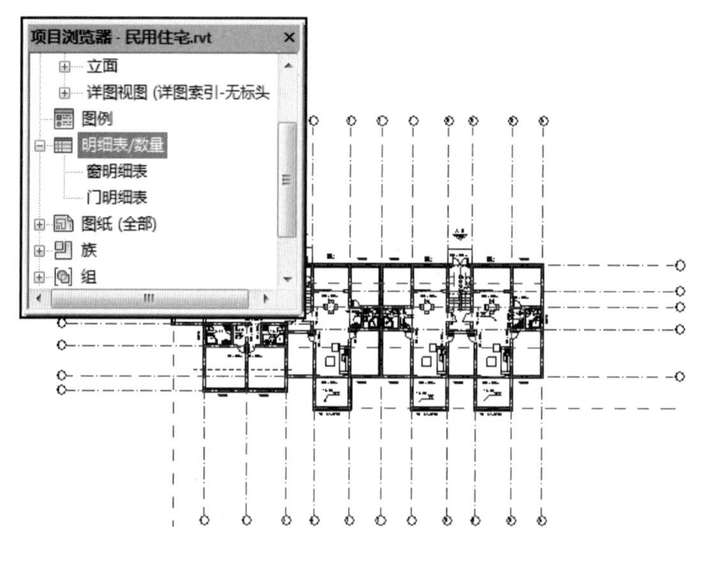

图 12-1　明细表视图类别

双击【门明细表】选项，打开明细表视图。在该明细表中，能够查看建筑中所有的门构件，并且了解门的尺寸、数量等信息，如图 12-2 所示。

在 Revit 中，可以使用【明细表】工具来创建任意构件的明细表。方法是在【视图】选项卡中，单击【创建】面板中的【明细表】下拉三角，在打开的列表中选择【明细表 / 数量】选项，如图 12-3 所示。

〈门明细表〉

A	B	C	D	E	F	G	H
	洞口尺寸			樘数			
设计编号	高度	宽度	参照图集	总数	标高	备注	类型
700 x 2100mm	2100	700		11	F1		单扇平开木门1
700 x 2100mm	2100	700		11	F2		单扇平开木门1
700 x 2100mm	2100	700		11	F3		单扇平开木门1
700 x 2100mm	2100	700		11	F4		单扇平开木门1
700 x 2100mm	2100	700		11	F5		单扇平开木门1
700 x 2100mm	2100	700		11	F6		单扇平开木门1
800 x 2100mm	2100	800		5	F1		单扇平开镶玻璃
800 x 2100mm	2100	800		5	F2		单扇平开镶玻璃
800 x 2100mm	2100	800		5	F3		单扇平开镶玻璃
800 x 2100mm	2100	800		5	F4		单扇平开镶玻璃
800 x 2100mm	2100	800		5	F5		单扇平开镶玻璃
800 x 2100mm	2100	800		5	F6		单扇平开镶玻璃
900 x 2100 m	2100	900		4	F1		单扇平开木门3
900 x 2100 m	2100	900		4	F2		单扇平开木门3
900 x 2100 m	2100	900		4	F3		单扇平开木门3
900 x 2100 m	2100	900		4	F4		单扇平开木门3
900 x 2100 m	2100	900		4	F5		单扇平开木门3
900 x 2100 m	2100	900		4	F6		单扇平开木门3
1000 x 2400	2400	1000		3	F1		门洞
1000 x 2400	2400	1000		3	F2		门洞
1000 x 2400	2400	1000		3	F3		门洞
1000 x 2400	2400	1000		3	F4		门洞
1000 x 2400	2400	1000		3	F5		门洞
1000 x 2400	2400	1000		3	F6		门洞
1500 x 2100	2100	1500		2	F1		双扇平开格栅门
2400 x 2100m	2100	2400		8	F1		双扇推拉门2
2400 x 2100m	2100	2400		8	F2		双扇推拉门2
2400 x 2100m	2100	2400		8	F3		双扇推拉门2
2400 x 2100m	2100	2400		8	F4		双扇推拉门2
2400 x 2100m	2100	2400		8	F5		双扇推拉门2
2400 x 2100m	2100	2400		7	F6		双扇推拉门2

图 12-2　门明细表

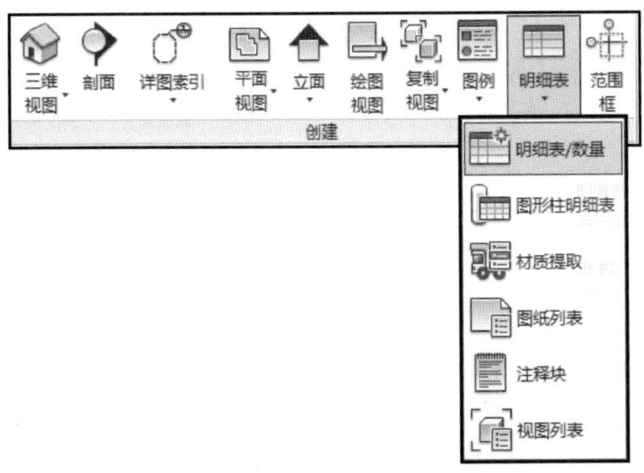

图 12-3　选择【明细表 / 数量】选项

在打开的【新建明细表】对话框中，选择【类别】列表中的【窗】选项，在【名称】文本框中输入文字“民用住宅 - 窗明细表”，如图 12-4 所示。

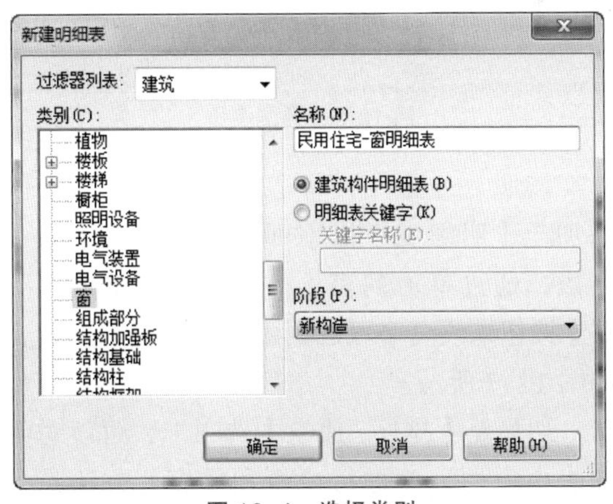

图 12-4　选择类别

继续在该对话框中，启用【建筑构件明细表】选项，并确定【阶段】选项为“新构造”，单击【确定】按钮关闭该对话框后打开【明细表属性】对话框，如图 12-5 所示。

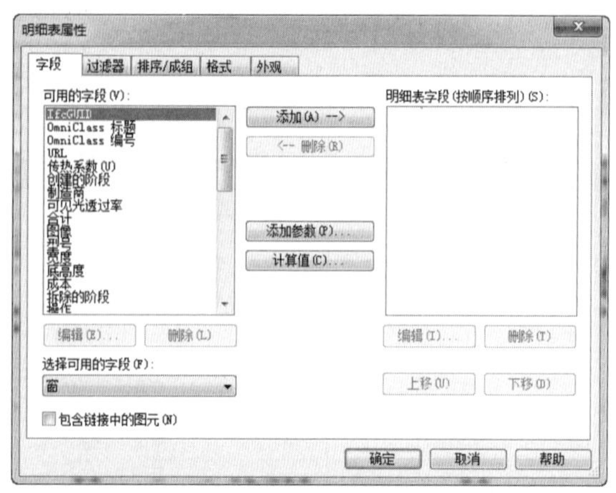

图 12-5 【明细表属性】对话框

在该对话框中，单击【可用的字段】列表中的“宽度”选项后，单击【添加】按钮，即可将“宽度”选项添加至【明细表字段】列表中，如图 12-6 所示。

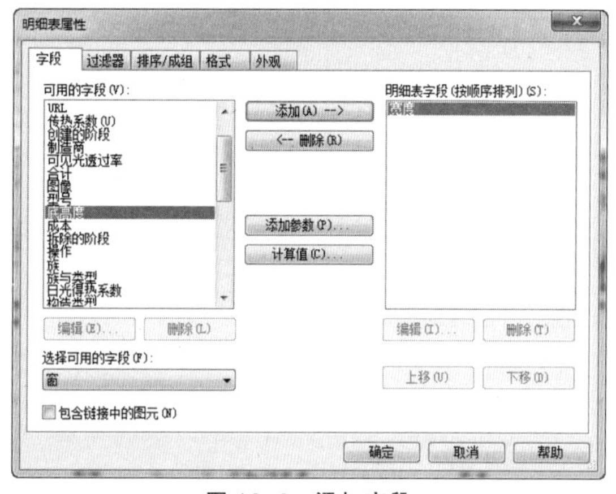

图 12-6 添加字段

按照上述方法，将适用于窗构件的字段添加至【明细表字段】列表中后，选中某个字段，通过单击列表下方的【上移】或【下移】按钮来改变字段在明细表中的显示位置，如图 12-7 所示。

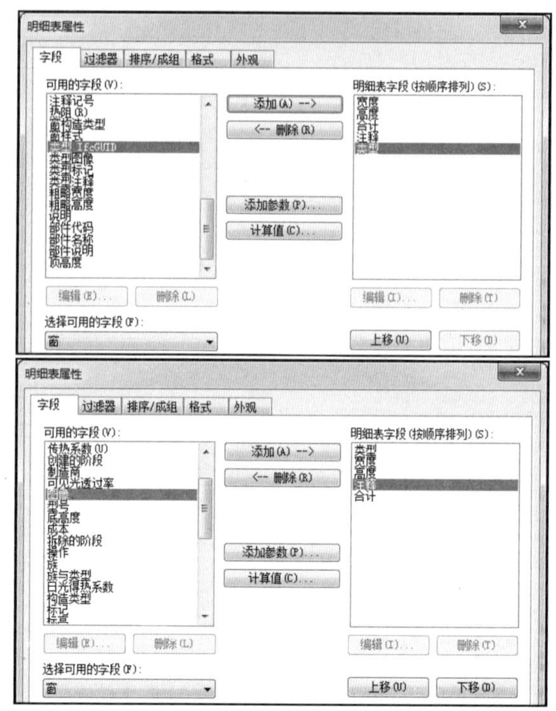

图 12-7 排列字段

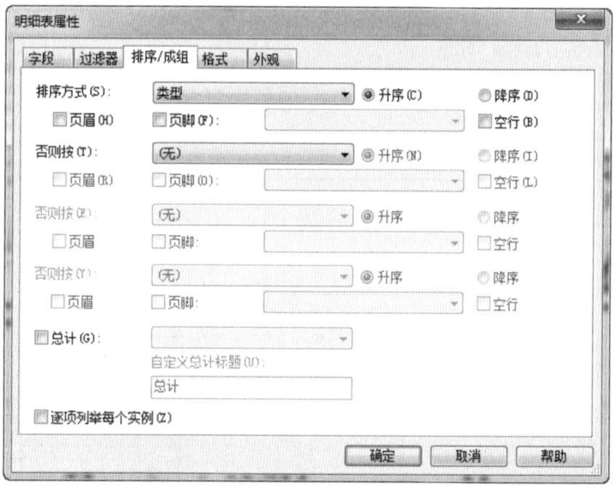

切换至【排序 / 成组】选项卡，可以对明细表中窗的分类进行成组和排序。方法是，选择【排序方式】为“类型”选项，并启用【升序】选项，禁用底部的【逐项列举每个实例】选项，如图 12-8 所示。

图 12-8 【排序 / 成组】选项卡

继续切换至【外观】选项卡，在【图形】选项组中，启用【网格线】选项，并选择方式为“细线”；启用【轮廓】选项，并选择方式为“中粗线”，同时禁用【数据前的空行】选项，如图 12-9 所示。

在【文字】选项组中，分别启用【显示标题】和【显示页眉】选项，然后设置【标题文本】为“7mm 仿宋”，如图 12-10 所示。

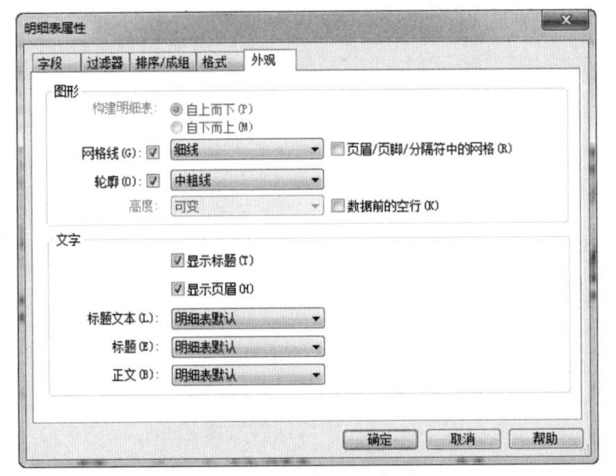

图 12-9　设置【图形】选项组

图 12-10　设置【文字】选项组

完成设置后，单击【确定】按钮关闭该对话框，完成明细表的设置，Revit 直接创建并打开设置好的明细表，如图 12-11 所示。

<民用住宅-窗明细表>

A	B	C	D	E
类型	宽度	高度	注释	合计
900 x 1200 m	900	800		10
1800 x 1400m	1800	1400		24
TLC0915	900	1500		12
TLC1515	1500	1500		60
双层三列-上部	2400	1800		24

图 12-11　明细表效果

12.1.2 编辑明细表

对于创建好的明细表，可以随时重新编辑其字段、过滤器、排序方式、格式、外观或表格样式等。另外在明细表视图中同样可以编辑图元的族、类型、宽度等参数，也可以自动定位构件在模型中的位置。

1. 编辑表格

在明细表视图中，不仅能够修改表格样式，还能够重新命名字段名称。单击表格中的“高度”字段并拖动鼠标至“宽度”字段将其同时选中，单击【标题和页眉】面板中的【成组】按钮，生成新的页眉成组。在新的页眉中输入名称为“尺寸”，单击 Enter 键修改明细表的外观，如图 12-12 所示。

单击明细表中的任意页眉，进入文字编辑模式。这里单击的是“合计”字段，修改为“樘数”，单击 Enter 键完成页眉名称的修改，如图 12-13 所示。

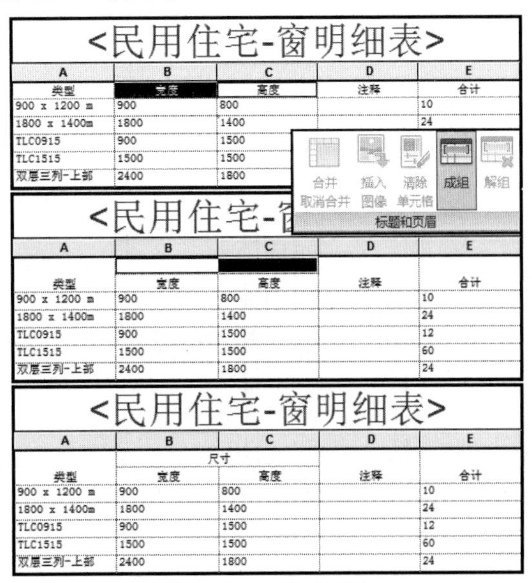

图 12-12　修改页眉

<民用住宅-窗明细表>

A	B	C	D	E
	尺寸			合计
类型	宽度	高度	注释	
900 x 1200 m	900	800		10
1800 x 1400m	1800	1400		24
TLC0915	900	1500		12
TLC1515	1500	1500		60
双层三列-上部	2400	1800		24

<民用住宅-窗明细表>

A	B	C	D	E
	尺寸			
类型	宽度	高度	注释	樘数
900 x 1200 m	900	800		10
1800 x 1400m	1800	1400		24
TLC0915	900	1500		12
TLC1515	1500	1500		60
双层三列-上部	2400	1800		24

图 12-13　修改页眉名称

明细表中的信息与建筑模型中的构件是相互联系的，当单击明细表中的某个窗类型时，在平面视图中即可发现该类型的窗构件被选中，如图 12-14 所示。

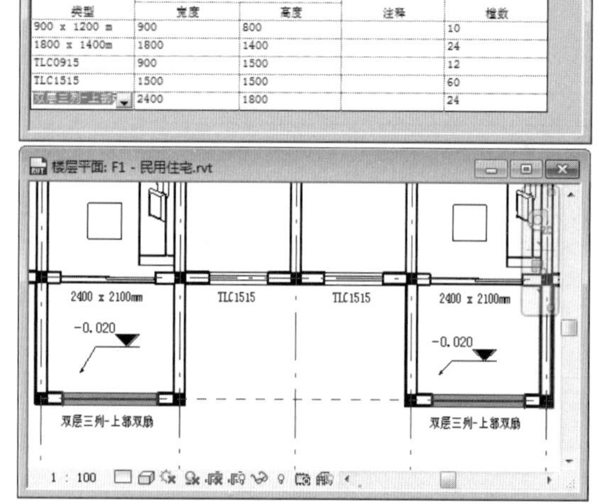

图 12-14　明细表与平面视图的关联

在明细表的“类型”为“双层三列 - 上部双扇”的“注释”单元格中，输入文字“民用住宅 - 阳台窗”，并单击 Enter 键确认，如图 12-15 所示。

<民用住宅-窗明细表>

A	B	C	D	E
	尺寸			
类型	宽度	高度	注释	樘数
900 x 1200 m	900	800		10
1800 x 1400m	1800	1400		24
TLC0915	900	1500		12
TLC1515	1500	1500		60
双层三列-上部	2400	1800	民用住宅-阳台窗	24

图 12-15　修改注释字段内容

切换至平面视图，选中同类型的窗构件后，【属性】面板中的【注释】参数则显示为“民用住宅 - 阳台窗”，如图 12-16 所示。

> **提示**
> 当在明细表中设置某个字段内容后，建筑模型中该类型的所有构件的相应参数均会显示同一个参数值。

2. 设置属性选项

除了通过手动方式修改明细表样式与内容外，还可以通过【属性】面板中的参数来设置明细表。

在明细表视图中，单击【属性】面板中【格式】参数右侧的【编辑】按钮，直接打开【明细表属性】对话框中的【格式】选项卡。选择【字段】列表中的“高度”选项，可以在右侧设置该字段的【标题】、【标题方向】、【对齐】以及【字段格式】等选项。这里设置【对齐】方式为“中心线”，如图 12-17 所示。

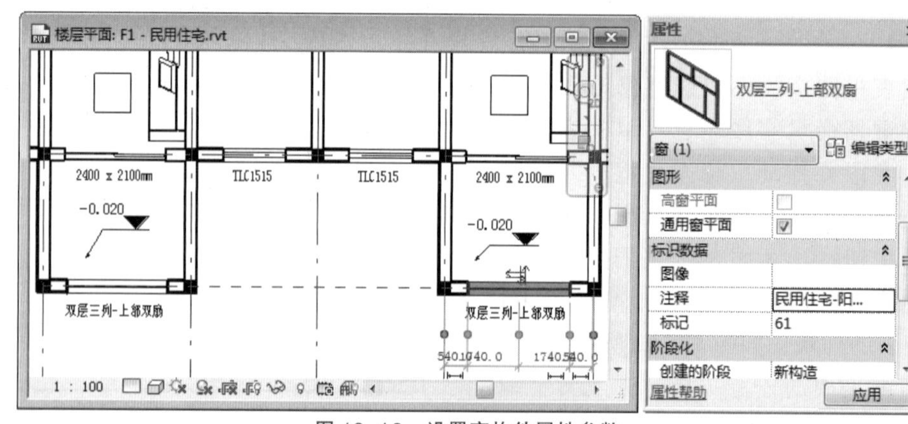

图 12-16　设置窗构件属性参数

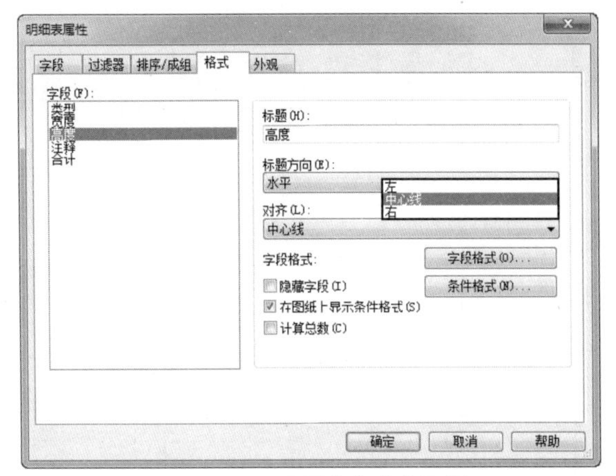

图 12-17　设置【格式】选项

单击对话框中的【确定】按钮关闭该对话框，即可发现明细表【高度】字段下方的信息显示方式发生了变化，如图 12-18 所示。

<民用住宅-窗明细表>				
A	B	C	D	E
	尺寸			
类型	宽度	高度	注释	樘数
900 x 1200 m	900	800		10
1800 x 1400m	1800	1400		24
TLC0915	900	1500		12
TLC1515	1500	1500		60
双层三列-上部	2400	1800	民用住宅-阳台	24

图 12-18　修改显示方式

> **提示**　在【属性】面板中，【其他】选项组中的参数就是创建明细表时打开的【明细表属性】对话框中的参数。也就是说，无论是创建时还是创建后，均能够在【明细表属性】对话框中设置参数。

在【明细表属性】对话框的【排序 / 成组】选项卡中，不仅能够确定以何种字段进行排列，还能够根据其中的各个参数设置排列的方式。

升序 / 降序　用于“排序”的字段，可选择“升序”或“降序”。如图 12-19 所示，为降序排列。如果需要，选择其他排序字段作为“否则按”。

空行　启用该选项，可以在排序组间插入一空行，如图 12-20 所示。

页眉　启用该选项，可将排序参数值添加作为排序组的页眉，如图 12-21 所示。

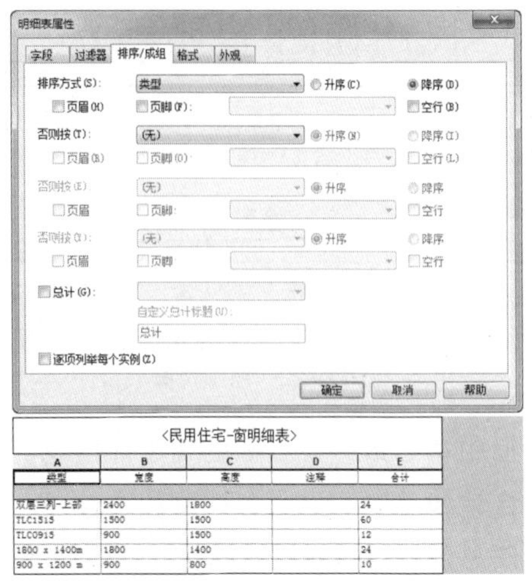

图 12-19　降序排列

<民用住宅-窗明细表>				
A	B	C	D	E
	尺寸			
类型	宽度	高度	注释	樘数
900 x 1200 m	900	800		10
1800 x 1400m	1800	1400		24
TLC0915	900	1500		12
TLC1515	1500	1500		60
双层三列-上部	2400	1800	民用住宅-阳台	24

图 12-20　空行效果

<民用住宅-窗明细表>				
A	B	C	D	E
	尺寸			
类型	宽度	高度	注释	樘数
900 x 1200 mm				
900 x 1200 m	900	800		10
1800 x 1400mm				
1800 x 1400m	1800	1400		24
TLC0915				
TLC0915	900	1500		12
TLC1515				
TLC1515	1500	1500		60
双层三列-上部双扇				

图 12-21　添加页眉

页脚　启用该选项，可以选择要显示的信息。列表中的选项决定信息显示的范围。

标题、合计和总数　“标题”显示页眉信息。“合计”显示组中图元的数量。标题和合计左对齐显示在组的下方。“总数”在列的下方显示其小计，小计之和即为总计。具有小计的列的范例有“成本”和“合计”。可以在【格式】选项卡上对这些列进行总计，如图 12-22 所示。

A	B	C	D	E
<民用住宅-窗明细表>				
	尺寸			
类型	宽度	高度	注释	樘数
900 x 1200 m	900	800		10
900 x 1200 mm: 10				
1800 x 1400m	1800	1400		24
1800 x 1400mm: 24				
TLC0915	900	1500		12
TLC0915: 12				
TLC1515	1500	1500		60
TLC1515: 60				
双层三列-上部	2400	1800	民用住宅-阳台	24
双层三列-上部双扇: 24				

图 12-22　添加页脚

标题和总数　显示标题和小计信息。

合计和总数　显示合计值和小计。

仅总数　仅显示可求和的列的小计信息。

总计　启用该选项，可以选择要显示的信息。列表中的选项与【页脚】列表相同，如图 12-23 所示。

A	B	C	D	E
<民用住宅-窗明细表>				
	尺寸			
类型	宽度	高度	注释	樘数
900 x 1200 m	900	800		10
1800 x 1400m	1800	1400		24
TLC0915	900	1500		12
TLC1515	1500	1500		60
双层三列-上部	2400	1800	民用住宅-阳台	24
总计: 130				

图 12-23　总计

逐项列举每个实例　该选项在单独的行中显示图元的所有实例。如果禁用此选项，则多个实例会根据排序参数压缩到同一行中。如果未指定排序参数，则所有实例将压缩到一行中，如图 12-24 所示。

在明细表当中，还可以根据需要来创建计算公式，如计算窗明细表中的洞口面积。方法是，单击【属性】面板中【字段】右侧的【编辑】按钮，在打开的【明细表属性】对话框的【字段】选项卡中，单击【计算值】按钮，如图 12-25 所示。

在打开的【计算值】对话框中，输入【名称】为“洞口面积”，启用【公式】选项，确定【规程】为“公共”，【类型】为“面积”，如图 12-26 所示。

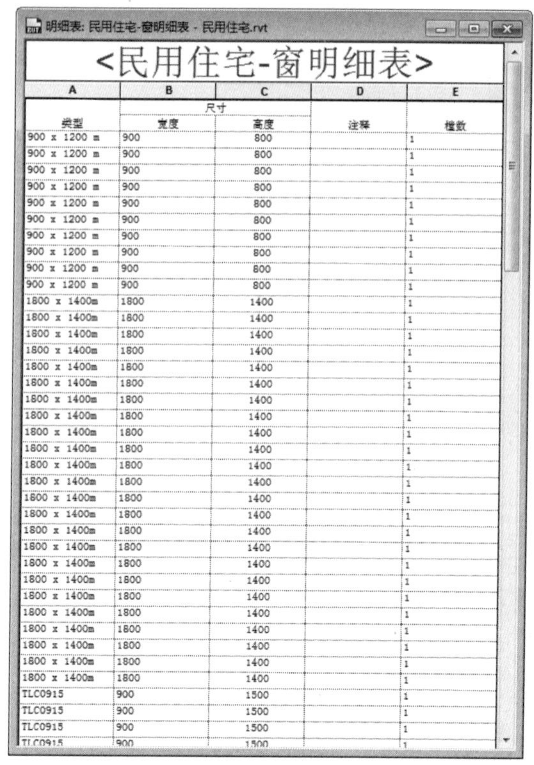
明细表: 民用住宅-窗明细表 - 民用住宅.rvt

A	B	C	D	E
<民用住宅-窗明细表>				
	尺寸			
类型	宽度	高度	注释	樘数
900 x 1200 m	900	800		1
900 x 1200 m	900	800		1
900 x 1200 m	900	800		1
900 x 1200 m	900	800		1
900 x 1200 m	900	800		1
900 x 1200 m	900	800		1
900 x 1200 m	900	800		1
900 x 1200 m	900	800		1
900 x 1200 m	900	800		1
900 x 1200 m	900	800		1
1800 x 1400m	1800	1400		1
1800 x 1400m	1800	1400		1
1800 x 1400m	1800	1400		1
1800 x 1400m	1800	1400		1
1800 x 1400m	1800	1400		1
1800 x 1400m	1800	1400		1
1800 x 1400m	1800	1400		1
1800 x 1400m	1800	1400		1
1800 x 1400m	1800	1400		1
1800 x 1400m	1800	1400		1
1800 x 1400m	1800	1400		1
1800 x 1400m	1800	1400		1
1800 x 1400m	1800	1400		1
1800 x 1400m	1800	1400		1
1800 x 1400m	1800	1400		1
1800 x 1400m	1800	1400		1
1800 x 1400m	1800	1400		1
1800 x 1400m	1800	1400		1
1800 x 1400m	1800	1400		1
1800 x 1400m	1800	1400		1
1800 x 1400m	1800	1400		1
1800 x 1400m	1800	1400		1
1800 x 1400m	1800	1400		1
1800 x 1400m	1800	1400		1
TLC0915	900	1500		1
TLC0915	900	1500		1
TLC0915	900	1500		1
TLC0915	900	1500		1

图 12-24　启用【逐项列举每个实例】选项

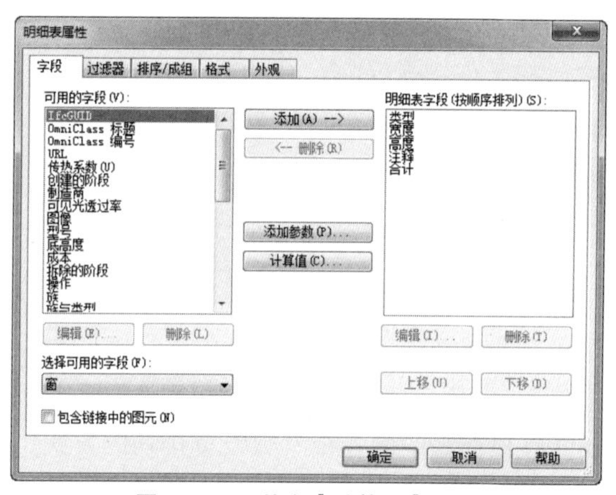

图 12-25　单击【计算值】按钮

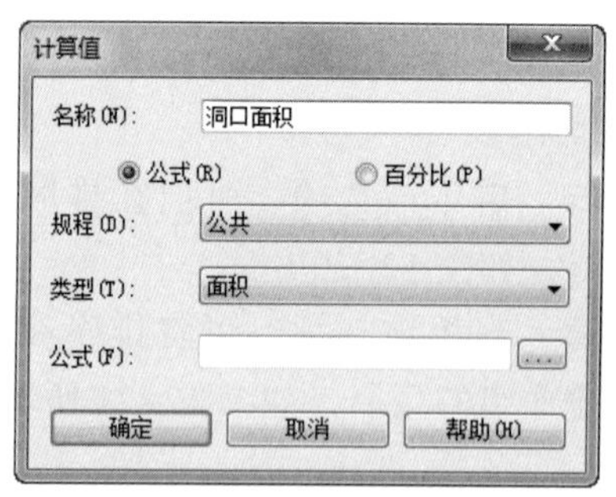

图 12-26　【计算值】对话框

单击【公式】参数右侧的【浏览】按钮，在打开的【字段】对话框的列表中选择用于公式的字段“宽度”，单击【确定】按钮返回【计算值】对话框。在【公式】文本框的“宽度”后面输入 * 作为乘号，继续单击【浏览】按钮，选择列表中的“高度”字段，单击【确定】按钮完成公式，如图 12-27 所示。

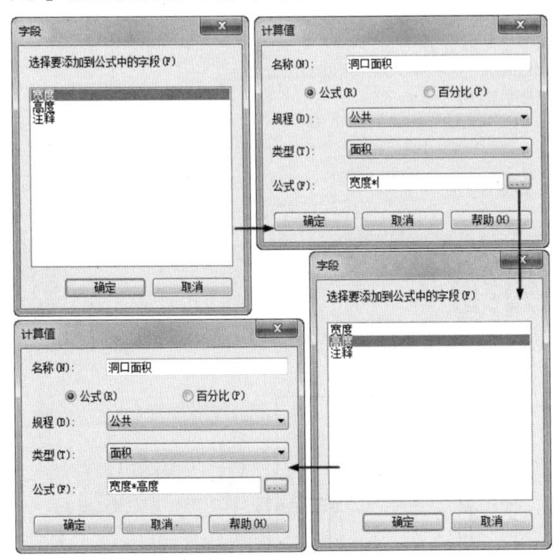

图 12-27　设置公式

单击【计算值】面板中的【确定】按钮，在【明细表属性】对话框的【明细表字段】列表中添加“洞口面积”字段，如图 12-28 所示。

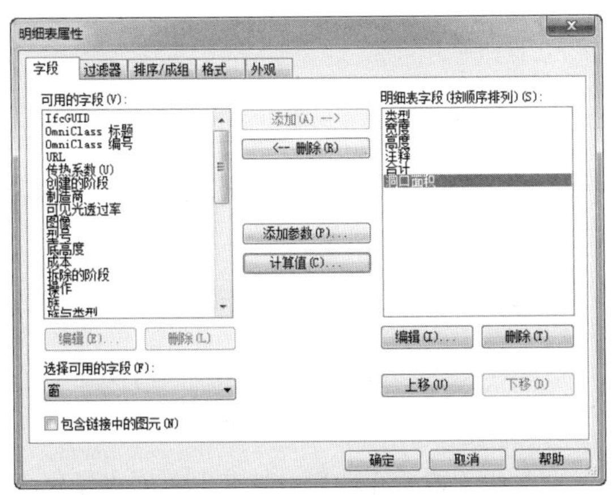

图 12-28　添加字段

继续单击【确定】按钮，关闭【明细表属性】对话框，即可在明细表视图中查看添加在表格中的洞口面积信息，如图 12-29 所示。

<民用住宅-窗明细表>

A	B	C	D	E	F
	尺寸				
类型	宽度	高度	注释	樘数	洞口面积
900 x 1200 m	900	800		10	0.72 m²
1800 x 1400m	1800	1400		24	2.52 m²
TLC0915	900	1500		12	1.35 m²
TLC1515	1500	1500		60	2.25 m²
双层三列-上部	2400	1800	民用住宅-阳台	24	4.32 m²

图 12-29　明细表效果

12.1.3 导出明细表

Revit 中的所有明细表均可以导出为外部的带分隔符的 .txt 文件，还可以使用 Microsoft Excel 或记事本打开并编辑。

要导出明细表，首先要切换至明细表视图。然后单击【应用程序菜单】按钮，选择【导出】|【报告】|【明细表】选项，打开【导出明细表】对话框，如图 12-30 所示。

在该对话框中，【文件名】文本框中直接显示的为明细表名称，确定【文件类型】为“分隔符文本 (*.txt)”。单击【保存】按钮，关闭设置明细表名称与保存路径的【导出明细表】对话框，打开设置明细表外观与输出选项的【导出明细表】对话框，如图 12-31 所示。

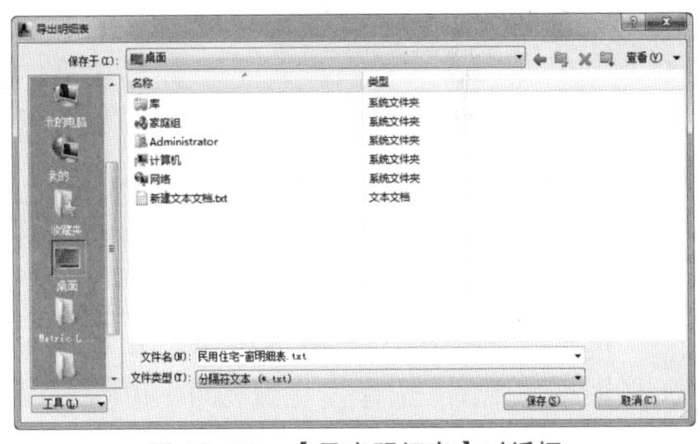

图 12-30　【导出明细表】对话框

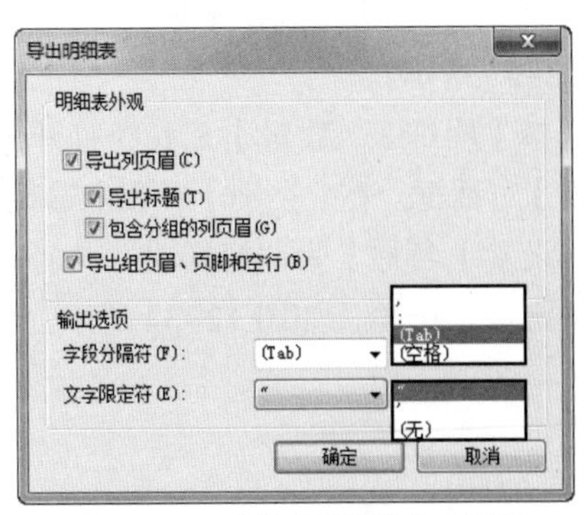

图 12-31　【导出明细表】对话框

在该对话框中，可以根据需要设置明细表外观和字段分隔符等输出选项，这里选择默认设置，单击【确定】按钮即可导出明细表，如图 12-32 所示。

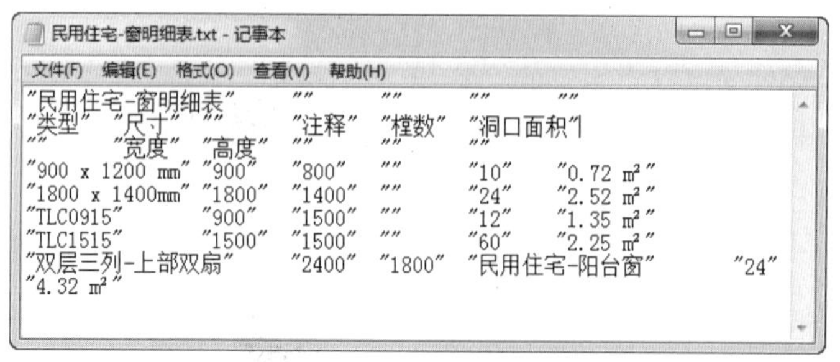
民用住宅-窗明细表.txt - 记事本

文件(F) 编辑(E) 格式(O) 查看(V) 帮助(H)

"民用住宅-窗明细表" "" "" "" ""
"类型" "尺寸" "" "注释" "樘数" "洞口面积"
"" "宽度" "高度" "" "" ""
"900 x 1200 mm" "900" "800" "" "10" "0.72 m²"
"1800 x 1400mm" "1800" "1400" "" "24" "2.52 m²"
"TLC0915" "900" "1500" "" "12" "1.35 m²"
"TLC1515" "1500" "1500" "" "60" "2.25 m²"
"双层三列-上部双扇" "2400" "1800" "民用住宅-阳台窗" "24"
"4.32 m²"

图 12-32　导出的明细表

12.2 其他常用明细表

Revit 中的明细表包括多种类型的明细表，其中常用的明细表为明细表 / 数量以及材质提取明细表。前面已经详细讲解了构件明细表的创建和编辑方法，下面简要介绍其他几种常用明细表的创建方法和技巧。

12.2.1 关键字明细表

使用【明细表 / 数量】工具除了可以创建构件明细表外，还可以创建“明细表关键字”明细表。所谓明细表关键字是通过新建关键字控制构件图元的其他参数值。

继续打开民用住宅建筑模型，并切换至 F1 楼层平面视图。选择任意窗构件，在【属性】面板中，查看【标识数据】选项组，发现只有【图像】、【注释】以及【标记】三个参数，如图 12-33 所示。

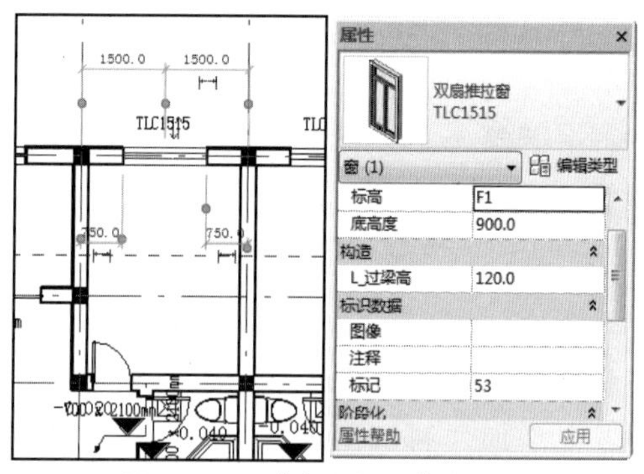

图 12-33　【标识数据】选项组

选择【明细表 / 数量】工具，打开【新建明细表】对话框。在【类别】列表中选择【窗】选项，设置【名称】为“窗样式”，启用【明细表关键字】选项，如图 12-34 所示。

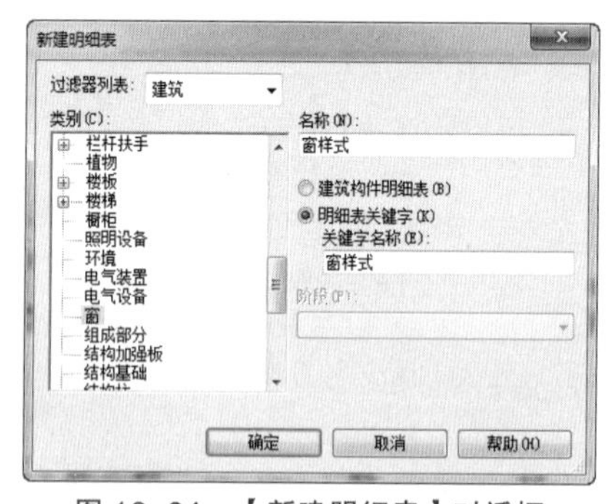

图 12-34　【新建明细表】对话框

单击【确定】按钮，打开【明细表属性】对话框，发现【可用的字段】列表中只有【注释】一个参数。选择该参数添加至【明细表字段】列表中，如图 12-35 所示。

明细表属性

字段　排序/成组　格式　外观

可用的字段(V):　明细表字段(按顺序排列)(S):

注释　添加(A) -->　<-- 删除(R)　关键字名称

明细表属性

字段　排序/成组　格式　外观

可用的字段(V):　明细表字段(按顺序排列)(S):

添加(A) -->　<-- 删除(R)　关键字名称　注释

图 12-35　添加可用字段

单击【添加参数】按钮，打开【参数属性】对话框。设置【参数数据】选项组中的【名称】为“窗构造类型”，【规程】为“公共”，【参数类型】“文字”，【参数分组方式】为“标识数据”，如图 12-36 所示。

参数属性

参数类型

项目参数(P)

(可以出现在明细表中，但是不能出现在标记中)

共享参数(S)

(可以由多个项目和族共享，可以导出到 ODBC，并且可以出现在明细表和标记中)

选择(L)...　导出(E)...

参数数据

名称(N):

窗构造类型

类型(Y)

实例(I)

规程(D):

公共

参数类型(T):

文字

按组类型对齐值(A)

值可能因组实例而不同(V)

参数分组方式(G):

标识数据

工具提示说明:

<无工具提示说明。编辑此参数以编写自定义工具提示。自定义工具提示限为 250...

编辑工具提示(O)...

添加到该类别中的全部图元(R)

确定　取消　帮助(H)

图 12-36　【参数属性】对话框

设置完成参数属性后，单击【确定】按钮返回【明细表属性】对话框。在【明细表字段】列表中，添加设置好的字段，如图 12-37 所示。

继续单击【确定】按钮，关闭所有对话框后，Revit 自动切换至窗样式明细表视图。在【修改明细表 / 数量】选项卡中，单击【行】面板中的【插入数据行】选项。重复该操作，新建两行明细表数据，并自动按顺序命名关键字名称为 1、2，如图 12-38 所示。

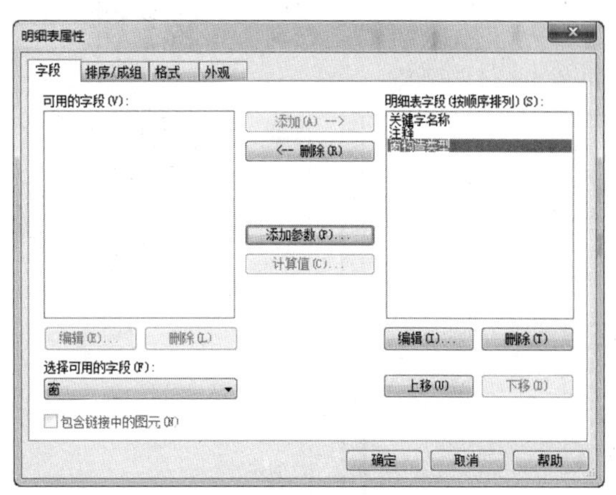

图 12-37　添加参数

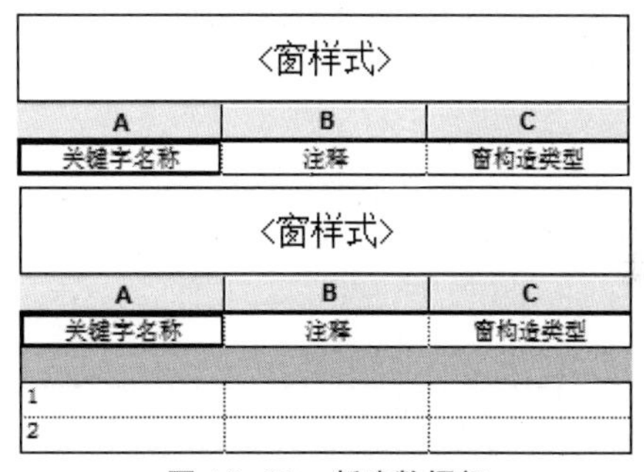

〈窗样式〉		
A	B	C
关键字名称	注释	窗构造类型

〈窗样式〉		
A	B	C
关键字名称	注释	窗构造类型
1		
2		

图 12-38　新建数据行

在关键字名称为 1 的数据行中，分别设置注释与窗构造类型为 03J609、“塑钢推拉窗”；在关键字名称为 2 的数据行中，分别设置注释与窗构造类型为 07J604、“塑钢双层三列推拉窗”。如图 12-39 所示。

〈窗样式〉		
A	B	C
关键字名称	注释	窗构造类型
1	03J609	塑钢推拉窗
2	07J604	双层三列推拉窗

图 12-39　设置明细表

切换至 F1 楼层平面视图，选择任意窗实例，发现【属性】面板的【标识数据】选项组中增加了【窗样式】和【窗构造类型】参数，如图 12-40 所示。

切换至民用住宅 - 窗明细表视图，在【属性】面板中，单击【字段】右侧的【编辑】按钮，打开【明细表属性】对话框。在“合计”字段下面依次将“窗样式”、“窗构造类型”字段添加至【明细表字段】列表中，如图 12-41 所示。

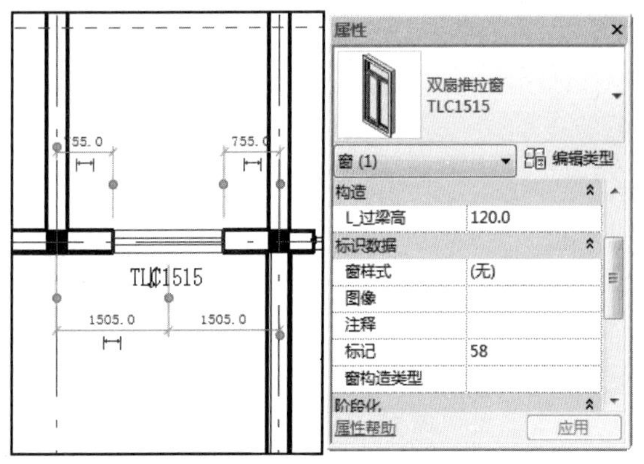

图 12-40　查看窗实例属性

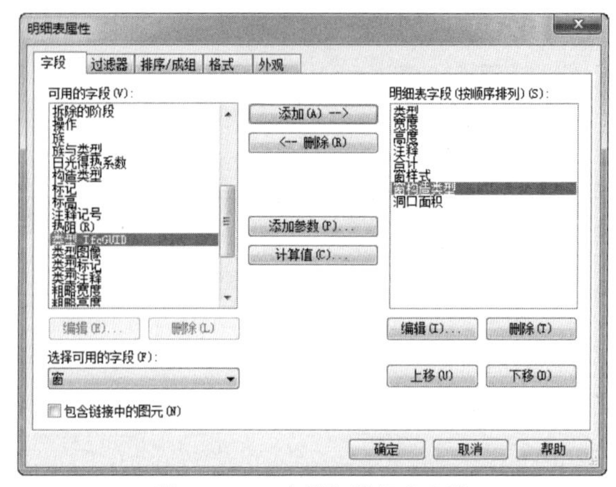

图 12-41　在添加明细表字段

单击【确定】按钮，关闭【明细表属性】对话框。民用住宅 - 窗明细表表格中添加了“窗样式”与“窗构件类型”两个字段，如图 12-42 所示。

<民用住宅-窗明细表>

A	B	C	D	E	F	G	H
	尺寸						
类型	宽度	高度	注释	樘数	窗样式	窗构造类型	洞口面积
900 x 1200 m	900	800		10	(无)		0.72 m²
1800 x 1400m	1800	1400		24	(无)		2.52 m²
TLC0915	900	1500		12	(无)		1.35 m²
TLC1515	1500	1500		60	(无)		2.25 m²
双层三列-上部	2400	1800	民用住宅-阳台	24	(无)		4.32 m²

图 12-42　在明细表中添加字段

在明细表中，单击“窗样式”单元格，然后单击显示的下拉按钮，选择列表中的 1 或 2，也就是“关键字名称”。这时表格中的“注释”和“窗构造类型”单元格内的值发生了变化。为其他窗类型重复该操作，如图 12-43 所示。

<民用住宅-窗明细表>

A	B	C	D	E	F	G	H
	尺寸						
类型	宽度	高度	注释	樘数	窗样式	窗构造类型	洞口面积
900 x 1200 m	900	800	03J609	10	1	塑钢推拉窗	0.72 m²
1800 x 1400m	1800	1400	03J609	24	1	塑钢推拉窗	2.52 m²
TLC0915	900	1500	03J609	12	1	塑钢推拉窗	1.35 m²
TLC1515	1500	1500	03J609	60	1	塑钢推拉窗	2.25 m²
双层三列-上部	2400	1800	07J604	24	2	塑钢双层三列推拉	4.32 m²

图 12-43　修改“窗样式”单元格值

技巧

当修改“窗样式”单元格值后，Revit 会同时修改“注释”和“窗构造类型”值，实现以关键字驱动相关联参数值。

在明细表表格中，右击“窗样式”数据列，在弹出的菜单中选择【隐藏列】选项，隐藏明细表视图中的“窗样式”数据列，如图 12-44 所示。

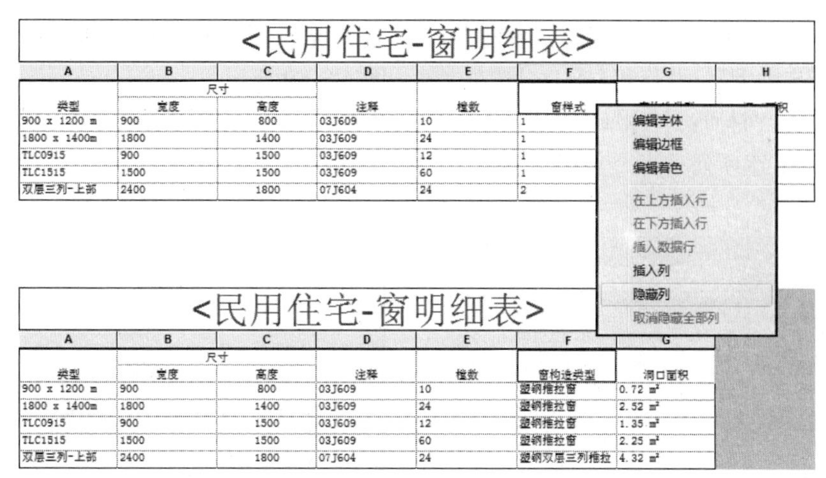

<民用住宅-窗明细表>

A	B	C	D	E	F	G	H
	尺寸						
类型	宽度	高度	注释	樘数	窗样式		
900 x 1200 m	900	800	03J609	10	1		
1800 x 1400m	1800	1400	03J609	24	1		
TLC0915	900	1500	03J609	12	1		
TLC1515	1500	1500	03J609	60	1		
双层三列-上部	2400	1800	07J604	24	2		

<民用住宅-窗明细表>

A	B	C	D	E	F	G
	尺寸					
类型	宽度	高度	注释	樘数	窗构造类型	洞口面积
900 x 1200 m	900	800	03J609	10	塑钢推拉窗	0.72 m²
1800 x 1400m	1800	1400	03J609	24	塑钢推拉窗	2.52 m²
TLC0915	900	1500	03J609	12	塑钢推拉窗	1.35 m²
TLC1515	1500	1500	03J609	60	塑钢推拉窗	2.25 m²
双层三列-上部	2400	1800	07J604	24	塑钢双层三列推拉	4.32 m²

图 12-44 隐藏列

再次切换至F1楼层平面视图，选择任意的窗实例，【属性】面板的【标识数据】选项组中的【注释】和【窗构造类型】参数值已修改为明细表中相同的参数值，如图12-45所示。

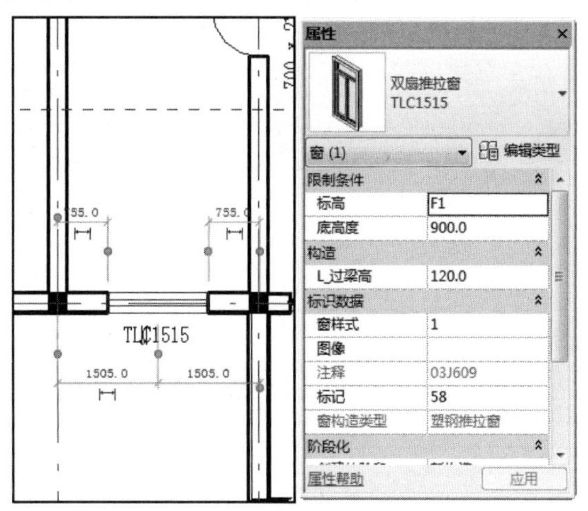

图 12-45 查看窗实例属性

12.2.2 材质提取明细表

在Revit中，可以自动提取墙、梁柱等各种构件的面层材质名称与用量。材质提取明细表的创建和编辑方法与构件明细表相同，但是需要通过专用的【材质提取】工具来完成。

在F1楼层平面视图中，单击【创建】面板中的【明细表】下拉三角，选择【材质提取】选项，打开【新建材质提取】对话框。在【类别】列表中选择【墙】选项，并设置【名称】为“墙材质统计表”，如图12-46所示。

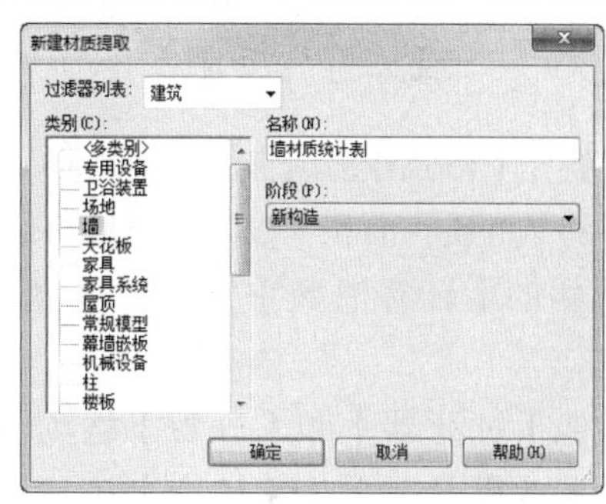

图 12-46 【新建材质提取】对话框

单击【确定】按钮后，打开【材质提取属性】对话框。在【可用的字段】列表中，依次将“族与类型”、“材质: 名称”、“材质: 面积”、“材质: 体积”、“材质: 成本”、“材质: 制造商”、“材质: 说明”与“合计”字段添加至【明细表字段】列表中，如图12-47所示。

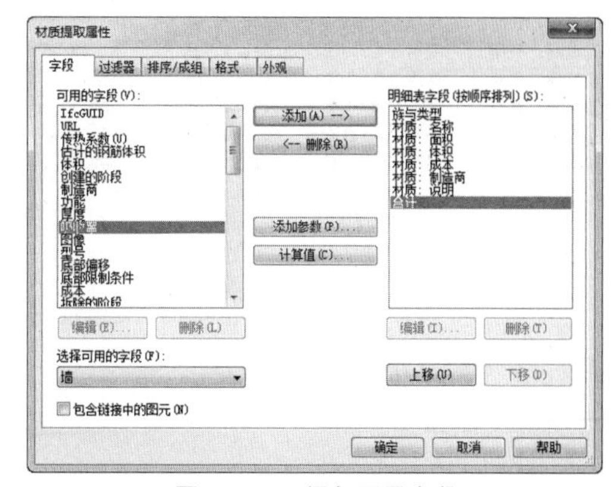

图 12-47 添加可用字段

切换至【排序/成组】选项卡，选择【排序方式】为“族与类型”，并启用【升序】选项。选择【否则按】为“材质：名称”，并启用【升序】选项，禁用【逐项列举每个实例】选项，如图 12-48 所示。

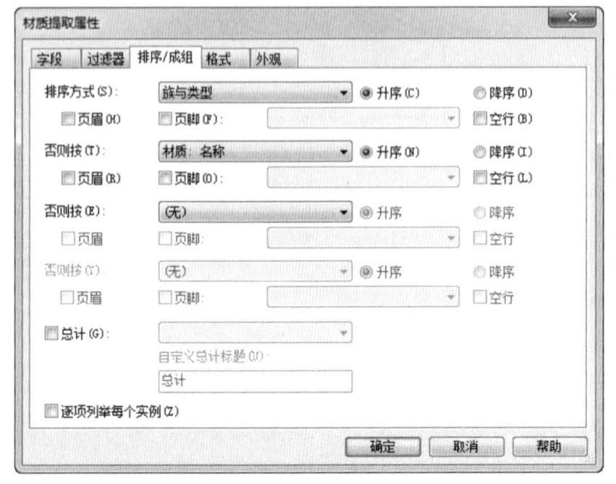

图 12-48　设置排序

切换至【格式】选项卡，分别选择【字段】列表中的“材质：面积”以及“材质：体积”，启用右侧的【计算总数】选项，如图 12-49 所示。

其他【过滤器】和【外观】选项卡中的参数设置为默认，单击【确定】按钮，Revit 创建所有墙的材质统计表。此表为类型明细表，统计了同一类型墙相同材质的用量，如图 12-50 所示。

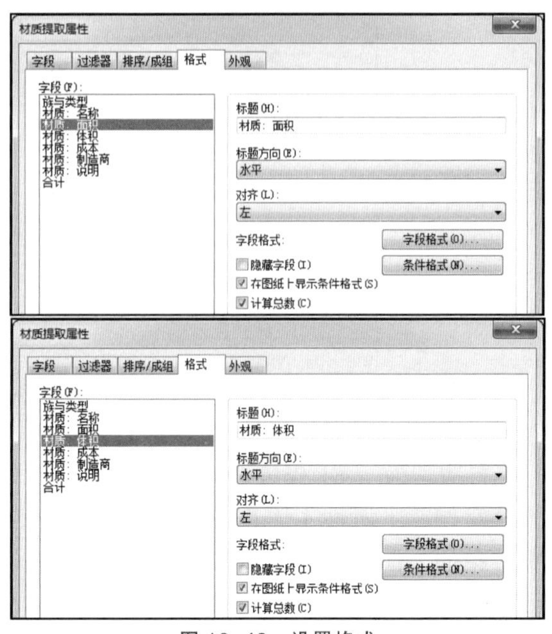

图 12-49　设置格式

> **提示**
> Revit 中的图纸列表、注释块列表和视图列表的创建和编辑方法与构件明细表相同，这里不再详述。

<墙材质统计表>

A	B	C	D	E	F	G	H
族与类型	材质：名称	材质：面积	材质：体积	材质：成本	材质：制造商	材质：说明	合计
基本墙：民用	民用住宅-内墙粉	337.61 m²	6.71 m³	0.00		外部面层	24
基本墙：民用	民用住宅-外墙粉	353.18 m²	3.51 m³	0.00		外部面层	24
基本墙：民用	民用住宅-外墙衬	352.62 m²	10.50 m³	0.00		外部面层	24
基本墙：民用	砖石建筑 - 砖 -	350.96 m²	82.25 m³	0.00			24
基本墙：民用	民用住宅-F2-F6-	1600.71 m²	15.94 m³	0.00		外部面层	48
基本墙：民用	民用住宅-内墙粉	1584.52 m²	31.56 m³	0.00		外部面层	48
基本墙：民用	民用住宅-外墙衬	1600.13 m²	47.78 m³	0.00		外部面层	48
基本墙：民用	砖石建筑 - 砖 -	1598.40 m²	380.43 m³	0.00			48
基本墙：民用	民用住宅-内墙粉	4860.04 m²	97.30 m³	0.00		外部面层	37
基本墙：民用	砖石建筑 - 砖 -	2432.56 m²	583.81 m³	0.00			37

图 12-50　墙材质统计表

第 13 章

Revit 注释应用

无论是传统的二维设计，还是新兴的 BIM 设计，项目设计的最终成果都要落实到施工图设计中。而施工图中的各种平面图设计，均是通过各种注释来明确设计图中建筑构件之间的尺寸，从而使后期施工准确无误。

在本章中将介绍 Revit 中的各种注释，如尺寸标注、文字、标记以及符号等，从而掌握这些注释的创建与应用方法。

本章学习目标

- 掌握尺寸标注的创建方法
- 掌握文字的创建方法
- 掌握标记的添加方法
- 掌握符号的创建方法

13.1 尺寸标注

尺寸标注是项目中显示距离和尺寸的视图专有图元，其中包括两种类型：临时尺寸标注和永久性尺寸标注。当放置构件时，Revit 会放置临时尺寸标注，但也可以创建永久性尺寸标注来定义特定的尺寸和距离。

13.1.1 临时尺寸标注

当创建或选择几何图形时，Revit 会在构件周围显示临时尺寸标注，这有利于在适当的位置放置构件。临时尺寸标注是相对于最近的垂直构件进行创建的，并按照设置值进行递增。

放置构件后，Revit 会显示临时尺寸标注。当放置另一个构件时，前一个构件的临时尺寸标注将不再显示，如图 13-1 所示。

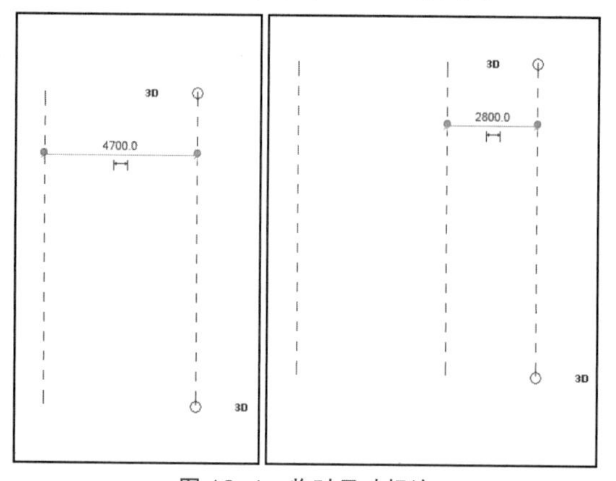

图 13-1 临时尺寸标注

要查看某个构件的临时尺寸标注，可以选择该构件，如图 13-2 所示。其中，临时尺寸标注只是最近一个构件的尺寸标注，看到的尺寸标注可能与原始临时尺寸标注不同。

当选择某个构件显示临时尺寸标注后，还可以更改该临时尺寸标注值。方法是单击并拖动临时尺寸标注一端的尺寸界线至另外一个构件并释放，如图 13-3 所示。

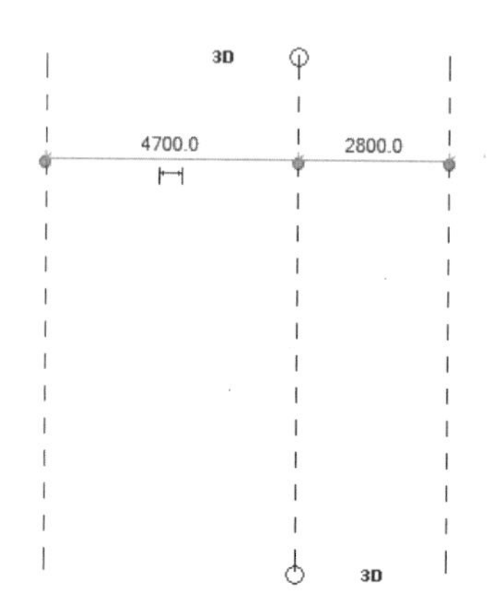

图 13-2 查看临时尺寸标注

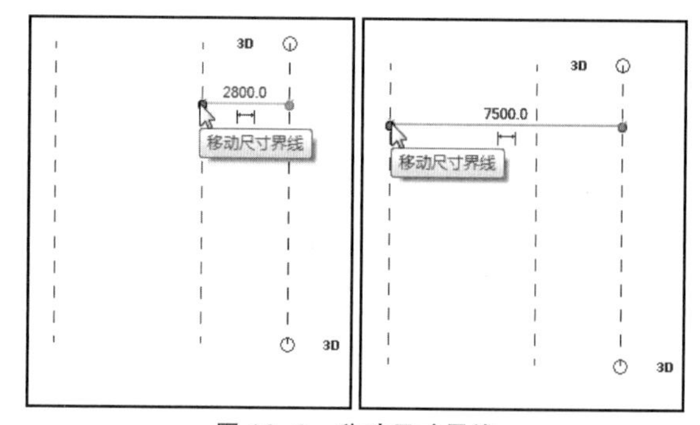

图 13-3 移动尺寸界线

提示
当选择多个图元后，则不会显示临时尺寸标注，这时只要在选项栏中单击【激活尺寸标注】按钮即可再次显示。

13.1.2 永久性尺寸标注

永久性尺寸标注是特意放置的尺寸标注，它包括两种创建方式，一种是临时尺寸标注转换为永久性尺寸标注，另外一种则是直接创建永久性尺寸标注。

1. 临时尺寸标注转换为永久尺寸标注

临时尺寸标注是跟随构件的创建而建立

的，要想将临时尺寸标注转换为永久性尺寸标注，只要单击临时尺寸标注下面的尺寸标注符号⊢⊣即可，如图 13-4 所示。

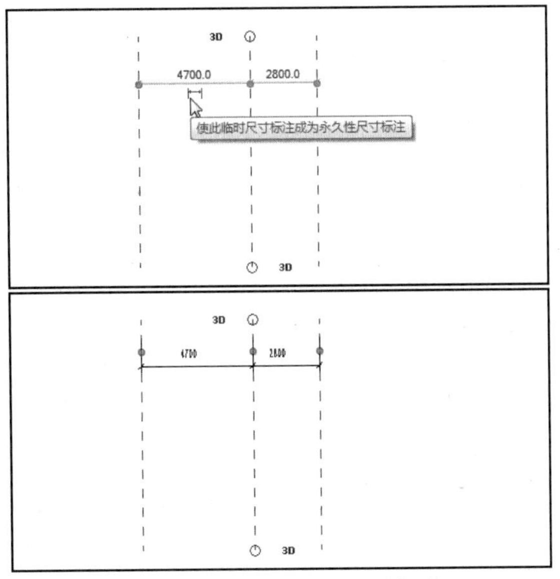

图 13-4　转换为永久性尺寸标注

2. 直接创建永久性尺寸标注

【尺寸标注】工具用于在项目构件或族构件上放置永久性尺寸标注。Revit 提供了对齐标注、线性标注、角度标注、径向标注、直径标注和弧长标注共 6 种不同形式的尺寸标注，用于标注不同类型的尺寸线。

对齐尺寸标注

与 Revit 其他对象类似，要使用尺寸标注，必须设置尺寸标注类型属性，以满足不同规范下施工图的设计要求。例如【对齐尺寸标注】工具，该工具用于在相互平行的图元参照之间标注尺寸。在【注释】选项卡中，单击【尺寸标注】面板中的【对齐尺寸标注】按钮，切换至【修改 | 放置尺寸标注】选项卡，在【属性】面板中确定类型为"线性尺寸标注样式 固定尺寸界线"选项。单击【编辑类型】选项，打开【类型属性】对话框，并设置其中的参数，如图 13-5 所示。

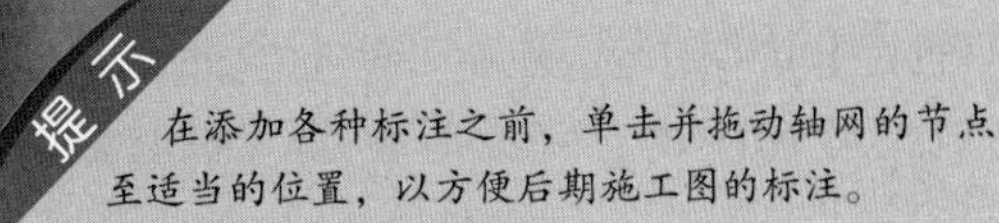

提示　在添加各种标注之前，单击并拖动轴网的节点至适当的位置，以方便后期施工图的标注。

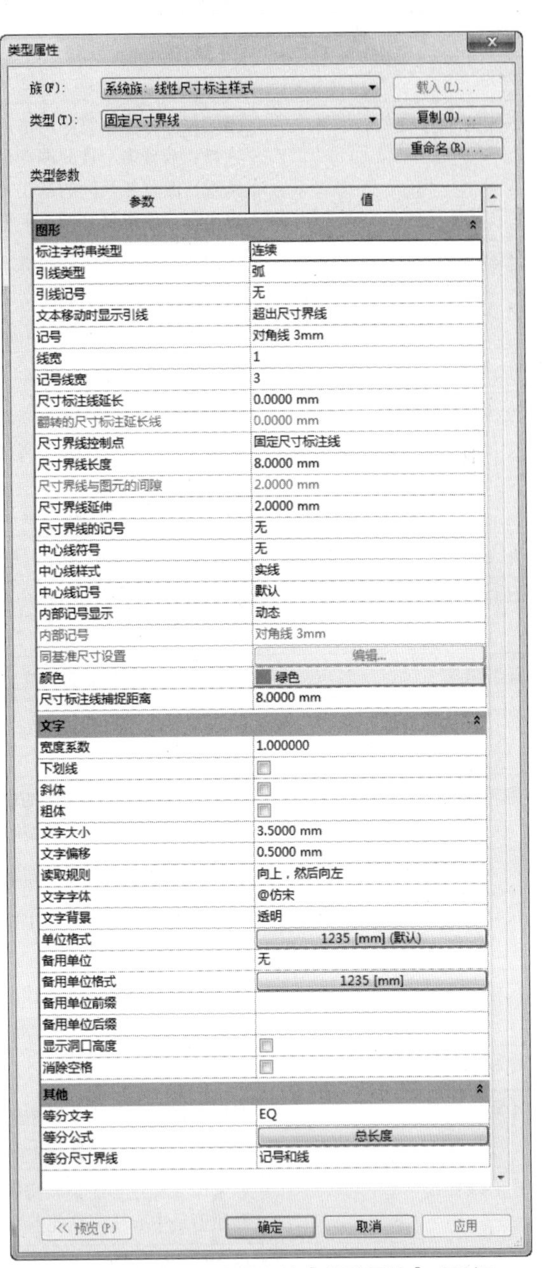

图 13-5　固定尺寸界线的【类型属性】对话框

在固定尺寸界线的【类型属性】对话框中，可以设置图形、文字与其他等各种参数，如表 13-1 所示，从而精确控制固定尺寸界线。

单击【确定】按钮关闭该对话框后，在选项栏中选择捕捉方式为“参照核心层表面”选项，并确定【拾取】选项为“单个参照点”。然后依次单击轴线 D 以及窗的边缘位置，来连续生成尺寸标注线。完成后在适当的位置单击来放置第一道尺寸线，如图 13-6 所示。

表 13-1 尺寸标注【类型属性】对话框中的各个参数及作用

参 数	作 用
图形	
标注字符串类型	指定尺寸标注字符串的格式化方法，该参数可用于线性尺寸标注样式。选项包括 连续：放置多个彼此端点相连的尺寸标注 基线：放置从相同的基线开始测量的叠层尺寸标注 纵坐标：放置尺寸标注字符串，其值从尺寸标注原点开始测量
引线类型	指定要绘制的引线的线类型。选项包括 直线：绘制从尺寸标注文字到尺寸标注线的由两个部分组成的直线引线 弧：绘制从尺寸标注文字到尺寸标注线的圆弧线引线
引线记号	指定应用到尺寸标注线处的引线顶端的标记
文本移动时显示引线	指定当文字离开其原始位置时引线的显示方式。选项包括 远离原点：当尺寸标注文字离开其原始位置时引线显示。当文字移回原始位置时，它将捕捉到位并且引线将会隐藏 超出尺寸界线：当尺寸标注文字移动超出尺寸界线时引线显示
记号	用于标注尺寸界线的记号样式的名称
线宽	设置指定尺寸标注线和尺寸引线宽度的线宽值。可以从 Revit 定义的值列表中进行选择，或自定义参数值
记号线宽	设置指定记号厚度的线宽。可以从 Revit 定义的值列表中进行选择，或自定义参数值
尺寸标注线延长	将尺寸标注线延伸超出尺寸界线交点指定值。设置此值时，如果 100% 打印，该值即为尺寸标注线的打印尺寸
翻转的尺寸标注延长线	如果箭头在尺寸标注链的端点上翻转，控制翻转箭头外的尺寸标注线的延长线。仅当将记号类型参数设置为箭头类型时，才启用此参数
尺寸界线控制点	在图元固定间隙功能和固定尺寸标注线功能之间进行切换
尺寸界线与图元的间隙	如果【尺寸界线控制点】设置为“图元间隙”，则此参数设置尺寸界线与已标注尺寸的图元之间的距离
尺寸界线延伸	设置超过记号的尺寸界线的延长线。设置此值时，如果 100% 打印，该值即为尺寸界线出图的尺寸
尺寸界线的记号	指定尺寸界线末尾的记号显示方式
中心线符号	可以选择任何载入项目中的注释符号。在参照族实例和墙的中心线的尺寸界线上方显示中心线符号。如果尺寸界线不参照中心平面，则不能在其上放置中心线符号
中心线样式	如果尺寸标注参照是族实例和墙的中心线，则将改变尺寸标注的尺寸界线的线型图案。如果参照不是中心线，则此参数不影响尺寸界线线型
中心线记号	修改尺寸标注中心线末端记号
内部记号显示	用于内部记号的显示。选项包括：“动态”和“始终显示”。当选择“始终显示”后，【内部记号】参数被启用
内部记号	当尺寸标注线的邻近线段太短而无法容纳箭头时，指定内部尺寸界线记号的显示方式。发生这种情况时，短线段链的端点会翻转，内部尺寸界线会显示指定的内部记号。仅当将记号类型参数设置为箭头类型时，才启用此参数

（续表）

参　数	作　用
同基准尺寸设置	指定同基准尺寸的设置。将【标注字符串类型】参数设置为“纵坐标”时，该参数可用
颜色	设置尺寸标注线和引线的颜色。可以从 Revit 定义的颜色列表中进行选择，也可以自定义颜色。默认值为黑色
尺寸标注线捕捉距离	要使用此参数，须将【尺寸界线控制点】参数设置为“固定尺寸标注线”。设置这些参数之后，即可使用其他捕捉来帮助以等间距堆叠线性尺寸标注。该值应大于文字到尺寸标注线的间距与文字高度之和
文字	
宽度系数	指定用于定义文字字符串的延长的比率。如果值为 1.0，则没有延长
下划线	使永久性尺寸标注值和文字带下划线
斜体	对永久性尺寸标注值和文字应用斜体格式
粗体	对永久性尺寸标注值和文字应用粗体格式
文字大小	指定尺寸标注的字样尺寸
文字偏移	指定文字相对于尺寸标注线的偏移
读取规则	指定尺寸标注文字的起始位置和方向
文字字体	为尺寸标注设置 Microsoft®True Type 字体
文字背景	如果设置此值为不透明，则尺寸标注文字为方框围绕，且在视图中该方框与其后的任何几何图形或文字重叠。如果设置此值为透明，则该框不可见且不与尺寸标注文字重叠的所有对象都显示
单位格式	单击按钮以打开【格式】对话框，然后可设置有尺寸标注的单位格式
备用单位	指定是否显示除尺寸标注主单位之外的换算单位，以及换算单位的位置。选项包括 无：换算单位将不会显示 右：换算单位显示在主单位同一行的右侧 下：换算单位显示在主单位的下方
备用单位格式	单击按钮以打开【格式】对话框，然后可设置尺寸标注类型的换算单位格式
备用单位前缀	指定换算单位显示的前缀。例如，可以用方括号显示换算单位，输入 [作为前缀，输入] 作为后缀
备用单位后缀	指定换算单位显示的后缀
显示洞口高度	在平面视图中放置一个尺寸标注，该尺寸标注的尺寸界线参照相同附属件（窗、门或洞口）。如果启用此参数，则尺寸标注将包括显示实例洞口高度的标签。在初始放置的尺寸标注值下方显现该值
消除空格	启用此参数，则在注释文字中消除空格
其他	
等分文字	指定当向尺寸标注字符串添加相等限制条件时，所有 EQ 文字要使用的文字字符串。默认值为 EQ。更改此值将更改此类型的所有尺寸标注的等分文字
等分公式	指定用于显示相等尺寸标注标签的尺寸标注等分公式。单击该按钮将显示【尺寸标注等分公式】对话框（可用于对齐、线性和圆弧尺寸标注类型）
等分尺寸界线	指定等分尺寸标注中内部尺寸界线的显示（仅可用于对齐、线性和圆弧长度尺寸标注），用于内部尺寸界线的选项包括 记号和线：根据指定的类型属性显示内部尺寸界线 只用记号：不显示内部尺寸界线，但是在尺寸线的上方和下方使用“尺寸界线延伸”类型值 隐藏：不显示内部尺寸界线和内部分段的记号

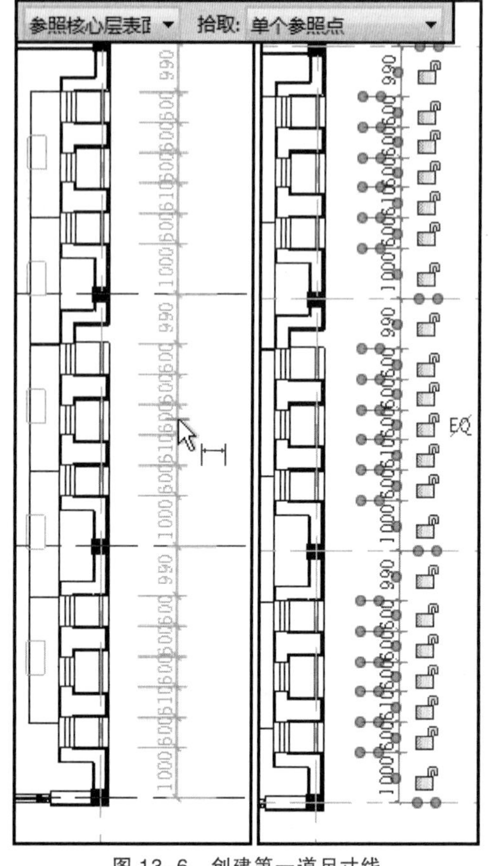

图 13-6　创建第一道尺寸线

注 意

在创建对齐尺寸线时，当捕捉位置后，必须将光标指向尺寸线其他位置，这样才能够确定尺寸线的终点位置。

继续确认尺寸线为对齐尺寸标注的状态，依次单击轴线 D、C、B、A，完成后移动鼠标靠近创建好的第一道尺寸线，Revit 会自动确定捕捉的距离，单击后放置第二道尺寸线，如图 13-7 所示。

继续使用【对齐尺寸标注】工具，依次单击轴线 D、轴线 D 上方外墙的核心层表面、轴线 A、轴线 A 下方外墙的核心层表面，建立第三道尺寸线，如图 13-8 所示。按 Esc 键，退出放置状态。

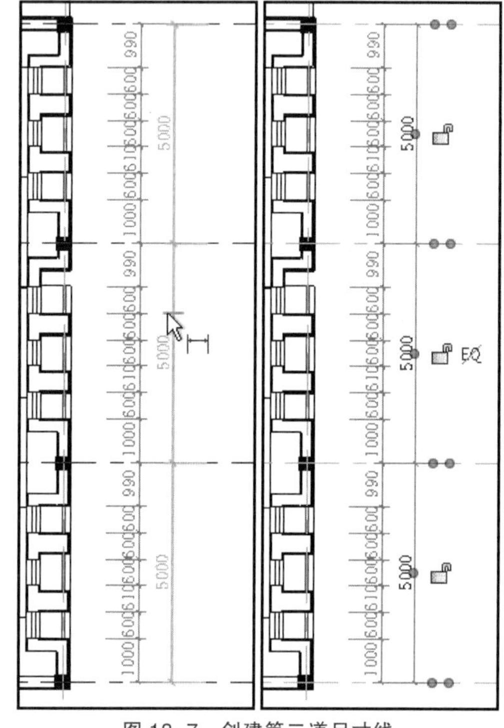

图 13-7　创建第二道尺寸线

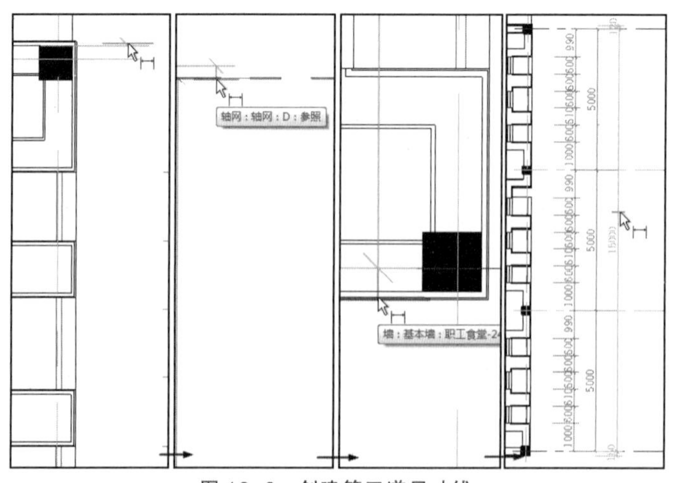

图 13-8　创建第三道尺寸线

提示 在平面视图中，需要详细表述总尺寸、轴网尺寸、门窗平面定位尺寸，即通常所说的“三道尺寸线”，以及视图中各构件图元的定位尺寸；还必须标注平面中各楼板的高程、室内室外高程，以及排水方向、坡度等信息。一般来讲，对于首层平面图纸，还必须添加指北针或风玫瑰，以指示建筑的方位，在 Revit 中可以在布置图纸时添加指北针信息。

选择建立的第三道尺寸线，适当放大上方的数字，发现当前的尺寸标注值与尺寸界线重合。禁用选项栏中的【引线】选项，单击并拖曳数字的节点至适当位置，释放鼠标后文字放置在指定位置，如图 13-9 所示。

按照上述方法，修改第三道尺寸线下方的尺寸标注值的放置位置。使用相同的方式，完成建筑模型外墙的尺寸标注，如图 13-10 所示。

技巧 当尺寸线放置在建筑模型上时，可以配合 Ctrl 键同时选中这三道尺寸线后，向下或向上移动尺寸线，从而使尺寸线与建筑模型分离。

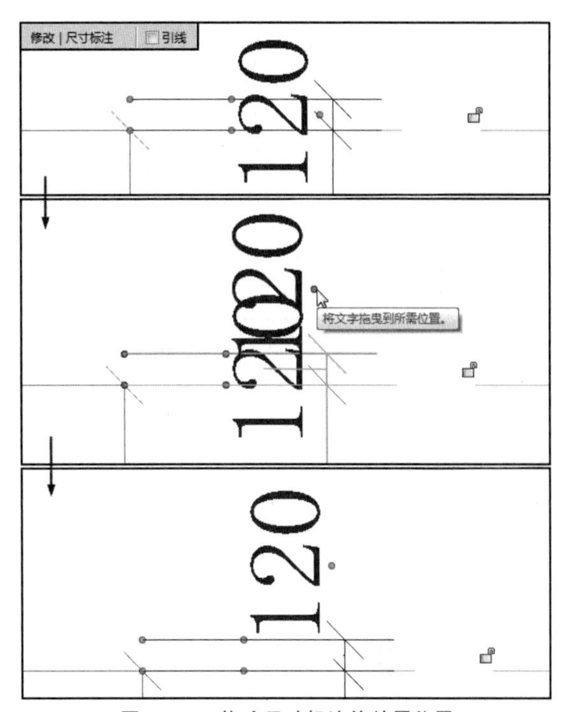

图 13-9　修改尺寸标注值放置位置

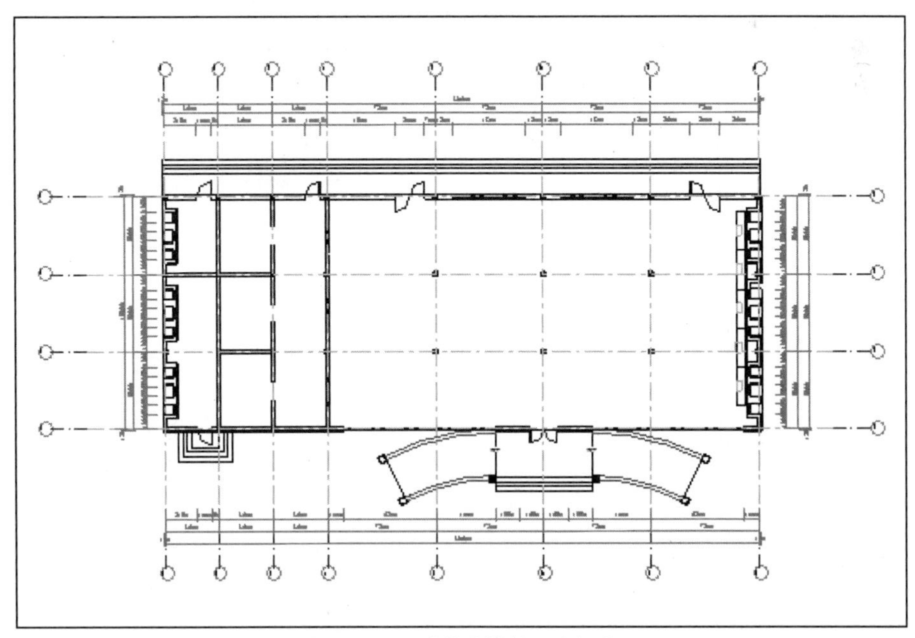

图 13-10　建筑外墙的尺寸标注

选择【尺寸标注】面板中的【对齐尺寸标注】工具后，在选项栏中确定参照对象为列表中的“参照核心层中心”，【拾取】为“整个墙”。单击【选项】按钮打开【自动尺寸标注选项】对话框，启用【洞口】选项组中的【宽度】选项，启用【相交轴网】选项，如图 13-11 所示。

图 13-11　设置对齐尺寸标注选项

单击对话框中的【确定】按钮，关闭该对话框。在需要添加尺寸线的内墙上单击并拖动，即可自动创建尺寸线。再次单击后在指定位置放置尺寸线，如图 13-12 所示。

通过选择选项栏中【拾取】列表中的选项，来决定尺寸线的创建方法，依次为建筑中的内墙、台阶等构件建立尺寸线，从而完成对齐尺寸标注的建立，如图 13-13 所示。

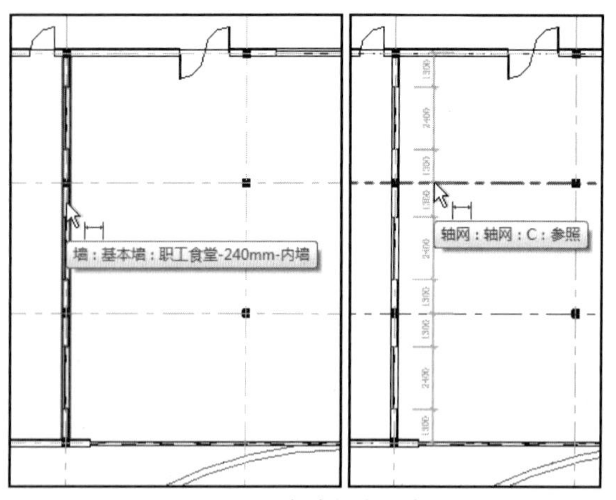

图 13-12　自动创建尺寸线

> **提示**　在视图控制栏上单击 (显示约束)。“显示约束”绘图区域将显示一个彩色边框，以指示处于“显示约束”模式。所有限制条件都以彩色显示，而模型图元以半色调(灰色)显示。

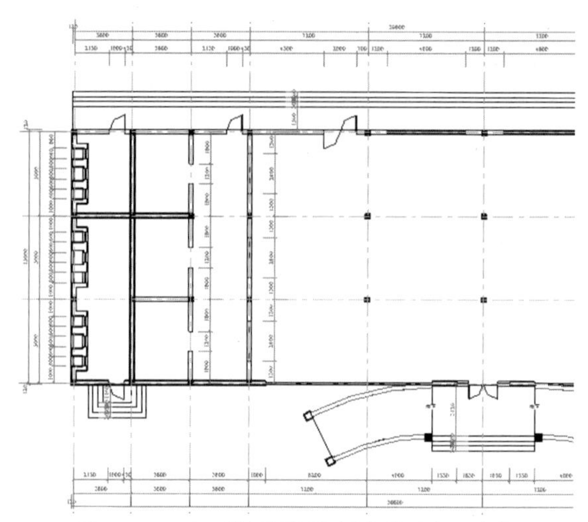

图 13-13　F1 楼层平面视图中的对齐尺寸线

径向尺寸标注

建筑模型中正门坡道的注释是通过【尺寸标注】面板中的【径向尺寸标注】工具来建立的。方法是选择【径向尺寸标注】工具后，切换至【修改 | 放置尺寸标注】选项卡，确定【属性】面板类型列表中的径向尺寸标注样式为“箭头 - 3.5mm”，并单击【编辑类型】选项打开【类型属性】对话框，设置其中的个别参数，如图 13-14 所示。

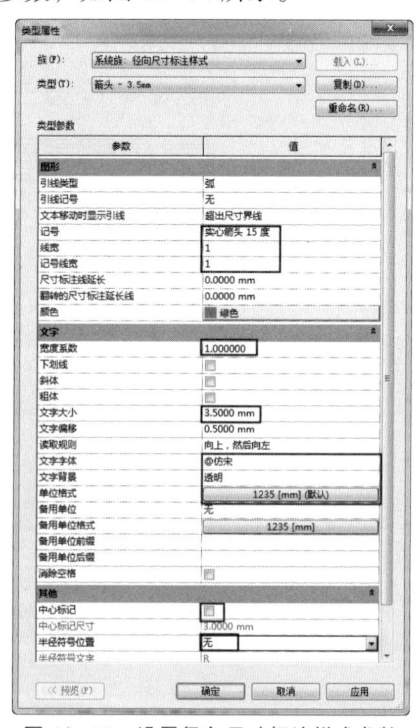

图 13-14　设置径向尺寸标注样式参数

在径向尺寸标注样式的【类型属性】对话框中，【图形】和【文字】选项组中的参数与对齐尺寸标注样式的相同，【其他】选项组中的参数有所不同。【其他】选项组中的参数及作用如表 13-2 所示。

表 13-2 【其他】选项组中的参数及作用

名　称	作　用
中心标记	显示或隐藏半径 / 直径尺寸标注中心标记
中心标记尺寸	设置半径 / 直径尺寸标注中心标记的尺寸。选择“显示弧中心标记”后即启用此属性
半径符号位置	指定半径尺寸标注的前缀文字的位置
半径符号文字	指定半径尺寸标注值的前缀文字 (默认值为 R)

单击【确定】按钮关闭该对话框后，指向坡道的边缘并单击生成径向尺寸标注，在空白位置再次单击放置该尺寸标注，如图 13-15 所示。

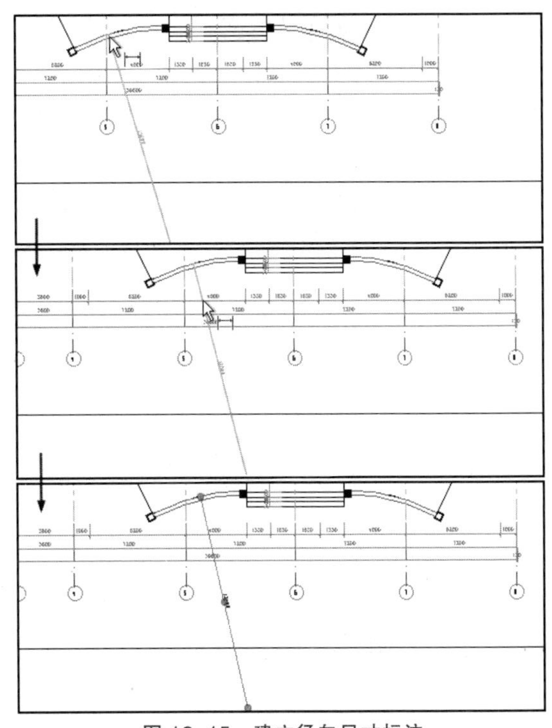

图 13-15 建立径向尺寸标注

选择径向尺寸标注，单击并拖动其圆心至适当位置，释放鼠标后缩短其范围，完成径向尺寸标注的建立，如图 13-16 所示。

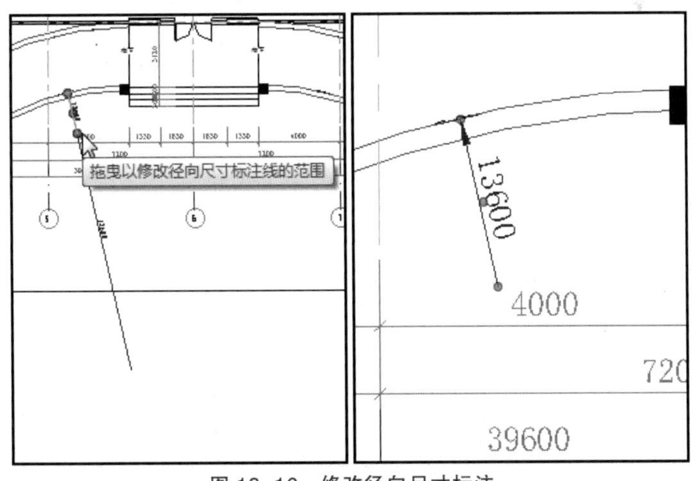

图 13-16 修改径向尺寸标注

对于坡道宽度的尺寸标注虽然也是通过【对齐尺寸标注】工具来创建的，但是坡道是有弧度的，所以在创建尺寸线之前需要使用参照平面作为参照。

在创建参照平面之前，需要显示被隐藏的参照平面。方法是，单击状态栏中的【显示隐藏的图元】按钮，在视图中选中某个参照平面后，单击【显示隐藏的图元】面板中的【取消隐藏类别】按钮，如图 13-17 所示。

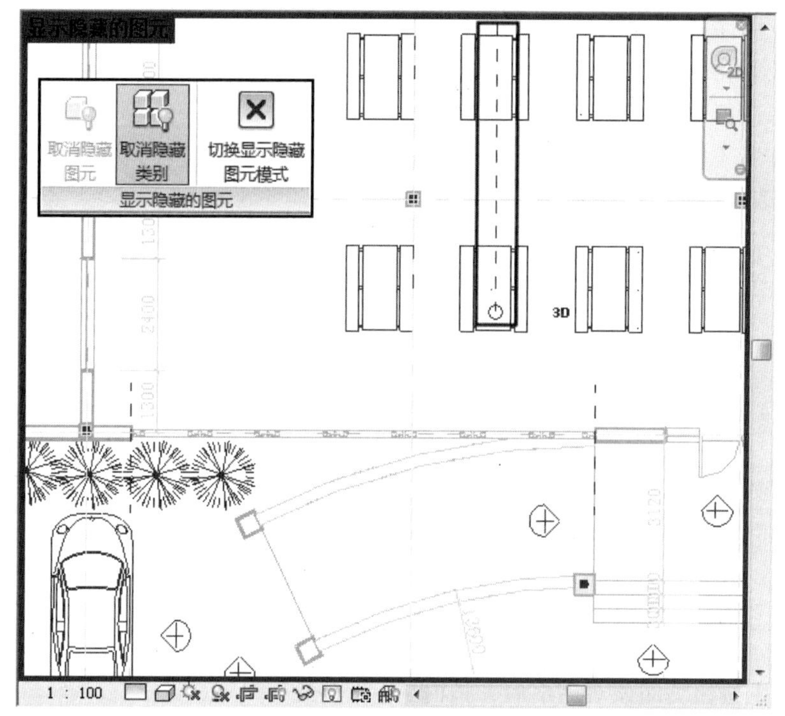

图 13-17　取消参照平面

再次单击状态栏中的【关闭“显示隐藏的图元”】按钮，即可显示视图中所有的参照平面。选择【工作平面】面板中的【参照平面】工具，捕捉坡道端点的位置并单击，作为参照平面的起点。确保当前捕捉的方式为垂足的方式，在适当位置单击完成参照平面的建立，如图 13-18 所示。

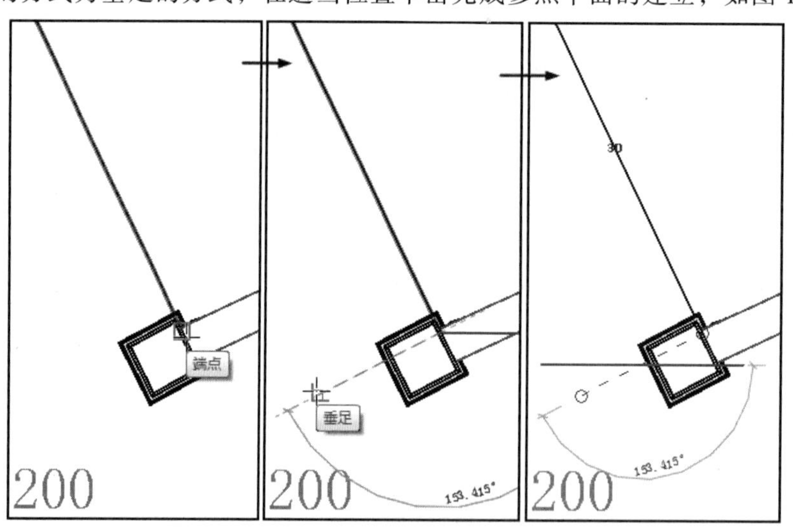

图 13-18　创建参照平面

选择【对齐尺寸标注】工具，依次在创建的参照平面以及坡道的另外一侧单击，在适当的位置放置该尺寸线，如图 13-19 所示。

完成 F1 楼层平面的尺寸标注后，使用类似的方式，为 F2 楼层平面添加尺寸标注，如图 13-20 所示。

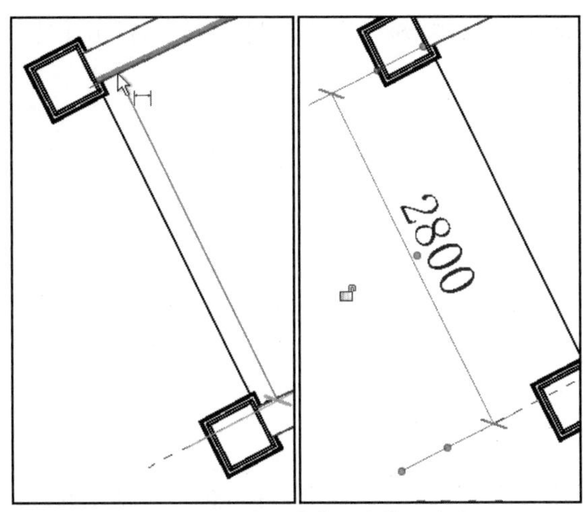

图 13-19　建立坡道宽度的尺寸线

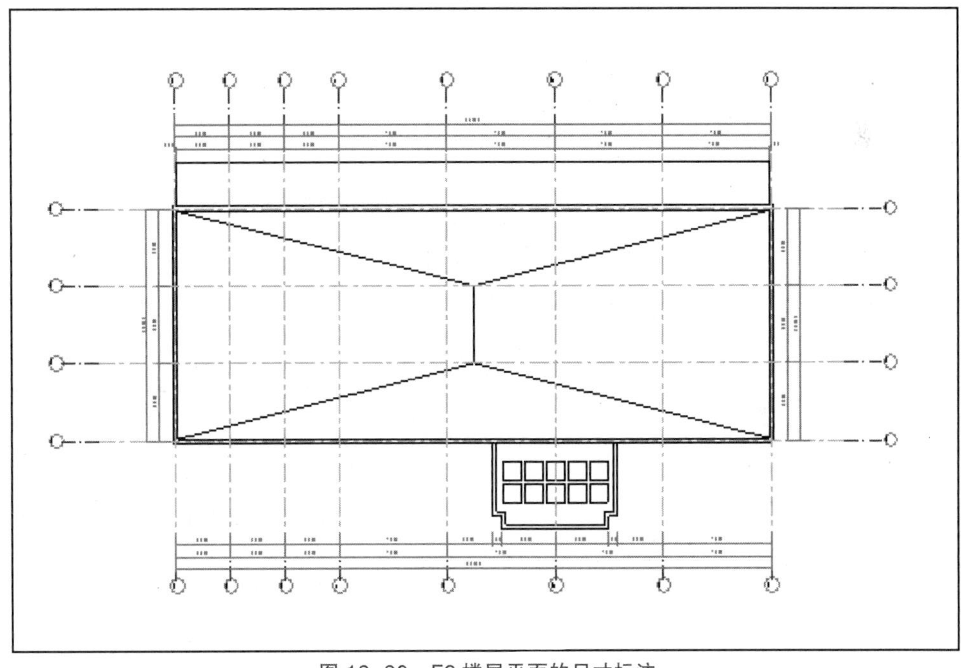

图 13-20　F2 楼层平面的尺寸标注

高程点与高程点坡度尺寸标注

在平面施工图中，除了建立各个构件的定位尺寸线外，还必须建立当前楼层的标高、室内外高差、排水、坡度等信息。在 Revit 中，可以通过【高程点】标注与【高程点坡度】标注等工具来表达该信息。

切换至 F2 楼层平面视图，建筑中的构件定位尺寸线已经建立，接下来要建立的是屋顶的坡度标注。选择【尺寸标注】面板中的【高程点坡度】工具，确定【属性】面板类型列表中的选项为“高程度坡度：倾斜”，单击【编辑类型】选项，打开【类型属性】对话框。在该对话框中设置部分参数，如图 13-21 所示。

在高程点坡度标注【类型属性】对话框中，【文字】选项组中的参数与【对齐尺寸标注】的属性参数基本相同，而【限制条件】与【图形】选项组中的参数及作用如表 13-3 所示。

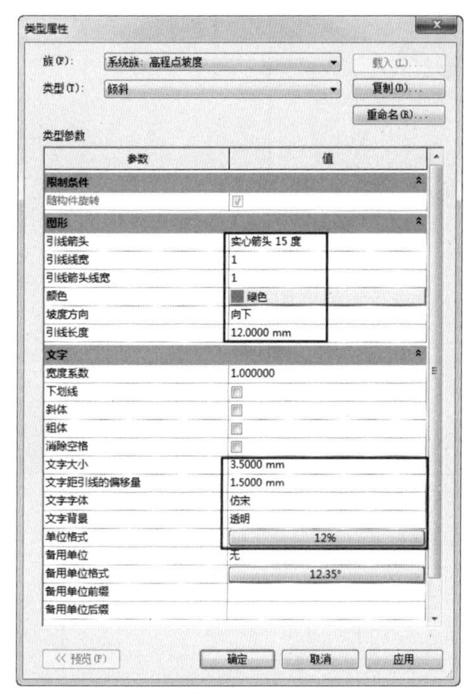

图 13-21　设置高程点坡度标注的类型属性

表 13-3　高程点坡度标注【类型属性】对话框中的部分参数及作用

参　数	作　用
限制条件	
随构件旋转	如果启用该选项，高程点坡度会随构件旋转
图形	
引线箭头	设置引线箭头的外观。如果选择值“无”，则会删除箭头
引线线宽	设置引线的线宽。数值越高，线宽越粗
引线箭头线宽	设置箭头线宽。数值越高，箭头线宽越粗
颜色	设置高程点坡度的颜色。单击按钮以打开颜色选取器
坡度方向	设置高程点坡度的方向。默认设置为“向下”
引线长度	设置引线长度
文字	
文字距引线的偏移量	文字与引线之间的偏移

【文字】选项组中的【单位格式】参数设置为百分比，方式是单击该参数右侧的编辑按钮，在打开的【格式】对话框中，禁用【使用项目设置】选项，设置【单位】为“百分比”，【舍入】为“0 个小数位”，如图 13-22 所示。

图 13-22　设置单位格式

关闭所有对话框后，将光标指向屋顶，Revit 将生成坡度的箭头预览，单击放置该坡度箭头，如图 13-23 所示。

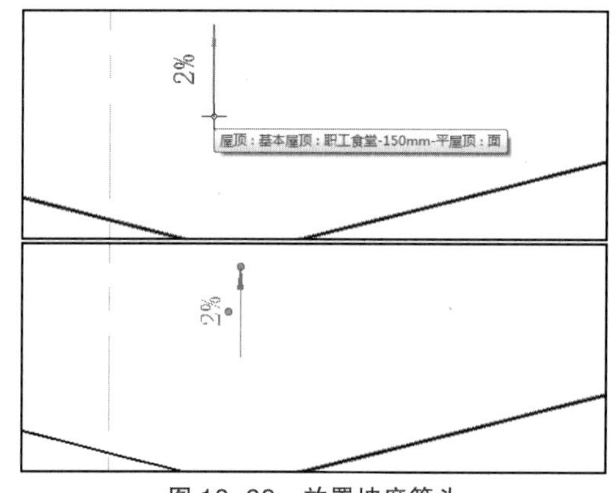

图 13-23　放置坡度箭头

继续将光标指向屋顶的其他位置，Revit 会根据楼板自身的坡度来计算坡度值，单击放置坡度箭头。对于没有坡度的位置，Revit 会显示无坡度的预览，如图 13-24 所示。

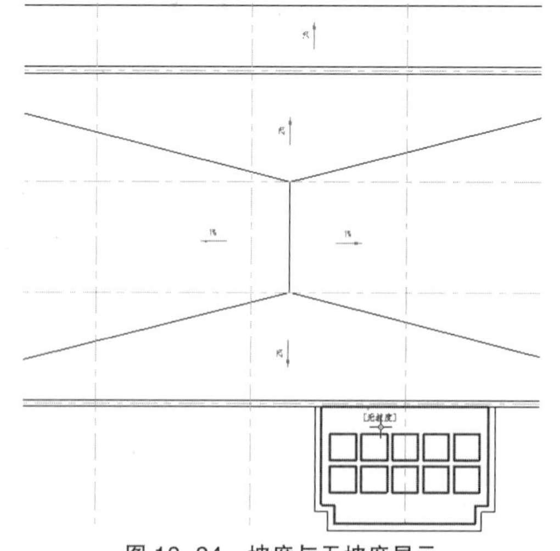

图 13-24　坡度与无坡度显示

提示 由于生成屋顶的时候，对屋顶进行了编辑子图元的操作，因此将根据实际的高程来生成楼板的高程。

切换至F1楼层平面视图，通过【高程点】工具为该楼层添加高程点标注。方法是，选择【尺寸标注】面板中的【高程点】工具，确定【属性】面板中高程点的类型为“垂直”，并打开相应的【类型属性】对话框。在该对话框中复制类型“垂直”为“零标高高程点标注”，并设置部分参数，如图13-25所示。

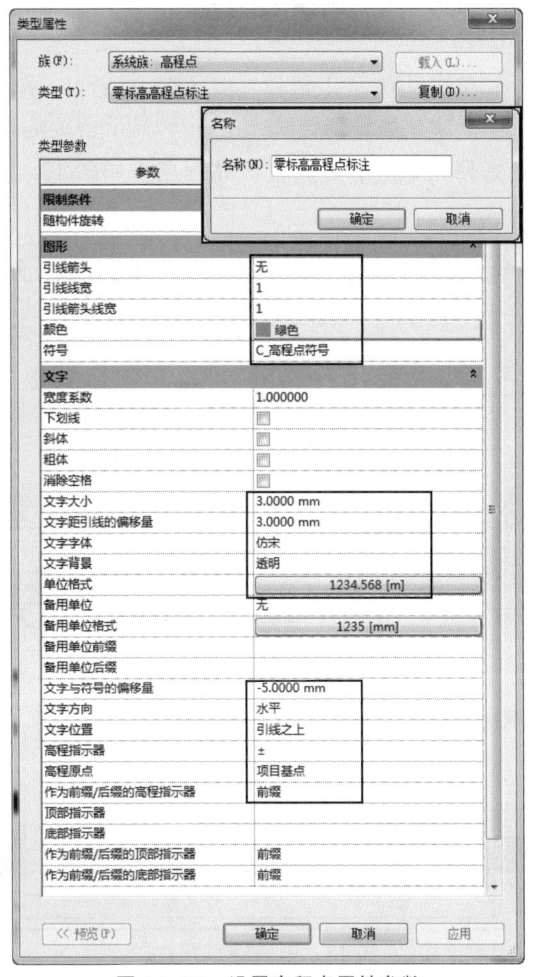

图13-25 设置高程点属性参数

在该对话框中，大部分参数与【高程点坡度】类型属性中的参数相同。如表13-4所示，为高程点标注类型属性中特有的参数及作用。

表13-4 高程点标注【类型属性】对话框中的部分参数及作用

参数	作用
图形	
符号	修改带高程点坐标的符号标头的外观
文字	
文字与符号的偏移量	文字远离符号方向的偏移
高程指示器	输入的含有高程点的文本字符串。可以作为“作为前缀/后缀的指示器”的前缀或后缀显示
高程原点	如果原点值设置为“项目基点”，则所报告的坐标以项目原点为基准。如果设置为“测量点”，则所报告的坐标以共享原点为基准。如果基面值设置为“相对”，则所报告的坐标以项目启动位置为基准。这是固定“原点”，通过重新定位项目，可以修改共享原点
作为前缀/后缀的高程指示器	指定“北/南”、“东/西”和“高程”指示器的位置
顶部指示器	确定哪个坐标值放在顶部
底部指示器	确定哪个坐标值放在底部

对话框中【符号】参数的设置选择的是已经载入的高程点符号族；而【单位格式】参数则是通过单击右侧的编辑按钮，打开【格式】对话框进行设置的，如图13-26所示。

图13-26 设置单位格式

关闭【类型属性】对话框后，在选项栏中禁用【引线】选项，选择【显示高程】为“实际(选定)高程”。将光标指向室内楼板时，显示高程点预览。单击后确认高程点符号的放置位置，这时通过上下左右移动光标确定高程点符号方向，再次单击放置高程点，如图 13-27 所示。

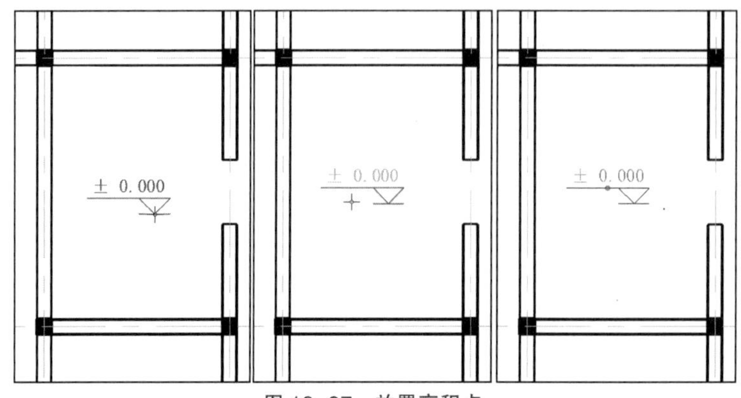

图 13-27　放置高程点

继续在其他楼板位置单击，放置高程点符号。按两次 Esc 键退出放置状态后，再次选择【高程点】工具，在【属性】面板中选择类型为“立面空心”，在【类型属性】对话框中设置部分参数，如图 13-28 所示。

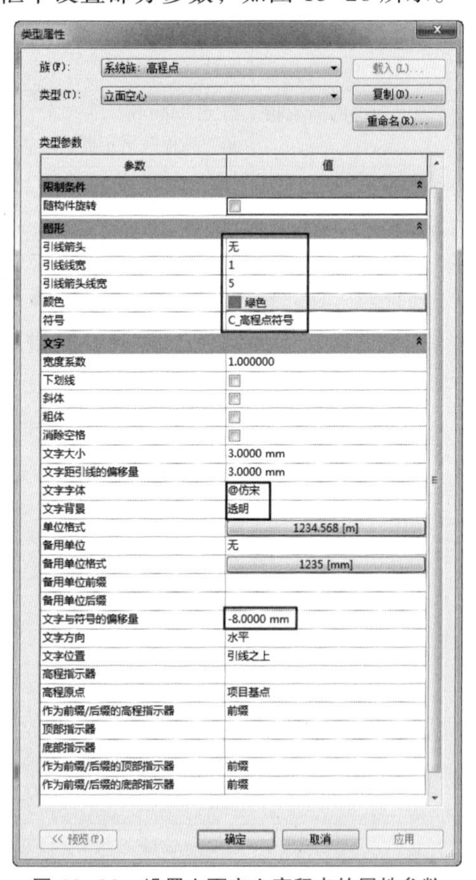

图 13-28　设置立面空心高程点的属性参数

单击【确定】按钮，关闭该对话框。移动光标至建筑的外部台阶，Revit 会显示台阶的正确标高。单击即可放置该高程点，如图 13-29 所示。

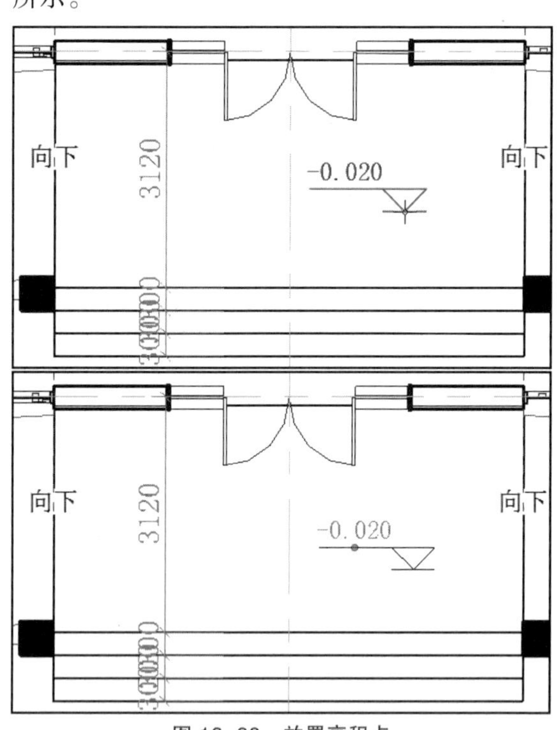

图 13-29　放置高程点

继续移动光标至其他台阶，依次单击后放置相应的高程点，如图 13-30 所示。在放置过程中，可以通过上下左右移动光标来改变高程点符号的方向。

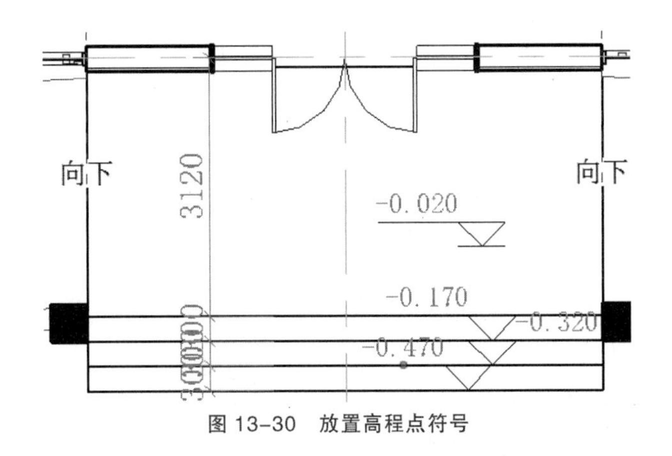

图 13-30　放置高程点符号

13.2 文字与文字样式

在施工图中，除了各种构件定位尺寸标注、高程点与高程点坡度标注外，还需要将说明、技术或其他文字注释添加到工程图中。

13.2.1 创建文字

在 Revit 中，可以插入换行或非换行文字注释，这些注释在纸空间中测量而且自动随视图一起缩放。

单击【文字】面板中的【文字】按钮A，切换至【修改 | 放置文字】选项卡，在【格式】面板中可以选择文字注释的创建工具，如图 13-31 所示。

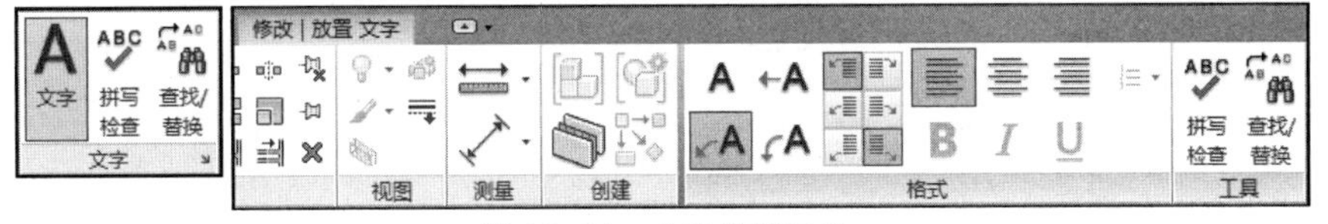

图 13-31　文字注释工具

根据文字是否带引线和引线类型，Revit 有 4 个创建文字工具，其操作方式略有不同。

无引线 A　在图中单击按住鼠标左键并拖曳出矩形文本框后释放鼠标，在框中输入文字，完成后在文本框外单击即可，如图 13-32 所示。

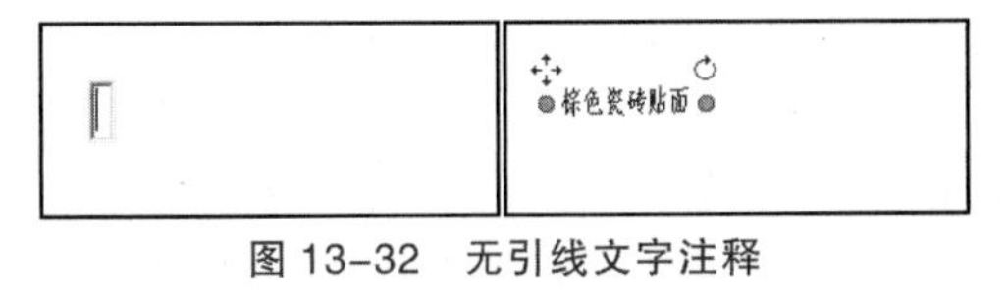

图 13-32　无引线文字注释

一段引线 A　在图中单击放置引线起点，移动光标到引线终点位置单击按住鼠标左键并拖曳出矩形文本框后释放鼠标，在框中输入文字，完成后在文本框外单击即可，如图 13-33 所示。

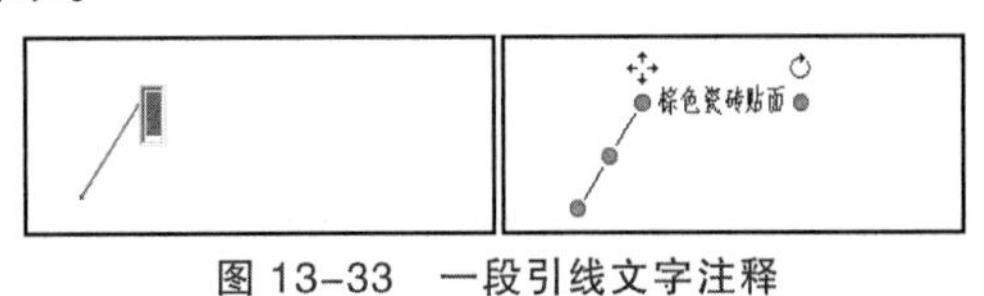

图 13-33　一段引线文字注释

二段引线 A　在图中单击放置引线起点，移动光标再次单击放置引线折点，移动光标到引线终点位置单击按住左键并拖曳出矩形文本框后释放鼠标，在框中输入文字，完成后在文本框外释放鼠标即可，如图 13-34 所示。

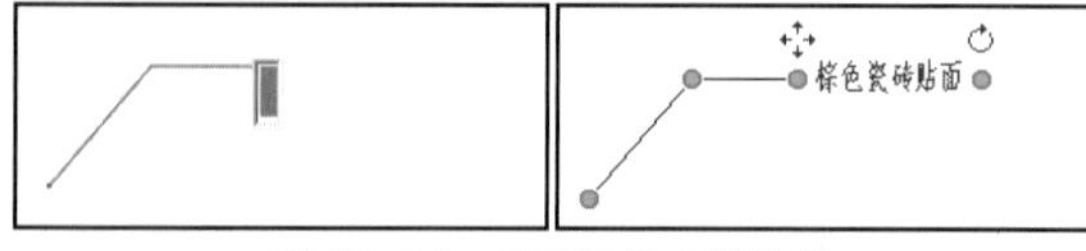

图 13-34　二段引线文字注释

曲线形 在图中单击放置弧引线起点，移动光标到弧引线终点位置单击按住鼠标左键并拖曳出矩形文本框后释放鼠标，在框中输入文字，完成后在文本框外单击即可，如图 13-35 所示。

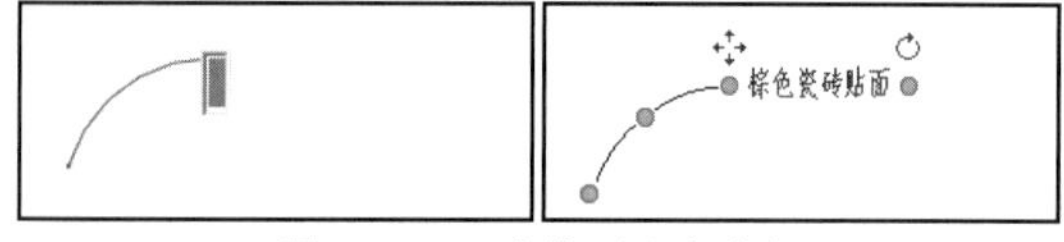

图 13-35　曲线形文字注释

在立面视图中，选择【文字】面板中的【文字】工具后，在【格式】面板中选择【二段引线】工具，并确定引线方式为【左上引线】。在左侧窗户边缘单击后移动光标再次单击放置引线折点，并且在文本框中输入文字“铝合金窗户”。完成后在文本框外单击完成文字注释的创建，如图 13-36 所示。

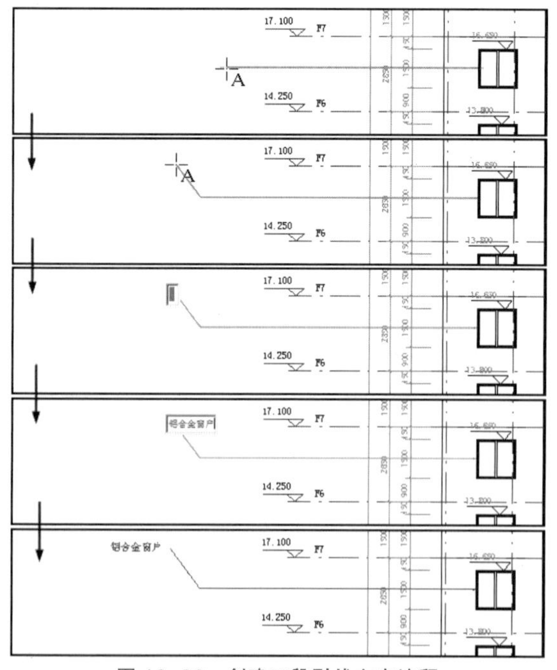

图 13-36　创建二段引线文字注释

> **提示**　单行文字和多行文字的创建和编辑方法完全一样，其唯一的区别在于：创建时只需要在位置起点（对引线单行文字）或在引线终点位置单击鼠标，然后输入文字即可。文本框的长度会随输入文字的长度而变化，文字不换行。

13.2.2　编辑文字

创建文字注释后，还可以再次编辑该文字注释以更改其位置或格式、添加或调整引线等，从而得到更为适合的文字注释效果。选择刚刚创建的“铝合金窗户”文字注释，切换至【修改 | 文字注释】选项卡，如图 13-37 所示。

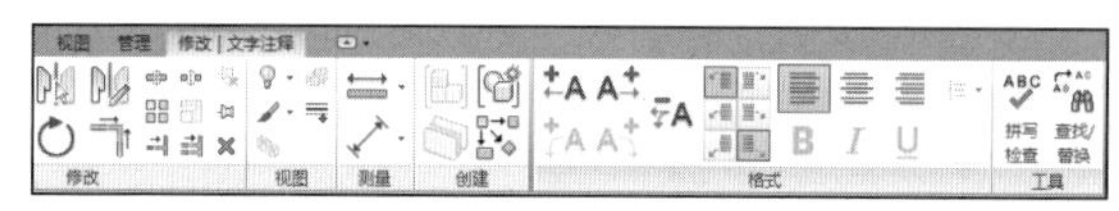

图 13-37　【修改 | 文字注释】选项卡

在【格式】面板中，创建文字工具变成了添加或删除引线工具。根据不同引线类型激活不同的添加引线工具。

添加左直线引线 当选中的文字注释为直线引线文字注释时，单击该工具后即可在文本框左侧添加直线引线。这时通过移动引线中的节点来改变引线路径，如图 13-38 所示。

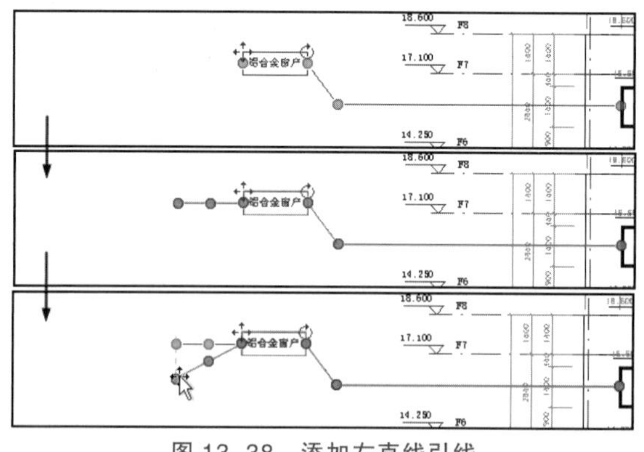

图 13-38　添加左直线引线

添加右直线引线 当选中的文字注释为直线引线文字注释时，单击该工具后即可在文本框右侧添加直线引线。这时通过移动引线中的节点来改变引线路径，如图 13-39 所示。

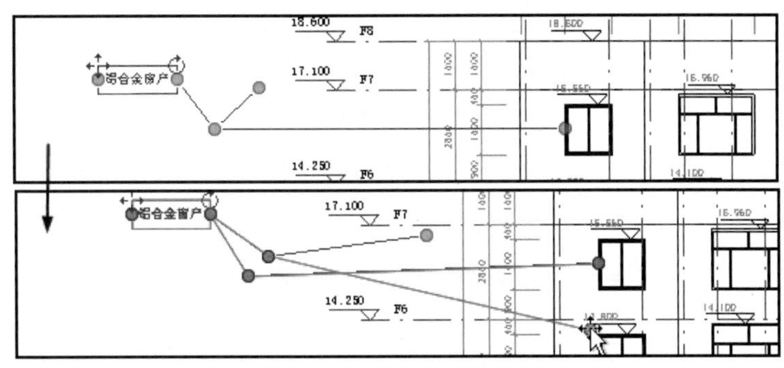

图 13-39　添加右直线引线

技巧

无论是添加左直线引线还是添加右直线引线，当移动引线中的节点时，引线的起点可以移动至文本框的左侧、右侧或中间位置。

添加左弧引线（**添加右弧引线**）　当选中的文字注释为弧线引线文字注释时，单击该工具后即可在文本框左侧（右侧）添加弧线引线。这时通过移动引线中的节点来改变引线路径，该引线路径可以移动至文本框左侧、右侧或中间，如图 13-40 所示。

删除最后一条引线　当选中某个文字注释后，单击该工具即可从最后添加的引线开始删除，连续单击可以删除全部引线，如图 13-41 所示。

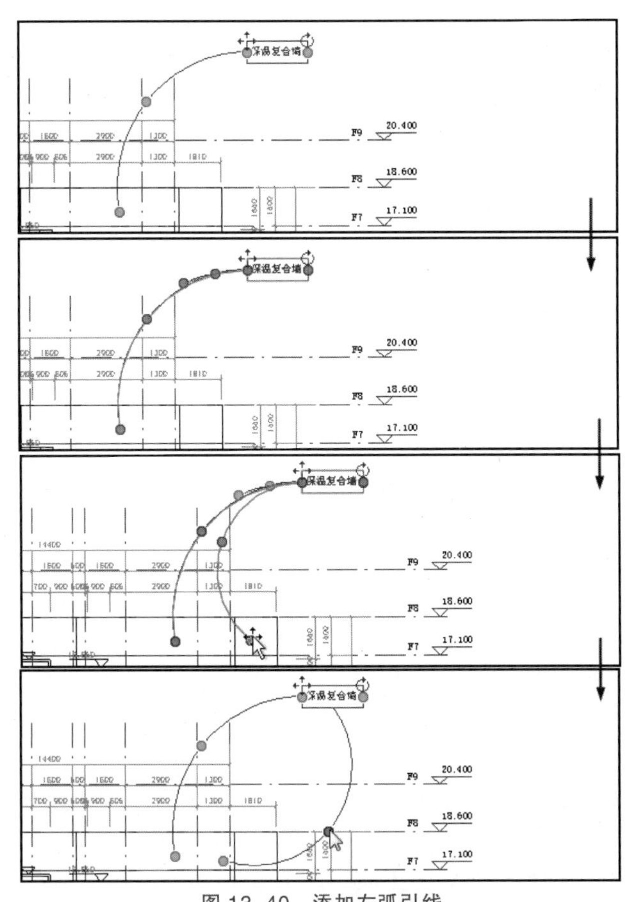

图 13-40　添加左弧引线

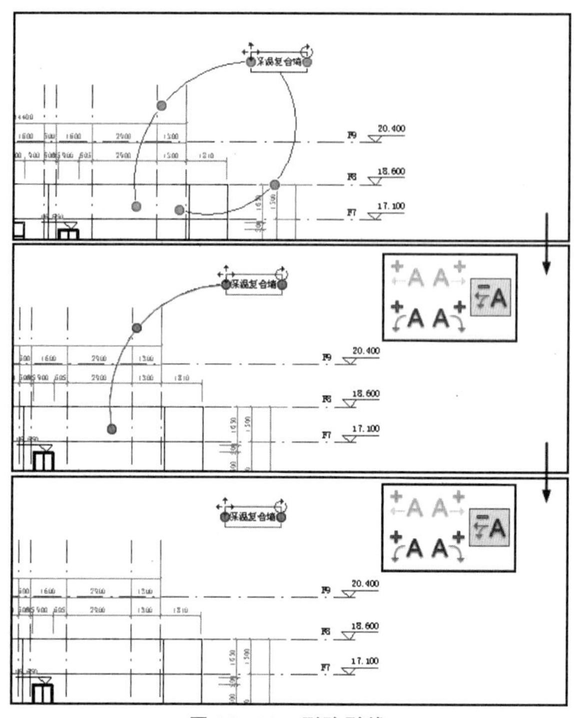

图 13-41　删除引线

当选中文字注释后，在【格式】面板中激活的是调整引线的工具。要想设置文字内容，在选中文字注释后再次单击文字即可。要想为文字添加加粗、斜体或下划线效果，则需要扩选文字，如图 13-42 所示。

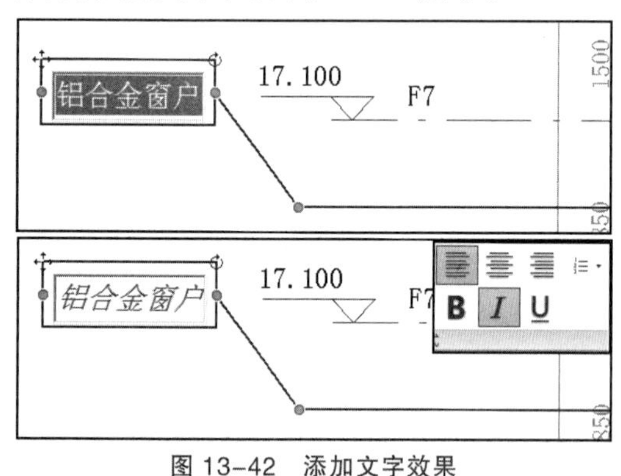

图 13-42　添加文字效果

注 意

在编辑文字注释中的文字时，必须单击选中该注释后，再次单击文字来进行编辑；如果连续单击注释中的文字，那么会进入注释族编辑器中。

在添加文字注释时，选择创建文字工具后，单击【属性】面板中的【编辑类型】选项，打开【类型属性】对话框。在该对话框中，设置部分参数，如图 13-43 所示。

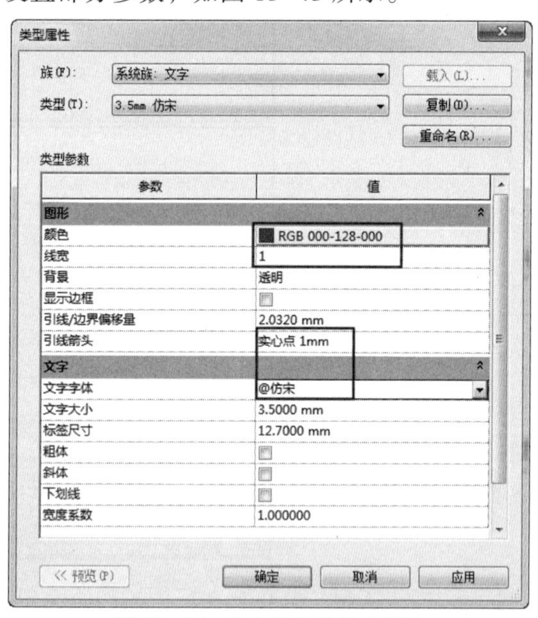

图 13-43　文字注释属性对话框

在文字注释的【类型属性】对话框中，可以设置文字的字体、颜色与字号等参数，还可以设置引线的各种参数，如表 13-5 所示。

表 13-5 文字注释【类型属性】对话框中的各个参数及作用

参　数	作　用
图形	
颜色	设置文字和引线的颜色
线宽	设置边框和引线的宽度。可以使用“线宽”工具来修改线宽编号的定义
背景	设置文字注释的背景。不透明背景的注释会遮挡其后的材质。透明背景的注释可看到其后的材质。这有利于在按颜色定义的房间内放置文字注释
显示边框	在文字周围显示边框
引线 / 边界偏移量	设置引线 / 边界和文字之间的距离
引线箭头	将引线的箭头样式设置为由“箭头”工具定义
文字	
文字字体	将文字注释设置为 Microsoft® True Type 字体。默认字体为 Arial
文字大小	设置字体的尺寸
标签尺寸	设置文字注释的选项卡间距。创建文字注释时，可以在文字注释内的任何位置按 Tab 键，将出现一个指定大小的制表符。该选项也用于确定文字列表的缩进
粗体	将文字字体设置为粗体
斜体	将文字字体设置为斜体
下划线	在文字下加下划线
宽度系数	常规文字宽度的默认值是 1.0。字体宽度随“宽度系数”成比例缩放。高度则不受影响

文字注释的类型属性既可以在创建前设置，也可以在创建后设置。而文字注释的实例属性则必须在创建后选中文字注释才能够在【属性】面板中进行设置，如图 13-44 所示。

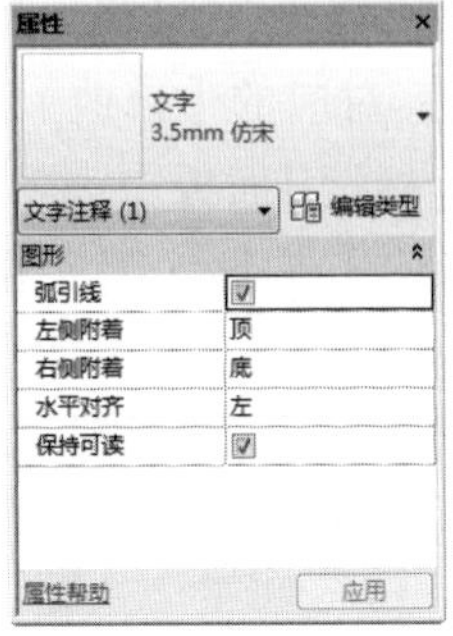

图 13-44 文字注释的实例属性

在该【属性】面板中，可以更改文字注释的实例属性以修改该引线附着点、文字对正和文字方向。其中，面板中的各个参数及作用如表 13-6 所示。

表 13-6 文字注释实例属性中的参数及作用

参　数	作　用
图形	
弧引线	将文字注释引线转换为弧引线
左侧附着	指定附着到文字注释左侧的引线的放置位置（顶部、中部或底部）
右侧附着	指定附着到文字注释右侧的引线的放置位置（顶部、中部或底部）
水平对齐	设置文字的对正方式（左对齐、中心对齐或右对齐）
保持可读	旋转文字注释时，文字注释中的文字保持可读状态

13.3 标　记

标记是在图纸上识别图元的专用注释。族库中的每个类别都有一个标记。一些标记会随默认的 Revit 样板自动载入，而另一些则需要手动载入。如果需要，可以在族编辑器中创建自己的标记，方法是创建注释符号族。另外，可以为族载入多个标记。

13.3.1 创建标记

标记的创建方法有自动标记和手动标记两大类：

自动标记 在使用门窗、房间、面积、梁等工具时，其对应的【修改 | 放置门】等子选项卡中，在【标记】面板中都默认选择了【在放置时进行标记】工具，因此在创建这些图元时可自动标记，如图 13-45 所示。

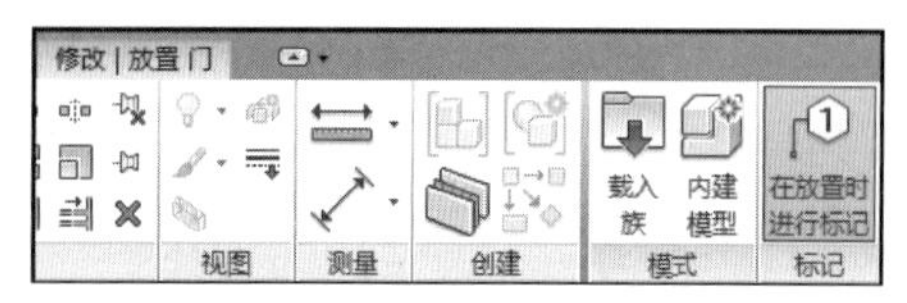

图 13-45 自动标记放置方法

手动标记 对墙、楼梯、楼板、材质等一般情况下不需要标记的图元，则需要用【按类别标记】、【全部标记】、【多类别】和【材质标记】等标记工具手动标记，如图 13-46 所示。

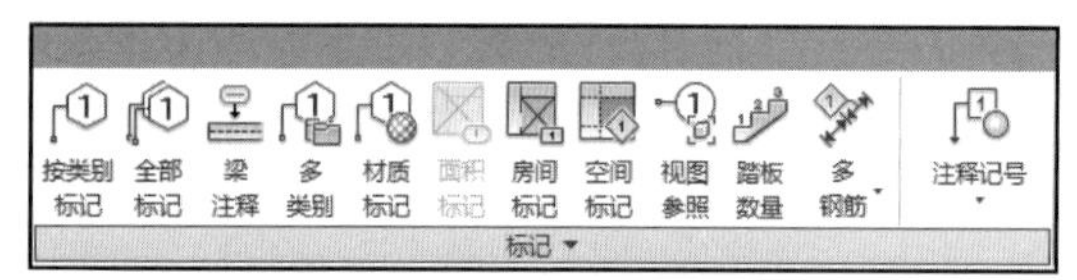

图 13-46 手动标记放置工具

1. 按类别标记

【按类别标记】工具用于逐一单击拾取图元创建图元特有的标记注释，如门窗标记和房间标记等专有标记。

方法是切换至 F1 楼层平面视图，单击【标记】面板中的【按类别标记】按钮，在选项栏中禁用【引线】选项，单击【标记】按钮，打开【载入的标记和符号】对话框。在该对话框中可以为各种构件类别选择或载入需要的标记族，这里使用的是默认的“C_窗标记”和“C_门标记”，如图 13-47 所示。

单击【确定】按钮关闭对话框后，将光标指向主墙中的窗上，出现窗标记。单击即可添加该窗的标记，如图 13-48 所示。

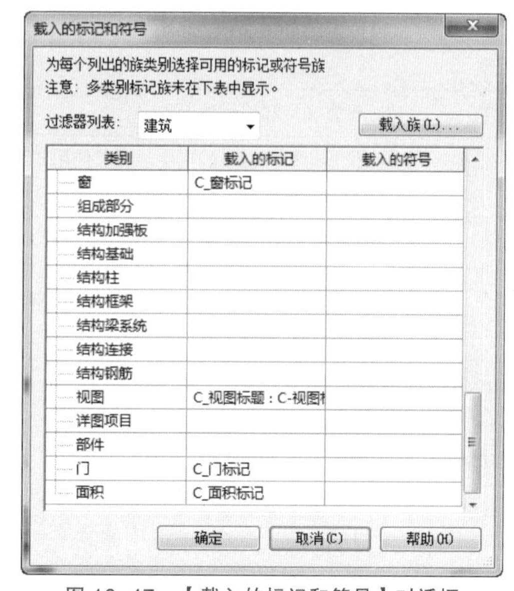

图 13-47 【载入的标记和符号】对话框

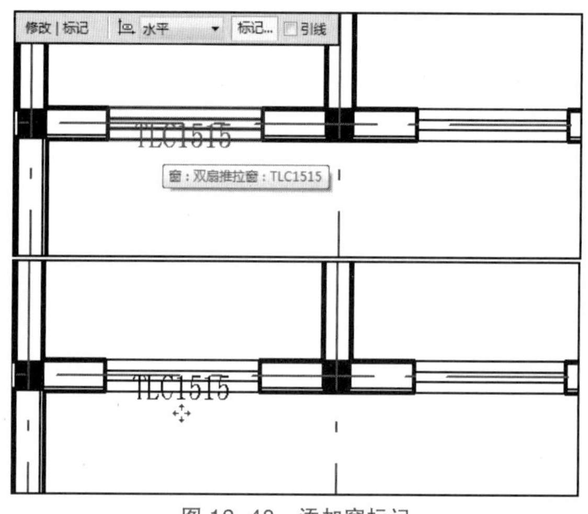

图 13-48 添加窗标记

继续单击其他窗或者门图元，即可添加相应的标记。按两次 Esc 键退出添加状态后，选中其中一个标记，单击并向下拖动该标记下方的移动图标，释放鼠标后即可改变该标记的放置位置，如图 13-49 所示。

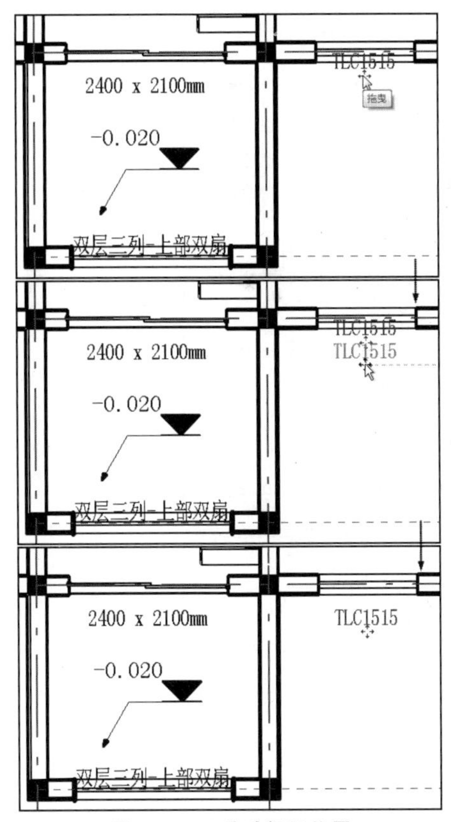

图 13-49　移动标记位置

2. 全部标记

【全部标记】工具用于自动批量给某一类或某几类图元创建图元特有的标记注释，如门窗标记、房间标记、梁标记等专有标记。

方法是在F1楼层平面视图中，单击【标记】面板中的【全部标记】按钮，打开【标记所有未标记的对象】对话框，如图13-50所示。

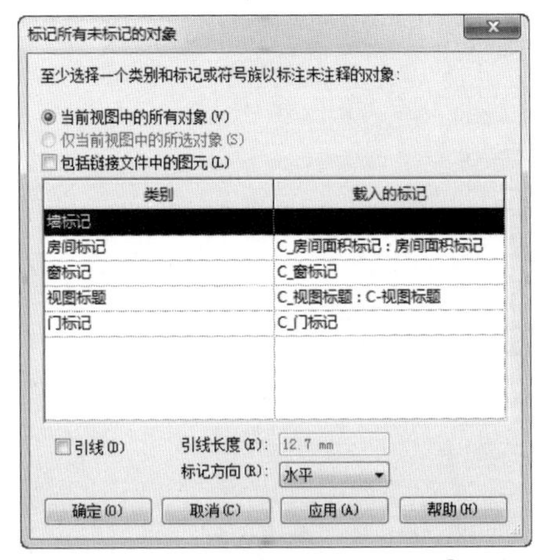

图 13-50　【标记所有未标记的对象】对话框

在该对话框中，列表中【类别】的【载入的标记】参数是Revit默认的标记族，而要添加的图元选择则是通过启用下面选项来设置的。

当前视图中的所有对象　Revit默认选择此选项，默认在当前视图中的所有对象中标记选择的图元标记族。

仅当前视图中的所选对象　如果事先选择了一些图元，则Revit默认启用该选项，将在当前视图中所选择的对象中标记选择的图元标记族。其中，可以切换至【当前视图中的所有对象】选项。

包括链接文件中的图元　启用该选项将同时标记链接的Revit文件中的图元。

引线　启用该选项即可设置引线长度和方向。

在该对话框中，启用【当前视图中的所有对象】选项后，配合Ctrl键，同时选中列表中的【窗标记】和【门标记】参数，如图13-51所示。

图 13-51　设置参数

单击【确定】按钮后关闭该对话框，这时楼层平面视图中所有的门窗均添加相应的标记。如图13-52所示，为F1楼层平面视图中标记的整体效果与局部效果。

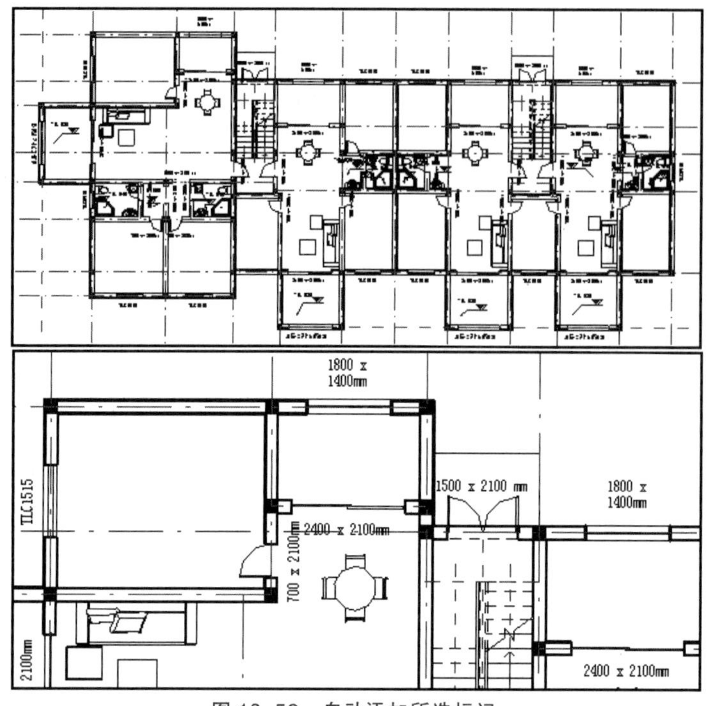

图 13-52　自动添加所选标记

3. 材质标记

【材质标记】工具可以自动标记各种图元及其构造面层的材质名称，并使材质名称自动更新标记。

方法是在平面视图中创建剖面，并切换至该剖面视图。单击【标记】面板中的【材质标记】按钮，当样板文件中没有事先载入材质标记族文件时，Revit会提示现在载入。这时在打开的【载入族】对话框中，载入Revit自带的“China/注释/标记/建筑/标记_材料名称.rfa”族文件，如图13-53所示。

单击【打开】按钮后，确定【属性】面板类型列表中的标记为“材料名称”选项。将光标指向剖面视图中的建筑上，Revit会自动显示所指位置的材质名称。这时使用二段引线文字注释的添加方法创建材质标记注释，如图13-54所示。

图 13-53　载入族文件

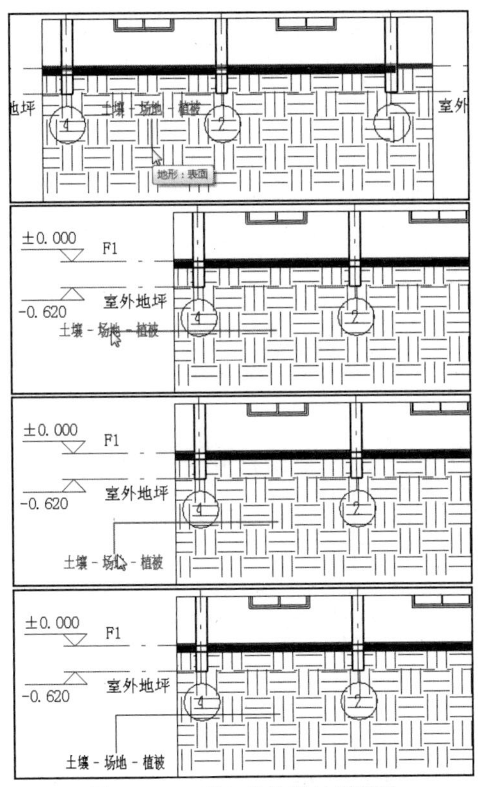
图 13-54　载入并放置材质标记

按 Esc 键退出该材质标记的放置状态，继续将光标指向建筑的其他位置，依次放置其他的材质标记，如图 13-55 所示。

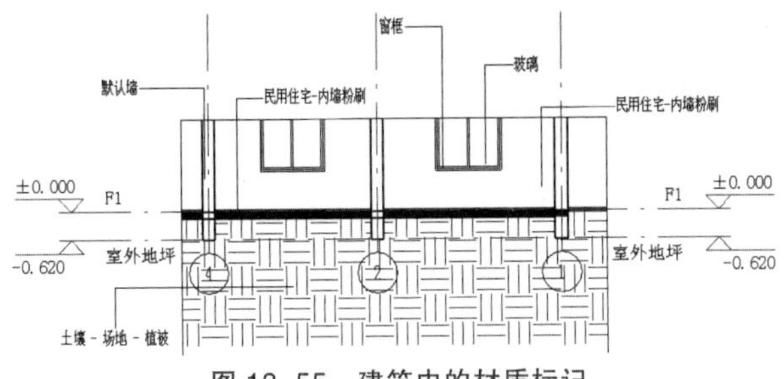

图 13-55　建筑中的材质标记

13.3.2 编辑标记

在创建标记时，选项栏中的选项设置为启用【引线】选项，默认选择“自由端点”选项。

其中，标记引线的端点有两种形状：自由端点与附着端点，其功能特点如下。

自由端点　创建时手动捕捉引线起点、折点、终点位置，完成后自由拖曳其位置。

附着端点　创建时自动捕捉引线起点，放置标记后只能拖曳标记折点和标记位置，引线起点不能调整。

选中带有引线的标记后，在选项栏中禁用【引线】选项，即可删除该标记中的引线，如图 13-56 所示。

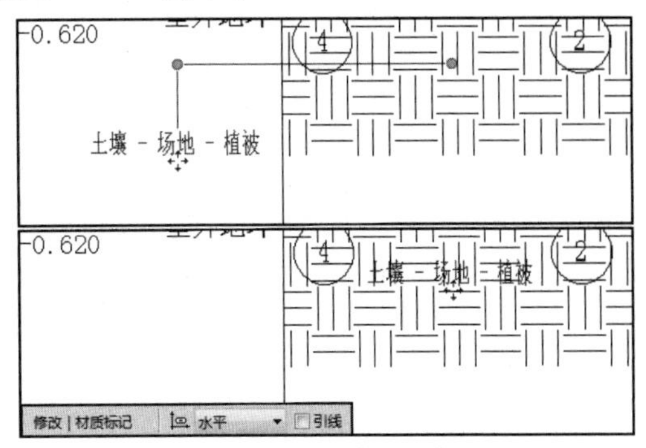

图 13-56　禁用【引线】选项

如果再次启用选项栏中的【引线】选项，那么会为标记添加引线。这时需要拖动引线中的折点来改变引线的走向，如图 13-57 所示。

对于材质标记还能够进行主体更新，方法是选中某个材质标记后，单击引线中的起点并垂直向上拖动至其他材质构件位置，释放鼠标后材质标记内容自动更新，如图 13-58 所示。

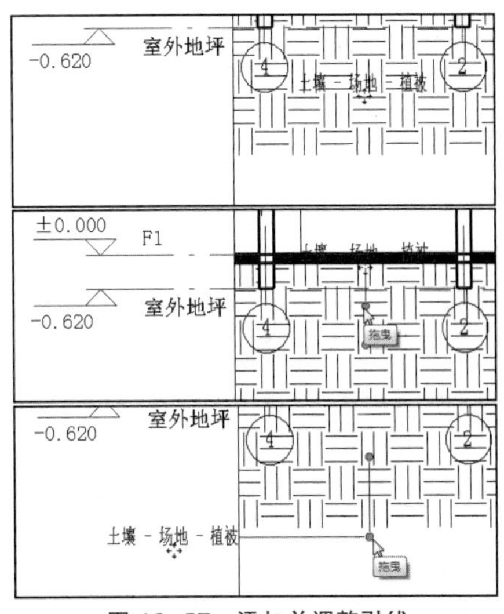

图 13-57　添加并调整引线

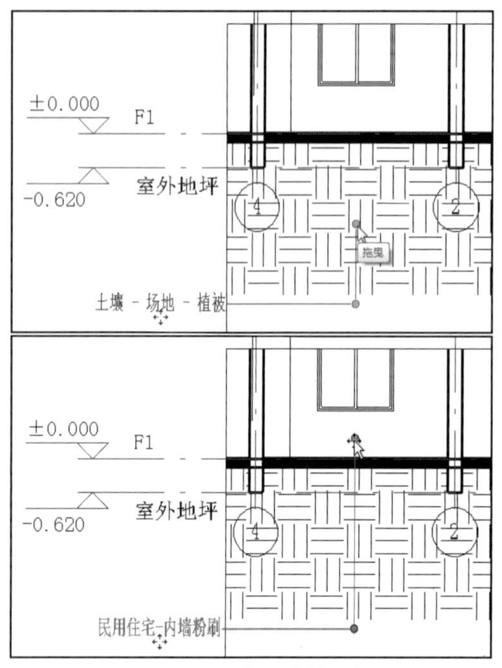

图 13-58　标记主体更新

无论是添加标记之前还是之后，均能够设置标记的类型属性。只要选中标记后，单击【属性】面板中的【编辑类型】选项，打开【类型属性】对话框。在列表中只有一个参数——引线箭头，在对应的列表中选择一种箭头类型选项，即可改变引线箭头，如图13-59所示。

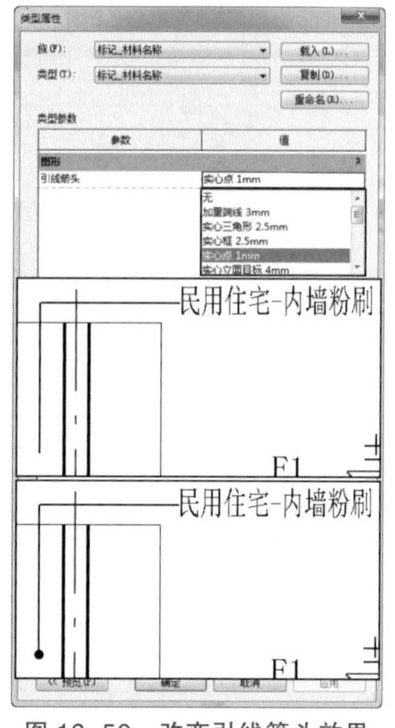

图 13-59　改变引线箭头效果

13.4 符　号

符号是注释图元或其他对象的图形表示，有时也被称为标记。符号与模型是联动的，例如 Revit 可以针对有高程和坡度的表面自动提取高程值和坡度值，或者是标高与轴网在创建时同时显示相应的符号。但是对于一些不希望自动提取的情况，使用符号工具可以在项目中放置二维注释图纸符号，如指北针、坡度符号、索引符号等。

13.4.1 创建符号

对于没有生成坡度的楼板或屋顶，无法使用【高程度坡度】工具来进行坡度标注，这时可以通过二维的方式来完成屋顶排水的图纸。

切换至 F7 楼层平面视图，在没有坡度的屋顶添加二维排水符号。首先在【注释】选项卡中，单击【样图】面板中的【详图线】按钮，确定绘制工具为【直线】工具，选择【线样式】为“细线”选项。在轴线 F 下方 800mm 位置绘制水平细线，如图 13-60 所示。

切换至【建筑】选项卡，选择【工作平面】面板中的【参照平面】工具，分别在水平详图线的上方和下方 3000mm 位置建立水平参照平面，如图 13-61 所示。

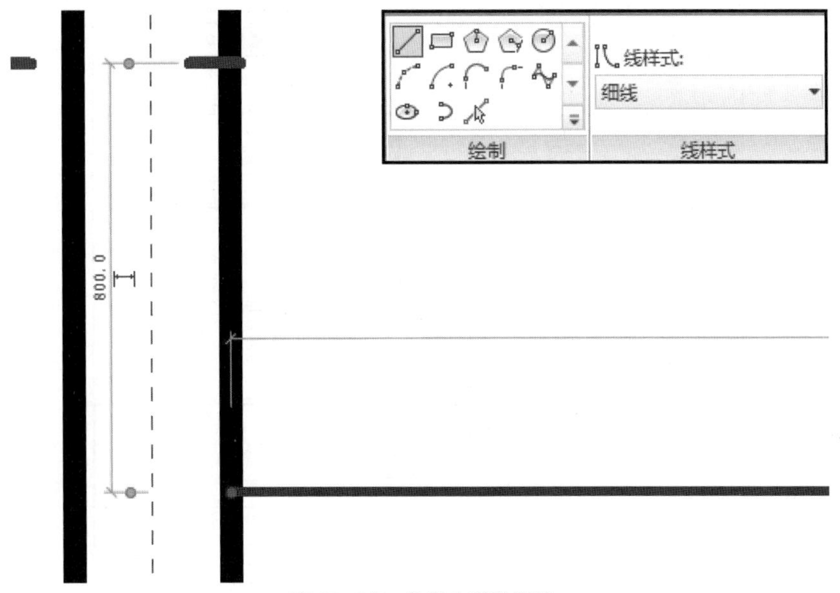

图 13-60　绘制水平详图线

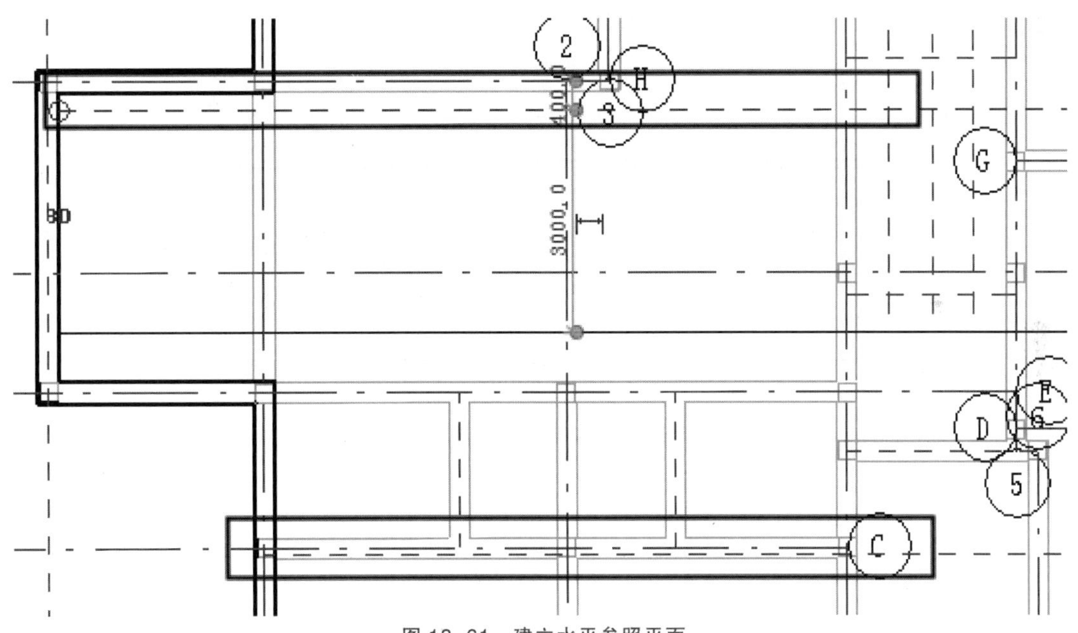

图 13-61　建立水平参照平面

再次选择【详图线】工具，并启用选项栏中的【链】选项。依次单击屋顶左上角女儿墙的交点、轴线 4 与参照平面的交点、轴线 7 与女儿墙的交点、轴线 9 与参照平面的交点、轴线 11 与女儿墙的交点、轴线 14 与参照平面的交点，完成坡度的绘制，如图 13-62 所示。

按 Esc 键退出该详图线的绘制状态后，使用相同的方法绘制下方的排水坡度线，如图 13-63 所示。

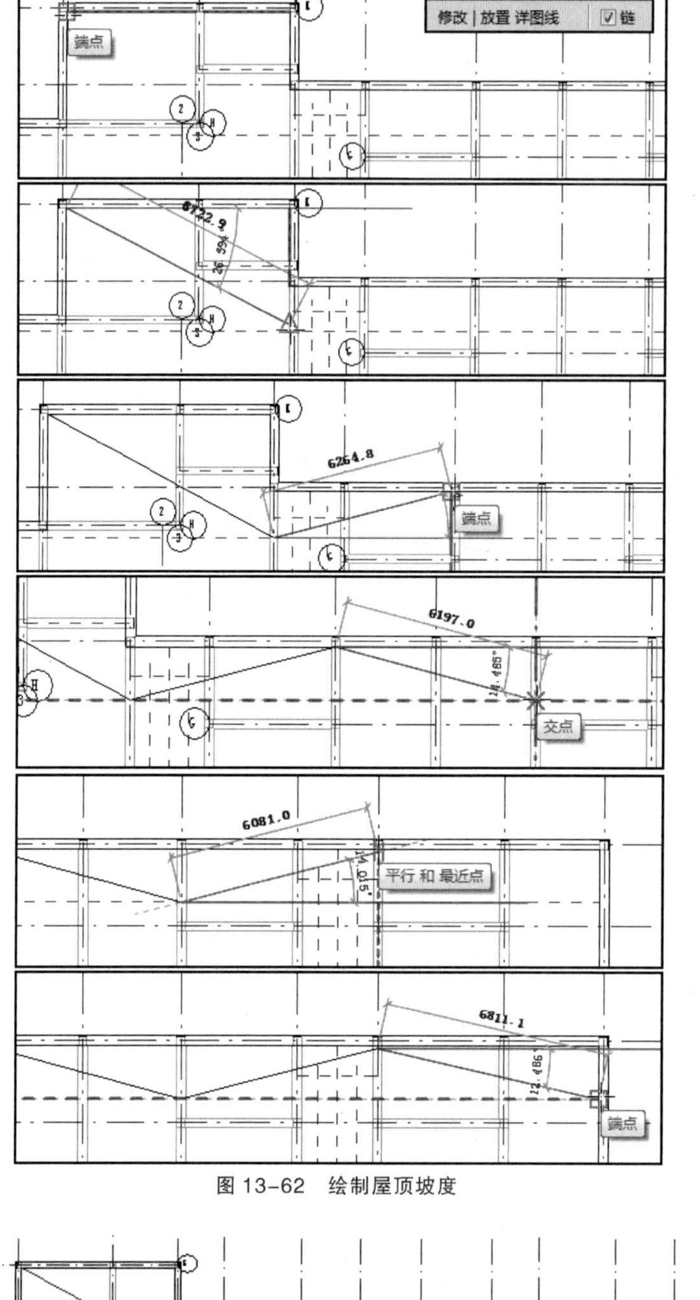

图 13-62　绘制屋顶坡度

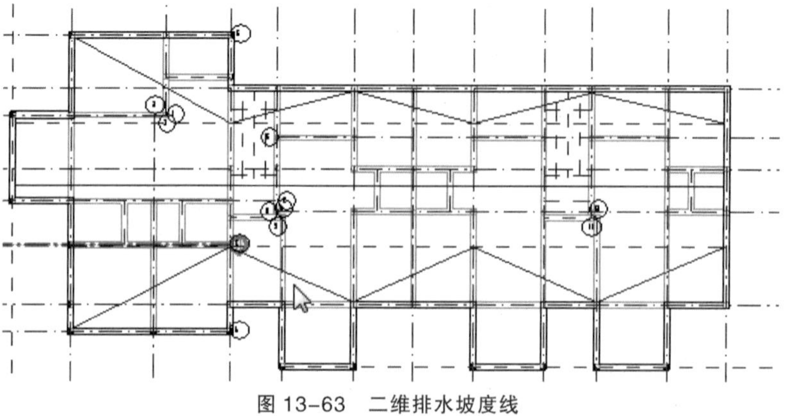
图 13-63　二维排水坡度线

单击【符号】面板中的【符号】按钮，进入【修改 | 放置符号】选项卡。确定【属性】面板类型列表为“C_排水符号”选项，在坡度的两侧单击放置排水符号，如图 13-64 所示。

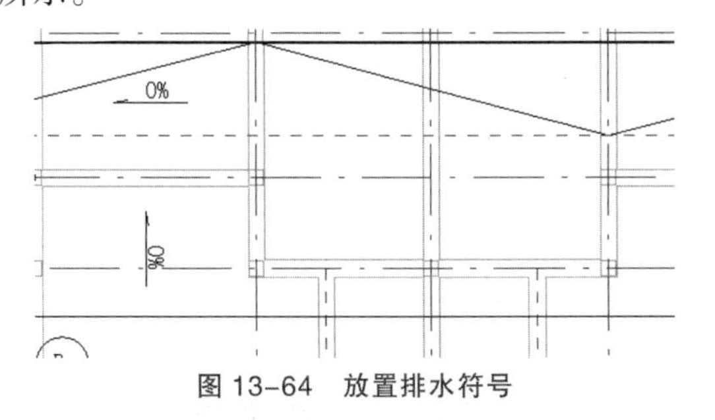

图 13-64 放置排水符号

技巧

在放置排水符号时，可以通过按空格键来翻转排水符号。

完成放置后，按 Esc 键退出。单击选择一个排水符号，继续单击排水符号文字进入文字编辑状态，输入 1 后按 Enter 键将其坡度修改为 1%，如图 13-65 所示。

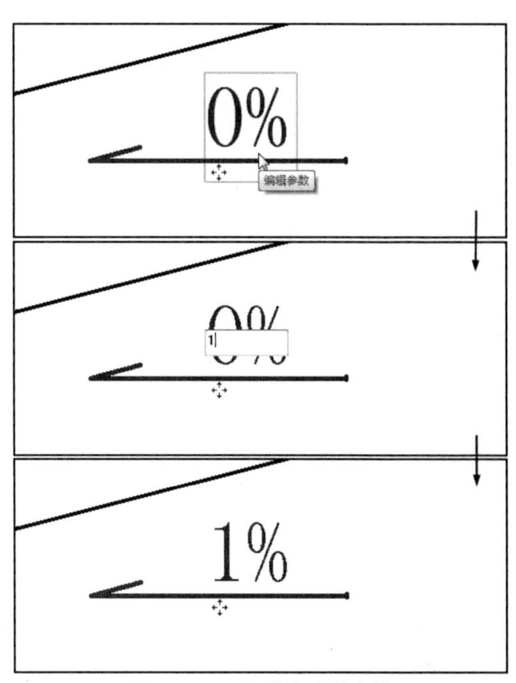

图 13-65 修改排水坡度值

注 意

在为坡度值修改数值时，必须单击选中该符号后再次单击数字，进入数值编辑状态修改数值。不能双击符号，否则会进入符号族编辑器。

选中修改后的坡度值，选择【修改】面板中的【镜像 - 拾取轴】工具，单击轴线 7 后自动在其右侧镜像复制坡度值，如图 13-66 所示。

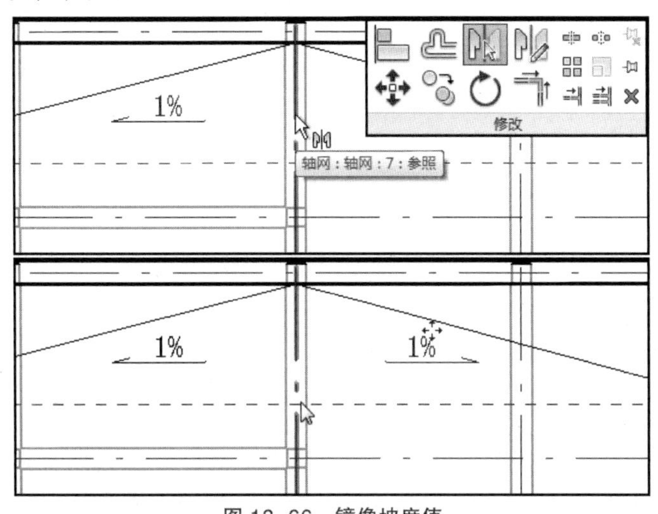

图 13-66 镜像坡度值

按照上述方法，依次修改坡度值为 1%，并使用【镜像 - 拾取轴】工具单击相邻的轴线进行镜像复制，如图 13-67 所示。

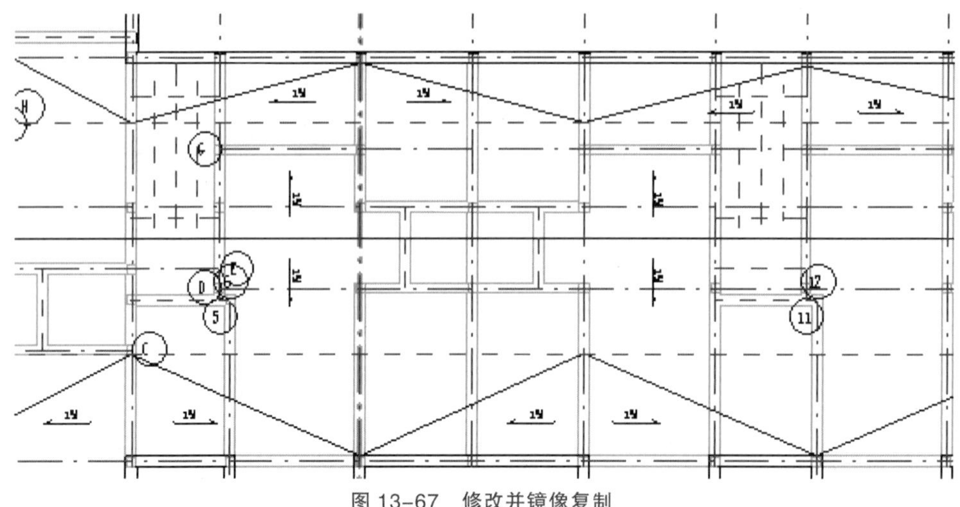

图 13-67　修改并镜像复制

至此，完成了二维排水施工图的绘制。施工图中的符号放置方法非常简单，只要选择【符号】工具后，在【属性】面板类型列表中选择相应的符号类型，即可在视图中放置该符号。如图 13-68 所示，为放置的指北针符号。

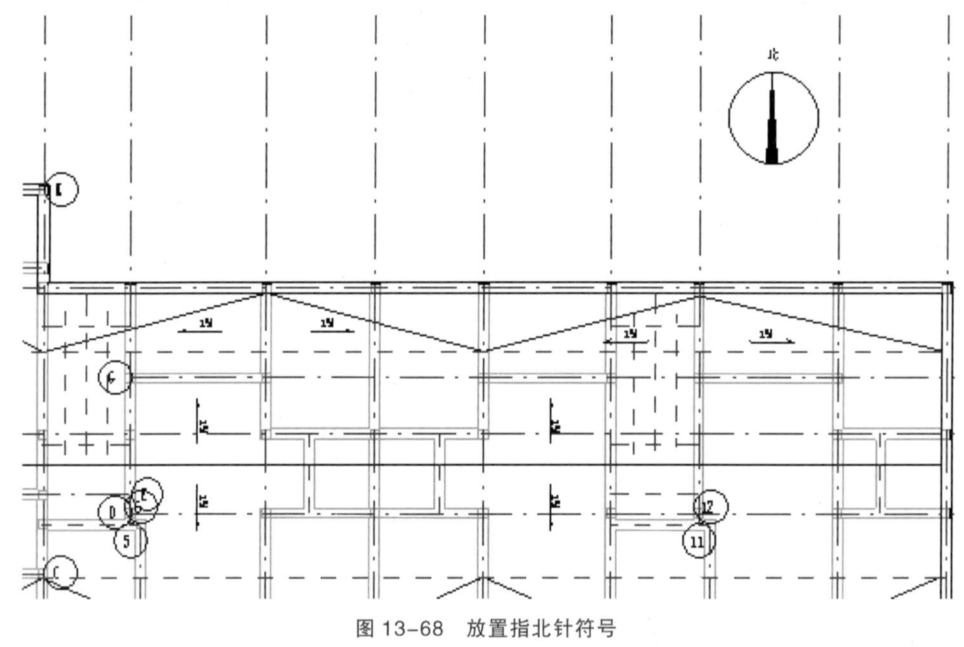

图 13-68　放置指北针符号

13.4.2 编辑符号

在 Revit 中，使用【符号】工具，可以通过不同的符号类型来添加相应的符号注释。而这些符号类型，除了排水箭头符号还需要设置一个“坡度可见性”参数外，其【类型属性】对话框中基本上只有“引线箭头”这个参数。如图 13-69 所示，为排水箭头符号的【类型属性】对话框。

不同的符号注释，其实例属性会显示相应的参数，如图 13-70 所示。在【属性】面板中设置参数，或者直接在视图中的符号注释中设置，同样能够修改该符号。

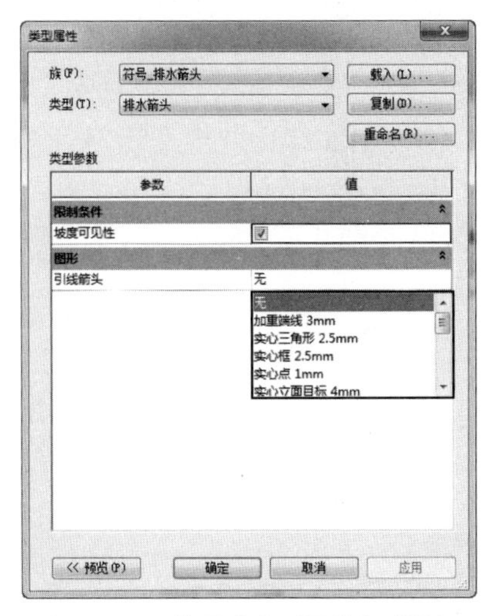

图 13-69 符号【类型属性】对话框

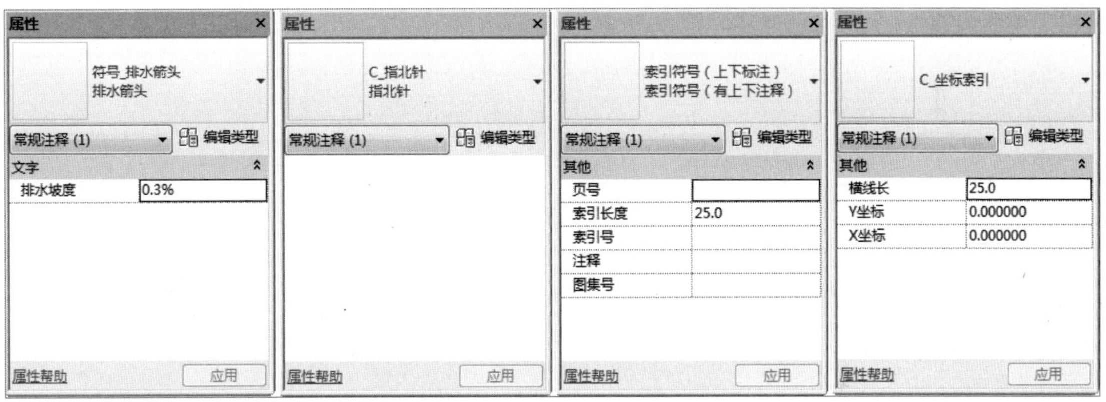

图 13-70 不同符号的实例属性参数

如果【属性】面板的类型列表中没有要放置的符号类型，则可以通过【载入族】工具，打开【载入族】对话框载入 Revit 自带的符号族文件，如图 13-71 所示。

符号的编辑与文字和标记类似，可以添加 / 删除引线，也可以通过鼠标拖曳引线端点和符号位置，这里不再详述。

图 13-71 Revit 自带的符号族文件

第 14 章

布图与打印

完成 Revit 的三维项目模型，创建完成平面视图及各类详图视图，在视图中完成尺寸标注等注释信息，并生成明细表后，可以将一个或多个视图组织在图纸视图当中，形成最终的图纸。我们可以将上述成果布置并打印，同时自动创建图纸清单，保存全套的项目设计资料。

本章主要学习图纸的创建、布置和编辑，掌握项目信息设置方法，以及各种导出与打印方式。

本章学习目标

- 掌握图纸的创建方法
- 掌握图纸的布置方式
- 掌握图纸的编辑方法
- 掌握项目信息的设置选项
- 掌握导出 CAD 文件的操作过程
- 掌握打印的操作过程

14.1 图纸布图

无论是导出为 CAD 文件，还是打印，均需要创建图纸，并布置视图至图纸上。而图纸布置完成后，还需要设置各个视图的标题，以及进行项目信息设置等操作。

14.1.1 创建图纸

在 Revit 中，可为施工图文档集中的每个图纸创建一个图纸视图，然后在每个图纸上放置多个图形或明细表。其中，施工图文档集也称为图形集或图纸集，由多个图纸组成。

打开下载文件中的“民用住宅 - 布图项目.rvt”项目文件，该文件已经为各个视图添加了尺寸标注、高程点、明细表等图纸中需要的项目信息。如图 14-1 所示，为 F1 平面视图效果。

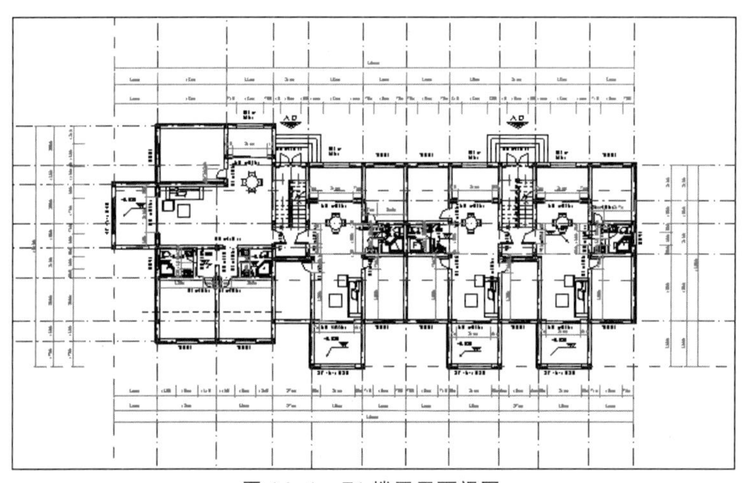

图 14-1　F1 楼层平面视图

切换至【视图】选项卡，单击【图纸组合】面板中的【图纸】按钮，打开【新建图纸】对话框。单击【载入】按钮，打开【载入族】对话框，将下载文件中的“A0 公制.rfa”和“A1 公制.rfa”载入其中，如图 14-2 所示。

选择【选择标题栏】列表中的“A0 公制”选项，单击【确定】按钮，创建“003- 未命名”图纸，如图 14-3 所示。

图 14-2　载入族文件

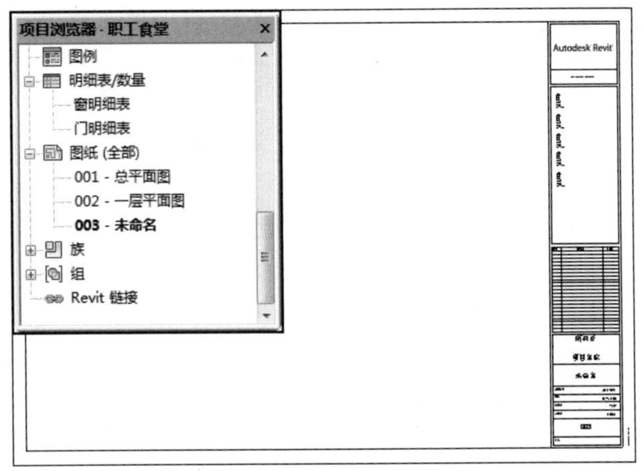

图 14-3 创建空白图纸

14.1.2 布置视图

当创建空白图纸后，可以将已有的视图放置在图纸视图当中。方法是，单击【图纸组合】面板中的【视图】按钮，打开【视图】对话框，该对话框列表中包括了项目中所有可用的视图，如图 14-4 所示。

在列表中选择“楼层平面：F1”视图，单击【在图纸中添加视图】按钮，将光标指向图纸空白区域单击，放置该视图，如图 14-5 所示。

图 14-4 【视图】对话框

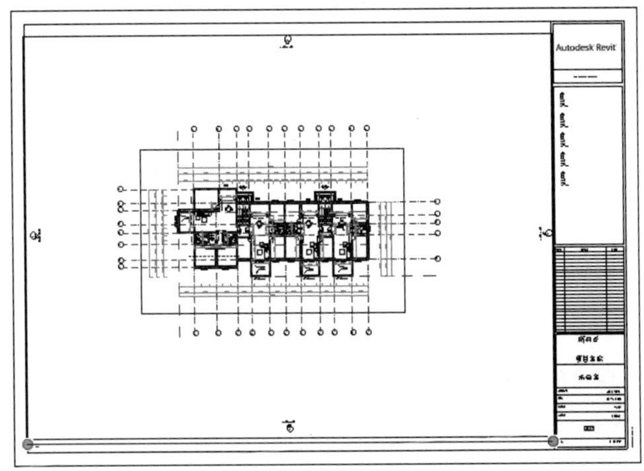

图 14-5 放置视图

14.1.3 编辑图纸

将楼层平面视图放置在图纸视图中后，还需要在图纸视图中编辑平面视图，从而得到合理的布局。

局部放大视图底部，查看图纸名称，如图 14-6 所示。切换至【插入】面板，选择【从库中载入】面板中的【载入族】工具，载入族文件“视图标题.rfa”，如图 14-6 所示。

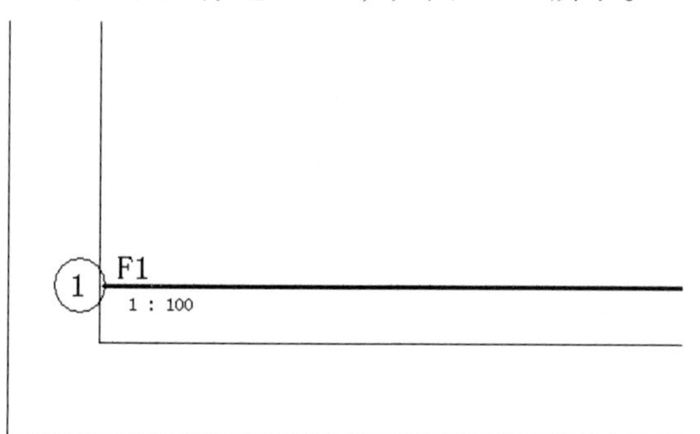

图 14-6　图纸名称

选择该图纸名称，打开【类型属性】对话框。复制类型为“民用住宅 - 视图标题”，设置【标题】参数为载入的族文件，禁用【显示延伸线】参数，设置【线宽】为 2，【颜色】为“黑色”，如图 14-7 所示。

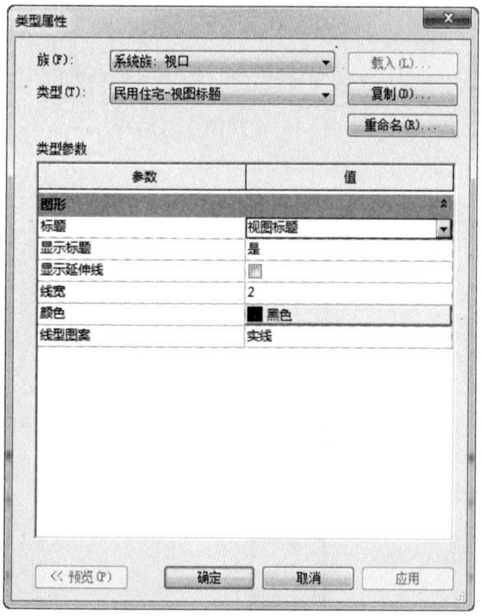

类型属性

族(F)：系统族：视口　　载入(L)...

类型(T)：民用住宅-视图标题　　复制(D)...

重命名(R)...

类型参数

参数	值
图形	
标题	视图标题
显示标题	是
显示延伸线	
线宽	2
颜色	黑色
线型图案	实线

<< 预览(P)　确定　取消　应用

图 14-7　设置标题类型

关闭该对话框，选中图纸标题并将其移至适当位置。在【属性】面板中，设置【图纸上的标题】选项为“一层平面图”，单击【应用】按钮，如图 14-8 所示。

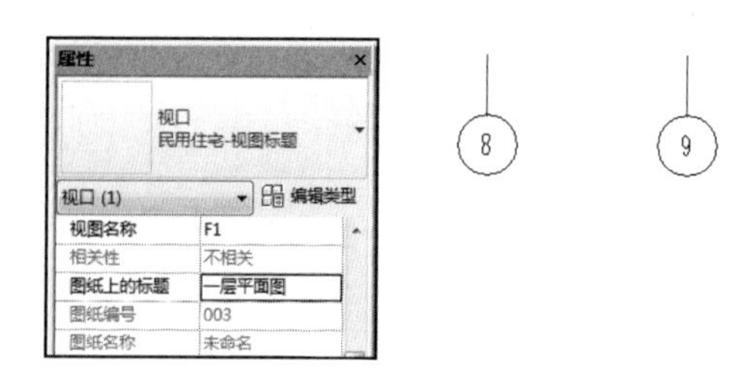

图 14-8　更改图纸标题

切换至【注释】选项卡，选择【符号】面板中的【符号】工具，确定【属性】面板中的类型选择器为“C_指北针”，在视图右上角空白区域单击，添加指北针，如图 14-9 所示。

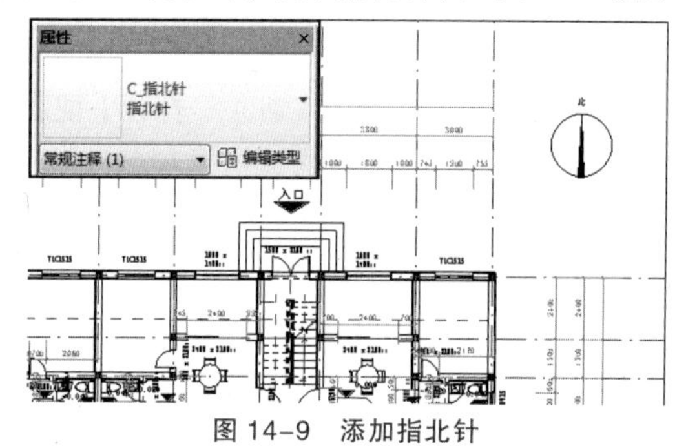

图 14-9　添加指北针

按两次 Esc 键退出放置状态，在不选中任何图元的情况下，设置【属性】面板中图纸的【审核者】、【设计者】、【审图员】与【图纸名称】选项，单击【应用】按钮，修改图纸的名称，如图 14-10 所示。

图 14-10　修改图纸名称

按照上述方法，继续创建图纸并在图纸中放置视图。其中，一张图纸中既可以放置一个视图，也可以放置多个视图，如图 14-11 所示。

切换至【插入】选项卡，单击【导入】面板中的【从文件插入】下拉按钮，选择【插入文件中的视图】选项，选择下载文件中的“建筑设计说明.rvt”，如图 14-12 所示。

> **提示** 放置图纸时，除了能够通过单击【视图】按钮，在【视图】对话框中选择视图放置外，还可以直接选中【项目浏览器】面板中的视图名称，并拖至空白图纸来完成放置。图纸创建完成后，右键单击视图名称，选择打开图纸，可以直接从模型视图跳转到图纸视图。

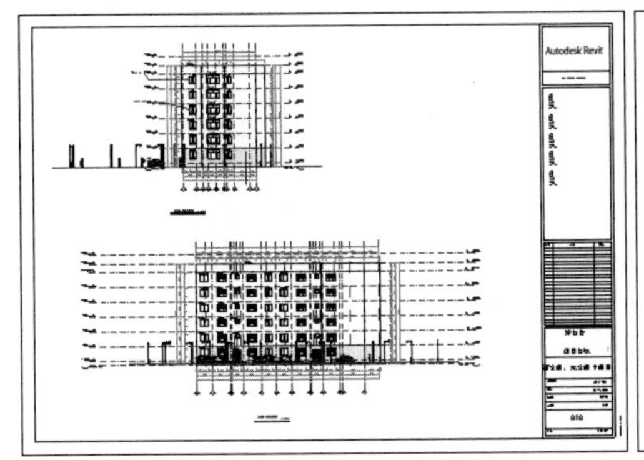

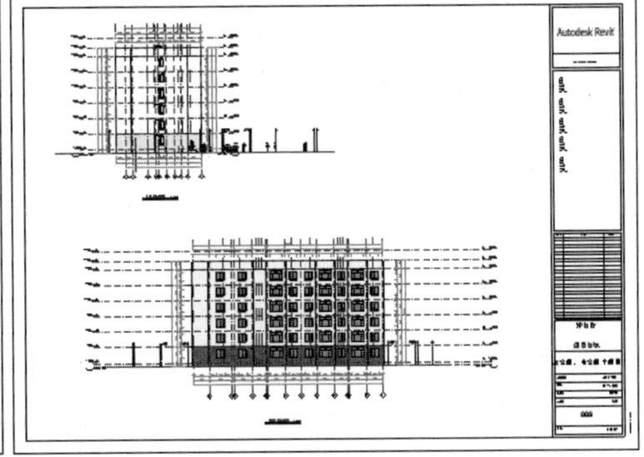

图 14-11　创建并放置图纸

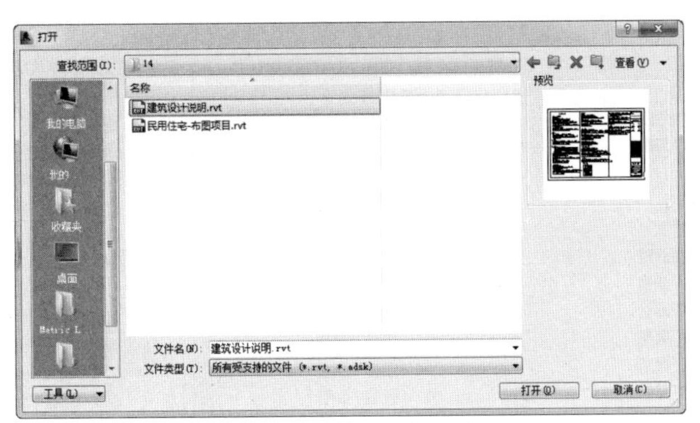

图 14-12　【打开】对话框

单击【打开】按钮，打开【插入视图】对话框，选择【视图】列表中的“显示所有视图和图纸”选项，单击【选择全部】按钮，选择所有视图，如图 14-13 所示。

单击【确定】按钮，打开该图纸，【项目浏览器】面板中【图纸】列表下方自动建立两个图纸，如图 14-14 所示。Revit 会打开【警告】对话框，提示“族‘A1 公制’已重命名‘A1 公制 1’，以避免与现有图元发生冲突”。

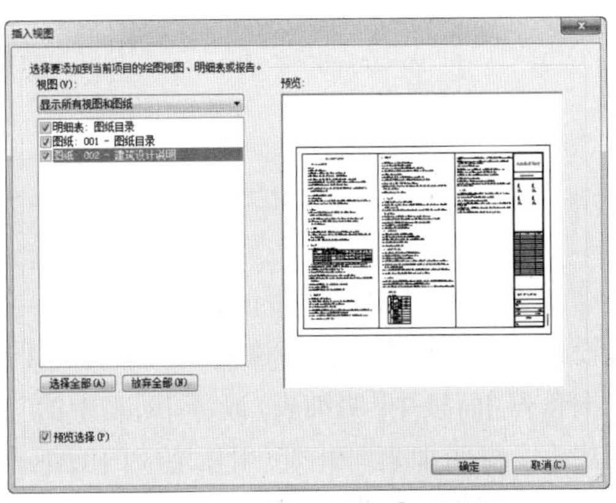

图 14-13　【插入视图】对话框

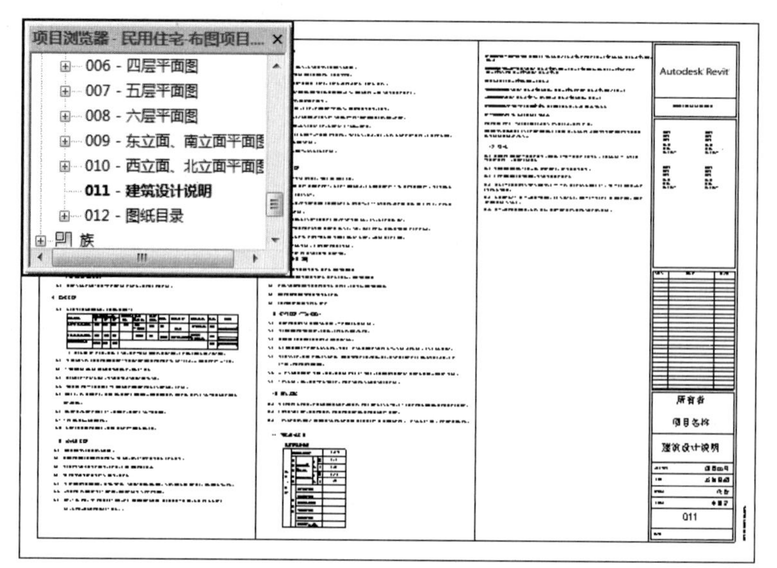

图 14–14　打开图纸

在【项目浏览器】面板中，分别右击图纸“001- 总平面图”和“002- 一层平面图”，选择关联菜单中的【删除】选项将其删除。依次右击图纸“012- 图纸目录”和“011- 建筑设计说明”，选择关联菜单中的【重命名】选项，使其重命名为“001- 图纸目录”和“002- 建筑设计说明”，如图 14–15 所示。

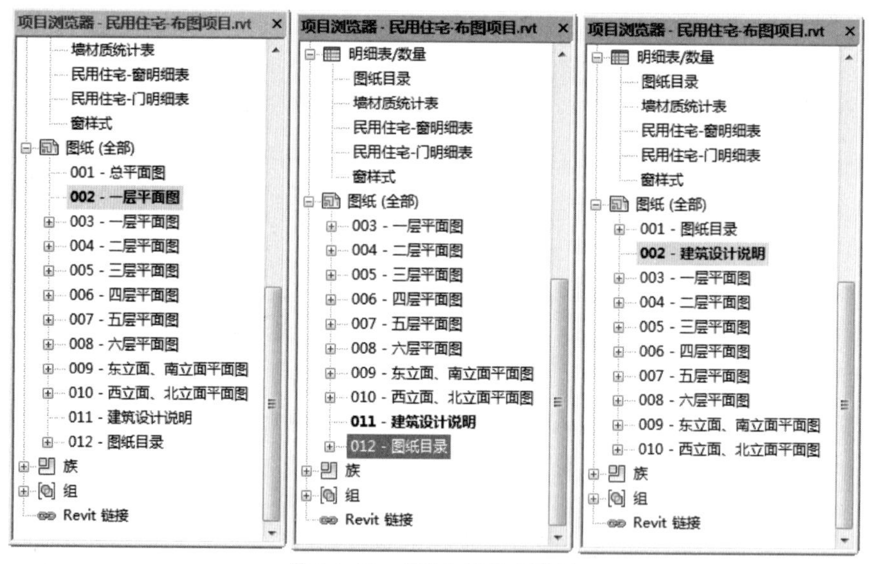

图 14–15　删除与重命名图纸

双击【项目浏览器】面板中的“002- 建筑设计说明”视图，打开该视图。依次将【项目浏览器】面板中【明细表 / 数量】列表中的“民用住宅 – 窗明细表”和“民用住宅 – 门明细表”视图拖入图纸的空白区域，如图 14–16 所示。

提示

当放置明细表视图后，可以通过选中明细表视图，单击并左右拖动明细表上方的三角图标，来改变明细表的宽度。

民用住宅-窗明细表						
类型	尺寸		注释	樘数	窗构造类型	洞口面积
	宽度	高度				
900 x 1200 mm	900	800	03J609	10	塑钢推拉窗	0.72 m²
1800 x 1400mm	1800	1400	03J609	24	塑钢推拉窗	2.52 m²
TLC0915	900	1500	03J609	12	塑钢推拉窗	1.35 m²
TLC1515	1500	1500	03J609	60	塑钢推拉窗	2.25 m²
双层三列-上部双扇	2400	1800	07J604	24	塑钢双层三列推拉窗	4.32 m²

民用住宅-门明细表						
设计编号	洞口尺寸		参照图集	樘数	备注	类型
	高度	宽度		总数		
700 x 2100mm	2100	700		6		单扇平开木门13
700 x 2100mm	2100	700		60		单扇平开木门11
800 x 2100mm	2100	800		30		单扇平开镶玻璃门10
900 x 2100 mm	2100	900		24		单扇平开木门13
1000 x 2400 mm	2400	1000		18		门洞
1500 x 2100 mm	2100	1500		2		双扇平开格栅门11
2400 x 2100mm	2100	2400		47		双扇推拉门12

图 14-16　放置明细表视图

14.1.4 项目信息设置

在标题栏中除了显示当前图纸名称、图纸编号外，还会显示项目的相关信息，如项目名称、客户名称等内容。使用【项目信息】工具可以设置项目的公用信息参数。

当创建并布置完成图纸后，局部放大图纸右下角区域，可发现图纸的标题栏中除了图纸的【绘图员】、【审图员】等信息外，还需要对项目的信息进行填写，如图 14-17 所示。

图 14-17　填写图纸标题栏

Revit 中提供了【项目信息】工具，可用来记录项目的信息。切换至【管理】选项卡，选择【设置】面板中的【项目信息】工具，打开【项目属性】对话框，如图 14-18 所示。

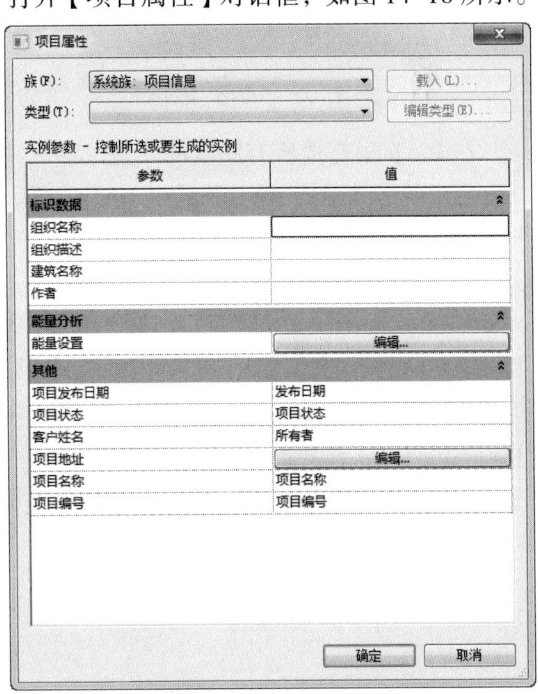

图 14-18　【项目属性】对话框

在该对话框中，设置【其他】参数组中的各个参数，完成设置后，单击【确定】按钮关闭该对话框，图纸标题栏被更改，如图 14–19 所示。

图 14–19　设置项目属性

当设置完成【项目属性】对话框中的参数后，除了当前视图中图纸的标题栏进行更改外，其他视图中的图纸标题栏也进行相同的更改，如图 14–20 所示。

图 14–20　图纸标题栏

14.2 图纸导出与打印

图纸布置完成后，可以通过打印机将已布置完成的图纸视图打印为图档或者将指定的视图或图纸视图导出为 CAD 文件，以便交换设计成果。

14.2.1 导出为 CAD 文件

在 Revit 中完成所有图纸的布置之后，可以将生成的文件导成 DWG 格式的 CAD 文件，供其他的用户使用。

要导出 DWG 格式的文件，首先要对 Revit 以及 DWG 之间的映射格式进行设置。单击【应用程序菜单】按钮，选择【导出】|【选项】|【导出设置 DWG/DXF】选项，打开【修改 DWG/DXF 导出设置】对话框，如图 14–21 所示。

在 Revit 中使用的是以构建类别的方式管理对象，而在 DWG 图纸中是使用图层的方式进行管理。因此，必须在【修改 DWG/DXF 导出设置】对话框中，对构建类别以及 DWG 中的图层进行映射设置。

单击对话框底部的【新建导出设置】按钮，在【层】选项卡中，选择【根据标准加载图层】列表中的“从以下文件加载设置”选项。在打开的【导出设置 – 从标准载入图层】对话框中单击【是】按钮，打开【载入导出图层文件】对话框。选择下载文件中的 exportlayers–Revit–tangent.txt 文件，更改【投影】以及【截面】参数值，如图 14–22 所示。其中，exportlayers–Revit–tangent.txt 文件中记录了如何从 Revit 类型转出为天正格式的 DWG 图层的设置。

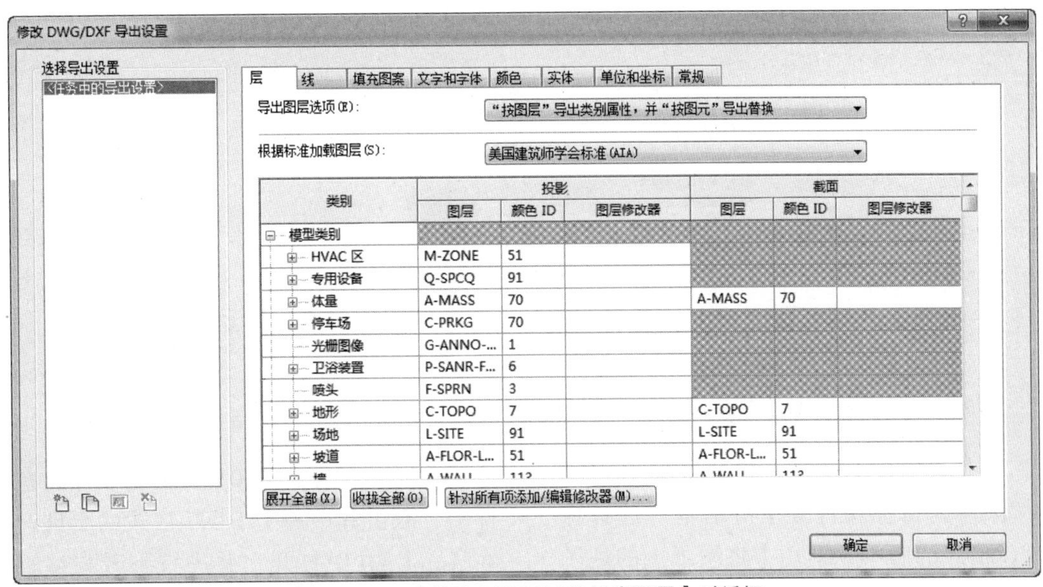

图 14-21 【修改 DWG/DXF 导出设置】对话框

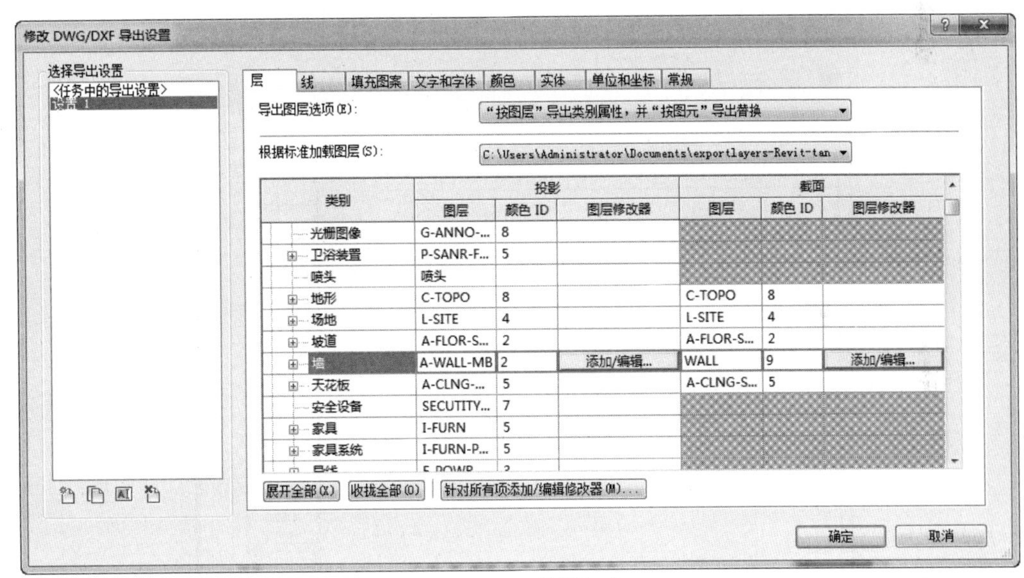

图 14-22 设置标准

提示 在【修改 DWG/DXF 导出设置】对话框中，还可以对【线】、【填充图案】、【文字和字体】、【颜色】、【实体】、【单位和坐标】以及【常规】选项卡中的选项进行设置，这里就不再一一介绍。

单击【确定】按钮，完成 DWG/DXF 的映射选项设置。接下来即可将图纸导出为 DWG 格式的文件。单击【应用程序菜单】按钮，选择【导出】|【导出 CAD 格式】|DWG 选项，打开【DWG 导出】对话框。设置【选择导出设置】列表中的选项为刚刚设置的“设置 1”，选择【按列表显示】选项为“模型中的图纸”，如图 14-23 所示。

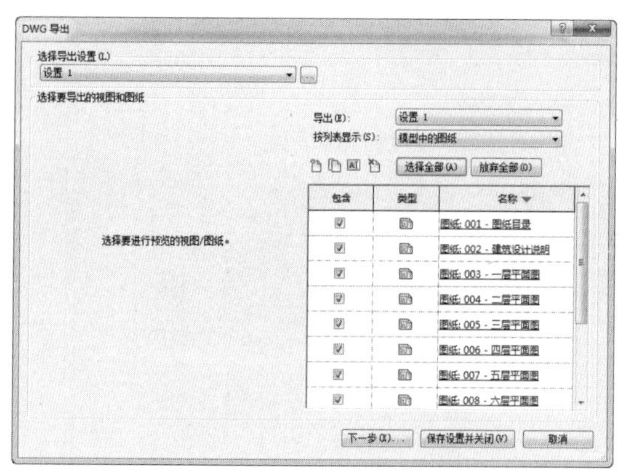

图 14-23　设置 DWG 导出选项

单击【下一步】按钮，打开【导出 CAD 格式 - 保存到目标文件夹】对话框。选择保存 DWG 格式的版本，禁用【将图纸上的视图和链接作为外部参照导出】选项，单击【确定】按钮，导出为 DWG 格式文件，如图 14-24 所示。

图 14-24　导出 DWG 格式

这时，打开放置 DWG 格式文件所在的文件夹，双击其中一个 DWG 格式的文件，即可在 AutoCAD 中打开，并进行查看与编辑，如图 14-25 所示。

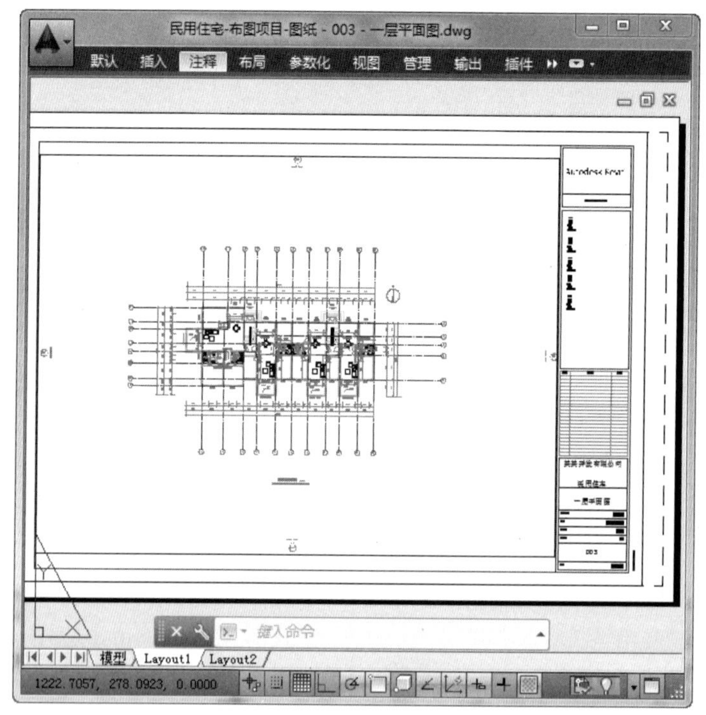

图 14-25　打开 DWG 格式文件

14.2.2 打印

当图纸布置完成后，除了能够将其导出为 DWG 格式的文件外，还能够将其打印成图纸，或者通过打印工具，将图纸打印成 PDF 格式的文件供查看。

单击【应用程序菜单】按钮，选择【打印】|【打印】选项，打开【打印】对话框。选择【名称】列表中的 Adobe PDF 选项，设置打印机为 PDF 虚拟打印机；启用【文件】选项组中的【将

多个所选视图/图纸合并到一个文件】选项；启用【打印范围】选项组中的【所选视图/图纸】选项，如图 14-26 所示。

单击【打印范围】选项组中的【选择】按钮，打开【视图/图纸集】对话框。禁用【视图】选项后，在列表中选择图纸 003 至 010，单击【保存】按钮，将其保存为“设置 1”，如图 14-27 所示。

单击【设置】选项组中的【设置】按钮，打开【打印设置】对话框。选择【尺寸】为 A0,启用【页面设置】选项组中的【从角部偏移】选项以及【缩放】选项组中的【缩放】选项，单击【保存】按钮，将该配置保存为 Adobe PDF_A0，如图 14-28 所示。

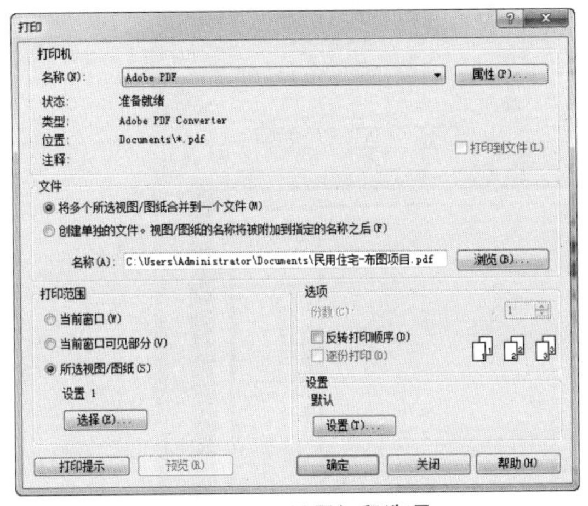

图 14-26　设置打印选项

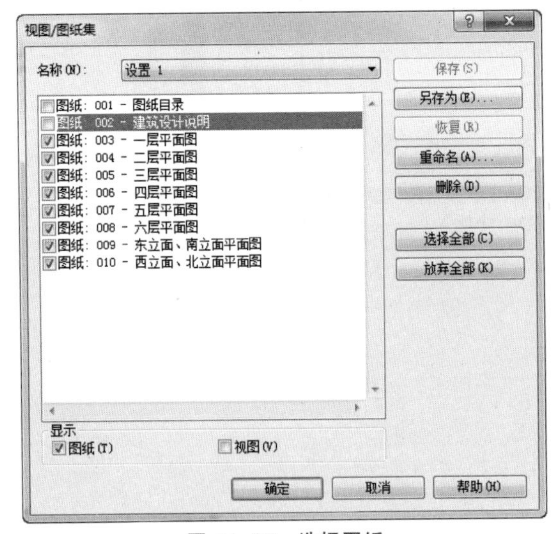

图 14-27　选择图纸

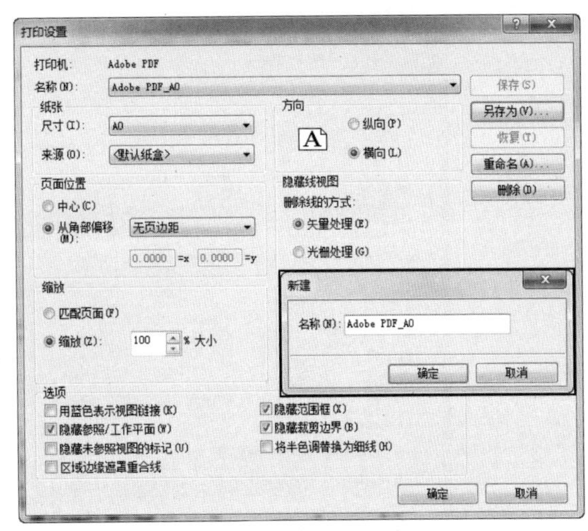

图 14-28　打印设置

单击【确定】按钮，返回【打印】对话框。在该对话框的【设置】选项组中，显示保存后的设置名称，如图 14-29 所示。

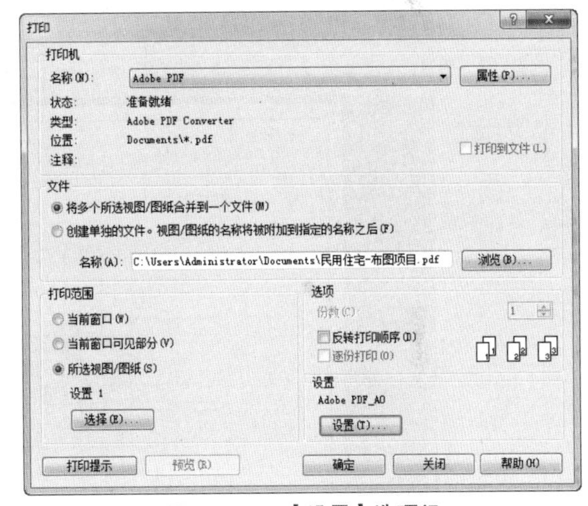

图 14-29　【设置】选项组

再次单击【确定】按钮，在打开的【另存 PDF 文件为】对话框中，设置【文件名】选项后，单击【保存】按钮，进行 Adobe PDF 创建，如图 14-30 所示。

完成 PDF 文件创建后，在保存的文件夹中打开 PDF 文件，即可查看施工图在 PDF 中的效果，如图 14-31 所示。

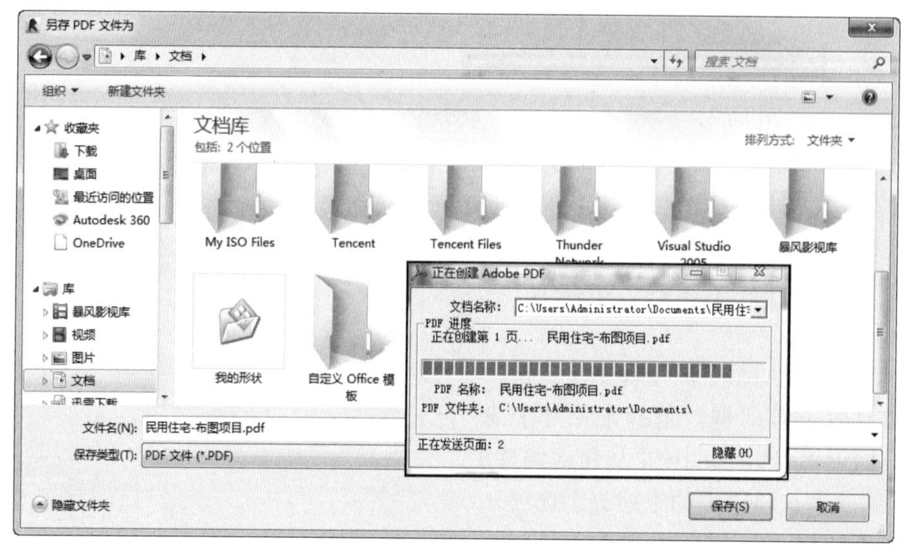

图 14-30　打印 PDF 文件

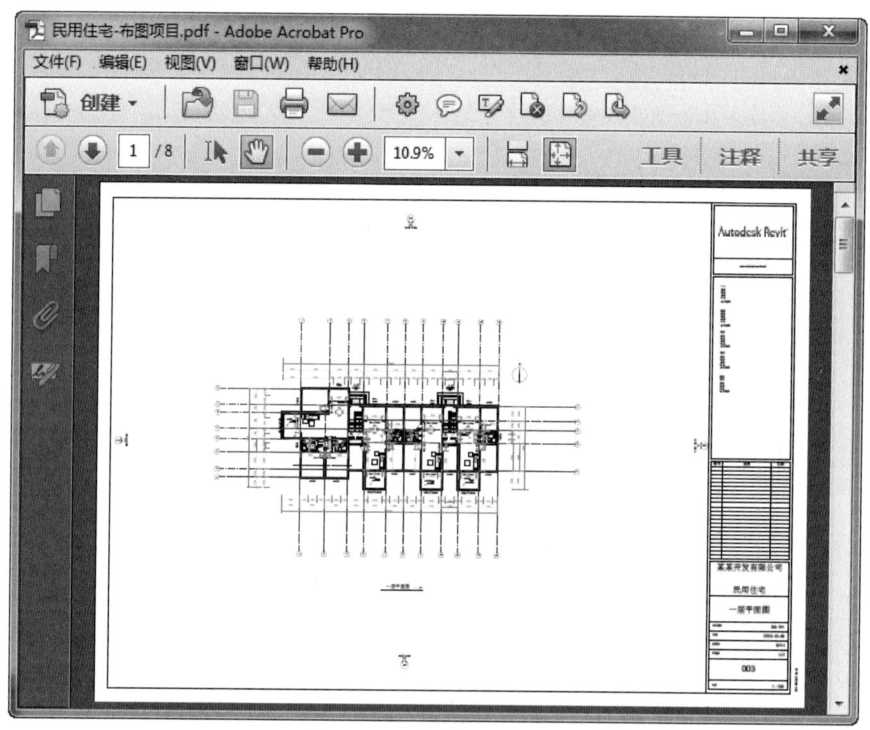

图 14-31　查看 PDF 文件

> **提示**　使用 Revit 中的【打印】命令，通过打印机打印的过程与生成 PDF 文件的过程是一致的，这里不再阐述。

第 15 章

渲　染

渲染的图像使人更容易想象三维建筑模型的形状和大小，并且渲染图最具真实感，能清晰地反映模型的结构形状。在 Revit 建筑设计过程中，当创建的模型经过渲染处理后，其表面将会显示出明暗色彩和光照效果，形成非常逼真的图像。Revit 2016 软件集成了 NVIDIA mental ray 和 Autodesk 光线跟踪器，可以生成建筑模型的照片级真实渲染图像，便于展示设计的最终效果。

本章主要介绍材质外观的设置方法，以及相关的渲染设置方法，并详细介绍渲染操作的方法。此外，还将介绍日光和阴影，以及漫游操作的相关知识点，以便用户对渲染的整个流程有清晰的认识。

本章学习目标

- 掌握材质和贴花的设置方法
- 掌握相关的渲染设置方法
- 掌握渲染操作的方法
- 掌握漫游的创建方法

15.1 渲染外观

材质是表现对象表面颜色、纹理、图案、质地和材料等特性的一组设置。通过将材质附着给三维建筑模型，可以在渲染时显示模型的真实外观。如果在材质中再添加相应的贴花，则可以使模型显示出照片级的真实效果。

15.1.1 材质

创建三维建筑模型时，如果指定恰当的材质，则可完美地表现出模型效果。在 Revit 中，用户可以将材质应用到建筑模型的图元中，也可以在定义图元族时将材质应用于图元。

1. 材质简介

在 Revit 中，材质代表实际的材质，例如混凝土、木材和玻璃。这些材质可应用于设计的各个部分，使对象具有真实的外观。在部分设计环境中，由于项目的外观是最重要的，因此材质还具有详细的外观属性，如反射率和表面纹理，效果如图 15-1 所示。

图 15-1 材质效果

2. 材质设置

在 Revit 中，用户可以利用系统提供的材质库中的材质，赋予模型材质。当系统提供的材质库无法满足设计要求时，用户还可以自定义一个新材质。

切换至【管理】选项卡，单击【材质】按钮，系统将打开【材质浏览器】对话框，如图 15-2 所示。

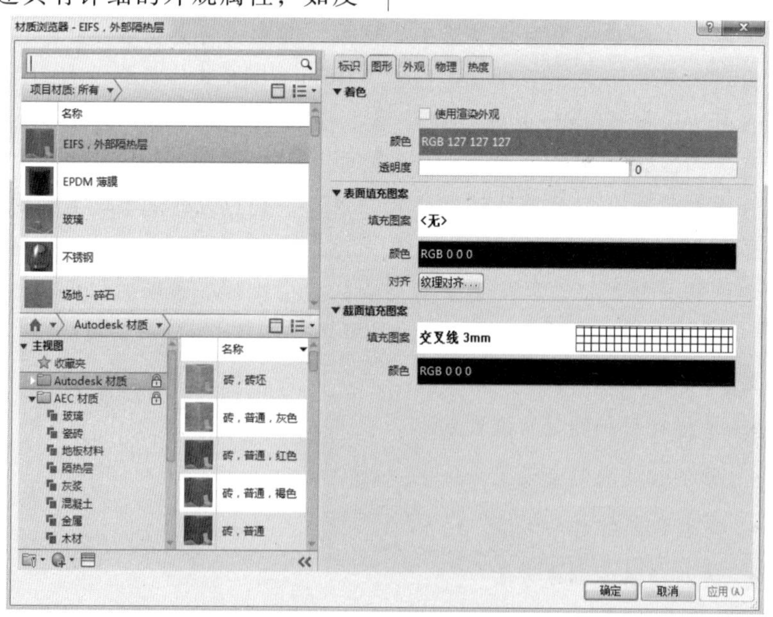

图 15-2 【材质浏览器】对话框

其中，该对话框的左侧为材质列表，包含项目中的材质和系统库中的材质；右侧为材质编辑器，包含选中材质的各资源选项卡，用户可以进行相应的参数设置。该对话框中各选项参数的含义介绍如下。

材质列表

在对话框左侧的材质列表中，系统包含项目材质和库材质。其中，项目材质列表中列出了当前项目中的所有材质，用户可以通过指定类别来过滤显示相应的材质。用户还可以更改项目材质在列表框中的显示样式，如图 15-3 所示。

位于材质列表下方的库材质则是由系统默认提供的材质。材质库是材质和相关资源的集合，系统通过添加类别并将材质移动到类别中对库进行细分，如图 15-4 所示。

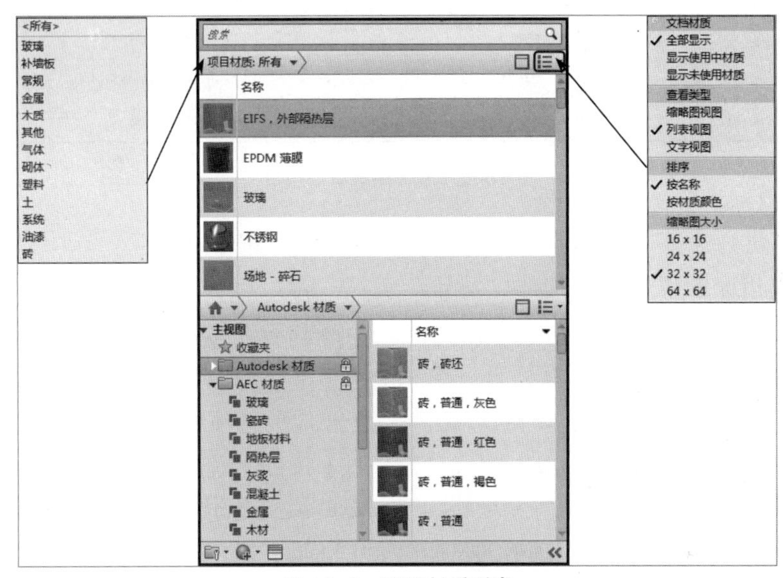

图 15-3　项目材质列表

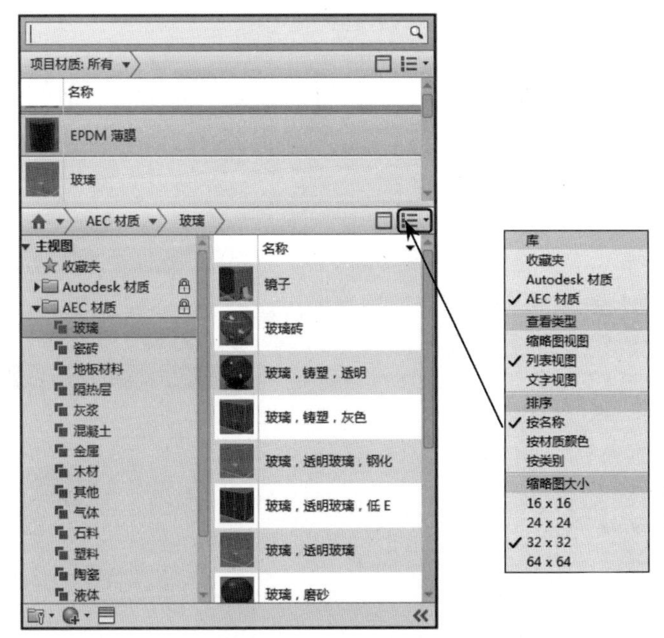

图 15-4　库材质列表

用户可以通过以下操作将材质库中的指定材质添加到项目材质列表中：双击库列表中的材质；将材质从库列表拖放到项目材质列表中；在材质上单击右键，选择【添加到】|【文档材质】选项；选择库列表中的材质，然后单击位于材质右侧的【添加】按钮，效果如图 15-5 所示。

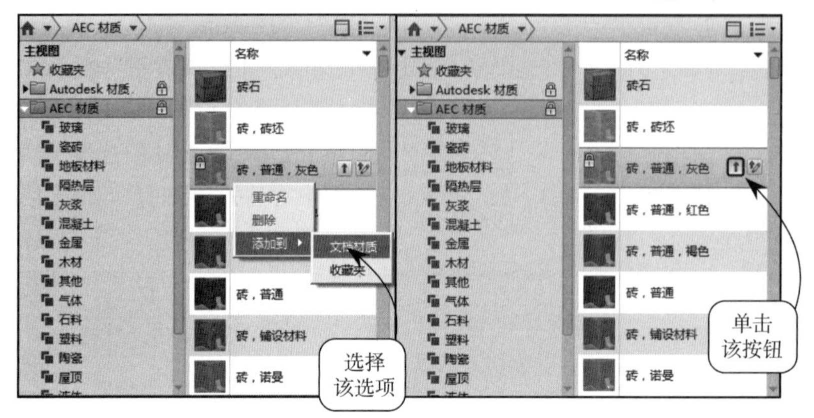

图 15-5　添加库材质至项目

此外，在材质列表下方的工具栏中，用户可以通过单击相应的按钮来管理库、新建或复制现有材质，或者打开和关闭资源浏览器。在 Revit 中，通常通过复制现有材质，修改相应的参数来创建新的材质。

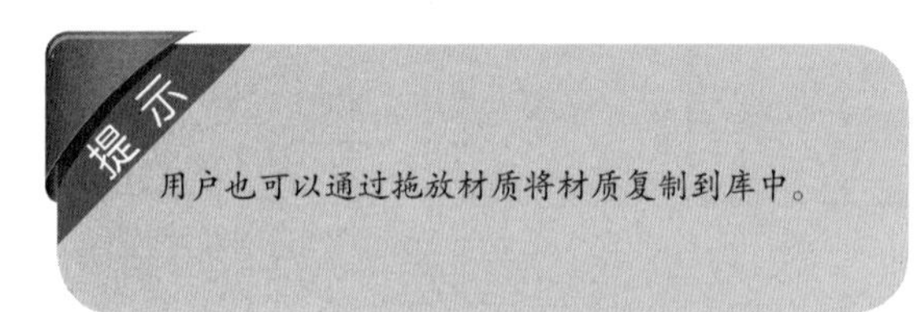

提示
用户也可以通过拖放材质将材质复制到库中。

材质编辑器

在材质列表中选择一种材质，系统将在右侧的材质编辑器中显示该材质的相关资源选项卡，如图 15-6 所示。然后用户即可切换至相应的选项卡中进行参数设置，并单击【应用】按钮，完成材质参数的设置编辑。材质编辑器中各资源选项卡中的参数含义现分别介绍如下。

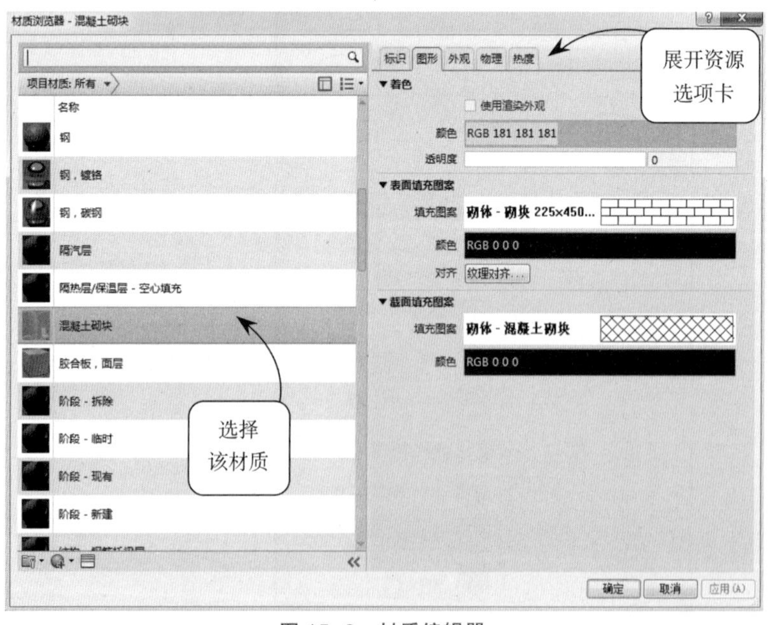

图 15-6　材质编辑器

标识　该选项卡用于设置材质的相关信息，如图 15-7 所示。用户可以在相应的文本框中输入详细的注释信息。

图形　该选项卡用于设置材质在未渲染视图中的外观，如图 15-8 所示。用户可以通过图形设置控制模型图元在三维、平面、立剖面和详图等各个设计视图中表面和截面的颜色，以及填充图案样式，这是施工图设计（特别是详图）的重要组成部分。

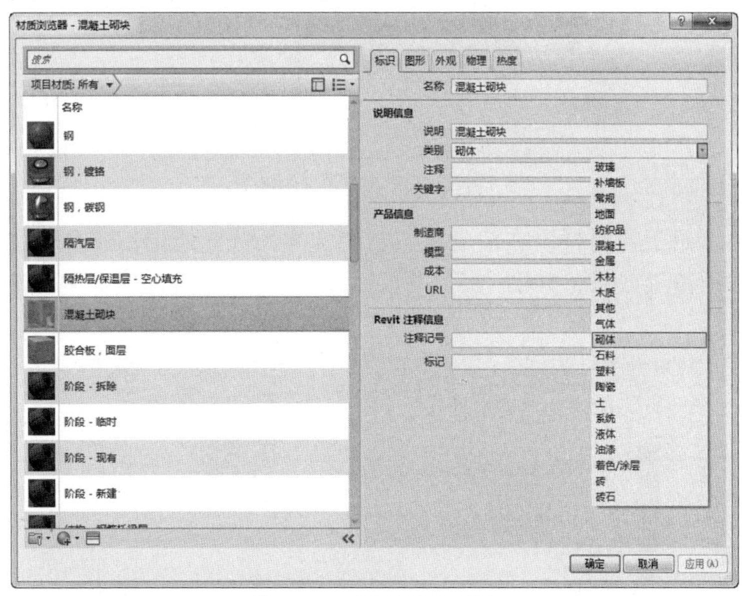

图 15-7　【标识】选项卡

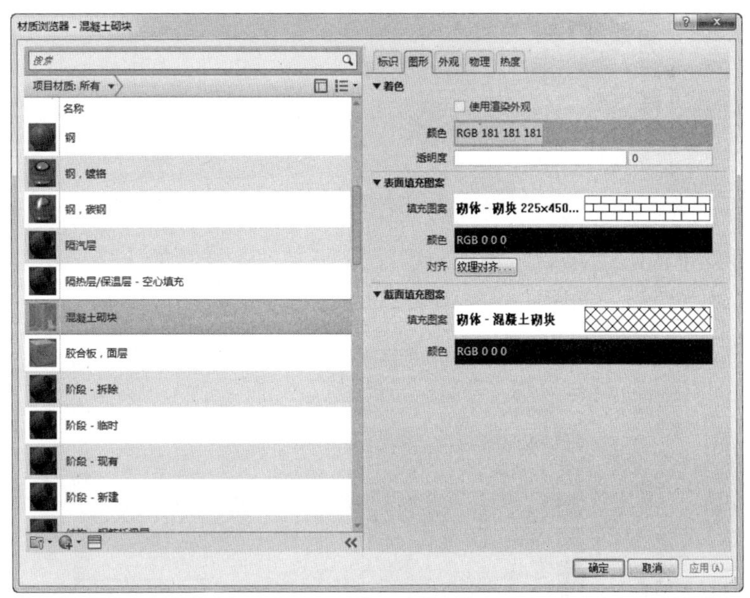

图 15-8　【图形】选项卡

此外，若单击【表面填充图案】选项组中的【填充图案】文本框，则系统将打开【填充样式】对话框，如图 15-9 所示。此时，在【填充图案类型】选项组中选择【模型】单选按钮，可以使模型各个表面的填充图案线条和模型的边界线保持相同的固定角度。

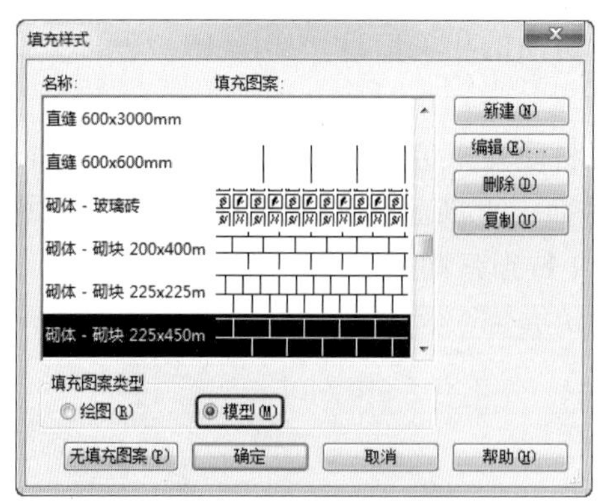

图 15-9 【填充样式】对话框

外观 该选项卡用于控制材质在渲染视图、真实视图或光线追踪视图中的显示方式，其将决定模型最终的材质渲染效果，如图 15-10 所示。用户可以在该选项卡中对渲染外观的相关参数进行相应的设置。

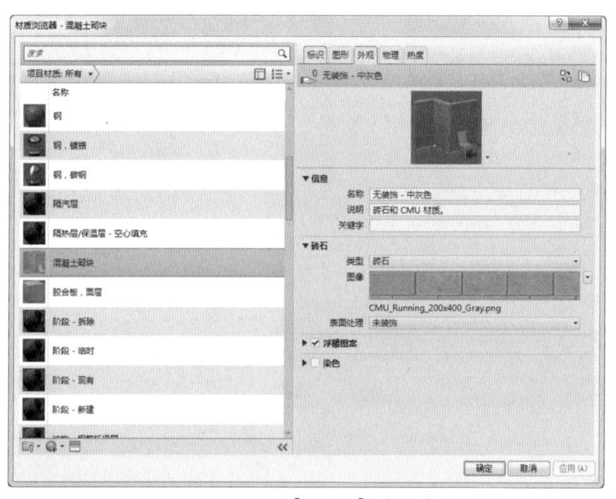

图 15-10 【外观】选项卡

其中，用户可以单击右上角的【替换资源】按钮，在打开的【资源浏览器】对话框中选择指定的资源替换现有资源，如图 15-11 所示。

图 15-11 替换资源

此外，用户还可以在【外观】选项卡的顶部单击样例图像旁边的下拉箭头，在打开的下拉列表中设置材质的预览样式和渲染质量，如图 15-12 所示。

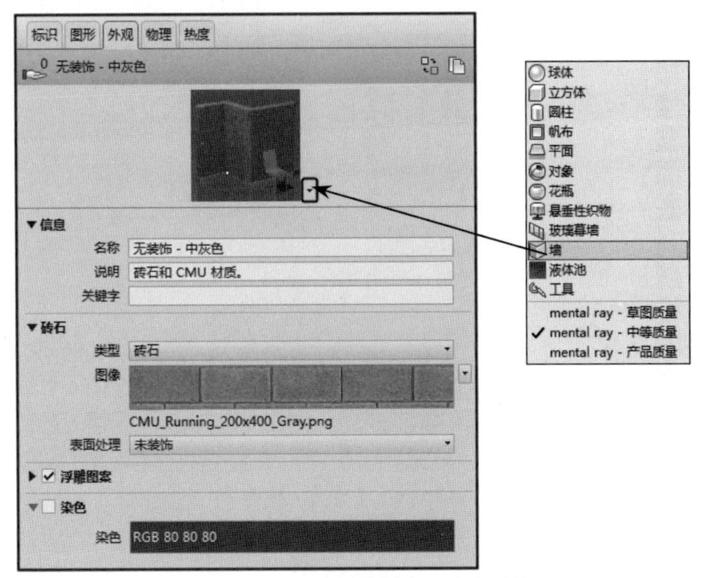

图 15-12　设置预览样式和渲染质量

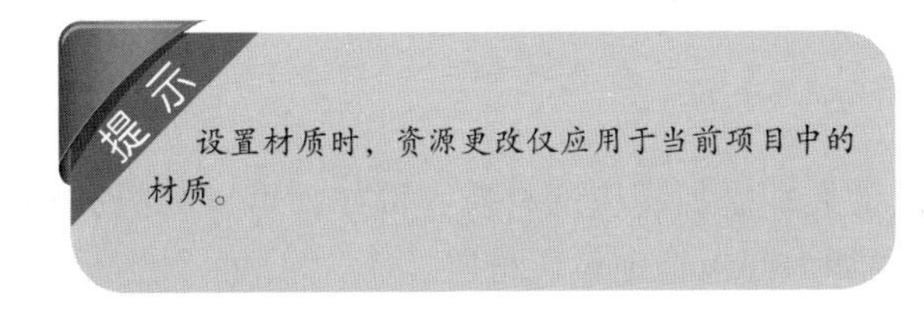
提示

设置材质时，资源更改仅应用于当前项目中的材质。

物理　该选项卡用于更改项目中材质的物理属性。该信息主要应用于建筑的结构分析，如图 15-13 所示。

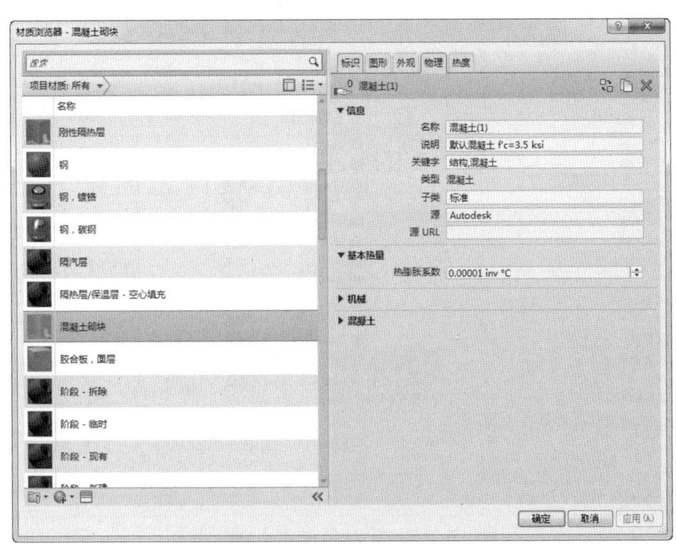

图 15-13　【物理】选项卡

热度　该选项卡用于更改项目中材质的热属性。该信息主要应用于建筑的热分析，如图 15-14 所示。

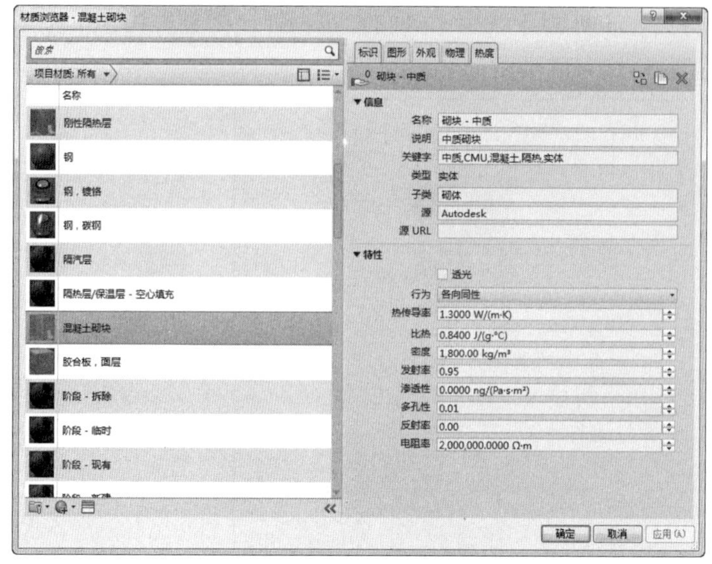

图 15-14 【热度】选项卡

3. 添加材质

为模型赋予材质，可以使物体更具真实感。在 Revit 中，用户可以通过以下方式将材质应用于模型图元。

按类别或按子类别

在项目中，用户可以根据模型图元的类别或子类别添加相应的材质。例如，可以为门类别指定一种材质，然后为门的子类别指定不同材质，如为门板指定玻璃材质。

切换至【管理】选项卡，在【设置】面板中单击【对象样式】按钮，系统将打开【对象样式】对话框，如图 15-15 所示。

对象样式

模型对象 | 注释对象 | 分析模型对象 | 导入对象

过滤器列表(F): <全部显示>

类别	线宽		线颜色	线型图案	材质
	投影	截面			
HVAC 区	1		黑色		
专用设备	1		黑色	实线	
体量	1	1	黑色	实线	默认形状
停车场	1		黑色	实线	
卫浴装置	1		黑色	实线	
喷头	1		黑色	实线	
地形	1	1	黑色	实线	土壤-自然
场地	1	1	黑色	实线	
坡道	1	4	黑色	实线	
墙	1	4	黑色	实线	默认墙
天花板	1	1	黑色	实线	
安全设备	1		黑色		
家具	1		RGB 128-128-12	实线	
家具系统	1		RGB 128-128-12	实线	

全选(S) 不选(E) 反选(I)

修改子类别：新建(N) 删除(D) 重命名(R)

确定 取消 应用(A) 帮助

图 15-15 【对象样式】对话框

此时，切换至【模型对象】或【导入对象】选项卡，在相应的类别或子类别对应的【材质】列表框中单击激活，然后单击【浏览】按钮，即可在打开的【材质浏览器】对话框中选择相应的材质。以后在项目视图中，选定类别或子类别的所有图元均显示应用的材质。

按图元参数

在项目中，用户可以在视图中选择一个模型图元，然后利用图元属性添加相应的材质。

在视图中选择要添加材质的模型图元，系统将打开该图元的【属性】面板。此时，如果材质是实例参数，则可以在【材质和装饰】选项组中单击相应的【浏览】按钮，在打开的【材质浏览器】对话框中选择相应的材质，如图 15-16 所示。

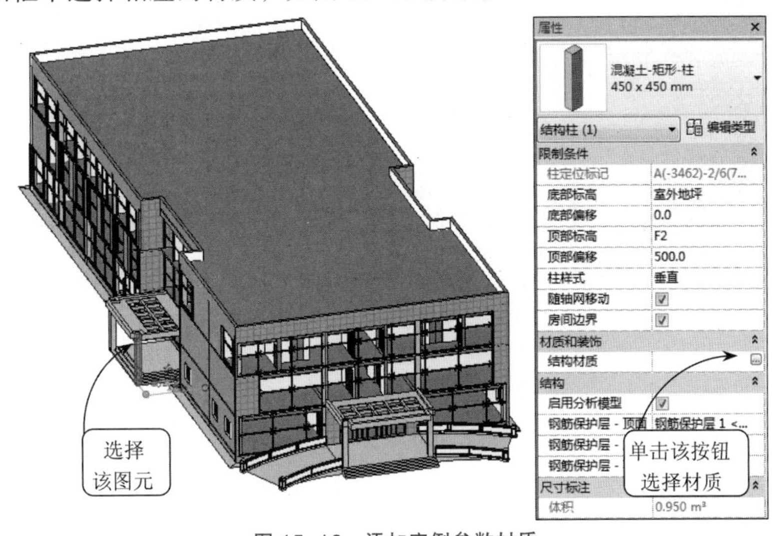

图 15-16　添加实例参数材质

如果材质是类型参数，则可以在【属性】面板中单击【编辑类型】按钮，系统将打开【类型属性】对话框，如图 15-17 所示。此时，用户可以在【材质和装饰】选项组中单击相应的【浏览】按钮，在打开的【材质浏览器】对话框中选择相应的材质。

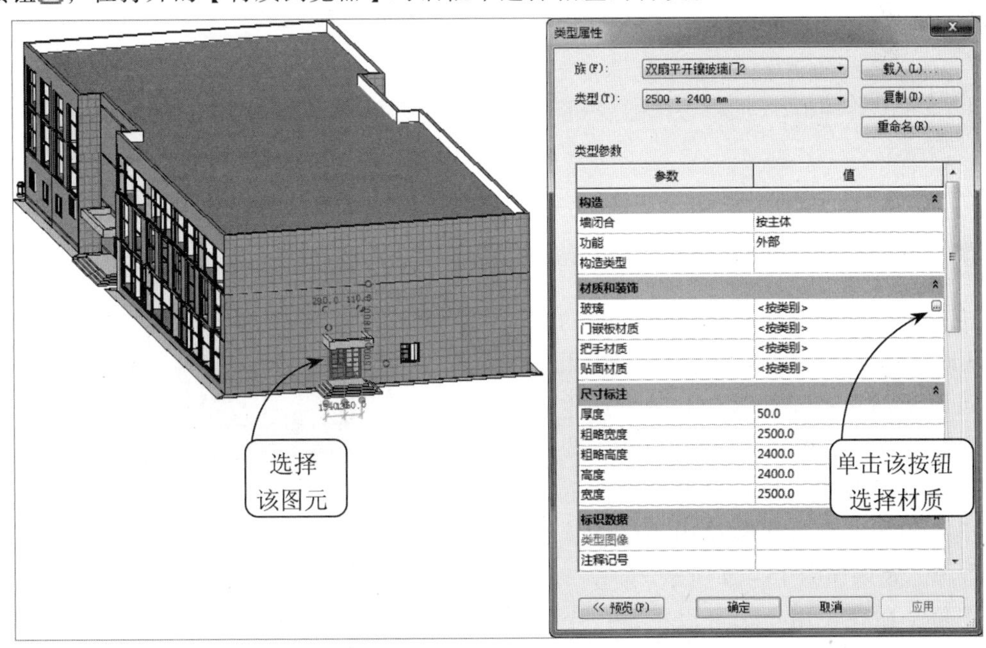

图 15-17　添加类型参数材质

如果材质是物理参数(例如墙体)，同样在【属性】面板中单击【编辑类型】按钮，并在打开的【类型属性】对话框中单击【编辑】按钮，系统将打开【编辑部件】对话框，如图 15-18 所示。此时，用户可以在【材质】列表框中单击相应的【浏览】按钮，在打开的【材质浏览器】对话框中选择相应的材质。

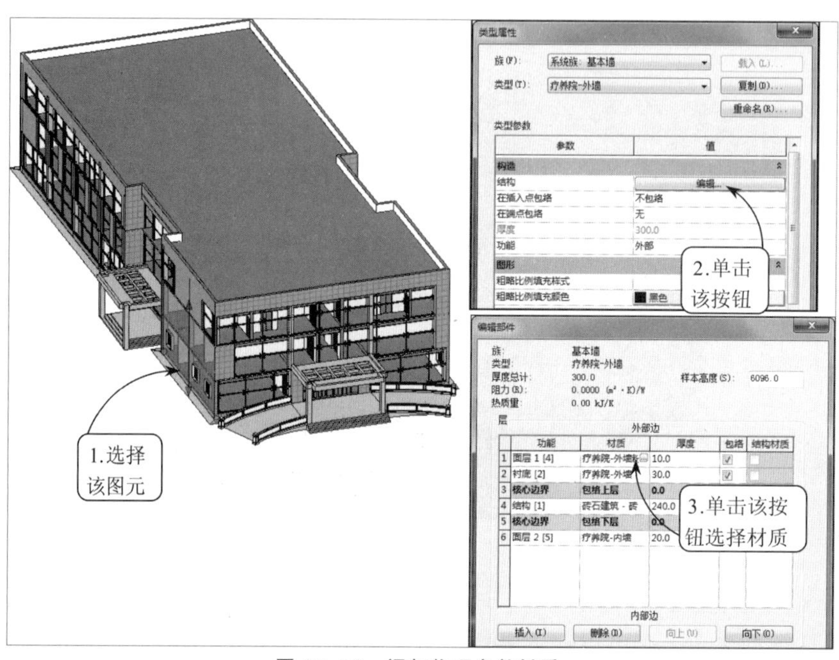

图 15-18　添加物理参数材质

提示　一般情况下，用户可以在创建图元构件的同时就为该图元创建并添加相应的材质，而无须在后面单独添加。

15.1.2　贴花

贴花就是将二维图像贴到三维对象的表面上，从而在渲染时产生照片级的真实效果。用户还可以将贴花和光源组合起来，产生各种特殊的渲染效果。在 Revit 中，利用相应的工具可以将图像放置到建筑模型的表面上以进行渲染。例如，可以将贴花用于标志、绘画和广告牌，效果如图 15-19 所示。

对于每个贴花，用户都可以指定一个图像及其反射率、亮度和纹理(凹凸贴图)。通常情况下，可以将贴花放置到水平表面和圆筒形表面上。

图 15-19　附着贴花渲染效果

1. 贴花类型

在放置贴花图像之前，用户需要创建相应的贴花类型。切换至【插入】选项卡，在【贴花】下拉列表中单击【贴花类型】按钮，系统将打开【贴花类型】对话框。

此时，单击左下角的【新建贴花】按钮，输入贴花的类型名称，并单击【确定】按钮，【贴花类型】对话框将显示新贴花的名称及其属性，如图 15-20 所示。

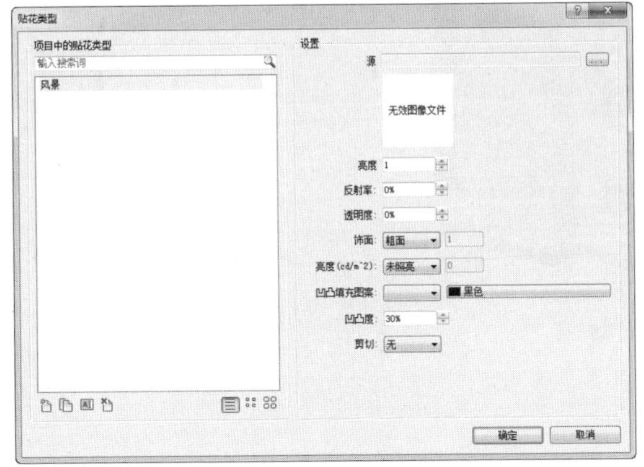

图 15-20 【贴花类型】对话框

在该对话框中，用户可以单击【源】右侧的【浏览】按钮，选择要添加的图像文件，如图 15-21 所示，还可以设置该图像的亮度、反射率、透明度和纹理（凹凸度）等贴花的其他属性。

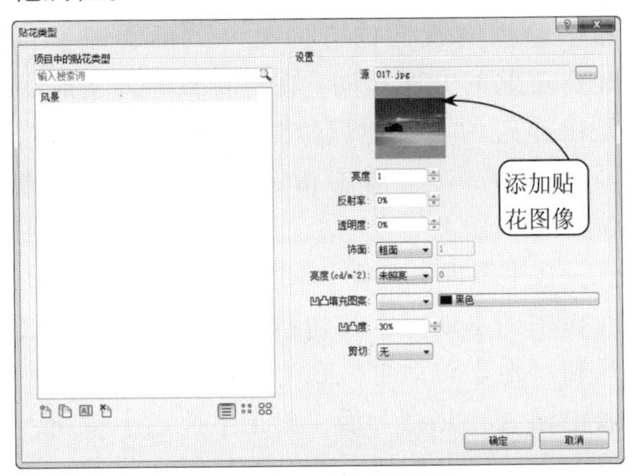

图 15-21 设置贴花属性

此外，用户可以通过【贴花类型】对话框中左下角的工具栏复制、重命名或删除贴花，还可以设置贴花列表的显示方式。

2. 放置贴花

在 Revit 中，利用【放置贴花】工具可以将图像放置到建筑模型的水平表面和圆筒形表面上进行渲染。

打开相应的视图，切换至【插入】选项卡，然后在【贴花】下拉列表中单击【放置贴花】按钮，【属性】面板将自动选择之前所创建的贴花类型，且系统将打开【贴花】选项栏。此时，在视图中指定表面的相应位置上单击，即可放置贴花，效果如图 15-22 所示。

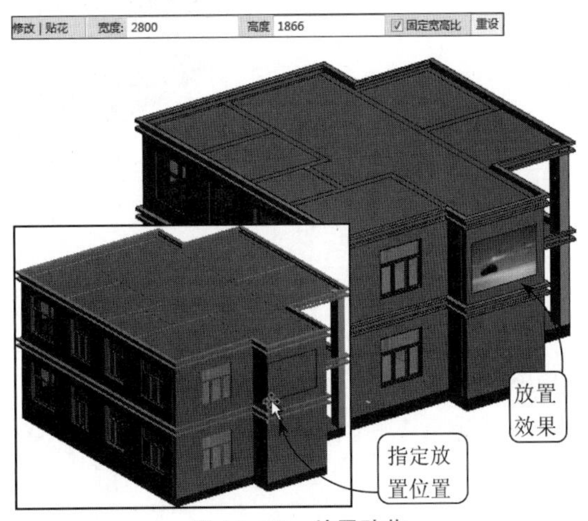

图 15-22 放置贴花

其中，用户可以在【贴花】选项栏中修改添加贴花的物理参数，如宽度和高度值。若要保持这些尺寸标注间的长宽比，可以启用【固定宽高比】复选框。

此外，当模型的视觉样式为【真实】时，添加相应的贴花后，可以在视图上直接显示。而当模型的视觉样式为【着色】或其他样式时，添加相应的贴花后，其在未渲染的视图中将显示为一个占位符，效果如图 15-23 所示。

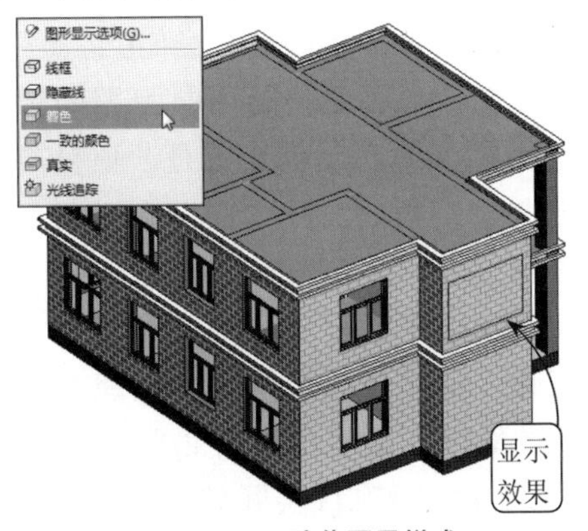

图 15-23 贴花预显样式

无论模型视图为何种视觉样式，完成贴花的添加后，将光标移动到该贴花或选中该贴花，它将显示为矩形交叉线横截面，如图 15-24 所示。用户可以通过拖曳角点的控制柄来调整贴花的大小。

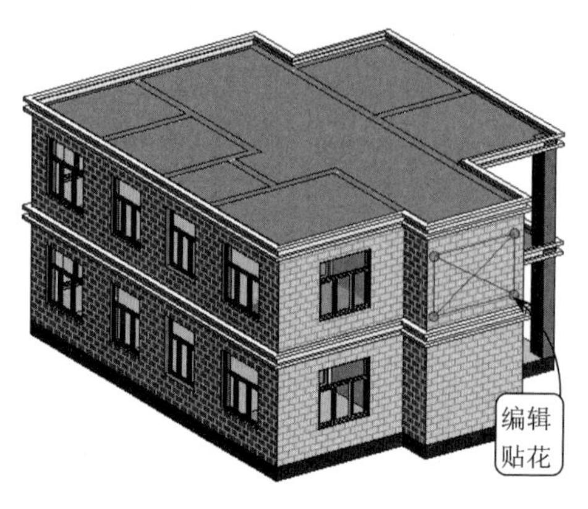

图 15-24 编辑贴花

15.2 日光与阴影

当建筑模型创建完成后，如果没有阴影，其就无法与周围的环境形成整体效果。因此，日光与阴影是建筑模型后期环境效果必不可少的调整工具。日光的显示是真实模拟，并且可以动态输出。

15.2.1 项目位置

有日光才会有阴影，而日光的设定需要设置项目的位置，所以在设定日光与阴影之前需要了解两个概念：项目北和正北。

项目北 项目北指绘图时视图的顶部，所以绘图窗口的底部自然就是“项目南”。项目北与建筑物的实际方位没有联系，只是一个画图的方位而已。默认情况下，Revit 的工作视图为项目北。

正北 正北指项目的真实地理方位。如果项目的地理方位不是正南北向，那么绘图时视图的方向和项目实际的方向就会不同，也就是说项目北与正北会存在一个角度；反之，如果项目的方向刚好是正南北向，那么绘图时视图的方向是一致的，即项目北与正北的方向相同。在进行日光分析时，是以建筑的真实地理位置作为分析基础的，因此在 Revit 中需要指定建筑物的地理方位，即“正北”。

在【管理】选项卡中，单击【项目位置】面板中的【地点】按钮，打开【位置、气候和场地】对话框。在【项目地址】下拉列表中输入“北京”后，单击【搜索】按钮，单击【确定】按钮，确定项目所在位置，如图 15-25 所示。

将视图切换至 F1 楼层平面视图后，在【属性】面板中，选择【方向】下拉列表中的“正北”选项，单击底部的【应用】按钮，如图 15-26 所示。

图 15-25 【位置、气候和场地】对话框

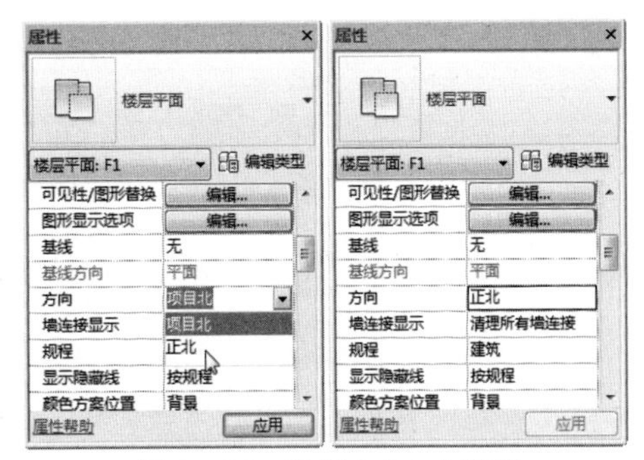

图 15-26 设置【方向】选项

在【管理】选项卡中，单击【项目位置】面板中的【位置】下拉按钮，选择【旋转正北】选项。单击正上方向位置确定起始位置后，顺时针移动光标，设置临时标注为 15°，按 Enter 键旋转项目角度，如图 15-27 所示。

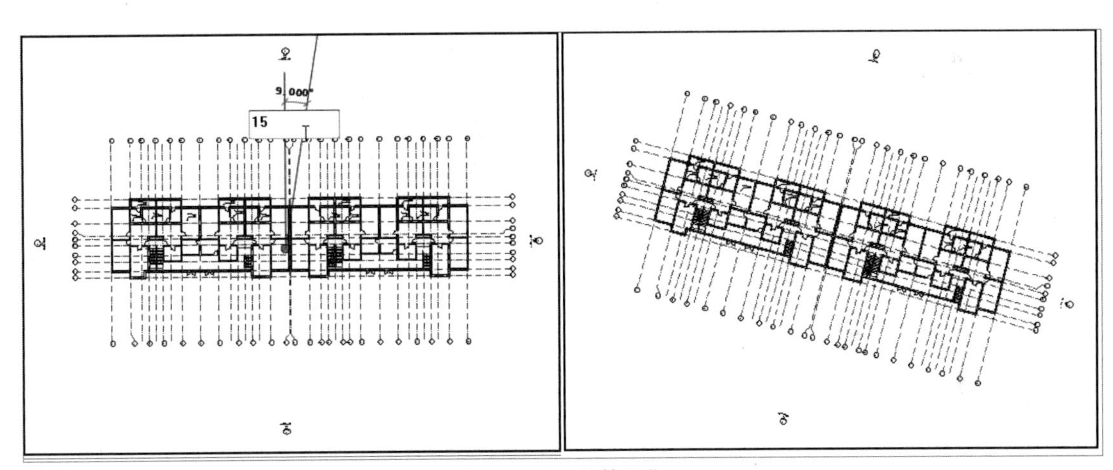

图 15-27 旋转正北

在设置正北方向后，为方便绘图操作，可以再次修改视图方向为项目北。此时，建筑物在绘图窗口中的显示将重新变为正南北向，即“项目北”的方向。

15.2.2 阴影效果

当设置了建筑的正北方向后，即可为建筑模型打开阴影效果。而建筑模型中的阴影效果与太阳的方位有着密切联系，也就是说太阳的方位决定建筑模型的阴影方向。

将视图切换至默认三维视图，单击状态栏中的【视觉样式】按钮，在列表中选择【图形显示选项】选项，打开【图形显示选项】对话框。选择【样式】下拉列表中的“隐藏线”选项，单击【应用】按钮，其效果如图 15-28 所示。

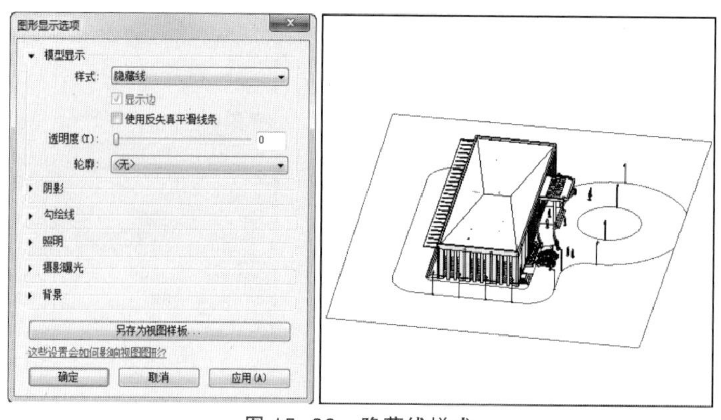

图 15-28　隐藏线样式

展开【阴影】选项组，启用【投射阴影】选项，单击【应用】按钮，即可查看投影在建筑模型中的效果，如图 15-29 所示。

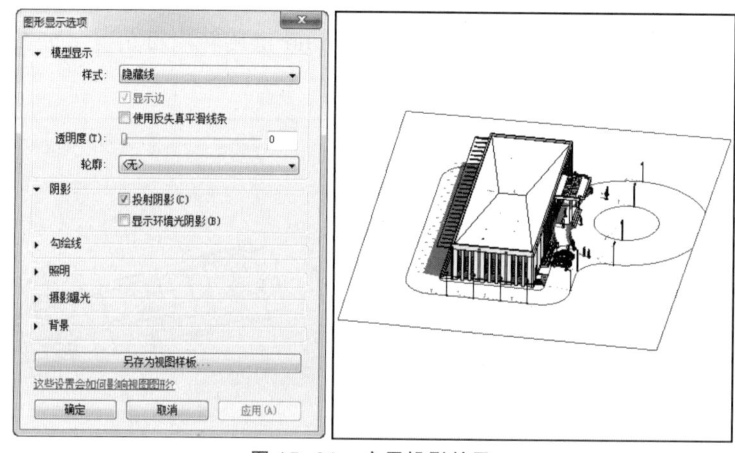

图 15-29　启用投影效果

【图形显示选项】对话框中的【投射阴影】选项与状态栏中的【关闭阴影】按钮和【打开阴影】按钮功能相同。通过单击【关闭阴影】按钮或者【打开阴影】按钮来关闭或打开建筑模型的阴影效果。

15.2.3 日光研究

在 Revit 中，阴影的位置和显示与太阳的设置有关，默认情况下显示的阴影效果是太阳在某个时刻照射后显示的阴影效果。要想查看产生阴影的太阳显示位置，单击状态栏中的【关闭日光路径】按钮，选择列表中的【打开日光路径】选项，显示太阳轨迹，如图 15-30 所示。

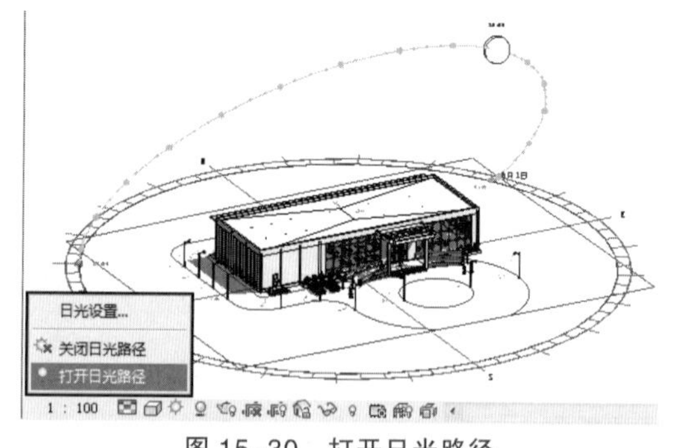

图 15-30　打开日光路径

当在太阳轨迹中单击并拖动太阳图标，改变太阳显示位置后，建筑模型的阴影显示方向发生变化，如图 15-31 所示。

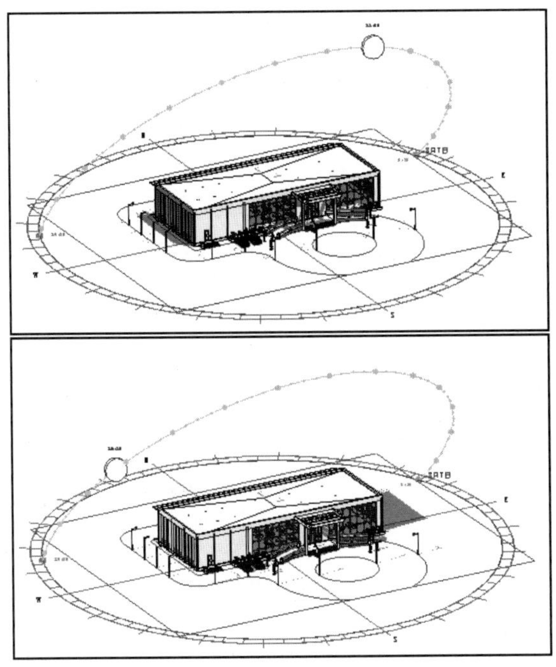

图 15-31　改变太阳显示位置

太阳轨迹线不仅能够改变太阳在一天当中的显示位置，还能够改变太阳轨迹线在一年当中的日期显示，如图 15-32 所示。

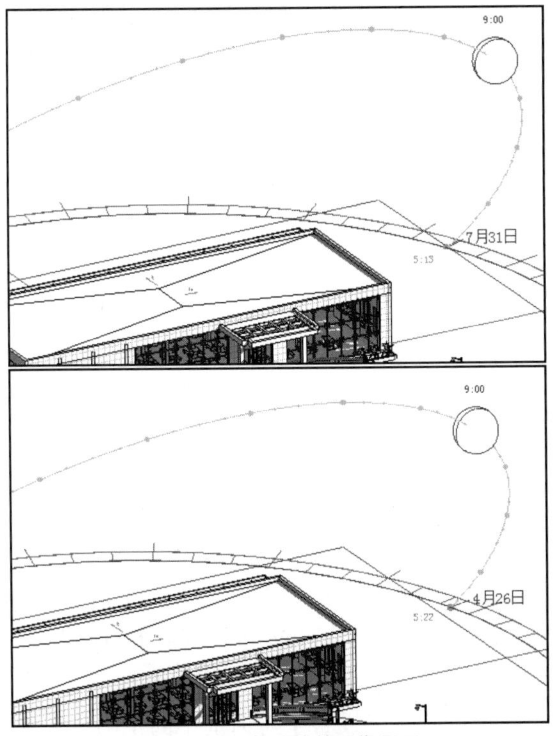

图 15-32　轨迹线的日期显示

日光设置除了能够通过手动设置外，还能够通过对话框中的各个选项来设置。方法是单击状态栏中的【关闭日光路径】按钮，选择列表中的【日光设置】选项，打开【日光设置】对话框，如图 15-33 所示。

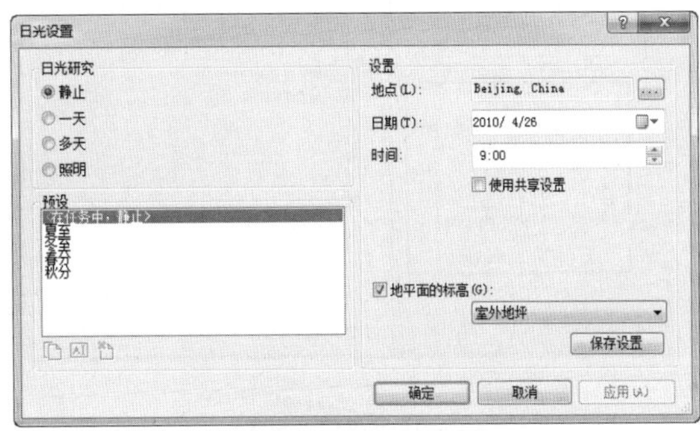

图 15-33　【日光设置】对话框

在该对话框的【日光研究】选项组中，包括【静止】、【一天】、【多天】与【照明】选项。启用不同的选项，【预设】与【设置】选项组中的选项会有所变化。当启用【静止】选项后，通过选择【预设】列表中的节气选项，来确定太阳轨迹线的显示位置，如图 15-34 所示。

图 15-34　选择冬至预设的阴影效果

除了选择预设的日期外，还可以在【设置】选项组中精确地设置【地点】、【日期】以及【时间】参数，从而得到想要的时间。其中单击【地点】右侧的【编辑】按钮，能够打开【位置、气候和场地】对话框来设置项目的精确位置；单击【日期】右侧的【日历】

按钮，既可以选择任意一天，也能够直接单击日历下方的【今天】选项，从而确定太阳轨迹线的显示位置，如图 15-35 所示。

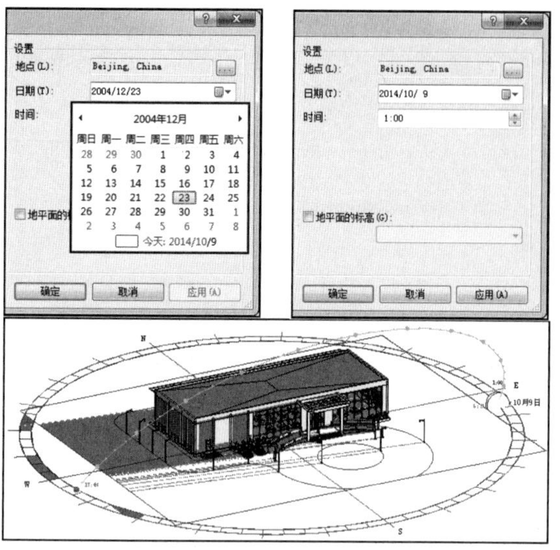

图 15-35　确定太阳轨迹线的显示位置

【设置】选项组中的【时间】参数则是用来设置太阳的显示位置，该参数既可以通过单击文本框右侧的向上或向下箭头按钮进行时间调整，也可以直接在文本框中输入时间来确定太阳显示的精确位置，如图 15-36 所示。

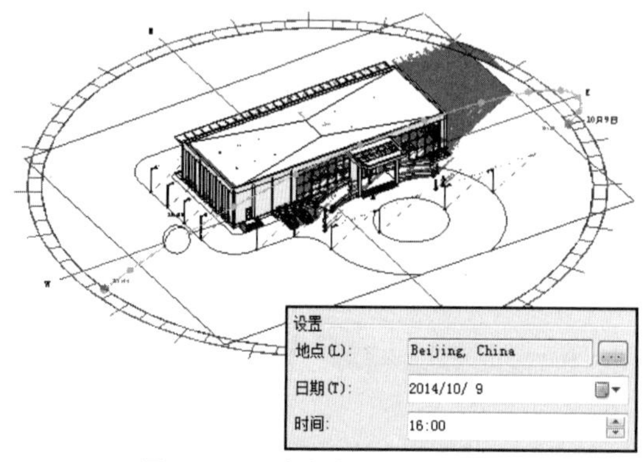

图 15-36　确定太阳显示位置

【设置】选项组中的【地平面的标高】选项用来控制阴影显示的范围，当启用【地平面的标高】选项后，列表中的选项被激活。选择【室外地坪】选项，单击【应用】按钮，完成静止日光的设置，如图 15-37 所示。

注意

当建筑模型中存在地下室等负楼层时，则需要注意【地平面的标高】选项的设置，否则场地的阴影也会同时显示。

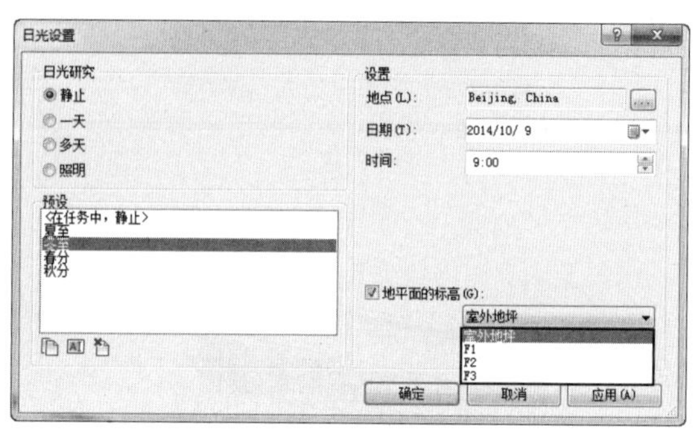

图 15-37　启用【地平面的标高】选项

当启用【日光研究】选项组中的【一天】选项后，既可以在【预览】列表中选择 Revit 设定好的日期选项，也可以直接在【设置】选项组中精确地设置各个选项，来确定一天日光的显示。其中，除了【地点】和【日期】选项外，【时间】选项的设置是一个时间段设置，该时间段既可以自由设定，也可以通过启用【日出到日落】选项来设定，如图 15-38 所示。

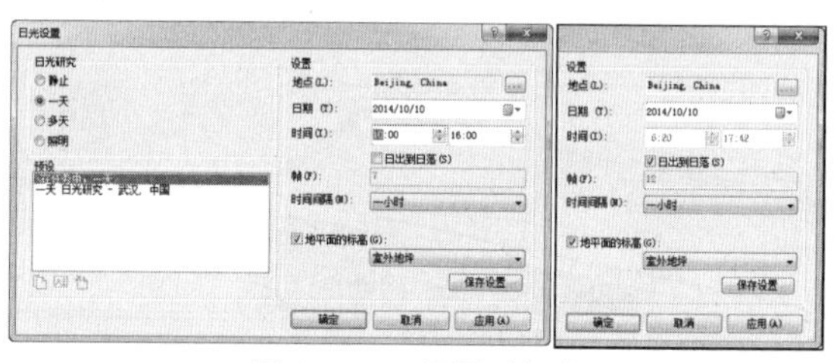

图 15-38　设置时间段

当设置太阳显示时间范围后，通过设置太阳显示的【时间间隔】选项，就可以得到太阳在一天当中的显示间隔。完成所有设置后，单击【保存设置】按钮，在打开的【名称】对话框中输入名称。单击【确定】按钮添加至【预设】列表中，如图 15-39 所示。

单击【日光设置】对话框中的【确定】并关闭该对话框后，再次单击状态栏中的【打开日光】按钮，这时列表中添加了【日光研究预览】选项。选择该选项，选项栏中显示日光研究预览按钮，单击【播放】按钮▶，即可在三维视图中查看日光在一天当中的动态显示，以及阴影显示的走向，如图 15-40 所示。

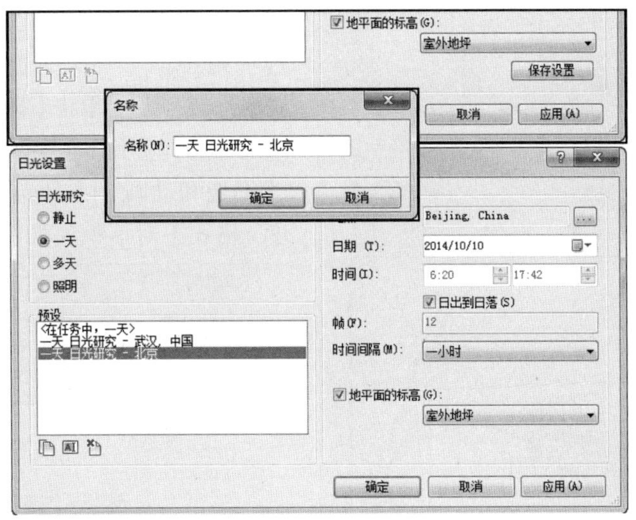

图 15-39　保存设置

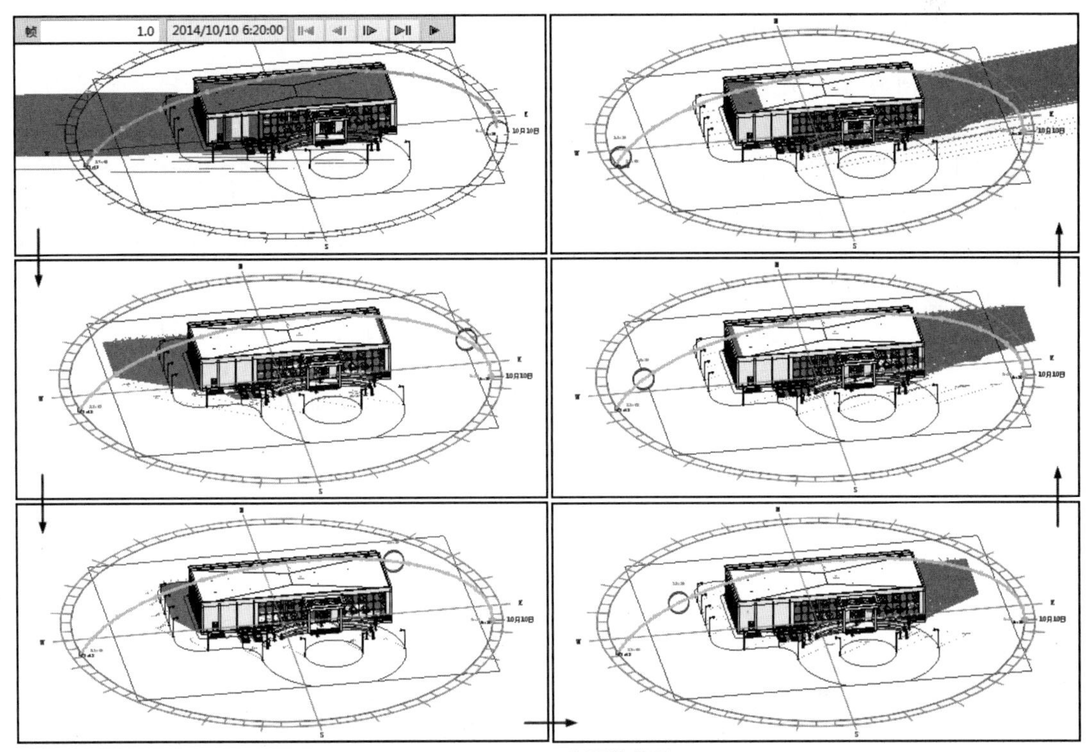

图 15-40　日光预览效果

启用【日光研究】选项组中的【多天】选项后发现，【设置】选项组中的选项与启用【一天】选项后的【设置】选项组相似，只有【日期】选项需要设定时间段。完成后的日光效果如图 15-41 所示。

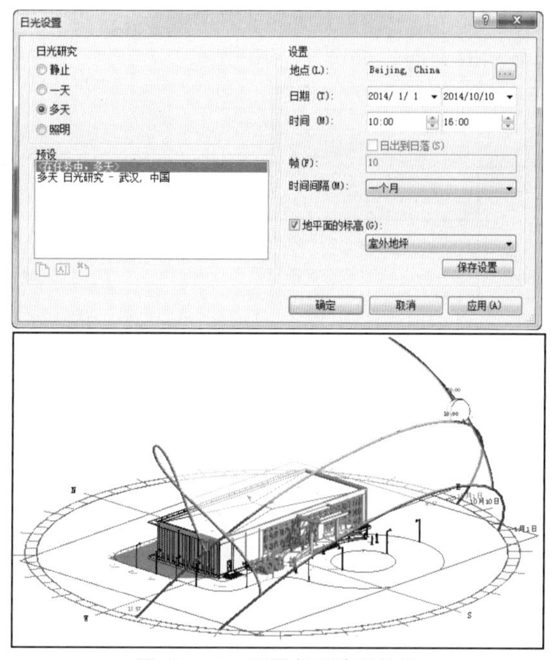

图 15-41　设置多天选项效果

启用【日光研究】选项组中的【照明】选项后，除了能够在【预设】列表中选择固定角度选项外，还能够在【设置】选项组中进行设定。而该选项组中的选项非常简单，只有【方位角】和【仰角】选项。只要在文本框中输入角度参数值，即可得到太阳显示的位置，如图 15-42 所示。

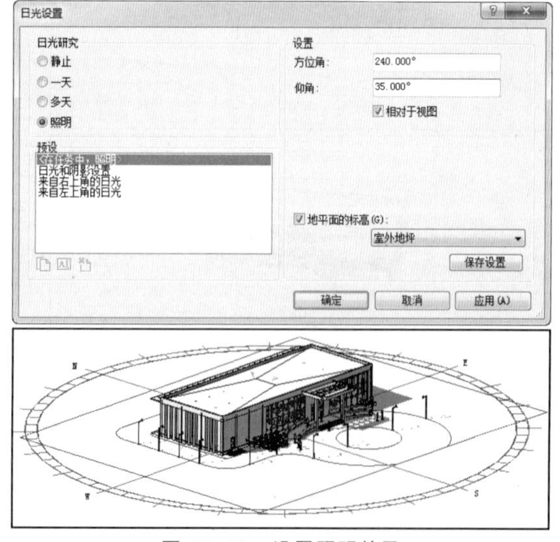

图 15-42　设置照明效果

在【日光研究】选项组中，【静止】和【照明】选项的日光是某一刻的太阳照射效果，而【一天】与【多天】选项的日光则是动态的太阳照射效果。所以当启用【日光研究】选项组中的【一天】或【多天】选项，并设置各个选项后，单击【确定】按钮关闭对话框。这时单击【应用程序菜单】按钮，选择【导出】|【图像和动画】|【日光研究】选项，打开【长度 / 格式】对话框，如图 15-43 所示。

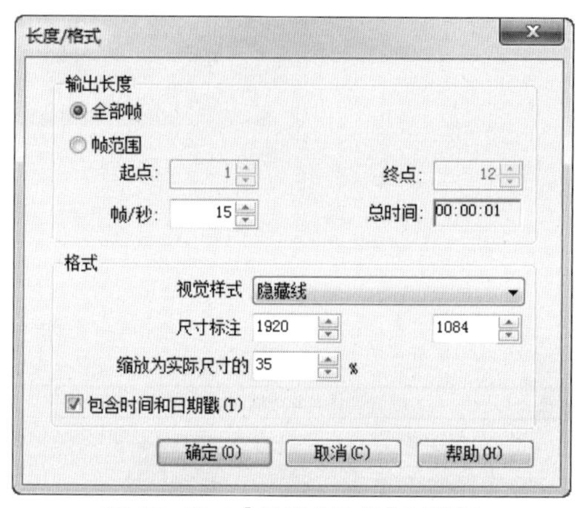

图 15-43　【长度 / 格式】对话框

在该对话框中除能够设置视频的【帧范围】，以及【格式】选项组中的【视觉样式】、【尺寸标注】外，还可以启用【包含时间和日期戳】选项。单击【确定】按钮，打开【导出动画日光研究】对话框。在【文件名】文本框中输入“一天日光研究”，如图 15-44 所示。

图 15-44　输入视频名称

单击【保存】按钮，关闭该对话框后，继续单击打开的【视频压缩】对话框中的【确定】按钮，即可创建该动画视频，如图 15-45 所示。

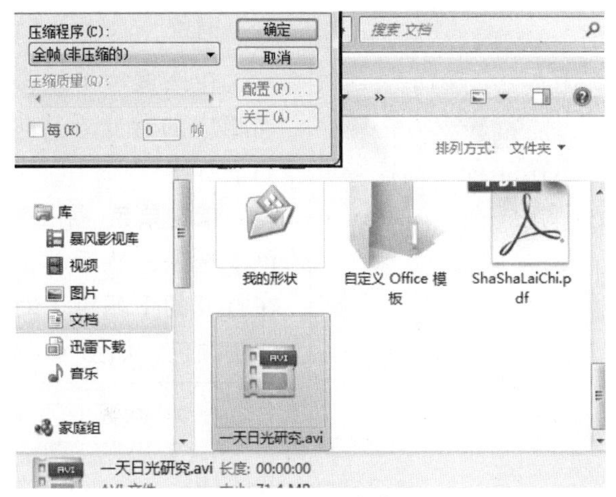

图 15-45　导出动画

15.3 渲染操作

渲染是基于三维场景来创建二维图像的一个过程。该操作通过使用在场景中已设置好的光源、材质和配景，为场景的几何图形进行着色。通过渲染可以将建筑模型的光照效果、材质效果以及配景外观等都完美地表现出来。

15.3.1 渲染设置

在渲染三维视图前，用户首先需要对模型的照明、图纸输出的分辨率和渲染质量进行相应的设置。一般情况下，利用系统经过智能化设计的默认设置来渲染视图，即可得到令人满意的结果。

切换至【视图】选项卡，单击【渲染】按钮，系统将打开【渲染】对话框，如图 15-46 所示。该对话框中各主要选项参数的含义现分别介绍如下。

引擎

在该选项组的列表框中可以选择渲染引擎。

NVDIA mental ray　脱机三维渲染技术。

Autodesk 光线跟踪器　实时三维渲染技术。

质量

在该选项组的列表框中可以选择渲染质量的等级。

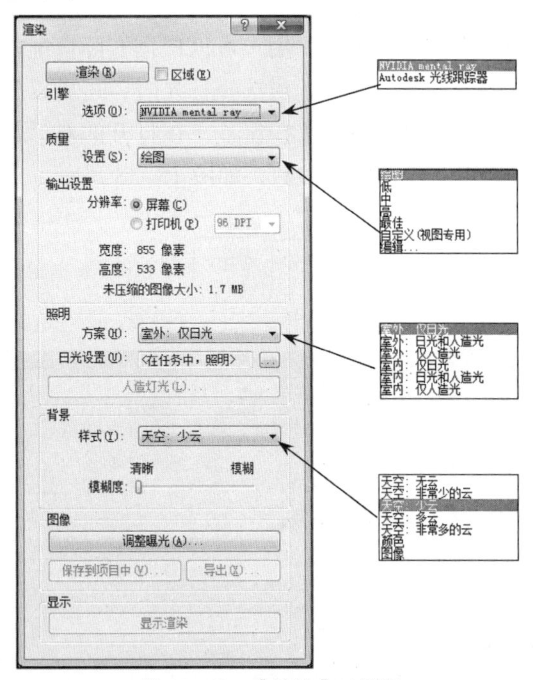

图 15-46　【渲染】对话框

输出设置

在渲染过程中，渲染图像的图像大小或分辨率对渲染时间具有可预见的影响。图像尺寸或分辨率的值越高，生成渲染图像所需的时间就越长。在该选项组中，用户可以设置图形输出的像素，如图 15–47 所示。

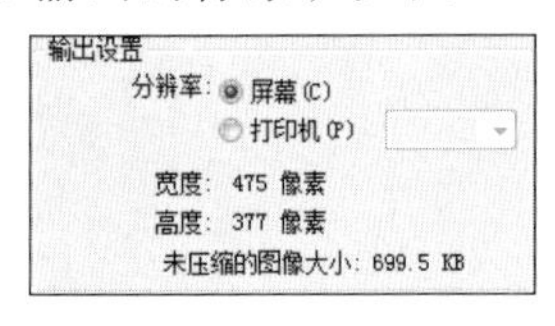

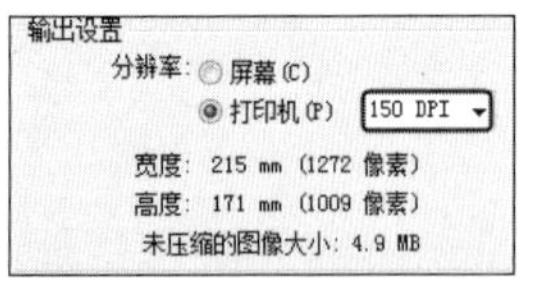

图 15–47 输出设置

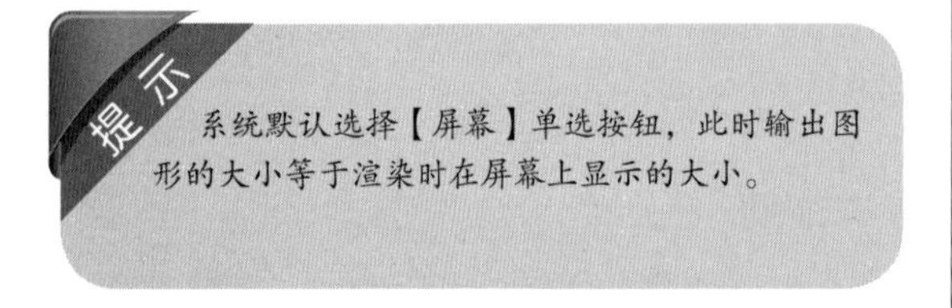

系统默认选择【屏幕】单选按钮，此时输出图形的大小等于渲染时在屏幕上显示的大小。

照明

在该选项组中，用户可以根据实际情况指定渲染的照明方式。当选择日光时，还可以单击【选择太阳位置】按钮，在打开的对话框中设置日光的相应参数，如图 15–48 所示。

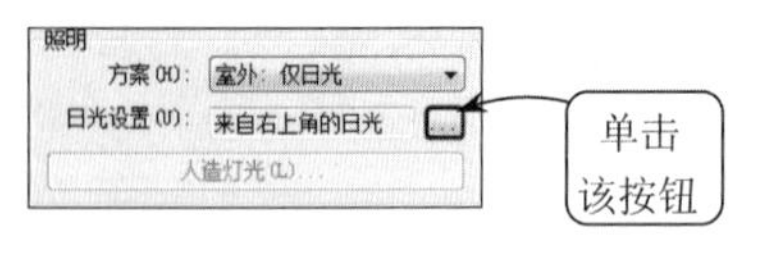

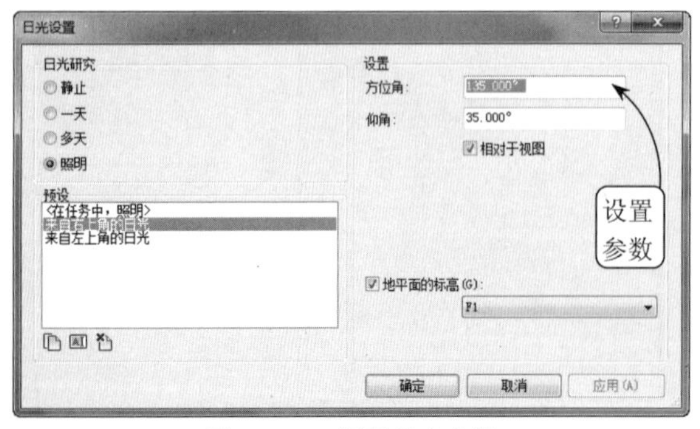

图 15–48 设置日光参数

背景

在该选项组中，用户可以为渲染图像添加相应的背景。其包含 3 种样式，具体含义如下所述。

指定单色 在【样式】下拉列表中选择【颜色】选项，然后单击下方的颜色图块，即可在打开的【颜色】对话框中为渲染图像指定背景颜色，如图 15–49 所示。

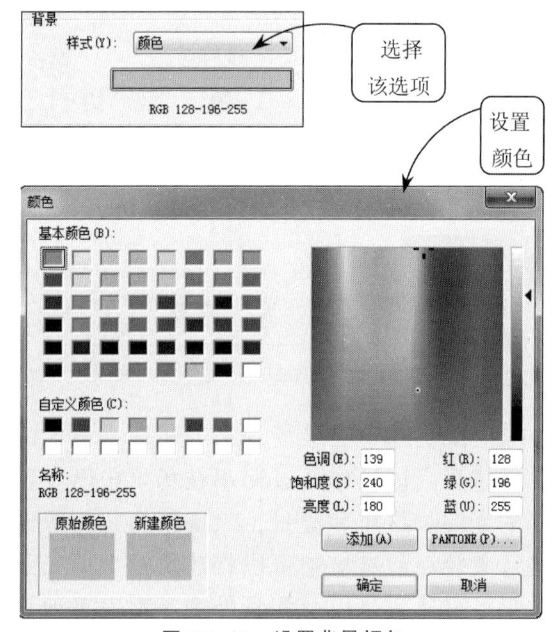

图 15–49 设置背景颜色

使用天空和云 在该样式下，可以使用天空和云指定背景。用户可以通过模糊度滑块来调整背景的薄雾效果，如图 15–50 所示。

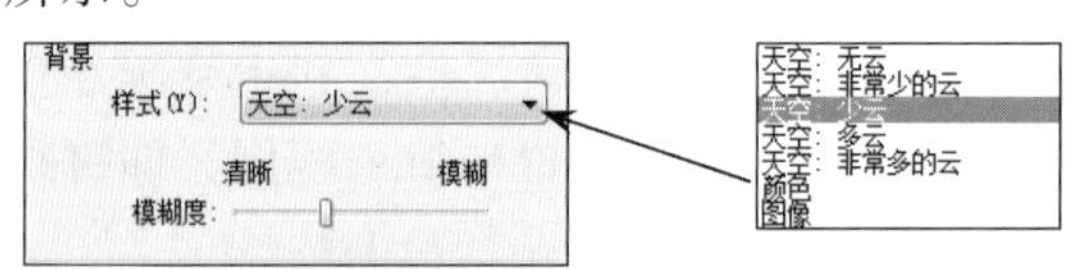

图 15–50 设置背景模糊度

指定自定义图像 在该样式下，用户可以选择指定的图像作为背景，并可以设置该图像的相应参数，效果如图 15–51 所示。

图 15-51　设置图像背景

15.3.2 渲染

渲染操作的最终目的是创建渲染图像。完成渲染相关参数的设置后，即可渲染视图以创建三维模型的照片级真实感图像。

1. 全部渲染和区域渲染

在 Revit 中，渲染操作分为全部渲染和区域渲染两种方式，现分别介绍如下。

全部渲染

完成模型相关渲染参数的设置后，单击【渲染】对话框中上方的【渲染】按钮，即可开始渲染图像。此时系统将显示一个进度对话框，显示有关渲染过程的信息，包括采光口数量和人造灯光数量，如图 15-52 所示。

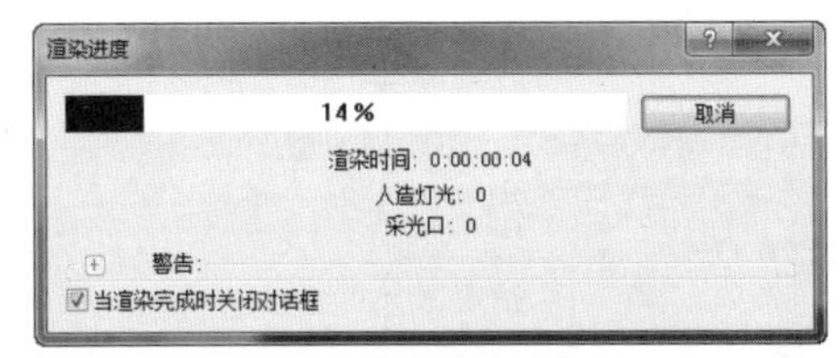

图 15-52　【渲染进度】对话框

当系统完成模型的渲染后，该进度对话框将关闭。系统将在绘图区域中显示渲染图像，效果如图 15-53 所示。

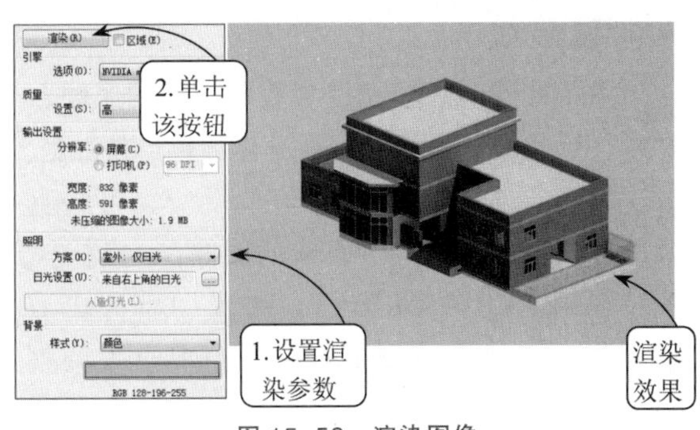

图 15-53　渲染图像

区域渲染

利用该方式可以快速检验材质渲染效果，节约渲染时间。在【渲染】对话框上方启用【区域】复选框，系统将在渲染视图中显示一个矩形的红色渲染范围边界线，如图 15-54 所示。

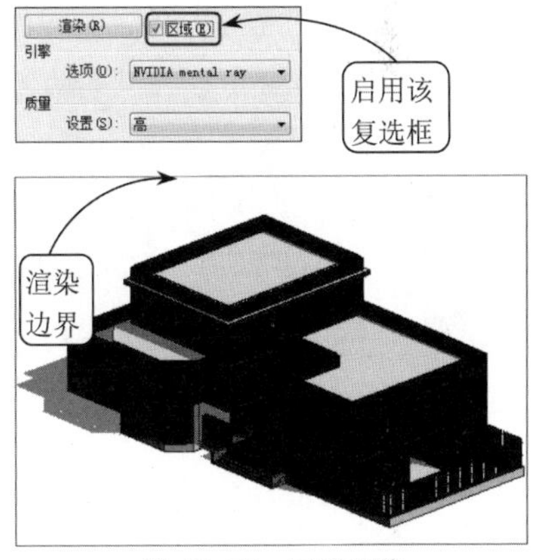

图 15-54　区域渲染

此时，单击选择该渲染边界，拖曳矩形的边界和顶点即可调整该区域边界的范围，效果如图 15-55 所示。

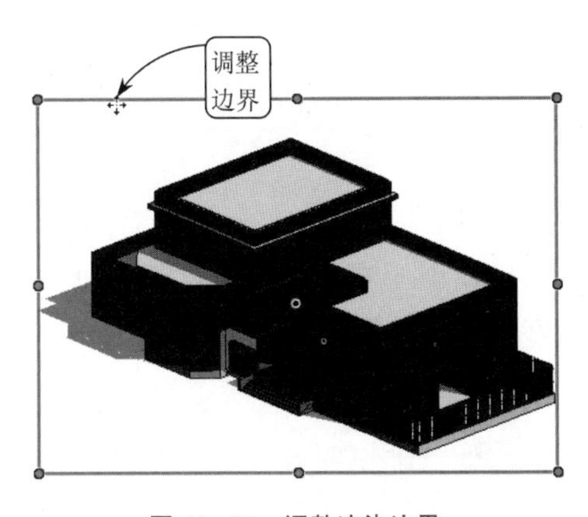

图 15-55　调整渲染边界

2. 调整曝光

渲染图像时，曝光控制和所使用的照明、材质一样重要。其模仿人眼对与颜色、饱和度、对比度和眩光有关的亮度值的反应，可将真实世界的亮度值转换为真实的图像。

当用 NVDIA mental ray 渲染引擎完成渲染操作后，在【渲染】对话框中单击【调整曝光】按钮，系统将打开【曝光控制】对话框，如图 15-56 所示。此时，用户可通过输入参数值或者拖动滑块来设置图像的曝光值、亮度和中间色调等参数选项来改善图像。

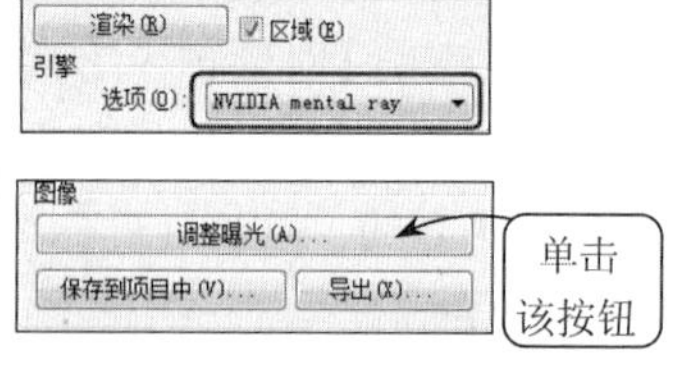

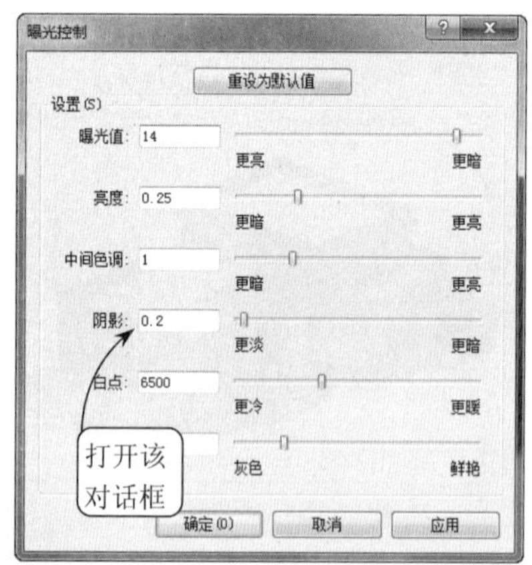

图 15-56　调整曝光

提示　在选择照明方案时，软件使用默认的曝光设置，且这些设置已对视图中的灯光类型进行了优化。而用 Autodesk 光线跟踪器进行渲染操作时，用户需要先调整曝光设置。

3. 保存图像

完成模型的渲染后，用户可以通过以下两种方式来保存渲染图像，现分别介绍如下。

保存到项目中

在渲染三维视图后，用户可以将该图像另存为项目视图。在项目中，渲染图像将显示在【项目浏览器】中的【视图】节点下，效果如图 15-57 所示。

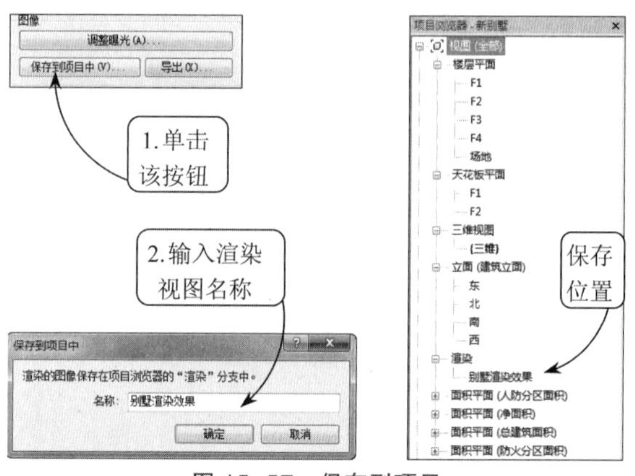

图 15-57　保存到项目

提示　在草图视图中，渲染图像将会保存为轻量级压缩的 JPG 文件。该方式旨在缩小项目文件的总体大小。

导出图像

在渲染三维视图后，用户可以将图像导出到文件，并将该文件存储在项目之外指定的位置中。

在【渲染】对话框中单击【导出】按钮，系统将打开【保存图像】对话框，如图 15-58 所示。此时，输入渲染图像文件的名称，选择保存的文件类型，并指定保存的路径位置，即可将渲染图像导出到某个文件。

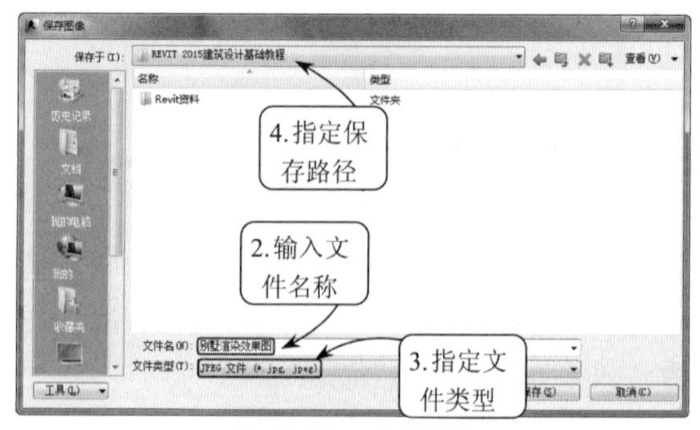

图 15-58　导出图像

15.4 创建漫游

漫游是指相机沿着定义的路径移动所创建的透视图集合。默认情况下，漫游创建为一系列透视图，但也可以创建为正交三维视图。

15.4.1 创建漫游路径

在 Revit 中，创建漫游视图首先需要创建漫游路径，然后再编辑漫游路径关键帧位置的相机位置和视角方向。创建漫游路径的关键是在建筑的出入口、转弯和上下楼等关键位置放置关键帧，效果如图 15-59 所示。其中，蓝色的路径线即为相机路径，而红色的圆点则代表关键帧的位置。创建漫游路径的具体操作方法现介绍如下。

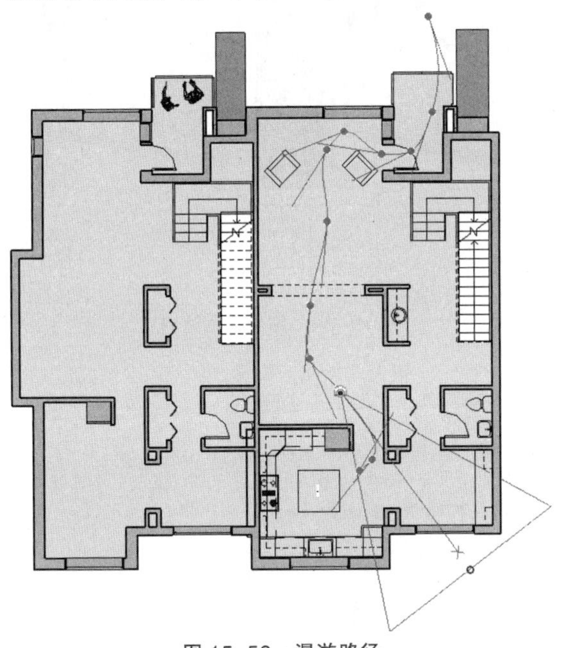

图 15-59　漫游路径

打开要放置漫游路径的视图，然后切换至【视图】选项卡，在【三维视图】下拉列表中单击【漫游】按钮，系统将打开【漫游】选项栏。此时，启用【透视图】复选框，并设置视点的偏移量参数。接着，移动光标在视图中的相应位置沿指定方向依次单击放置关键帧，即可完成漫游路径的创建，效果如图 15-60 所示。

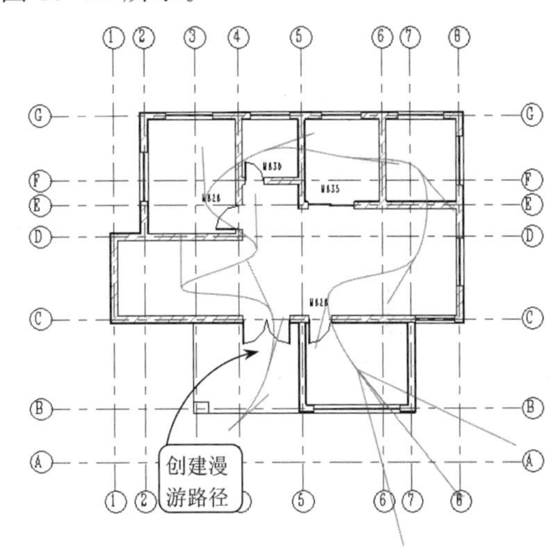

图 15-60　创建漫游路径

完成漫游路径的创建后，用户可以在【项目浏览器】对话框中重命名该漫游视图。此时双击该视图名称，系统将打开漫游视图，显示漫游终点时的视图样式，效果如图 15-61 所示。

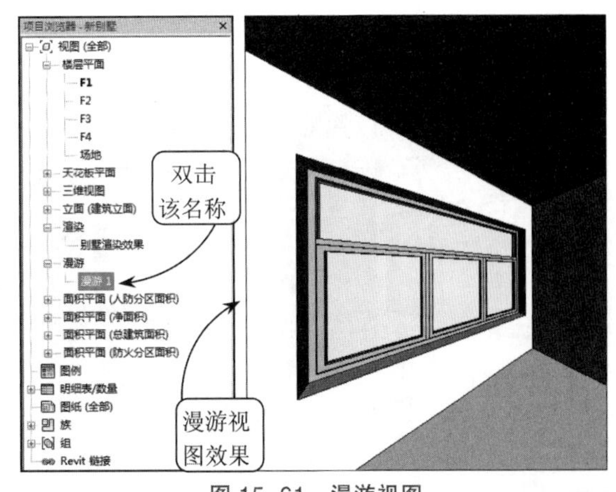

图 15-61　漫游视图

> **提示** 放置关键帧时，用户可以随时设置选项栏中的【偏移量】参数值来调整视点的高度，例如在楼梯口、休息平台和楼上位置设置不同的高度，从而实现上下楼等特殊漫游效果。

15.4.2 漫游编辑

完成漫游视图的创建后，用户可以随时预览其效果，并编辑其路径关键帧的相机位置和视角方向，以达到满意的漫游效果。

打开漫游视图，单击选择视图边界，系统将展开【修改 | 相机】选项卡，如图 15-62 所示。在该选项卡中可预览并编辑漫游视图，现分别介绍如下。

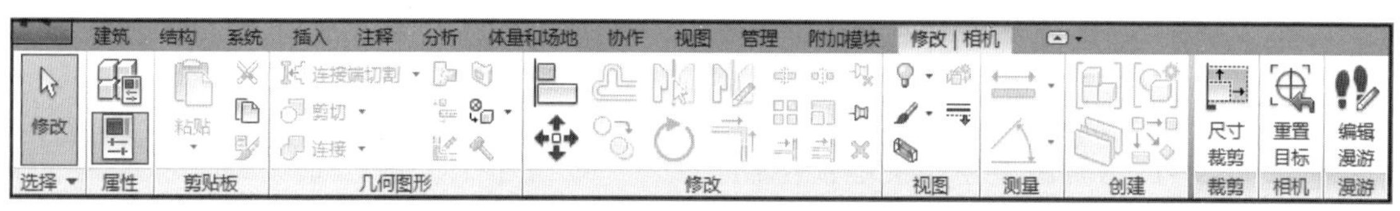

图 15-62 【修改 | 相机】选项卡

1. 剪裁漫游视图

完成漫游视图的创建后，用户可以通过以下两种方式剪裁视图的边界。具体操作方法如下所述。

尺寸剪裁

单击选择视图边界，然后在激活的选项卡中单击【尺寸剪裁】按钮，系统将打开【剪裁区域尺寸】对话框，如图 15-63 所示。此时设置相应尺寸参数值，即可完成视图的边界剪裁。

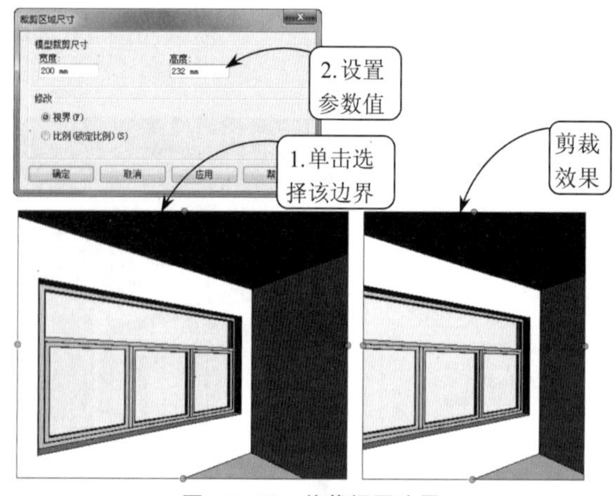

图 15-63 剪裁视图边界

拖曳

单击选择视图边界，各边界线上将显示蓝色的实心圆点。此时，用户可通过拖曳各相应圆点来调整视图的边界范围，效果如图 15-64 所示。

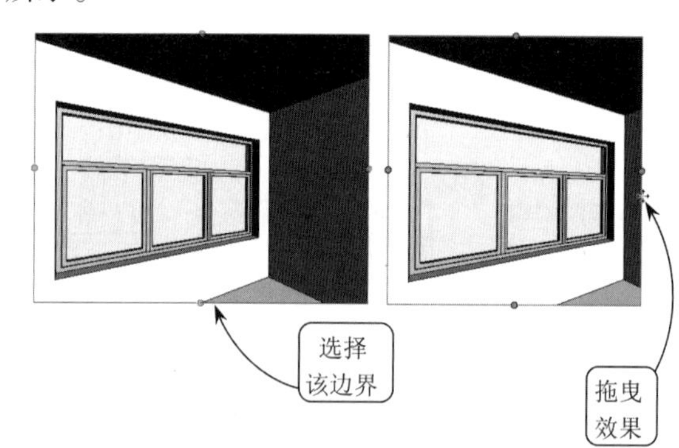

图 15-64 拖曳视图边界

> **提示** 在修改相机位置和裁剪区域期间，相机目标可能会偏离中心或超出视界范围。（重置目标）将相机目标位置恢复到裁剪区域的中心。

2. 预览漫游视图

用户可以通过预览漫游发现路径线和相机位置等问题，方便以后进行相应的编辑操作。

单击选择视图边界，然后单击功能区选项卡中的【编辑漫游】按钮，系统将打开【编辑漫游】选项卡和相应的选项栏，如图 15-65

所示。

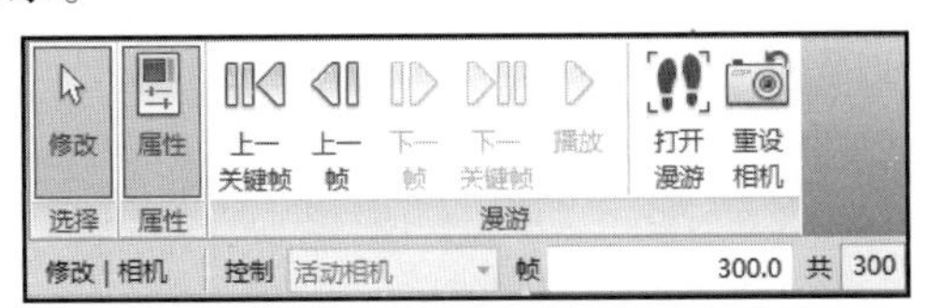

图 15-65 【编辑漫游】选项卡

在选项栏中，系统默认的漫游视频为 300 帧画面。用户可以在【活动帧】文本框中设置参数为 1.0，此时漫游视图将切换至所建漫游路径的起点位置。然后单击【播放】按钮▷，即可自动预览漫游效果，如图 15-66 所示。

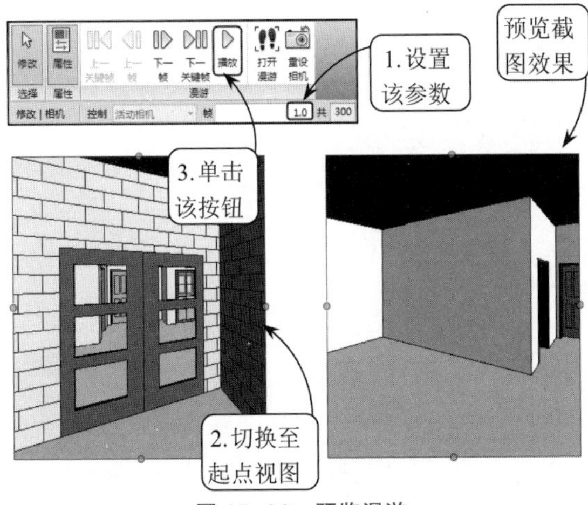

图 15-66 预览漫游

用户还可以通过单击【编辑漫游】选项卡中的相应功能按钮来手动预览漫游。完成漫游的预览操作后，可以在视图的空白区域单击鼠标左键，在打开的【退出漫游】对话框中单击【是】按钮，退出漫游预览。

3. 编辑漫游视图

通过预览漫游，用户可以发现路径线和相机位置等问题。此时，可利用相应的操作编辑漫游视图。

在【视图】选项卡中利用【平铺窗口】工具同时打开平面视图和漫游视图，然后在漫游视图中选择视图边界，此时在平面视图中将显示漫游路径和漫游相机，如图 15-67 所示。

接着，移动光标激活平面视图，并单击功能区中的【编辑漫游】按钮，系统将打开【编辑漫游】选项卡和选项栏，且平面视图上将显示相应的关键帧点和相机位置，如图 15-68 所示。

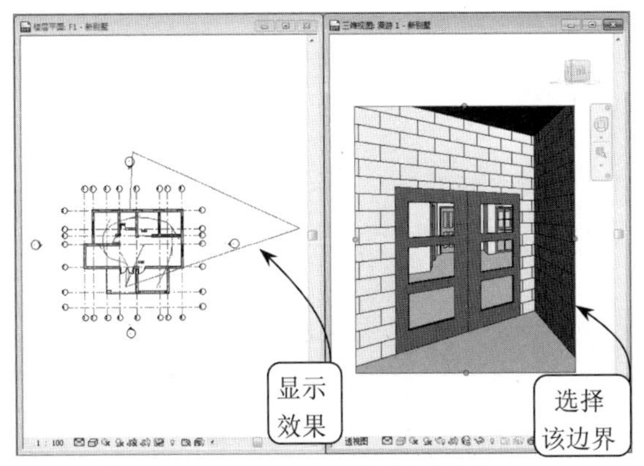

图 15-67 显示漫游路径和相机

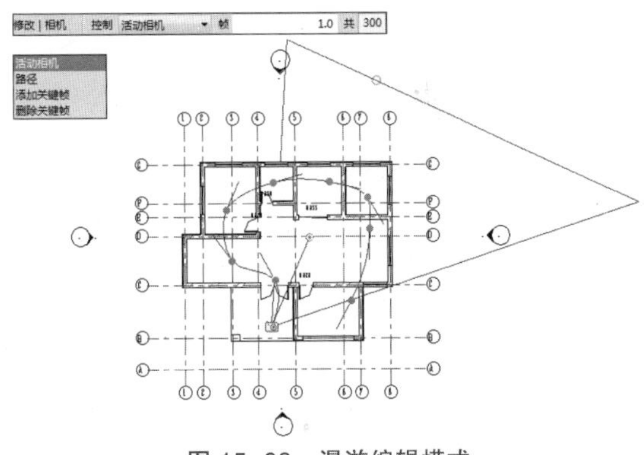

图 15-68 漫游编辑模式

此时，用户可通过选项栏中的【控制】列表框选择相应的模式来编辑漫游路径、相机视角或关键帧。各具体操作方法如下所述。

编辑漫游路径

在【控制】列表框中选择【路径】选项，则平面视图中的蓝色相机路径在每个关键帧位置显示一个蓝色实心控制圆点。此时，用户可通过单击并拖曳关键帧控制点至相应位置来修改漫游路径，效果如图 15-69 所示。

编辑相机视角

在【控制】列表框中选择【活动相机】选项，则平面视图中将显示相机符号、相机视点和目标点，且在每个关键帧位置显示一个红色实心控制圆点。此时，用户可以利用【漫游编辑】选项卡中的相应位置工具，切换到指定的关键帧位置，然后在平面视图上通过拖曳相机的视点和目标点至指定位置来调整相机视角，效果如图 15-70 所示。

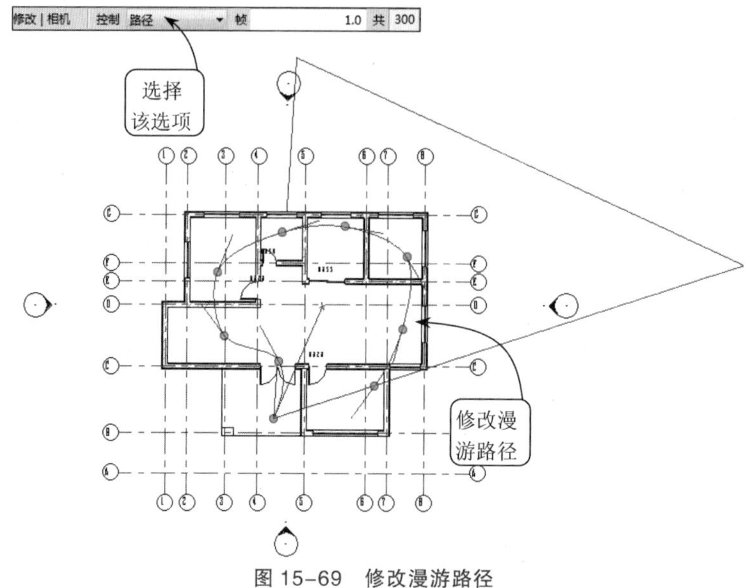

图 15-69 修改漫游路径

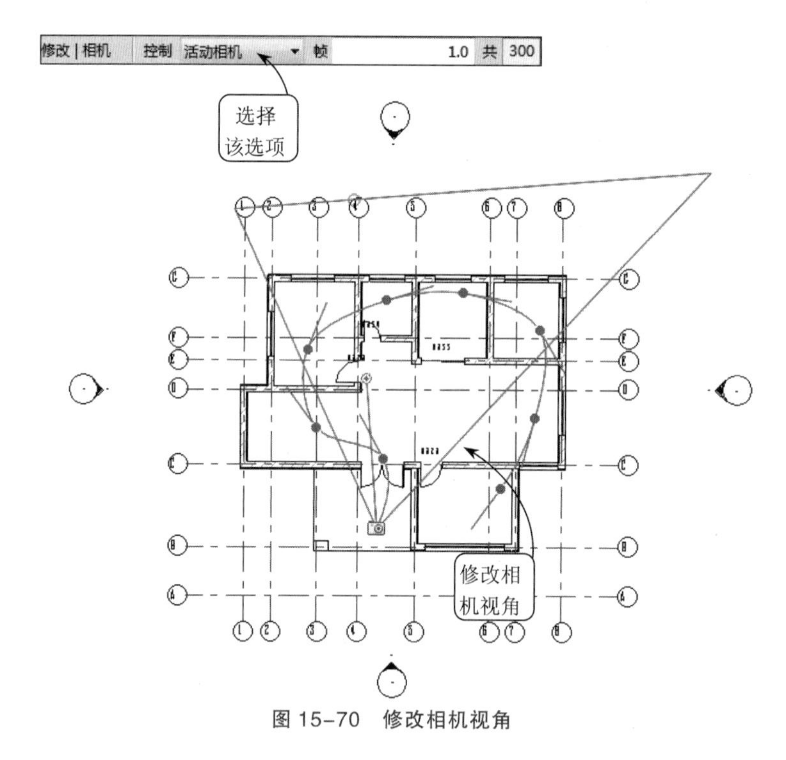

图 15-70 修改相机视角

提示 此外，用户也可以利用相应的位置工具切换到帧位置来修改相机视角。但此时只能通过修改目标点来调整相机视角的范围，而不能修改视角的方向。

编辑关键帧

用户还可以根据需要补充添加或删除关键帧以精确设置相机路径。若在【控制】列表框中选择【添加关键帧】选项，则在漫游路径上的指定位置单击即可添加关键帧；若在【控制】列表框中选择【删除关键帧】选项，则移动光标至漫游路径上已有的关键帧位置处单击，即可删除该关键帧，效果如图 15-71 所示。

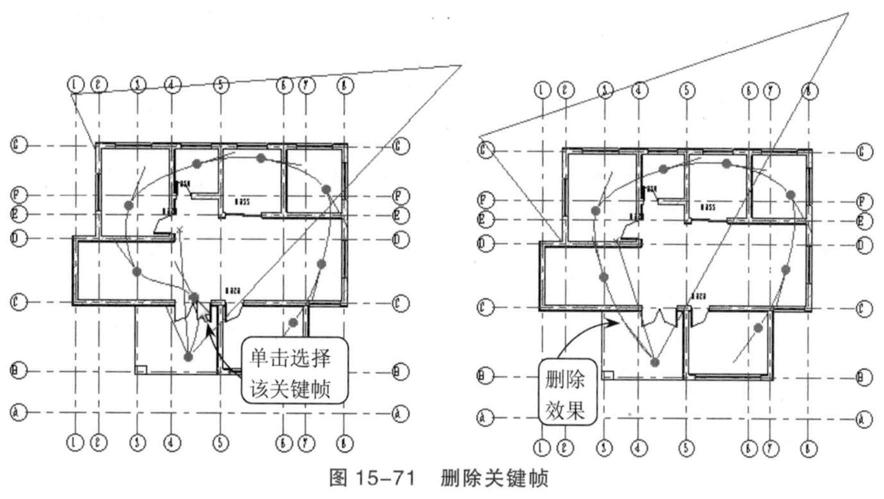

图 15-71 删除关键帧

15.5 导出漫游

完成漫游的创建后，用户可以将漫游导出为 AVI 或图像文件。将漫游导出为图像文件时，漫游的每个帧都会保存为单个文件。用户可以导出所有帧或一定范围的帧。

15.5.1 设置漫游帧

在预览漫游视频时，用户还可以对漫游的速度进行相应的设置，以达到指定的要求。

在【编辑漫游】选项栏中单击【帧设置】按钮，系统将打开【漫游帧】对话框，如图 15-72 所示。

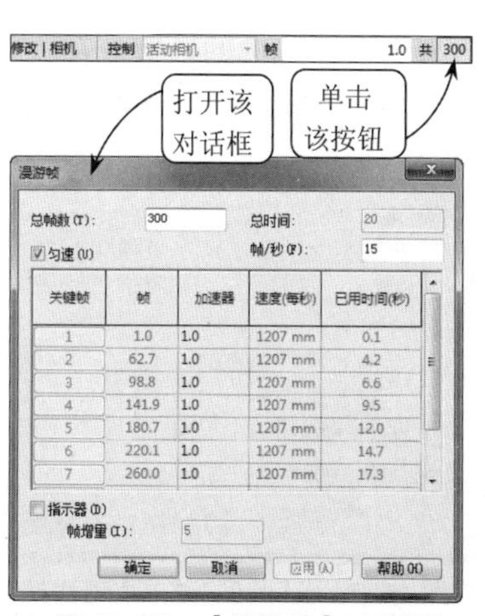

图 15-72 【漫游帧】对话框

此时，可对漫游过程中的各帧参数进行相应的设置。其中，若禁用【匀速】复选框，还可以对各关键帧位置处的速度进行单独设置，以加速或减速在某关键帧位置相机的移动速度，模拟真实的漫游行进状态，效果如图 15-73 所示。该加速器的参数值范围为 0.1~10。

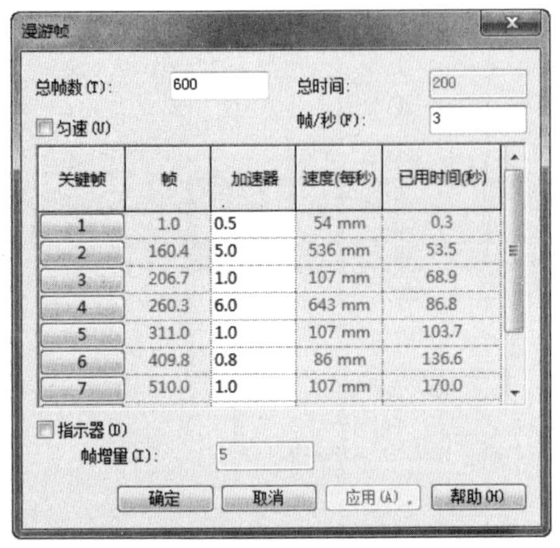

图 15-73　设置漫游帧参数

15.5.2 漫游导出方式

打开漫游视图，单击左上角图标按钮，在展开的下拉列表中选择【导出】|【图像和动画】|【漫游】选项，系统将打开【长度/格式】对话框，如图 15-74 所示。此时，用户可以指定输出的长度为全部帧或者范围帧，并设置相应的漫游速度。此外，用户还可以在【格式】选项组中设置其他的参数选项。

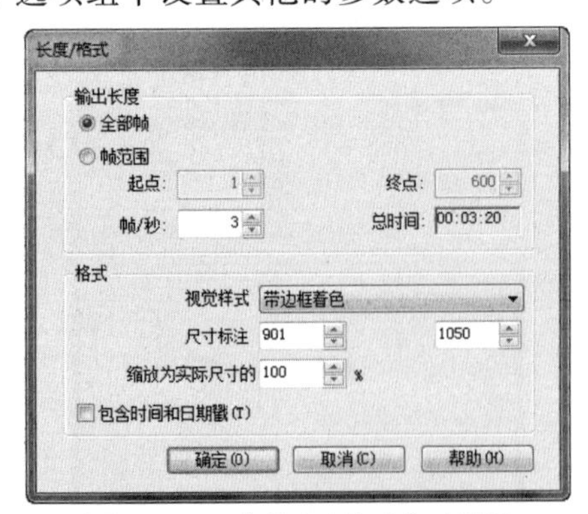

图 15-74　【长度/格式】对话框

完成参数选项的设置后，单击【确定】按钮，系统将打开【导出漫游】对话框。此时，设置输出文件的名称和路径，指定文件的输出类型，并单击【保存】按钮，系统将打开【视频压缩】对话框，如图 15-75 所示。然后选择视频的压缩格式，并单击【确定】按钮，即可自动导出漫游视频文件。

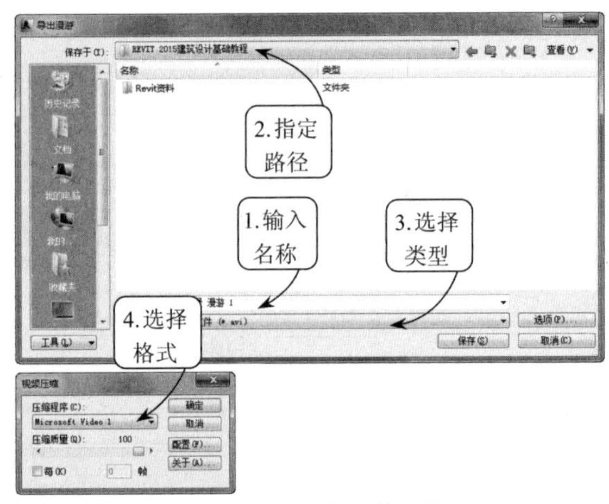

图 15-75　导出漫游文件

提示　在【视频压缩】对话框中，系统默认的是【全帧（非压缩的）】格式，其产生的文件非常大。此时，可以在下拉列表中选择 Microsoft Video 1 选项。该压缩模式为大部分系统可以读取的模式，且可以减小文件大小。

第 16 章

族

族是 Revit 中一个非常重要的构成要素。正是因为族的开放性和灵活性，在设计时才可以自由定制符合设计需求的注释符号和三维构件族等，从而满足中国建筑师应用 Revit 的本地化标准进行定制的需求，实现 Revit 软件参数化的建模设计。

本章主要介绍族的相关概念，并系统阐述系统族、可载入族及内建族的载入和创建方法，使用户对族有全面而深刻的了解与认识。

本章学习目标

- 熟悉族的相关概念
- 掌握系统族的载入方法
- 掌握可载入族的载入和创建方法
- 掌握内建族的创建方法

16.1 族基础

在 Revit 中，用户可以通过使用相关的族工具将标准图元和自定义图元添加到建筑模型中。此外，通过族还可以对用法和行为类似的图元进行相应的控制，以便用户轻松地修改设计和更高效地管理项目。

16.1.1 族简述

所有添加到 Revit 项目中的图元（从用于构成建筑模型的结构构件、墙、屋顶、窗和门到用于记录该模型的详图索引、装置、标记和详图构件）都是使用族创建的。

1. 族概述

族是一个包含通用属性（也称为参数）集和相关图形表示的图元组。属于一个族的不同图元的部分或全部参数可能有不同的值，但是参数（其名称与含义）的集合是相同的。在 Revit 中，族中的这些变体被称为族类型或类型。

例如，家具类别所包括的族和族类型可以用来创建不同的家具，例如桌、椅和柜子。尽管这些族具有不同的用途，并由不同的材质构成，但它们的用法却是相同的。族中的每一类型都具有相关的图形表示和一组相同的参数，称为族类型参数。

此外，族可以是二维族或者三维族，但并非所有族都是参数化族。例如，门窗是三维参数化族；卫浴设施有三维族和二维族，其中有参数化族也有固定尺寸的非参数化族；门窗标记则是二维非参数化族。用户可以根据实际需求，事先合理规划三维族、二维族以及族是否参数化。

2. 族类别

在 Revit 中，系统包含 3 种类型的族：系统族、可载入族和内建族。其中，在项目中创建的大多数图元都是系统族或可载入族。用户还可以组合可载入族来创建嵌套和共享族。

系统族

系统族可用于创建基本建筑图元，如墙、屋顶、天花板、楼板以及其他要在施工场地装配的图元。此外，能够影响项目环境且包含标高、轴网、图纸和视口类型的系统设置也是系统族。

系统族是在 Revit 中预定义的。用户不能将其从外部文件中载入到项目中，也不能将其保存到项目之外的位置。系统族只能在项目文件图元的【类型属性】对话框中复制新的族类型，并设置其各项参数后保存到项目文件中，然后可在后续设计中直接从类型选择器中选择使用。

可载入族

可载入族是用于创建建筑构件和一些注释图元的族。在 Revit 中，可载入族可以创建通常购买、提供和安装在建筑内与建筑周围的建筑构件（例如窗、门、橱柜、设备、家具和植物等）及系统构件（例如锅炉、热水器、空气处理设备和卫浴装置等）。此外，可载入族还包含一些常规自定义的注释图元，例如符号和标题栏。

由于可载入族具有高度可自定义的特征，因此它们是用户在 Revit 中经常创建和修改的族。而与系统族不同的是，可载入族是在外部 RFT 文件中创建的，并可保存在本地或载入到项目中。对于包含许多类型的可载入族，用户可以创建和使用类型目录，以便仅载入项目所需的类型。

内建族

内建族适用于创建当前项目专有的独特图元构件。在创建内建族时，用户可以参照项目中其他已有的图形，且当所参照的图形发生变化时，内建族可以相应地自动调整更新。

此外，在创建内建图元时，Revit 将为该内建图元创建一个族，且该族包含单个族类型。

16.1.2 族编辑器

无论是可载入族还是内建族，族的创建和编辑都是在族编辑器中创建几何图形，然后设置族参数和族类型。族编辑器是 Revit 中的一种图形编辑模式，使用户能够创建并修改可引入到项目中的族。

族编辑器与 Revit 中的项目环境有相同的外观，但选项卡和面板因所要编辑的族类型而异。用户可以使用族编辑器来创建和编辑可载入族以及内建图元，且用于打开族编辑器的方法取决于要执行的操作，现分别介绍如下。

通过项目编辑族

打开一个项目文件，并在绘图区域中选择一个族实例，然后在激活打开的【修改】选项卡中单击【编辑族】按钮，即可进入编辑族的模式，如图 16-1 所示。

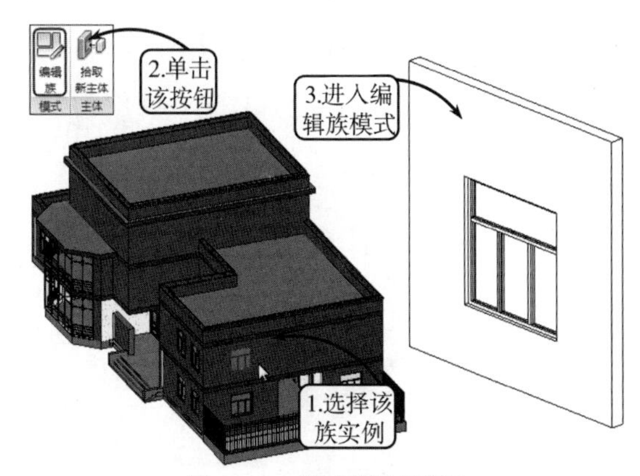

图 16-1　通过项目编辑族

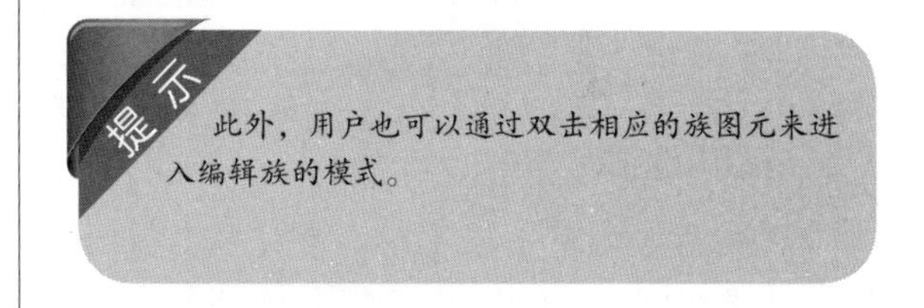

提示
此外，用户也可以通过双击相应的族图元来进入编辑族的模式。

在项目外部编辑可载入族

单击软件左上角的图标按钮，在展开的下拉列表中选择【打开 | 族】选项，系统将打开【打开】对话框，如图 16-2 所示。此时，浏览到包含要编辑的可载入族文件，然后单击【打开】按钮，即可进入编辑族的模式。

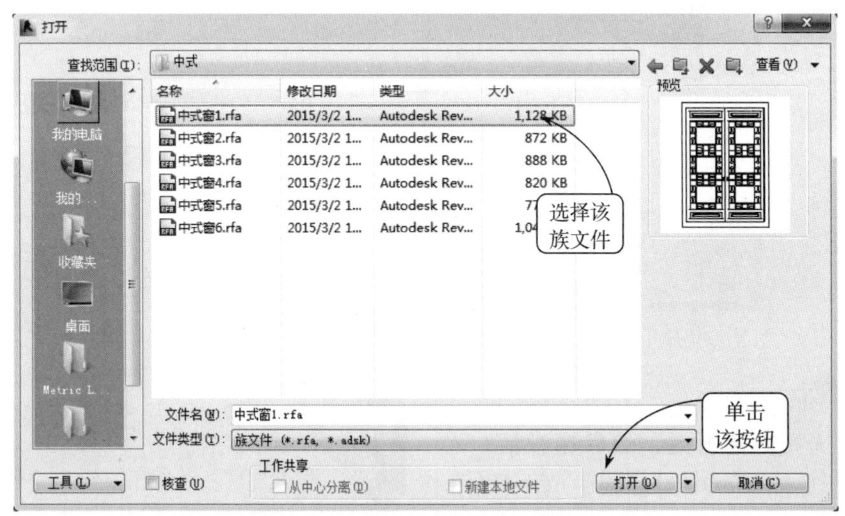

图 16-2　在项目外部编辑可载入族

使用样板文件创建可载入族

单击软件左上角的图标按钮，在展开的下拉列表中选择【新建|族】选项，系统将打开【新族|选择样板文件】对话框，如图 16-3 所示。此时，浏览到要创建的样板文件，然后单击【打开】按钮，即可进入创建族的模式。

图 16-3　使用样板文件创建可载入族

创建内建图元

切换至【建筑】选项卡，在【构件】下拉列表框中单击【内建模型】按钮，系统将打开【族类别和族参数】对话框，如图 16-4 所示。此时，在该对话框中选择相应的族类别，并单击【确定】按钮。然后输入内建图元族的名称，单击【确定】按钮，即可进入创建内建图元的模式。

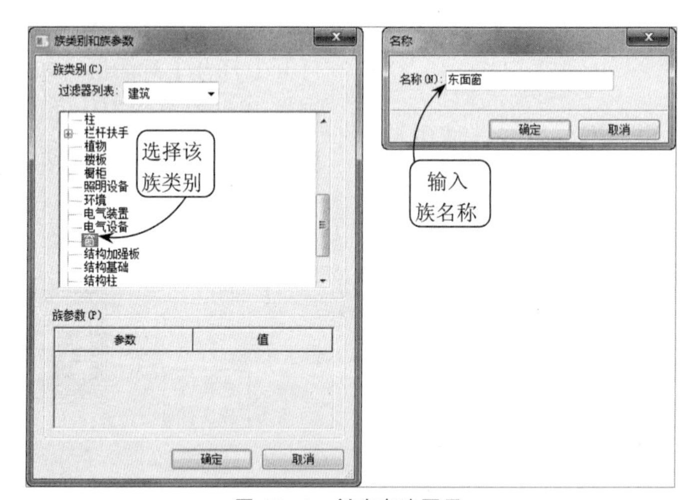

图 16-4　创建内建图元

编辑内建图元

在图形中选择内建图元，然后在激活打开的【修改】选项卡的【模型】面板中单击【在位编辑】按钮，即可进入编辑内建族图元的模式。

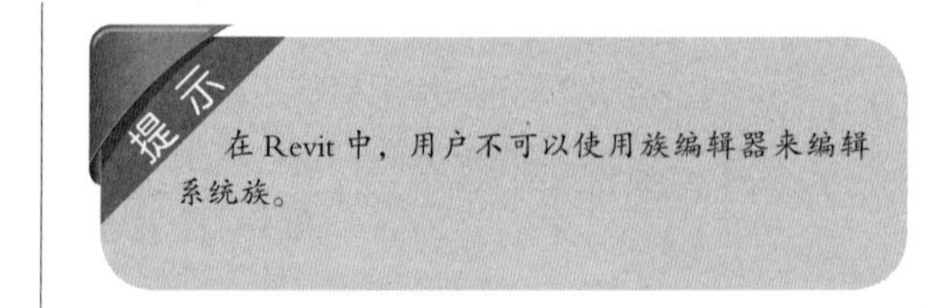

在 Revit 中，用户不可以使用族编辑器来编辑系统族。

16.2 系 统 族

系统族包含用于创建基本建筑图元(例如，建筑模型中的墙、楼板、天花板和楼梯)的族类型。此外，系统族还包含项目和系统设置，这些设置会影响项目环境，并且包含诸如标高、轴网、图纸和视口等图元类型。

16.2.1 系统族简述

系统族已在 Revit 中预定义且保存在样板和项目中，而不是从外部文件中载入到样板和项目中的。用户不能创建、复制、修改或删除系统族，但可以复制和修改系统族中的类型，以便创建自定义的系统族类型。

1. 系统族概述

用户可以使用项目浏览器来查看项目或样板中的系统族和系统族类型，如图 16-5 所示。

在 Revit 中，由于每个族至少需要一个类型才能创建新的系统族类型，因此系统族中应保留一个系统族类型，除此以外的其他系统族类型都可以删除。

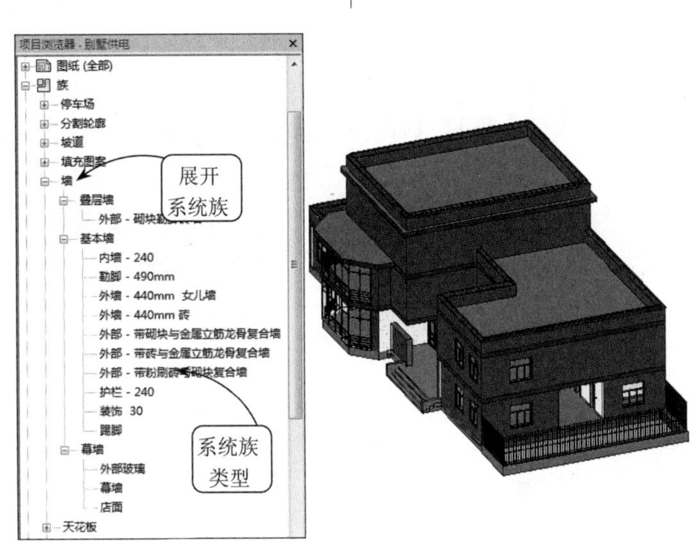

图 16-5　查看系统族和系统族类型

此外，尽管不能将系统族载入到样板和项目中，但可以在项目和样板之间复制、粘贴，或者传递系统族类型。用户可以复制和粘贴各个类型，也可以使用工具来传递所指定系统族中的所有类型。

> **提示** 系统族还可以作为其他种类的族的主体，且这些族通常是可载入族。例如，墙系统族可以作为标准门 / 窗部件的主体。

2. 项目中的系统族

前面提到，系统族已预定义且保存在样板和项目中，而不是从外部文件中载入到样板和项目中的。用户可以复制并修改系统族中的类型，以创建自定义的系统族类型。在开始项目之前，用户可以通过使用下面的工作流来确定是使用现有系统族类型，还是需要创建自定义的系统族类型。

首先确定项目所需的系统族类型。

搜索现有系统族，并确定是否可以在Revit样板或Office样板中找到所需的系统族类型。

如果可以找到与所需的族类型类似的系统族类型，则可以根据需要修改现有族，以节省设计时间。

如果找不到所需的系统族类型，并且无法通过修改类似的族类型来满足需要，则需要创建自定义的系统族类型。

16.2.2 载入系统族类型

因为Revit中已预定义了系统族，所以可以在项目或样板中仅载入系统族类型。

在Revit中，用户可以通过以下两种操作载入相应的系统族类型。

在项目或样板之间复制族类型

用户可以将一个或多个选定类型从一个项目或样板中复制并粘贴到另一个项目或样板中。

打开包含要复制的族类型的项目或样板，再打开要将类型粘贴到其中的项目。此时，选择要复制的族类型，并在激活打开的【修改】选项卡中单击【复制到剪贴板】按钮，如图16-6所示。

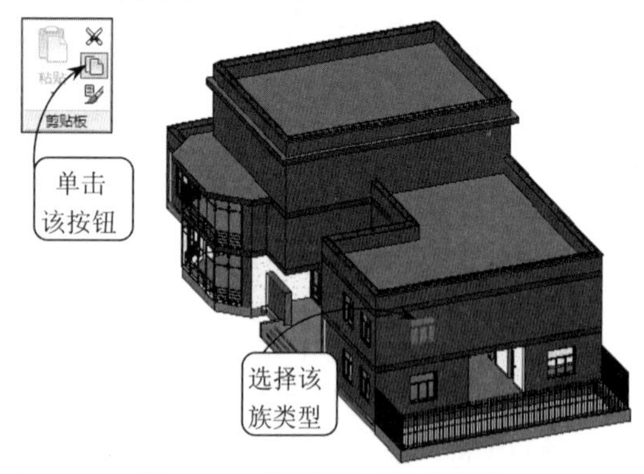

图16-6 选择要复制的族类型

然后利用【切换窗口】工具切换至要将所选族类型粘贴到其中的项目文件，并单击【剪贴板】面板中的【从剪贴板中粘贴】按钮，即可将复制的族类型添加到目标项目文件中，如图16-7所示。

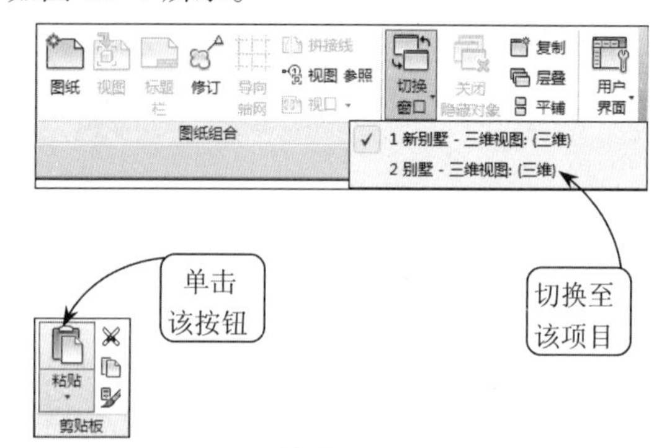

图16-7 粘贴至目标项目文件

在项目或样板之间传递系统族类型

用户还可以将选定系统族或族的所有系统族类型从一个项目中传递到另一个项目中。

分别打开要传递系统族类型的原始项目和接收系统族类型的目标项目，并把目标项目置为当前窗口。然后切换至【管理】选项卡，单击【设置】面板中的【传递项目标准】按钮，系统将打开【选择要复制的项目】对话框，如图16-8所示。

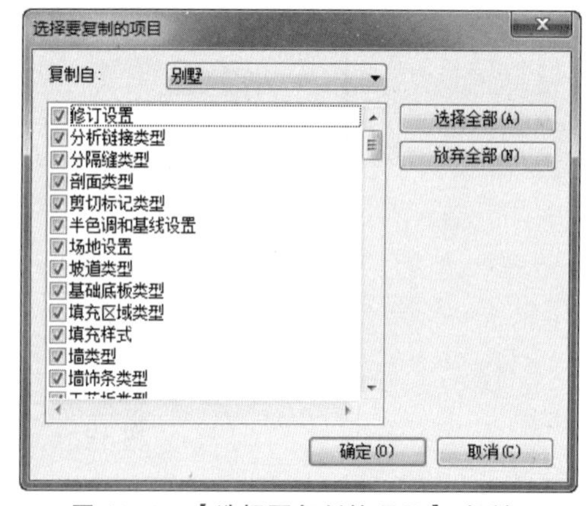

图16-8 【选择要复制的项目】对话框

此时，在【复制自】列表框中选择原始项目文件名称，并在下方的列表框中选择需要传递的系统族类型即可。

> **提示** 用户可以把常用的系统族（如墙、天花板、楼梯等）分类集中存储为单独的一个文件，需要调用时，打开该文件，通过【复制到剪贴板】和【粘贴】工具，或者【传递项目标准】工具，即可应用到项目中。

16.3 可载入族

在 Revit 中，由可载入族创建的建筑构件通常购买、提供并安装在建筑内部和周围，例如窗、门、橱柜、设备、家具和植物。此外，它们还包含一些常规自定义的注释图元，例如符号和标题栏。

16.3.1 可载入族简述

Revit 可载入族是 Revit 中应用最广泛而且可以定义的族。可以创建自己的自定义族，不过族库中和 Web 上已准备了许多族，可供使用。而对于包含许多类型的族，用户还可以创建和使用类型目录，以便仅载入项目所需的类型。

1. 创建可载入族概述

创建可载入族时，可以使用软件提供的样板，且样板中包含与所要创建的族有关的信息。用户需要先绘制族的几何图形，然后利用参数建立族构件之间的关系，创建其包含的变体或族类型，以确定其在不同视图中的可见性和详细程度。完成族的创建后，用户还需要在示例项目中对其进行测试，然后才可以在项目中创建相应的图元。

2. 嵌套和共享可载入族

在 Revit 中，用户还可以通过在其他族中载入族实例来创建新的族。这种通过将现有族嵌套在其他族中的创建方式可以节省大量的建模时间。用户可以根据这些族实例在加入项目后的作用方式（作为一个图元或作为独立图元），来指定是否共享嵌套的族。

用户可以在族中嵌套（插入）其他族，以创建几何图形被合并后的新族。例如，不需要从头创建带有灯泡的照明设备，而可以将灯泡载入照明设备族中来创建组合灯族。

此外，在进行族嵌套之前是否共享这些族决定着嵌套几何图形在以该族创建的图元中的行为。

如果嵌套的族未共享，则使用嵌套族创建的构件与其余的图元将作为单个单元使用。用户不能分别选择（编辑）构件、分别对构件进行标记，也不能分别将构件录入明细表。

如果嵌套的是共享族，则用户可以分别选择构件、分别对构件进行标记，也可以分别将构件录入明细表。

3. 在项目中应用可载入族

可载入族是 Revit 中应用最广泛的族。在开始项目创建之前，用户可以使用下面的工作流确定是使用现有族，还是需要创建自定义族。

首先确定项目需要的族。

搜索现有的可载入族，并确定是否可以在库、Web、Revit 样板或 Office 样板中找到需要的族。

如果能找到相应的族，但该族不是需要的特定类型，则需要创建新的类型。

如果可以找到与需要的族相似的族，则可以根据需要修改现有族，以节省设计时间。

如果找不到需要的构件族，也无法通过修改类似族来满足需求，则需要自行创建相应的构件族。

16.3.2 创建可载入族

由于可载入族具有高度可自定义的特征，因此其是 Revit 中最常创建和修改的族。且与系统族不同的是，可载入族在外部 RFT 文件中创建，并导入（载入）到项目中。

1. 载入可载入族

若要在项目或样板中使用可载入族，必须使用【载入族】工具载入（导入）这些族。将族载入到某个项目中后，它将随该项目一起保存。此外，有些族已预先载入到 Revit 所包含的样板中。用户使用这些样板创建的所有项目中都会包含样板中载入的族。

载入族

切换至【插入】选项卡，在【从库中载入】面板中单击【载入族】按钮，系统将打开【载入族】对话框，如图 16-9 所示。

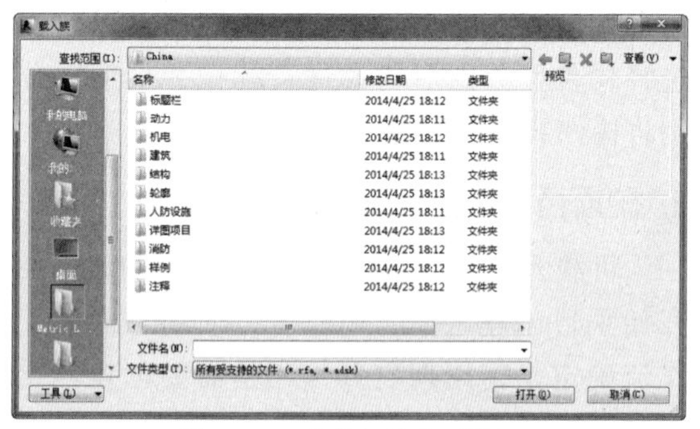

图 16-9 【载入族】对话框

此时，在该对话框中双击要载入的族的类别，然后选择要载入的族，并单击【打开】按钮，即可将该族类型放置到项目中，且其将显示在项目浏览器中相应的族类别下，如图 16-10 所示。

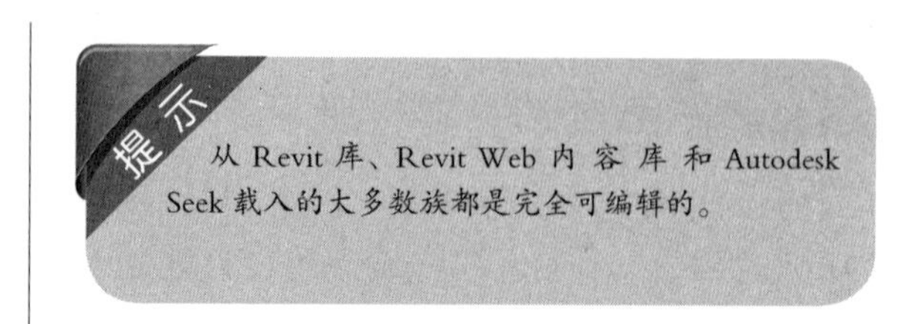

提示
从 Revit 库、Revit Web 内容库和 Autodesk Seek 载入的大多数族都是完全可编辑的。

将带有共享构件的族载入到项目中

将由嵌套构件或嵌套共享构件组成的族载入到项目中时，主体族以及所有嵌套的共享构件都会载入到项目中，且每个嵌套构件都会显示在项目浏览器中各自的族类别下；嵌套构件族可以存在于项目中，并可由多个主体族共享；当载入共享族时，如果其中一个族的版本已存在于项目中，用户可以选择是使用项目中的版本，或是使用正在载入的族中的版本。

在 Revit 中，将包含嵌套族或嵌套共享族的族载入到项目中的方法与上述介绍的载入族方法相同，这里不再赘述。

提示

此外，在将共享族载入到项目中后，不能重新载入同一个族的非共享版本并覆盖它。必须删除该族后才能重新载入其非共享版本。

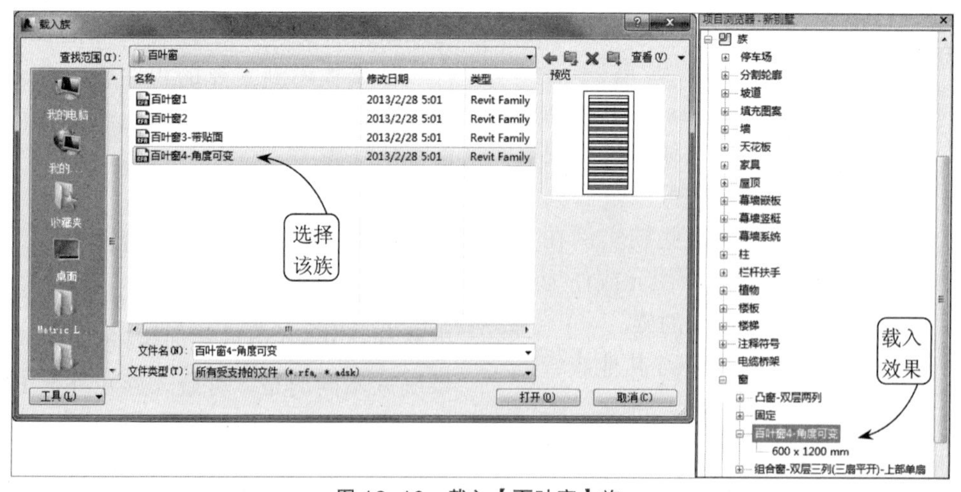

图 16-10 载入【百叶窗】族

将当前族载入项目

在族编辑器中创建或修改族后，用户还可以通过单击【族编辑器】面板中的【载入到项目中】按钮，将该族载入一个或多个打开的项目中。

此时如果当前只有一个项目处于打开状态，则系统会将该族自动载入该项目中；如果有多个项目处于打开状态，则系统将打开【载入到项目中】对话框，用户可以选择打开的项目以接收该族，如图 16-11 所示。

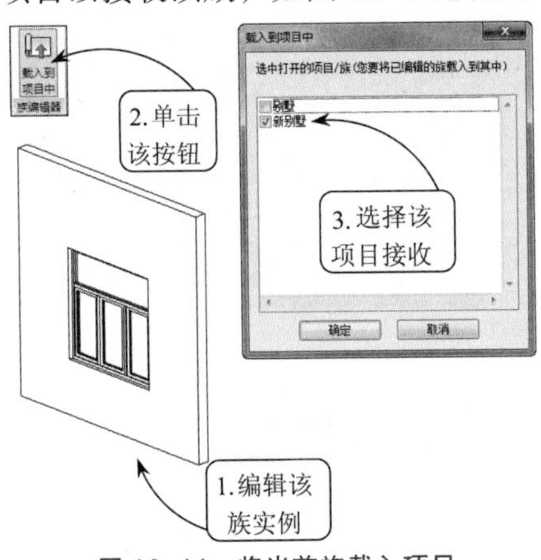

图 16-11　将当前族载入项目

2. 创建可载入族

通常情况下，需要创建的可载入族是建筑设计中使用的标准尺寸和配置的常见构件和符号。要创建可载入族，用户可以使用 Revit 中提供的族样板来定义族的几何图形和尺寸。然后将族保存为单独的 Revit 族文件(.rfa 文件)，并载入到任何项目中。

创建可载入族流程

创建过程可能很耗时，具体取决于族的复杂程度。如果能够找到与所要创建的族比较类似的族，则可以通过复制、重命名并修改该现有族来进行创建，这样既省时又省力。为了在创建族时获得最佳效果，用户可以使用以下工作流。

在开始创建族之前，先规划族。确定有关族大小的要求、族在不同视图中的显示方式、是否需要主体、建模的详细程度，以及族的起源。

使用相应的族样板创建一个新的族文件。

定义族的子类别有助于控制族几何图形的可见性。

创建族的构架或框架：定义族的原点(插入点)；设置参照平面和参照线的布局有助于绘制构件几何图形；添加尺寸标注以指定参数化关系；标记尺寸标注，以创建类型 / 实例参数或二维表示；测试或调整构架。

通过指定不同的参数定义族类型的变化。

在实心或者空心中添加单标高几何图形，并将该几何图形约束到参照平面。

调整新模型(类型和主体)，以确认构件的行为是否正确。

重复上述步骤直到完成族几何图形。

使用子类别和实体可见性设置指定二维和三维几何图形的显示特征。

保存新定义的族，然后将其载入到项目进行测试。

对于包含许多类型的大型族，需要创建类型目录。

从样板创建可载入族

要创建可载入族，用户可以选择一个族样板，然后命名并保存该族文件。其中，在为族命名时，应充分说明该族所要创建的图元。当族完成并载入项目中时，族名称会显示在项目浏览器和类型选择器中。用户可以将族保存到本地或网络上的任何位置。

单击软件左上角的图标符号，在展开的下拉菜单中选择【新建 | 族】选项，系统将打开【新族 | 选择样板文件】对话框，如图 16-12 所示。

然后选择要使用的族样板文件，并单击【打开】按钮，系统将在族编辑器中打开新的族。此时，用户可利用族编辑器中的相应工具创建可载入族的图元。完成族图元的创建后，继续单击软件左上角的图标符号，在展开的下拉菜单中选择【另存为 | 族】选项，在打开的对话框中定位到族所要保存的位置，并输入族的名称即可，如图 16-13 所示。

提示

此外，在打开族样板文件时，对于大多数族，系统将显示两条或更多条绿色虚线。它们是创建族几何图形时将使用的参照平面或工作平面。如果要创建基于主体的族，系统也将显示主体几何图形。

图 16-12 【新族 | 选择样板文件】对话框

图 16-13 保存创建的族文件

16.4 内 建 族

在 Revit 中，如果所建项目包含不重复使用的特殊几何图形，或必须与其他项目几何图形保持一种或多种关系的几何图形，则用户可以创建内建图元。内建图元是在项目的上下文中创建的自定义图元。

16.4.1 内建族简述

用户可以在项目中创建多个内建图元，并且可以将同一内建图元的多个副本放置在项目中。但是，与系统族和可载入族不同的是，用户不能通过复制内建族类型来创建多种类型。

在开始项目之前，用户可以使用以下工作流确定模型是否需要内建图元。

确定项目所需的任何独特或单一用途的图元。如果项目需要在多个项目中使用该图元，则将其创建为可载入族。

如果项目基于在其他项目中存在的内建图元（或者所需内建图元类似于其他项目中的内建图元），则可以将该内建图元复制到项目中或将其作为组载入项目中。

如果找不到符合需要的内建图元，则可以在项目中创建新的内建图元。

> **提示** 尽管用户可以在项目之间传递或复制内建图元，但只有在必要时才应执行此操作，因为内建图元会增大文件大小并使软件性能降低。

16.4.2 创建内建族

对于一些项目专有的独特图元构件，即一些通用性很差的非标构件，用户可以使用【内建模型】工具创建内建族实现。内建族的创建和编辑方法与可载入族完全一样，且创建时不需要选择相应的族样板。

打开相应的项目文件，然后切换至【建筑】选项卡，在【构件】下拉列表框中单击【内建模型】按钮，系统将打开【族类别和族参数】对话框，如图 16-14 所示。此时，在该对话框中选择相应的族类别，并单击【确定】按钮。然后输入内建图元族的名称，单击【确定】按钮，进入创建族的模式。接着利用族编辑器工具创建相应的内建图元即可。

> **提示** 内建族不需要像可载入族一样创建复杂的族框架、不需要创建太多的参数，但还是要添加必要的尺寸和材质参数，以便在项目文件中直接通过族的图元属性参数进行编辑。

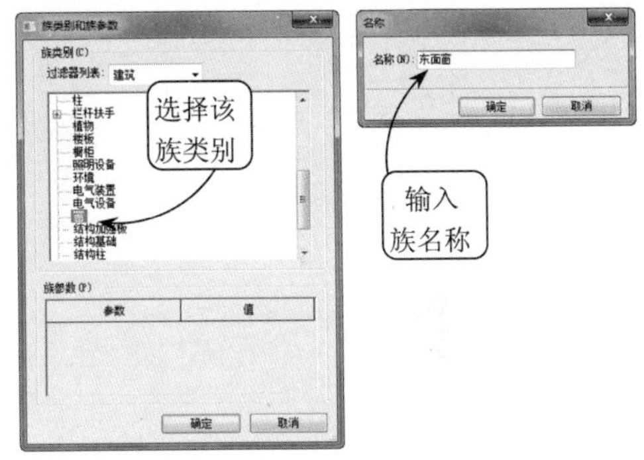

图 16-14 创建内建图元